"十二五"职业教育国家规划教材
经全国职业教育教材审定委员会审定

U0662118

（第二版）

建筑识图与构造

主　编　魏艳萍
副主编　马　丽　樊文迪
编　写　吉云亮　邢国清

中国电力出版社
CHINA ELECTRIC POWER PRESS

内 容 提 要

本书为"十二五"职业教育国家规划教材,是在总结高等职业技术教育经验的基础上,结合我国高等职业技术教育的特点编写的,主要内容分为三大部分。第一部分为制图识图基础,第二部分为建筑工程图的识读,第三部分为建筑构造。

本书在编写过程中,以应用为主旨,在理论上坚持必需、够用的原则,深入浅出,图文结合,特别是书后附图,把理论知识与实际工程紧密结合在一起,起到了"画龙点睛"的作用。

与本书配套的《建筑识图与构造习题集(第二版)》同时出版,供参考选用。

本书既可作为建筑工程类专业教材使用,同时也适合建筑技术人员自学和参考。

图书在版编目 (CIP) 数据

建筑识图与构造/魏艳萍主编. —2 版. —北京:中国电力出版社,2014.8(2021.1重印)

"十二五"职业教育国家规划教材

ISBN 978 - 7 - 5123 - 6100 - 3

Ⅰ.①建… Ⅱ.①魏… Ⅲ.①建筑制图—识别—高等职业教育—教材②建筑构造—高等职业教育—教材 Ⅳ.①TU2

中国版本图书馆 CIP 数据核字(2014)第 139591 号

中国电力出版社出版、发行

(北京市东城区北京站西街 19 号 100005 http://www.cepp.sgcc.com.cn)

三河市百盛印装有限公司印刷

各地新华书店经售

*

2006 年 9 月第一版

2014 年 8 月第二版 2021 年 1 月北京第十九次印刷

787 毫米×1092 毫米 16 开本 29 印张 706 千字

定价 55.00 元

❈ 前 言

21世纪是科技高速发展的世纪，建筑行业面临的是一个经济全球化、信息国际化、知识产业化、学习社会化、教育终身化的崭新时代。培养高等应用型技术人才，提高从业人员的整体素质，是我国现代建筑行业蓬勃发展的迫切需要。高等职业技术教育就是培养适应生产、建设、管理、服务第一线需要的高等技术应用型人才。目前，随着我国高等职业技术教育改革的深化，高等职业技术建筑类专业迫切需要一套新的教学计划及配套教材，以使培养的学生能更好地适应社会及经济建设发展的需要。

本书为"十二五"职业教育国家规划教材，是在总结高等职业技术教育经验的基础上，结合我国高等职业技术教育的特点，在保持原版编写风格基础上编写的。适用于建筑工程技术、工程监理、工程造价、物业管理等专业的教学使用，同时也适用于建筑设计技术、市政工程类、建筑设备类等专业相应课程的教学使用，还可作为二级注册建筑师资格考试复习参考资料。

本书内容的编写，采用了最新国家标准和有关规范；同时适当降低了画法几何的深度，更加注重专业制图理论与实际工程的结合，力求做到以"应用"为主旨，在理论上坚持"必需、够用"的原则，注重基本理论、基本概念和基本方法的阐述，深入浅出、图文结合，使其更具有针对性和实用性。

为适应教学需要，同时出版了与本书配套的《建筑识图与构造习题集（第二版）》与教学课件。

本书由山西建筑职业技术学院魏艳萍教授主编，并承担全书的统稿和校核工作。参加编写工作的有魏艳萍（绪论、第一～三、八、九、十一～十七章及附图）、山西建筑职业技术学院樊文迪（第十九、二十章）、山西建筑职业技术学院马丽（第四、五、十八章）、太原电力高等专科学校吉云亮（第六、七章）、山东城市建设职业学院邢国清（第十章及附图）、山西建筑职业技术学院郭正炬（课件制作）。

本书在编写过程中，参考了部分同学科的教材、习题集等文献（见书后的"参考文献"）；同时，在使用过程中，广大读者提出了许多非常宝贵的修改意见，在此谨向文献的作者及广大读者表示深深的谢意。

限于编者水平，书中不妥之处在所难免，恳请使用本书的广大读者批评指正。

编 者
2014.7

※ 第一版前言

21世纪是科技高速发展的时期，建筑行业面临的是一个经济全球化、信息国际化、知识产业化、学习社会化、教育终身化的崭新时代，培养高等应用型技术人才，提高从业人员的整体素质，是我国现代建筑行业发展的迫切需要。高等职业技术教育就是培养适应生产、建设、管理、服务等第一线所需要的高等技术应用型人才。目前，随着我国高等职业技术教育改革的深化，高等职业技术建筑类专业迫切需要一套新的教学计划及配套教材，以使培养的学生能更好地适应社会及经济建设发展的需要。

本教材是结合我国高等职业技术教育的特点编写的。该教材适用于工业与民用建筑、工程监理、工程造价、物业管理等专业的教学使用，同时也适用于建筑设计技术、给水排水、采暖通风和电气设备安装等专业相应课程的教学使用，还可作为二级注册建筑师资格考试复习参考资料。

本教材内容的编写，采用了2005年5月发布，2005年7月实施的最新国家标准和有关规范；同时适当降低了画法几何的深度，更加注重理论知识与实际工程的结合，力求做到以"应用"为主，在理论上坚持"必需、够用"的原则，注重基本理论、基本概念和基本方法的阐述，做到深入浅出，图文结合，使其更有针对性和实用性。

为适应教学需要，同时出版了与本教材配套的《建筑识图与构造习题集》。

本教材由山西建筑职业技术学院副教授魏艳萍主编，山西建筑职业技术学院副教授刘桂征主审。参加编写工作的有：山西建筑职业技术学院魏艳萍（绪论，第一、二、三、七、八、九、十一及附图）；山西建筑职业技术学院王世新（第六、十二、十三、十四章）；山西建筑职业技术学院樊文迪（第十九、二十章）；山东城市建设职业学院邢国清（第十章及附图）；山西综合职业技术学院王宝烨（第十五章）；山西建筑职业技术学院马丽（第四、五、十六、十七、十八章）。

本教材在编写过程中，参考了部分同学科的教材、习题集等文献（见书后的参考文献），在此谨向文献的作者表示深深的谢意。

限于编者水平，教材中的不妥之处在所难免，恳请使用本教材的教师和广大读者批评指正。

编　者

2006年6月

❊ 目 录

第二篇　建筑工程图的识读

第三篇　建筑构造

绪　　论

一、本课程的性质与任务

本课程是研究房屋建筑的构造组成、构造原理、构造方法和工程图样的绘制及识读规律的一门专业基础课，在建筑工程类专业的教学体系中占有重要的地位。它与"建筑材料"、"建筑力学"、"建筑结构"、"建筑施工"、"建筑工程定额与计价"等课程关系紧密，是学生参加工作后岗位能力和专业技能考核的重要组成部分。其主要任务是：

（1）掌握正投影的基本原理及建筑制图的基本技能；

（2）掌握房屋构造的基本原理和构造方法；

（3）了解房屋各构造做法的发生、发展，加深对常用典型构造做法和标准图集的理解；

（4）熟练地识读施工图纸，为后续课程奠定必要的基础知识。

二、本课程的主要内容

（一）制图识图基础

主要介绍制图工具、仪器及用品的使用与维护，基本制图标准，绘图的一般步骤和方法以及投影的基本知识和基本理论。

（二）建筑工程图的识读

主要识读房屋建筑施工图、结构施工图、室内设备施工图，了解各专业施工图的特点、识读方法与绘制方法。

（三）建筑构造

建筑构造主要包括房屋建筑的构造组成（如基础、墙体、楼地面、楼梯、屋面、门窗等）及各组成部分的构造形式、材料应用、连接做法及建筑装修的常见构造做法等。

三、本课程的学习方法

本课程是一门专业基础课，系统性、理论性及实践性较强。学习时要讲究学习方法，才能提高学习效果。

（1）认真听讲，及时复习，理解和掌握作图、识图的基本理论、基本知识和基本方法；掌握房屋建筑构造的基本原理及一般构造做法。

（2）在做作业和练习的过程中，要独立思考，反复查阅有关教材的内容，以解决所遇到的疑难问题和检查所做练习、作业的正确程度，并进一步而对教材内容加深理解。这是针对这门课"容易学，难掌握"这个特点所必须采用的一种方式。

（3）多画图，多识图，从物到图，从图到物，反复训练，理论联系实际，培养空间想象能力。

（4）正确处理好画图与识图的关系。画图可以加深对图样的理解，提高识图能力。画图是手段，识图是目的，对于高职院校的学生，识图能力的培养尤为重要。

（5）应多参观已建成和正在施工的建筑，多参与现场实际施工操作，在实践中验证、充实和记忆所学的知识。

（6）注意了解房屋建筑方面的新结构、新材料、新的构造方法、新的发展方向。

（7）由于工程图样是施工的依据，图样上的一点差错都会给工程造成损失。因此在学习时，应严格遵守国家制图标准，掌握房屋构造方面的有关现行标准，会查阅本省建筑构配件通用图集。培养严肃认真、一丝不苟的工作态度和耐心细致的工作作风。良好的职业道德和敬业精神，也是现代企业对未来高职院校毕业生的基本要求。

第一篇 制图识图基础

第一章 制图基本知识

学习建筑制图，必须了解制图工具和用品的构造、性能和特点，熟练掌握正确合理的使用方法，并经常注意维护、保养，这是提高绘图水平和保证绘图质量的前提条件。

第一节 制图工具、仪器及用品

一、绘图板

绘图板是固定图纸用的绘图工具。板面一般用胶合板制作而成，四周边框镶有硬质木条，如图1-1所示。板面要求平整，图板的四边要求平直、光滑。图板的工作面确定后，左侧为图板的工作边。图板应防止因受潮、暴晒和重压而变形。

图板有不同的大小规格，在制图时多用1号或2号图板。

二、丁字尺

丁字尺是画水平线的绘图工具。它由互相垂直的尺头和尺身组成，如图1-1所示。使用时必须将尺头内侧紧靠图板左侧工作边，然后上下推动，并将尺身上边缘对准画线位置，用左手压紧尺身，右手执笔，从左到右画线，如图1-2所示。使用时，只能将尺头靠在图板左侧边，不能靠在图板的右边或上、下边使用，也不能在尺身的下边画线，如图1-3所示。

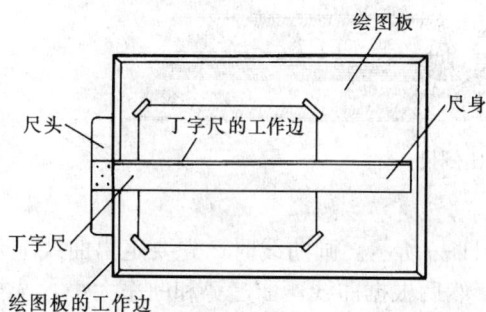

图1-1 绘图板与丁字尺

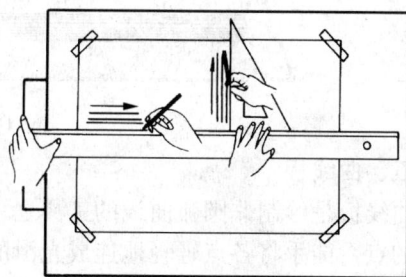

图1-2 丁字尺的使用

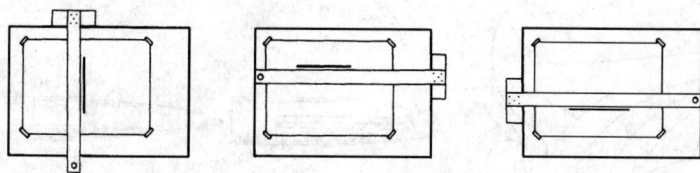

图1-3 丁字尺的错误用法

丁字尺使用完毕后，要挂置妥当，不要随便靠在桌边或墙边，以防止尺身变形和尺头松动。

三、三角板

一副三角板有两块，与丁字尺配合使用可画出垂直线（如图1-2所示）和各种角度倾斜线（如图1-4所示）。用两块三角板配合，也可画出任意直线的平行线或垂直线，如图1-5所示。

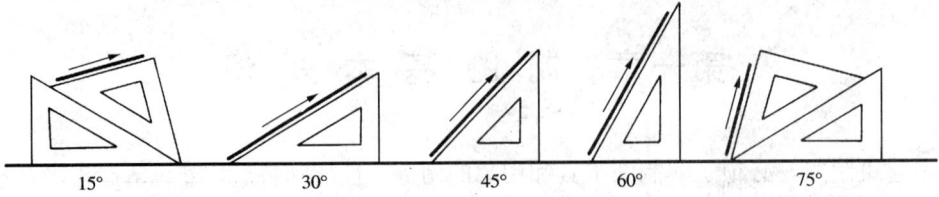

15°　　　　30°　　　　45°　　　　60°　　　　75°

图1-4　三角板与丁字尺配合画各种不同角度的倾斜线

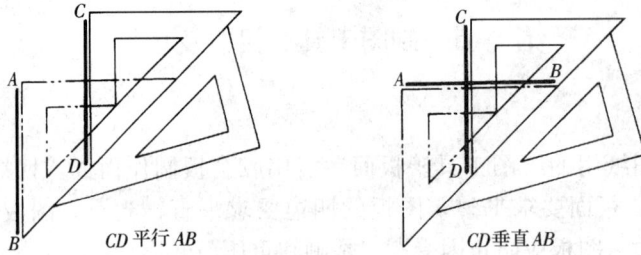

CD 平行 AB　　　　　　CD 垂直 AB

图1-5　画任意直线的平行线和垂直线

四、比例尺

比例尺是绘图时用来缩小图形的绘图工具。目前常用的比例尺为三棱尺，如图1-6所示。三棱尺上有六种不同比例的刻度，画线时可以不经计算而直接从比例尺上量取尺寸。比例尺中没有的比例还可换算，如1：10、1：1000均可用1：100的比例换算使用。绘图时，不要将比例尺当作三角板或丁字尺画线。

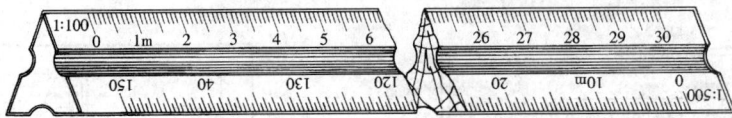

图1-6　比例尺

五、曲线板

曲线板是绘制非圆弧曲线的工具之一，如图1-7所示。画曲线时，先要定出曲线上足够数量的点，徒手将各点轻轻地连成光滑的曲线，然后根据曲线弯曲趋势和曲率大小，选择曲线板上合适的部分，沿着曲线板边缘将该段曲线画出，每段至少要通过曲线上的三个点，而且在画后一段时，必须使曲线板与前一段中的两点或一定的长度相叠合。

图1-7　曲线板

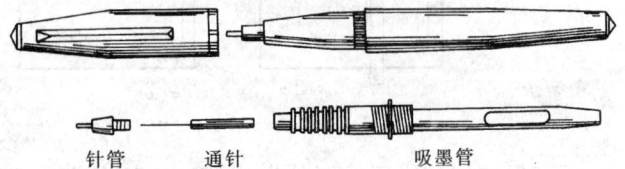

针管　　通针　　吸墨管

图1-8　绘图墨水笔

六、绘图墨水笔

近年来描图多使用绘图墨水笔（也称针管笔）。这种笔外形类似普通钢笔，笔尖是一根装有通针的细针管，针管直径有多种规格，所画线型粗细由针管直径确定。如图1-8所示。

使用时，要注意识别笔身上标明的针管直径规格，根据所画线条粗细选用不同规格的针管笔。用完后应及时用清水洗净，以防墨水堵塞针管。

七、圆规和分规

圆规是画圆和圆弧的仪器，通常用的是组合式圆规。圆规一条腿为固定针脚，另一条腿上有插接构造，可插接铅芯插腿、绘图墨水笔插腿及带有钢针的插腿分别用于绘制铅笔及墨线的圆，或当作分规使用，如图1-9所示。

分规是等分线段和量取线段的仪器，它的形状与圆规相似，只是两腿端部均装有固定钢针，如图1-10所示。使用时，应注意把分规两针尖调平。

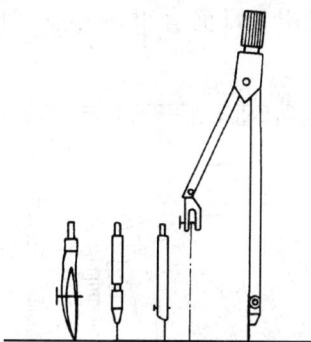

图1-9　圆规及其插脚

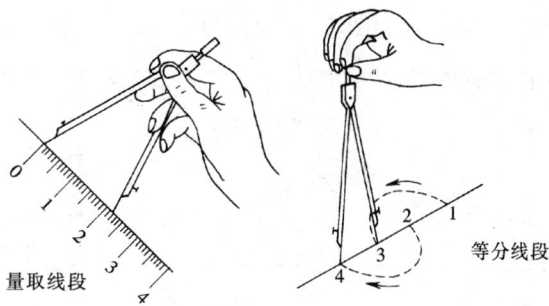

量取线段　　等分线段

图1-10　分规

八、图纸

图纸有绘图纸和描图纸两种。

绘图纸用来画铅笔图或墨线图，要求纸面洁白，质地坚硬，橡皮擦后不易起毛。

描图纸（也称硫酸纸）是专门用来绘制墨线图的，要求纸张透明度好，表面平整挺括。描绘的墨线图样即为复制蓝图的底图。

九、绘图铅笔

绘图铅笔的型号以铅芯的软硬程度来分，分别用H和B表示，H前的数字愈大，表示铅芯越硬；B前的数字愈大，表示铅芯愈软；HB表示软硬适中。

铅笔应从没有标志的一端开始使用，以便保留标志，供使用时辨认。铅笔尖应削成圆锥形，长约20～25mm，铅芯露出6～8mm，用刀片或细砂纸削磨成尖锥形或楔形，如图1-11所示。

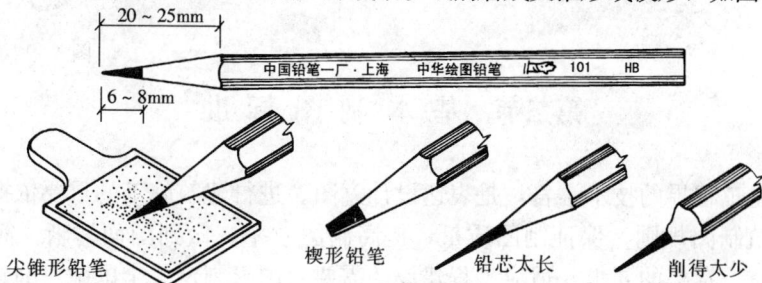

20～25mm

6～8mm

中国铅笔一厂·上海　　中华绘图铅笔　　101　HB

尖锥形铅笔　　　楔形铅笔　　　铅芯太长　　　削得太少

图1-11　绘图铅笔

十、其他用品

（一）绘图墨水

用于绘图的墨水有碳素墨水和普通绘图墨水两种。碳素墨水不易结块，适用于绘图墨水笔。

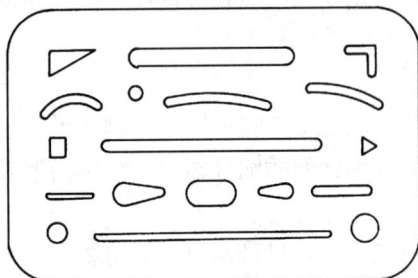

图 1-12　擦图片

（二）擦图片

擦图片是修改图线用的辅助工具，如图 1-12 所示。其材质多为不锈钢薄片。使用时，将需擦去的图线对准擦图片上相应的孔洞，再用橡皮擦拭，可避免影响邻近的线条。

（三）制图模板

为了提高绘图速度和质量，把图样上常用的一些符号、图例和比例等，刻画在有机玻璃的薄板上，制成模板使用。目前有很多专业型的模板，如建筑模板（如图 1-13 所示）、装饰模板等。

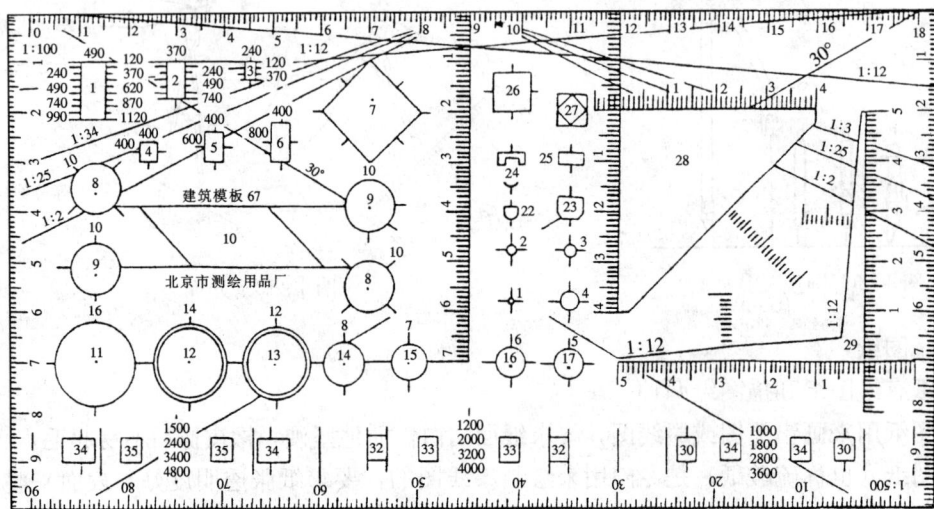

图 1-13　建筑模板

（四）排笔

用橡皮擦拭图纸时，会出现很多橡皮屑，为保持图面整洁，应及时用排笔（如图 1-14 所示）将橡皮屑清扫干净。

另外，绘图时还需用胶带纸、橡皮、小刀、刀片、砂皮纸等用品。

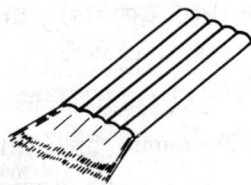

图 1-14　排笔

第二节　基本制图标准

工程图样是工程界的技术语言，是表达设计意图、进行建筑施工的重要依据。因此，为了统一房屋建筑制图规则，保证制图质量，提高制图效率，做到图面清晰、简明，符合设计、施工、审查、存档的要求，适应工程建设的需要，国家制定了全国统一的建筑工程制图标准。其中《房屋建筑制图统一标准》（GB/T 50001—2010）（以下简称《制图统一标准》）

是房屋建筑制图的基本规定,是各专业制图的通用部分,自2011年3月1日起实施。

本章参照《制图统一标准》,主要介绍图纸幅面规格、图线、字体、比例及尺寸标注等制图标准,其他标准规定在后面有关章节中介绍。

一、图纸幅面规格

(一)图纸幅面

图纸幅面是指图纸宽度与长度组成的图面。绘制图样时,图纸幅面及图框尺寸,应符合表1-1的规定及如图1-15~图1-18所示的格式。

表1-1　　　　　　　　　　　　幅面及图框尺寸　　　　　　　　　　　　mm

尺寸代号 \ 幅面代号	A0	A1	A2	A3	A4
$b \times l$	841×1189	594×841	420×594	297×420	210×297
c	10			5	
a	25				

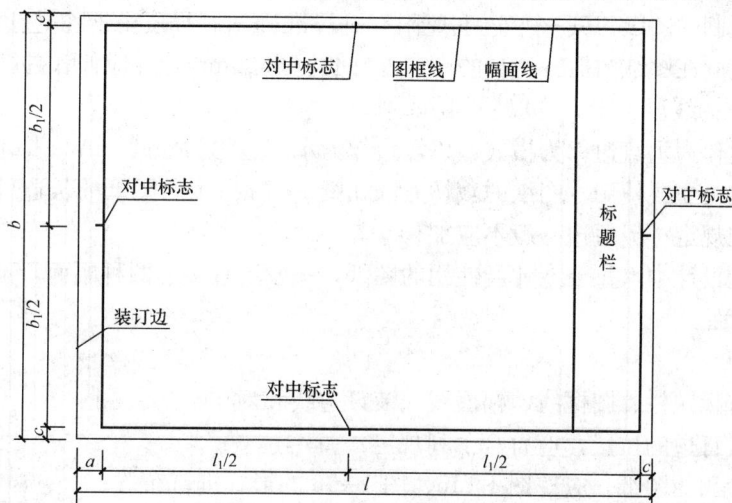

图1-15　A0~A3横式幅面(一)

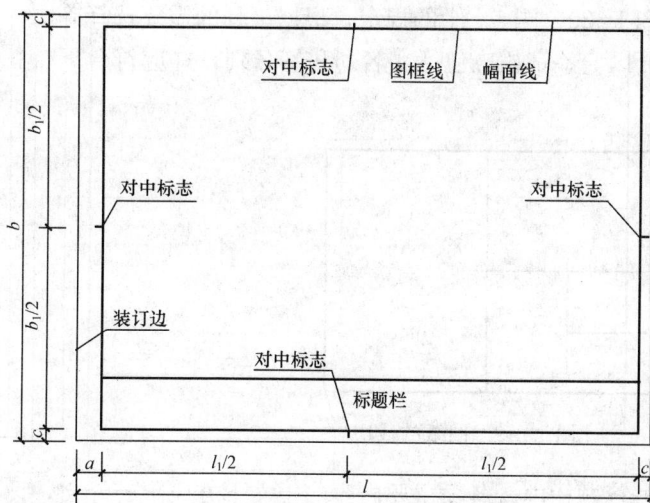

图1-16　A0~A3横式幅面(二)

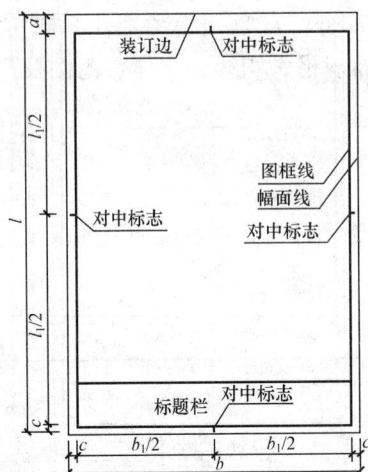

图 1-17 A0～A4 立式幅面（一）

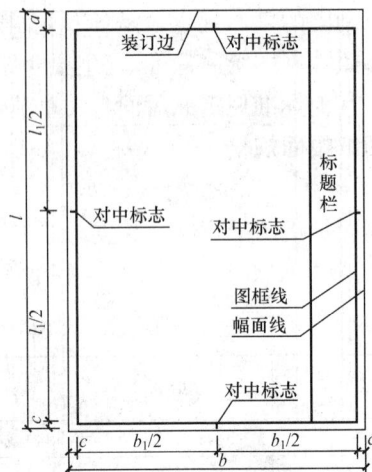

图 1-18 A0～A4 立式幅面（二）

需要微缩复制的图纸，其一个边上应附有一段准确米制尺度，四个边上均附有对中标志。对中标志应画在图纸内框各边长的中点处，线宽 0.35mm，并应伸入内框边，在框外为 5mm。对中标志的线段，于 l_1 和 b_1 范围取中。

图纸以短边作为垂直边称为横式，以短边作为水平边称为立式。A0～A3 图纸宜横式使用，必要时，也可立式使用。图纸的裁切方法如图 1-19 所示。图纸的长边可加长，但应符合国家制图标准规定；但短边一般不应加长。

在一个工程设计中，每个专业所使用的图纸，一般不宜多于两种幅面，不含目录及表格所采用的 A4 幅面。

（二）标题栏

图纸中应有标题栏、图框线、幅面线、装订边线和对中标志。图纸的标题栏及装订边的位置，应符合下列规定：

（1）横式使用的图纸，应按图 1-15、图 1-16 的形式进行布置。

（2）立式使用的图纸，应按图 1-17、图 1-18 的形式进行布置。

标题栏应符合图 1-20、图 1-21 的规定，根据工程的需要选择确定其尺寸、格式及分区。签字栏应包括实名列和签名列，并应符合下列规定：

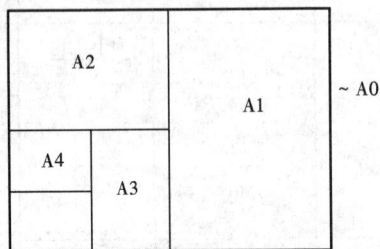

图 1-19 图纸的裁切

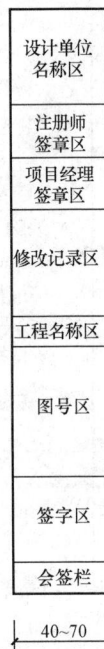

图 1-20 标题栏（一）

（1）涉外工程的标题栏内，各项主要内容的中文下方应附有译文，设计单位的上方或左方，应加"中华人民共和国"字样。

设计单位名称区	注册师签章区	项目经理签章区	修改记录区	工程名称区	图号区	签字区	会签栏

图 1-21 标题栏（二）

（2）在计算机制图文件中当使用电子签名与认证时，应符合国家有关电子签名法的规定。

学生制图作业所用标题栏，可采用图 1-22、图 1-23 的格式。

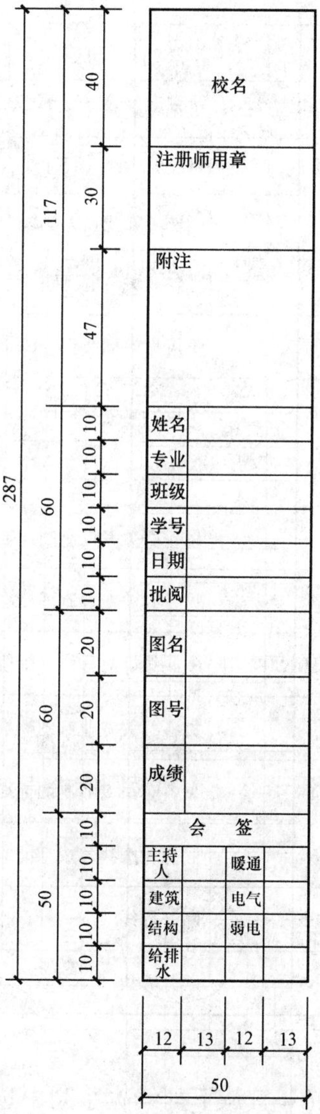

图 1-22 A3 横式幅面（学生用）
通长竖式标题栏

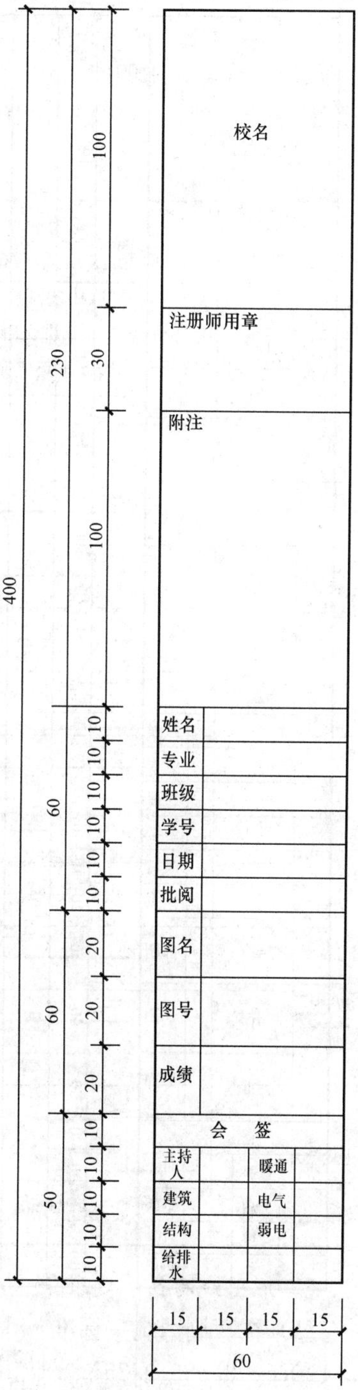

图 1-23 A2 横式幅面（学生用）
通长竖式标题栏

二、图线

图线是构成图形的基本元素，在建筑工程图中，为了表达工程图样的不同内容，并使图中主次分明，绘图时必须采用不同的线型和线宽来表示设计内容。

（一）图线的种类及用途

建筑工程图常用的图线有实线、虚线、单点长画线、双点长画线、折断线和波浪线等，各类图线的线型、线宽及一般用途见表1-2。

表1-2　　　　　　　　　　　　　图　　线

名称		线　型	线　宽	一　般　用　途
实线	粗	———————	b	主要可见轮廓线
	中粗	———————	$0.7b$	可见轮廓线
	中	———————	$0.5b$	可见轮廓线、尺寸线、变更云线
	细	———————	$0.25b$	图例填充线、家具线
虚线	粗	— — — — —	b	见各有关专业制图标准
	中粗	— — — — —	$0.7b$	不可见轮廓线
	中	— — — — —	$0.5b$	不可见轮廓线、图例线
	细	— — — — —	$0.25b$	图例填充线、家具线
单点长画线	粗	—·—·—·	b	见各有关专业制图标准
	中	—·—·—·	$0.5b$	见各有关专业制图标准
	细	—·—·—·	$0.25b$	中心线、对称线、轴线等
双点长画线	粗	—··—··—	b	见各有关专业制图标准
	中	—··—··—	$0.5b$	见各有关专业制图标准
	细	—··—··—	$0.25b$	假想轮廓线、成型前原始轮廓线
折断线	细	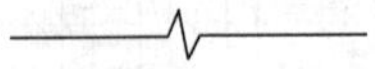 ⌇	$0.25b$	断开界线
波浪线	细	 ∿∿	$0.25b$	断开界线

（二）图线的画法要求

（1）在《制图统一标准》中规定，图线的宽b，宜从下列线宽系列中选取：1.4、1.0、0.7、0.5、0.35、0.25、0.18、0.13mm。图线宽度不应小于0.1mm。

画图时，每个图样应根据复杂程度与比例大小，先选定基本线宽b，再选用表1-3中相应的线宽组。

表 1 - 3   线 宽 组   mm

线宽比	线 宽 组			
b	1.4	1.0	0.7	0.5
$0.7b$	1.0	0.7	0.5	0.35
$0.5b$	0.7	0.5	0.35	0.25
$0.25b$	0.35	0.25	0.18	0.13

注 1. 需要微缩的图纸，不宜采用 0.18mm 及更细的线宽。

    2. 同一张图纸内，各不同线宽中的细线，可统一采用较细的线宽组的细线。

（2）同一张图纸内，相同比例的各图样应选用相同的线宽组。

（3）图纸的图框和标题栏线，可采用表 1 - 4 的线宽。

表 1 - 4   **图框和标题栏线的宽度**   mm

幅面代号	图 框 线	标题栏外框线	标题栏分格线
A0、A1	b	$0.5b$	$0.25b$
A2、A3、A4	b	$0.7b$	$0.35b$

（4）相互平行的图例线，其净间隙或线中间隙不宜小于 0.2mm，如图 1 - 24（a）所示。

（5）虚线、单点长画线或双点长画线的线段长度和间隔，宜各自相等，如图 1 - 24（a）所示。

（6）单点长画线或双点长画线，当在较小图形中绘制有困难时，可用实线代替，如图 1 - 24（b）所示。

（7）单点长画线或双点长画线的两端，不应是点。点画线与点画线交接或点画线与其他图线交接时，应是线段交接，如图 1 - 24（c）所示。

（8）虚线与虚线交接或虚线与其他图线交接时，应是线段交接。虚线为实线的延长线

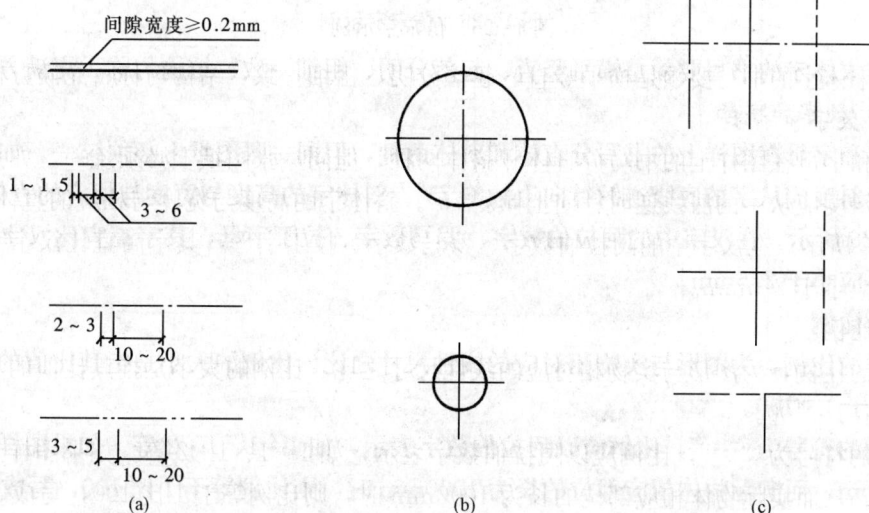

图 1 - 24 图线的有关画法

（a）线的画法；（b）圆的中心线画法；（c）交接

时，不得与实线相接，如图 1-24（c）所示。

（9）图线不得与文字、数字或符号重叠、混淆，不可避免时，应首先保证文字的清晰。

三、字体

工程图上所需书写的文字、数字或符号等，均应笔画清晰、字体端正、排列整齐；标点符号应清楚正确。

图纸中字体的大小按照图样的大小、比例等具体情况来定，但应从规定的字高系列中选用。字高系列有 3.5、5、7、10、14、20mm。字的大小用字号表示，字号即为字的高度，如 5 号字的字高为 5mm。如需书写更大的字，其高度按 $\sqrt{2}$ 的倍数递增。

（一）汉字

图样及说明中的汉字，宜采用长仿宋体或黑体，同一图纸字体种类不应超过两种。长仿宋体的高宽关系应符合表 1-5 的规定，黑体字的宽度与高度应相同。

表 1-5　　　　　　　　　　　　**长仿宋体字高宽关系**　　　　　　　　　　　　mm

字高	20	14	10	7	5	3.5
字宽	14	10	7	5	3.5	2.5

在实际应用中，汉字的高度不小于 3.5mm 且字高与字宽的比例大约为 3：2。

为了保证字体写得大小一致，整齐匀称，初学长仿宋体时应先打格，然后书写，如图 1-25所示。

图 1-25　仿宋字示例

长仿宋体字的书写要领是横平竖直、起落分明、粗细一致、结构匀称、充满方格。

（二）数字和字母

数字和字母在图样上的书写分直体和斜体两种，但同一张图纸上必须统一。如需写成斜体字，其斜度应从字的底线逆时针向上倾斜 75°。斜体字的高度与宽度与相应的直体字相等，如图 1-26 所示。在汉字中的阿拉伯数字、罗马数字、拉丁字母，其字高宜比汉字字高小一号，但不应小于 2.5mm。

四、比例

图样的比例，为图形与实物相对应的线性尺寸之比。比例的大小是指其比值的大小，如 1：50 大于 1：100。

比例的符号为"："，比例应以阿拉伯数字表示，如 1：1、1：2 等。如果图样上某线段长为 10mm，而实际物体相应部位的长为 1000mm 时，则比例等于 1 比 100，写成 1：100。

比例宜注写在图名的右侧，字的基准线应取平；比例的字高宜比图名的字高小一号或二号，如图 1-27 所示。

图 1-26 数字、字母示例

工程图中的各个图样，都应按一定的比例绘制。绘图所用的比例，应根据图样的用途与被绘对象的复杂程度，从表 1-6 中选用，并应优先采用表中常用比例。

平面图 1:100

⑥ 1:20

图 1-27 比例的注写

表 1-6 绘图所用的比例

常用比例	1:1、1:2、1:5、1:10、1:20、1:30、1:50、1:100、1:150、1:200、1:500、1:1000、1:2000
可用比例	1:3、1:4、1:6、1:15、1:25、1:40、1:60、1:80、1:250、1:300、1:400、1:600、1:5000、1:10 000、1:20 000、1:50 000、1:100 000、1:200 000

一般情况下，一个图样应选用一种比例。根据专业制图需要，同一图样可选用两种比例。为了适应计算机绘图的需要，允许自选比例，但应绘制该比例的比例尺。

五、尺寸标注

图纸上的图形只能表示物体的形状，而物体各部分的具体位置和大小，必须由图上标注的尺寸来确定，并以此作为施工的依据。因此，在绘图时必须保证所注尺寸要完整、准确和清楚。

（一）尺寸的组成

图样上的尺寸由尺寸界线、尺寸线、尺寸起止符号和尺寸数字组成，如图 1-28 所示。

1. 尺寸界线

尺寸界线用来限定所注尺寸的范围，用细实线绘制，一般应与被注长度垂直，其一端离开图样轮廓线不小于 2mm，另一端宜超出尺寸线 2～3mm。图样轮廓线可用作尺寸界线，如图 1-29 所示。

2. 尺寸线

尺寸线用来表示尺寸的方向，用细实线绘制，并与被注长度平行。图样本身的任何图线均不得用作尺寸线。

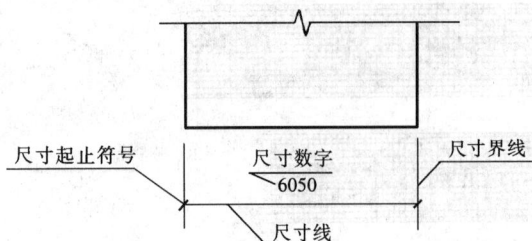

图 1-28 尺寸的组成

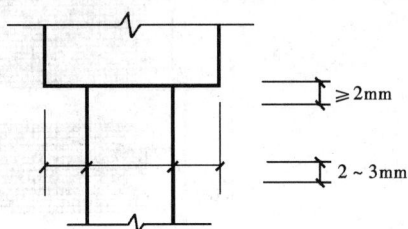

图 1-29 尺寸界线

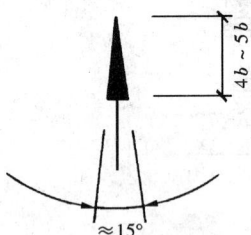

图 1-30 箭头尺寸
起止符号

3. 尺寸起止符号

尺寸起止符号用来表示尺寸的起止位置，一般用中粗斜短线绘制，其倾斜方向与尺寸界线成顺时针 45°角，长度宜为 2~3mm。

半径、直径、角度及弧长的尺寸起止符号，宜用箭头表示，如图 1-30 所示。

4. 尺寸数字

图样上的尺寸数字为物体的实际大小，与采用的比例无关。图样上的尺寸，应以尺寸数字为准，不得从图上直接量取。图样上的尺寸单位，除标高及总平面图以米为单位外，其他必须以毫米为单位。

尺寸数字的方向，应按图 1-31（a）的规定注写。水平方向的数字，注写在尺寸线的上方中部，字的头部朝正上方；竖直方向的数字，注写在竖直尺寸线的左方中部，字的头部朝左，如图 1-31（b）所示。如果尺寸数字在 30°斜线区内，宜按图 1-31（c）的形式注写。

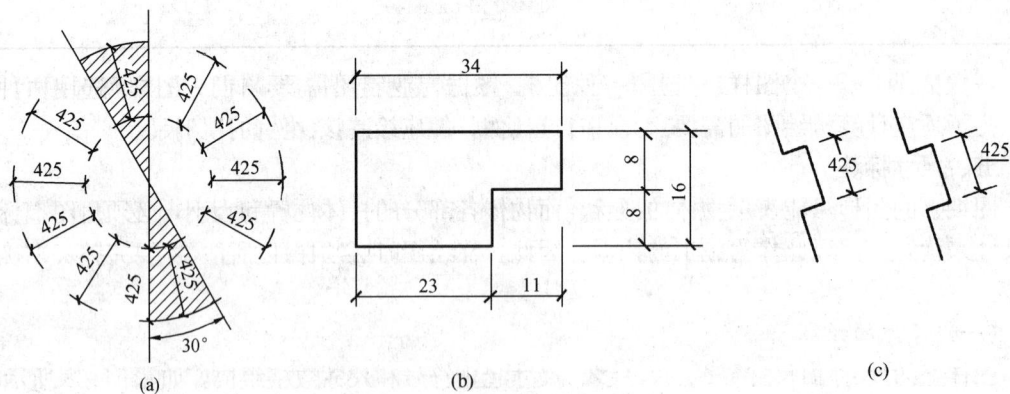

图 1-31 尺寸数字的注写方向

尺寸数字一般应根据其方向注写在靠近尺寸线的上方中部。如没有足够的注写位置，最外边的尺寸数字可注写在尺寸界线的外侧，中间相邻的尺寸数字可上下错开注写，也可引出注写，如图 1-32 所示。

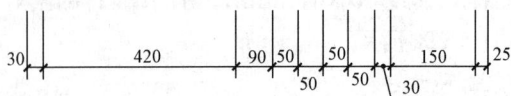

图 1-32 尺寸数字的注写位置

（二）尺寸标注

1. 尺寸的排列与布置

（1）尺寸宜标注在图样轮廓以外，不宜与图线、文字及符号等相交，如图 1-33 所示。

（2）互相平行的尺寸线，应从被注写的图样轮廓线由近向远整齐排列，较小尺寸应离轮廓线较近，较大尺寸应离轮廓线较远，如图 1-34 所示。

（3）图样轮廓线以外的尺寸线，距图样最外轮廓之间的距离，不宜小于 10mm。平行排列的尺寸线的间距，宜为 7～10mm，并应保持一致，如图 1-34 所示。

（4）总尺寸的尺寸界线应靠近所指部位，中间分尺寸的尺寸界线可稍短，但其长度应相等，如图 1-34 所示。

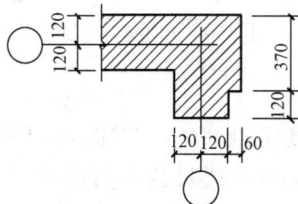

图 1-33 尺寸数字的注写

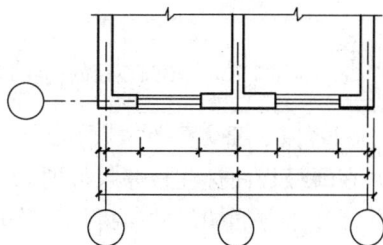

图 1-34 尺寸的排列

2. 半径、直径及角度的尺寸标注

（1）半径的尺寸线应一端从圆心开始，另一端画箭头指向圆弧。半径数字前应加注半径符号 "R"，如图 1-35 所示。

（2）较小圆弧的半径，可按图 1-36 的形式标注；较大圆弧的半径，可按图 1-37 的形式标注。

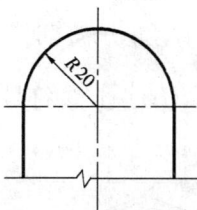

图 1-35 半径标注方法

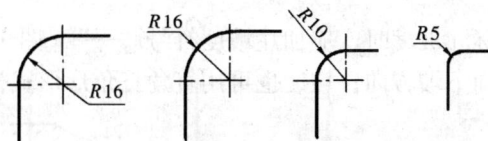

图 1-36 小圆弧半径的标注方法

（3）标注圆的直径尺寸时，直径数字前应加直径符号 "φ"。在圆内标注的尺寸线应通过圆心，两端画箭头指至圆弧，如图 1-38 所示。较小的圆的直径尺寸，可标注在圆外，如图 1-39 所示。

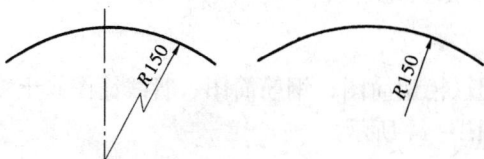

图 1-37 大圆弧半径的标注方法

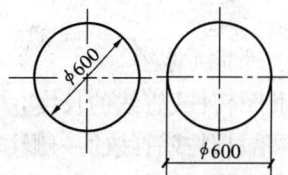

图 1-38 圆直径的标注方法

（4）角度的尺寸线以圆弧表示。该圆弧的圆心是该角的顶点，角的两条边为尺寸界线。

起止符号以箭头表示，如没有足够位置画箭头，可用圆点代替，角度数字按水平方向注写，如图1-40所示。

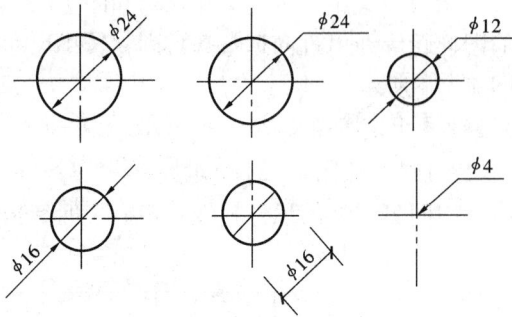

图1-39　小圆直径的标注方法　　　　　　图1-40　角度标注方法

3.薄板厚度、正方形及坡度的尺寸标注

（1）在薄板板面标注板厚尺寸时，应在厚度数字前加厚度符号"t"，如图1-41所示。

（2）标注正方形的尺寸，可用"边长×边长"的形式，也可在边长数字前加正方形符号"□"，如图1-42所示。

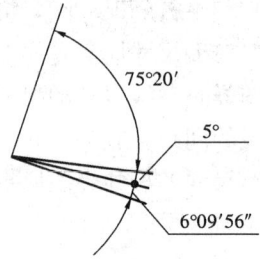

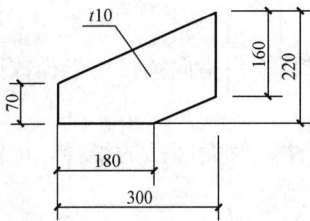

图1-41　薄板厚度标注方法　　　　　　图1-42　标注正方形尺寸

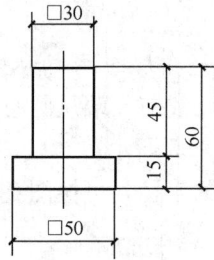

（3）标注坡度时，应加注坡度符号"←"[图1-43（a）、（b）]，该符号为单面箭头，箭头应指向下坡方向。坡度也可用直角三角形形式标注[图1-43（c）]。

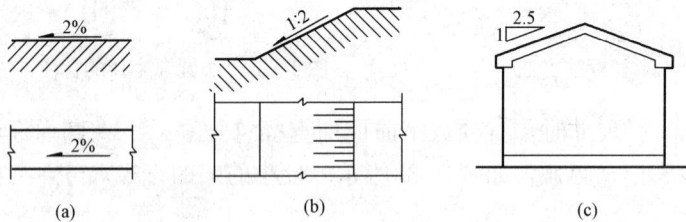

图1-43　坡度标注方法

4.尺寸的简化标注

（1）对于杆件或管线的长度，在单线图（桁架简图、钢筋简图、管线简图）上，可直接将尺寸数字沿杆件或管线的一侧注写，如图1-44所示。

（2）连续排列的等长尺寸，可用"等长尺寸×个数＝总长"[图1-45（a）]或"个数×等分＝总长"[图1-45（b）]的形式标注。

（3）对于形体上有相同要素的尺寸标注，可仅标注其中一个要素的尺寸，并在其前加注个数，如图 1-46 所示。

（4）对称构配件采用对称省略画法时，该对称构配件的尺寸线应略超过对称符号，仅在尺寸线的一端画尺寸起止符号，尺寸数字按整体全尺寸注写，其注写位置宜与对称符号对齐，如图 1-47 所示。

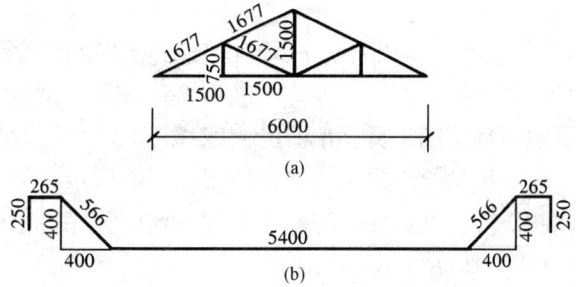

（5）两个构配件，如个别尺寸数字不同，可在同一图样中将其中一个构配件的不同尺寸数字注写在括号内，该构配件的名称也应注写在相应的括号内，如图 1-48 所示。

图 1-44 单线图尺寸标注方法

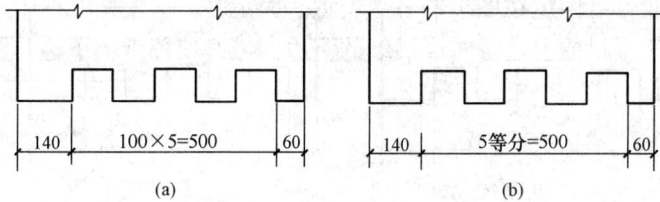

图 1-45 等长尺寸简化标注方法

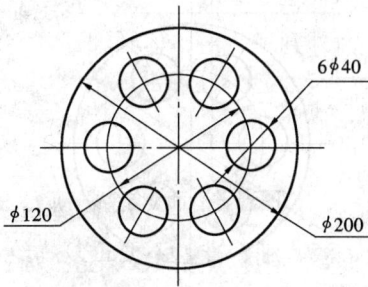

图 1-46 相同要素尺寸标注方法

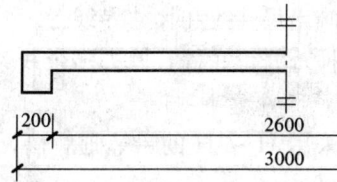

图 1-47 对称构件尺寸标注方法

（6）数个构配件，如仅某些尺寸不同，这些有变化的尺寸数字，可用拉丁字母注写在同一图样中，另列表格写明其具体尺寸，如图 1-49 所示。

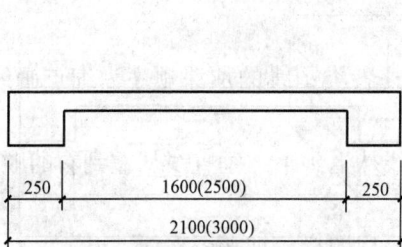

图 1-48 相似构件尺寸标注方法

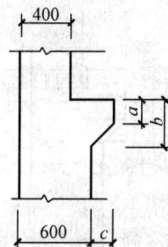

图 1-49 相似构配件尺寸表格式标注方法

构件编号	a	b	c
Z-1	200	200	200
Z-2	250	450	200
Z-3	200	450	250

第三节　绘图的一般步骤和方法

一、用绘图工具、仪器绘制图样

为了提高绘图效率和保证绘图的图面质量，除正确使用绘图工具、仪器，熟悉《房屋建筑制图统一标准》外，还需要按照一定的程序、正确的绘图步骤进行。

（一）准备工作

（1）对所绘图样进行识读了解，在绘图之前尽量做到心中有数。

（2）准备好必需的绘图工具、仪器、用品，并把图板、丁字尺、三角板等擦拭干净；将各种绘图用具放在桌子的右边，但不能影响丁字尺的上下移动；洗净双手。

（3）选好图纸，鉴别图纸的正反面，可用橡皮在纸边试擦，不易起毛的面为正面。

（4）将图纸用胶带纸固定在图板的适当位置。固定时，应使图纸的上边对准丁字尺的上边缘，然后下移使丁字尺的上边缘对准图纸的下边。最好使图纸的下边与图板下边保持大于一个丁字尺宽度的距离。

（二）画底稿

1. 画底稿的步骤

（1）根据制图标准的要求，首先把图框线和标题栏的位置画好。

（2）依据所画图形的大小、多少及复杂程度选择好比例，然后安排好各图形的位置，定好图形的中心线或基线。图面布置要适中、匀称。

（3）首先画图形的主要轮廓线，然后由大到小，由外到里，由整体到细部，完成图形所有轮廓线。

（4）画出尺寸线和尺寸界线等。

（5）检查修正底稿，擦去多余线条。

2. 画底稿注意事项

（1）采用 H～3H 的铅笔画底稿，所有的线应轻、淡、细、准，不要重复描绘，以目光能辨认即可。

（2）对有错误或过长的线条，不必立即擦除，可标以记号，待整个图样绘制完成后，再用橡皮、擦图片擦除。

（3）为了保持图面干净，在作图时，可用白纸覆盖，只露出所要画的部分。

（三）铅笔加深

1. 铅笔加深的步骤

（1）加深图线时，必须是先曲线，再直线，后斜线；各类图线的加深顺序为细点画线、细实线、粗实线、粗虚线。

（2）同类图线其粗细、深浅要保持一致，按照水平线从上到下，垂直线从左到右的顺序依次完成。

（3）最后画出起止符号，注写尺寸数字、说明，填写标题栏，加深图框线。

2. 铅笔加深注意事项

（1）加深粗实线的铅笔宜选用 B～2B 的，加深细实线的铅笔宜用 H～2H 的，写字的铅笔用 H 或 HB 的。加深圆或圆弧时所用的铅芯，应比加深同类型直线所用的铅芯软一号。

（2）加深粗实线时，要以底稿线为中心线，以保证图形的准确性。

（3）要勤修削铅笔，用力要均匀，粗实线或圆弧可重复几次画成。

（4）修正铅笔加深图，可用擦图片配合橡皮进行，尽量缩小擦拭的面积，以免损坏图纸。

（四）描图

建筑工程在施工过程中，往往需要多份图纸，这些图纸通常采用描图和晒图的方法进行复制。描图就是用墨线把图样描绘在描图纸（也称硫酸纸）上，它是用来复制直接指导生产的施工图的底图。

描图的步骤与铅笔加深的顺序相同，同一粗细的线要尽量一次画出，以便提高绘图的效率。

描图注意事项如下：

（1）描图时，图板要放平，墨水瓶千万不可放在图板上，以免翻倒沾污图纸。手和用具一定要保持清洁干净。

（2）描图时，每画完一条线一定要等墨水干透再画，否则容易弄脏图面。

（3）描图时，若画错或有墨污，一定要等墨迹干后再修改。修改时，可用双面刀片轻轻地将画错的线或墨污刮掉。刮时，要将图纸放平，力量轻而均匀。千万不要着急，以免刮破描图纸。刮过的地方用软橡皮擦净并压平后重描。

（五）检查校核

图样绘完后，必须进行一次全面的检查，校核是否还有错误或遗漏。对画得欠佳处还应进行修改，以确保图样的正确、完整、清晰。

二、徒手作图

徒手作图是一种不受条件限制、作图迅速、容易更改的作图方法。徒手作出的图称为草图。草图是工程技术人员表达新的构思、拟定设计方案、创作、现场参观记录及交谈等方面的有力工具。工程技术人员应熟练掌握徒手作图的技能。

草图的"草"字只是指徒手作图而言，并没有允许潦草的含义。徒手作图同样有一定的作图要求，即布图、图线、比例、尺寸大致合理，但不潦草。

徒手作图，可以使用钢笔、铅笔等画线工具。选用铅笔最好选软一些的，一般选用 B 或 2B 的，铅笔削长一点，笔芯不要过尖，要圆滑些。

徒手作图要手眼并用，作垂直线、等分线段或圆弧、截取相等的线段等，都是靠眼睛目测、估计决定的。

（一）直线的画法

画直线时，要注意执笔方法。画短线时，用手腕运笔；画长线时，用整个手臂动作。

画水平线时，铅笔要放平些。画长水平线可先标出直线两端点，掌握好运笔方向，眼睛此时不要看笔尖，要盯住终点，用较快的速度轻轻画出底线。加深底线时，眼睛要盯住笔尖，沿底线画出直线并改正底线不平滑之处，如图 1-50（a）所示。画竖直线和斜线时，

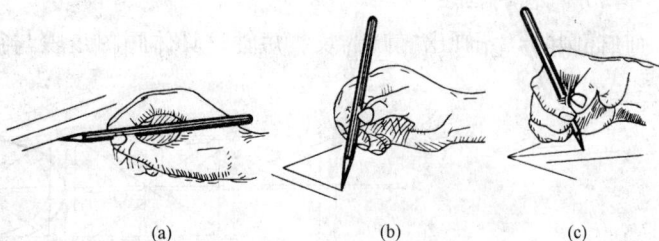

(a) (b) (c)

图 1-50　徒手画直线
(a) 画水平线；(b) 画竖直线；(c) 画斜线

铅笔要竖高些，画法与画水平线的方法相同，如图1-50（b）、（c）所示。

（二）角度的画法

画角度时，先画出互相垂直的两相交直线，交点为O，如图1-51（a）所示，在两相交线上适当截取相同的尺寸，并各标出一点，徒手作出圆弧，如图1-51（b）所示。若需画出45°角，则取圆弧的中点与两直线交点O的连线，即得连线与水平线间的夹角为45°角，如图1-51（c）所示。若画30°角与60°角时，则把圆弧作三等分。自第一等分点起与交点O连线，即得连线与水平线间的夹角为30°角；第二等分点与交点O连线，即得连线与水平线间的夹角为60°角，如图1-51（d）所示。

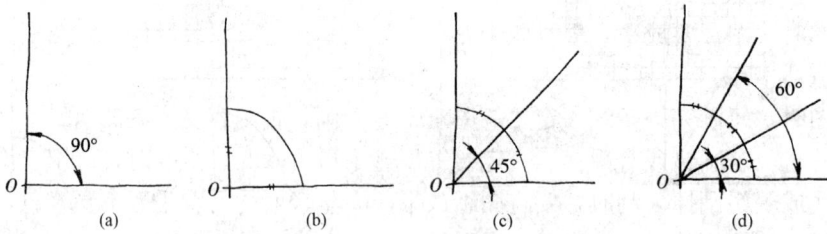

图1-51　徒手画角度

（三）圆的画法

画圆时，先画出互相垂直的两直线，交点O为圆心，如图1-52（a）所示；估计或目测徒手作图的直径，在两直线上取半径$OA=OB=OC=OD$，得点A、B、C、D，过点作相应直线的平行线，可得到正方形线框，AB、CD为直径，如图1-52（b）所示；再作出正方形的对角线，分别在对角线上截取$OE=OF=OG=OH=OA$（半径），于是在正方形上得到八个对称点，如图1-52（c）所示；徒手将点用圆弧连接起来，即得徒手画的圆，如图1-52（d）所示。

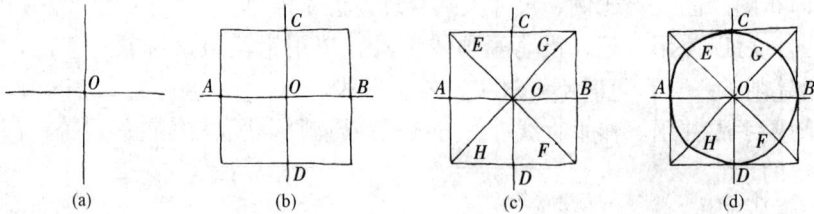

图1-52　徒手画圆

（四）椭圆的画法

画椭圆时，先画出椭圆的长、短轴，具体画图步骤与徒手画圆的方法相同，如图1-53所示。

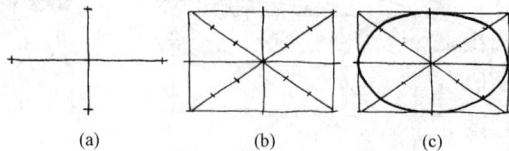

图1-53　徒手画椭圆

第四节 几 何 作 图

建筑物各部分的形状和轮廓都是由直线、圆弧、曲线等几何图形组合而成的。为了提高绘图的速度和准确度,必须正确使用制图工具和仪器,掌握几种最基本的几何作图方法。

一、直线的平行线和垂直线

(一) 作已知直线的平行线

1. 作水平方向线的平行线

过已知点 C,作水平方向线 AB 的平行线,其作图方法和步骤如图 1-54 所示。

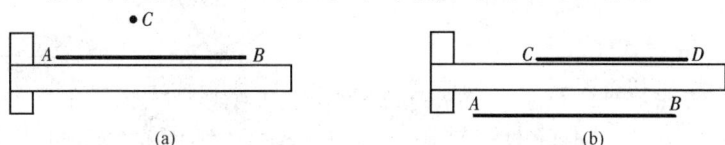

图 1-54 作水平方向线的平行线

(a) 使丁字尺的工作边与已知直线 AB 平行;(b) 平推丁字尺,
使其工作边紧靠点 C,作直线 CD,CD 即为所求

2. 作斜方向线的平行线

过已知点 C,作已知直线 AB 的平行线,其作图方法和步骤如图 1-55 所示。

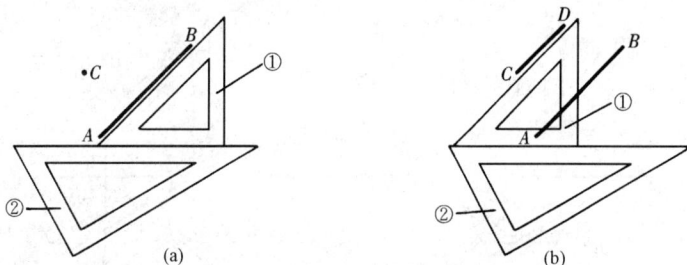

图 1-55 作斜方向线的平行线

(a) 使三角板①的边平行于 AB,将三角板②紧贴三角板①的一边;(b) 按住三角板②,
平推三角板①,使平行于 AB 的边过点 C,作直线 CD,CD 即为所求

(二) 作已知直线的垂直线

1. 作水平线的垂直线

过已知点 C,作水平线 AB 的垂直线,可用丁字尺和三角板来完成,其作图方法和步骤如图 1-56 所示。

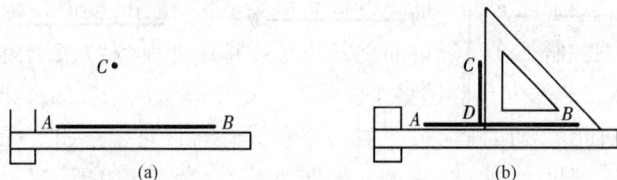

图 1-56 作水平线的垂直线

(a) 使丁字尺的工作边与已知直线 AB 平行;(b) 将三角板一直角边紧贴丁字
尺工作边,沿三角板另一直角边过点 C,作直线 CD,CD 即为所求

2. 作斜方向线的垂直线

过已知点 C，作已知直线 AB 的垂直线，可借助两块三角板来完成，其作图方法和步骤如图 1-57 所示。

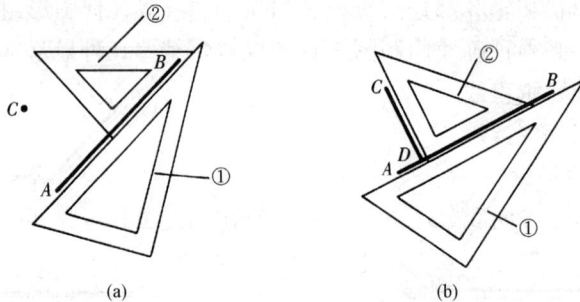

图 1-57　作斜方向线的垂直线

(a) 使三角板①的边平行于 AB，将三角板②的一直角边紧贴三角板①；

(b) 平推三角板②，沿三角板②另一直角边过点 C 作直线 CD，CD 即为所求

二、等分作图

(一) 等分线段

1. 二等分直线段

直线段的二等分可用平面几何中作垂直平分线的方法来画，其作图方法和步骤如图 1-58 所示。

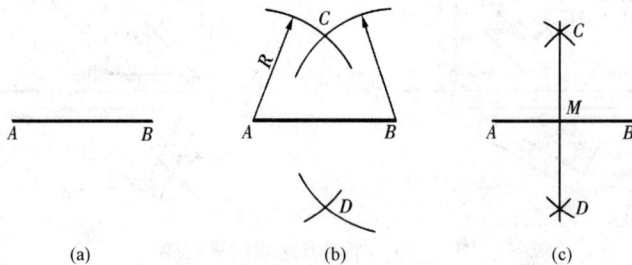

图 1-58　二等分直线段

(a) 已知线段 AB；(b) 分别以 A、B 为圆心，大于 $\frac{1}{2}AB$ 的

长度 R 为半径作弧，两弧交于 CD；(c) 连接 CD 交 AB 为 M，M 即为 AB 中点

2. 任意等分直线段（以五等分为例）

把已知线段 AB 五等分，可用平行线法求得，其作图方法和步骤如图 1-59 所示。

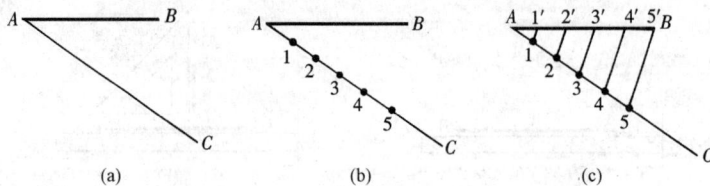

图 1-59　五等分直线段

(a) 自 A 点任意引一直线 AC；(b) 在 AC 上截取任意等分长度的五个等分线段

1、2、3、4、5 点；(c) 连接 $5B$，分别过 1、2、3、4 各点作 $5B$ 的平行线，即得等分点 $1'$、$2'$、$3'$、$4'$

（二）等分圆周

1. 三等分圆周并作圆内接正三角形

（1）用圆规三等分圆周并作圆内接正三角形，其作图方法和步骤如图 1-60 所示。

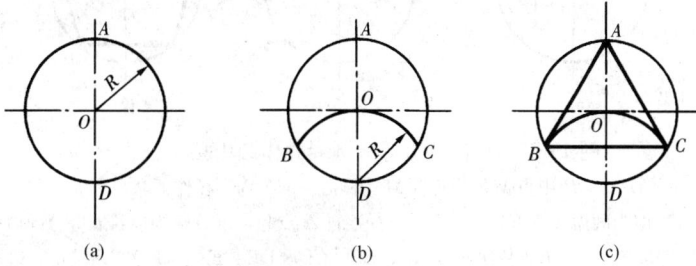

图 1-60 用圆规三等分圆周并作圆内接正三角形

（a）已知半径为 R 的圆及圆上两点 A、D；（b）以 D 为圆心，
R 为半径作弧得 B、C 两点；（c）连接 AB、AC、BC，即得圆内接正三角形

（2）用丁字尺和三角板三等分圆周并作圆内接正三角形，其作图方法和步骤如图 1-61 所示。

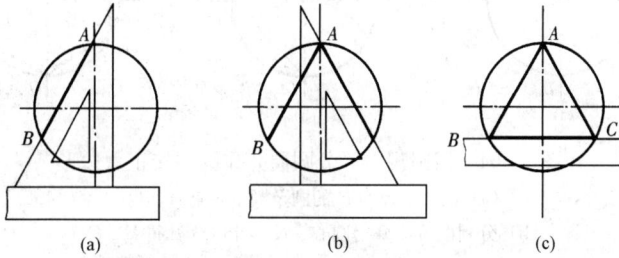

图 1-61 用丁字尺和三角板三等分圆周并作圆内接正三角形

（a）将 60°三角板的短直角边紧靠丁字尺工作边，
沿斜边过点 A 作直线 AB；（b）翻转三角板，沿斜边过
点 A 作直线；（c）用丁字尺连接 BC，即得圆内接正三角形 ABC

2. 四等分圆周并作圆内接正方形

用丁字尺和三角板四等分圆周并作圆内接正方形，其作图方法和步骤如图 1-62 所示。

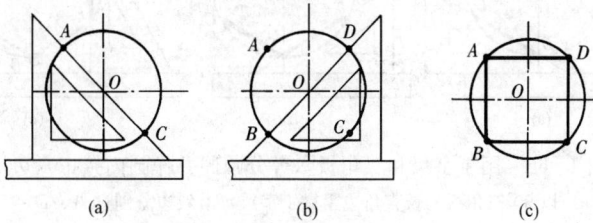

图 1-62 用丁字尺和三角板四等分圆周并作圆内接正方形

（a）将 45°三角板的直角边紧靠丁字尺工作边，
过圆心 O 沿斜边作直径 AC；（b）翻转三角板，过圆心 O 沿斜边
作直径 BD；（c）依次连接 AB、BC、CD、DA，即得圆内接正方形

3. 五等分圆周并作圆内接正五边形

用圆规五等分圆周并作圆内接正五边形，其作图方法和步骤如图 1-63 所示。

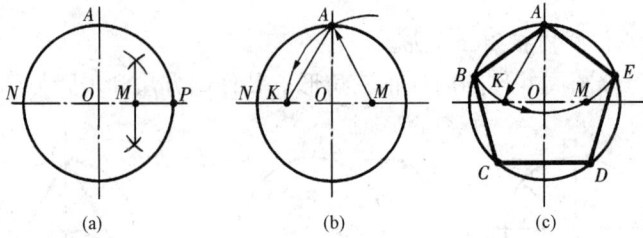

图 1-63 用圆规五等分圆周并作圆内接正五边形

(a) 作 OP 中点 M；(b) 以 M 为圆心，MA 为半径作弧交 ON 于 K，

AK 即为圆内接正五边形的边长；(c) 自 A 点起，以 AK 为边长五等分圆周

得点 B、C、D、E，依次连接 AB、BC、CD、DE、EA，即得圆内接正五边形

4. 六等分圆周并作圆内接正六边形

(1) 用圆规六等分圆周并作圆内接正六边形，其作图方法和步骤如图 1-64 所示。

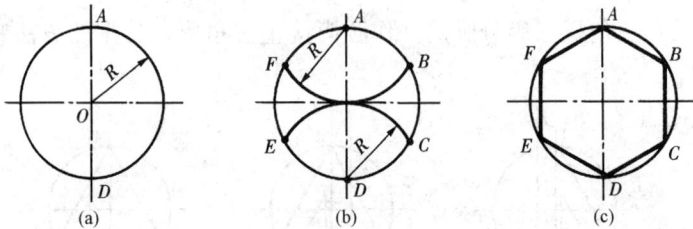

图 1-64 用圆规六等分圆周并作圆内接正六边形

(a) 已知半径为 R 的圆及圆上两点 A、D；

(b) 分别以 A、D 为圆心，R 为半径作弧得 B、C、

E、F 各点；(c) 依次连接各点即得圆内接正六边形 $ABCDEF$

(2) 用丁字尺和三角板六等分圆周并作圆内接正六边形，其作图方法和步骤如图 1-65 所示。

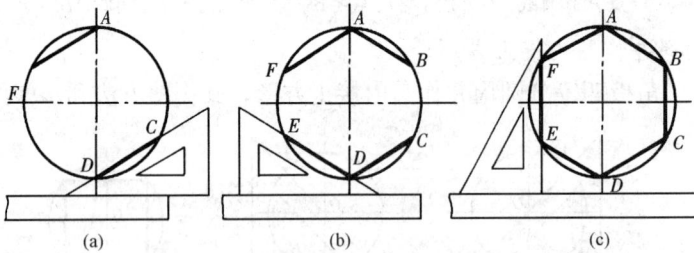

图 1-65 用丁字尺和三角板六等分圆周并作圆内接正六边形

(a) 以 $60°$三角板的长直角边紧靠丁字尺，沿斜边分别过 A、D 点，

作直线 AF、DC；(b) 翻转三角板，沿斜边分别过 A、D 点，作直线

AB、DE；(c) 用三角板的直角边连接 FE、BC，即得圆内接正六边形 $ABCDEF$

5. 任意等分圆周并作圆内接正 n 边形（以圆内接正七边形为例）

任意等分圆周并作圆内接正 n 边形的方法，为一近似作法，当求得边长的等分点时，会出现误差，应进行适当调整。

用圆规和三角板作圆内接正七边形的方法和步骤如图 1-66 所示。

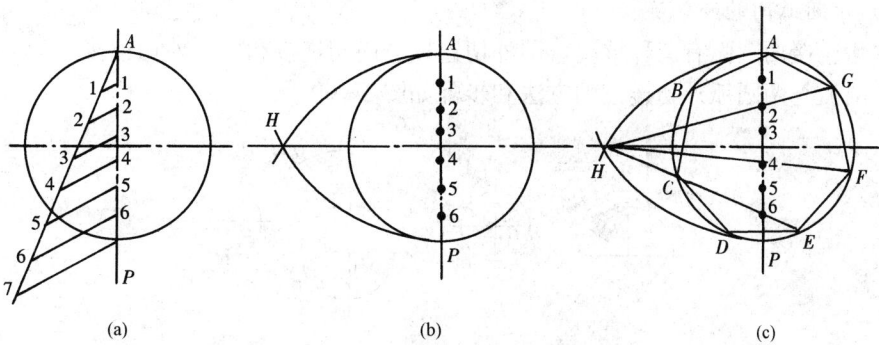

图 1-66 作圆内接正七边形

(a) 已知直径为 D 的圆及圆直径 AP，将直径 AP 等分得 1、2、3、4、

5、6 各点；(b) 以 A（或 P）为圆心，D 为半径作弧，与圆的中心线的延长线

交 H 点；(c) 连接 H 及 AP 上的偶数点，并延长与圆周相交得 G、F、E 点，在

另一半圆上对称地作出点 B、C、D，依次连接各点，即得圆内接正七边形 $ABCDEFG$

三、圆弧的连接

（一）两直线间的圆弧连接

用圆弧连接两直线的方法和步骤如图 1-67 所示。

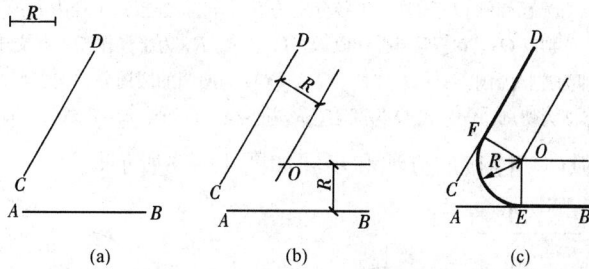

图 1-67 圆弧连接两直线

(a) 已知直线 AB、CD，连接弧半径 R；(b) 以连接弧

半径 R 为间距，分别作两已知直线的平行线交于 O 点；(c) 过 O 点作已知

直线的垂线，切点为 E、F 点，以 O 为圆心，R 为半径，过 E、F 作弧，即为所求

（二）直线与圆弧间的圆弧连接

用圆弧连接直线和圆弧的方法和步骤如图 1-68 所示。

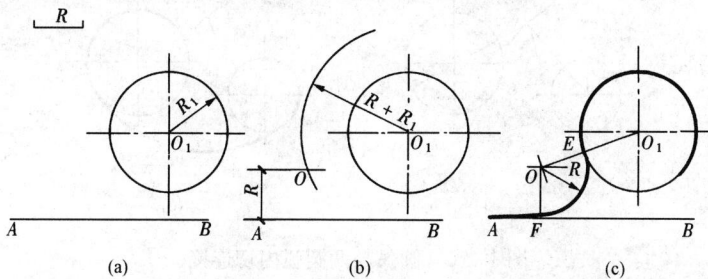

图 1-68 圆弧连接直线和圆弧

(a) 已知直线 AB，半径为 R_1 的圆 O_1，连接弧半径 R；(b) 以 R 为间距，作 AB 直线

的平行线与以 O_1 为圆心、$R+R_1$ 为半径所作的弧交于 O，O 即为所求连接弧圆心；(c) 连 OO_1

交圆于 E 点，过 O 作 OF 垂直直线 AB，F 为垂足，以 O 为圆心，连接弧 R 为半径，过 E、F 作弧，即为所求

（三）两圆弧间的圆弧连接

用圆弧连接两圆弧有三种情况，即外切连接、内切连接和内、外切连接。

（1）圆弧与两圆弧外切连接的方法和步骤如图 1-69 所示。

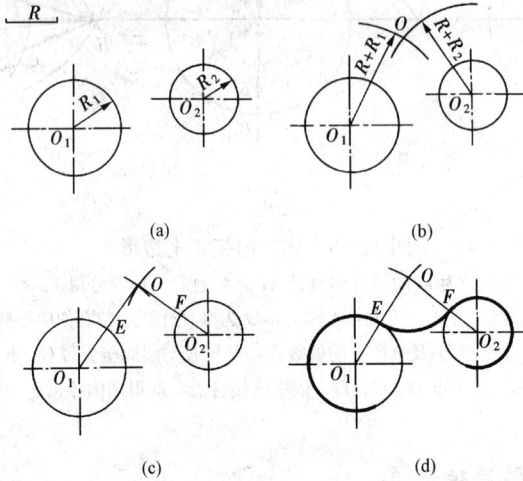

图 1-69　圆弧与两圆弧外切连接

（a）已知圆 O_1、O_2，半径分别为 R_1、R_2，连接弧半径为 R；
（b）分别以 O_1、O_2 为圆心，以 $R+R_1$、$R+R_2$ 为半径作弧，并交于点
O，O 即为连接弧圆心；（c）连接 OO_1、OO_2 与两圆的圆周分别交于 E、F 点，
E、F 点即为切点；（d）以 O 为圆心，R 为半径，自切点 E、F 作弧，即为所求

（2）圆弧与两圆弧内切连接的方法和步骤如图 1-70 所示。

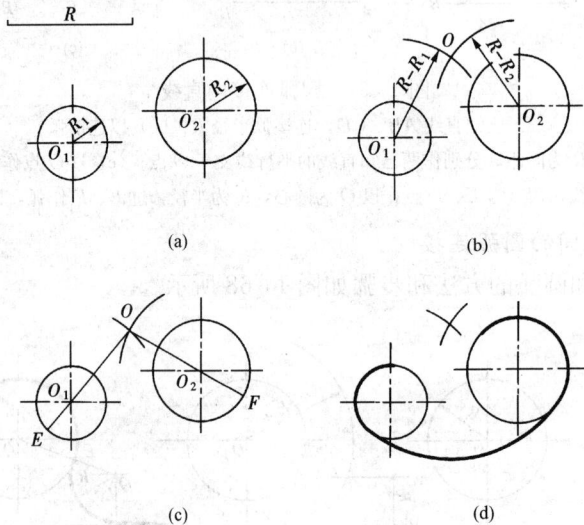

图 1-70　圆弧与两圆弧内切连接

（a）已知圆 O_1、O_2，半径分别为 R_1、R_2，连接弧半径为 R；
（b）分别以 O_1、O_2 为圆心，以 $R-R_1$、$R-R_2$ 为半径作弧，并交于
点 O，O 即为连接弧圆心；（c）连 OO_1、OO_2 并延长与两圆的圆周分别交于
E、F 点，E、F 点即为切点；（d）以 O 为圆心，R 为半径，自切点 E、F 作弧，即为所求

（3）圆弧与两圆弧内、外切连接的方法和步骤如图 1-71 所示。

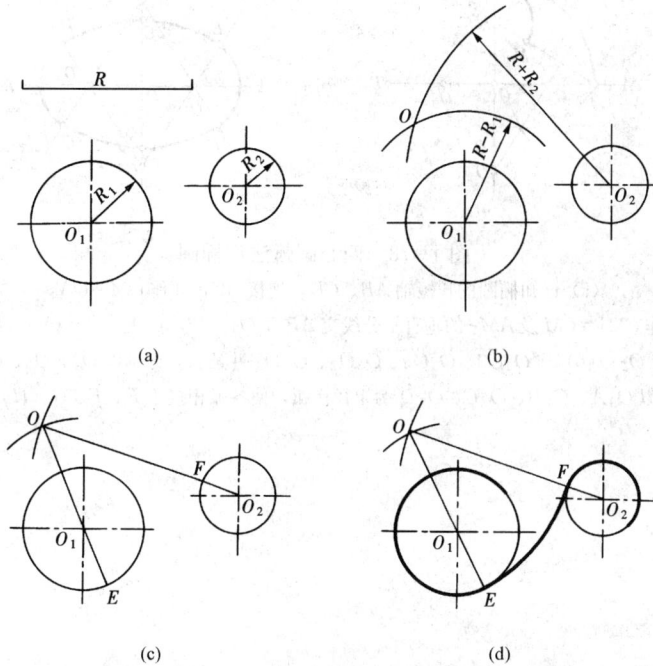

图 1-71 圆弧与两圆弧内、外切连接

（a）已知圆 O_1、O_2，半径分别为 R_1、R_2，连接弧半径为 R；

（b）分别以 O_1、O_2 为圆心，以 $R-R_1$、$R+R_2$ 为半径作弧，并交于点 O，

O 即为连接弧圆心；（c）连 OO_1、OO_2 与两圆的圆周分别交于 E、F 点，E、F 点

即为切点；（d）以 O 为圆心，R 为半径，自切点 E、F 作弧，即为所求连接弧

四、椭圆的画法

椭圆的画法较多，这里仅介绍用同心圆法和四心圆弧近似法作椭圆的两种方法。

（一）同心圆法

用同心圆法作椭圆的方法和步骤如图 1-72 所示。

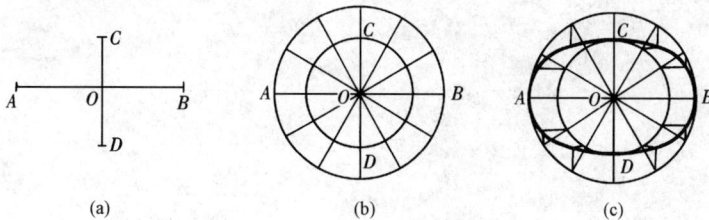

图 1-72 同心圆法作椭圆

（a）已知椭圆的长轴 AB 及短轴 CD；（b）以 O 为圆心，分别以

OA、OC 为半径作圆，并将圆 12 等分；（c）分别过小圆上的等分点作水平线，

大圆上的等分点作竖直线，其各对应的交点，即为椭圆上的点，依次相连即可

（二）四心圆弧近似法

用四心圆弧近似法作椭圆的方法和步骤如图 1-73 所示。

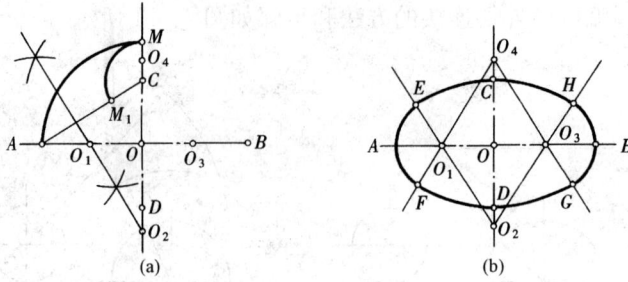

图 1-73 四心圆弧法作椭圆

(a) 已知椭圆的长短轴 AB、CD，连接 AC，并作 $OM=OA$，

又作 $CM_1=CM$ 及 AM_1 的垂直平分线交 AB 于 O_1，CD 于 O_2，作 $OO_3=OO_1$，

$OO_4=OO_2$；(b) 连 O_1O_2、O_1O_4、O_3O_2、O_3O_4 并延长，分别以 O_1、O_3、O_2、O_4

为圆心，以 O_1A、O_3B、O_2C、O_4D 为半径作弧，使各弧相接于 E、F、G、H，即得所求

第二章　投影的基本知识

建筑工程中所使用的图样是根据投影的方法绘制的。投影原理和投影方法是绘制投影图的基础，也是绘制和识读各种工程图样的基础。本章主要介绍正投影法的基本原理和三面正投影图的形成及其基本规律。

第一节　投影的概念与分类

一、投影的概念

光线照射物体时，在地面或墙面上便会出现影子；当光线的照射角度或距离改变时，影子的位置和形状也随之改变。这些都是生活中的常见现象。人们从这些现象中认识到影子是在有光线、物体和投影面的条件下产生的。影子是灰黑一片的，只能反映物体底部的轮廓，而上部的轮廓则被黑影所代替，不能表达物体的真面目，如图 2-1（a）所示。

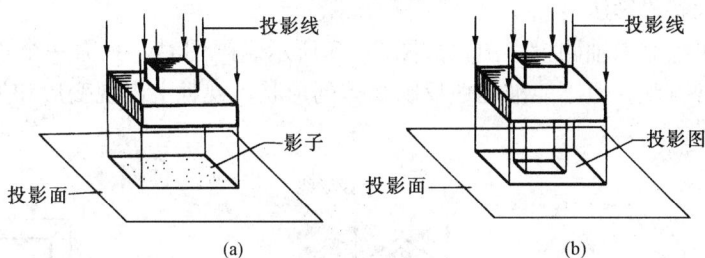

图 2-1　影子与投影
(a) 影子；(b) 投影

如果假设光线能够透过物体，使组成物体的各棱线都能在投影面上投落下它们的影子，这样的影子，不但能反映物体的外形，也能反映物体上部和内部的情况，如图 2-1（b）所示。我们把这时所产生的影子称为投影，通常也称投影图，能够产生光线的光源称为投影中心，而光线称为投影线，承接影子的平面称为投影面。

建筑工程图样是按照投影的原理和方法绘制的。

二、投影的分类

投影分为中心投影和平行投影两类。

（一）中心投影

投影中心 S 在有限的距离内发出放射状的投影线，用这些投影线作出的投影，称为中心投影，如图 2-2 所示。作出中心投影的方法称为中心投影法。

用中心投影法绘制的物体投影图称为透视图，如图 2-3 所示。它只需一个投影面，其特点是图形逼真、直观性强，但作图复杂，物体各部分的确切形状和大小都不能直接在图中度量出来，故不能作为施工图使用，仅适用于建筑设计方案的比较及工艺美术和宣传广告画等。

（二）平行投影

当投影中心 S 移至无限远处时，投影线将依一定的投影方向平行地投射下来。用平行投影线作出的投影，称为平行投影，如图 2-4（a）、（b）所示。作出平行投影的方法称为平行投影法。

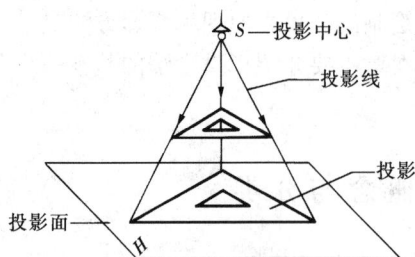

图 2-2　中心投影

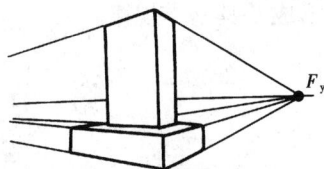

图 2-3　透视图

根据投影线与投影面的角度不同，平行投影又可分为斜投影和正投影。

1. 斜投影

投影方向倾斜于投影面时所作出的平行投影，称为斜投影，如图 2-4（a）所示。作出斜投影的方法称为斜投影法。

用斜投影法可绘制斜轴测投影图，如图 2-5 所示。画图时，只需一个投影面。其特点是立体感强，非常直观，但不能准确地反映物体的形状，视觉上出现变形和失真，只能作为工程上的辅助图样。

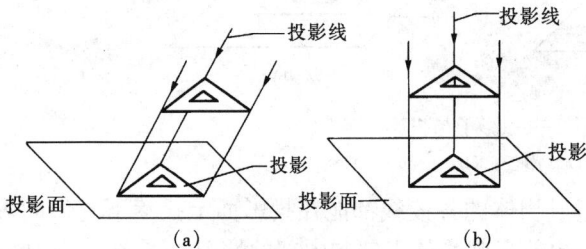

图 2-4　平行投影
（a）斜投影；（b）正投影

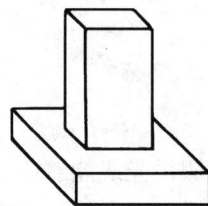

图 2-5　斜轴测投影图

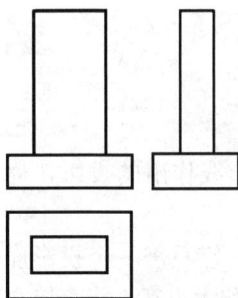

图 2-6　正投影图

2. 正投影

投影方向垂直于投影面时所作出的平行投影，称为正投影，如图 2-4（b）所示。作出正投影的方法称为正投影法。

用正投影法在两个或两个以上相互垂直的，并平行于物体主要侧面的投影面上分别获得同一物体的正投影，然后按规则展开在一个平面上，便得到物体的多面正投影图，如图 2-6 所示。

正投影图的特点是作图较其他方法简便，便于度量，但缺乏立体感，需经过一定的训练才能看懂。

第二节 正投影的基本特性

在建筑制图中，最常使用的投影法是正投影法。正投影有全等性、积聚性、类似性的特性。

一、全等性

当直线段平行于投影面时，其投影与直线段等长，如图2-7所示；当平面图形平行于投影面时，其投影与平面图形全等，如图2-8所示。这种投影的直线段的长度和平面图形的形状和大小，都可直接从投影图中确定和度量。这种特性称为全等性，这种投影称为实形投影。

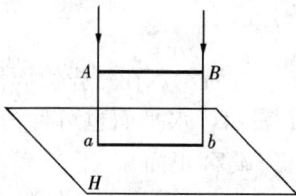

图2-7 直线段平行投影面   图2-8 平面图形平行投影面

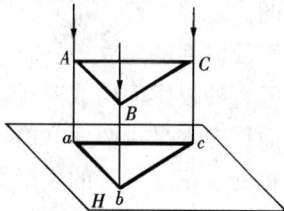

二、积聚性

当直线段垂直于投影面时，其投影积聚成一点，如图2-9所示；当平面图形垂直于投影面时，其投影积聚成一直线段，如图2-10所示。这种特性称为积聚性，这种投影称为积聚投影。

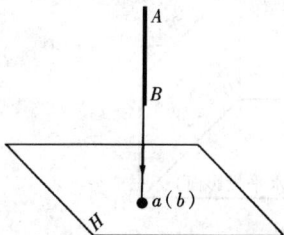

图2-9 直线段垂直投影面   图2-10 平面图形垂直投影面

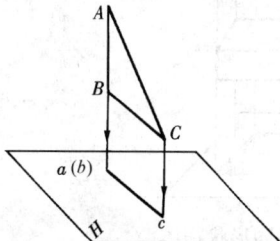

三、类似性

当直线段倾斜于投影面时，其投影仍是直线段，但比实长短，如图2-11所示；当平面图形倾斜于投影面时，其投影与平面形类似，但比实形小，如图2-12所示。这种特性称为类似性。

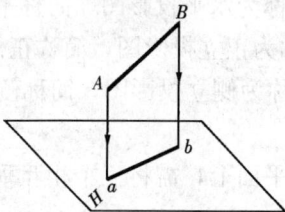

图2-11 直线段倾斜投影面   图2-12 平面图形倾斜投影面

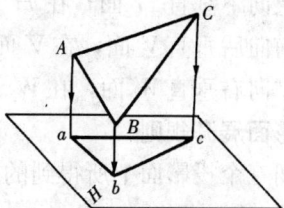

由于正投影不仅具有反映实长、实形的特性，而且投影方向规定垂直于投影面，便于作图。因此，大多数的工程图样都用正投影法画出。以下各章节提及投影二字，除特别说明外，均指正投影。

第三节 三面正投影图

当投影方向、投影面确定后，物体在一个投影面上的投影图是唯一的，但一个投影图只能反映物体一个面的形状和尺寸，并不能完整地反映它的全部面貌。图 2-13 所示空间三个不同形状的物体，它们在同一个投影面上的投影，却是相同的，所以该投影是不能反映三个不同物体的形状和大小的。

那么，需要几个投影图才能准确而全面地表达物体的形状和大小呢？一般需要两个或两个以上的投影图。

一、三投影面体系的建立

三个相互垂直的投影面构成三投影面体系，如图 2-14 所示。在三投影面体系中，呈水平位置的投影面称为水平投影面（简称水平面），用 H 表示，水平面也可称为 H 面；与水平投影面垂直相交呈正立位置的投影面称为正立投影面（简称正面），用 V 表示，正面也可称为 V 面；位于右侧与 H、V 同时垂直相交的投影面称为侧立投影面（简称侧面），用 W 表示，侧面也可称为 W 面。

三个投影面的两两相交线 OX、OY、OZ 称为投影轴，它们相互垂直。三投影轴相交于一点 O，称为原点。

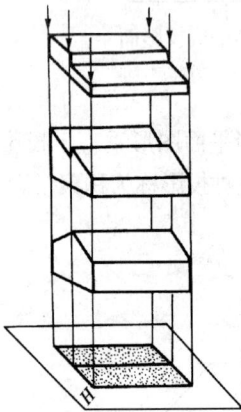

图 2-13 不同形状物体
的单面投影

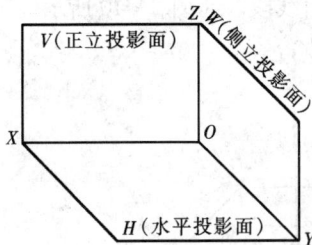

图 2-14 三投影面的建立

二、三面正投影图的形成

将物体置于图 2-15 所示 H 面之上，V 面之前，W 面之左的空间，用分别垂直于三个投影面的平行投影线投影，可得到物体在三个投影面上的正投影图。

投影线由上向下垂直 H 面，在 H 面上产生的投影称为水平投影图，简称平面图；

投影线由前向后垂直 V 面，在 V 面上产生的投影称为正立投影图，简称正面图；

投影线由左向右垂直 W 面，在 W 面上产生的投影称为侧立投影图，简称侧面图。

三、三投影面展开规则

为了把空间三个投影面上所得到的投影图画在一个平面上，需将三个相互垂直的投影面展开摊平成一个平面。

展开规则是，V 面保持不动，H 面绕 OX 轴向下翻转 $90°$，W 面绕 OZ 轴向右翻转 $90°$，则它们就和 V 面处在同一平面上，如图 2-16 所示。

三个投影面展开后，三条投影轴成为两条垂直相交的直线。原 OX、OZ 轴的位置不变，OY 轴则分为两条，在 H 面上的用 OY_H 表示，它与 OZ 轴成一直线；在 W 面上的用 OY_W

表示，它与 OX 轴成一直线。

　　 H、V、W 面的相对位置是固定的，投影图与投影面的大小无关。作图时，不必画出投影面的边界，也不必标注投影面、投影轴和投影图的名称，如图 2-17 所示。在工程图样中，投影轴一般可不画出来，如图 2-18 所示。但在初学投影作图时，最好将投影轴保留，并用细实线画出。

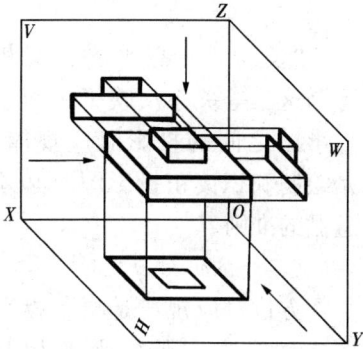

图 2-15　投影图的形成

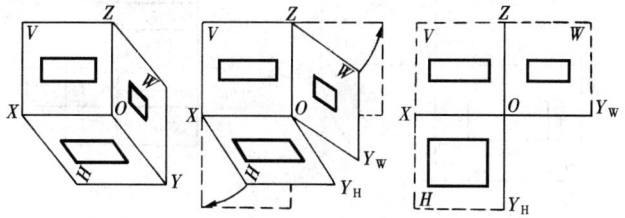

图 2-16　三个投影面的展开

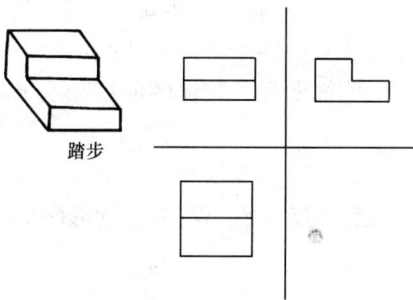

图 2-17　踏步三面正投影图

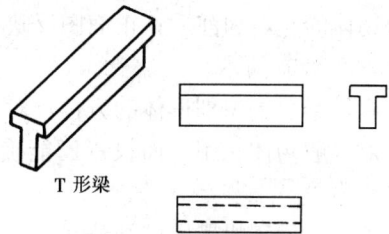

图 2-18　T 形梁正投影图

四、三面正投影图的投影规律

　　空间物体都有长、宽、高三个方向的尺度，在作投影图时，对物体的长度、宽度和高度方向，统一按下述方法确定。

　　当物体的正面确定之后，其左右方向的尺寸称为长度，前后方向的尺寸称为宽度，上下之间的尺寸称为高度，如图 2-19 所示。

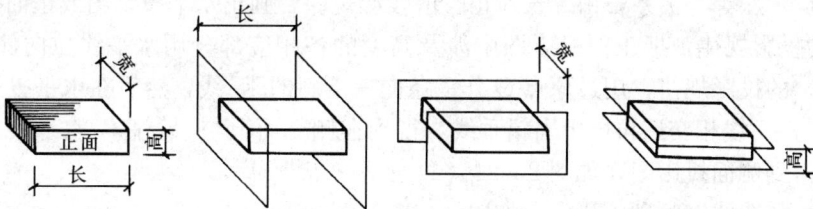

图 2-19　物体的长、宽、高

　　三面投影图是从三个不同方向投影而得到的，对于同一物体，其三面投影图之间既有区别，又有联系。从图 2-20 中可以看出三面正投影图具有下述投影规律。

（一）投影对应规律

投影对应规律是指各投影图之间在量度方向上的相互对应。

由图 2 - 20（b）可知，H 投影和 V 投影在 X 轴方向都反映物体的长度，它们的位置左右应对正，这种关系称为"长对正"；V 投影和 W 投影在 Z 轴方向都反映物体的高度，它们的位置上下应对齐，这种关系称为"高平齐"；H 投影和 W 投影在 Y 轴方向都反映了物体的宽度，这种关系称为"宽相等"。

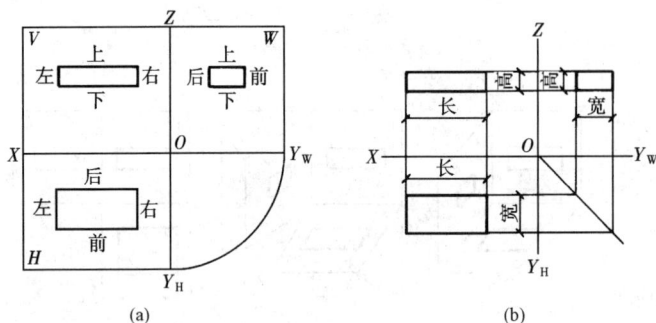

图 2 - 20　三个投影面展开后的位置

"长对正、高平齐、宽相等"这三等关系反映了三面正投影图之间的投影对应规律，是绘制和识读正投影图时必须遵循的准则。

（二）方位对应规律

方位对应规律是指各投影图之间在方向位置上的相互对应。

任何物体都有上、下、左、右、前、后六个方位。在三面投影图中，每个投影图各反映其中四个方位的情况，即平面图反映物体的左右和前后；正面图反映物体的左右和上下；侧面图反映物体的前后和上下，如图 2 - 20（a）所示。

在投影图上识别形体的方位，对识图将有很大的帮助。

对一般物体，用三面投影已能确定其形状和大小，因此 H、V、W 三个投影面称为基本投影面。

五、三面正投影图的画法

熟练掌握物体三面正投影图的画法是绘制和识读工程图样的重要基础。下面是画三面正投影图的具体方法和步骤：

（1）先画出水平和垂直十字相交线，以作为正投影图中的投影轴，如图 2 - 21（b）所示；

（2）根据物体在三投影面体系中的放置位置，先画出能够反映物体特征的正面投影图或水平投影图，如图 2 - 21（c）所示；

（3）根据"三等"关系，由"长对正"的投影规律，画出水平投影图或正面投影图；由"高平齐"的投影规律，把正面投影图中涉及高度的各相应部分用水平线拉向侧立投影面；由"宽相等"的投影规律，用过原点 O 作一条向右下斜的 45°线，然后在水平投影图上向右引水平线，与 45°线相交后再向上引铅垂线，得到在侧立面上与"等高"水平线的交点，连接关联点而得到侧面投影图，如图 2 - 21（d）所示；

（4）擦去作图线，整理、描深，如图 2 - 21（e）。

由于在制图时，只要求各投影图之间的"长、宽、高"关系正确，因此，在实际工程图中，一般不画投影轴，各投影图的位置也可以灵活安排，有时各投影图还可以不画在同一张图纸上。

六、镜像投影

在建筑工程中，建筑物的有些部位或构件的图样直接用正投影法绘制时，难于表达其真

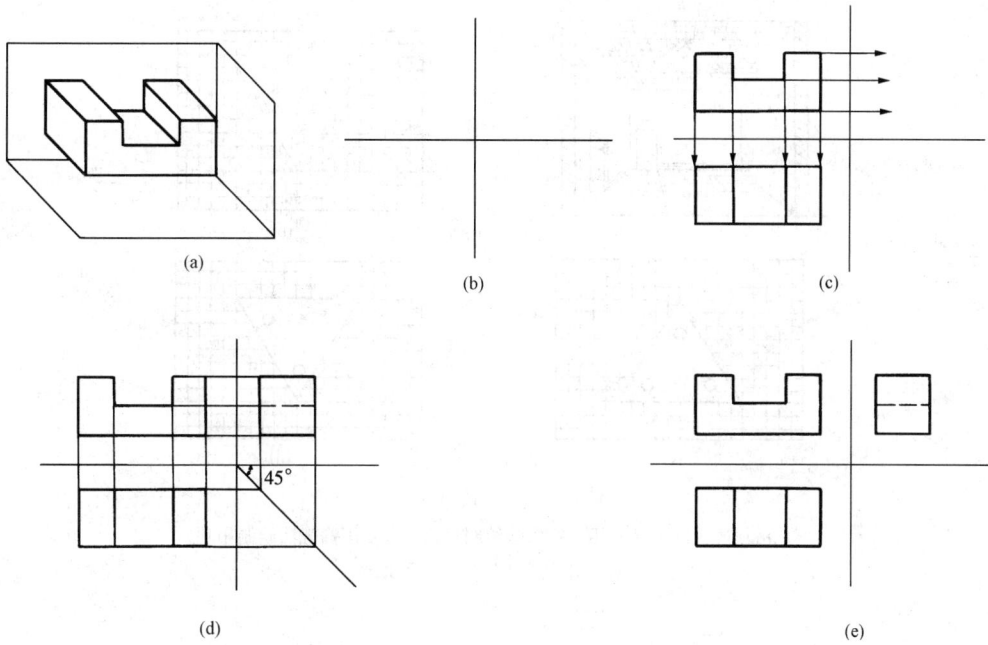

图 2-21　三面正投影图画法步骤

实形状，甚至会出现与实际相反的情况，造成施工误会。对于这类图样可采用与正投影法不同的镜像投影法绘制。

　　镜像投影法就是假设把玻璃镜面放在物体的下面，代替水平投影面 H，在镜面中得到反映物体底面形状的图像。所得到的图像称为镜像投影图，如图 2-22（a）所示。用镜像投影法绘制的平面图应在图名后注写"镜像"二字，如图 2-22（b）所示，或按图 2-22（c）画出镜像投影识别符号。

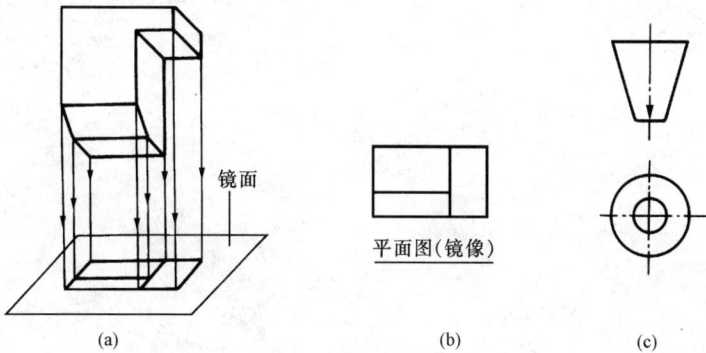

平面图（镜像）

图 2-22　镜像投影法

　　镜像投影法一般用于绘制建筑室内顶棚的装饰平面图。例如吊顶图案［如图 2-23（a）所示］的施工图，若采用一般正投影法［如图 2-23（b）所示］，吊顶图样均为虚线，不利于看图施工；若采用仰视画法［如图 2-23（c）所示］，则吊顶图样与实际情况相反，容易造成施工误会；如果我们采用镜像投影法，把地面看作是一面镜子，从中得到正确的顶棚平面图（镜像）［如图 2-23（d）所示］，它能真实反映吊顶图案的实际情况，有利于施工。

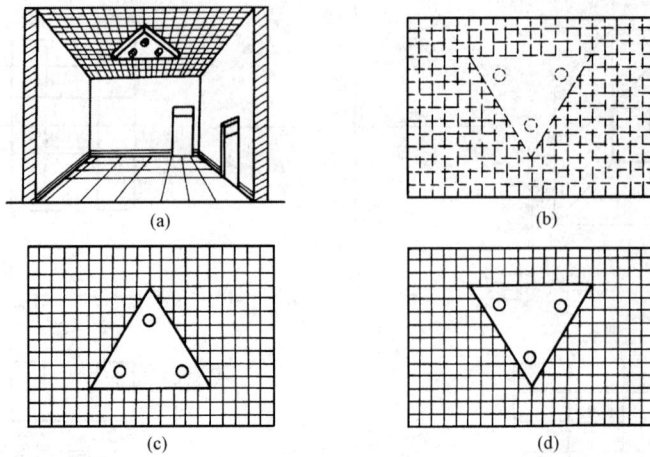

图 2 - 23　吊顶示意图

(a) 吊顶透视图；(b) 用正投影法绘制吊顶；(c) 用仰视法绘制吊顶；

(d) 用镜像投影法绘制吊顶

第三章 点、直线、平面的投影

点、直线、平面是组成物体表面形状的基本几何元素，要正确地画出物体的投影图，必须先掌握组成物体表面形状的基本几何元素的投影特性和作图方法。

第一节 点 的 投 影

一、点的三面投影

将空间点 A 置于三投影面体系中，由 A 点分别向三个投影面作垂线（即投影线），三个垂足就是点 A 在三个投影面上的投影。用相应的小写字母 a、a'、a'' 表示，如图 3-1 所示。

投影法规定：空间点用大写字母表示；H 面投影用相应的小写字母表示；V 面投影用相应的小写字母并在右上角加一撇表示；W 面投影用相应的小写字母并在右上角加两撇表示。如点 B 的三面投影，分别用 b、b'、b'' 表示。以后学习线、面、体的投影都按此规定标注。

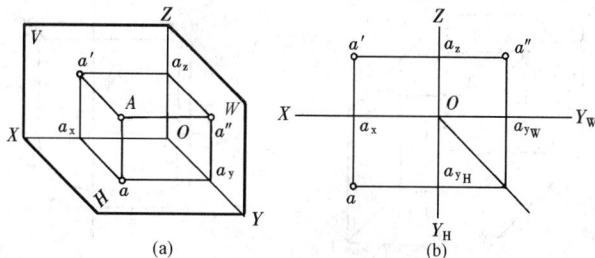

图 3-1 点的三面投影
(a) 直观图；(b) 投影图

二、点的投影规律

在图 3-1 中，过空间点 A 的两条投影线 Aa、Aa' 决定的平面 $Aa'a_xa$ 同时垂直于 H 面和 V 面，因此，该平面与 H 面和 V 面的交线必互相垂直，即 $aa_x \perp a'a_x$、$aa_x \perp OX$、$a'a_x \perp OX$。当 V 面和 H 面展开后，点 A 的水平投影 a 与正面投影 a' 的连线，垂直于 OX 轴，即 $aa' \perp OX$。同理可分析出，$a'a'' \perp OZ$。

平面 $Aa'a_xa$ 为矩形，其对边相等，即 $a'a_x = Aa$、$aa_x = Aa'$。而 Aa 和 Aa' 分别表示空间点 A 到 H 面和 V 面的距离。因此，$a'a_x$、aa_x 分别表示点 A 到 H、V 面的距离。

从以上分析可以得出点在三投影面体系中的投影规律：

(1) 点的水平投影和正面投影的连线垂直于 OX 轴，即 $aa' \perp OX$。

(2) 点的正面投影和侧面投影的连线垂直与 OZ 轴，即 $a'a'' \perp OZ$。

(3) 点的水平投影到 OX 轴的距离等于点的侧面投影到 OZ 轴的距离，即 $aa_x = a''a_z$。

(4) 点到某一投影面的距离，等于该点在另两个投影面上的投影到其相应投影轴的距离。

不难看出，点的三面投影也符合"长对正、高平齐、宽相等"的投影规律。这些规律也说明，在点的三面投影图中，任何两个投影都能反映出点到三个投影面的距离。因此，只要给出点的任何两个投影，就可以求出第三个投影。

【例 3-1】 已知点 B 的两面投影 b'、b''，求作其水平投影 b。

作法：如图 3-2 所示。

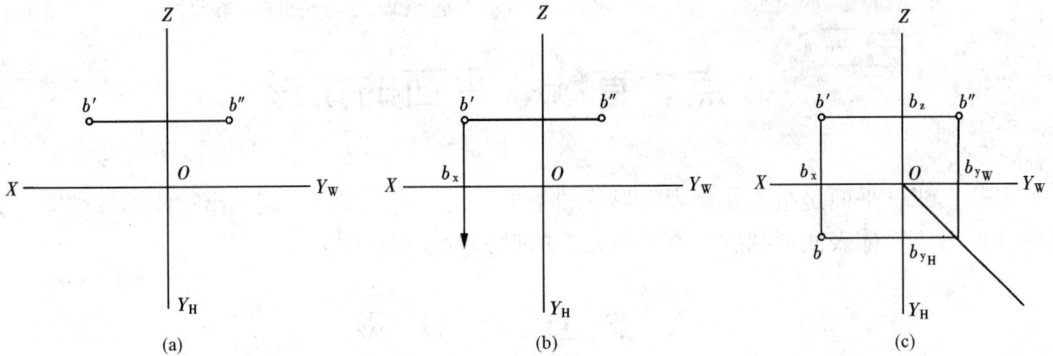

图 3-2 已知点的两面投影求第三面投影

(a) 已知点 B 的两投影 $b'b''$；(b) 过 b' 作 OX 轴的垂直线 $b'b_x$；(c) 在 $b'b_x$ 的延长线上截取 $bb_x = b''b_z$，b 即为所求

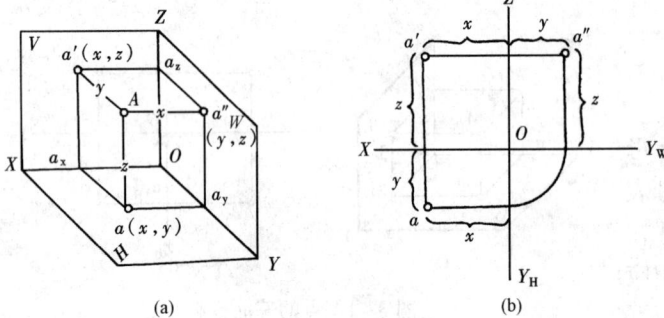

图 3-3 点的坐标

(a) 直观图；(b) 投影图

三、点的坐标

(一) 点的坐标

在三投影面体系中，点在空间的位置可由该点到三个投影面的距离来确定。如果把图 3-3 (a) 的三投影面体系看作空间直角坐标系，投影轴 OX、OY、OZ 相当于坐标轴 X、Y、Z，投影面 H、V、W 相当于坐标面，投影轴原点 O 相当于坐标系原点。则空间点 A 到三投影面的距离，就是该点的三个坐标（用小写字母 x、y、z 表示）。即：

点 A 到 W 面的距离为 x 坐标；点 A 到 V 面距离为 y 坐标；点 A 到 H 面的距离为 z 坐标。因此，点 A 的空间位置，可以用 A（x、y、z）表示。

已知点的三个坐标，可以作出该点的三面投影图。相反地，已知点的三面投影图，也可以量出该点的三个坐标值。

【例 3-2】 已知点 A（18，12，14），求作点 A 的三面投影图。

作法：如图 3-4 所示。

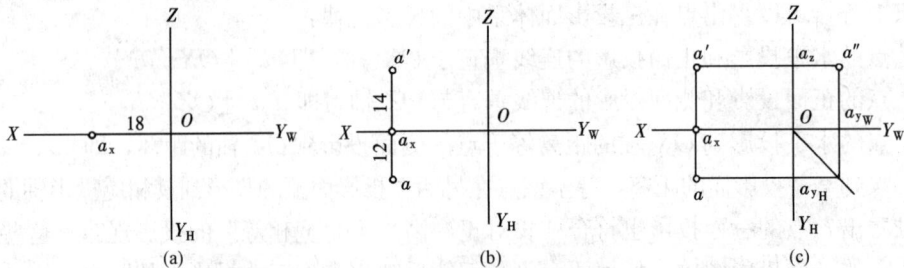

图 3-4 根据点的坐标作投影图

(a) 在 OX 轴上取 $Oa_x = 18\text{mm}$；(b) 过 a_x 作 OX 轴的垂直线，在其上取 $aa_x = 12\text{mm}$，$a'a_x = 14\text{mm}$，得 a 和 a'；

(c) 根据 a 和 a' 求出 a''

（二）特殊位置点的投影

在投影面、投影轴或坐标原点上的点，称为特殊位置的点。

当点在某一投影面上，它的坐标必有一个为零。当点在某一投影轴上，它的坐标必有两个为零。当点在坐标原点 O 上，它的坐标均为零。

1. 投影面上的点

如图 3-5（a）所示，如果点 A 在 H 面上，坐标 z 等于零。点 A 的 H 投影 a 与 A 重合，V 投影 a' 落在 OX 轴上，W 投影 a'' 落在 OY 轴上（展开后应在 OY_W 轴上）。

由此，可以得出投影面上点的投影特点：投影面上的点，一个投影为该点所在投影面上的原来位置，其余两个投影分别在围成该投影面的两个投影轴上。

2. 投影轴上的点

图 3-5（b）表示点 B 在 OX 轴上，坐标 y、z 都等于零。点 B 的 H 投影 b 和 V 投影 b' 与 B 均重合在 OX 轴上，点 B 的 W 投影 b'' 落在坐标原点 O 上。

由此，可以得出投影轴上点的投影特点：投影轴上点的投影，有两个投影在同一投影轴上，另一个投影在坐标原点。

3. 坐标原点的点

图 3-5（c）表示点 C 在坐标原点 O 上，x、y、z 三个坐标都等于零，点 C 的三个投影 c、c'、c'' 和 C 均与坐标原点 O 重合。

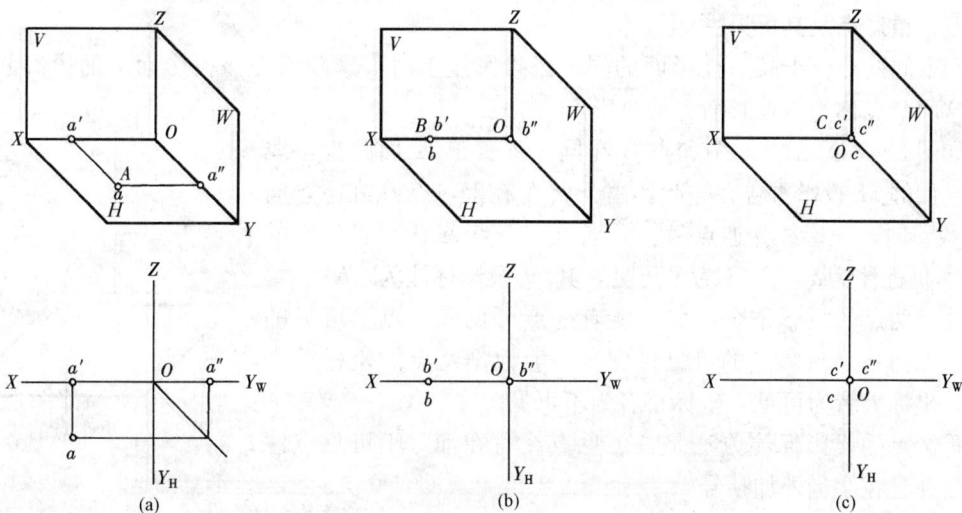

图 3-5　特殊位置点的投影
（a）点在投影面上；（b）点在投影轴上；（c）点在原点

在特殊位置点的三面投影图中，空间点可不标注，其三个投影的符号，应写在相应的投影面上。

四、两点的相对位置

空间两点的相对位置，是指两点间的前后、左右和上下位置关系，可分别在它们的三面投影中反映出来。

H 投影反映出它们的前后、左右关系；V 投影反映出它们的左右、上下关系；W 投影反映出它们的前后、上下关系。

　　在三面投影图中，x 坐标可确定点在三投影面体系中的左右位置，y 坐标可确定点的前后位置，z 坐标可确定点的上下位置。

　　因此，只要将空间两点同面投影的坐标值加以比较，就可判断出两点的左右、前后、上下位置关系。坐标大者为左、前、上，坐标小者为右、后、下。

　　【例 3 - 3】　试判断图 3 - 6 所示 A、B 两点的相对位置。

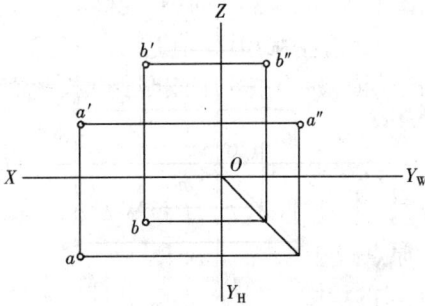

图 3 - 6　两点的相对位置

判断：

　　从两点的 H、V 面投影来看，A 点的 x 坐标比 B 点的 x 坐标大，即 $x_A > x_B$，说明 A 点在 B 点的左方，B 点在 A 点的右方。

　　从两点的 H、W 面投影来看，A 点的 y 坐标比 B 点的 y 坐标大，即 $y_A > y_B$，说明 A 点在 B 点的前方，B 点在 A 点的后方。

　　从两点的 V、W 面投影来看，A 点的 z 坐标比 B 点的 z 坐标小，即 $z_A < z_B$，说明 A 点在 B 点的下方，B 点在 A 点的上方。

　　将三面投影联系起来即可确定，A 点在 B 点的左、前、下方，或 B 点在 A 点的右、后、上方。

五、重影点及其可见性

　　当空间两点位于某一投影面的同一条投影线上时，这两点在该投影面上的投影必然重合，这两个点称为该投影面上的重影点。

　　如图 3 - 7 所示，点 A 和点 B 在同一垂直于 H 面的投影线上，它们的 H 投影重合在一起。由于点 A 在上，点 B 在下，向 H 面投影时，投影线先遇点 A，后遇点 B。点 A 为可见，它的 H 投影仍标注为 a，点 B 为不可见，其 H 投影标注为 (b)。

　　既然两点的投影重合，那么就有一点可见和一点不可见的问题。如何判别重影点的可见性呢？一般根据两点的坐标差来确定。坐标大者为可见，坐标小者为不可见。

　　重影点的投影标注方法是：可见点注写在前，不可见点注写在后并且在字母外加括号。

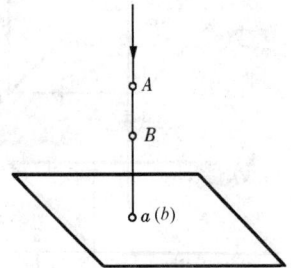

图 3 - 7　重影点的投影

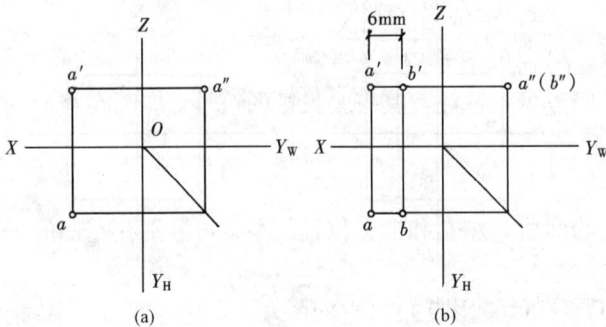

图 3 - 8　求作点的投影并判别可见性

　　【例 3 - 4】　已知点 A 的三面投影如图 3 - 8（a）所示。点 B 在点 A 的正右方 6mm，求作点 B 的三面投影，并判别重影点的可见性。

　　作法如下：

　　（1）由于 B 点在 A 点的正右方，故两点的 z 坐标和 y 坐标相同。过 a' 作水平线，向右量取 6mm，即为 b'；过 a 向右作水平线，由 b' 作 OX 轴的垂线交于 b 即为所求。第三

面投影 a''、b'' 重合，如图 3-8（b）所示。

（2）判别重影点的可见性，从图 3-8（b）可知，A、B 两点的侧面投影 a''、b'' 重合在一起，为重影点。因 $x_A > x_B$，从左向右投影时，点 A 在左可见，点 B 在右不可见，加上括号以示区别。

第二节 直线的投影

一、直线投影图作法

从几何学知道，直线的长度是无限的。直线的空间位置可由线上任意两点的位置确定，即两点可以确定一直线。

因此，作直线的投影时，只需求出直线上两个点的投影，然后将其同面投影连接，即为直线的投影。如果已知直线上的点 A（a，a'，a''）和 B（b，b'，b''），那么就可以画出直线 AB 的投影图，如图 3-9 所示。

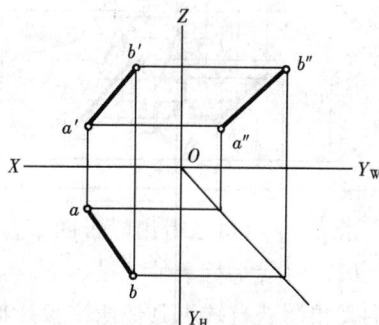

二、各种位置直线及投影特性

在三投影面体系中，直线对投影面的相对位置，有投影面平行线、投影面垂直线及投影面倾斜线三种情况。前两种称为特殊位置直线，后一种称为一般位置直线。

图 3-9 直线投影图作法

倾斜于投影面的直线与投影面之间的夹角，称为直线对投影面的倾角。直线对 H 面、V 面和 W 面的倾角，分别用 α、β 和 γ 表示。

（一）投影面平行线

平行于一个投影面而倾斜于另两个投影面的直线，称为投影面平行线。

投影面平行线分为三种情况：

（1）水平线，平行于 H 面，倾斜于 V、W 面的直线。

（2）正平线，平行于 V 面，倾斜于 H、W 面的直线。

（3）侧平线，平行于 W 面，倾斜于 H、V 面的直线。

这三种投影面平行线的直观图、投影图和投影特性见表 3-1。

表 3-1   投 影 面 平 行 线

名 称	直 观 图	投 影 图	投 影 特 性
水平线			1. $a'b' /\!/ OX$ $a''b'' /\!/ OY_W$ 2. $ab = AB$ 3. 反映 β、γ 实角

名　称	直 观 图	投 影 图	投 影 特 性
正平线	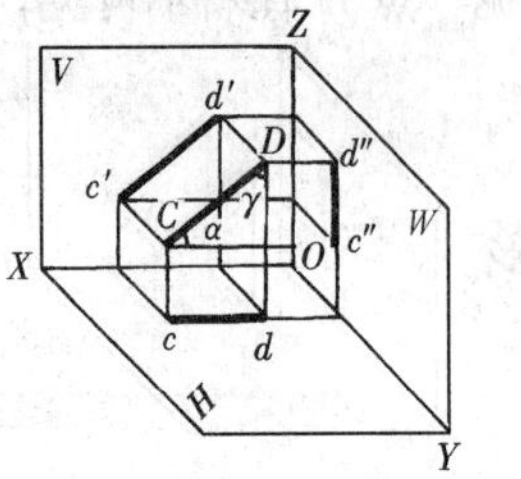	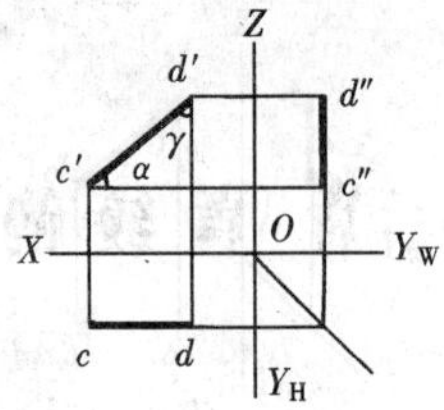	1. $cd /\!/ OX$ 　$c''d'' /\!/ OZ$ 2. $c'd'=CD$ 3. 反映 α、γ 实角
侧平线	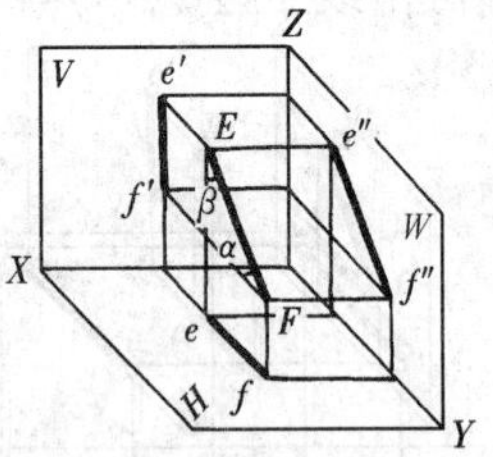	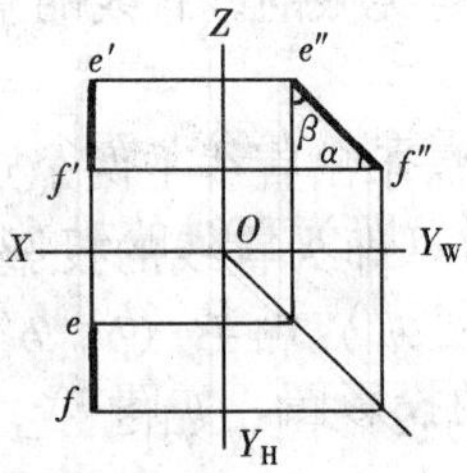	1. $ef /\!/ OY_H$ 　$e'f' /\!/ OZ$ 2. $e''f''=EF$ 3. 反映 α、β 实角

由表 3-1 可以得出投影面平行线的投影特性：

（1）直线平行于某一投影面，则在该投影面上的投影反映直线实长，并且该投影与投影轴的夹角反映直线对其他两个投影面的倾角。

（2）直线在另外两个投影面上的投影，分别平行于相应的投影轴，但不反映实长。

根据投影面平行线的投影特性，可判别直线与投影面的相对位置，即"一斜两直线，定是平行线；斜线在哪面，平行哪个面。"

（二）投影面垂直线

垂直于一个投影面而平行于另两个投影面的直线，称为投影面垂直线。

投影面垂直线分为三种情况：

（1）铅垂线，垂直于 H 面，平行于 V、W 面的直线。

（2）正垂线，垂直于 V 面，平行于 H、W 面的直线。

（3）侧垂线，垂直于 W 面，平行于 H、V 面的直线。

这三种投影面垂直线的直观图、投影图和投影特性见表 3-2。

表 3-2　　　　　　　　　　　投 影 面 垂 直 线

名　称	直 观 图	投 影 图	投 影 特 性
铅垂线	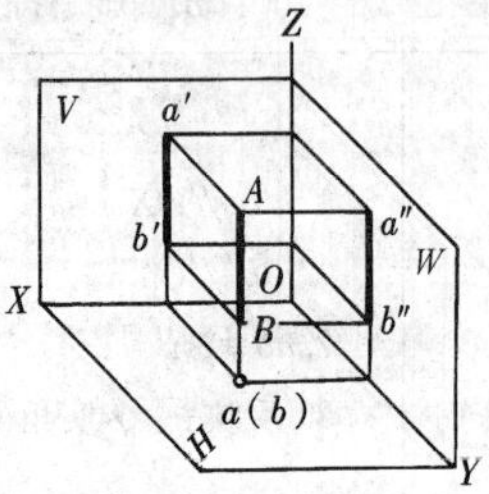	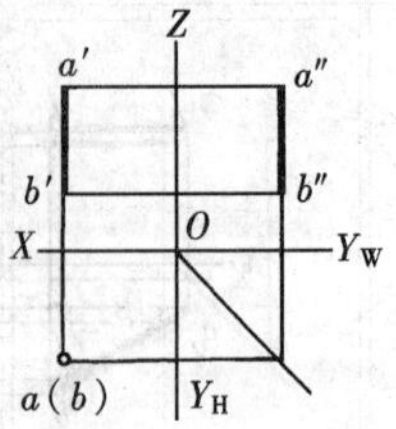	1. ab 积聚成一点 2. $a'b' \perp OX$ 　$a''b'' \perp OY_W$ 3. $a'b'=a''b''=AB$

名　称	直　观　图	投　影　图	投　影　特　性
正垂线			1. $c'd'$ 积聚成一点 2. $cd \perp OX$ 　 $c''d'' \perp OZ$ 3. $cd = c''d'' = CD$
侧垂线			1. $e''f''$ 积聚成一点 2. $ef \perp OY_H$ 　 $e'f' \perp OZ$ 3. $ef = e'f' = EF$

由表 3-2 可以得出投影面垂直线的投影特性：

(1) 直线垂直于某一投影面，则在该投影面上的投影积聚为一点。

(2) 直线在另外两个投影面上的投影分别垂直于相应的投影轴，且反映实长。

根据投影面垂直线的投影特性，可判别直线与投影面的相对位置，即"一点两直线，定是垂直线；点在哪个面，垂直哪个面。"

（三）一般位置直线

与三个投影面均倾斜的直线，称为一般位置直线，如图 3-10 所示。

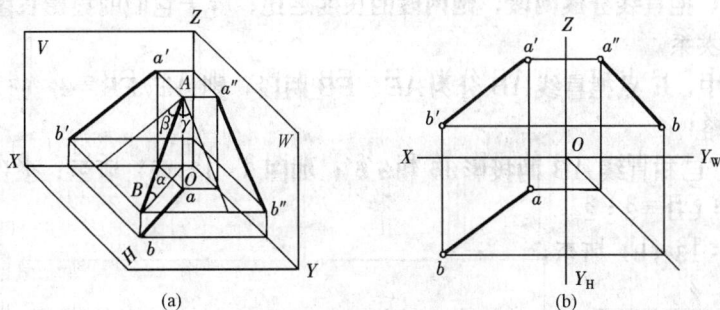

图 3-10　一般位置直线

(a) 直观图；(b) 投影图

由图 3-10 可以得出一般位置直线的投影特性：

(1) 直线倾斜于投影面，则三个投影均为倾斜于投影轴的直线，且不反映实长。

(2) 直线的三个投影与投影轴的夹角，均不反映直线对投影面的倾角。

根据一般位置直线的投影特性，可判别直线与投影面的相对位置，即"三个投影三斜线，定是一般位置线。"

三、直线上的点

（一）直线上点的投影

点在直线上，则点的各投影必定在该直线的同面投影上，并且符合点的投影规律；反之，如果点的各投影均在直线的同面投影上，且各投影符合点的投影规律，则该点必在直线上。

一般情况下，判断点是否在直线上，可由它们的任意两个投影来决定。在图 3-11 中，e 在 ab 上，e' 在 $a'b'$ 上，且 ee' 连线垂直于 OX 轴，则空间点 E 在直线 AB 上；f 在 ab 上，f' 不在 $a'b'$ 上，则空间点 F 不在直线 AB 上。

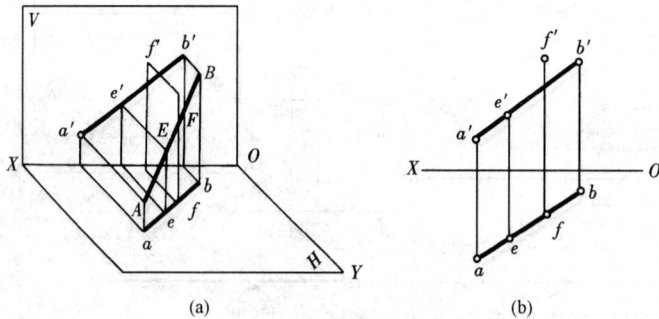

图 3-11　判别点是否在直线上

(a) 直观图；(b) 投影图

如果直线平行于某投影面时，还应根据直线所平行的投影面上的投影，才能判别点是否在直线上。在图 3-12 中，k 在 mn 上，k' 在 $m'n'$ 上，但是 k'' 不在 $m''n''$ 上，则空间点 K 不在直线 MN 上。

（二）直线上的点分割线段成定比

直线上一点，把直线分成两段，则两段的长度之比，等于它们的投影长度之比。这种比例关系称为定比关系。

在图 3-11 中，E 点把直线 AB 分为 AE、EB 两段，则 $AE/EB=ae/eb=a'e'/e'b'=a''e''/e''b''$（证明从略）。

【例 3-5】　已知直线 AB 的投影 ab 和 $a'b'$，如图 3-13 (a) 所示，求作直线上一点 C 的投影，使 $AC:CB=3:2$。

作法如图 3-13 (b) 所示：

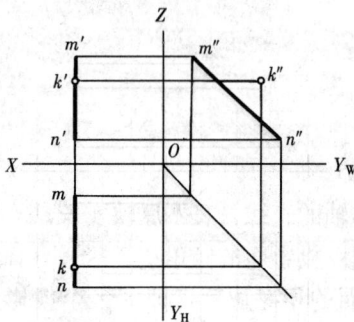

图 3-12　侧平线上的点

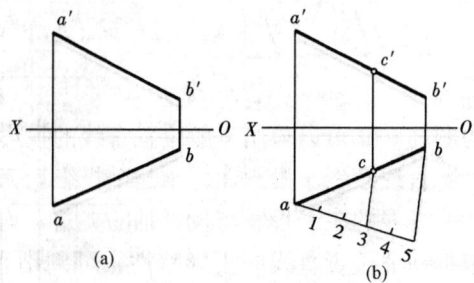

图 3-13　求作直线上点的投影

（1）过点 a 作一直线，在直线上量取 5 个单位，得分点 1、2、3、4、5，连接 $b5$。

（2）过点 3 作 $b5$ 的平行线，与 ab 相交于点 c。

（3）过 c 作 OX 轴的垂线并延长交 $a'b'$ 于 c'，则 c，c' 即为所求。

第三节 平 面 的 投 影

一、平面的表示方法

平面是广阔无边的，它在空间的位置可由下列任何一组几何元素来确定。因此，在投影图上，平面可以用确定其空间位置的几何元素来表示，如图 3-14 所示。

（1）不在同一直线上的三点，如图 3-14（a）所示。

（2）一直线及线外一点，如图 3-14（b）所示。

（3）两相交直线，如图 3-14（c）所示。

（4）两平行直线，如图 3-14（d）所示。

（5）平面图形，如图 3-14（e）所示。

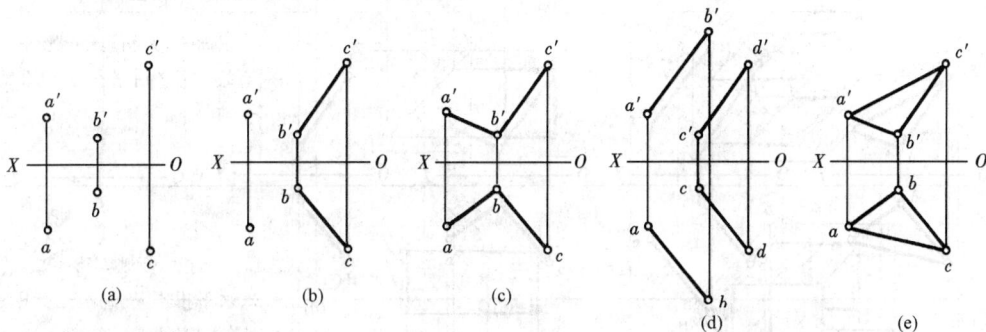

图 3-14 平面的表示方法

所谓确定位置，就是通过上列每一组元素，只能作出唯一的一个平面。通常用一个平面图形（如三角形、四边形、多边形、圆形等）来表示一个平面。如果说平面图形 ABC，则只表示在三角形 ABC 范围内的那部分平面；如果说平面 ABC，则表示通过三角形 ABC 的一个广阔无边的平面。

二、平面投影图作法

平面是由点、线所围成的。因此，求作平面的投影，实质上是求作点和线的投影。

图 3-15 所示空间一平面 ABC，若将其三个顶点 A、B、C 的三面投影作出，再将各点的同面投影连接起来，即为平面 ABC 的投影。

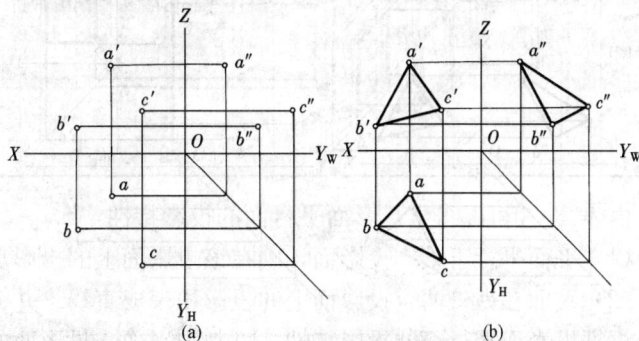

图 3-15 平面投影图作法

三、各种位置平面及投影特性

在三投影面体系中，平面对投影面的相对位置，有投影面平行面、投影面垂直面及投影面倾斜面三种情况。前两种称为特殊位置平面，后一种称为一般位置平面。

倾斜于投影面的平面与投影面之间的夹角，称为平面对投影面的倾角。平面对 H 面、V 面和 W 面的倾角，分别用 α、β 和 γ 表示。

（一）投影面平行面

平行于一个投影面而垂直于另外两个投影面的平面，称为投影面平行面。

投影面平行面分为三种情况：

（1）水平面，平行于 H 面，垂直于 V、W 面的平面。

（2）正平面，平行于 V 面，垂直于 H、W 面的平面。

（3）侧平面，平行于 W 面，垂直于 H、V 面的平面。

这三种投影面平行面的直观图、投影图和投影特性见表 3 - 3。

表 3 - 3   投 影 面 平 行 面

名　称	直　观　图	投　影　图	投　影　特　性
水平面			1. 水平投影反映实形 2. 正面投影及侧面投影积聚成一直线，且分别平行于 OX 轴及 OY_W 轴
正平面			1. 正面投影反映实形 2. 水平投影及侧面投影积聚成一直线，且分别平行于 OX 轴及 OZ 轴
侧平面			1. 侧面投影反映实形 2. 水平投影及正面投影积聚成一直线，且分别平行于 OY_H 轴及 OZ 轴

由表 3 - 3 可以得出投影面平行面的投影特性：

（1）平面平行于某一投影面，则在该投影面上的投影反映实形。

（2）平面在另外两个投影面上的投影积聚成直线，并分别平行于相应的投影轴。

根据投影面平行面的投影特性，可判别平面与投影面的相对位置，即"一框两直线，定是平行面；框在哪个面，平行哪个面"。

（二）投影面垂直面

垂直于一个投影面而倾斜于另外两个投影面的平面，称为投影面垂直面。

投影面垂直面分为三种情况：

（1）铅垂面，垂直于 H 面，倾斜于 V、W 面的平面。

（2）正垂面，垂直于 V 面，倾斜于 H、W 面的平面。

（3）侧垂面，垂直于 W 面，倾斜于 H、V 面的平面。

这三种投影面垂直面的直观图、投影图和投影特性见表 3 - 4。

表 3 - 4　　　　　　　　　投 影 面 垂 直 面

名　称	直 观 图	投 影 图	投 影 特 性
铅垂面	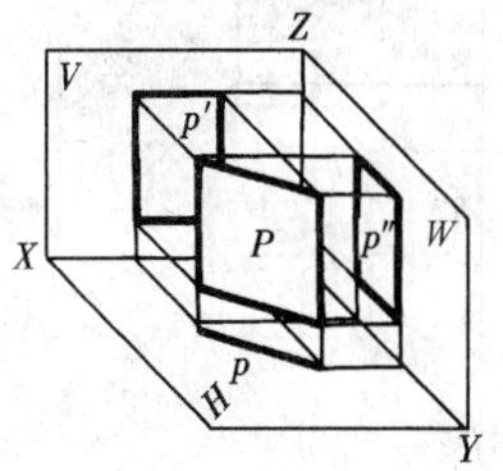	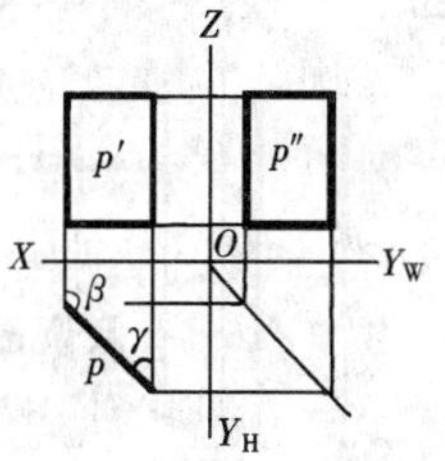	1. 水平投影积聚成一直线，并反映对 V、W 面的倾角 β、γ； 2. 正面投影和侧面投影为平面的类似形
正垂面	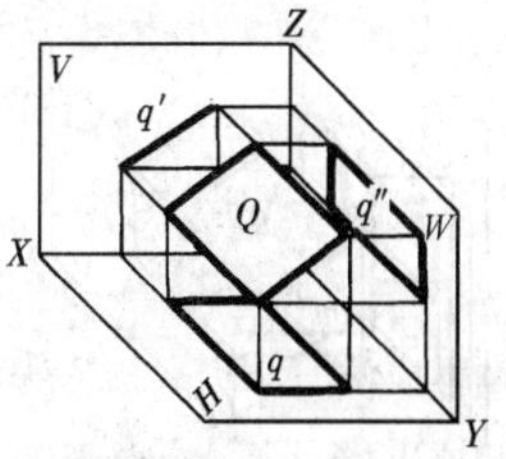	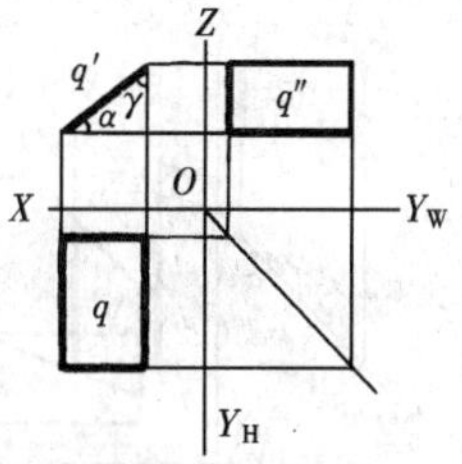	1. 正面投影积聚成一直线，并反映对 H、W 面的倾角 α、γ； 2. 水平投影和侧面投影为平面的类似形
侧垂面	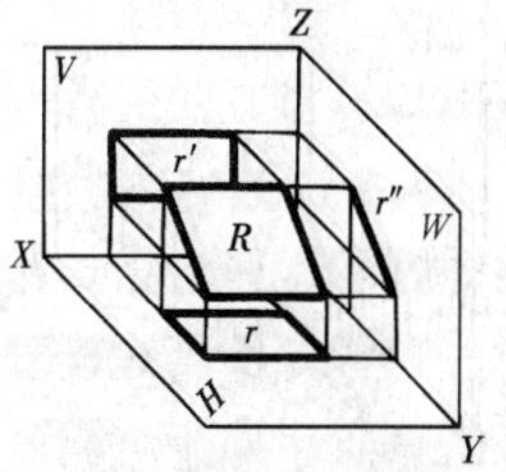	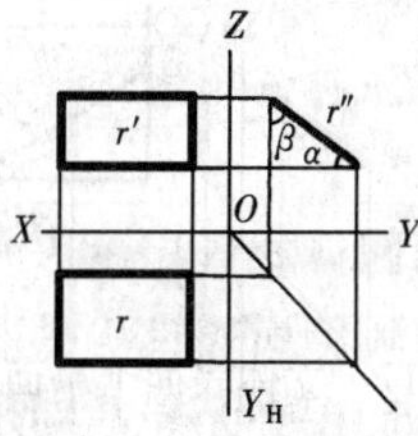	1. 侧面投影积聚成一直线，并反映对 H、V 面的倾角 α、β； 2. 水平投影和正面投影为平面的类似形

由表 3 - 4 可以得出投影面垂直面的投影特性：

（1）平面垂直于某一投影面，则在该投影面上的投影，积聚成一条倾斜于投影轴的直线，且此直线与投影轴的夹角反映空间平面对另外两个投影面的倾角。

（2）平面在另外两个投影面上的投影，均为缩小了的原平面的类似形线框。

根据投影面垂直面的投影特性，可判别平面与投影面的相对位置，即"两框一斜线，定是垂直面；斜线在哪面，垂直哪个面。"

（三）一般位置平面

与三个投影面均倾斜的平面，称为一般位置平面，如图 3 - 16 所示。

由图 3 - 16 可以得出一般位置平面的投影特性：平面倾斜于投影面，则三个投影既没有积聚性，也不反映实形，而是原平面图形的类似形。

根据一般位置平面的投影特性，可判别平面与投影面的相对位置。即"三个投影三个框，定是一般位置面。"

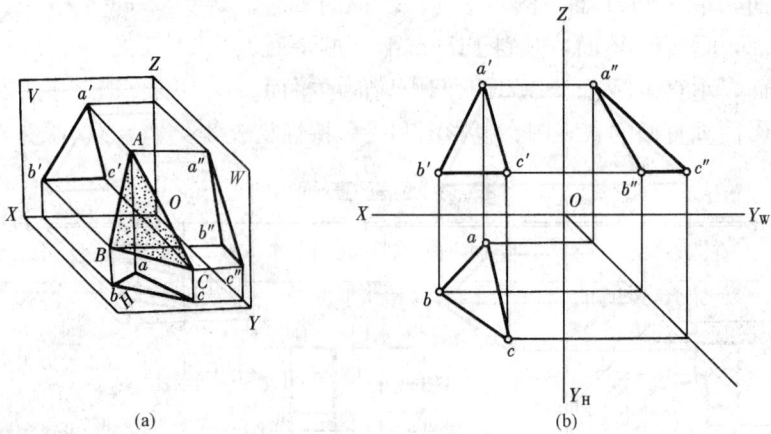

图 3 - 16　一般位置平面

(a) 直观图；(b) 投影图

【例 3 - 6】　试判断图 3 - 17 所示的立体表面上平面 ABGF、ABCDE、MNP 的空间位置。

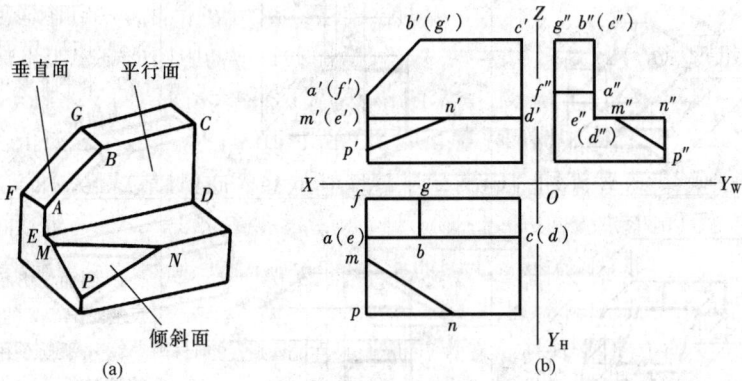

图 3 - 17　立体表面上平面的空间位置

(a) 直观图；(b) 投影图

由前述平面的投影特性可以判断：

(1) 图 3 - 17 中 ABGF 在 V 面的投影为一直线，而在 H、W 面上的投影为该平面的类似形，都为四边形线框，符合"两框一斜线，定是垂直面"的规律，且斜线在 V 面，故该平面垂直于正面，即平面 ABGF 为正垂面。

(2) 平面 ABCDE 在 V 面的投影为一五边形平面，在 H、W 面上的投影各为一直线，符合"一框两直线，定是平行面"的规律，且框在 V 面，故该平面平行于 V 面，即平面 ABCDE 为正平面。

(3) 平面 MNP 在三投影面上都为平面的类似形，即三角形线框，符合"三个投影三个框，定是一般位置面"的规律，故平面 MNP 为一般位置平面。

四、平面上的直线和点

(一) 平面上的直线

(1) 一直线若通过平面内的两点，则此直线必位于该平面上。如图 3 - 18 (a)、(b) 所示，直线 DE 上的点 D 在△ABC 的 BC 边上，点 E 在 AC 边上，故直线 DE 在△ABC 上。

（2）一直线通过平面上的一点，且平行于平面上的另一条直线，则此直线必位于该平面上。如图 3 - 18（a）、（c）所示，直线 BG 通过平面△ABC 上的一点 B，且平行于 AC，故直线 BG 在△ABC 上。

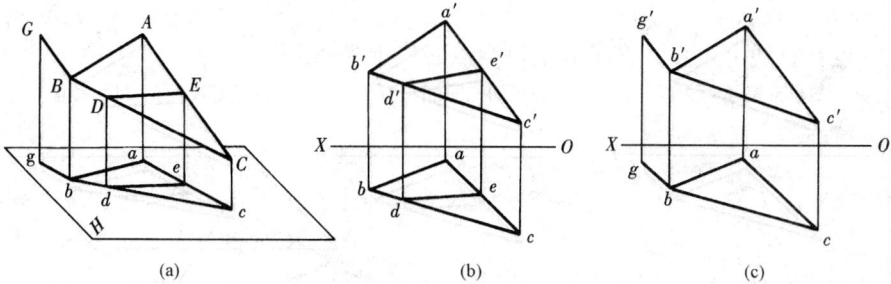

图 3 - 18　平面上的直线

（a）直观图；（b）、（c）投影图

综上所述，在已知平面上作直线时，一定要过平面上两已知点；或过平面上一已知点，且与该平面的另一条直线平行。

【例 3 - 7】　在已知图 3 - 19（a）所示△ABC 上任取一直线。

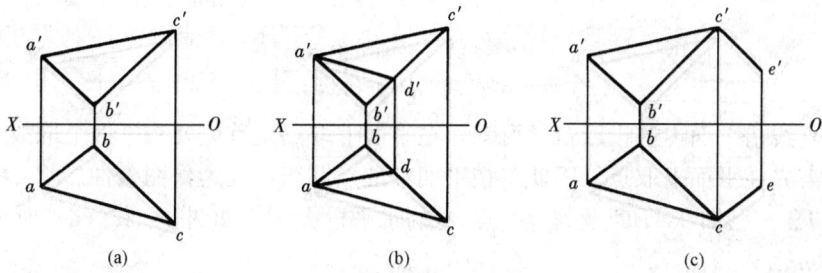

图 3 - 19　平面上取直线

此题有两种作法：

（1）过 a 作一直线与 bc 相交于 d，自 d 向上引垂线交 $b'c'$ 于 d'；连接 $a'd'$，则 ad 与 $a'd'$ 即为所求，如图 3 - 19（b）所示。

（2）过 c 作 ce // ab，过 c' 作 $c'e'$ // $a'b'$，ce 与 $c'e'$ 即为所求，如图 3 - 19（c）所示。

【例 3 - 8】　过点 A 在已知△ABC 上，如图 3 - 20（a）所示，作一正平线。

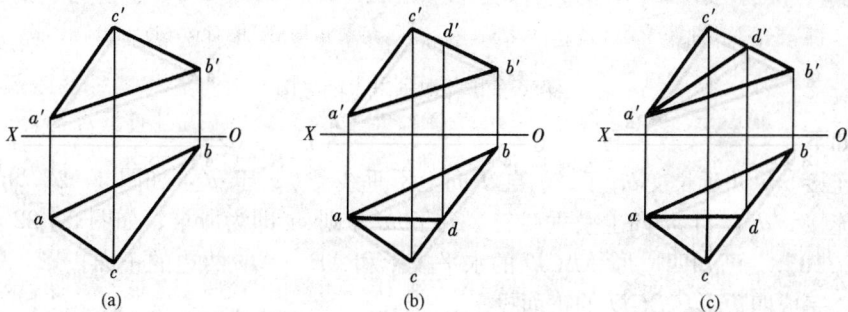

图 3 - 20　求作平面上正平线的投影

作法如下：

（1）过 a 作一平行于 OX 轴的直线与 bc 相交于 d，自 d 向上引垂线交 $b'c'$ 于 d'，如图 3 - 20（b）所示。

（2）连接 $a'd'$，则 ad 与 $a'd'$ 即为所求，如图 3 - 20（c）所示。

（二）平面上的点

如果一点在直线上，直线在平面上，则点必位于平面上。

如图 3 - 21 所示，点 F 在直线 DE 上，而 DE 在平面 ABC 上，因此，点 F 在平面 ABC 上。

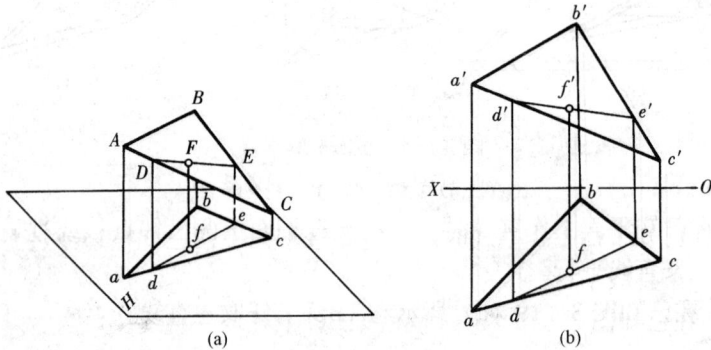

图 3 - 21 平面上的点

(a) 直观图；(b) 投影图

从点和直线在平面内的投影特性可知，在平面上取点，首先要在平面上取线。而在平面上取线，又需先在平面上取点。因此，在平面上取点取线，互为作图条件。

【例 3 - 9】 已知 $\triangle ABC$ 及其上一点 M 的水平投影 m，如图 3 - 22（a）所示，求作 M 的正面投影 m'。

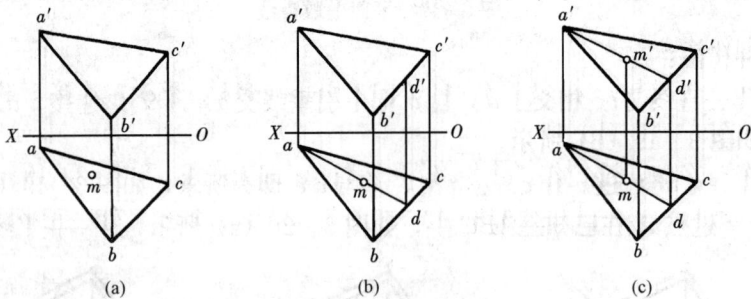

图 3 - 22 作平面上点的投影

(a) (b) (c)

作法如下：

（1）连接 am 并延长交 bc 于 d，自 d 向上引垂线交 $b'c'$ 于 d'，如图 3 - 22（b）所示；

（2）连接 $a'd'$，自 m 向上引垂线交 $a'd'$ 于 m'，则 m' 即为所求，如图 3 - 22（c）所示。

【例 3 - 10】 已知四边形 $ABCD$ 的水平投影和 AB、AD 两边的正面投影，如图 3 - 23（a）所示，完成四边形 $ABCD$ 的正面投影。

作法如下：

（1）连接 ac、bd 交于 e，过 e 向上引垂线与 $b'd'$ 相交于 e'，如图 3 - 23（b）所示；

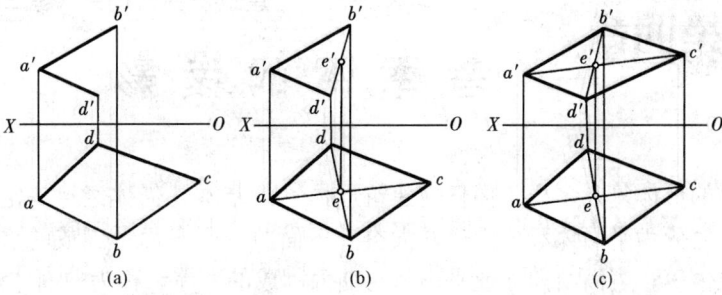

图 3 - 23 求作四边形的投影

（2）过 c 向上引垂线与 $a'e'$ 的延长线相交于 c'，连接 $b'c'$、$c'd'$ 即为所求，如图 3 - 23（c）所示。

第四章 基 本 体 的 投 影

工程建筑物的形体复杂多样，但任何建筑形体均由基本几何体经过一定方式组合而成。常见的基本几何体分为平面体和曲面体两大类。表面由若干平面形围成的立体称为平面体，如棱柱体、棱锥体等；表面由曲面或平面形与曲面围成的立体，称为曲面体，如圆柱体、圆锥体等。

第一节 平 面 体 的 投 影

平面体的每个表面均为平面多边形，故作平面体的投影，就是作出组成平面体的各平面形的投影。利用前面所学知识分析组成平面体表面的各平面形对投影面的相对位置及投影特性，对于正确作图是十分重要的。

一、棱柱体和棱锥体的投影

（一）棱柱体的投影

1. 棱柱体的形成

图4-1（a）所示的物体是一个三棱柱，它的上下底面为两个全等三角形平面且互相平行；侧面均为四边形，且每相邻两个四边形的公共边都互相平行。由这些平面组成的基本几何体为棱柱体，当底面为 n 边形时所组成的棱柱为 n 棱柱。

2. 投影分析

现以正三棱柱为例来进行分析，如图4-1（b）、（c）所示。

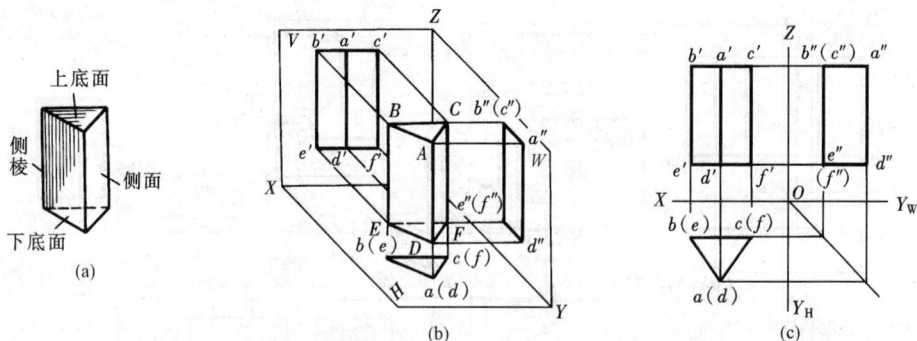

图4-1 正三棱柱体的投影
（a）三棱柱体；（b）直观图；（c）投影图

三棱柱的放置位置：上下底面为水平面，左前、右前侧面为铅垂面，后侧面为正平面。

在水平面上正三棱柱的投影为一个三角形线框，该线框为上下底面投影的重合，且反映实形。三条边分别是三个侧面的积聚投影。三个顶点分别为三条侧棱的积聚投影。

在正立面上正三棱柱的投影为两个并排的矩形线框，分别是左右两个侧面的投影。两个矩形的外围（即轮廓矩形）是左右侧面与后侧面投影的重合。三条铅垂线是三条侧棱的投影，并反映实长。两条水平线是上下底面的积聚投影。

在侧立面上正三棱柱的投影为一个矩形线框，是左右两个侧面投影的重合。两条铅垂线分别为后侧面的积聚投影及左右侧面的交线的投影。两条水平线是上下底面的积聚投影。

3. 投影特性

棱柱的三面投影，在一个投影面上是多边形，在另两个投影面上分别是一个或者是若干个矩形。

（二）棱锥体的投影

1. 棱锥体的形成

图 4-2（a）所示的物体是一个三棱锥，它的底面为三角形，侧面均为具有公共顶点的三角形。由这些平面组成的基本几何体为棱锥体，当底面为 n 边形时所组成的棱锥为 n 棱锥。

2. 投影分析

以正三棱锥为例进行分析，如图 4-2（b）、（c）所示。

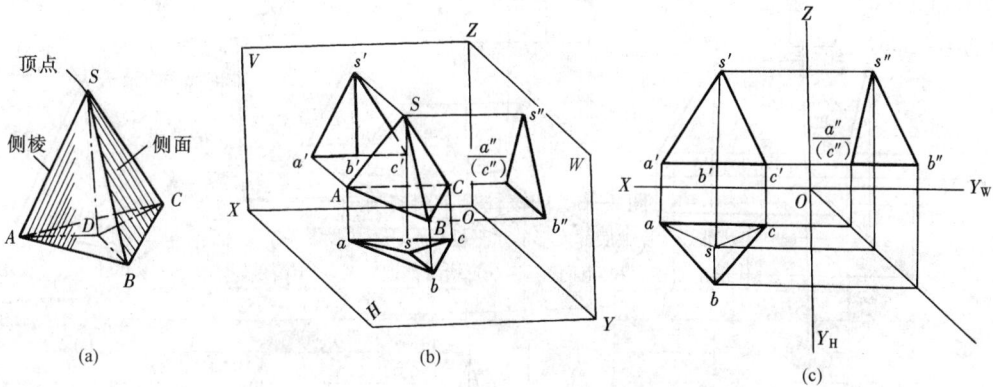

图 4-2　正三棱锥体的投影
（a）三棱锥体；（b）直观图；（c）投影图

正三棱锥的放置位置：底面为水平面，后侧面为侧垂面，左前、右前侧面为一般位置面。

在水平面上正三棱锥的投影为由三个三角形线框围成的大三角形线框。外形三角形线框是底面的投影，反映实形。顶点的投影 S 在三角形中心，它与三个角点的连线是三条侧棱的投影。三个小三角形是三个侧面的投影。

在正立面上正三棱锥的投影为三角形线框。水平线是底面的积聚投影；两条斜边和中间铅垂线是三条侧棱的投影。三角形线框内的小三角形分别为左右侧面的投影，外形三角形线框为后侧面的投影。

在侧立面上正三棱锥的投影为三角形线框。水平线是底面的积聚投影，斜边分别为后侧面的积聚投影及侧棱的投影。三角形线框是左右两个侧面的重合投影。

3. 投影特性

棱锥的三面投影，一个投影的外轮廓线为多边形，另两个投影为一个或若干个具有公共顶点的三角形。

综合上面两个例子，可知平面体的投影特点：

（1）求平面体的投影，实质上就是求点、直线和平面的投影。

（2）投影图中的线段可以仅表示侧棱的投影，也可能是侧面的积聚投影。

（3）投影图中线段的交点，可以仅表示为一点的投影，也可能是侧棱的积聚投影。

（4）投影图中的线框代表的是一个平面。

（5）当向某投影面作投影时，凡看得见的侧棱用实线表示，看不见的侧棱用虚线表示，当两条侧棱的投影重合时，仍用实线表示。

二、平面体投影图的画法

（1）已知四棱柱的底面及柱高，作四棱柱的投影图，画法如图 4-3 所示。

（2）已知六棱锥的底面及柱高，作六棱锥的投影图，画法如图 4-4 所示。

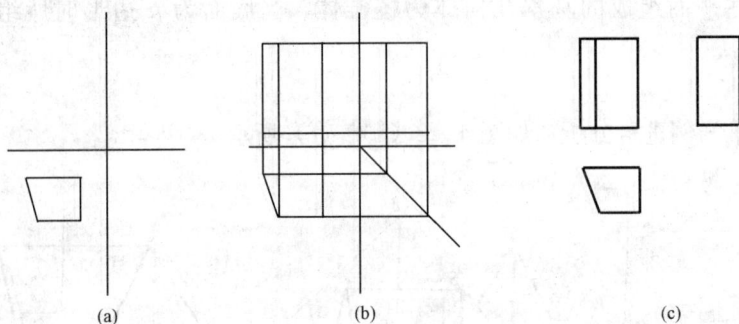

图 4-3 四棱柱投影图的画法
（a）画基准线及反映底面实形的水平投影；（b）按投影关系及柱高，
作出正面投影和侧面投影；（c）检查整理底图，加深图线

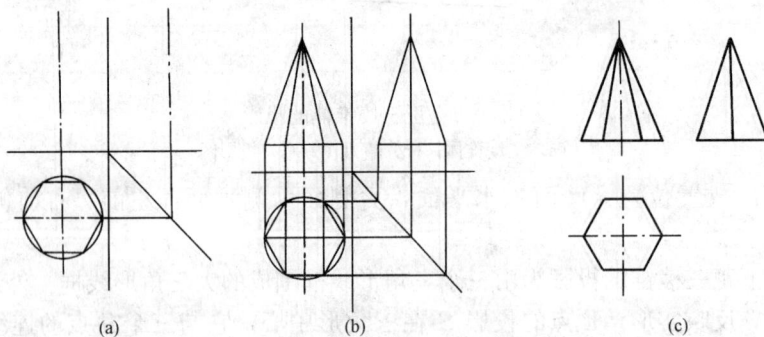

图 4-4 六棱锥投影图的画法
（a）画基准线及反映底面实形的水平投影；（b）按投影关系及柱高，作出正面投影和侧面投影；
（c）检查整理底图，加深图线

三、平面体投影图的尺寸标注

平面体投影图的尺寸标注，须标注出形体的长、宽、高，尺寸要齐全，避免重复。长、宽尺寸应注写在反映实形的投影图上，高度尺寸尽量注写在正面和侧面投影图之间。表 4-1 为平面立体投影图的尺寸标注样式。

表 4 - 1 　　　　　　　　　　　　　　平面体的尺寸标注

四棱柱体	三棱柱体

三棱锥体	五棱锥体

四、平面体表面上的点和直线

平面体表面上的点和直线的投影实际上就是平面上的点和直线的投影。但平面体是由若干平面图形依次围成的,在每一投影图上同一封闭线框内,总有形体两表面重叠在一起,一面为可见,一面为不可见。所以凡位于看得见表面上的点和直线是可见的,看不见表面上的点和直线是不可见的。作图时要判断平面体表面上的点和直线的可见性。

(一) 棱柱体表面上的点和直线

棱柱体表面上点和直线投影的求解利用了其表面具有积聚性的投影特点。

如图 4-5 所示,在四棱柱体侧面 $ABFE$ 上有一点 M,在侧面 $DCGH$ 上有一点 N。侧面 $ABFE$ 为铅垂面,其水平投影积聚为一直线,其正面投影、侧面投影为矩形线框。点 M

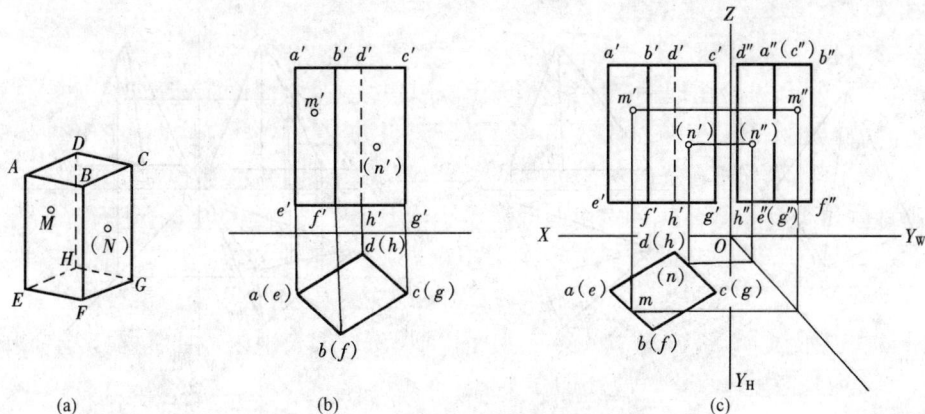

图 4-5　四棱柱表面上的点
(a) 直观图；(b) 已知；(c) 作图

的水平投影 m 在侧面 $ABFE$ 的积聚水平投影上，根据 m、m'，可求得 m''。同理，可求得 n、n''。不同的是由于侧面 $DCGH$ 的侧面投影不可见，所以点 N 的侧面投影也不可见，要加括号标注。

如图 4-6 所示：在三棱柱体侧面 $ABED$ 上有一直线 MN。其侧面 $ABED$ 为铅垂面，其水平投影积聚成一直线，正面投影和侧面投影分别为一矩形，直线 MN 的水平投影 mn 在三棱柱侧面 $ABED$ 的水平投影上，即在侧面 $ABED$ 的积聚线上，正面投影 $m'n'$ 和侧面投影 $m''n''$ 分别在侧面 $ABED$ 的正面投影和侧面投影内。因三棱柱侧面 $ABED$ 与 $ADFC$ 的侧面投影重合，侧面 $ABED$ 的侧面投影不可见，所以直线 MN 的投影 $m''n''$ 用虚线表示。

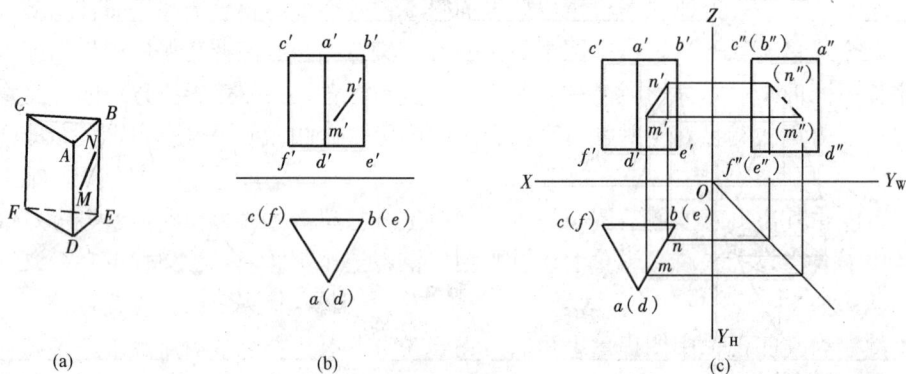

图 4-6　三棱柱表面上的直线
(a) 直观图；(b) 已知；(c) 作图

（二）棱锥体表面上的点和直线

棱锥体表面上点和直线投影的求解采用辅助线法。

如图 4-7 所示，在三棱锥侧面 SAB 上有一点 K，侧面 SAB 为一般位置平面，其三面投影为三个三角形线框。由于点 K 在侧面 SAB 上，因此点 K 的三面投影必定在侧面 SAB 上过点 K 的直线 SF 上。作图时，过点 K 作一直线 SF，点 K 在直线 SF 上，则点 K 的三面投影在直线 SF 的三面投影上，这种方法叫做辅助线法。

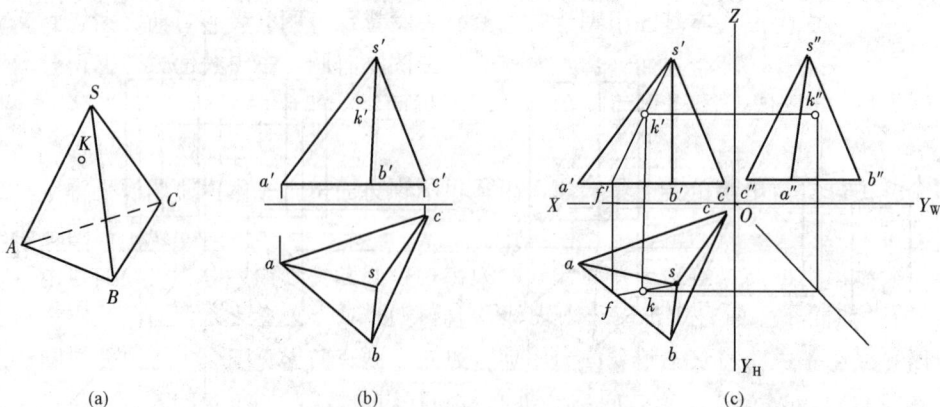

图 4-7　三棱锥表面上的点
(a) 直观图；(b) 已知；(c) 作图

如图 4 - 8 所示，在三棱锥侧面 *SBC* 上有一直线 *MN*，侧面 *SBC* 为一般位置平面，其三面投影为三个三角形线框。直线 *MN* 的三面投影 *mn*、*m′n′* 和 *m″n″* 分别在三棱锥侧面 *SBC* 的同面投影内，由于点 *N* 在侧棱 *SB* 上，点 *N* 可按直线上求点的方法求得。点 *M* 的投影用辅助线法可以求得。然后将 *M*、*N* 点的同面投影直线连接即为 *MN* 的投影。求得投影后还需判别可见性。由于 *SBC* 的侧面投影不可见，直线 *MN* 的侧面投影 *m″n″* 亦为不可见，故用虚线表示。

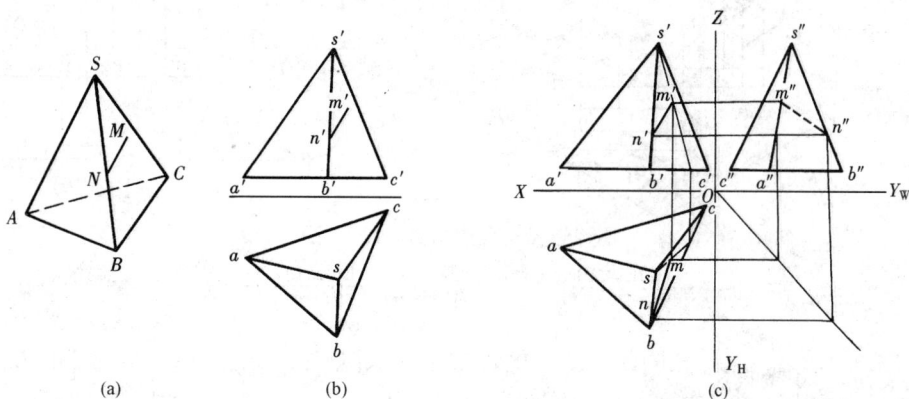

图 4 - 8　三棱锥表面上的直线
(a) 直观图；(b) 已知；(c) 作图

求点的投影是基础。如果求直线的投影，则把直线两端点的投影求出，然后连接两点的同面投影，并判断其可见性即可（看不见的线画虚线）。

第二节　曲　面　体　的　投　影

建筑形体中，许多是由曲面或曲面与平面围成的基本体，这样的基本体为曲面体。作曲面体的投影图，实际上就是作组成曲面体的外轮廓线和平面的投影。

一、圆柱体、圆锥体和球体的投影

（一）圆柱体的投影

1. 圆柱体的形成

如图 4 - 9 所示，一直线 AA_1 绕与其平行的另一直线 OO_1 旋转一周后，其轨迹是一圆柱面。直线 OO_1 为轴，直线 AA_1 为母线，母线在圆柱面上任意位置时称为素线，圆柱面与垂直于轴线的两平行平面所围成的立体称为正圆柱体。我们所讲圆柱体均指正圆柱体。

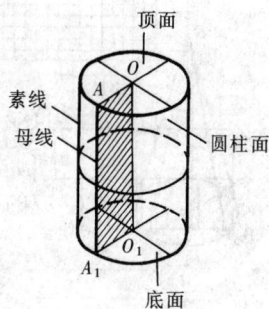

图 4 - 9　圆柱体的形成

2. 投影分析

现以一圆柱体［如图 4 - 10（a）所示］为例来进行分析。

在水平面上圆柱体的投影是一个圆，它是上下底面投影的重合，反映实形。圆心是轴线的积聚投影，圆周是整个圆柱面的积聚投影。

在正立面上圆柱体的投影是一个矩形线框，是看得见的前半个圆柱面和看不见的后半个圆柱面投影的重合，矩形的高等于圆柱体的高，矩形的宽等于圆柱体的直径。$a′b′$、$a_1′b_1′$ 是

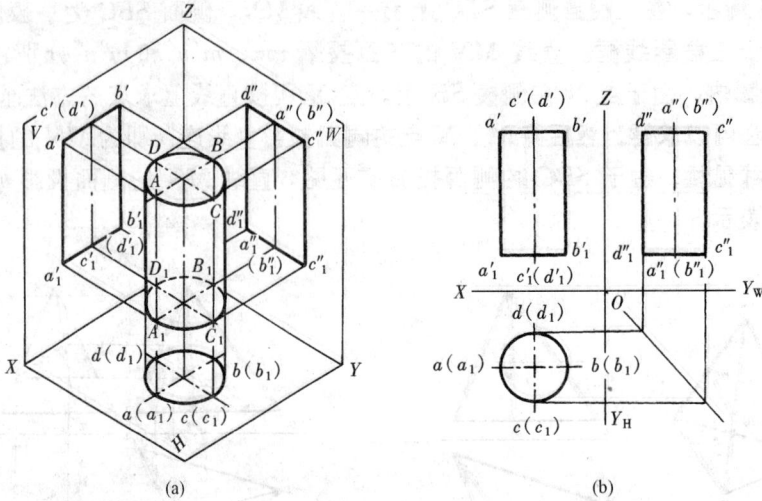

图 4 - 10　圆柱体的投影

(a) 直观图；(b) 投影图

圆柱上下底面的积聚投影。$a'a_1'$、$b'b_1'$ 是圆柱最左、最右轮廓素线的投影，最前、最后轮廓素线的投影与轴线重合且不是轮廓线，所以仍然用细单点长画线画出。

在侧立面上圆柱体的投影是与正立面上的投影完全相同的矩形线框，是看得见的左半个圆柱面和看不见的右半个圆柱面投影的重合，矩形的高等于圆柱体的高，矩形的宽等于圆柱体的直径。$d''c''$、$d_1''c_1''$ 是上下两底面的积聚投影。$c''c_1''$、$d''d_1''$ 是圆柱最前、最后轮廓素线的投影，最左、最右轮廓素线的投影与轴线重合且不是轮廓线，所以仍然用细单点长画线画出。

轴线的投影用细单点长画线画出。

3. 投影特性

圆柱的三面投影，一个投影是圆，另两个投影为全等的矩形。

图 4 - 11　圆锥体
的形成

(二) 圆锥体的投影

1. 圆锥体的形成

如图 4 - 11 所示，由一条直线（母线 SN）以与其相交于点 S 的直线（导线 SO）为轴回转一周所形成的曲面为圆锥面。母线在圆锥面上任一位置时称为圆锥面的素线，圆锥面与垂直于轴线的平面所围成的立体称为正圆锥体。我们所讲圆锥体均指正圆锥体。

2. 投影分析

现以一圆锥体为例进行分析，如图 4 - 12 所示。

在水平面上圆锥体的投影是一个圆，它是圆锥面和圆锥体底面的重合投影，反映底面的实形。圆的半径等于底圆的半径，圆心是轴线的积聚投影，锥顶的投影落在圆心上。

在正立面上圆锥体的投影是一个三角形线框，三角形的高等于圆锥体的高，三角形的底边长等于底圆的直径。三角形线框是看见的前半个圆锥面和看不见的后半个圆锥面投影的重合。$s'a'$、$s'b'$ 是圆锥面最左、最右两条轮廓素线的投影，最前、最后轮廓素线的投影与轴

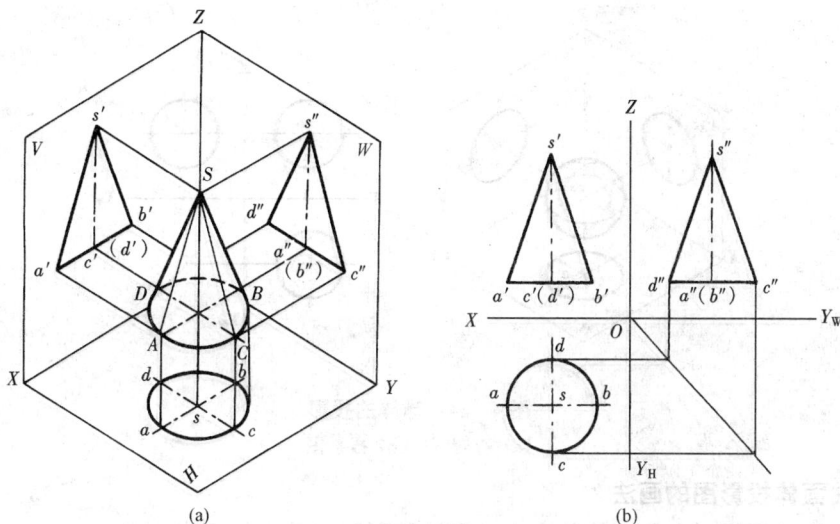

图 4 - 12　圆锥体的投影

(a) 直观图；(b) 投影图

线重合且不是轮廓线，所以仍然用细单点长画线画出。

在侧立面上圆锥体的投影是一个三角形线框，与正立面上的投影三角形线框是全等的，它是看得见的左半个圆锥面和看不见的右半个圆锥面投影的重合。$s''c''$、$s''d''$ 是圆锥面最前、最后两条轮廓素线的投影，最左、最右两条轮廓素线的投影与轴线重合且不是轮廓线，所以仍然用细单点长画线画出。

轴线的投影用细单点长画线画出。

3. 投影特性

圆锥的三面投影，一个投影是圆，另两个投影是全等的三角形。

(三) 球体的投影

1. 球体的形成

如图 4 - 13 所示，以圆周为母线，绕着其本身的任意直径为轴回转一周所形成的曲面为球面，球面围成的立体称为球体。

图 4 - 13　球体形成

2. 投影分析

现以一球体为例进行分析，如图 4 - 14 所示。

在水平面上球体的投影是一个圆，它是看得见的上半个球面和看不见的下半个球面投影的重合，该圆周是球面上平行于水平面的最大圆的投影。

在正立面上球体的投影是与水平投影全等的圆，它是看得见的前半个球面和看不见的后半个球面投影的重合，该圆周是球面上平行于正立面的最大圆的投影。

在侧立面上球体的投影是与水平投影和正立投影都全等的圆，它是看得见的左半个球面和看不见的右半个球面投影的重合，该圆周是球面上平行于侧立面的最大圆的投影。

3. 投影特性

球体的三面投影，是三个全等的圆，圆的直径等于球径。

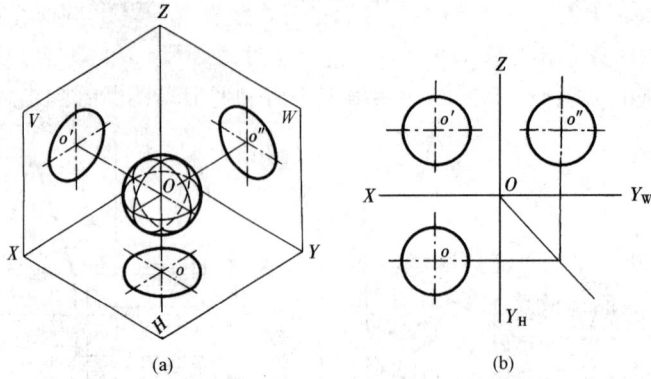

图 4 - 14　球体的投影

(a) 直观图；(b) 投影图

二、曲面体投影图的画法

作曲面体投影图时，曲面体的中心线和轴线要用细单点长画线画出。

(1) 圆柱体投影图画法如图 4 - 15 所示。

(2) 圆锥体投影图画法如图 4 - 16 所示。

(3) 球体投影图画法如图 4 - 17 所示。

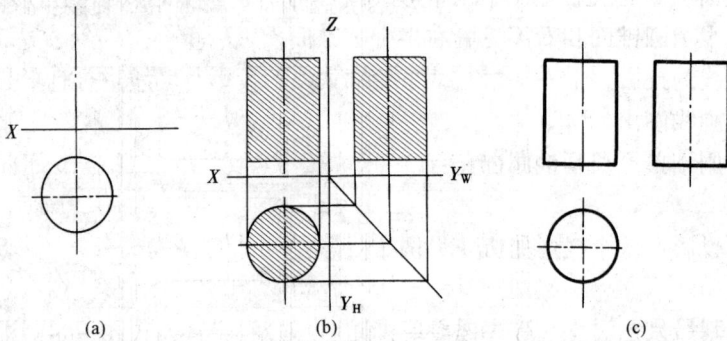

图 4 - 15　圆柱体投影图画法

(a) 画中心线及反映底面实形的投影；(b) 按投影关系及柱高，
作出正面投影和侧面投影；(c) 检查整理底图，加深图线

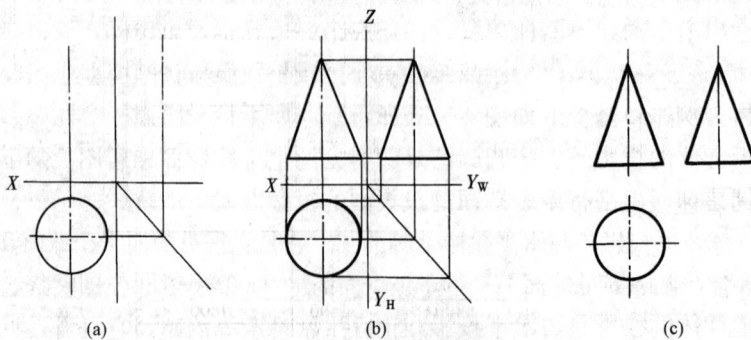

图 4 - 16　圆锥体投影图画法

(a) 画中心线及反映底面实形的投影；(b) 按投影关系及锥体高，作出正面
投影和侧面投影；(c) 检查整理底图，加深图线

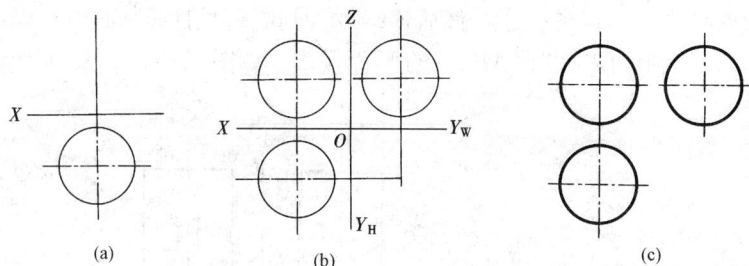

图 4 - 17　球体投影图画法

(a) 画水平投影的中心线及水平投影；(b) 按照投影关系作其他两投影；(c) 检查底图，加深图线

三、曲面体投影图的尺寸标注

曲面体投影图的尺寸标注原则与平面体的尺寸标注大致相同，表 4 - 2 为曲面体投影图的尺寸标注样式。

表 4 - 2　　　　　　　　　　　　曲面体的尺寸标注

四、曲面体表面上的点和线

在曲面体表面上取点的方法与在平面体表面上取点类似。求曲面体表面上点的投影可通过该点在曲面上作线，求线的投影，然后利用线上点的投影原理，作出该点的投影。

（一）圆柱体表面上的点和线

求圆柱体表面上的点和线的投影，可利用圆柱表面投影的积聚性来解决。

如图 4 - 18（a）所示，圆柱体表面上有一点 A，该点在圆柱体右前方。它的水平投影在圆柱面水平投影的圆周上。它的正面投影在圆柱正面投影矩形的右前半边，为可见。其侧面投影在圆柱体侧面投影矩形的右半边，为不可见。已知 a'，求 a 时，可先过 a' 作 OX 轴的垂线，与水平投影上前半个圆周相交于 a，再利用投影规律可求出 a''，并判断可见性。a'' 不可见，故写成（a''）。其投影图如图 4 - 18（b）所示。

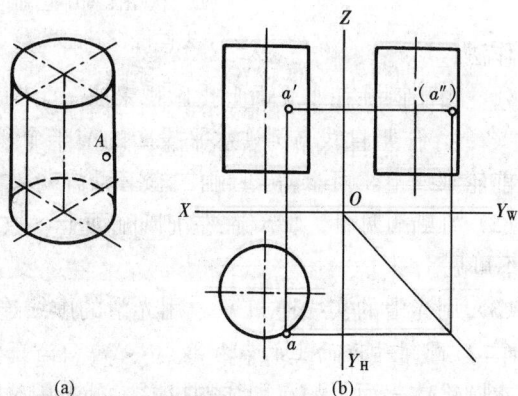

图 4 - 18　圆柱体表面上点的投影

(a) 直观图；(b) 投影图

求线的投影时，先求出点的投影，然后连线，并判断可见性。

【例 4-1】 已知圆柱体上线段 MKN 的 V 面投影，如图 4-19（a）、（b）所示，求该线段的另两面投影。

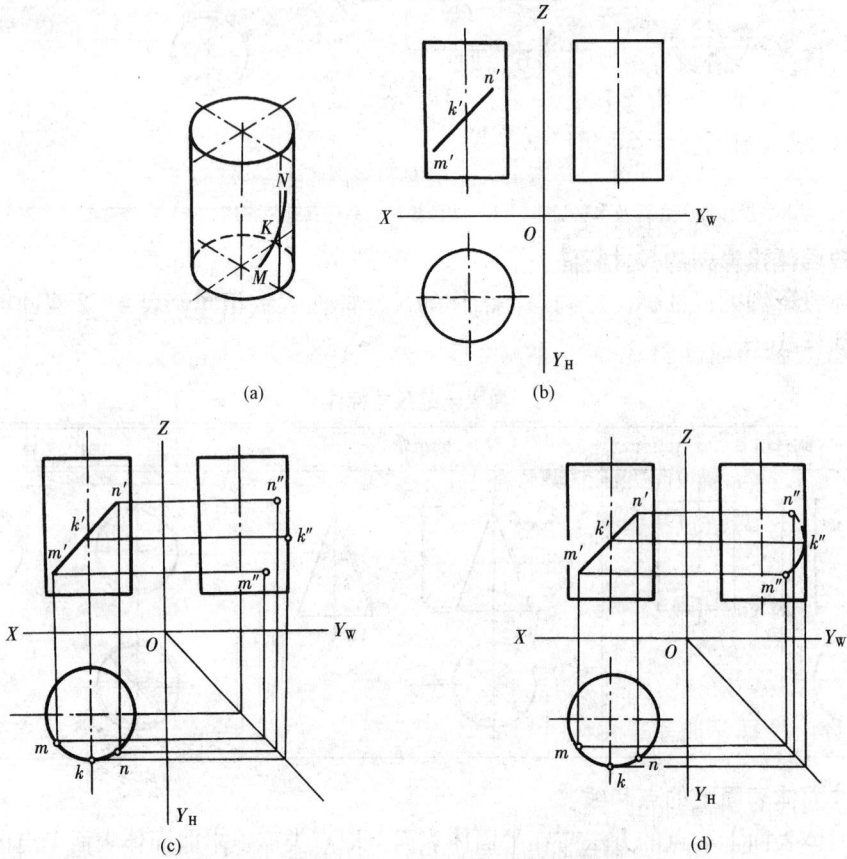

图 4-19　圆柱体表面上线段的投影
（a）直观图；（b）已知；（c）、（d）投影图

作法：

（1）由于圆柱在水平面上投影积聚成一个圆，MKN 线段在圆柱的前半个圆柱面上，故过 m'、n'，作竖直线与圆柱水平投影的前半个圆周相交，可得 m、n，而 K 点正好在圆柱的最前轮廓线上，可求得 k；由二求三可得 m''、n''、k''，如图 4-19（c）所示。

（2）判断可见性。MK 在左前圆柱面上，故 $m''k''$ 可见，而 KN 在右前圆柱面上，所以 $k''n''$ 不可见。

（3）用光滑的实线连 $m''k''$，用光滑的虚线连 $k''n''$ 即可，如图 4-19（d）所示。

（二）圆锥体表面上的点和线

求圆锥体表面上的点和线的投影，可采用两种方法求解，即素线法和纬圆法。

1. 素线法

圆锥体表面上任意素线都通过顶点，已知圆锥体表面上一点，则过该点作素线，素线的投影找出，则线上点的投影即可求出。

【例 4-2】 已知圆锥体表面上点 K 的正面投影，如图 4-20（a）所示，求另两面投影。

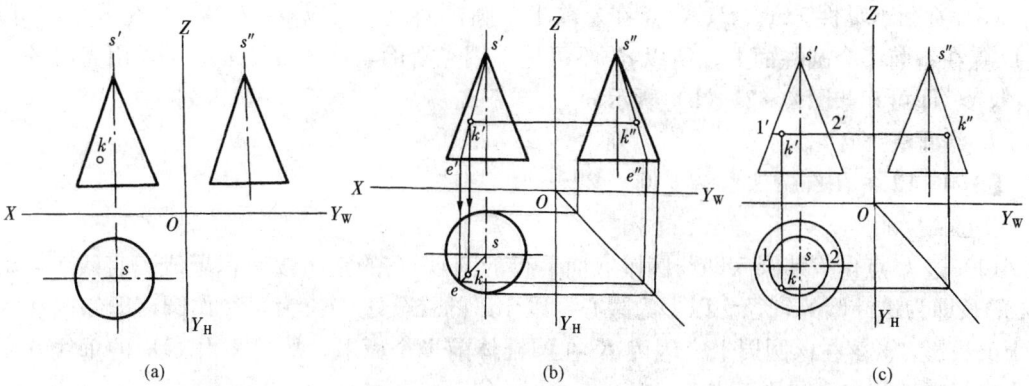

图 4-20 圆锥体表面上点的投影

(a) 已知；(b) 投影图（素线法）；(c) 投影图（纬圆法）

作法：

（1）过 K 点的正面投影 k' 作直线 $s'k'$ 交三角形的底边于 e'，则 E 点在圆锥底面上，因此 E 点的水平投影 e 落在圆锥水平投影的圆周上；又 E 点在前半个圆锥面上，从而水平投影 e 又落在前半个圆周上。过 e' 作 OX 的垂线交圆周于 e，连 s、e。

（2）利用点在线上的投影，过 k' 作 OX 的垂线交 se 于点 k，再利用投影规律即可求出 k''。

（3）判断可见性。K 点在左半个圆锥面上，所以 k、k'' 可见。如图 4-20 (b) 所示。

【例 4-3】 已知圆锥体表面上线段 $ABCD$ 的正面投影，求另两面投影，如图 4-21 (a) 所示。

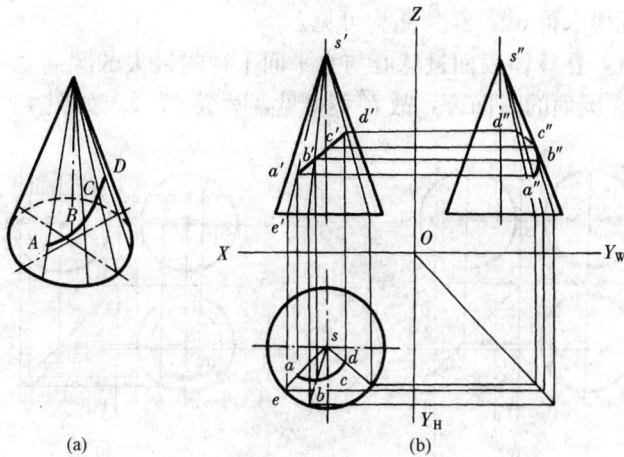

图 4-21 圆锥体表面上线段的投影

(a) 直观图；(b) 投影图

作法：（1）过 A 点的正面投影 a' 作直线 $s'a'$，交三角形的底边于 e'，则 E 点在圆锥底面上，因此 E 点的水平投影 e 落在圆锥水平投影的圆周上，又 E 点在前半个圆锥面上，从而水平投影 e 又落在前半个圆周上。过 e' 作 OX 的垂线交圆周于 e，连 se。

（2）利用点在线上的投影，过 a' 作 OX 的垂线交 se 于 a，再利用投影规律即可求出 a''。

同理可求得 b、c、d、b''、c''、d''。

（3）判断可见性。A、B、C 点在左前半个圆锥面上，所以 a、b、c、a''、b''、c'' 可见。而 D 点在右前半个圆柱面上，所以 d'' 不可见。用光滑的实线连 a''、b''、c''，用光滑的虚线连 c''、d'' 即可。如图 4-21（b）所示。

2. 纬圆法

【例 4-4】　用纬圆法求解 [例 4-2]。

作法：

（1）过 k' 点作一纬圆（即与圆锥底面平行的圆），它的正面投影积聚成一直线 $1'2'$，则 $1'2'$ 的长即为该纬圆的直径。以 s 为圆心，以 $1'2'$ 的二分之一长为半径作圆，即纬圆在水平面上的投影，k 落在该圆周上。因为 K 在圆锥体前半个面上，故过 k' 作 OX 的垂线，交纬圆水平投影的前半个圆周于点 k。

（2）利用投影规律，求出 k''，K 点在圆锥左半个圆锥面上，从而 k、k'' 可见如图 4-20（c）所示。

（三）球体表面上的点和线

求球体表面上点和线的投影，可用纬圆法求解。求球体表面上线的投影就是把几个组成该线的点的投影求出后，判断可见性并依次连线即可。

【例 4-5】　已知一球体上点 A、B 的投影 a'、b'，如图 4-22（a）所示，求两点的另两面投影。

作法：

（1）A 点在球体表面左前上方，过 a 作一纬圆，在正面投影上积聚为一直线 $c'd'$，以水平投影的圆心为圆心，$c'd'$ 长的二分之一为半径画圆；过 a' 作 OX 轴的垂线，交该纬圆的水平投影圆周于 a 点。

（2）利用投影规律求得 a''，经判断均可见。

（3）B 为特殊点，在球体表面过球心与水平面平行的最大的圆周上，可直接求得 b，再求得 b''，因为 B 点在圆面的右前方，故 b'' 不可见，写成 (b'')，如图 4-22（b）所示。

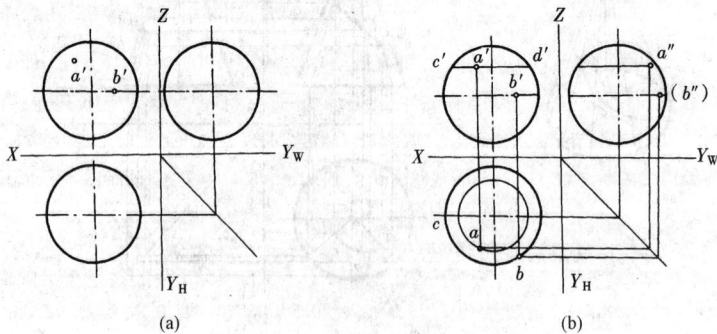

图 4-22　球体表面上点的投影
(a) 已知；(b) 投影图

第五章　组合体的投影

在实际工程中，工程建筑物的形状多种多样，看似复杂，其实它们都是由一些基本形体（如棱柱、棱锥、圆柱、圆锥、球体等）按一定方式组合而成的。我们把这样的立体称为组合体。

组合体的组合方式有叠加式、切割式和综合式三种。

（1）叠加式：组合体由若干个基本形体叠加或叠砌在一起而成。图5-1（a）所示物体是由两个大小不同的长方体叠加而成的。

（2）切割式：组合体由一个基本体经过若干次切割而成。图5-1（b）所示物体是在一个长方体的上表面挖去一个小长方体后剩下的部分形成的。

（3）混合式：组合体由基本体叠加和切割而成。图5-1（c）所示物体的下部分是由一个长方体两边分别切去一个四棱柱，该长方体的中间切去一个三棱柱后剩下的形体；它的上部分是一个四棱柱切去一个三棱柱后成五棱柱，同时又叠加了一个半圆柱，然后上下部分叠加，组成了该组合体。

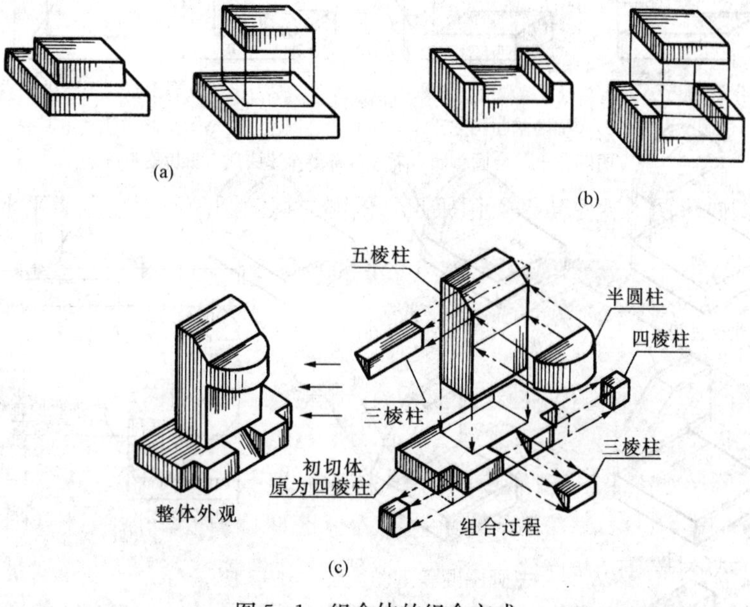

(a)　(b)

(c)

图5-1　组合体的组合方式
（a）叠加式；（b）切割式；（c）综合式

第一节　组合体投影图的画法

作组合体的投影图时，要将组合体分解成若干个基本形体，分析这些基本形体的组合形式、彼此间的连接关系及相互位置关系，最后根据分析逐一解决基本体的画图和读图问题，从而作出组合体的投影图。组合体投影图具体画法如下：

一、形体分析

一个组合体可以看作是由若干个基本几何体所组成，我们对这些基本体的组合形式、表面连接关系和相互位置进行分析，弄清各部分的形状特征，逐步进行作图，这种分析方法即形体分析法。

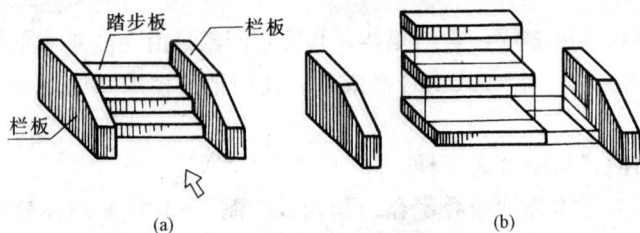

图 5-2　形体分析
(a) 直观图；(b) 形体分析

图 5-2 所示是一台阶直观图，它可看作是由三块四棱柱体的踏步板按大小至下而上的顺序叠放，两块五棱柱体的栏板紧靠在踏步板的左右两侧叠加而成的。

无论是由哪一种形式组成的组合体，画它们的投影图时，都必须正确表示各基本体之间的表面连接关系和相互位置关系。所谓连接关系，就是指基本体组合成组合体时，各基本形体表面间真实的相互关系，如图 5-3 所示；所谓相互位置关系，就是以某一形体为参照，另一基本形体在组合体的前后、左右、上下等位置关系，如图 5-4 所示。

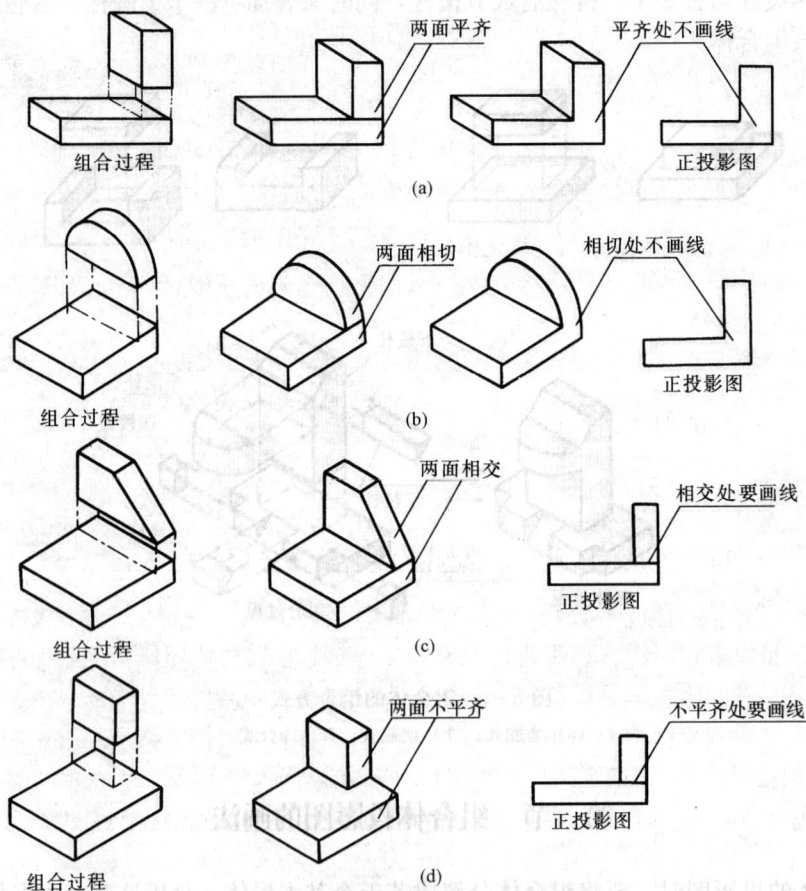

图 5-3　形体表面的几种连接关系
(a) 表面平齐；(b) 表面相切；(c) 表面相交；(d) 表面不平齐

二、投影图的选择

原则：用较少的投影图把形体的形状完整、清楚、准确地表达出来，并且要合理使用图纸。

（一）确定组合体安放位置

确定组合体安放位置应注意以下四点：

（1）将最能反映构件或零件外形特征的那个面作为正立面；

（2）主要平面放置成投影面平行面；

（3）按照生活习惯放置；

（4）尽量减少图中的虚线。

如图 5-2 所示台阶应平放，箭头所示方向为正面投影方向，这样符合日常生活中人们对台阶的习惯使用，并且把主要平面放置成了投影面平行面。

（二）确定组合体的投影图数量

具体做法是：

（1）根据表达基本形体所需的投影图来确定组合体的投影图数量；

（2）抓住组合体的总体轮廓特征或其中某基本体的明显特征来选择投影图数量；

（3）选择投影图与减少虚线相结合。

如图 5-5 所示，台阶的三块踏步叠加在一起形成一个立体，两侧栏板是五棱柱体，它们共同组成该组合体，在侧面投影中可以比较清楚地反映出台阶的形状特征，故用正面投影和侧面投影即可将台阶表达清楚，如若仅用正面投影和水平投影就不能清楚地反映出其形状特征。

三、组合体投影图的画图步骤

（一）选择合适的比例图幅

根据形体大小所占位置，选择合适的比例、图幅。为了作图和读图方便，最好采用1∶1的比例。但是建筑物的构件大小不定，无法按实际大小作图，因而必须选择适当比例。当比例确定后，应进一步根据投影图所需要的面积，合理选择图纸幅面。

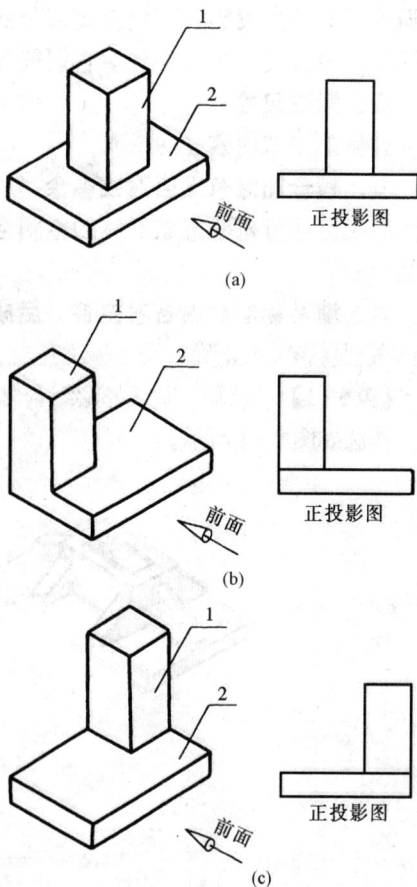

图 5-4 基本形体间的几种位置关系
（a）1号形体在2号形体的上方中部；
（b）1号形体在2号形体的左后上方；
（c）1号形体在2号形体的右后上方

（二）布置投影图

首先画出图框、标题栏框，确定可以画图的界限。然后大致摆放三个投影图的位置，同时要留出标注尺寸的位置，布图要匀称。

（三）画底图并按规定的线型加深图线

按照形体分析的结果使用绘图工具画每一基本形体。画每一个基本形体时，先画出它最具形状特征的投影，后画其他投影。注意每一部分的三面投影须符合投影规律，

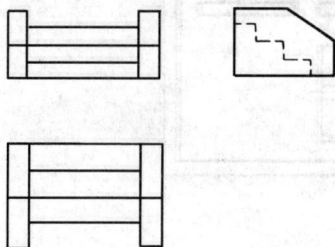

图 5-5 台阶的投影图

先画主要部分的投影，再画次要部分的投影。组合体实际是一个不可分割的整体，形体分析仅仅是一种假设，所以要注意它们彼此间表面的连接关系。

四、标注尺寸

详见第二节内容。

五、检查图线有无错漏或多余

应用形体分析法想象形体的空间形状，看图是否与原给出的形体相符，做到读图与画图相结合。

六、填写标题栏内各项内容，后成图

做到投影关系正确，尺寸标注齐全、布图均匀合理、字体端正、线型明确、图面整齐干净。

【例 5-1】　　已知一肋式杯形组合体的直观图，如图 5-6 所示，求作该组合体的三面投影图。作法如图 5-7 所示。

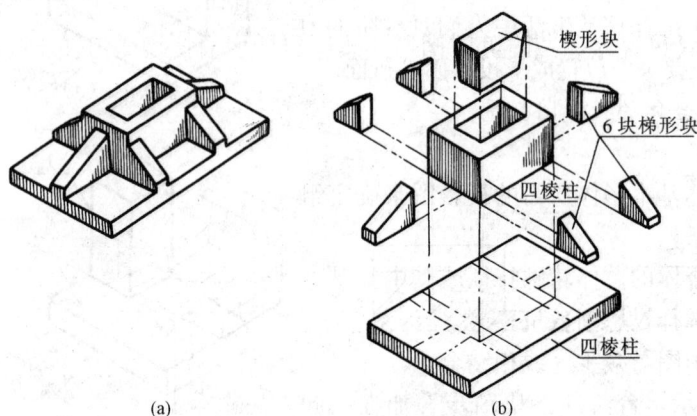

(a)　　　　　　　　　　　　　(b)

图 5-6　肋式杯形组合体

(a) 立体图；(b) 形体分析

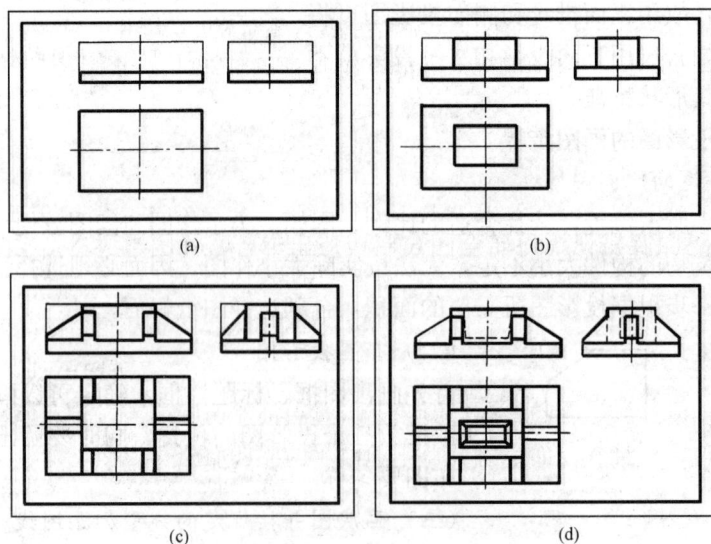

(a)　　　　　　　　　　　　　(b)

(c)　　　　　　　　　　　　　(d)

图 5-7　肋式杯形组合体作图步骤

(a) 布图、画底板；(b) 画中间四棱柱；

(c) 画六块梯形肋板；(d) 画楔形杯口，擦去底稿线，完成全图

第二节　组合体的尺寸标注

组合体投影图能够反映出物体的形状及各组成部分的相互连接关系，但同时还应标注出各基本体的大小，才能明确形体的实际大小和各部分的相对位置关系，所以要对组合体进行尺寸标注。

一、尺寸种类及尺寸基准

（一）尺寸种类

定形尺寸：用于确定组合体中基本体自身大小的尺寸，它通常由长、宽、高三项尺寸来反映。

定位尺寸：用于确定组合体中各基本体之间相对位置的尺寸。

总尺寸：用于确定组合体总长、总宽和总高的外包尺寸。

（二）尺寸基准

对于组合体，在标注定位尺寸时，须在长、宽、高三个方向分别选定尺寸基准，即要选择一个或几个标注尺寸的起点。通常选形体上某一明显位置的平面或形体的中心线为基准位置。长度方向一般可选择左侧面或右侧面为基准；宽度方向可选择前侧面或后侧面为基准；高度方向一般以底面或顶面为基准；若物体是对称的，还可选择对称线或轴线为基准。

二、尺寸的标注方法

以图 5 - 6 中的肋式杯形组合体为例，对它的投影图进行尺寸标注。如图 5 - 8 所示。

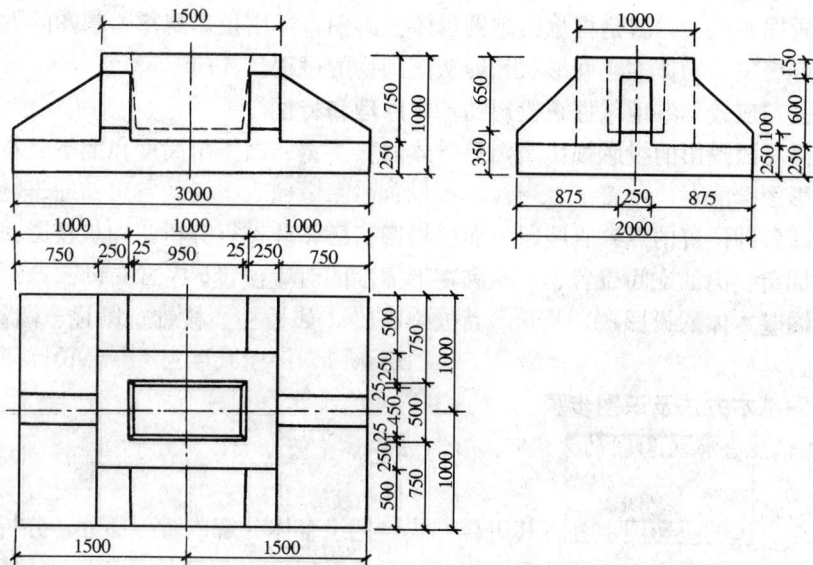

图 5 - 8　肋式杯形组合体的尺寸标注

（1）进行形体分析，弄清反映在投影图上有哪些基本体。如图 5 - 6（b）所示，它是由一个四棱柱、另一个被挖去一个楔形块的四棱柱和六个梯形块组合而成的组合体。

（2）标注定形尺寸，一般按从小到大的顺序进行标注，并把一个基本体的长、宽、高尺寸依次标注完之后，再标注其他形体的尺寸，以防遗漏。如图水平投影中四棱柱底板长3000，宽2000；四棱柱长1500，宽1000；前后肋板长均为250，宽均为500；左右肋板长均为 750，宽均为 250；楔形杯口上底长宽为 1000×500，下底长宽为 850×450；从正面投影图和侧面投影图中看到它们的高依次为 250、750、600、100、600、100、650、250 等。

（3）标注定位尺寸，按常规选定基准。杯口距四棱柱的左右侧面的定位尺寸为 250，距四棱柱前后侧面尺寸 250；杯口底距四棱柱顶面 650；左右肋板定位尺寸为 875，高度方向定位尺寸 250；同理，前后肋板的定位尺寸为 750、250。

（4）标注组合体的总尺寸。组合体的总长 3000，总宽 2000，总高 1000。

（5）检查全图，看尺寸标注是否标准、齐全、合理。有时组合体形状变化多，定形尺寸、定位尺寸和总尺寸有时可以相互兼代。

三、标注尺寸的注意事项

（1）尺寸标注要完整、清晰、易读；

（2）尺寸不要重复标注；

（3）尽可能避免在虚线上标注尺寸；

（4）尺寸应尽量注写在反映形体特征的投影图上；

（5）尺寸排列要大尺寸在外，小尺寸在内；

（6）尺寸最好注写在图形之外，并布置在两个投影图之间，某些局部尺寸允许注写在轮廓线内，但任何图线不得穿越尺寸数字。

第三节　组合体投影图的识读

读图即看图、识图，就是根据给定的物体投影图，运用投影规律、基本的方法，对投影图进行分析，想象出物体的空间形状，即从图到物的过程。

一、读图前应较熟练地掌握正投影的基本原理和特性

（1）掌握三面投影的投影规律，熟悉立体的长、宽、高三个尺度和上下、左右、前后六个方向在投影图上的对应位置。

（2）掌握各种位置的点、直线、平面的投影特性，并进行分析，即从投影图上的点、线段、线框来确定线面的空间位置、形状和在形体上的对应位置。

（3）掌握基本体的投影图，并熟悉其投影特性，如棱柱、棱锥、圆柱、圆锥、球体等，为形体分析打基础。

二、读图基本方法及识图步骤

（一）识读组合体投影图的方法

1. 形体分析法

就是在组合体的投影图上分析其组合方式，把组合体分解成若干部分，分析该组合体各组成部分的形状以及各表面连接关系、相对位置关系后，综合起来确定组合体的空间形状和结构的分析方法。

【例 5-2】 根据三面投影图想象物体的形状，如图 5-9 所示。

解 （1）了解投影图，看组合体是由哪几部分组成，按投影图分析出各个部分的形状。如图 5-9（a）所示将正立面图可看成 $1'$、$2'$、$3'$ 三个部分，按照投影的三等关系可知，四边形 $1'$ 在水平面与侧立面中对应的是 1、$1''$ 线框，就可确定该组合体的最后边是一个四棱柱 I。正立面中的半圆形 $2'$ 所对应的另两面投影是矩形 2 和 $2''$ 线框，由此可知组合体中间的组成部分是半圆柱Ⅱ。再看正立面中的 3′线框是三角形，在投影图中与它对应的另两面投影是矩形 3 和矩形 3″，由此可知它的空间形状是三棱柱Ⅲ。

（2）根据投影确定各组成部分在整个形体中的相对位置及表面连接关系。由投影知 V 面投影图反映组合体各组成部分上下、左右的位置关系，H 面投影图反映组合体各组成部分的前后、左右位置关系，W 面投影图反映组合体各组成部分上

图 5-9　读组合体的投影图
（a）投影图；（b）直观图

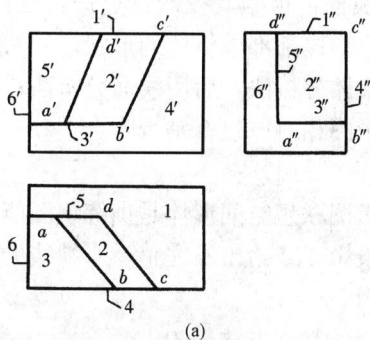

下、前后位置关系。于是从各投影图中可知，Ⅰ在最后面，Ⅱ在中间，Ⅲ在最前面，并且Ⅲ低于Ⅱ，Ⅱ低于Ⅰ。该组合体是左右对称的。

（3）综合以上分析，可以想象出整个组合体的形状和结构，如图 5-9（b）所示。

（4）想象出组合体后与投影图对照，检查看二者之间的关系是否吻合。

2. 线面分析法

线面分析法就是根据线、面投影特性，依据组合体投影图上的线段及线框，找出它们对应的投影，分析组合体各局部的空间形状，从而想象出组合体的局部及整体的形状的分析方法。

通常，投影图中每一封闭线框，都是组合体一个面的投影；而任一条线，可表示为有积聚性的一个面、两个面的交线或曲面的轮廓素线。

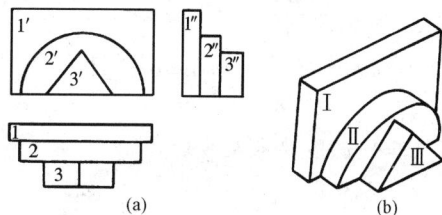

（a）

（b）

图 5-10　读组合体的投影图
（a）投影图；（b）直观图

【例 5-3】　想象出图 5-10（a）所示物体的形状。

解　（1）了解投影图 5-10（a）。投影图中均为直线、无曲线、有斜线，说明有平面、无曲面、有斜面，三个投影图的外形线框都是矩形，说明该组合体是长方体经过一定的切割而成的。内部的一些线条可视为若干面截割成的孔、洞、槽等。

（2）线面分析。由于投影图比较复杂，为了防止混淆，我们标上一些符号。在水平面上标注线框 1，据投影规律，找见 1′、1″；可知Ⅰ是水平面；在水平面上标注线框 2，同理找见 2′、2″，三个投影三个线框说明是一般位置面；根据线框 3，可找见 3′、3″，可知也是水平面，在正立面上标注线框 4′，可找见 4、4″，可判断出Ⅳ是正平面；同理可得Ⅴ是正平面，Ⅵ是侧平面。

（3）想象整体。先想出长方体，在它的上、前、左定出Ⅰ、Ⅳ、Ⅵ面，再定Ⅱ、Ⅲ、Ⅴ平面后，可知，该组合体原是一长方体被Ⅱ、Ⅲ、Ⅴ面截割一个上底为斜面的四棱柱体后剩下的部分。见图 5-10（b）。

（4）对照想象出组合体，检查与投影图是否吻合。

当然，形体分析法和线面分析法各有自己的特点，但这两种方法并不是截然分开的，它们相互关联，相互补充，在整个读图过程中会穿插进行。

3. 画轴测图法

画轴测图法就是利用画出正投影图所示物体的轴测图，来想象和确定组合体空间形状的方法。

（二）识图要点及步骤

1. 识图要点

（1）联系各个投影想象。要把已知条件中所给的几个投影图全部联系起来识读，不能只注意其中的一部分。

（2）注意找出特征投影。特征投影就是能使某一形体区别于其他形体的投影。找出特征投影后，就能有助于形体分析和线面分析，进而想象出组合体的形状。

（3）明确投影图中直线和线框的意义。在一组投影图中，每一条线，每一个线框都有它具体的意义。如一条直线表示一条棱线还是一个平面？一个线框表示一个曲面还是平面？这些问题在识读过程中是必须弄清的，是识图的主要内容，必须予以足够的重视。

2. 识读步骤

（1）认识投影抓特征。大致浏览已知条件有几个投影图，并注意找出其中的特征投影。

（2）形体分析对投影。注意特征投影后，就进行形体分析。首先注意组合体中各个基本体的组成、位置及表面连接关系。

（3）综合起来想整体。经过上述两步的分析，即可想象出图中所给的立体形状了。

形体的投影图比较复杂，较难理解时，就需要进行线面分析。

（4）线面分析攻难点。用线面分析法对难理解的线和线框，根据其投影特点进行分析，同时根据本节中线和线框的意义进行判断和选择，然后想出形体细部或整体的形状。

总体来说：读图时，先看大概，再作细致分析；先用形体分析法，后用线面分析法；从外部到内部，从局部到整体，最后想象出形体，将其与投影图相对照检查是否吻合。

三、组合体投影图的补图、补线

识读组合体投影图是识读专业施工图的基础。由三投影图联想空间形体是训练识图能力的一种有效的方法。但也可通过已给两面投影补画第三面投影；或给出不完整、有缺线的三面投影，通过补全图样中图线的方法来训练画图和识图能力。

这两种方法，前者称为补图，后者称为补线。二者所用的基本方法仍为：

形体分析法、线面分析法、画轴测图法。

【例 5 - 4】 已知形体的水平、正面投影图，补绘侧面投影图。如图 5 - 11（a）、（b）所示。

（1）了解投影图。由水平、正面投影图可看出，形体是一转角踏步，它是由几个四棱柱叠加或被截割后组成的。

（2）用形体分析法和线面分析法确定各组成部分的形状与位置，从而想出整体。从形体分析法可看出从前往后水平叠放了 4 个四棱柱，形成 4 个踏步，且最上平面成为休息平台，从左往右同样叠放了 4 个四棱柱；有两个栏板，应用线面分析法分析，为了不易混淆，给每个线框编号见图，如图框 13′、13，可以判断该面是个斜面，按上例依次进行分析，不难想象出形体的空间形状，如图 5 - 11（b）所示。

（3）补画侧面投影。读完图后就可了解形体空间形状，由已知，根据三等规律投影关系，可补出侧面投影，把图形与形体互相对照进行检查。最后加深图线，完成补图，如图

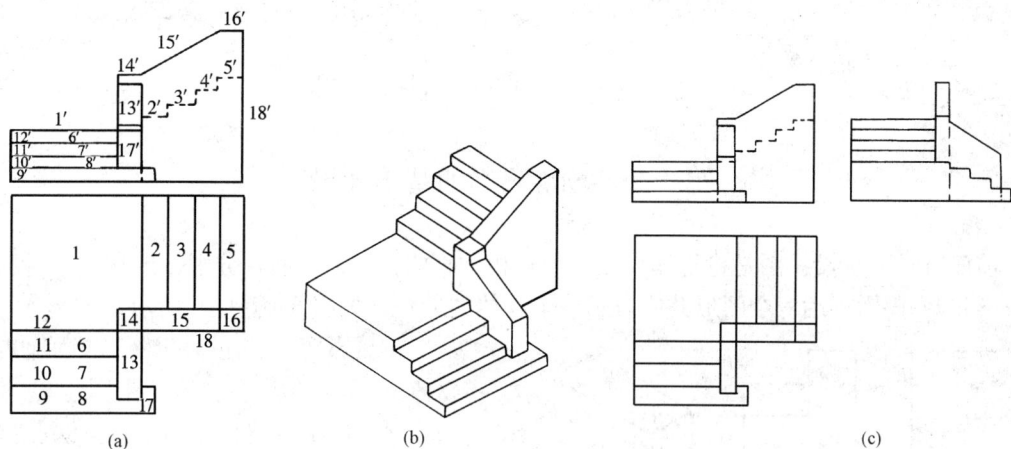

图 5 - 11　补画组合体的投影图

（a）已知；（b）直观图；（c）三面投影图

5 - 11（c）所示。

【例 5 - 5】　补出图 5 - 12（a）所示水平投影图上缺画的图线。

（1）了解投影图并进行分析。观察正面投影外轮廓可知，形体是带有正垂面（斜直线表示）的四棱柱体，再看侧面外轮廓可知，在四棱柱前，还有一个高度较小的长方体，中间横向有一条虚线。再对应正面上，可见该长方体中间上方切去一个小长方体，形成一个凹字形槽口，故侧面投影上有虚线。

由此可知，正面的斜直线是代表一个矩形的正垂平面，因为侧面上对应的投影是一个矩形线框，所以在水平投影面上也应对应地画出一个类似的矩形线框。前方长方体顶面的正面投影，为凹字形的折线，所以水平面对应位置一定是三个并排的矩形线框，呈"四"字形，立体图形如图 5 - 12（b）所示。

（2）补线。根据以上分析，先画后方四棱柱上正垂面的水平投影，它是一个矩形线框。后画出前方开槽长方体的水平投影，它是一个"四"字形线框的投影。最后检查、加深图线、完成补图，如图 5 - 12（c）所示。

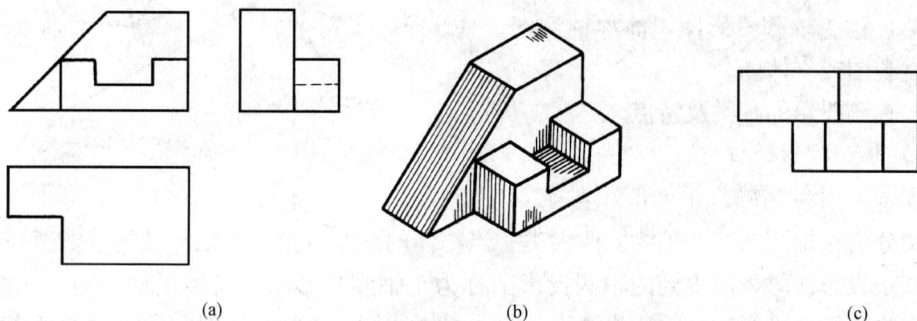

图 5 - 12　补出水平面缺画的图线

（a）已知；（b）直观图；（c）水平投影图

第六章 轴测投影

第一节 轴测投影的基本知识

前面所学的正投影图是将物体放在三个互相垂直的投影面之间，分别作出它的 H 投影、V 投影和 W 投影，用三个图形共同表示一个物体的形状，如图 6-1（a）所示。

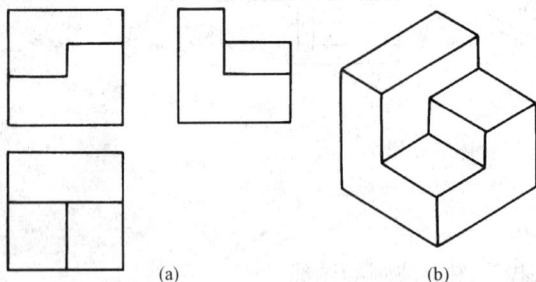

图 6-1 物体的正投影图和轴测投影图

（a）正投影图；（b）轴测投影图

正投影图能够比较完整、准确地表达物体的形状和大小，并且作图也较为简便，是工程上普遍采用的图示方法。但这种图样缺乏立体感，要有一定的识图能力才能看懂。为了便于识图，在工程中经常采用一种富有立体感的投影图来表示物体，作为辅助图样，这种投影图称为轴测投影图，简称轴测图，如图 6-1（b）所示。

轴测图是用一个图形表示出物体的形状，具有较强的立体感，容易看懂。但也存在一定的缺点，它不能准确地反映物体各侧面的实形、大小及比例尺寸。因此，轴测投影图在应用上具有一定的局限性。在给排水、采暖、通风等专业中，常用轴测投影图表达各种管道系统。

一、轴测投影的形成

轴测投影属于平行投影，它是选取适当的投影方向，将物体连同确定物体长、宽、高三个尺度的直角坐标轴，用平行投影的方法投影到一个选定的投影面（轴测投影面）上而形成的，如图 6-2 所示。应用轴测投影的方法绘制的投影图，称为轴测投影图，简称轴测图，一般称为直观图或立体图。

二、轴测投影的种类及特点

（一）轴测投影的种类

按投影方向与轴测投影面的相对位置，轴

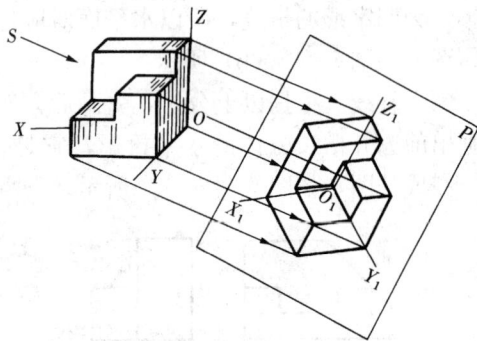

图 6-2 轴测投影的形成

测投影图分为正轴测图和斜轴测图两大类。当物体的三个直角坐标轴与轴测投影面倾斜，投影线垂直于投影面时，所得到的轴测投影图称为正轴测投影图，简称正轴测图，如图 6-3 所示；当物体两个坐标轴与轴测投影面平行，投影线倾斜于投影面时，所得到的轴测投影图称为斜轴测投影图，简称斜轴测图，如图 6-4 所示。

（二）轴测投影的特点

轴测投影是按照平行投影原理作出的，所以它仍具有平行投影的投影特点：

（1）空间互相平行的直线，它们的轴测投影仍然互相平行。

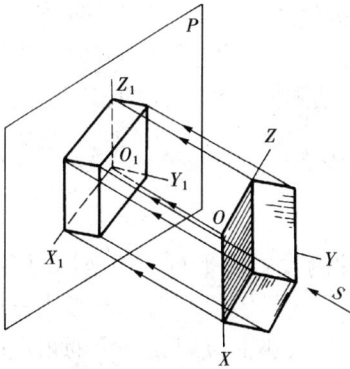

图 6-3 正轴测投影图

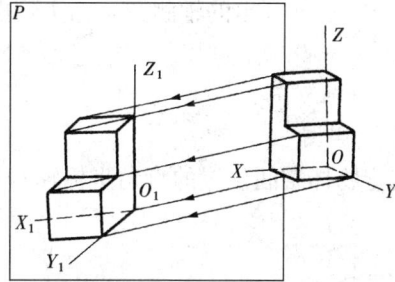

图 6-4 斜轴测投影图

(2) 凡物体上与三个坐标轴平行的直线尺寸, 在轴测图中均可沿轴的方向量取。

(3) 与坐标轴不平行的直线, 其投影可能变长或缩短, 不能在图上直接量取尺寸, 要先定出直线两端点的位置, 再画出该直线的轴测投影。

(4) 空间两平行直线线段之比, 等于它们的轴测投影之比。

三、轴间角及轴向变形系数

在轴测投影中, 确定物体长、宽、高三个尺度的直角坐标轴 OX、OY、OZ 在轴测投影面上的投影分别为 O_1X_1、O_1Y_1、O_1Z_1, 称为轴测轴。相邻两轴测轴之间的夹角, 即 $\angle X_1O_1Z_1$、$\angle Z_1O_1Y_1$、$\angle Y_1O_1X_1$, 称为轴间角, 且三个轴间角之和为 $360°$。

在轴测投影中, 轴测轴上某段长度与其空间实际长度之比, 称为轴向变形系数, 分别用 p、q、r 来表示, 即:

$$p = \frac{O_1X_1}{OX} \quad q = \frac{O_1Y_1}{OY} \quad r = \frac{O_1Z_1}{OZ}$$

轴间角和轴向变形系数是绘制轴测图的重要元素。由于物体各面或投影线对轴测投影面的倾斜角度不同, 同一物体可以画出无数个不同的轴测投影图。在这里仅介绍最常用的三种轴测投影。

(一) 正等测图

当确定物体空间位置的直角坐标轴 OX、OY 和 OZ 与轴测投影面的倾角相等时, 所得到的轴测投影图称为正等测轴测图, 简称正等测图, 如图 6-5 所示。

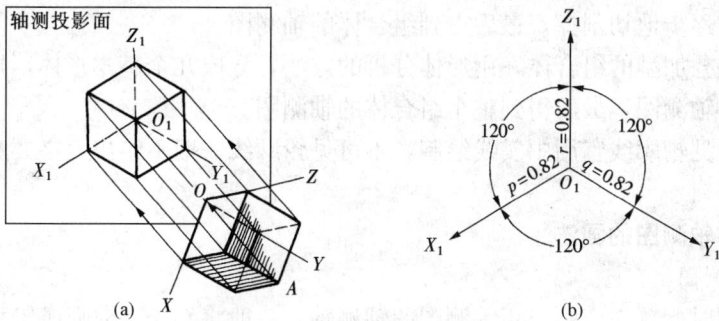

图 6-5 正等测轴测投影

(a) 正等测轴测投影的形成; (b) 轴间角和轴向变形系数

正等测图的三个轴间角相等，即$\angle X_1 O_1 Z_1$、$\angle Z_1 O_1 Y_1$、$\angle Y_1 O_1 X_1$都是120°，并使$O_1 Z_1$为铅垂线。三个轴测轴的变形系数p、q、r均为0.82。为了作图方便，均取简化变形系数为1，这样画出的轴测图，比实际投影所得到的轴测图，沿轴向的长度分别放大了约1.22倍。

（二）斜轴测图

1. 斜二测图

当确定物体空间位置的直角坐标轴OX和OZ与轴测投影面平行，即坐标面XOZ平行于轴测投影面，投影线方向与轴测投影面倾斜成一定的角度时，所得到的轴测投影图称为斜二测轴测图，简称斜二测图，如图6-6所示。

斜二测图的轴间角$\angle X_1 O_1 Z_1$为90°，$\angle Y_1 O_1 X_1$与$\angle Z_1 O_1 Y_1$常取135°，并使$O_1 Z_1$轴为铅垂线。由于空间坐标面XOZ平行于轴测投影面，所以其轴测投影$O_1 X_1$与$O_1 Z_1$的长度不发生变化，即$p=r=1$，q取0.5。

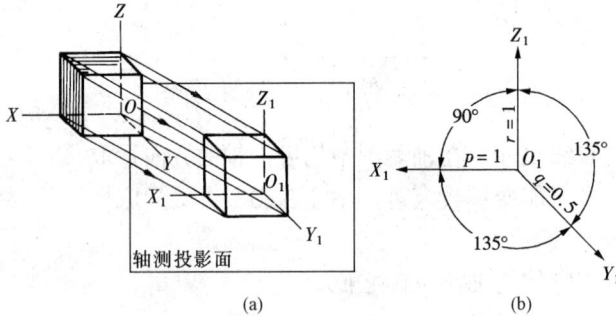

图6-6　斜二测轴测投影
（a）斜二测轴测投影的形成；（b）轴间角和轴向变形系数

2. 斜等测图

斜等测图的形成与斜二测图的形成相同，仅OY轴的轴向变形系数不同，即q取1。

第二节　轴测投影图的画法

画轴测投影图常用的方法有坐标法、切割法和叠加法等。坐标法是最基本的方法，切割法和叠加法是以坐标法为基础的。在作图时，往往是几种方法混合使用。

坐标法是根据物体表面上各点的坐标，画出各点的轴测图，然后依次连接各点，即得该物体的轴测图。

切割法是将切割型的组合体，看作一个完整的、简单的基本形体，作出它的轴测图，然后将多余的部分逐步地切割掉，最后得到组合体的轴测图。

叠加法是将叠加型的组合体，用形体分析的方法，分成几个基本形体，再依次按其相对位置逐个地作出轴测图，最后得到整个组合体的轴测图。

轴测图的可见轮廓线宜用中实线绘制，不可见轮廓线一般不绘出，必要时，可用细虚线绘出所需部分。

一、平面体轴测图的画法

（一）正等测图

画正等测图时，首先应画出正等测图的轴测轴。一般将$O_1 Z_1$轴画成铅垂位置，再用丁字尺和三角板配合，作出$O_1 X_1$轴、$O_1 Y_1$轴与水平线的夹角为30°，如图6-7所示。

【例6-1】　用坐标法作长方体的正等测图。

解　作图的方法和步骤如图 6-8 所示。

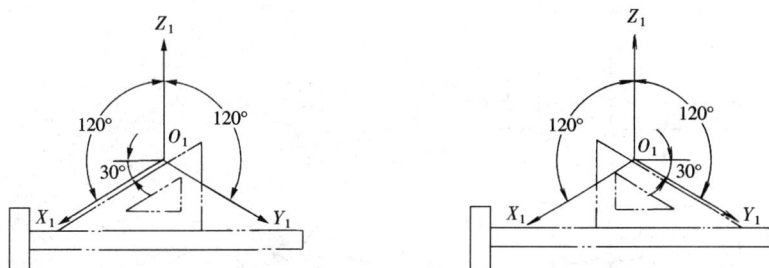

图 6-7　正等测图轴测轴画法

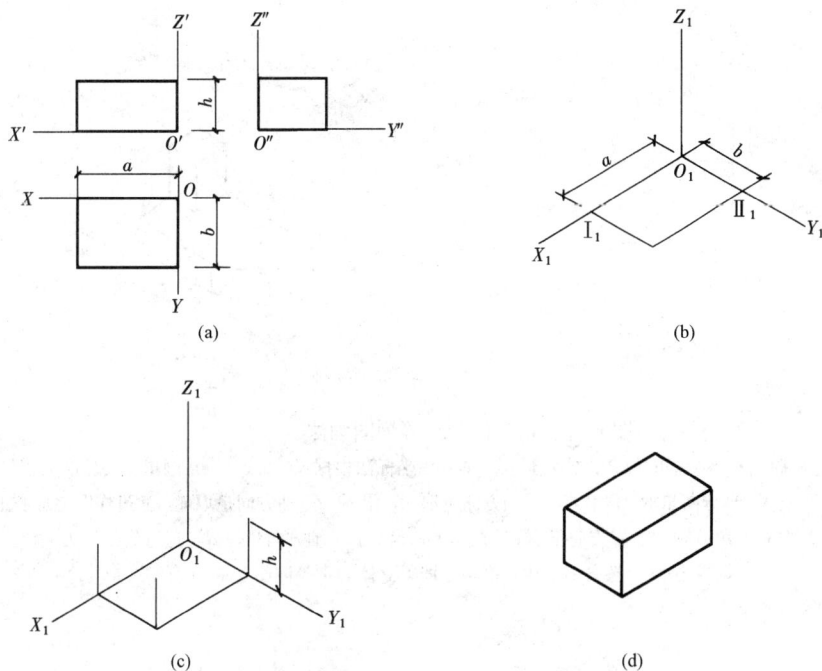

图 6-8　长方体的正等测图画法

(a) 在正投影图上定出原点和坐标轴的位置；(b) 画轴测轴，在 O_1X_1 和 O_1Y_1 上分别
量取 a 和 b，过 I_1、II_1 作 O_1X_1 和 O_1Y_1 的平行线，得长方体底面的轴测图；(c) 过
底面各角点作 O_1Z_1 轴的平行线，量取高度 h，得长方体顶面各角点；(d) 连接各
角点，擦去多余的线，并描深，即得长方体的正等测图，图中虚线可不必画出

【**例 6-2**】　　用叠加法、切割法作组合体的正等测图。

解　作图的方法和步骤如图 6-9 所示。

（二）斜轴测图

画斜轴测图时，一般仍将 O_1Z_1 轴画成铅垂位置，O_1X_1 轴画成水平位置，再用丁字尺和三角板配合，作出 O_1Y_1 轴与水平线成 45°，如图 6-10 所示。

斜轴测图的画法和正等测图的画法基本相同，但应注意轴间角和轴向变形系数。画斜二测图时，$p=r=1$，$q=0.5$；画斜等测图时，$p=q=r=1$。

【**例 6-3**】　　用坐标法作六棱锥体的斜二测图。

解　作图的方法和步骤如图 6-11 所示。

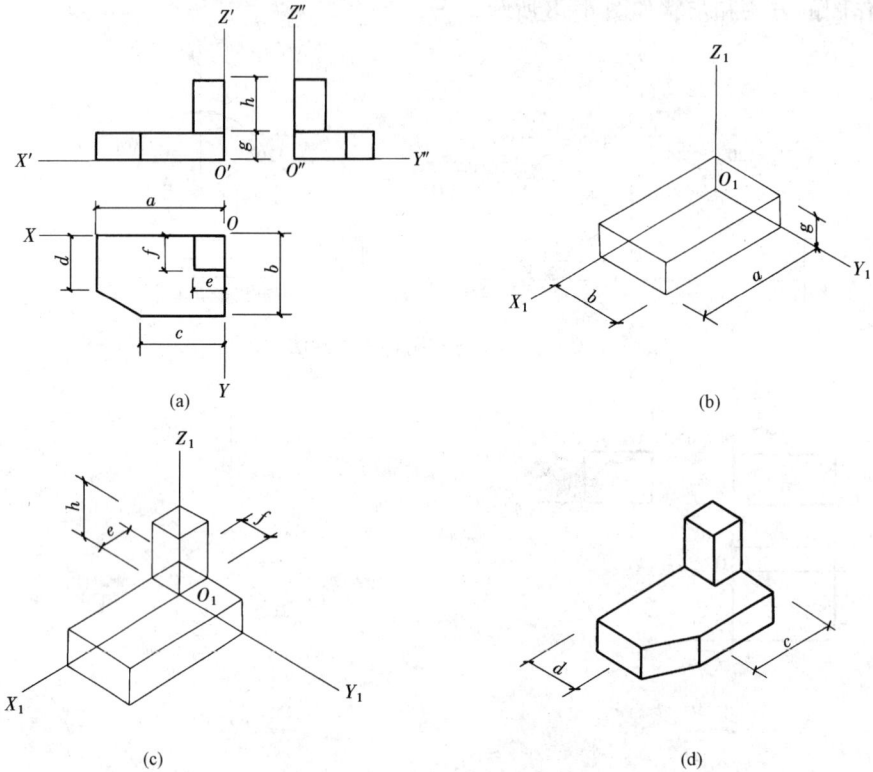

图 6-9　组合体的正等测图画法

(a) 在正投影图上定出原点和坐标轴的位置；(b) 画轴测轴并用坐标法根据尺寸 a、b、g 画出主要轮廓的正等测图；
(c) 在长方体上沿 O_1X_1 轴方向量取 e，沿 O_1Y_1 轴方向量取 f，沿 O_1Z_1 轴方向量取 h，通过作图叠加右上角
的长方体；(d) 在右下角沿 O_1X_1 轴方向量取 c，在左下角沿 O_1Y_1 轴方向量取 d，通过作图切去一块三
棱柱，擦去多余线并描深，即得立体的正等测图

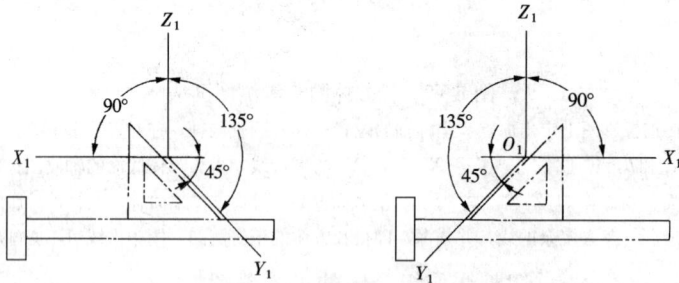

图 6-10　斜轴测图轴测轴画法

【例 6-4】　作垫块的斜二测图。

解　作图的方法和步骤如图 6-12 所示。

二、曲面体轴测图的画法

在正投影中，当圆所在的平面平行于投影面时，其投影仍是圆。当圆所在的平面倾斜于
投影面时，它的投影是椭圆。在轴测投影中，除斜轴测投影有一个面不发生变形外，一般情
况下，圆的轴测投影是椭圆。

圆的轴测投影是椭圆时，其作图方法通常是作出圆的外切正方形作为辅助图形，先作圆

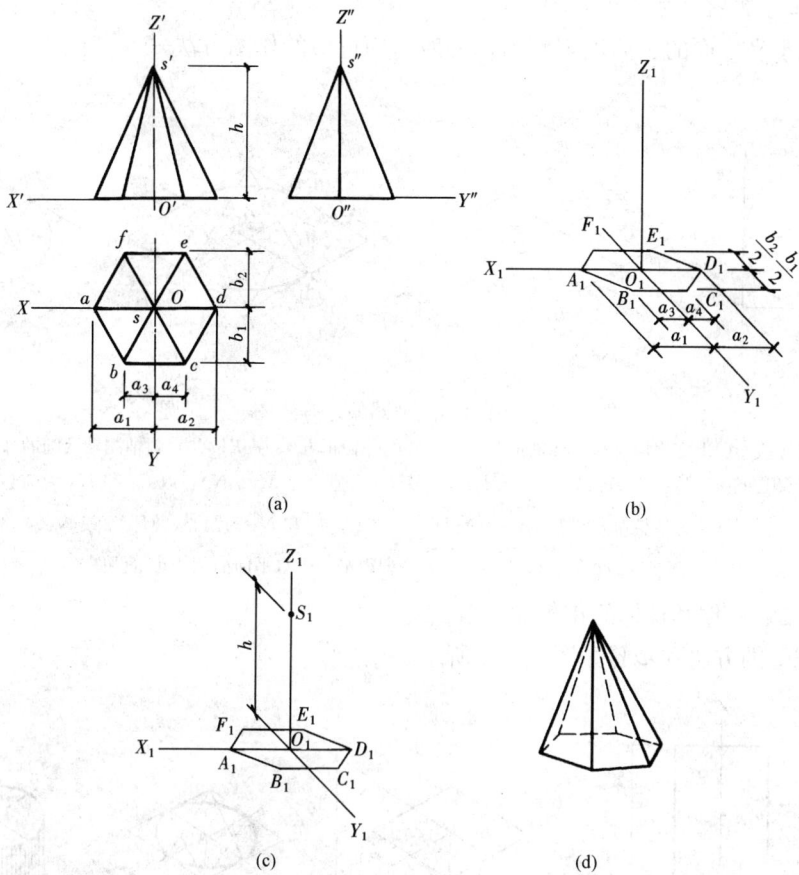

图 6-11 六棱锥体的斜二测图画法

（a）在正投影图上定出原点和坐标轴的位置；（b）作斜二测图的轴测轴，沿 O_1X_1 量取 a_1、a_2 得 A_1、D_1，沿 O_1X_1 量取 a_3、a_4，并作 O_1Y_1 轴平行线，沿此线量取 $b_1/2$、$b_2/2$ 得 B_1、C_1、E_1、F_1；（c）在 O_1Z_1 轴上量取 h 得 S_1；（d）依次连接各点，擦去多余的线条并加深，即得六棱锥体的斜二测图

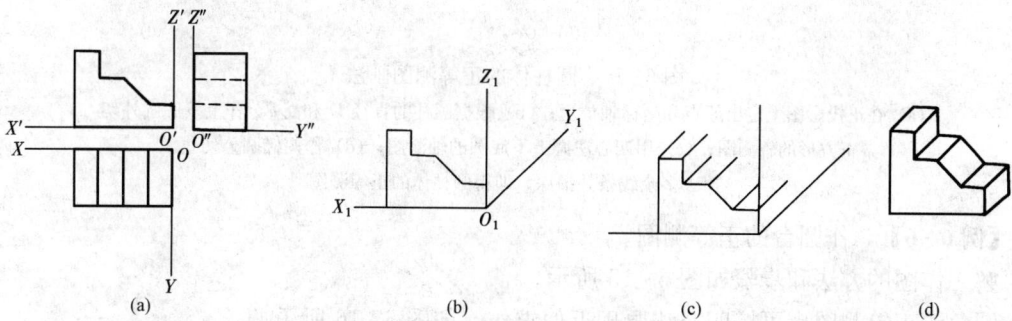

图 6-12 垫块的斜二测图画法

（a）在正投影图上定出原点和坐标轴的位置；（b）画出斜二测图的轴测轴，并在 X_1Z_1 坐标面上画出正面图；（c）过各角点作 Y_1 轴平行线，长度等于原宽度的一半；（d）将平行线各角点连起来加深即得其斜二测图

外切正方形的轴测图。

当圆的外切正方形在轴测投影中成为菱形时，可用四心法作近似椭圆；当圆的外切正方形在轴测投影中成为一般平行四边形时，可用八点法作椭圆。

（一）正等测图

作平行于坐标面的圆的正等测图，一般采用近似的作图方法——"四心法"，如图 6-13 所示。

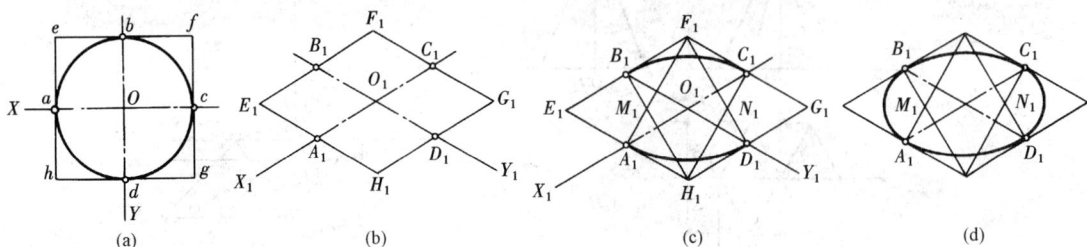

图 6-13　用四心法画圆的正等测图——椭圆

（a）在正投影图上定出原点和坐标轴位置，并作圆的外切正方形 $efgh$；（b）画轴测轴及圆的外切正方形的正等测图；（c）连接 F_1A_1、F_1D_1、H_1B_1、H_1C_1 分别交于 M_1、N_1，以 F_1 和 H_1 为圆心 F_1A_1 或 H_1C_1 为半径作大圆弧 $\overparen{B_1C_1}$ 和 $\overparen{A_1D_1}$；（d）以 M_1 和 N_1 为圆心，M_1A_1 或 N_1C_1 为半径作小圆弧 $\overparen{A_1B_1}$ 和 $\overparen{C_1D_1}$，即得平行于水平面的圆的正等测图

【例 6-5】　作圆柱体的正等测图。

解　作图的方法和步骤如图 6-14 所示。

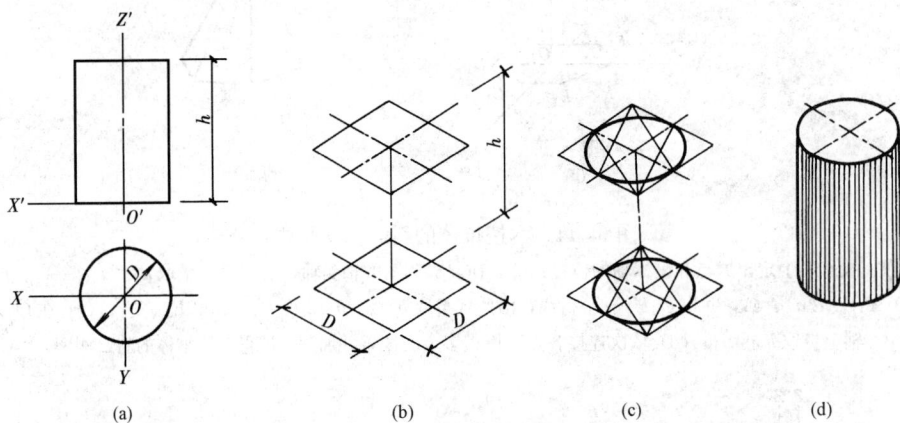

图 6-14　圆柱体的正等测图画法

（a）在正投影图上定出原点和坐标轴位置；（b）根据圆柱的直径 D 和高 h，作上下底圆外切正方形的轴测图；（c）用四心法画上下底圆的轴测图；（d）作两椭圆公切线，擦去多余线条并描深，即得圆柱体的正等测图

【例 6-6】　作圆台的正等测图。

解　作图的方法和步骤如图 6-15 所示。

圆角的正等测图也可按四心法原理近似求作，如图 6-16 所示。

【例 6-7】　作平板上圆角的正等测图。

解　作图的方法和步骤如图 6-17 所示。

（二）斜轴测图

平行于正立面的圆的斜轴测图仍然是圆。平行于水平面和侧立面的圆的斜轴测图都是椭圆。

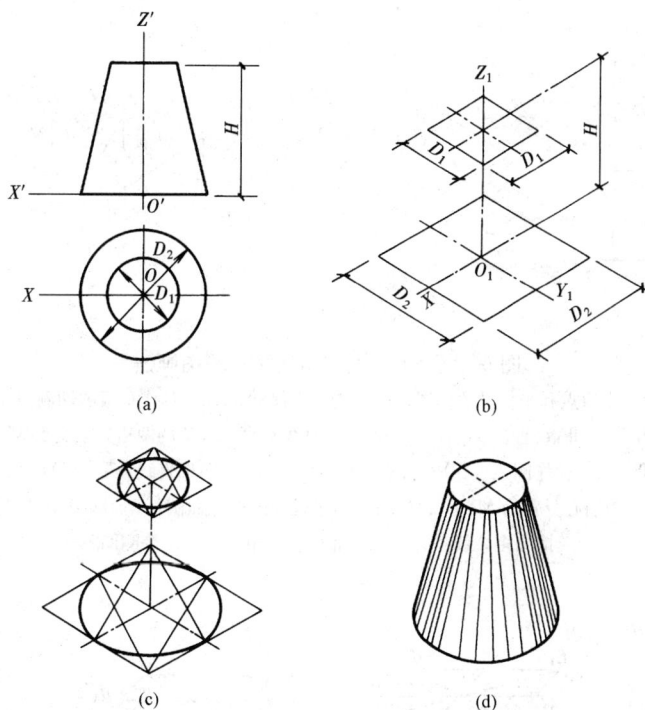

图 6-15 圆台的正等测图画法

(a) 在正投影图上定出原点和坐标轴的位置；(b) 根据上下底圆直径 D_1、D_2 和高 H 作圆的
外切正方形的轴测图；(c) 用四心椭圆法作上下底圆的轴测图；(d) 作两椭圆的
公切线，擦去多余线条，加深，即得圆台的正等测图

作平行于水平面或侧立面的圆的斜二测图，可采用"八点法"作图，如图 6-18 所示。

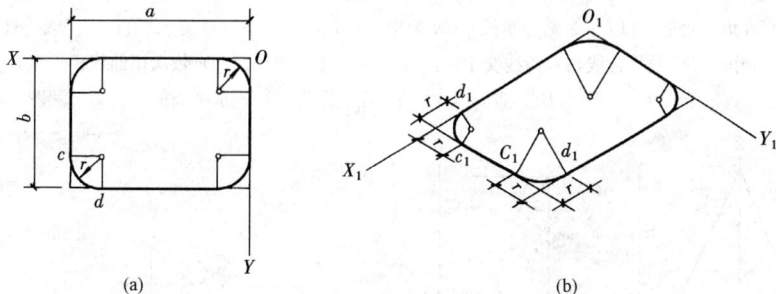

图 6-16 圆角的正等测图画法

(a) 在正投影图上定出原点和坐标轴的位置；(b) 根据 a、b 作四边形的轴测图。由角
点沿两边量取圆角半径 r 的长度，得 c_1 及 d_1 两点，过 c_1、d_1 作所在边的垂线，两
垂线的交点即为轴测圆角的圆心，再作圆弧与两边相切，即得圆角的正等测图

用八点法作圆的斜二测图，也适用于各类轴测图中各种位置的圆的轴测图。

【例 6-8】 作圆锥的斜二测图。

解 作图的方法和步骤如图 6-19 所示。

【例 6-9】 作带通孔圆台的斜二测图。

解 作图的方法和步骤如图 6-20 所示。

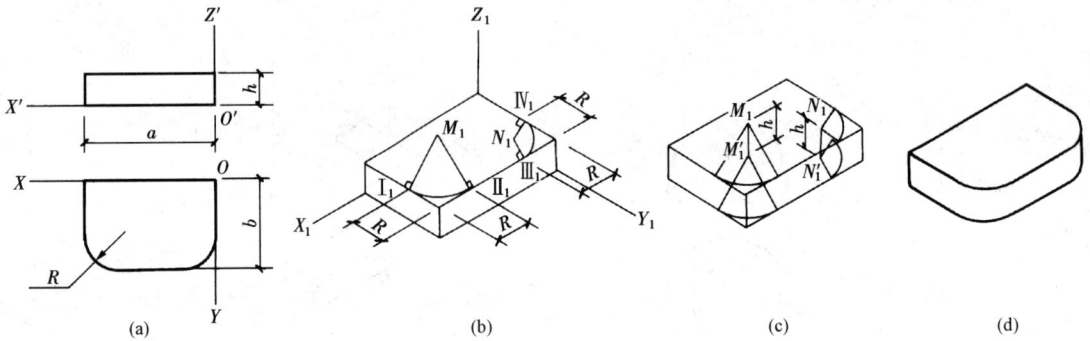

图 6-17　平板上圆角的正等测图画法

(a) 在正投影图中定出原点和坐标轴的位置；(b) 先根据尺寸 a、b、h 作平板的轴测图，由角点沿两边分别量取半径 R 得 I_1、II_1、III_1、IV_1 点，过各点作直线垂直于圆角的两边，以交点 M_1、N_1 为圆心，$M_1 I_1$、$N_1 III_1$ 为半径作圆弧；(c) 过 M_1、N_1 沿 $O_1 Z_1$ 方向作直线量取 $M_1 M'_1 = N_1 N'_1 = h$，以 M'_1、N'_1 为圆心分别为 $M_1 I_1$、$N_1 III_1$ 为半径作弧得底面圆弧；(d) 作右边两圆弧切线，擦去多余线条并描深，即得有圆角平板的正等测图

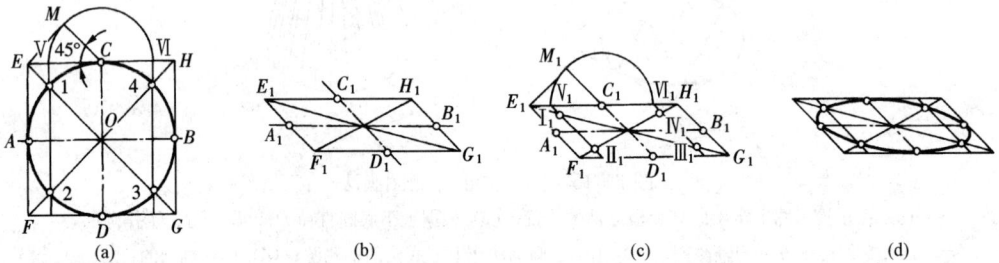

图 6-18　用八点法作圆的斜二测图——椭圆

(a) 作圆的外切正方形 $EFGH$，并连接对角线 EG、FH 交圆周于 1、2、3、4 点；(b) 作圆外切正方形的斜二测图，切点 A_1、B_1、C_1、D_1 即为椭圆上的四个点；(c) 以 $E_1 C_1$ 为斜边作等腰直角三角形，以 C_1 为圆心腰长 $C_1 M$ 为半径作弧，交 $E_1 H_1$ 于 V_1、VI_1，过 V_1、VI_1 作 $C_1 D_1$ 的平行线与对角线交 I_1、II_1、III_1、IV_1 四点；(d) 依次用曲线板连接 A_1、I_1、C_1、IV_1、B_1、III_1、D_1、II_1 各点即得平行于水平面的圆的斜二测图

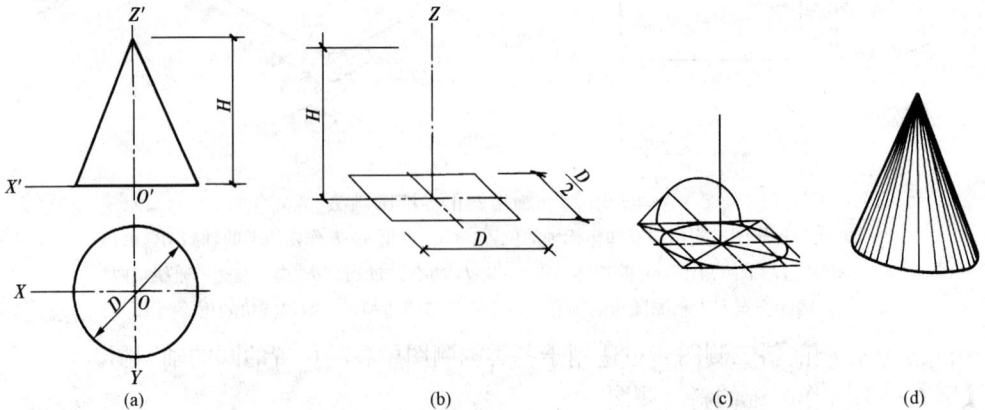

图 6-19　圆锥的斜二测图画法

(a) 在正投影图上定出原点和坐标轴的位置；(b) 根据圆锥底圆直径 D 和圆锥的高 H，作底圆外切正方形的轴测图，并在中心定出高；(c) 用八点法作圆锥底图的轴测图；(d) 过顶点向椭圆作切线，最后检查整理，加深图线或描墨，即为所求

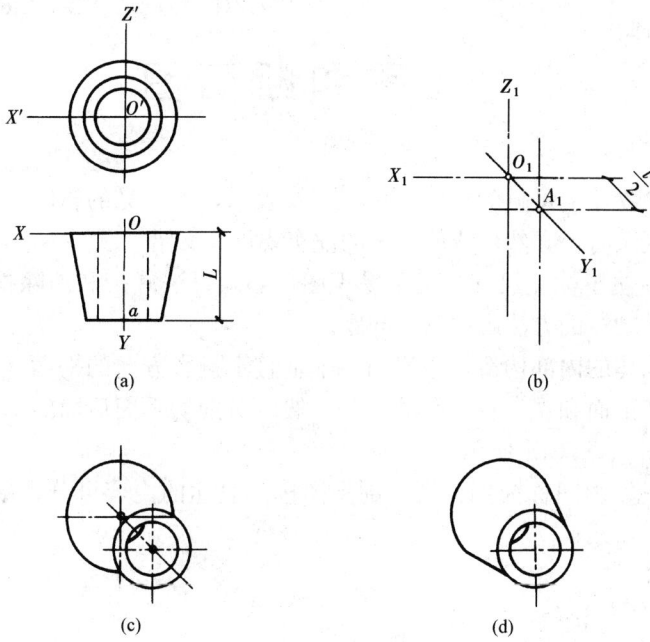

图 6-20 带孔圆台的斜二测图画法

(a) 在正投影图中定出原点和坐标轴的位置；(b) 画轴测轴，
在 O_1Y_1 轴上取 $O_1A_1=l/2$；(c) 分别以 O_1、A_1 为
圆心，相应半径的实长作半径画两底圆及圆孔；
(d) 作两底圆公切线，擦去多余线条并描深，即
得带通孔圆台的斜二测图

第七章 剖面图和断面图

在三面正投影图中，物体上可见的轮廓线用粗实线表示，不可见的轮廓线用虚线表示。但当物体的内部构造较复杂时，必然形成图形中的虚实线重叠交错，混淆不清，无法表示清楚物体的内部构造，既不便于标注尺寸，又不易识图，必须设法减少和消除投影图中的虚线。在工程图中，常采用剖视的方法解决这一问题。

为了能清晰地表达物体的内部构造，假想用一个垂直于投影方向的平面（即剖切平面）将物体剖开，并移去剖切平面和观察者之间的部分，然后对剖切平面后面的部分进行投影，这种方法称为剖视，如图7-1（a）所示。

用剖视方法画出的正投影图称为剖视图。剖视图按其表达的内容可分为剖面图和断面图，如图7-1（b）、（c）所示。

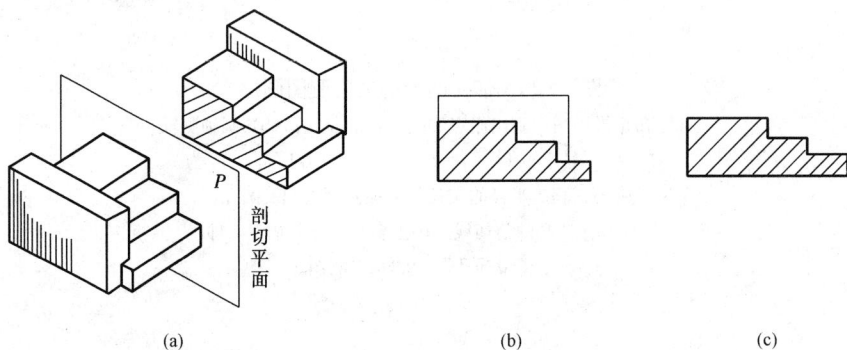

图 7-1 台阶的剖视及剖视图
(a) 剖视图；(b) 剖面图；(c) 断面图

第一节 剖 面 图

采用剖视的方法作投影图时，若作出遗留部分的全部投影所得到的投影图，称为剖面图，如图7-1（b）所示。

一、剖面图的画法

（一）确定剖切平面位置

画剖面图时应选择适当的剖切平面位置，使剖切后画出的图形能确切、全面地反映所要表达部分的真实形状。所以，选择的剖切平面应平行于投影面，并且一般应通过物体的对称平面或孔的轴线。

（二）画剖面图

剖面图是按剖切位置移去物体在剖切平面和观察者之间的部分，根据留下的部分画出的投影图。但因为剖切是假想的，因此画其他投影图时，仍应按剖切前的完整物体来画，不受剖切的影响。

剖面图除应画出剖切平面切到部分的图形外，还应画出沿投影方向看到的部分。被剖切平面切到部分的轮廓线用粗实线绘制；剖切平面没有切到，但沿投影方向可以看到的部分，用中实线绘制。

物体被剖切后，剖面图上仍可能有不可见部分的虚线存在，为了使图形清晰易读，应省略不必要的虚线。

（三）画材料图例

剖面图中被剖切到的部分，应画出它的组成材料的剖面图例，以区分剖切到和没有剖切到的部分，同时表明建筑物是用什么材料做成的。

材料图例按国家标准《房屋建筑制图统一标准》规定，在房屋建筑工程图中采用附录表A-1规定的常用建筑材料图例。

在图上没有注明物体是何种材料时，应在相应位置画出同向、等间距的45°倾斜细实线，即剖面线。

下列情况可不加图例，但应加文字说明：

（1）一张图纸内的图样只用一种图例时。

（2）图形较小无法画出建筑材料图例时。

（3）需画出的建筑材料图例面积过大时，可在断面轮廓线内作局部表示（图7-2）。

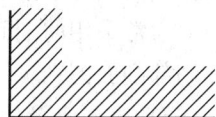

当选用附录表A-1中未包括的建筑材料时，可自编图例，但不得与该表所列的图例重复。绘制时，应在适当位置画出该材料图例，并加以说明。

图 7-2　局部表示图例

（四）剖面图的标注

1. 剖切符号

剖面图本身不能反映剖切平面的位置，在其他投影图上必须标注出剖切平面的位置及剖切形式。剖切平面的位置及投影方向用剖切符号表示。

剖视的剖切符号由剖切位置线及剖视方向线组成，这两种线均用粗实线绘制。

剖切位置线的长度宜为6～10mm；剖视方向线应垂直于剖切位置线，长度应短于剖切位置线，宜为4～6mm（图7-3），也可采用国际统一和常用的剖视方法，如图7-4所示。绘制时，剖视剖切符号不应与其他图线相接触。

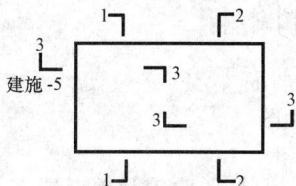

图 7-3　剖视的剖切符号（一）　　　　图 7-4　剖视的剖切符号（二）

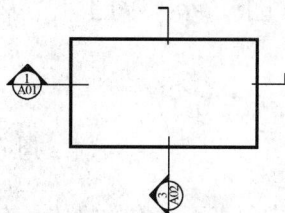

剖视剖切符号的编号宜采用粗阿拉伯数字，按剖切顺序由左至右、由下向上连续编排，并应注写在剖视方向线的端部。

需要转折的剖切位置线，应在转角的外侧加注与该符号相同的编号。

2. 剖面图的图名注写

剖面图的图名是以剖面的编号来命名的，它应注写在剖面图的下方，如图 7 - 5（b）、（c）中的 1-1 剖面图，2-2 剖面图所示。

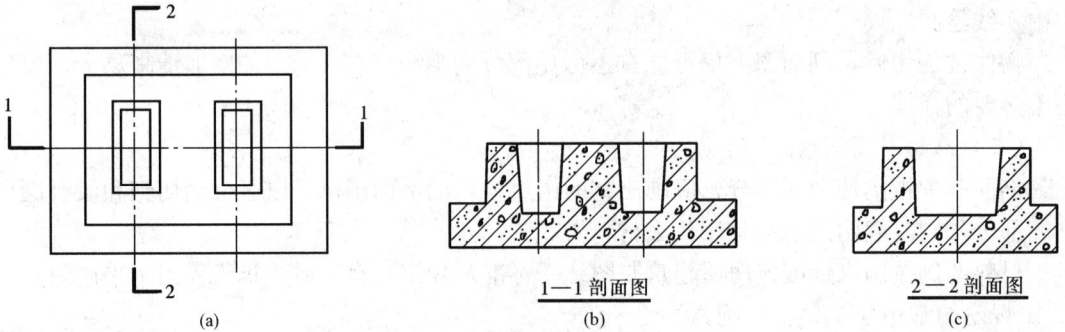

图 7 - 5　剖面图的标注

二、剖面图的种类

作剖面图时，剖切平面的设置、数量和剖切的方法等，应根据物体的内部和外部形状来选择。通常采用的剖面图有全剖面图、阶梯剖面图、展开剖面图、半剖面图、分层切割剖面图和局部剖面图。

（一）全剖面图

用一个剖切平面将物体全部剖开后所得到的剖面图，称为全剖面图。

图 7 - 6 中所示的侧面投影为台阶的全剖面图。

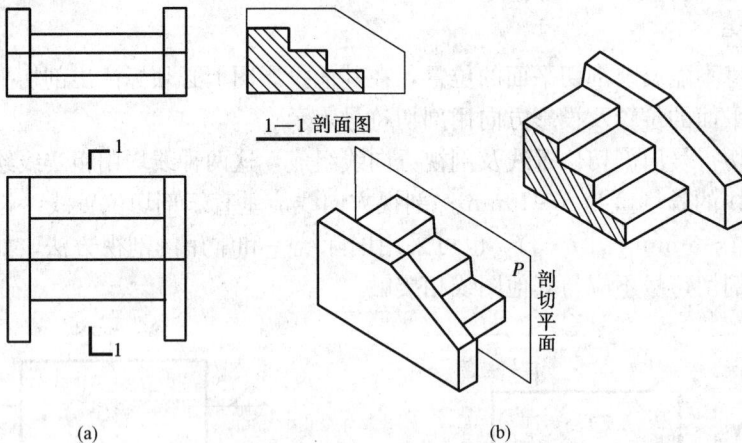

图 7 - 6　台阶的全剖面图
（a）投影图；（b）直观图

全剖面图常用于不对称的物体。有些物体虽对称，但外形比较简单，或在另一个投影中已将它的外形表达清楚时，也可采用全剖面图表示。

（二）阶梯剖面图

用两个或两个以上的平行剖切平面剖切物体所得到的剖面图，称为阶梯剖面图。

图 7 - 7 所示的正面投影为物体的阶梯剖面图。

阶梯剖面图中，剖切位置线的转折处应用两个端部垂直相交的粗实线画出。在转折处由

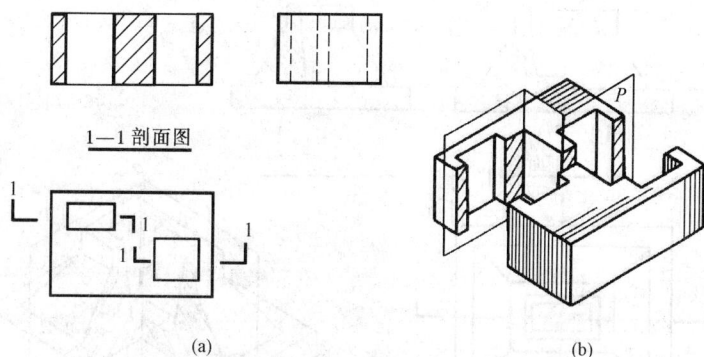

图7-7 阶梯剖面图
（a）投影图；（b）直观图

于剖切所产生的物体轮廓线在剖面图中不应画出。

（三）展开剖面图

用两个相交的剖切平面剖切物体所得到的剖面图，称为展开剖面图。

图7-8所示为一个楼梯的展开剖面图。

展开剖面图的图名后应加注"展开"字样，剖切符号的画法如图7-8所示。

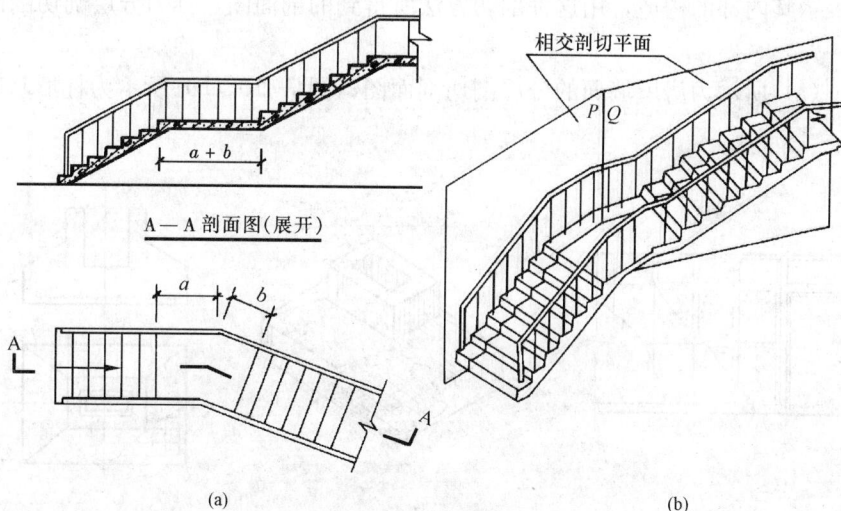

图7-8 楼梯的展开剖面图
（a）投影图；（b）直观图

（四）半剖面图

如果被剖切的物体是对称的，画图时，可以对称符号为界，一半画外形图，一半画剖面图，用一个图同时表示物体的外形和内部构造，这种剖面图称为半剖面图。

图7-9所示为一个杯形基础的半剖面图。

半剖面图应以对称线作为外形图与剖面图的分界线。当对称线为铅垂线时，剖面图画在对称线的右方；当对称线为水平线时，剖面图画在对称线的下方。

1—1 剖面图　　　　　2—2 剖面图

(a)　　　　　　　　　　　　　　(b)

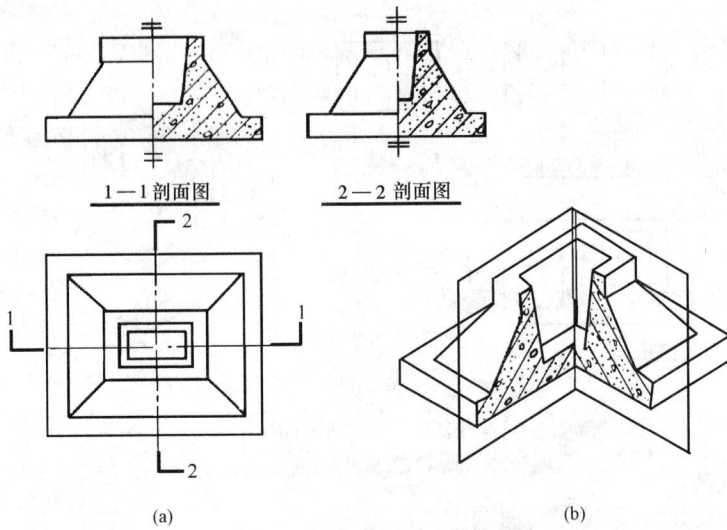

图 7 - 9　杯形基础的半剖面图

(a) 投影图；(b) 直观图

（五）分层剖切剖面图和局部剖面图

有些建筑物的构件，其构造层次较多或只有局部构造比较复杂，可用分层剖切或局部剖切的方法来表示其内部的构造，用这种剖切方法所得到的剖面图，称为分层剖切剖面图和局部剖面图。

图 7 - 10（a）所示为房屋墙面的分层剖切剖面图；图 7 - 10（b）所示为杯形基础的局部剖面图。

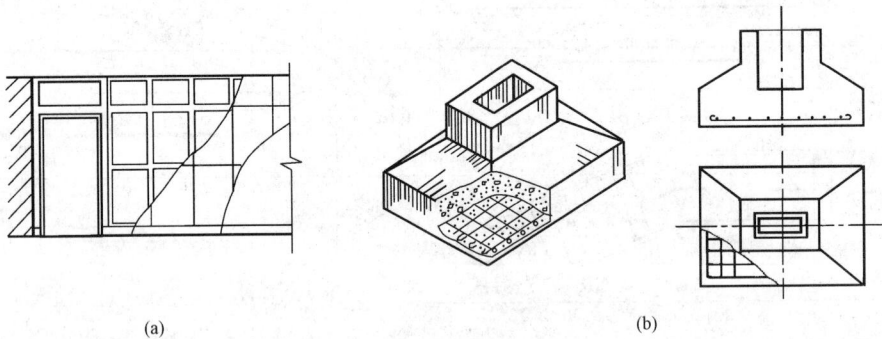

(a)　　　　　　　　　　　　　　(b)

图 7 - 10　分层剖切及局部剖面图

(a) 分层剖切剖面图；(b) 局部剖面图

分层剖切剖面图，应按层次以波浪线将各层隔开；局部剖面图，应用波浪线作为投影图与剖面图的分界线。波浪线不应与任何图线重合。

第二节　断　面　图

采用剖视的方法作投影图时，若只作出剖切平面切到部分的图形，称为断面图，又称截面图，如图 7-1（c）所示。在断面图中也需画出材料图例。

一、断面图与剖面图的区别

断面图与剖面图的区别在于：

（1）断面图只需（用粗实线）画出物体被剖切后断面的图形；而剖面图除画断面图形外，还应画出投影方向所能看到的部分，如图 7-11 所示。

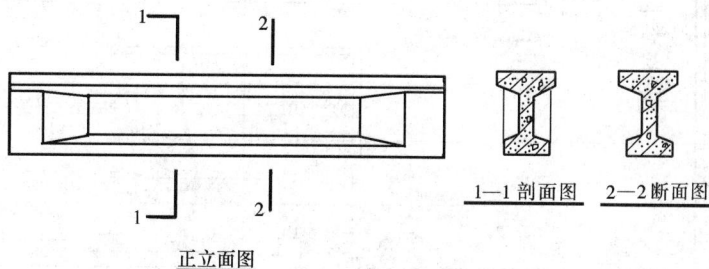

正立面图

图 7-11 剖面图与断面图的区别

（2）断面图与剖面图的剖切符号不同，断面图的剖切符号只画剖切位置线，其长度为 6~10mm 的粗实线，不画剖视方向线，编号写在投影方向的一侧。

二、断面图的表示形式

断面图主要用于表达物体断面的形状，在实际应用中，根据断面图所配置的位置不同，通常采用的断面图有移出断面图、重合断面图和中断断面图。

1. 移出断面图

画在投影图以外的断面图称为移出断面图。

图 7-12 所示为构件的移出断面图。

移出断面图的轮廓线用粗实线绘制，移出断面图可绘制在靠近物体的一侧或端部处，并按顺序依次排列。在移出断面图下方应注写与剖切符号相应的编号，如 1—1、2—2，但不必写"断面图"字样。

2. 重合断面图

画在投影图内的断面图称为重合断面图。

图 7-13（a）所示为构件的重合断面图；图 7-13（b）所示为结构梁板的重合断面图，该断面图可画在结构布置图上。

重合断面图的轮廓线用粗实线绘制。但若遇到投影图中的轮廓线与断面图的轮廓线重叠时，则应按投影图的轮廓线完整地画出，不可间断。

3. 中断断面图

画在投影图中断处的断面图称为中断断面图。

图 7-14 所示为构件的中断断面图。

中断断面图的轮廓线用粗实线绘制。投影图的中断处用波浪线或折断线绘制。中断断面图不必画剖切符号。

正立面图

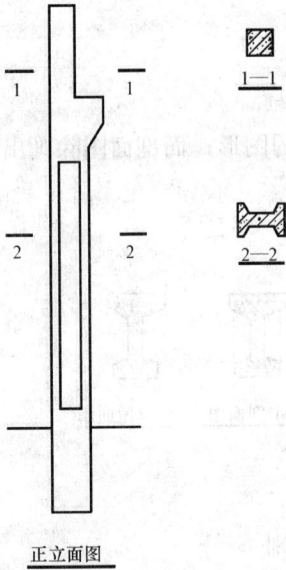

图 7 - 12　移出断面图

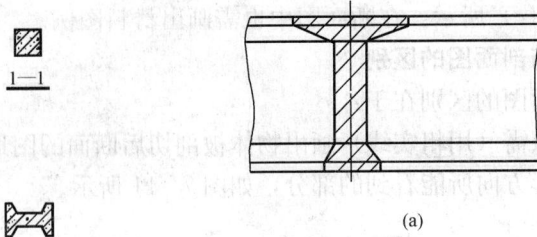

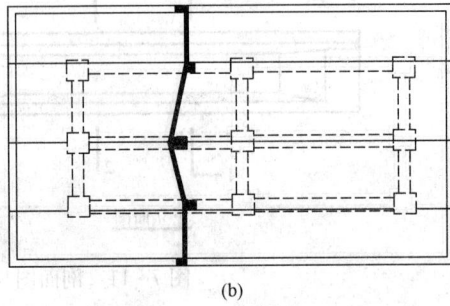

(a)

(b)

图 7 - 13　重合断面图

图 7 - 14　中断断面图

第二篇 建筑工程图的识读

第八章 建筑施工图

第一节 概 述

一、房屋建筑工程图的内容

房屋建筑工程图是将建筑物的平面布置、外形轮廓、装修、尺寸大小、结构构造和材料做法等内容，按照"国标"的规定，用正投影方法，详细准确地画出的图样。它是用以组织、指导建筑施工、进行经济核算、工程监理、完成房屋建造的一套图纸，所以又称为房屋施工图。

（一）房屋的设计程序

设计一般分为初步设计和施工图设计两个阶段。

1. 初步设计阶段

初步设计是根据有关设计基础资料，拟定工程建设实施的初步方案，阐明工程在拟定的时间、地点以及投资数额内在技术上的可能性和经济上的合理性，并编制项目的总概算。

2. 施工图设计阶段

施工图设计是根据批准的初步设计文件，对于工程建设方案进一步具体化、明确化，通过详细的计算和安排，绘制出正确、完整的用于指导施工的图纸，并编制施工图预算。

（二）房屋施工图的内容

一套完整的房屋施工图，根据其专业内容或作用的不同，一般分为：

1. 建筑施工图（简称建施）

建筑施工图主要表明建筑物的总体布局、外部造型、内部布置、细部构造、内外装饰等情况。它包括首页图（设计说明）、建筑总平面图、平面图、立面图、剖面图和详图等。

2. 结构施工图（简称结施）

结构施工图主要表明建筑物各承重构件的布置和构造等情况。它包括首页图（结构设计说明）、基础平面图及基础详图、结构平面布置图及节点构造详图、钢筋混凝土构件详图等。

3. 设备施工图（简称设施）

设备施工图是表明建筑物各专业管道和设备的布置及安装要求的图样。它包括给水排水施工图（简称水施）、暖通空调施工图（简称暖施）、电气施工图（简称电施）等。它们一般都是由首页图、平面图、系统图、详图等组成。

一幢房屋全套施工图的编排一般应为：图纸目录、建筑施工图、结构施工图、给水排水施工图、暖通空调施工图、电气施工图等。

各专业的图纸，应按图纸内容的主次关系、逻辑关系进行分类排序。

二、房屋建筑工程图的有关规定

房屋建筑工程图应按《房屋建筑制图统一标准》（GB/T 50001—2010）的有关规定

绘制。

（一）定位轴线

定位轴线是确定建筑物或构筑物主要承重构件平面位置的重要依据。在施工图中，凡是承重的墙、柱子、大梁、屋架等主要承重构件，都要画出定位轴线来确定其位置。对于非承重的隔墙、次要构件等，有时用附加定位轴线（分轴线），来确定其位置，也可由注明其与附近定位轴线的有关尺寸来确定。具体规定如下：

（1）定位轴线应用细单点长画线绘制。

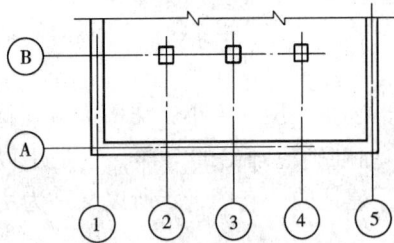

图 8-1　定位轴线的编号顺序

（2）定位轴线一般应编号，编号应注写在轴线端部的圆内。圆应用细实线绘制，直径为 8～10mm，定位轴线圆的圆心，应在定位轴线的延长线上或延长线的折线上。

（3）平面图上定位轴线的编号，宜标注在图样的下方或左侧，横向编号应用阿拉伯数字，从左至右顺序编写；竖向编号应用大写拉丁字母，从下至上顺序编写，拉丁字母的 I、O、Z 不得用做轴线编号，如图 8-1 所示。当字母数量不够使用，可增用双字母或单字母加数字注脚。

（4）组合较复杂的平面图中定位轴线也可采用分区编号，如图 8-2 所示。

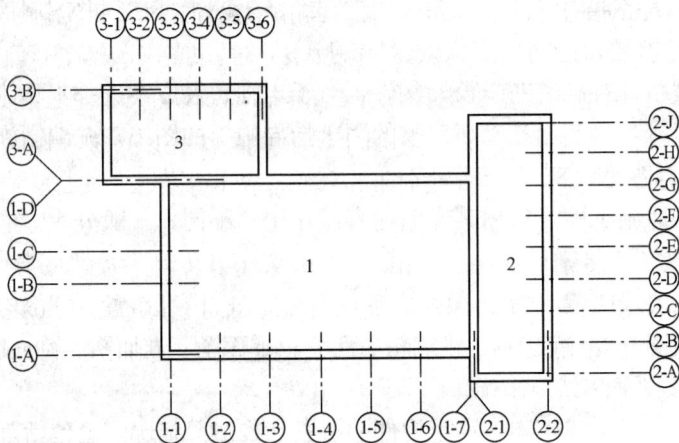

图 8-2　定位轴线的分区编号

编号的注写形式应为"分区号—该分区编号"。"分区号—该分区编号"采用阿拉伯数字或大写拉丁字母表示。

（5）附加定位轴线的编号，应以分数形式表示。两根轴线间的附加轴线，应以分母表示前一轴线的编号，分子表示附加轴线的编号，编号宜用阿拉伯数字顺序编号，如：

$\dfrac{1}{2}$ 表示 2 号轴线之后附加的第一根轴线；

$\dfrac{3}{C}$ 表示 C 号轴线之后附加的第三根轴线。

1 号轴线或 A 号轴线之前的附加轴线的分母应以 01 或 0A 表示，如：

表示 1 号轴线之前附加的第一根轴线；

表示 A 号轴线之前附加的
第三根轴线。

（6）对于详图上的轴线编号，若该详图适用于几根轴线时，应同时标注有关轴线的编号，如图 8 - 3 所示；通用详图中的定位轴线，一端只画圆，不注写轴线编号。

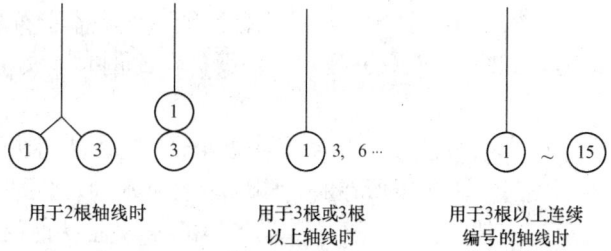

图 8-3 详图的轴线编号

（7）圆形与弧形平面图中的定位轴线，其径向轴线应以角度进行定位，其编号宜用阿拉伯数字表示，从左下角或 $-90°$（若径向轴线很密，角度间隔很小）开始，按逆时针顺序编写；其环向轴线宜用大写拉丁字母表示，从外向内顺序编写，如图 8 - 4（a）、（b）所示。

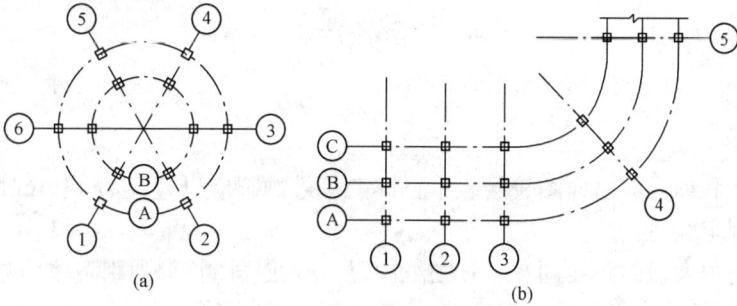

图 8 - 4 平面定位轴线的编号
（a）圆形平面定位轴线的编号；（b）弧形平面定位轴线的编号

图 8 - 5 折线形平面定位轴线的编号

（8）折线形平面图中定位轴线的编号可按图 8-5 所示形式编写。

（二）索引符号、详图符号及引出线

施工图中的部分图形或某一构件，由于比例较小或细部构造较复杂，而无法表示清楚时，通常要将这些图形和构件用较大的比例放大画出，这种放大后的图就称为详图。

1. 索引符号

图样中的某一局部或构件，如需另见详图，应以索引符号索引，如图 8 - 6（a）所示。索引符号是由直径为 8～10mm 的圆和水平直径组成，圆及水平直径应以细实线绘制。索引符号应按下列规定编写：

（1）索引出的详图，如与被索引的详图同在一张图纸内，应在索引符号的上半圆中用阿拉伯数字注明该详图的编号，并在下半圆中间画一段水平细实线，如图 8 - 6（b）所示。

（2）索引出的详图，如与被索引的详图不在同一张图纸内，应在索引符号的上半圆中用阿拉

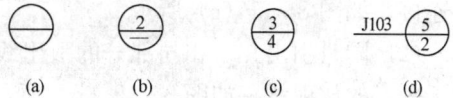

图 8 - 6 索引符号

伯数字注明该详图的编号，在索引符号的下半圆中用阿拉伯数字注明该详图所在图纸的编号，如图 8-6 (c) 所示。数字较多时，可加文字标注。

(3) 索引出的详图，如采用标准图，应在索引符号水平直径的延长线上加注该标准图集的编号，如图 8-6 (d) 所示。需要标注比例时，文字在索引符号右侧或延长线下方，与符号下对齐。

(4) 当索引符号用于索引剖视详图，应在被剖切的部位绘制剖切位置线，并以引出线引出索引符号，引出线所在的一侧应为剖视方向，如图 8-7 所示。

(5) 零件、钢筋、杆件、设备等的编号宜以直径为 5～6mm 的细实线圆表示，同一图样应保持一致，其编号应用阿拉伯数字按顺序编写，如图 8-8 所示。消火栓、配电箱、管井等的索引符号，直径宜为 4～6mm。

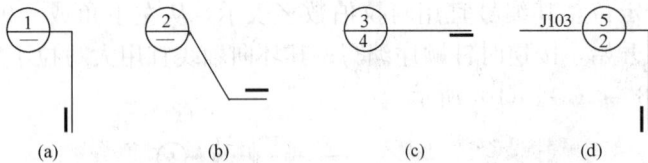

图 8-7　用于索引剖面详图的索引符号　　　　　图 8-8　零件、钢筋等的编号

2. 详图符号

详图的位置和编号应以详图符号表示。详图符号的圆应以直径为 14mm 的粗实线绘制。详图应按下列规定编写：

(1) 详图与被索引的图样同在一张图纸内时，应在详图符号内用阿拉伯数字注明详图的编号，如图 8-9 所示。

(2) 详图与被索引图样不在同一张图纸内，应用细实线在详图符号内画一水平直径，在上半圆中注明详图编号，在下半圆中注明被索引的图纸编号，如图 8-10 所示。

图 8-9　与被索引图样同在一张　　　　　图 8-10　与被索引图样不在一张
　　　　图纸内的详图符号　　　　　　　　　　　　　图纸内的详图符号

3. 引出线

引出线是对图样上某些部位引出文字说明、符号编号和尺寸标注等用的，其画法规定如下：

(1) 引出线应以细实线绘制，宜采用水平方向的直线、与水平方向成 30°、45°、60°、90°的直线，或经上述角度再折为水平线。文字说明宜注写在水平线的上方，如图 8-11 (a) 所示，也可注写在水平线的端部，如图 8-11 (b) 所示。索引详图的引出线应与水平直径线相连接，如图 8-11 (c) 所示。

(2) 同时引出几个相同部分的引出线，宜互相平行，如图 8-12 (a) 所示，也可画成集中于一点的放射线，如图 8-12 (b) 所示。

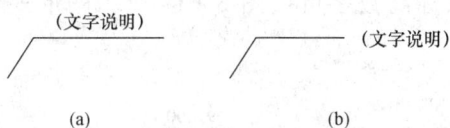

图 8 - 11 引出线

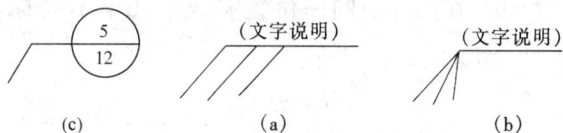

图 8 - 12 共用引出线

（3）多层构造或多层管道共用引出线，应通过被引出的各层，并用圆点示意对应各层次。文字说明宜注写在水平线的上方，或注写在水平线的端部，说明的顺序应由上至下，并应与被说明的层次对应一致；如层次为横向排序，则由上至下的说明顺序应与由左至右的层次对应一致，如图 8 - 13 所示。

（三）标高

标高是以某一水平面作为基准面，并作零点（水准原点）起算地面（楼面）至基准面的垂直高度。建筑物各部分或各个位置的高度主要用标高来表示。《房屋建筑制图统一标准》中，规定了它的标注方法。

（1）标高符号应以直角等腰三角形表示，按图 8 - 14（a）所示形式用细实线绘制。当标注位置不够，也可按图 8 - 14（b）所示形式绘制。标高符号的具体画法如图 8 - 14（c）、（d）所示。

（2）总平面图室外地坪标高符号，宜用涂黑的三角形表示，具体画法如图 8 - 15 所示。

图 8 - 13 多层共用引出线

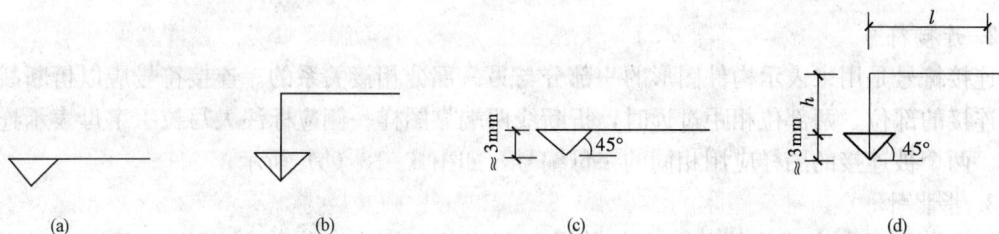

（3）标高符号的尖端应指至被注高度的位置。尖端一般宜向下，也可向上。标高数字应注写在标高符号的上侧或下侧，如图 8 - 16 所示。

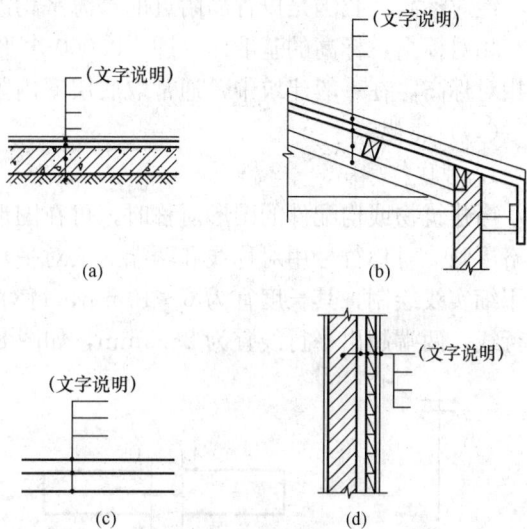

图 8 - 14 标高符号

l—取适当长度注写标高数字；h—根据需要取适当高度

（4）标高数字应以米为单位，注写到小数点以后第三位。在总平面图中，可注写到小数点以后第二位。

（5）零点标高应注写成±0.000，正数标高不注"＋"，负数标高应注"－"，例如 3.000、－0.600。

（6）在图样的同一位置需表示几个不同标高时，标高数字可按图 8 - 17 所示的形式注写。

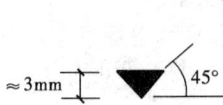

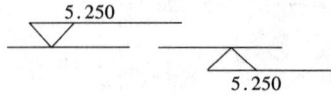

图 8 - 15　总平面图室外地　　　图 8 - 16　标高的指向　　　图 8 - 17　同一位置注写
坪标高符号　　　　　　　　　　　　　　　　　　　　多个标高数字

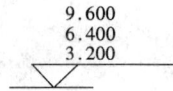

标高有绝对标高和相对标高之分：

绝对标高：我国是以青岛附近的黄海平均海平面为零点，以此为基准而设置的标高。

相对标高：标高的基准面（即±0.000 水平面）是根据工程需要而选定的，这类标高称为相对标高。在一般建筑中，通常取底层室内主要地面作为相对标高的基准面。

（四）其他符号

1. 对称符号

当建筑物或构配件的图形对称时，可在图形的对称中心处画上对称符号，另一半图形可省略不画。对称符号用对称线和两端的两对平行线组成。对称线用细单点长画线绘制；平行线用细实线绘制，其长度宜为 6～10mm，每对间距宜为 2～3mm；对称线垂直平分于两对平行线，两端超出平行线宜为 2～3mm，如图 8 - 18（a）所示。

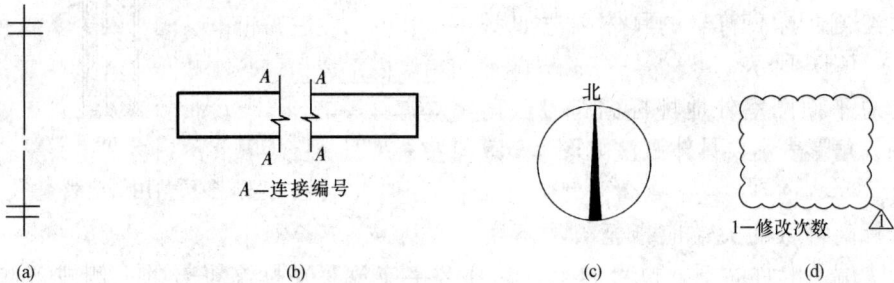

图 8 - 18　其他符号
（a）对称符号；（b）连接符号；（c）指北针；（d）变更云线

2. 连接符号

连接符号是用来表示构件图形的一部分与另一部分相接关系的。连接符号应以折断线表示需连接的部位。两部位相距过远时，折断线两端靠图样一侧应标注大写拉丁字母表示连接编号。两个被连接的图样应用相同的字母编号，如图 8 - 18（b）所示。

3. 指北针

指北针是用来指明建筑物朝向的符号。其形状如图 8 - 18（c）所示，圆的直径宜为 24mm，用细实线绘制；指针尾部的宽度宜为 3mm，指针头部应注"北"或"N"字。需用较大直径绘制指北针时，指针尾部宽度宜为直径的 1/8。

4. 云线

对图纸中局部变更部分宜采用云线，并宜注明修改版次，如图 8 - 18（d）所示。

三、计算机制图

（一）计算机制图文件

计算机制图文件可分为工程图库文件和工程图纸文件。工程图库文件可在一个以上的工程中重复使用；工程图纸文件只能在一个工程中使用。

建立合理的文件目录结构，可对计算机制图文件进行有效的管理和利用。

1. 工程图纸编号

工程图纸编号应符合下列规定：

（1）工程图纸根据不同的子项（区段）、专业、阶段等进行编排，宜按照设计总说明、总平面图、平面图、立面图、剖面图、详图、清单、简图等的顺序编号。

（2）工程图纸编号应使用汉字、数字和连字符"－"的组合。

（3）在同一工程中，应使用统一的工程图纸编号格式，工程图纸编号应自始至终保持不变。

工程图纸编号格式应符合下列规定：

（1）工程图纸编号可由区段代码、专业缩写代码、阶段代码、类型代码、序列号、更改代码和更改版本序列号等组成，如图8-19所示。其中区段代码、类型代码、更改代码和更改版本序列号可根据需要设置。区段代码与专业缩写代码、阶段代码与类型代码、序列号与更改代码之间用连字符"－"分隔开。

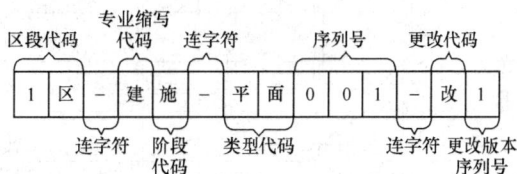

图 8-19　工程图纸编号格式

（2）区段代码用于工程规模较大、需要划分子项或分区段时，区别不同的子项或分区，由2~4个汉字和数字组成。

（3）专业缩写代码用于说明专业类别，由1个汉字组成；宜选用表8-1所列出的常用专业缩写代码。

表 8-1　　　　　　　　　　　　　常用专业代码列表

专业	专业代码名称	英文专业代码名称	备　注
总图	总	G	含总图、景观、测量/地图、土建
建筑	建	A	含建筑、室内设计
结构	结	S	含结构
给水排水	水	P	含给水、排水、管道、消防
暖通空调	暖	M	含采暖、通风、空调、机械
电气	电	E	含电气（强电）、通信（弱电）、消防

（4）阶段代码用于区别不同的设计阶段，由1个汉字组成；宜选用表8-2所列出的常用阶段代码。

（5）类型代码用于说明工程图纸的类型，由2个字符组成；宜选用表8-3所列出的常用类型代码。

表 8 - 2　　　　　　　　　　　　　　　**常 用 阶 段 代 码 列 表**

设计阶段	阶段代码名称	英文阶段代码名称	备　注
可行性研究	可	S	含预可行性研究阶段
方案设计	方	C	—
初步设计	初	P	含扩大初步设计阶段
施工图设计	施	W	—

表 8 - 3　　　　　　　　　　　　　　　**常 用 类 型 代 码 列 表**

工程图纸文件类型	类型代码名称	英文类型代码名称
图纸目录	目录	CL
设计总说明	说明	NT
楼层平面图	平面	FP
场区平面图	场区	SP
拆除平面图	拆除	DP
设备平面图	设备	QP
现有平面图	现有	XP
立面图	立面	EL
剖面图	剖面	SC
大样图（大比例视图）	大样	LS
详图	详图	DT
三维视图	三维	3D
清单	清单	SH
简图	简图	DG

（6）序列号用于标识同一类图纸的顺序，由 001～999 之间的任意 3 位数字组成。

（7）更改代码用于标识某张图纸的变更图，用汉字"改"表示。

（8）更改版本序列号用于标识变更图的版次，由 1～9 之间的任意 1 位数字组成。

2. 计算机制图文件命名

工程图纸文件命名应符合下列规定：

（1）工程图纸文件可根据不同的工程、子项或分区、专业、图纸类型等进行组织，命名规则应具有一定的逻辑关系，便于识别、记忆、操作和检索。

（2）工程图纸文件名称应使用拉丁字母、数字、连字符"－"和井字符"＃"的组合。

（3）在同一工程中，应使用统一的工程图纸文件名称格式，工程图纸文件名称应自始至终保持不变。

工程图纸文件命名格式应符合下列规定：

（1）工程图纸文件名称可由工程代码、专业代码、类型代码、用户定义代码和文件扩展名组成，如图8-20所示，其中工程代码和用户定义代码可根据需要设置。专业代码与类型代码之间用连字符"－"分隔开；用户定义代码与文件扩展名之间用小数点"."分隔开。

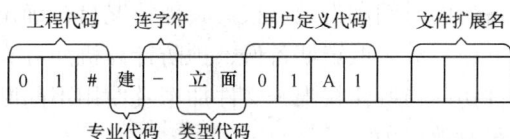

图 8-20　工程图纸文件命名格式

（2）工程代码用于说明工程、子项或区段，可由2～5个字符和数字组成。

（3）专业代码用于说明专业类别，由1个字符组成；宜选用表8-1所列出的常用专业代码。

（4）类型代码用于说明工程图纸文件的类型，由2个字符组成；宜选用表8-3所列出的常用类型代码。

图 8-21　工程图纸文件变更范围与版次表示

（5）用户定义代码用于说明工程图纸文件的类型，宜由2～5个字符和数字组成，其中前两个字符为标识同一类图纸文件的序列号，后两位字符表示工程图纸文件变更的范围与版次，如图8-21所示。

（6）小数点后的文件扩展名由创建工程图纸文件的计算机制图软件定义，由3个字符组成。

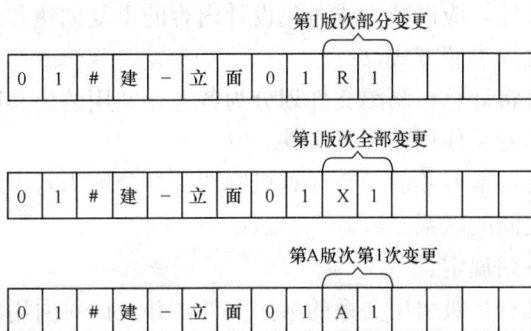

工程图库文件命名应符合下列规定：

（1）工程图库文件应根据建筑体系、组装需要或用法等进行分类，并应便于识别、记忆、操作和检索。

（2）工程图库文件名称应使用拉丁字母和数字的组合。

（3）在特定工程中使用工程图库文件，应将该工程图库文件复制到特定工程的文件夹中，并应更名为与特定工程相适应的工程图纸文件名。

3.计算机制图文件夹

（1）计算机制图文件夹宜根据工程、设计阶段、专业、使用人和文件类型等进行组织。计算机制图文件夹的名称可由用户或计算机制图软件定义，并应在工程上具有明确的逻辑关系，便于识别、记忆、管理和检索。

（2）计算机制图文件夹名称可使用汉字、拉丁字母、数字和连字符"－"的组合，但汉字与拉丁字母不得混用。

（3）在同一工程中，应使用统一的计算机制图文件夹命名格式，计算机制图文件夹名称应自始至终保持不变，且不得同时使用中文和英文的命名格式。

（4）为满足协同设计的需要，可分别创建工程、专业内部的共享与交换文件夹。

4.计算机制图文件的使用与管理

（1）工程图纸文件应与工程图纸一一对应，以保证存档时工程图纸与计算机制图文件的一致性。

（2）计算机制图文件宜使用标准化的工程图库文件。

（3）计算机制图文件应及时备份，避免文件及数据的意外损坏、丢失等；计算机制图文件备份的时间和份数可根据具体情况自行确定，宜每日或每周备份一次。

（4）应采取定期备份、预防计算机病毒、在安全的设备中保存文件的副本、设置相应的文件访问与操作权限、文件加密及使用不间断电源（UPS）等保护措施，对计算机制图文件进行有效保护。

（5）计算机制图文件应及时归档。

（6）不同系统间图形文件交换应符合现行国家标准 GB/T 16656《工业自动化系统与集成产品数据表达与交换》的规定。

5. 协同设计与计算机制图文件

协同设计的计算机制图文件组织应符合下列规定：

（1）采用协同设计方式，应根据工程的性质、规模、复杂程度和专业需要，合理、有序地组织计算机制图文件，并应据此确定设计团队成员的任务分工。

（2）采用协同设计方式组织计算机制图文件，应以减少或避免设计内容的重复创建和编辑为原则，条件许可时，宜使用计算机制图文件参照方式。

（3）为满足专业之间协同设计的需要，可将计算机制图文件划分为各专业共用的公共图纸文件、向其他专业提供的资料文件和仅供本专业使用的图纸文件。

（4）为满足专业内部协同设计的需要，可将本专业的一个计算机制图文件分解为若干零件图文件，并建立零件图文件与组装图文件之间的联系。

协同设计的计算机制图文件参照应符合下列规定：

（1）在主体计算机制图文件中，可引用具有多级引用关系的参照文件，并允许对引用的参照文件进行编辑、剪裁、拆离、覆盖、更新、永久合并的操作。

（2）为避免参照文件的修改引起主体计算机制图文件的变动，主体计算机制图文件归档时，应将被引用的参照文件与主体计算机制图文件永久合并（绑定）。

（二）计算机制图文件图层

（1）图层命名应符合下列规定：

1）图层可根据不同用途、设计阶段、属性和使用对象等进行组织，在工程上应具有明确的逻辑关系，便于识别、记忆、软件操作和检索。

2）图层名称可使用汉字、拉丁字母、数字和连字符"－"的组合，但汉字与拉丁字母不得混用。

3）在同一工程中，应使用统一的图层命名格式，图层名称应自始至终保持不变，且不得同时使用中文和英文的命名格式。

（2）图层命名格式应符合下列规定：

1）图层命名应采用分级形式，每个图层名称由 2～5 个数据字段（代码）组成，第一级为专业代码，第二级为主代码，第三、四级分别为次代码 1 和次代码 2，第五级为状态代码；其中第三～五级可根据需要设置；每个相邻的数据字段用连字符"－"分隔开。

2）专业代码用于说明专业类别，宜选用表 8-1 所列出的常用专业代码。

3）主代码用于详细说明专业特征，主代码可以和任意的专业代码组合。

4）次代码 1 和次代码 2 用于进一步区分主代码的数据特征，次代码可以和任意的主代码组合。

5）状态代码用于区分图层中所包含的工程性质或阶段；状态代码不能同时表示工程状

态和阶段，宜选用表 8-4 所列出的常用状态代码。

表 8-4 常 用 状 态 代 码 列 表

工程性质或阶段	状态代码名称	英文状态代码名称	备 注
新建	新建	N	—
保留	保留	E	—
拆除	拆除	D	—
拟建	拟建	F	—
临时	临时	T	—
搬迁	搬迁	M	—
改建	改建	R	—
合同外	合同外	X	—
阶段编号	—	1～9	—
可行性研究	可研	S	阶段名称
方案设计	方案	C	阶段名称
初步设计	初设	P	阶段名称
施工图设计	施工图	W	阶段名称

6）中文图层名称宜采用图 8-22 所示格式，每个图层名称由 2～5 个数据字段组成，每个数据字段为 1～3 个汉字，每个相邻的数据字段用连字符"一"分隔开。

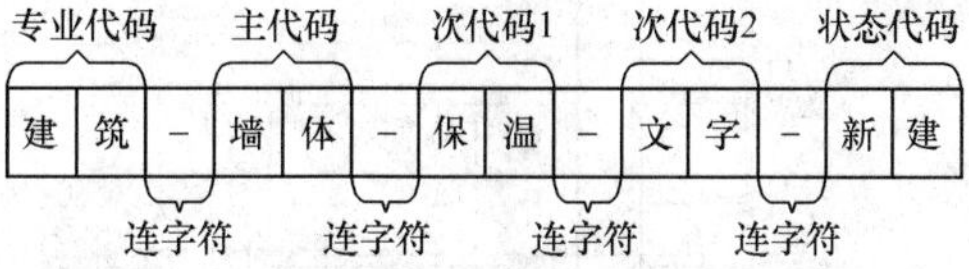

图 8-22 中文图层命名格式

7）英文图层名称宜采用图 8-23 所示格式，每个图层名称由 2～5 个数据字段组成，每个数据字段为 1～4 个字符，每个相邻的数据字段用连字符"一"分隔开；其中专业代码为 1 个字符，主代码、次代码 1 和次代码 2 为 4 个字符，状态代码为 1 个字符。

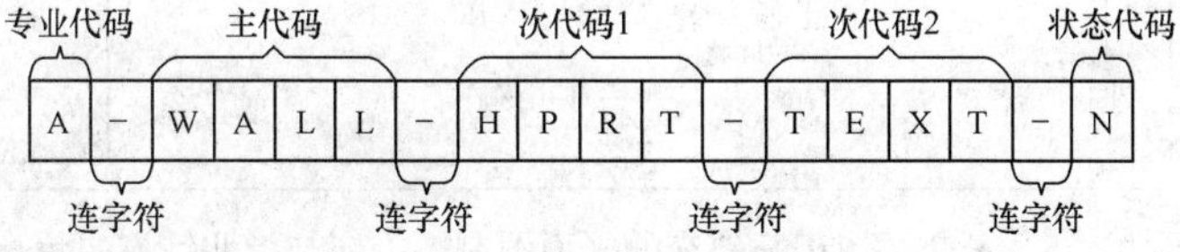

图 8-23 英文图层命名格式

（三）计算机制图规则

（1）计算机制图的方向与指北针应符合下列规定：

1）平面图与总平面图的方向宜保持一致。

2）绘制正交平面图时，宜使定位轴线与图框边线平行，如图 8-24 所示。

3）绘制由几个局部正交区域组成且各区域相互斜交的平面图时，可选择其中任意一个正交区域的定位轴线与图框边线平行，如图 8-25 所示。

4）指北针应指向绘图区的顶部（图 8-24），并在整套图纸中保持一致。

（2）计算机制图的坐标系与原点应符合下列规定：

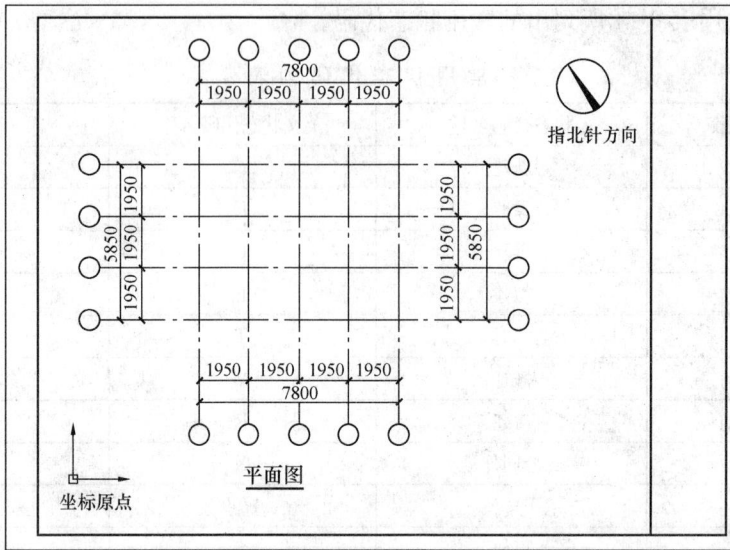

图 8-24　正交平面图制图方向与指北针方向示意

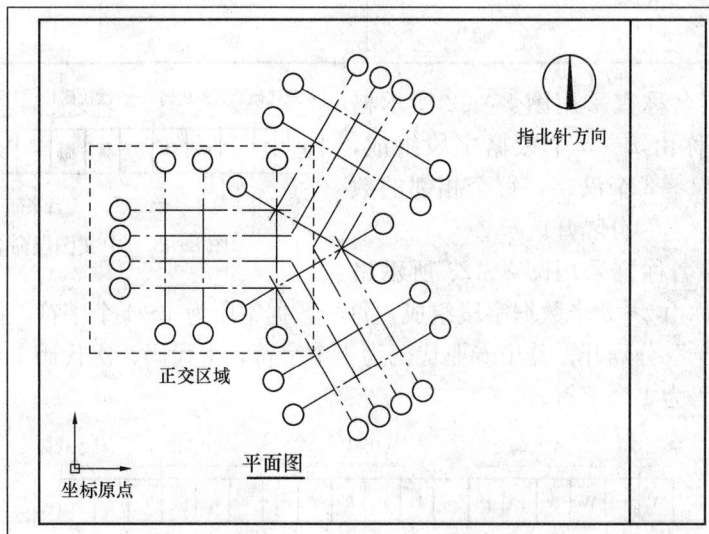

图 8-25　正交区域相互斜交的平面图制图方向与指北针方向示意

1）计算机制图时，可选择世界坐标系或用户定义坐标系。

2）绘制总平面图工程中有特殊要求的图样时，也可使用大地坐标系。

3）坐标原点的选择，宜使绘制的图样位于横向坐标轴的上方和纵向坐标轴的右侧并紧邻坐标原点（图 8-24、图 8-25）。

4）在同一工程中，各专业应采用相同的坐标系与坐标原点。

（3）计算机制图的布局应符合下列规定：

1）计算机制图时，宜按照自下而上、自左至右的顺序排列图样；宜布置主要图样，再布置次要图样。

2）表格、图纸说明宜布置在绘图区的右侧。

（4）计算机制图的比例应符合下列规定：

1）计算机制图时，采用1∶1的比例绘制图样时，应按照图中标注的比例打印成图；采用图中标注的比例绘制图样，应按照1∶1的比例打印成图。

2）计算机制图时，可采用适当的比例书写图样及说明中的文字，但打印成图时应符合《制图统一标准》中字体的有关规定。

四、房屋建筑工程图识读的方法和步骤

（一）准备工作

施工图的绘制是前述各章投影理论、图示方法和有关专业知识的综合应用。因此，要看懂施工图纸的内容，必须做好下面一些准备工作：

（1）应掌握正投影原理，熟悉房屋建筑的组成和基本构造。

（2）掌握各专业施工图的用途、图示内容和表达方法。

（3）熟识施工图中常用的图例、符号、线型、尺寸和比例的意义。

（4）学会查阅建筑构、配件标准图的方法。

（二）识读方法和步骤

一套房屋施工图纸，少则儿张，多则几十张甚至几百张。因此，在识读施工图时，必须掌握正确的识读方法和步骤。

在识读整套图纸时，应按照"总体了解、顺序识读、前后对照、重点细读"的读图方法进行识读。

（1）总体了解。一般是先看目录、总平面图和设计总说明，大致了解工程的概况，如工程设计单位、建设单位、新建房屋的位置、周围环境、施工技术要求等。对照目录检查图纸是否齐全，采用了哪些标准图并准备齐这些标准图。然后看建筑平、立、剖面图，大体上想象一下建筑物的立体形状及内部布置。

（2）顺序识读。在总体了解建筑物的情况后，根据施工的先后顺序，从基础、墙体（或柱）、结构平面布置、建筑构造及装修仔细阅读有关图纸。

（3）前后对照。读图时，要注意平面图和剖面图对照着读；建筑施工图和结构施工图对照着读；土建施工图与设备施工图对照着读。做到对整个工程施工情况及技术要求心中有数。

（4）重点细读。根据工种的不同，将有关专业施工图再有重点地仔细读一遍，并将遇到的问题记录下来，及时向设计部门反映。

识读一张图纸时，应按由外向里看、由大到小看、由粗至细看、图样与说明交替看、有关图纸对照看的方法。重点看轴线及各种尺寸关系。

第二节 首页图和建筑总平面图

一、首页图

首页图是建筑施工图的第一页，它的内容一般包括：设计说明、工程做法、门窗表以及简单的总平面图等，如附图中"A-1"所示。

二、建筑总平面图

建筑总平面图简称总平面图。

（一）总平面图的形成

用水平投影的方法和相应的图例，画出新建建筑物在基地范围内的总体布置图，称为总平面图（或称总平面布置图）。

（二）总平面图的用途

总平面图反映新建建筑物的平面形状、层数、位置、标高、朝向及其周围的总体情况。它是新建建筑物定位、施工放线、土方施工及作施工总平面设计的重要依据。

（三）总平面图的图示内容

（1）地形和地物。

（2）测量坐标网、坐标值（或施工坐标网、坐标值）。

（3）场地四界的测量坐标和施工坐标（或注尺寸）。

（4）建筑物定位的施工坐标或相互关系尺寸、名称或编号、室内设计标高及层数。

（5）道路、铁道和排水沟等的施工坐标或相互关系尺寸，路面宽度及平曲线要素。

（6）指北针或风向频率玫瑰图。

（7）建筑物使用编号时，需开列"建筑物名称编号表"。

（8）绿化规划、管道布置。

（9）说明栏内容：施工图的设计依据、尺寸单位、比例、补充图例等。

上面所列内容，既不是完美无缺，也不是任何工程设计都缺一不可，而应根据工程的特点和实际情况而定。对一些简单的工程，可不画等高线、坐标网或绿化规划和管道的布置等。

（四）总平面图的图示方法

（1）图线的宽度 b 应根据图样的复杂程度和比例，按《制图统一标准》中图线的有关规定选用。

（2）总平面图制图应根据图纸功能，按表 8-5 规定的线型选用。

表 8-5　　　　　　　　　　　　　　图　　线

名　称		线　型	线　宽	用　途
实线	粗	——————	b	1. 新建建筑物±0.00 高度可见轮廓线； 2. 新建铁路、管线
	中	——————	0.7b 0.5b	1. 新建构筑物、道路、桥涵、边坡、围墙、运输设施的可见轮廓线； 2. 原有标准轨距铁路
	细	——————	0.25b	1. 新建建筑物±0.00 高度以上的可见建筑物、构筑物轮廓线； 2. 原有建筑物、构筑物、原有窄轨、铁路、道路、桥涵、围墙的可见轮廓线； 3. 新建人行道、排水沟、坐标线、尺寸线、等高线
虚线	粗	- - - - - -	b	新建建筑物、构筑物地下轮廓线
	中	- - - - - -	0.5b	计划预留扩建的建筑物、构筑物、铁路、道路、运输设施、管线、建筑红线及预留用地各线
	细	- - - - - -	0.25b	原有建筑物、构筑物、管线的地下轮廓线

续表

名　称		线　型	线　宽	用　途
单点长画线	粗	—·—·—·—	b	露天矿开采界限
	中	—·—·—·—	$0.5b$	土方填挖区的零点线
	细	—·—·—·—	$0.25b$	分水线、中心线、对称线、定位轴线
双点长画线		—··—··—··	b	用地红线
		—··—··—··	$0.7b$	地下开采区塌落界限
		—··—··—··	$0.5b$	建筑红线
折断线		—〜—	$0.5b$	断线
不规则曲线		〜〜〜	$0.5b$	新建人工水体轮廓线

注　根据各类图纸所表示的不同重点确定使用不同粗细线型。

（3）总平面图制图采用的比例宜为 $1:300$、$1:500$、$1:1000$、$1:2000$。

（4）一个图样宜选用一种比例。

（5）总平面图中的坐标、标高、距离以米为单位。坐标以小数点标注三位，不足以"0"补齐；标高、距离以小数点后两位数标注，不足以"0"补齐。

（6）建筑物、构筑物、铁路、道路方位角（或方向角）和铁路、道路转向角的度数，宜注写到"秒"，特殊情况应另加说明。

（7）总平面图应按上北下南方向绘制。根据场地形状或布局，可向左或右偏转，但不宜超过 $45°$。

（8）总平面图中应绘制指北针或风玫瑰图，如图 8-26 所示。

（9）坐标网格应以细实线表示。测量坐标网应画成交叉十字线，坐标代号宜用"X、Y"表示；建筑坐标网应画成网格通线，自设坐标代号宜用"A、B"表示（图 8-26）。坐标值为负数时，应注"—"号，为正数时，"+"号可以省略。

（10）总平面图上有测量和建筑两种坐标系统时，应在附注中注明两种坐标系统的换算公式。

（11）表示建筑物、构筑物位置的坐标应根据不同设计阶段要求标注，当建筑物与构筑物与坐标轴线平行时，可注其对角坐标。与坐标轴线成角度或建筑平面复杂时，宜标注三个以上坐标，坐标宜标注在图纸上。根据工程具体情况，建筑物、构筑物也可用相对尺寸定位。

（12）在一张图上，主要建筑物、构筑物用坐标定位时，根据工程具体情况也可用相对尺寸定位。

（13）建筑物、构筑物、铁路、道路、管线等应标注下列部位的坐标或定位尺寸：建筑物、构筑物的外墙轴线交点；圆形建筑物、构筑物的中心；皮带走廊的中线或其交点；铁路

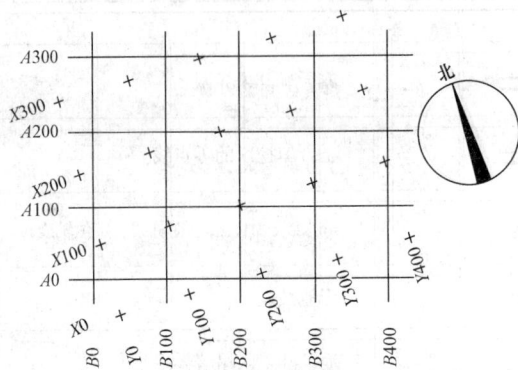

图 8-26　坐标网格

注：图中 X 为南北方向轴线，X 的增量在 X 轴线上；Y 为东西方向轴

线，Y 的增量在 Y 轴线上。A 轴相当于测量坐标网中的 X 轴，B 轴

相当于测量坐标网中的 Y 轴。

道岔的理论中心，铁路、道路的中线交叉点和转折点；管线（包括管沟、管架或管桥）的中线交叉点和转折点；挡土墙起始点、转折点墙顶外侧边缘（结构面）。

（14）建筑物应以接近地面处的 ±0.00 标高平面作为总平面。字符平行于建筑长边书写。

（15）总平面图中标注的标高应为绝对标高，当标注相对标高，则应注明相对标高与绝对标高的换算关系。

（16）总平面图上的建筑物、构筑物应注写名称，名称宜直接标注在图上。当图样比例小或图面无足够位置时，也可编号列表标注在图内。当图形过小时，可标注在图形外侧附近处。

（17）总平面图上的铁路线路、铁路道岔、铁路及道路曲线转折点等，应进行编号。

（五）总平面图的识读

现以某学院学生公寓中的总平面图为例，如图 8-27 所示，说明总平面图的识读方法。

1. 了解图名、比例、图例及有关的文字说明

从图 8-27 可以看出，这是某学院学生公寓总平面图，比例为 1∶500。总平面图由于所绘区域范围较大，所以一般绘制时，采用较小的比例，如 1∶500、1∶1000、1∶2000 等，总平面图上标注的尺寸，一律以米为单位。图中使用的图例应采用附录表 A-2 中所规定的图例。

2. 了解工程性质、地形地貌和周围环境等情况

从图 8-27 中可知新建工程是某学院内四幢相同的学生公寓，每幢层数为四层，绝对标高为 486.00m。它的北向有二幢计划修建的学生公寓；西向有学生服务中心、学生食堂、学生俱乐部以及六幢已建的学生公寓；此外，周围还有待拆房屋及道路等。

3. 了解地势高低情况

从图 8-27 中所注的底层地面和等高线的标高，可知该地势西向高、东向低，自西向东倾斜，从而可了解雨水的排流方向，并可计算填挖土方的数量。总平面图中所注标高均为绝对标高，以米为单位，一般注至小数点后两位。

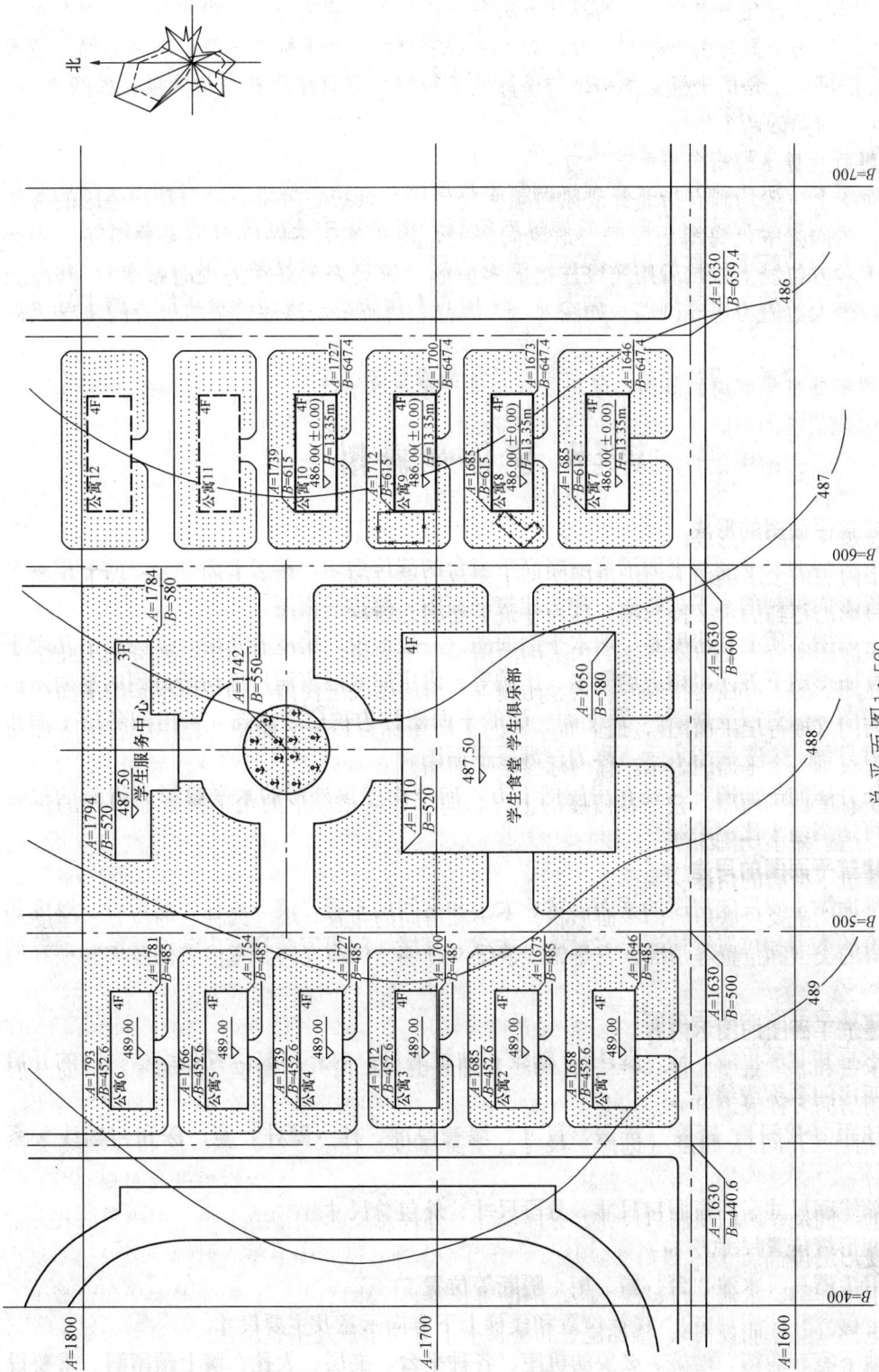

总平面图 1：500

图 8-27 总平面图

北

公寓 12 4F
公寓 11 4F

A=1739
B=615
公寓 10 4F
486.00(±0.00)
▽H=13.35m
B=647.4
A=1727

A=1712
B=615
公寓 9 4F
486.00(±0.00)
▽H=13.35m
A=1700
B=647.4

A=1685
B=615
公寓 8 4F
486.00(±0.00)
▽H=13.35m
A=1673
B=647.4

A=1685
B=615
公寓 7 4F
486.00(±0.00)
▽H=13.35m
A=1646
B=647.4

A=1630
B=659.4
486

A=1784
B=580
3F
A=1742
B=550

A=1794
B=520
487.50
▽学生服务中心

A=1710
B=520
487.50

4F
学生食堂 学生俱乐部

A=1650
B=580

A=1630
B=600
487

B=700
B=600
B=500
B=400

488

489

A=1781
B=485
公寓 6 4F
A=1793
B=452.6
489.00

A=1766
B=452.6
公寓 5 4F
A=1754
B=485
489.00

A=1739
B=452.6
公寓 4 4F
A=1727
B=485
489.00

A=1712
B=452.6
公寓 3 4F
A=1700
B=485
489.00

A=1685
B=452.6
公寓 2 4F
A=1673
B=485
489.00

A=1658
B=452.6
公寓 1 4F
A=1646
B=485
489.00

A=1630
B=500

A=1630
B=440.6

A=1800
A=1700
A=1600

4. 了解新建房屋的位置

新建房屋的位置在总平面图上的标定方法有两种，对小型项目，一般根据邻近原有永久性建筑物的位置为依据，引出相对位置；对大中型项目，可用坐标来定位。用坐标确定位置时，宜注出房屋三个角的坐标。如房屋与坐标轴平行时，可只注出其对角坐标，如图 8-27 中房屋注出了对角的两个坐标。

5. 了解新建房屋的朝向和主导风向

总平面图上一般均画有指北针或风向频率玫瑰图，以指明房屋的朝向和该地区的常年风向频率。风向频率玫瑰图是根据当地风向资料，将全年中不同风向的天数用同一比例画在一个十六方位线上，然后用实线连接成多边形（虚线表示夏季的风向频率），其箭头表示北向，最大数值为主导风向。如图 8-27 中右上角所示，该地区全年最大的主导风向为西北风。

6. 了解新建房屋四周的道路、绿化规划及管线布置等情况

第三节　建筑平面图

一、建筑平面图的形成

用一个假想的水平剖切平面沿房屋略高于窗台的部位剖切，移去上面部分，向下作剩余部分的正投影而得到的水平投影图，称为建筑平面图，简称平面图。

建筑平面图实质上是房屋各层的水平剖面图。一般地说，房屋有几层，就应画出几个平面图，并在图形的下方注出相应的图名、比例等。沿房屋底层窗洞口剖切所得到的平面图称为底层平面图（或首层平面图），最上面一层的平面图称为顶层平面图，若中间各层平面布置相同，可只画一个平面图表示，称为标准层平面图。

此外还有屋面平面图，它是在房屋的上方，向下作屋顶外形的水平投影而得到的投影图。一般可适当缩小比例绘制。

二、建筑平面图的用途

建筑平面图主要反映房屋的平面形状、大小和房间的布置，墙（或柱）的位置、厚度和材料，门窗的类型和位置等情况。它是施工放线、砌墙、门窗安装和室内装修及编制预算的重要依据。

三、建筑平面图的图示内容

（1）承重和非承重墙、柱（壁柱），轴线和轴线编号；内外门窗位置和编号；门的开启方向，注明房间名称或编号。

（2）柱距（开间）、跨度（进深）尺寸、墙身厚度、柱（壁柱）宽、深和与轴线关系尺寸。

（3）轴线间尺寸、门窗洞口尺寸、分段尺寸、外包总尺寸。

（4）变形缝位置尺寸。

（5）卫生器具、水池、台、橱、柜、隔断等位置。

（6）电梯（并注明规格）、楼梯位置和楼梯上下方向示意及主要尺寸。

（7）地下室、地沟、地坑、必要的机座、各种平台、夹层、人孔、墙上预留洞、重要设备位置尺寸与标高等。

（8）阳台、雨篷、台阶、坡道、散水、明沟、通风道、垃圾道、消防梯等位置及尺寸。

（9）室内外地面标高、楼层标高（底层地面为±0.000）。

（10）剖切线及编号（一般只注在底层平面）。

（11）有关平面节点详图或详图索引号。

（12）指北针（画在底层平面）。

（13）平面图尺寸和轴线，如系对称平面可省略重复部分的分尺寸；楼层平面除开间、跨度等主要尺寸及轴线编号外，与底层相同的尺寸可省略；楼层标准层可共用一平面，但需注明层次范围及标高。

（14）根据工程性质及复杂程度，应绘制复杂部分的局部放大平面图。

（15）建筑平面较长、较大时，可分区绘制，但须在各分区底层平面上绘出组合示意图，并明显表示出分区编号。

（16）屋面平面图一般内容有：墙、檐口、天沟、坡度、坡向、雨水口、屋脊（分水线）、变形缝、水箱间、屋面上人孔、消防梯及其他构筑物；详图索引号等。

以上所列内容，可根据具体工程项目的实际情况进行取舍。

四、建筑平面图的图示方法

（1）图线的宽度 b，应根据图样的复杂程度和比例，并按《制图统一标准》的有关规定选用，如图 8-28 所示。凡是被剖切到的墙或柱断面轮廓线用粗实线表示；没有剖到的可见轮廓线，如墙身、窗台、梯段等用中实线（或细实线）表示；尺寸线、尺寸界线、引出线等用细实线表示；轴线用细单点长画线表示。绘制较简单的图样时，可采用两种线宽的线宽组，其线宽比宜为 $b:0.25b$。

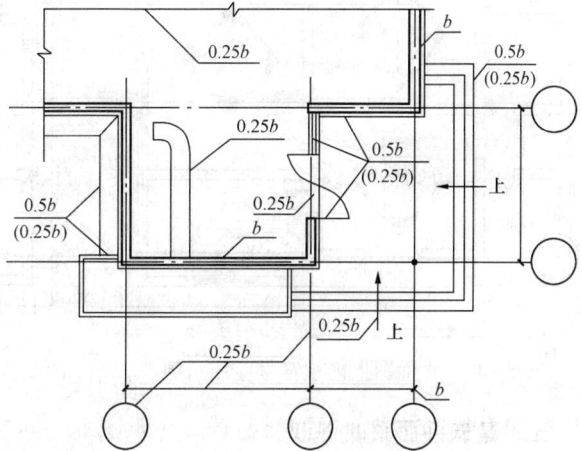

图 8-28 平面图图线宽度选用示例

（2）平面图的绘制比例常采用1：50、1：100、1：150、1：200。若比例大于1：50时，应画出抹灰层的面层线，并宜画出材料图例；若比例等于1：50时，抹灰层的面层线应根据需要确定；若比例为1：100～1：200时，抹灰层面层线可不画，而断面材料图例可用简化画法（如砌体墙涂红，钢筋混凝土涂黑等）；若比例小于1：200可不画材料图例。

（3）平面图的方向宜与总平面图方向一致。平面图的长边宜与横式幅面图纸的长边一致。

（4）在同一张图纸上绘制多于一层的平面图时，各层平面图宜按层数由低向高的顺序从左至右或从下至上布置。

（5）顶棚平面图宜用镜像投影法绘制；各种平面图应按正投影法绘制。

（6）建筑物平面图应注写房间的名称或编号。编号应注写在直径为6mm的细实线绘制的圆圈内，并应在同张图纸上列出房间名称表。

（7）平面较大的建筑物，可分区绘制平面图，但每张平面图均应绘制组合示意图。各区应分别用大写拉丁字母编号。在组合示意图中需提示的分区，应采用阴影线或填充的方式表示。

（8）室内立面图的内视符号，如图 8-29 所示，应注明在平面图上的视点位置、方向及立面编号（图 8-30、图 8-31）。符号中的圆圈应用细实线绘制，可根据图面比例圆圈直径选择 8～12mm。立面编号宜用拉丁字母或阿拉伯数字。

单面内视符号　　双面内视符号　　四面内视符号　　带索引的单面内视符号　带索引的四面内视符号

图 8-29　内视符号

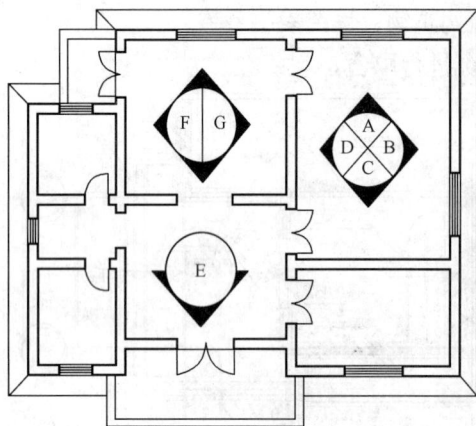

图 8-30　平面图上内视符号应用示例　　图 8-31　平面图上内视符号（带索引）应用示例

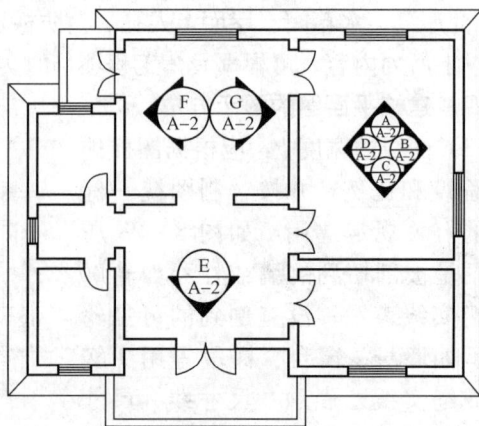

五、建筑平面图的识读

现以某学院学生公寓中的底层平面图为例，如图 8-32 所示，说明平面图的识读方法。

1. 了解图名、比例及有关文字说明

由图 8-32 可知，该图为某学生公寓底层平面图，比例为 1:100。

2. 了解平面图的形状与外墙总长、总宽尺寸

该公寓楼平面基本形状为一字形，外墙总长 32 900mm、总宽 15 500mm，由此可计算出房屋的用地面积。

3. 了解定位轴线的编号及其间距

图 8-32 中墙体的定位轴线，内墙轴线在墙的中心（楼梯间及门厅除外）；外墙轴线距离室内 120mm，距离室外 250mm。

定位轴线之间的距离，横向的称为开间，竖向的称为进深。

图 8-32 中横向轴线从①到⑩共计九个开间，每个开间均为 3600mm；竖向轴线从Ⓐ到Ⓓ四根轴线，其中Ⓐ～Ⓑ和Ⓒ～Ⓓ为房间的进深，尺寸为 4800mm，Ⓑ～Ⓒ为内走廊的轴线距离，宽度为 2400mm。

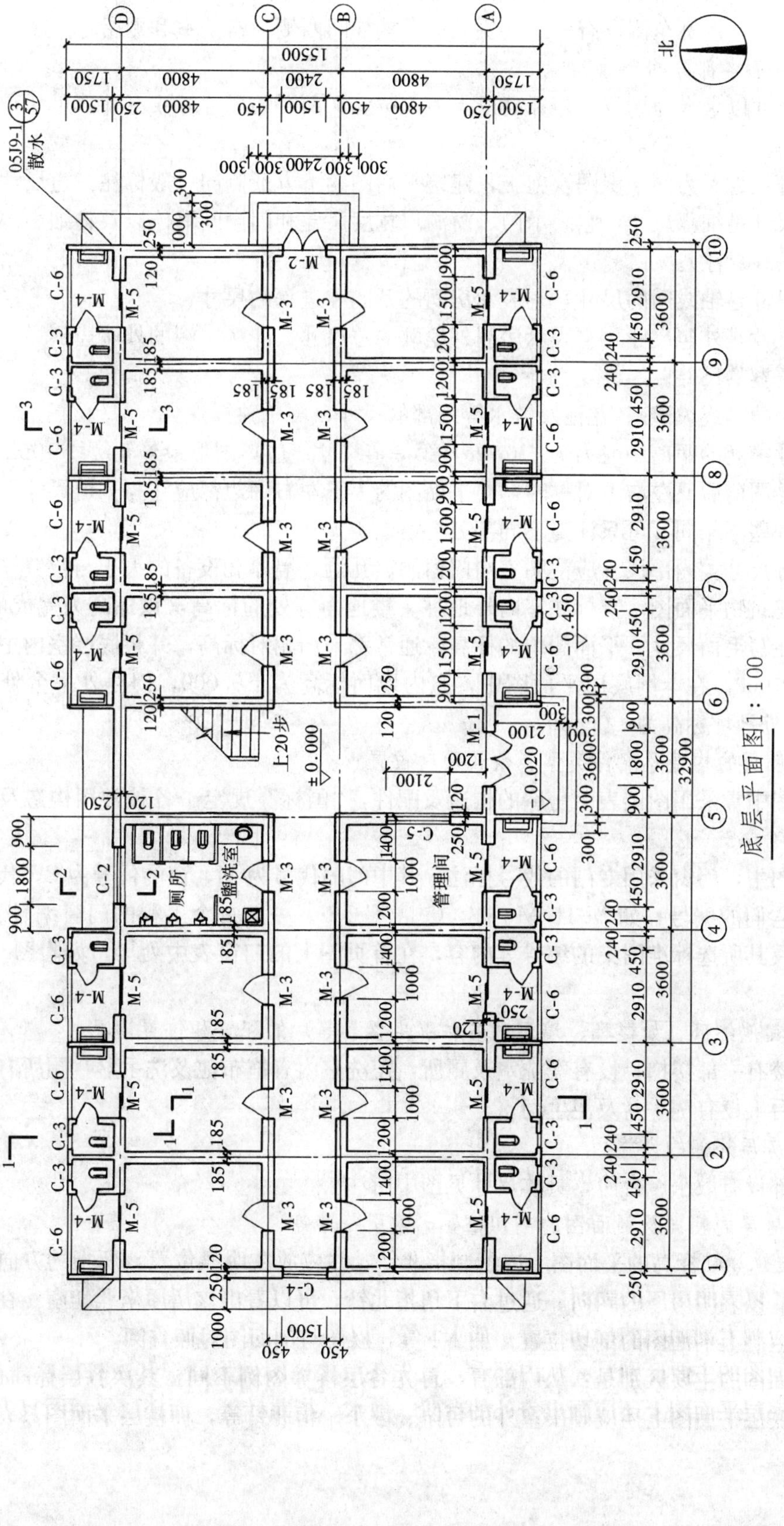

底层平面图 1：100

图 8-32 建筑平面图

4. 了解房屋内部各房间的位置、用途及其相互关系

该公寓楼为内廊式建筑,房间布置在走廊两侧,大小相同,房间内设有阳台,中间是楼梯间和主要入口,走廊东侧设有一个次要入口,楼梯间西侧为盥洗室和厕所。

5. 了解平面各部分的尺寸

平面图尺寸以毫米为单位,但标高以米为单位。平面图的尺寸标注有外部尺寸和内部尺寸两部分。

(1) 外部尺寸。为便于识图及施工,建筑平面图的下方及侧向一般标注三道尺寸。

第一道尺寸是细部尺寸,它表示门、窗洞口宽度尺寸和门窗间墙体以及各细小部分的构造尺寸(从轴线标注)。

第二道尺寸是轴线间的尺寸,它表示房间的开间和进深的尺寸。

第三道尺寸是外包尺寸,它表示房屋外轮廓的总尺寸,即从一端的外墙边到另一端的外墙边总长和总宽的尺寸。

另外,台阶(或坡道)、花池及散水等细部的尺寸,可单独标注。

三道尺寸线间的距离一般为 7~10mm,第一道尺寸线应离图形最外轮廓线 10mm 以上。如果房屋平面图前后或左右不对称时,则平面图的上下左右四边都应注写三道尺寸。如有部分相同,另一些不相同,可只注写不同部分。

(2) 内部尺寸。内部尺寸应注明室内门窗洞、孔洞、墙厚和设备的大小与位置。

此外,建筑物平面图,宜标注室内外地坪、楼地面等处的标高,该标高为完成面标高;其余部分应注写毛面尺寸。平面图中的标高,通常都采用相对标高,并将底层室内主要房间地面定为 ±0.000。在本例底层平面图中,室内地面标高为 ±0.000,门厅外平台处标高为 −0.020,室外地坪标高为 −0.450。

6. 了解房屋的构造及配件类型、数量及其位置

在平面图中常采用图例表示房屋的构造及配件,"国标"规定了各种常用构造及配件图例,见附录表 A-3。

在平面图中,门窗采用专门的代号标注,其中门的代号为 M,窗的代号为 C,代号后面用数字表示它们的编号,如 M-1、M-2…,C-1、C-2…。一般每个工程的门窗编号、名称、尺寸、数量及其所选标准图集的编号等内容,在首页图上的门窗表中列出,如附图 "A-1" 所示。

7. 了解其他细部(如楼梯、墙洞和各种卫生器具等)的配置和位置情况

该公寓楼有一部楼梯,设有盥洗室及厕所,盥洗室内有拖布池及洗手盆,厕所有蹲坑及小便斗,阳台上设有洗手盆及卫生间。

8. 了解房屋外部的设施

房屋外部设有散水、台阶,具体尺寸见图中所注。

9. 了解房屋的朝向及剖面图的剖切位置、索引符号等

建筑物 ±0.000 标高的平面图上应绘制指北针,并应放在明显位置,所指的方向应与总平面图一致,以表明房屋的朝向。通过右下角指北针,可以看出该房屋坐北朝南。在底层平面图中,还应画上剖面图的剖切位置,如 1-1 等,以便与剖面图对照查阅。

各层平面图的主要区别是:从内部看,首先各层楼梯图例不同,其次各层标高也不同。从外部看,底层平面图上还应画出室外的台阶、散水、指北针等,而楼层平面图只表示下一

层的雨篷、遮阳板等。

六、建筑平面图的绘制

现以某学院学生公寓中的底层平面图为例，如图 8-32 所示，说明平面图的绘制步骤，如图 8-33 所示。

（1）画定位轴线、墙、柱轮廓线，如图 8-33（a）所示。

（2）定门窗洞的位置，画细部，如楼梯、台阶、盥洗室、厕所、散水、花池等，如图 8-33（b）所示。

（3）经检查无误后，擦去多余的图线，按规定线型加深。标注轴线编号、标高尺寸、内外部尺寸、门窗编号、索引符号以及书写其他文字说明。在底层平面图中，应画剖切位置线以及在图外适当的位置画上指北针图例，以表明方位。

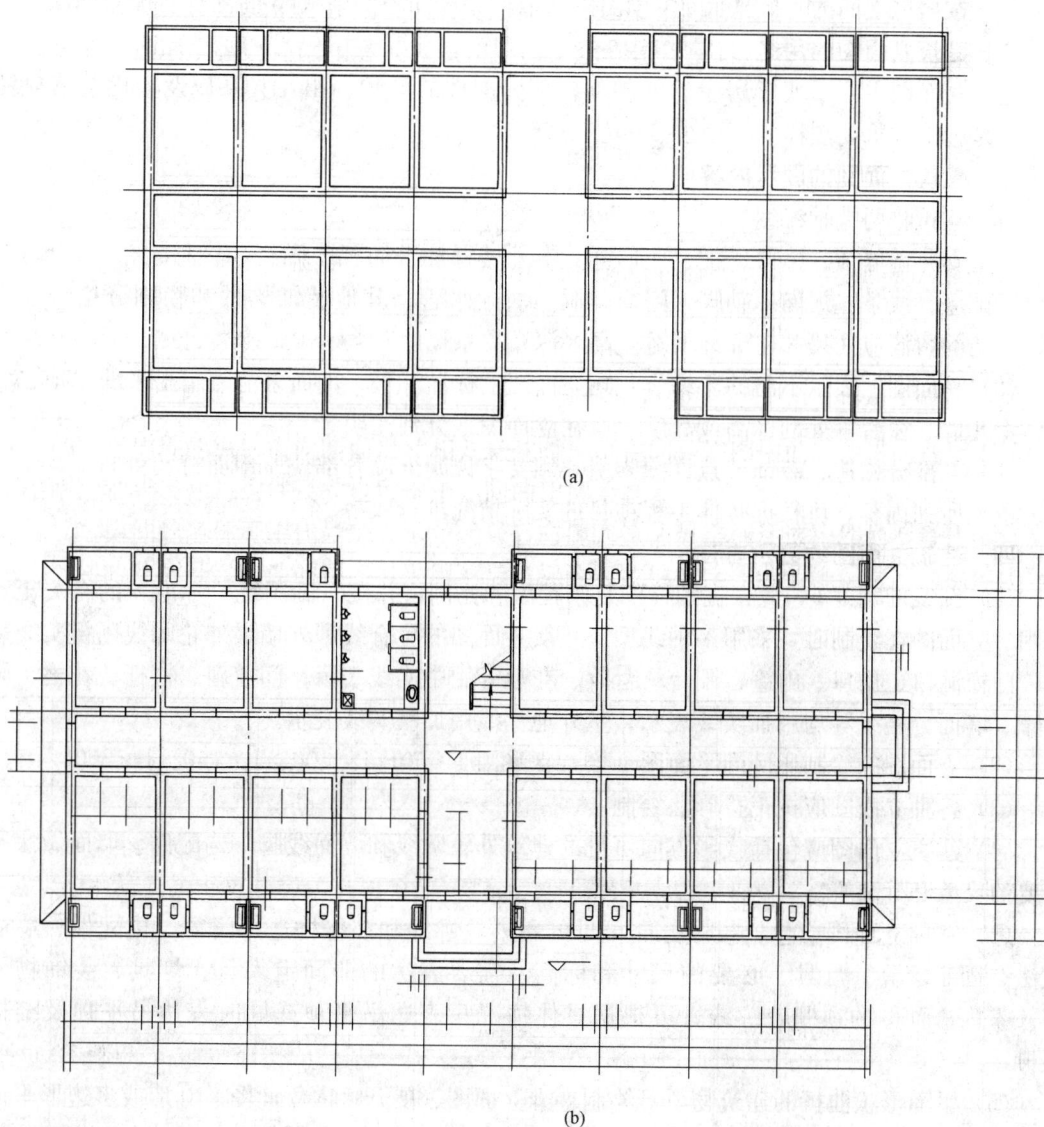

(a)

(b)

图 8-33 平面图的绘制步骤

最后，在平面图下方写出图名及比例等。完成后的平面图见图 8 - 32。

第四节　建筑立面图

一、建筑立面图的形成

在与房屋立面平行的投影面上所作出的房屋正投影图，称为建筑立面图，简称立面图。
立面图有三种命名方式：

（1）按房屋的朝向来命名，如南立面图、北立面图、东立面图、西立面图。

（2）按立面图中首尾轴线编号来命名，如①～⑩立面图、⑩～①立面图、Ⓐ～Ⓑ立面
图、Ⓐ～Ⓑ立面图。

（3）按房屋立面的主次来命名，如正立面图、背立面图、左侧立面图、右侧立面图。

二、建筑立面图的用途

建筑立面图主要反映了房屋的外貌、各部分配件的形状、相互关系以及立面装修做法
等，它是施工的重要图样。

三、建筑立面图的图示内容

（1）建筑物两端轴线编号。

（2）女儿墙墙顶、檐口、柱、变形缝、室外楼梯和消防梯、阳台、栏杆、台阶、坡道、
花台、雨篷、线条、烟囱、勒脚、门窗、洞口、雨水管、其他装饰构件和粉刷分格线示意
等，外墙的留洞应注尺寸与标高（宽×高×深及关系尺寸）。

（3）平面图上表示不出的窗编号，在立面图上标注。平、剖面未能表示出来的屋顶、檐
口、女儿墙、窗台等处的标高或高度，应在立面图上分别注明。

（4）各部分构造、装饰节点详图索引。用文字说明外墙各部位所用面材及色彩。

以上所列内容，可根据具体工程项目的实际情况进行取舍。

四、建筑立面图的图示方法

（1）图线的宽度 b，应根据图样的复杂程度和比例，并按《制图统一标准》的有关规定
选用。立面图在绘制时，采用多种线型。一般立面图的屋脊线和外墙最外轮廓线用粗实线表
示；门窗洞口、檐口、雨篷、阳台、台阶、花池等用中实线表示；门窗扇、栏杆、花格、雨
水管、墙面分格线等均用细实线表示；室外地坪线用加粗实线表示。

（2）立面图的绘制比例同平面图一样，常采用 1：50、1：100、1：150、1：200。

（3）各种立面图应按正投影法绘制。

（4）建筑立面图应包括投影方向可见的建筑外轮廓线和墙面线脚、构配件、墙面做法及
必要的尺寸和标高等。

（5）室内立面图应包括投影方向可见的室内轮廓线和装修构造、门窗、构配件、墙面
做法、固定家具、灯具、必要的尺寸和标高及需要表达的非固定家具、灯具、装饰物件
等。室内立面图的顶棚轮廓线，可根据具体情况只表达吊平顶或同时表达吊平顶及结构
顶棚。

（6）平面形状曲折的建筑物，可绘制展开立面图、展开室内立面图。圆形或多边形平面
的建筑物，可分段展开绘制立面图、室内立面图，但均应在图名后加注"展开"二字。

（7）较简单的对称式建筑物或对称的构配件等，在不影响构造处理和施工的情况下，立

面图可绘制一半，并应在对称轴线处画对称符号。

（8）在建筑物立面图上，相同的门窗、阳台、外檐装修、构造做法等可在局部重点表示，并应绘出其完整图形，其余部分可只画轮廓线。

（9）在建筑物立面图上，外墙表面分格线应表示清楚。应用文字说明各部位所用面材及色彩。

（10）有定位轴线的建筑物，宜根据两端定位轴线号编注立面图名称。无定位轴线的建筑物可按平面图各面的朝向确定名称。

（11）建筑物室内立面图的名称，应根据平面图中内视符号的编号或字母确定。

相邻的立面图或剖面图，宜绘制在同一水平线上，图内相互有关的尺寸及标高，宜标注在同一竖线上，如图8-34所示。

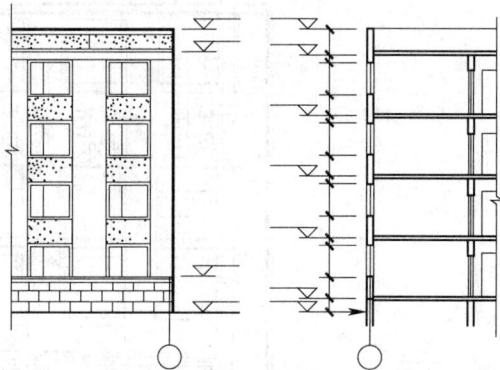

图8-34 相邻立面图、剖面图的位置关系

五、建筑立面图的识读

现以某学院学生公寓中的①～⑩立面图为例，如图8-35所示，说明立面图的识读方法。

1. 了解图名及比例

从图名或轴线的编号可知，该图是表示房屋南向的立面图（或①～⑩立面图），比例1：100。

2. 了解立面图与平面图的对应关系

对照平面图上的指北针或定位轴线编号，可知南立面图的左端轴线编号为①，右端轴线编号为⑩，与建筑平面图相对应。

3. 了解房屋的整个外貌形状

从图8-35中可以看到，该房屋主要入口在建筑物中部，东端底层有台阶，故知必有一个出入口，并设有雨篷。墙表面处安装雨水管。

4. 了解尺寸标注

立面图中的尺寸，主要以标高的形式注出。一般标注室内外地坪、檐口、女儿墙、雨篷、门窗、台阶等处的标高，该标高应注写完成面标高。其标注方法，如图8-35所示。

5. 了解房屋外墙面的装修做法

从图中文字说明可知，外墙面为枣红色仿瓷涂料。

六、建筑立面图的绘制

现以某学院学生公寓中的①～⑩立面图为例，如图8-35所示，说明立面图的绘制步骤，如图8-36所示。

（1）画室外地坪线，外墙轮廓线，屋面线，如图8-36（a）所示。

（2）根据层高、各部分标高和平面图门窗洞口尺寸，画出立面图中门窗洞、檐口、雨篷、雨水管等细部的外形轮廓，如图8-36（b）所示。

（3）画出门窗扇、墙面分格线，并按规定线型加深图线。两端画上首尾轴线及编号，并注写标高、图名、比例及有关文字说明。

完成后的立面图如图8-35所示。

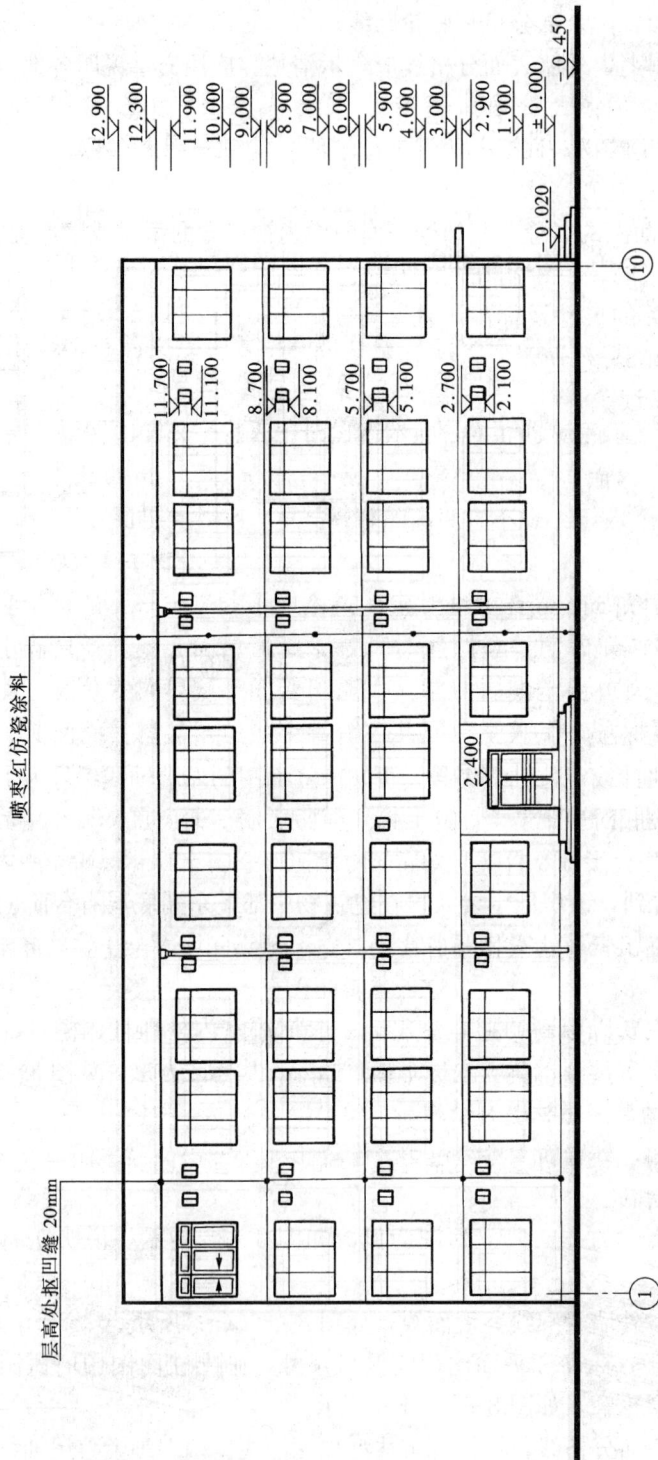

①-⑩ 立面图 1:100

图8-35　建筑立面图

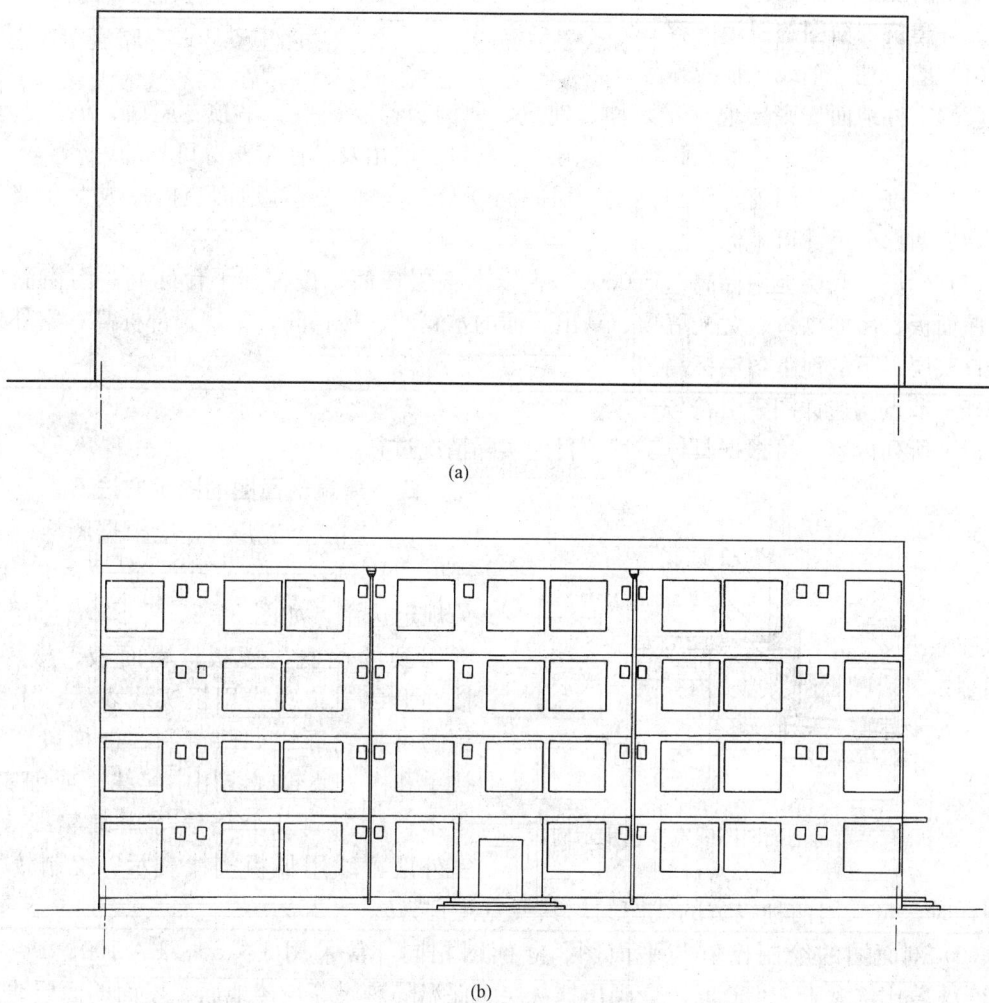

(a)

(b)

图 8-36 立面图的绘制步骤

第五节 建筑剖面图

一、建筑剖面图的形成

假想用一个或一个以上的垂直于外墙轴线的铅垂剖切平面将房屋剖开，移去靠近观察者的部分，对剩余部分所作的正投影图，称为建筑剖面图，简称剖面图。

建筑剖面图有横剖面图和纵剖面图。

横剖面图：沿房屋宽度方向垂直剖切所得到的剖面图。

纵剖面图：沿房屋长度方向垂直剖切所得到的剖面图。

二、建筑剖面图的用途

建筑剖面图主要反映房屋内部垂直方向的高度、分层情况、楼地面和屋顶的构造以及各构配件在垂直方向的相互关系等。它与平面图、立面图相配合，是建筑施工图的重要图样，是施工中的主要依据之一。

三、建筑剖面图的图示内容

（1）墙、柱、轴线、轴线编号。

（2）室外地面、底层地（楼）面、地坑、地沟、各层楼板、吊顶、屋面、檐口、女儿墙、门窗、台阶、坡道、散水、阳台、雨篷、洞口、墙裙及其他装修等可见的内容。

（3）高度尺寸。门窗、洞口高度、层间高度及总高度（室外地面至檐口或女儿墙顶）。有时，后两部分尺寸可不标注。

（4）标高。底层地面标高（±0.000）；以上各层楼面、楼梯、平台标高；门窗洞口标高；屋面板、屋面檐口、女儿墙顶、高出屋面的水箱间、楼梯间、机房顶部标高；室外地面标高；底层以下的地下各层标高。

（5）节点构造详图索引符号。

以上所列内容，可根据具体工程项目的实际情况进行取舍。

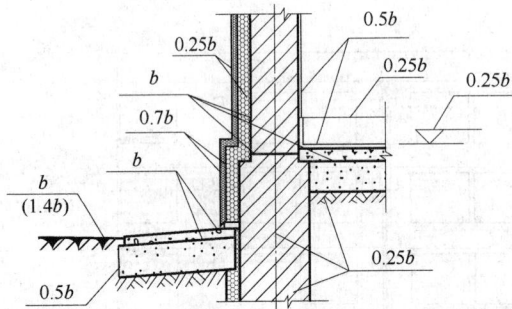

图 8-37　墙身剖面图图线宽度选用示例

四、建筑剖面图的图示方法

（1）图线的宽度 b，应根据图样的复杂程度和比例，并按《制图统一标准》的有关规定选用，如图 8-37 所示。剖面图中，剖切到的墙身、楼板、屋面板、楼梯段、楼梯平台等轮廓线用粗实线表示；未剖切到的可见轮廓线如门窗洞、楼梯段、楼梯扶手和内外墙轮廓线用中实线（或细实线）表示；门窗扇及分格线等用细实线表示；室外地坪线用加粗实线表示。绘制较简单的图样时，可采用两种线宽的线宽组，其线宽比宜为 $b:0.25b$。

（2）剖面图的绘制比例与平面图、立面图相同，常采用 1：50、1：100、1：150、1：200。若比例大于 1：50 时，应画出抹灰层、保温隔热层等与楼地面、屋面的面层线，并宜画出材料图例；若比例等于 1：50 时，剖面图宜画出楼地面、屋面的面层线，宜绘出保温隔热层，抹灰层的面层线应根据需要确定；若比例小于 1：50 时，可不画出抹灰层，宜画出楼地面、屋面的面层线；若比例为 1：100～1：200 时，宜画出楼地面、屋面的面层线，而断面可画简化的材料图例；若比例小于 1：200 时，楼地面、屋面的面层线可不画出，可不画材料图例。

（3）剖面图的剖切部位，应根据图纸的用途或设计深度，在平面图上选择能反映全貌、构造特征以及有代表性的部位剖切。

（4）各种剖面图应按正投影法绘制。

（5）建筑剖面图内应包括剖切面和投影方向可见的建筑构造、构配件及必要的尺寸、标高等。剖切符号可用阿拉伯数字、罗马数字或拉丁字母编号，如图 8-38 所示。

（6）画室内立面时，相应部位的墙体、楼地面的剖切面宜绘出。必要时，占空间较大的设备管线、灯具等的剖切面，也应在图纸上绘出。

五、建筑剖面图的识读

现以某学院学生公寓中的 1-1 剖面图为例，如图 8-39 所示，说明剖面图的识读方法。

1. 了解图名及比例

由图 8-39 可知，该图为 1-1 剖面图，比例为 1∶100，与平面图、立面图相同。

2. 了解剖面图与平面图的对应关系

由图名和轴线编号与平面图上的剖切位置和轴线编号相对照，可知 1-1 剖面图是横剖面图，剖切位置在②～③轴之间的门窗洞处，剖切后向左投影。

3. 了解房屋的结构形式和内部构造

由图 8-39 可知，此房屋的垂直方向承重构件是用砖砌成的，而水平方向承重构件是用钢筋混凝土构成的，所以它属于混合结构形式。从图中可以看出墙体及门窗洞、梁板与墙体的连接等情况。

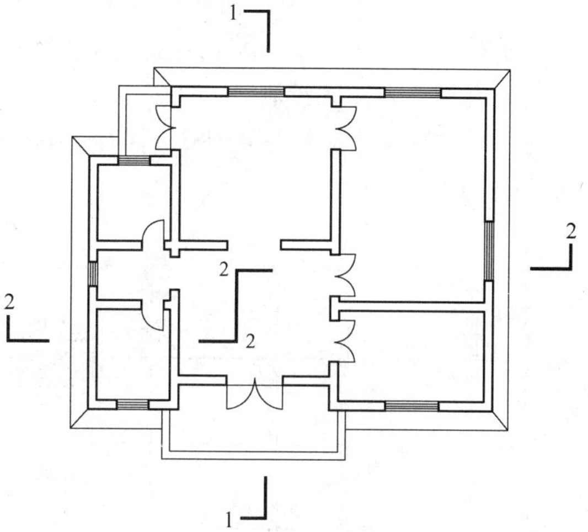

图 8-38　剖切符号

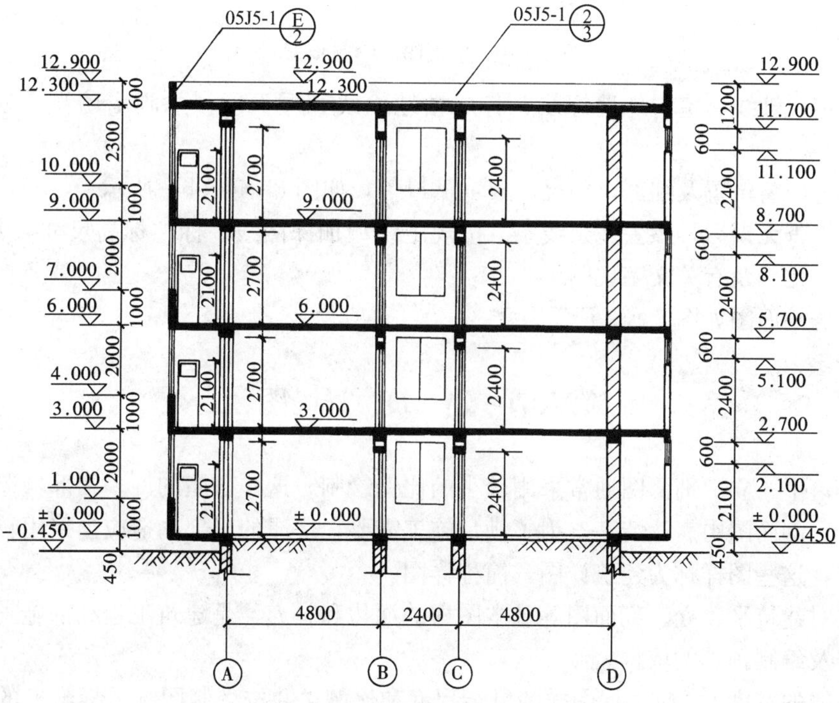

1—1剖面图1∶100

图 8-39　建筑剖面图

4. 了解房屋各部位的尺寸和标高情况

在剖面图中画出了主要承重墙的轴线、编号以及轴线的间距尺寸。在外侧竖向注出了房屋主要部位，即室内外地坪、楼地面、阳台、檐口或女儿墙顶面等处的标高及高度方向的尺寸，该标高应注写完成面标高，其余部分应注写毛面尺寸及标高。

5. 了解索引详图所在的位置及编号

剖面图中，挑檐及女儿墙另见详图，详图选用标准图集05J5-1。

六、建筑剖面图的绘制

现以某学院学生公寓中的1-1剖面图为例，如图8-39所示，说明剖面图的绘制步骤，如图8-40所示。

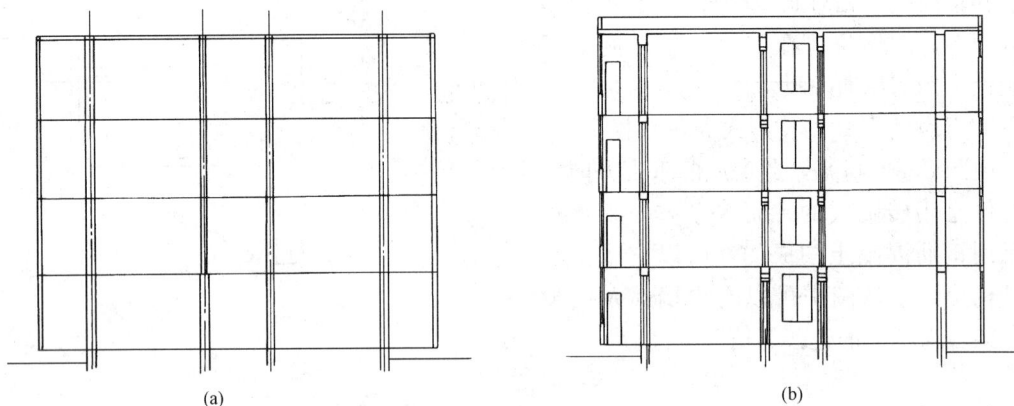

(a)　　　　　　　　　　　　(b)

图8-40　剖面图的绘制步骤

（1）画定位轴线、室内外地坪线、各层楼地面线和屋面线，并画出墙身，如图8-40（a）所示。

（2）确定门窗位置及细部，如梁、板、檐口等，如图8-40（b）所示。

（3）经检查无误后，擦去多余线条。按规定线型加深图线，标注标高尺寸和其他尺寸，并书写图名、比例及有关文字说明。

完成后的剖面图如图8-39所示。

第六节　建　筑　详　图

由于建筑平、立、剖面图通常采用较小的比例绘制，这样房屋的许多细部构造做法就无法在平、立、剖面图中表达清楚。为了满足施工需要，房屋的局部构造应当采用较大的比例详细地画出，这些图样称为建筑详图，简称详图。

详图是对建筑平、立、剖面图等基本图样的深化和补充，是建筑工程细部施工、建筑构配件的制作及编制预算的依据。

详图图线的宽度b，应根据图样的复杂程度和比例，并按《制图统一标准》的有关规定选用，如图8-41所示。绘制较简单的图样时，可采用两种线宽的线宽组，其线宽比宜为$b：0.25b$。

绘制详图的比例，一般采用1：10、1：20、1：25、1：30、1：50等。详图的图示方法，应视该部位构造的复杂程度而定。有的只需一个剖面详图就能表达清楚（如墙身详图）；有的则需另加平面详图（如楼梯间、厕所等）或立面详图（如阳台详图）；有时还要在详图中补充比例更大的详图。

对于套用标准图或通用图的建筑构配件和节点，只需注明所套用图集的名称、型号或页次，可不必另画详图（如木门窗）。

详图具有比例较大、图示详尽清楚、尺寸标注齐全的特点。

一般房屋的详图主要有外墙身详图，楼梯详图，厨房、阳台、花格、建筑装饰、雨篷、台阶等详图。

下面介绍一般房屋建筑施工图中常见的详图。

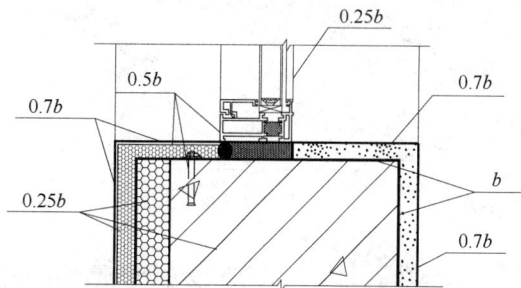

图 8-41　详图图线宽度选用示例

一、外墙身详图

（一）外墙身详图的形成

外墙身详图又称外墙身大样图（或外墙身剖面图），它实际上是建筑剖面图中外墙身部分的局部放大图。

（二）外墙身详图的用途

外墙身详图是房屋砌墙、室内外装修、门窗安装、编制施工预算以及材料估算的重要依据。

（三）外墙身详图的图示内容

外墙身详图主要表达房屋墙体与屋面（檐口）、楼面、地面的连接，门窗过梁、窗台、勒脚、散水、明沟、雨篷等处的构造。

（四）外墙身详图的图示方法

（1）详图一般采用 1∶20 等较大比例绘制。

（2）通常采用折断画法。若多层房屋中，楼层各节点相同，可只画底层、顶层或加一个中间层来表示。画图时往往在窗洞中间处断开，成为几个节点详图的组合。

（3）详图的线型与剖面图一样，但由于比例较大，所有内外墙应用细实线画出粉刷线并应标注材料图例。

（4）详图上所注尺寸与建筑剖面图基本相同。

（五）外墙身详图的识读

现以某学院学生公寓中的外墙剖面详图 2-2 剖面为例，如图 8-42 所示，说明外墙身详图的识读方法。

1. 了解图名、比例

根据剖面详图的编号，对照图 8-32 所示平面上相应的剖切符号，可知该剖面详图的剖切位置和投影方向。该剖面详图比例为 1∶20。

2. 了解墙体厚度

该详图为①轴线上④～⑤轴墙身剖面，砖墙的厚度为 370mm（偏轴）。

3. 了解屋面、楼面和地面的构造

详图中，凡构造层次较多的地方，如屋面、楼面、地面等处，应用分层构造说明的方法表示。

4. 了解窗台、窗过梁（或圈梁）、板的位置及其与墙身的关系

由详图可知，底层及标准层窗过梁由圈梁代替，顶层窗过梁单独设置，楼板为现浇板，窗框位置设于定位轴线处。

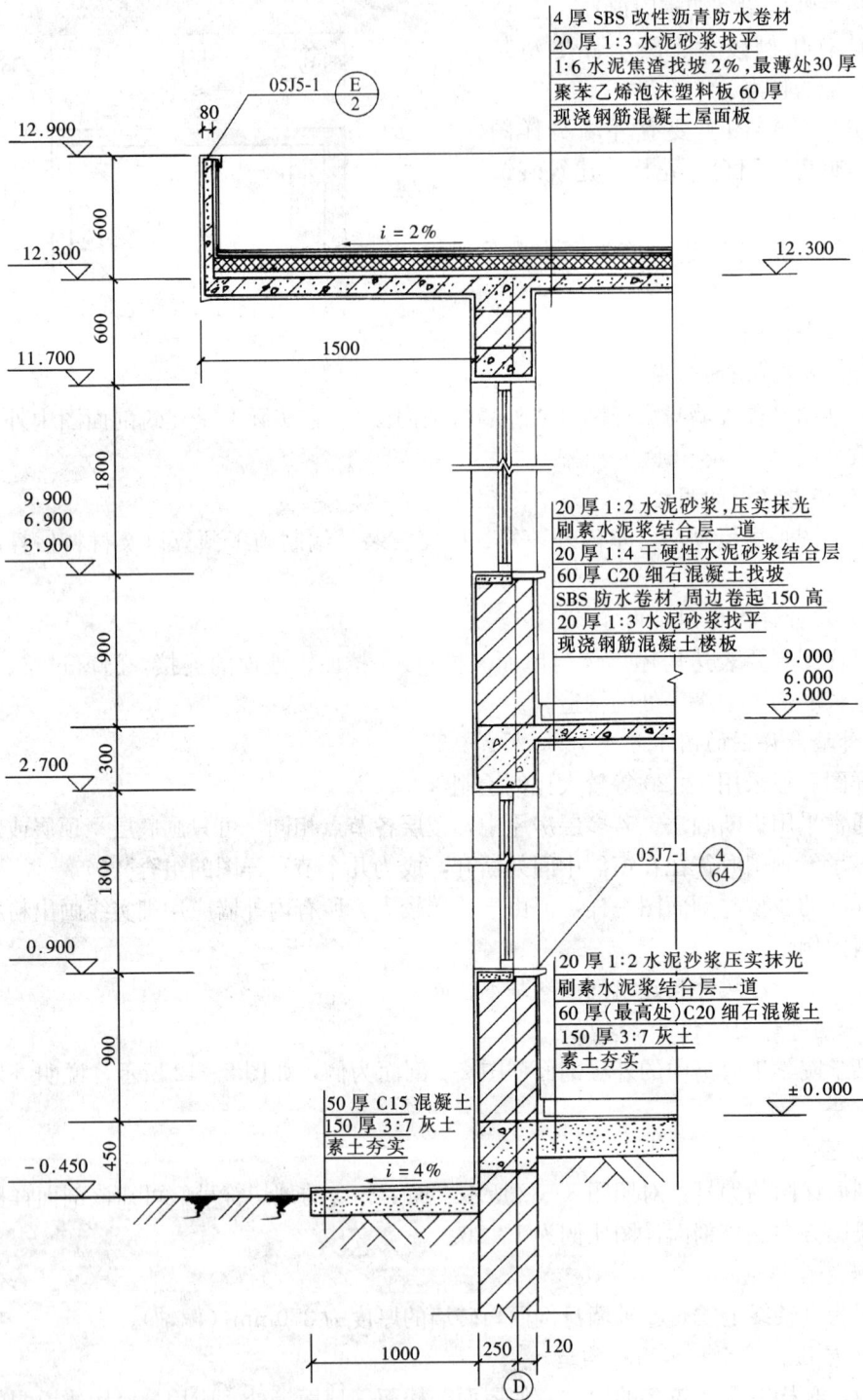

4 厚 SBS 改性沥青防水卷材
20 厚 1:3 水泥砂浆找平
1:6 水泥焦渣找坡 2%，最薄处 30 厚
聚苯乙烯泡沫塑料板 60 厚
现浇钢筋混凝土屋面板

05J5-1 $\frac{E}{2}$

80

12.900

600

12.300

600

11.700

$i = 2\%$

12.300

1500

1800

9.900
6.900
3.900

900

20 厚 1:2 水泥砂浆，压实抹光
刷素水泥浆结合层一道
20 厚 1:4 干硬性水泥砂浆结合层
60 厚 C20 细石混凝土找坡
SBS 防水卷材，周边卷起 150 高
20 厚 1:3 水泥砂浆找平
现浇钢筋混凝土楼板

9.000
6.000
3.000

2.700

300

1800

05J7-1 $\frac{4}{64}$

0.900

900

20 厚 1:2 水泥沙浆压实抹光
刷素水泥浆结合层一道
60 厚（最高处）C20 细石混凝土
150 厚 3:7 灰土
素土夯实

±0.000

450

50 厚 C15 混凝土
150 厚 3:7 灰土
素土夯实
$i = 4\%$

-0.450

1000　　250　120

$\underset{\text{D}}{}$

2—2剖面图 1:20

图 8-42　外墙剖面详图

5. 了解散水的做法及屋面排水情况

散水应标注排水坡度、宽度及做法。本例中散水坡度4%、宽度尺寸1000mm，做法见图中所示。屋面排水坡度2%。

6. 了解各部位的标高、高度方向的尺寸和墙身细部尺寸

详图应标注室内外地面、各层楼面、屋面、窗台、圈梁或过梁以及檐口等处的标高，该标高应注写完成面标高。同时，还应标注窗台、檐口等部位的高度尺寸及细部尺寸。

二、楼梯详图

楼梯是楼房上下层之间的主要交通构件，一般有楼梯段、休息平台和栏板（栏杆）等组成。

楼梯详图主要反映楼梯的类型、结构形式、各部位的尺寸及踏步、栏板等装修做法，是楼梯施工放样的主要依据。

楼梯详图一般包括楼梯平面图、剖面图和节点详图。

（一）楼梯平面图

1. 楼梯平面图的形成

用一个假想的水平剖切平面，通过每层向上的第一个梯段的中部（休息平台下）剖切后，向下作正投影所得到的投影图，称为楼梯平面图。

楼梯平面图实际上是房屋各层建筑平面图中楼梯间的局部放大图。

一般每一层都要画一楼梯平面图。三层以上的房屋，若中间各层的楼梯位置及其梯段数、踏步数和大小都相同时，通常只画出底层、中间层（标准层）和顶层三个平面图。

2. 楼梯平面图的图示内容

（1）在楼梯平面图中，要注出楼梯间的开间、进深尺寸、楼地面和平台面处的标高以及各细部的详细尺寸。通常，把梯段的水平投影长度尺寸与踏步数、踏步宽的尺寸合并写在一起。

（2）各层平面图中应注出该楼梯间的定位轴线；底层平面图中还应注明楼梯剖面图的剖切位置。

3. 楼梯平面图的图示方法

（1）楼梯平面图一般采用1∶50的比例绘制。

（2）按"国标"规定，各层被剖切到的梯段，均在平面图中以45°细折断线表示。在每一梯段处画有带箭头的指示线，在指示线尾部注写"上"或"下"字样及踏步数，表示从该层楼地面到达上（或下）一层楼地面的方向和步级数。

（3）楼梯平面图的线型与建筑平面图一样。

（4）通常，楼梯平面图画在同一张图纸内，并互相对齐。这样，既便于识读又可省略标注一些重复尺寸。

4. 楼梯平面图的识读

现以某学院学生公寓中的楼梯平面图为例，如图8-43所示，说明楼梯平面图的识读方法。

（1）了解楼梯在建筑平面图中的位置、开间、进深及墙体的厚度。

对照底层平面图可知，此楼梯位于横向⑤～⑥、纵向Ⓒ～Ⓓ之间。开间3600mm、进深4800mm，墙的厚度为370mm。

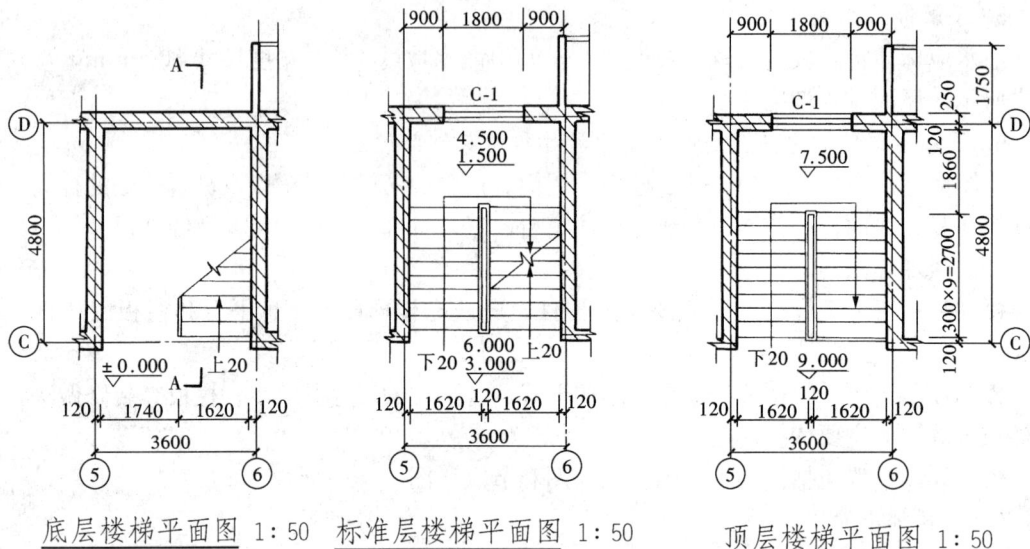

底层楼梯平面图 1∶50　　标准层楼梯平面图 1∶50　　　顶层楼梯平面图 1∶50

图 8-43　楼梯平面图

（2）了解楼梯段及梯井的宽度。

该图中，楼梯段的宽度为 1620mm、梯井的宽度为 120mm。

（3）了解楼梯的走向及起步位置。

由各层平面图上的指示线，可以看出楼梯的走向。第一个梯段踏步的起步位置分别距Ⓒ轴 120mm。

（4）了解休息平台的宽度、楼梯段长度、踏面宽和数量。

该图中，休息平台的宽度为 1860mm。楼梯段长度尺寸为 $300 \times 9 = 2700$mm，表示该梯段有 9 个踏面，每一踏面宽为 300mm，有 9 个踏面。

（5）了解各部位的标高。

各部位的标高在图中均已标出。

（6）了解楼梯剖面图的剖切位置及编号。

在底层楼梯平面图中，应标注剖切位置及编号，如 A-A。

5. 楼梯平面图的绘制

现以图 8-43 中所示的标准层楼梯平面图为例，说明楼梯平面图的绘制步骤，如图 8-44 所示。

（1）首先画出楼梯间的定位轴线和墙厚、门窗洞位置，确定平台宽度、梯段宽度和长度，如图 8-44（a）所示。

（2）采用两平行线间距任意等分的方法划分踏步，如图 8-44（b）所示。

（3）画栏板（或栏杆），上下行箭头，检查无误后加深图线，注写标高、尺寸、剖切符号、图名、比例及有关文字说明等。

完成后的楼梯平面图如图 8-44（c）所示。

（二）楼梯剖面图

1. 楼梯剖面图的形成

用一个假想的铅垂剖切平面，通过各层的一个梯段和门窗洞将楼梯剖开后，向另一未剖

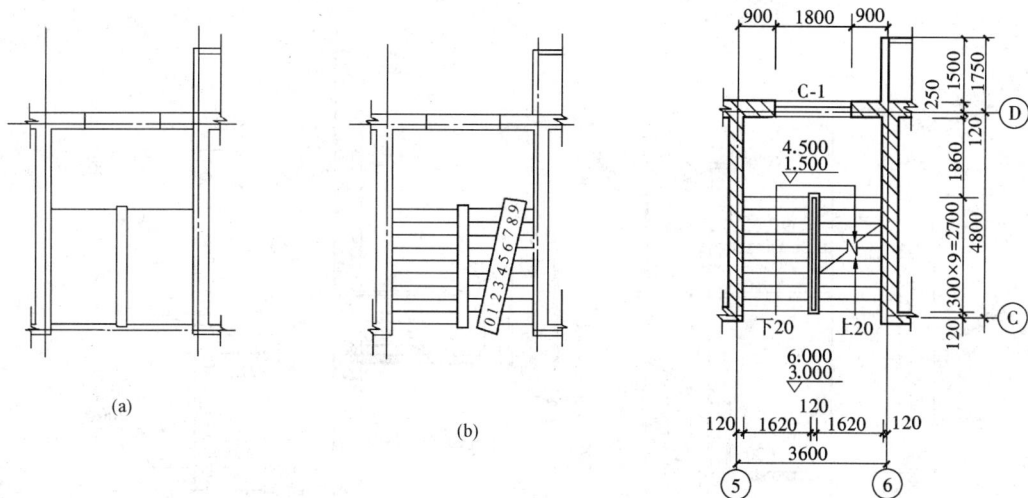

(a)

(b)

标准层楼梯平面图 1：50

(c)

图 8-44 楼梯平面图的绘制步骤

到的梯段方向作投影所得到的投影图，称为楼梯剖面图。

2. 楼梯剖面图的图示内容

（1）在楼梯剖面图中，要注明地面、楼面、平台面等处的标高以及梯段、栏板（或栏杆）、窗洞等的高度尺寸。

（2）表示出房屋的层数、楼梯的段数、踏步数、类型及其结构形式。

（3）表示出各梯段、平台、栏板（栏杆）等的构造及它们的相互关系等情况。

3. 楼梯剖面图的图示方法

（1）楼梯剖面图一般采用 1：50、1：30 等比例绘制。

（2）楼梯剖面图一般和其平面图画在同一张图纸上。若楼梯间屋面没有特殊之处，可省略不画。

（3）楼梯剖面图的线型与建筑剖面图一样。

（4）在多层房屋中，若中间各层楼梯构造相同时，通常采用折断画法（与外墙身剖面详图处理方法相同）。

4. 楼梯剖面图的识读

现以某学院学生公寓中的楼梯剖面图为例，如图 8-45 所示，说明楼梯剖面图的识读方法。

（1）与楼梯平面图对照，搞清楚剖切位置及投影方向。

由 A-A 剖面图，可在底层楼梯平面图中找到相应的剖切位置，该剖面图是从右往左作投影而形成的。

（2）了解轴线编号及尺寸。

该剖面图墙体轴线编号为Ⓒ和Ⓓ，其轴线尺寸为 4800mm。

（3）了解房屋的层数、楼梯梯段数、踏步数。

该公寓楼有四层，每层的梯段数和踏步数详见图中所示。

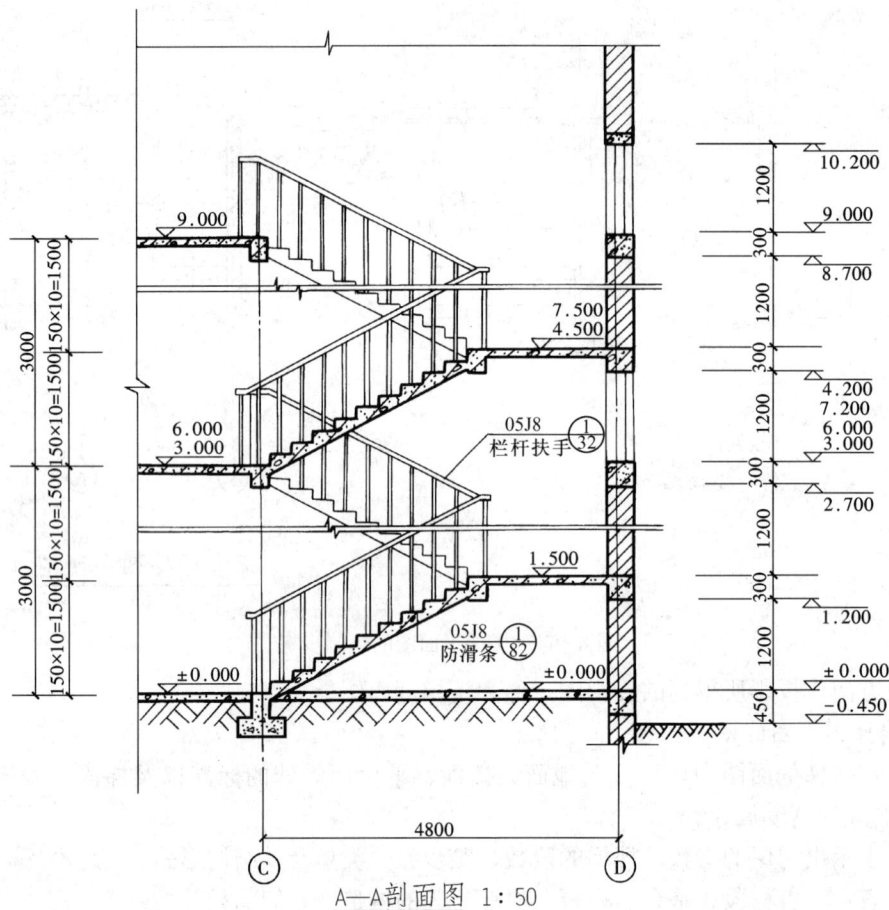

图 8-45 楼梯剖面图

（4）了解楼梯的竖向尺寸和各处标高。

A-A 剖面图的左侧注有每个梯段高，如 $150 \times 10 = 1500mm$，其中，150mm 表示踏步高，10 表示踏步数。

（5）了解扶手、栏板（或栏杆）、踏步等的详图索引符号。

从图中的索引符号知，扶手、栏板（或栏杆）采用标准图集05J8。

5. 楼梯剖面图的绘制

现以某学院学生公寓中的楼梯剖面图为例，如图 8-45 所示，说明楼梯剖面图的绘制步骤，如图 8-46 所示。

（1）画轴线，定室内外地面、楼面、平台位置及墙身、楼（地）面厚度，如图 8-46（a）所示。

（2）用等分两平行线间距离的方法划分踏步的宽度、步数和高度级数，如图 8-46（b）所示。

（3）画楼梯段、门窗、平台梁及栏杆等细部，如图 8-46（c）所示。

（4）检查无误后加深图线，在剖切到的轮廓范围内画上材料图例，注写标高和高度尺寸，最后在图下方写上图名及比例等。

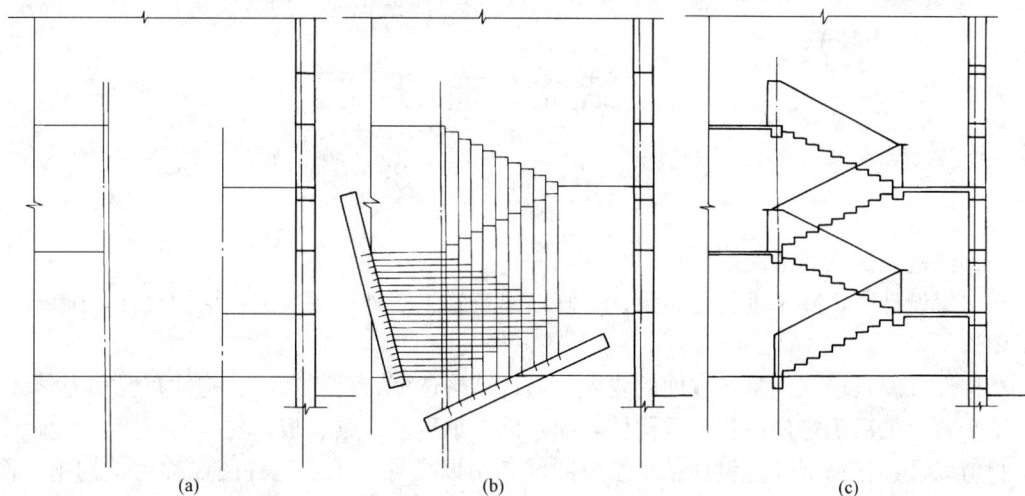

图 8-46 楼梯剖面图的绘制步骤

完成后的楼梯剖面图如图 8-45 所示。

（三）楼梯节点详图

楼梯平、剖面图只表达了楼梯的基本形状和主要尺寸，还需要详图表达各节点的构造和细部尺寸。

楼梯节点详图主要包括楼梯踏步、扶手、栏板（或栏杆）等详图。通常选用建筑构造通用图集，以表明它们的断面形式、细部尺寸、用料、构造连接及面层装修做法等。

第九章

结 构 施 工 图

第一节 概 述

一、结构施工图的形成

在房屋设计中，除了进行建筑设计，画出建筑施工图外，还要进行结构设计，画出结构施工图。

结构设计就是根据建筑各方面的要求，通过结构选型、材料选用、构件布置和力学计算等几个步骤，最后确定房屋各承重构件，如基础、承重墙、梁、板、柱等的布置、大小、形状、材料以及连接情况。将设计结果绘成图样，用以指导施工，这种图样称为结构施工图，简称结施。

二、结构施工图的用途

结构施工图是施工放线、挖基坑、支模板、绑扎钢筋、设置预埋件、浇捣混凝土、安装梁板等预制构件、编制预算和施工组织计划的重要依据。

三、结构施工图的内容

结构施工图通常由首页图（结构设计说明）、基础平面图及基础详图、结构平面图及节点构造详图、钢筋混凝土构件详图等组成。

四、结构施工图的基本规定

（1）图线宽度 b 应按《制图统一标准》中的有关规定选用。

（2）每个图样应根据复杂程度与比例大小，先选用适当基本线宽度 b，再选用相应的线宽。根据表达内容的层次，基本线宽 b 和线宽比可适当的增加或减少。

（3）建筑结构专业制图应选用如表9-1所示图线。

表 9-1   图 线

名 称		线 型	线宽	一 般 用 途
实线	粗	——————	b	螺栓、钢筋线、结构平面图中的单线结构构件线，钢木支撑及系杆线，图名下横线、剖切线
	中粗	——————	$0.7b$	结构平面图及详图中剖到或可见的墙身轮廓线，基础轮廓线，钢、木结构轮廓线，钢筋线
	中	——————	$0.5b$	结构平面图及详图中剖到或可见的墙身轮廓线，基础轮廓线，可见的钢筋混凝土构件轮廓线，钢筋线
	细	——————	$0.25b$	标注引出线、标高符号线、索引符号线、尺寸线
虚线	粗	— — — —	b	不可见的钢筋线、螺栓线、结构平面图中不可见的单线结构构件线及钢、木支撑线
	中粗	— — — —	$0.7b$	结构平面图中的不可见构件，墙身轮廓线及不可见钢、木结构构件线，不可见的钢筋线
	中	— — — —	$0.5b$	结构平面图中的不可见构件，墙身轮廓线及不可见钢、木结构构件线，不可见的钢筋线
	细	— — — —	$0.25b$	基础平面图中的管沟轮廓线、不可见的钢筋混凝土构件轮廓线

续表

名 称		线 型	线宽	一 般 用 途
单点长画线	粗	——— · ——— · —	b	柱间支撑、垂直支撑、设备基础轴线图中的中心线
	细	——— · — · —	$0.25b$	定位轴线、对称线、中心线、重心线
双点长画线	粗	—— ·· —— ·· —	b	预应力钢筋线
	细	—— ·· — ·· —	$0.25b$	原有结构轮廓线
折断线		——— ⟋⟍ ———	$0.25b$	断开界线
波浪线		∼∼∼∼∼	$0.25b$	断开界线

（4）在同一张图纸中，相同比例的各图样，应选用相同的线宽组。

（5）绘图时根据图样的用途，被绘物体的复杂程度，应选用表9-2中的常用比例，特殊情况下也可选用可用比例。

表9-2　　　　　　　　　　　　　　比　例

图 名	常用比例	可用比例
结构平面图 基础平面图	1:50，1:100，1:150	1:60，1:200
圈梁平面图，总图中管沟、地下设施等	1:200，1:500	1:300
详图	1:10，1:20，1:50	1:5，1:25，1:30

（6）当构件的纵、横向断面尺寸相差悬殊时，可在同一详图中的纵、横向选用不同的比例绘制。轴线尺寸与构件尺寸也可选用不同的比例绘制。

（7）构件的名称可用代号来表示，代号后应用阿拉伯数字标注该构件的型号或编号，也可为构件的顺序号。构件的顺序号采用不带角标的阿拉伯数字连续编排。常用的构件代号应符合表9-3的规定。

表9-3　　　　　　　　　常 用 构 件 代 号

序号	名 称	代号	序号	名 称	代号	序号	名 称	代号
1	板	B	11	墙板	QB	21	连系梁	LL
2	屋面板	WB	12	天沟板	TGB	22	基础梁	JL
3	空心板	KB	13	梁	L	23	楼梯梁	TL
4	槽形板	CB	14	屋面梁	WL	24	框架梁	KL
5	折板	ZB	15	吊车梁	DL	25	框支梁	KZL
6	密肋板	MB	16	单轨吊车梁	DDL	26	屋面框架梁	WKL
7	楼梯板	TB	17	轨道连接	DGL	27	檩条	LT
8	盖板或沟盖板	GB	18	车挡	CD	28	屋架	WJ
9	挡雨板或檐口板	YB	19	圈梁	QL	29	托架	TJ
10	吊车安全走道板	DB	20	过梁	GL	30	天窗架	CJ

续表

序号	名 称	代号	序号	名 称	代号	序号	名 称	代号
31	框架	KJ	39	桩	ZH	47	阳台	YT
32	刚架	GJ	40	挡土墙	DQ	48	梁垫	LD
33	支架	ZJ	41	地沟	DG	49	预埋件	M—
34	柱	Z	42	柱间支撑	ZC	50	天窗端壁	TD
35	框架柱	KZ	43	垂直支撑	CC	51	钢筋网	W
36	构造柱	GZ	44	水平支撑	SC	52	钢筋骨架	G
37	承台	CT	45	梯	T	53	基础	J
38	设备基础	SJ	46	雨篷	YP	54	暗柱	AZ

注 1. 预制混凝土构件、现浇混凝土构件、钢构件和木构件,一般可以采用本表中的构件代号。在绘图中,除混凝土构件可以不注明材料代号外,其他材料的构件可在构件代号前加注材料代号,并在图纸中加以说明。

2. 预应力混凝土构件的代号,应在构件代号前加注"Y",如 Y-DL 表示预应力混凝土吊车梁。

(8) 当采用标准、通用图集中的构件时,应用该图集中的规定代号或型号注写。

(9) 结构平面图应按图 9-1、图 9-2 所示采用正投影法绘制,特殊情况下也可采用仰视投影绘制。

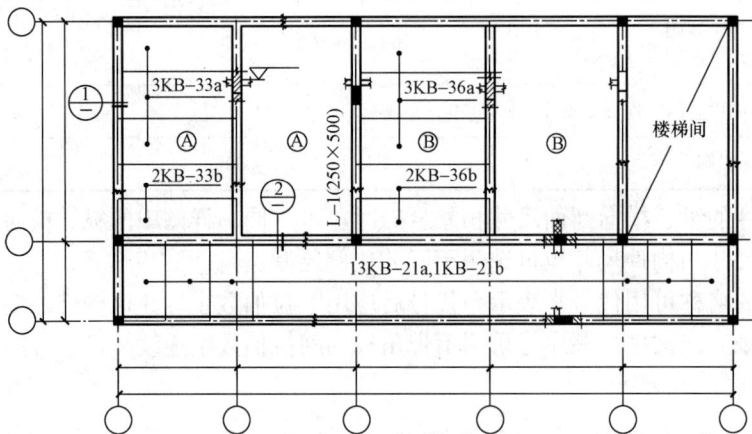

图 9-1 用正投影法绘制预制楼板结构平面图

(10) 在结构平面图中,构件应采用轮廓线表示,当能用单线表示清楚时,也可用单线表示。定位轴线应与建筑平面图或总平面图一致,并标注结构标高。

(11) 在结构平面图中,当若干部分相同时,可只绘制一部分,并用大写的拉丁字母(A,B,C,…)外加细实线圆圈表示相同部分的分类符号。分类符号圆圈直径为 8mm 或 10mm。其他相同部分仅标注分类符号。

(12) 桁架式结构的几何尺寸图可用单线图表示。杆件的轴线长度尺寸应标注在构件的上方,如图 9-3 所示。

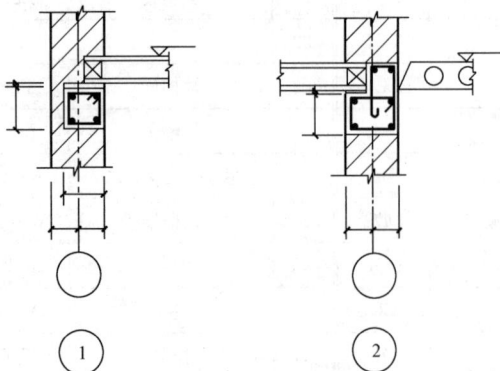

图 9-2 节点详图

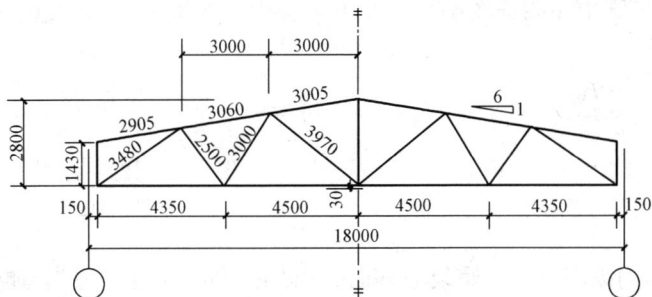

图 9-3　对称桁架几何尺寸标注方法

（13）在杆件布置和受力均对称的桁架单线图中，若需要时可在桁架的左半部分标注杆件的几何轴线尺寸，右半部分标注杆件的内力值和反力值；非对称的桁架单线图，可在上方标注杆件的几何轴线尺寸，下方标注杆件的内力值和反力值。竖杆的几何轴线尺寸可标注在左侧，内力值标注在右侧。

（14）在结构平面图中索引的剖视详图、断面详图应采用索引符号表示，其编号顺序宜按图 9-4 所示进行编排，并符合下列规定：外墙按顺时针方向从左下角开始编号；内横墙从左至右，从上至下编号；内纵墙从上至下，从左至右编号。

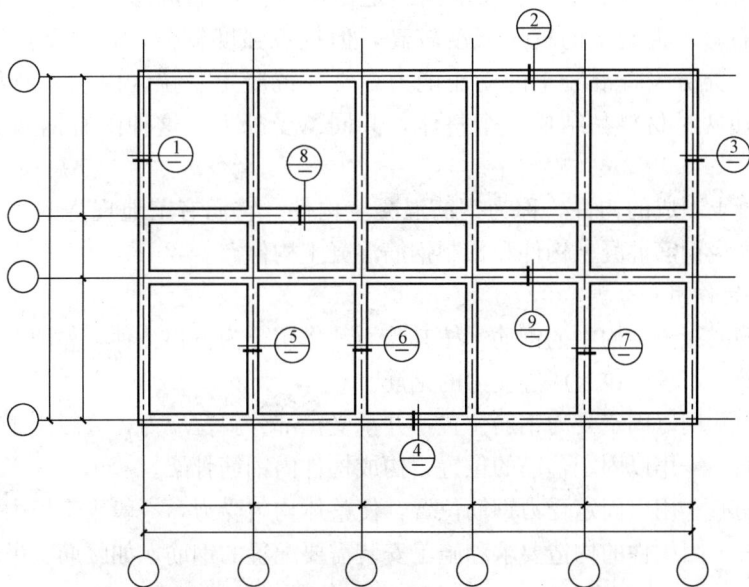

图 9-4　结构平面图中索引剖视详图、断面详图编号顺序表示方法

（15）在结构平面图中的索引位置处，粗实线表示剖切位置，引出线所在一侧应为投射方向。

（16）索引符号应由细实线绘制的直径为 8～10mm 的圆和水平直径线组成。

（17）被索引出的详图应以详图符号表示，详图符号的圆应以直径为 14mm 的粗实线绘制。圆内的直径线为细实线。

（18）被索引的图样与索引位置在同一张图纸内时，应按图 9-5 所示进行编排。

（19）详图与被索引的图样不在同一张图纸内时，应按图 9-6 所示进行编排，索引符号和详图符号内的上半圆中注明详图编号，在下半圆中注明被索引的图纸编号。

图 9 - 5　被索引图样在同一张
图纸内的表示方法

图 9 - 6　详图和被索引图样不在
同一张图纸内的表示方法

（20）构件详图的纵向较长，重复较多时，可用折断线断开，适当省略重复部分。

（21）图样的图名和标题栏内的图名应能准确表达图样、图纸构成的内容，做到简练、明确。

（22）图纸上所有的文字、数字和符号等，应字体端正、排列整齐、清楚正确，避免重叠。

（23）图样及说明中的汉字宜采用长仿宋体，图样下的文字高度不宜小于 5mm，说明中的文字高度不宜小于 3mm。

（24）拉丁字母、阿拉伯数字、罗马数字的高度，不应小于 2.5mm。

五、钢筋混凝土基本知识

混凝土是由水泥、石子、砂子和水按一定比例搅拌浇灌成形，经养护后即可达到设计强度的人造石材。混凝土的抗压强度较高，但抗拉强度较低，容易受拉而断裂。为了解决这一矛盾，充分发挥混凝土的受压能力，常在混凝土受拉区内或相应部位加入一定数量的钢筋，使两种材料黏结成一个整体，共同承受外力。这种配有钢筋的混凝土，称为钢筋混凝土。

用钢筋混凝土制成的构件，称为钢筋混凝土构件。它们有工地现浇的，也有工厂预制的，分别称为现浇钢筋混凝土构件和预制钢筋混凝土构件。

（一）钢筋的作用和分类

配置在钢筋混凝土结构中的钢筋，按其受力和作用分为下列几种，如图 9 - 7 所示。

（1）受力筋——承受拉、压等应力的钢筋。

（2）箍筋——用以固定受力钢筋位置，并承受一部分斜拉应力，一般用于梁和柱中。

（3）架立筋——用以固定箍筋的位置，构成构件内钢筋骨架。

（4）分布筋——用以固定受力钢筋位置，使整体均匀受力，一般用于板中。

（5）其他——因构件的构造要求和施工安装需要配置的钢筋，如腰筋、吊环等。

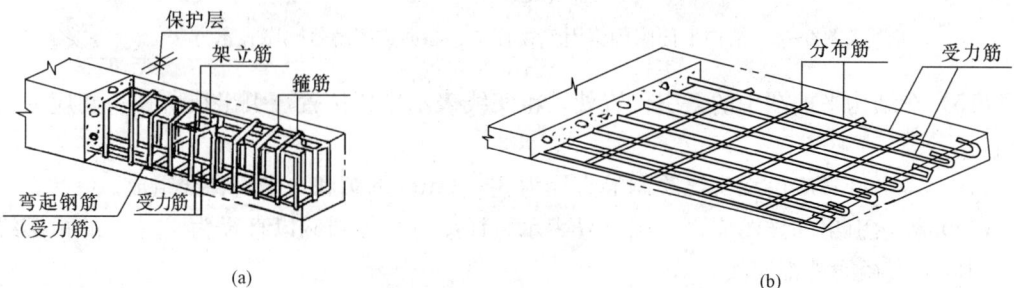

(a)　　　　　　　　　　　　　　　　　(b)

图 9 - 7　钢筋混凝土构件配筋示意
(a) 梁；(b) 板

（二）钢筋的弯钩及保护层

为了增强钢筋与混凝土的黏结力，防止钢筋在受力时滑动，一般把光圆钢筋的端部做成弯钩，其形式如图9-8所示。

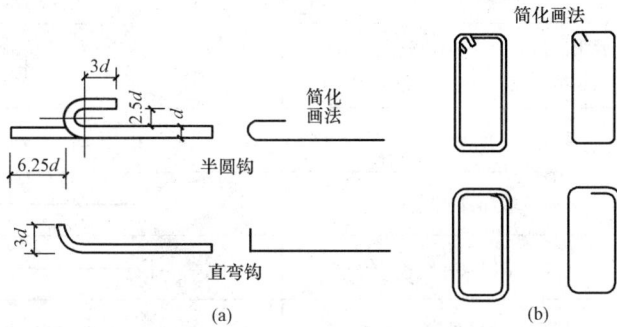

图9-8 钢筋和箍筋的弯钩

(a) 钢筋的弯钩；(b) 箍筋的弯钩

对于表面有月牙纹的变形钢筋，因其表面较粗糙，能与混凝土产生很好的黏结力，故它们的端部一般不设弯钩。

为了保证钢筋与混凝土的黏结力，防止钢筋锈蚀，在钢筋混凝土构件中，从钢筋的外边缘到构件表面应有一定厚度的混凝土，该混凝土层称为保护层。一般梁与柱的保护层厚度不小于25mm，板与墙的保护层厚度不小于15mm。

（三）钢筋的一般表示方法

（1）普通钢筋的一般表示方法应符合表9-4的规定。预应力钢筋的表示方法应符合表9-5的规定。钢筋网片的表示方法应符合表9-6的规定。

表9-4　　　　　　　　普 通 钢 筋

序号	名　　称	图　例	说　　明
1	钢筋横断面	•	
2	无弯钩的钢筋端部		下图表示长、短钢筋投影重叠时，短钢筋的端部用45°斜画线表示
3	带半圆形弯钩的钢筋端部		
4	带直钩的钢筋端部		
5	带丝扣的钢筋端部		
6	无弯钩的钢筋搭接		
7	带半圆形弯钩的钢筋搭接		
8	带直钩的钢筋搭接		
9	花篮螺丝钢筋接头		
10	机械连接的钢筋接头		用文字说明机械连接的方式（如冷挤压或直螺纹等）

表 9 - 5   预 应 力 钢 筋

序号	名　　称	图　　例
1	预应力钢筋或钢绞线	—————————·——·——·——————————
2	后张法预应力钢筋断面 无黏结预应力钢筋断面	⊕
3	预应力钢筋断面	+
4	张拉端锚具	 ▷——·——·——
5	固定端锚具	 ▷——·——·——
6	锚具的端视图	 ⊕
7	可动连接件	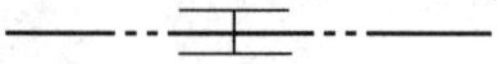 ——╪——
8	固定连接件	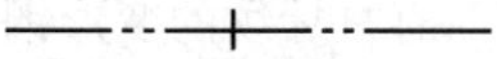 ——+——

表 9 - 6   钢 筋 网 片

序号	名　　称	图　　例
1	一片钢筋网平面图	 W-1
2	一行相同的钢筋网平面图	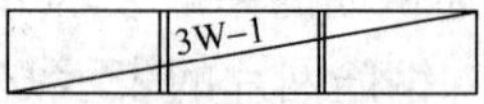 3W-1

注　用文字注明焊接网或绑扎网片。

(2) 钢筋的画法应符合表 9 - 7 的规定。

表 9 - 7   钢 筋 画 法

序号	说　　明	图　　例
1	在结构楼板中配置双层钢筋时，底层钢筋的弯钩应向上或向左，顶层钢筋的弯钩则向下或向右	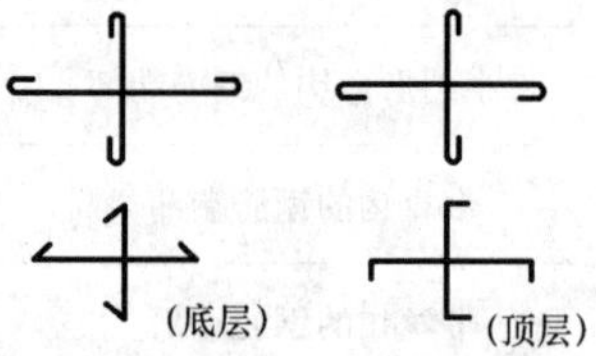 （底层）　　　（顶层）
2	钢筋混凝土墙体配双层钢筋时，在配筋立面图中，远面钢筋的弯钩应向上或向左而近面钢筋的弯钩向下或向右（JM 近面，YM 远面）	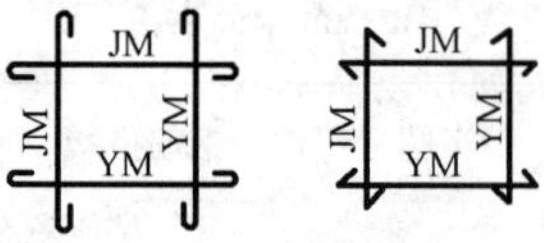 JM　JM JM　YM YM JM　YM
3	若在断面图中不能表述清楚的钢筋布置，应在断面图外增加钢筋大样图（如钢筋混凝土墙，楼梯等）	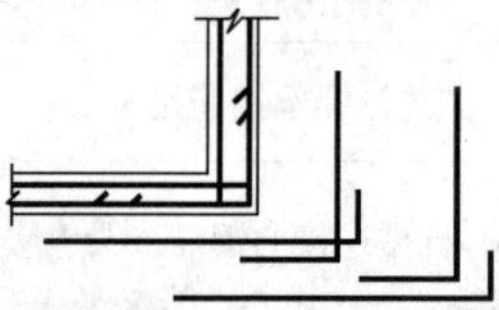

续表

序号	说　　明	图　　例
4	图中所表示的箍筋、环筋等若布置复杂时，可加画钢筋大样及说明	
5	每组相同的钢筋、箍筋或环筋，可用一根粗实线表示，同时用一两端带斜短画线的横穿细线，表示其钢筋及起止范围	

（3）钢筋、钢丝束的说明应给出钢筋的代号、直径、数量、间距、编号及所在位置，其说明应沿钢筋的长度标注或标注在相关钢筋的引出线上。钢筋标注形式及含义如图 9 - 9 所示。

（4）钢筋网片的编号应标注在对角线上。网片的数量应与网片的编号标注在一起。

（5）钢筋、杆件等编号的直径宜采用 5～6mm 的细实线圆表示，其编号应采用阿拉伯数字按顺序编写（简单的构件、钢筋种类较少可不编号）。

（6）钢筋在平面图中的配置应按图 9 - 10 所示的方法表示。当钢筋标注的位置不够时，可采用引出线标注。引出线标注钢筋的斜短画线应为中实线或细实线。

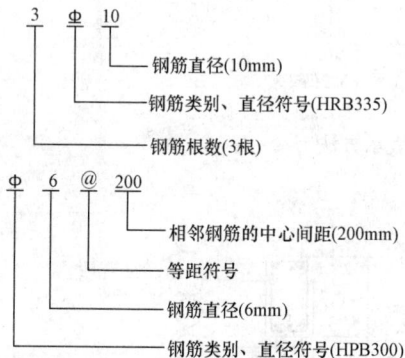

图 9 - 9　钢筋标注

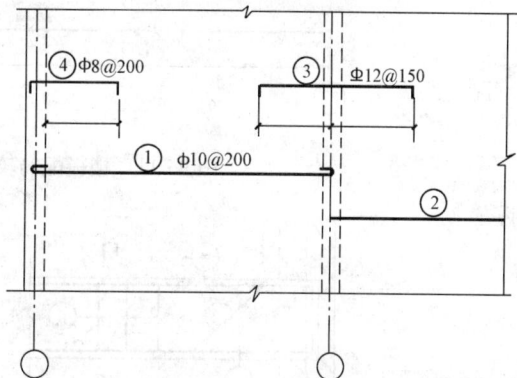

图 9 - 10　钢筋在楼板配筋图中的表示方法

（7）当构件布置较简单时，结构平面布置图可与板配筋平面图合并绘制。

（8）平面图中的钢筋配置较复杂时，可按表 9 - 7 及图 9 - 11 所示方法绘制。

（9）钢筋在梁纵、横断面图中的配置，应按图 9 - 12 所示的方法表示。

（10）构件配筋图中箍筋的长度尺寸，应指箍筋的里皮尺寸。弯起钢筋的高度尺寸应指钢筋的外皮尺寸，如图 9 - 13 所示。

（四）钢筋的简化表示方法

（1）当构件对称时，采用详图绘制构件中的钢筋网片可按图 9 - 14 所示的方法用一半或 1/4 表示。

（2）钢筋混凝土构件配筋较简单时，宜按下列规定绘制配筋平面图：独立基础宜按图 9 - 15（a）所示在平面模板图左下角，绘出波浪线，绘出钢筋并标注钢筋的直径、间距等；其他构件宜按图 9 - 15（b）所示在某一部位绘出波浪线，绘出钢筋并标注钢筋的直径、间

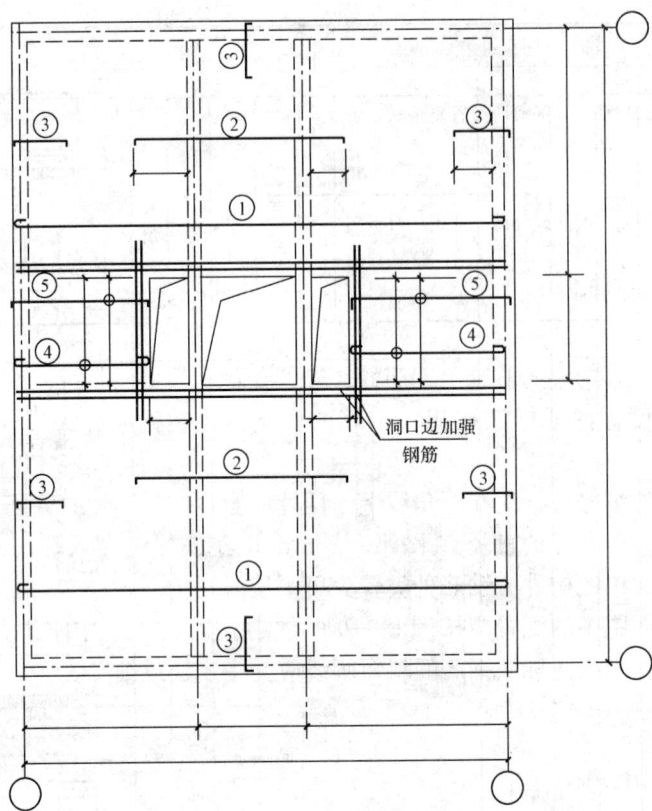

图 9-11 楼板配筋较复杂的表示方法

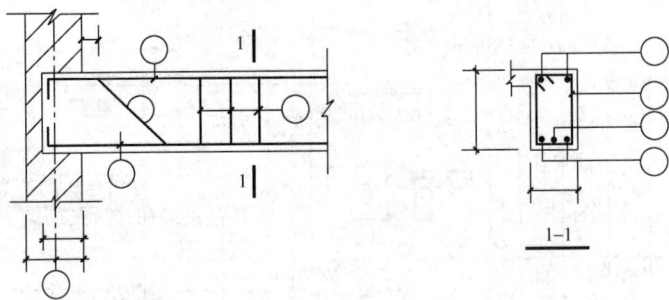

图 9-12 梁纵、横断面图中钢筋表示方法

距等。

（3）对称的混凝土构件，宜按图 9-16 所示在同一图样中一半表示模板，另一半表示配筋。

（五）文字注写构件的表示方法

（1）在现浇混凝土结构中，构件的截面和配筋等数值可采用文字注写方式表达。

（2）按结构层绘制的平面布置图中，直接用文字表达各类构件的编号（编号中含有构件的类型代号和顺序号）、断面尺寸、配筋及有关数值。

（3）混凝土柱可采用列表注写和在平面布置图中截面注写方式，并应符合下列规定：列

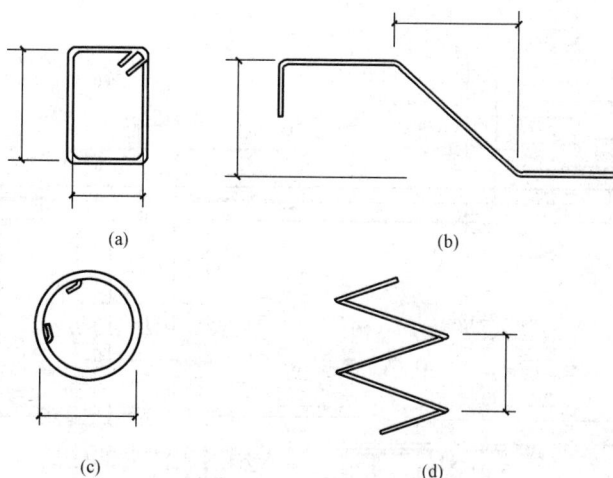

图 9-13 钢箍尺寸标注法

(a) 箍筋尺寸标注图；(b) 弯起钢筋尺寸标注图；(c) 环形钢筋
尺寸标注图；(d) 螺旋钢筋尺寸标注图

表注写应包括柱的编号、各段的起止标高、断面尺寸、配筋、断面形状和箍筋的类型等有关内容；截面注写可在平面布置图中，选择同一编号的柱截面，直接在截面中引出断面尺寸、配筋的具体数值等，并应绘制柱的起止高度表。

（4）混凝土剪力墙可采用列表和截面注写方式，并应符合下列规定：列表注写分别在剪力墙柱表、剪力墙身表及剪力墙梁表中，按编号绘制截面配筋图并注写断面尺寸和配筋等；截面注写可在平面布置图中按编号，直接在墙柱、墙身和墙梁上注写断面尺寸、配筋等具体数值的内容。

（5）混凝土梁可采用在平面布置图中的平面注写和截面注写方式，并应符合下列规定：平面注写可在梁平面布置图中，分别在不同编号的梁中选择一个，直接注写编号、断面尺寸、跨数、配筋的具体数值和相对高差（无高差可不注写）等内容；截面注写可在平面布置图中，分别在不同编号的梁中选

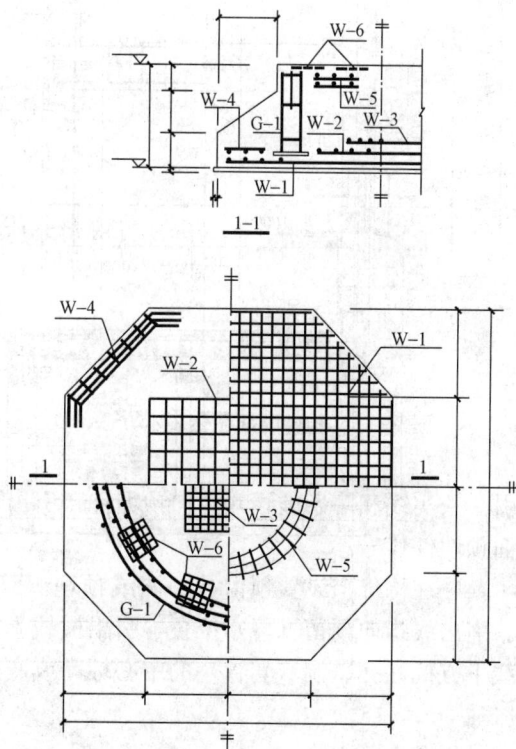

图 9-14 构件中钢筋简化表示方法

择一个，用剖面号引出截面图形并在其上注写断面尺寸、配筋的具体数值等。

（6）重要构件或较复杂的构件，不宜采用文字注写方式表达构件的截面尺寸和配筋等有关数值，宜采用绘制构件详图的表示方法。

（7）基础、楼梯、地下室结构等其他构件，当采用文字注写方式绘制图纸时，可采用在

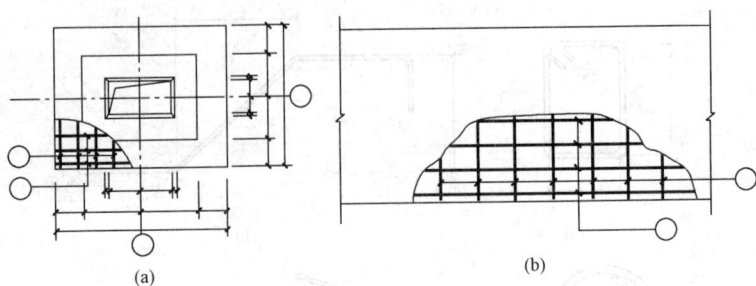

图 9-15　构件配筋简化表示方法
(a) 独立基础；(b) 其他构件

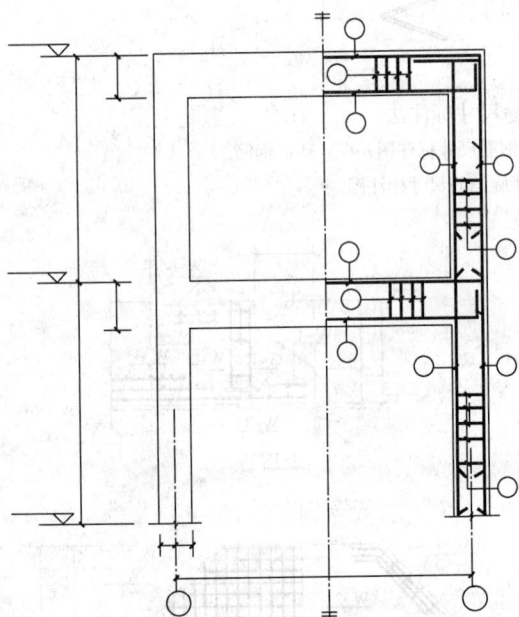

图 9-16　构件配筋简化表示方法

平面布置图上直接注写有关具体数值，也可采用列表注写的方式。

(8) 采用文字注写构件的尺寸、配筋等数值的图样，应绘制相应的节点做法及标准构造详图。

(六) 预埋件、预留孔洞的表示方法

(1) 在混凝土构件上设置预埋件时，可按图 9-17 所示在平面图或立面图上表示。引出线指向向预埋件，并标注预埋件的代号。

(2) 在混凝土构件的正、反面同一位置均设置相同的预埋件时，可按图 9-18 所示引出线为一条实线和一条虚线并指向预埋件，同时在引出横线上标注预埋件的数量及代号。

(3) 在混凝土构件的正、反面同一位置设置编号不同的预埋件时，可按图 9-19 所示引一条实线和一条虚线并指向预埋件。引出横线上标注正面预埋件代号，引出横线下标注反面预埋件代号。

(4) 在构件上设置预留孔、洞或预埋套管时，可按图 9-20 所示在平面或断面图中表示。引出线指向预留（埋）位置，引出横线上方标注预留孔、洞的尺寸，预埋套管的外径。横线下方标注孔、洞（套管）的中心标高或底标高。

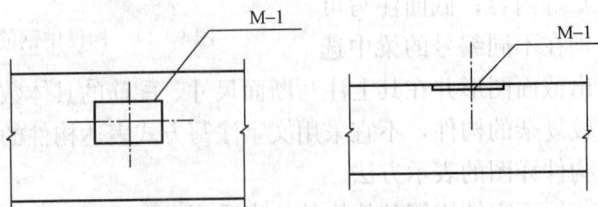

图 9-17　预埋件的表示方法

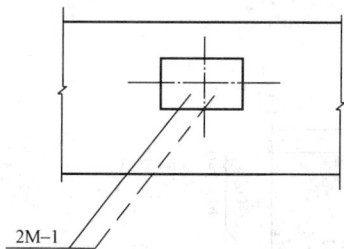

图9-18 同一位置正、反面预埋件相同的
表示方法

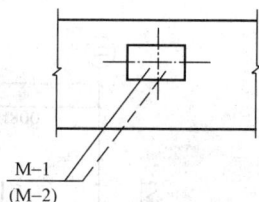

图9-19 同一位置正、反面预埋件
不相同的表示方法

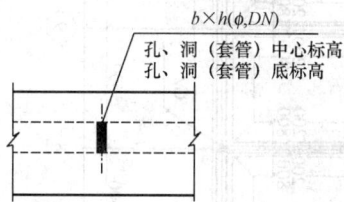

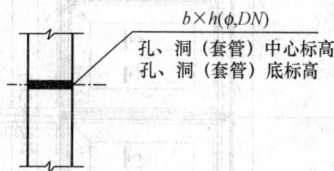

图9-20 预留孔、洞及预埋套管的表示方法

第二节 基 础 图

基础是地面以下承受房屋全部荷载的构件。它的型式有条形基础、独立基础、筏片基础、箱式基础及桩基等。

基础施工图主要反映房屋在相对标高±0.000以下基础结构的情况。它是施工时放灰线、开挖基坑、砌筑基础的依据。

基础施工图一般包括基础平面图、基础详图及文字说明三部分。

一、基础平面图

1. 基础平面图的形成

用一个假想的水平剖切平面沿房屋的地面与基础之间将整幢房屋剖开，移去剖切平面以上的房屋和基础回填土，向下作正投影所得到的水平投影图，称为基础平面图，如图9-21所示。

2. 基础平面图的图示内容

(1) 绘出承重墙、柱网布置、纵横轴线关系，基础和基础梁及其编号、柱号、地坑和设备基础的平面位置、尺寸、标高、基础底标高不同时的放坡示意图。

(2) 表示出±0.000以下的预留孔洞的位置、尺寸、标高。

(3) 桩基应表示出桩位平面布置、桩承台的平面尺寸及承台底标高。

(4) 附注说明：本工程±0.000相应的绝对标高，基础埋置在地基中的位置及所在土层，基底处理措施，地基的承载能力及对施工的有关要求等。

以上内容，根据实际工程情况进行取舍。

3. 基础平面图的图示方法

(1) 基础平面图中采用的比例、图例以及定位轴线编号和轴线尺寸应与建筑平面图一致。

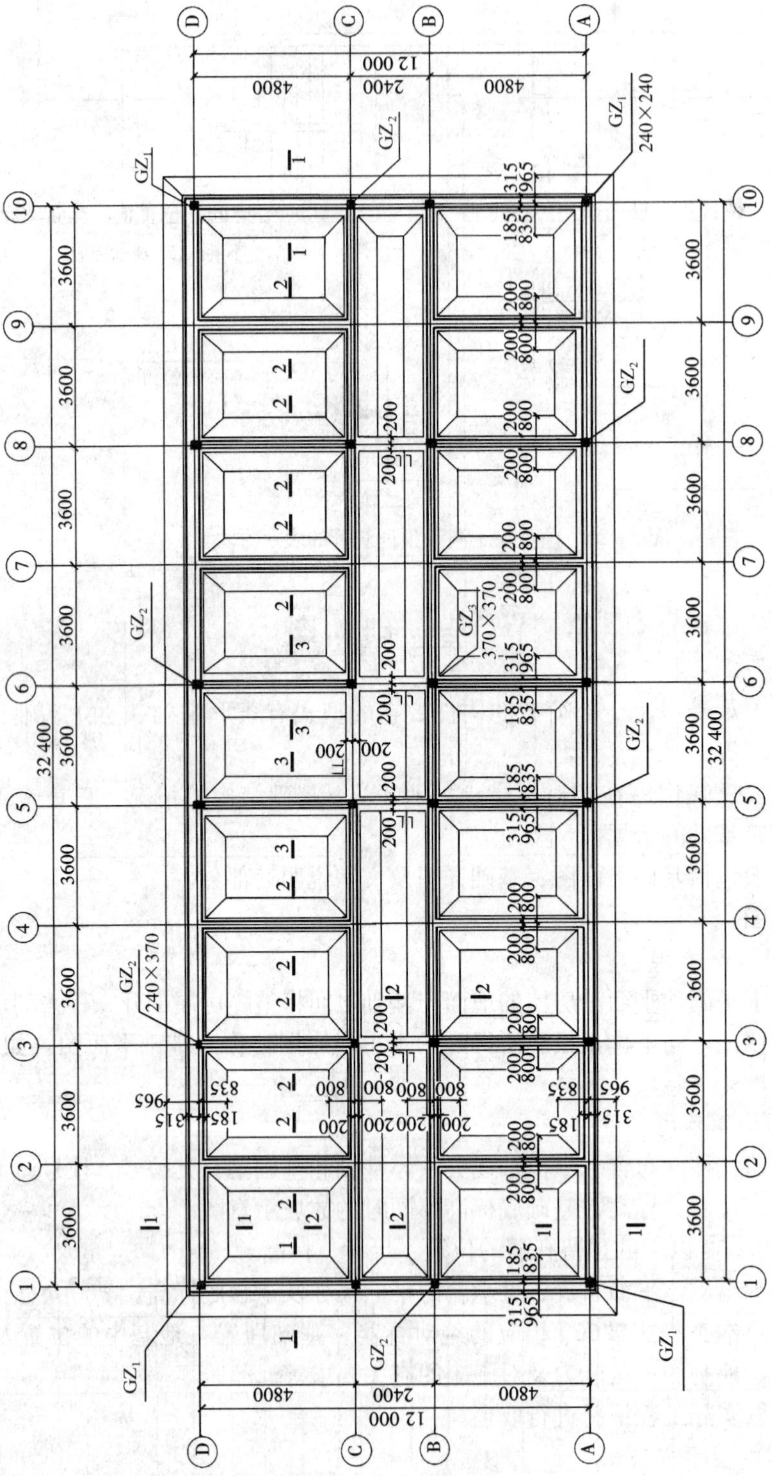

基础平面图 1：100

图9-21　基础平面图

（2）在基础平面图中，需画出剖切到的基础墙、柱等的轮廓线（用中实线表示）、投影可见的基础底部的轮廓线以及基础梁等构件（用细实线表示），而对其他细部，如垫层、砌砖大放脚的轮廓线均省略不画。

（3）在基础平面图中，凡基础的宽度、墙厚、大放脚的形式、基础底面标高及尺寸等有不同时，常分别采用不同的断面剖切符号来表示详图的剖切位置及编号。

（4）基础平面图中的外部尺寸一般只注二道，即开间、进深等各轴线间的尺寸和首尾轴线间的总尺寸。

4. 基础平面图的识读

（1）了解图名和比例。

（2）了解基础与定位轴线的平面位置、相互关系以及轴线间的尺寸。

（3）了解基础墙（或柱）、垫层、基础梁等的平面布置、形状、尺寸、型号等内容。

（4）了解基础断面图的剖切位置及其编号。

（5）通过文字说明，了解基础的用料、施工注意事项等内容。

（6）应与其他有关图纸相配合，特别是底层平面图和楼梯详图，因为基础平面图中的某些尺寸、平面形状、构造等内容已在这些图中表明了。

5. 基础平面图的绘制

（1）画出与建筑平面图相一致的定位轴线。

（2）画出基础墙（或柱）、基础梁及基础底部的边线。

（3）画出其他细部。

（4）画出不同断面图的剖切位置线及其编号。

（5）标注轴线间的尺寸、基础梁的平面尺寸等。

（6）注写有关文字说明。

二、基础详图

1. 基础详图的形成

在基础某一处用铅垂剖切平面，沿垂直定位轴线方向切开基础所得到的断面图，称为基础详图，如图 9-22 所示。

2. 基础详图的图示内容

（1）绘出基础断面形状、大小、材料、配筋、圈梁、防潮层、基础垫层等。

（2）标注基础断面的详细尺寸、标高及轴线关系等。

（3）桩基除绘出承台梁或承台板的钢筋混凝土结构外，还应绘出桩插入承台的构造等。

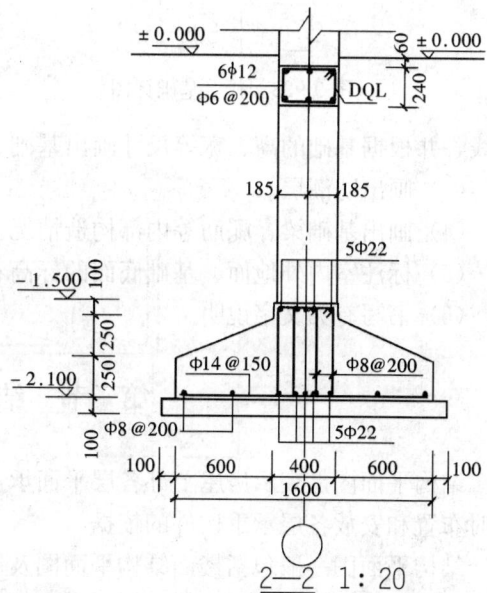

图 9-22 条形基础详图

（4）附注说明：基础、垫层、材料、防潮层等各部分的做法，对回填土及地面以下钢筋混凝土构件的技术施工要求。

以上内容，根据实际工程情况进行取舍。

3. 基础详图的图示方法

（1）基础详图一般采用1：20、1：25、1：30等较大的比例绘制，并尽可能与基础平面图画在同一张图纸上。

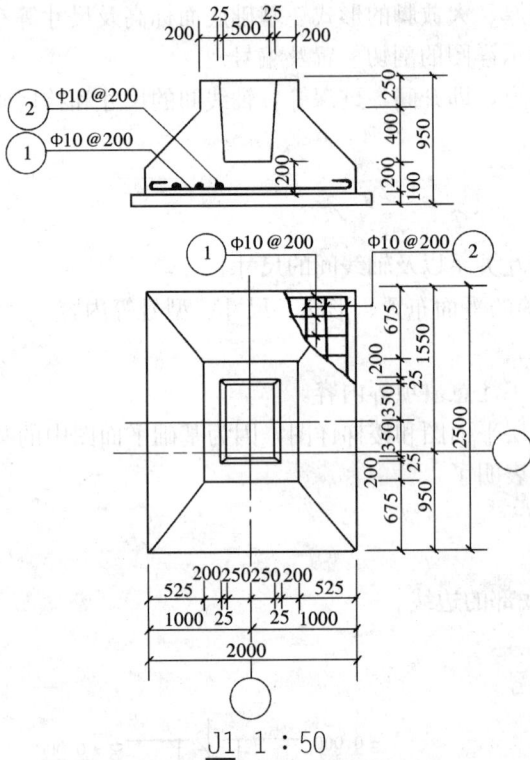

J1 1：50

图 9 - 23　独立基础详图

（2）对于独立基础，除画出基础的断面图外，通常还要画出平面详图用以表明有关平面尺寸等内容，如图 9 - 23 所示。

（3）详图若为通用图，轴线圆圈内可不予编号。

4. 基础详图的识读

（1）根据基础平面图中的详图剖切符号或基础代号，查阅基础详图。

（2）了解基础断面形状、大小、材料以及配筋等。

（3）了解基础断面的详细尺寸和室内外地面及基础底面的标高等。

（4）了解砖基础防潮层的设置、位置及材料要求。

（5）了解基础梁的尺寸及配筋等内容。

5. 基础详图的绘制

（1）画出与基础平面图相对应的定位轴线。

（2）画出基础底面及室内外地面的位置线，并根据基础的高、宽等尺寸画出基础、基础墙等断面轮廓线。

（3）画出防潮层。

（4）画出基础梁、配筋等内部构造情况。

（5）标注室内外地面、基础底面的标高和其他细部尺寸。

（6）书写有关文字说明。

第三节　结构平面图

结构平面图是表示房屋上部各层平面承重构件（如梁、板、柱等）布置的图样。它是施工时布置和安放各层承重构件的依据。

结构平面图一般包括楼面结构平面图及屋面结构平面图。

一、楼面结构平面图

1. 楼面结构平面图的形成

用一个假想的水平剖切平面，在所要表明的结构层没有抹灰时的上表面水平剖开后，向下作正投影而得到的水平投影图，称为楼面结构平面图，如图 9 - 24 所示。

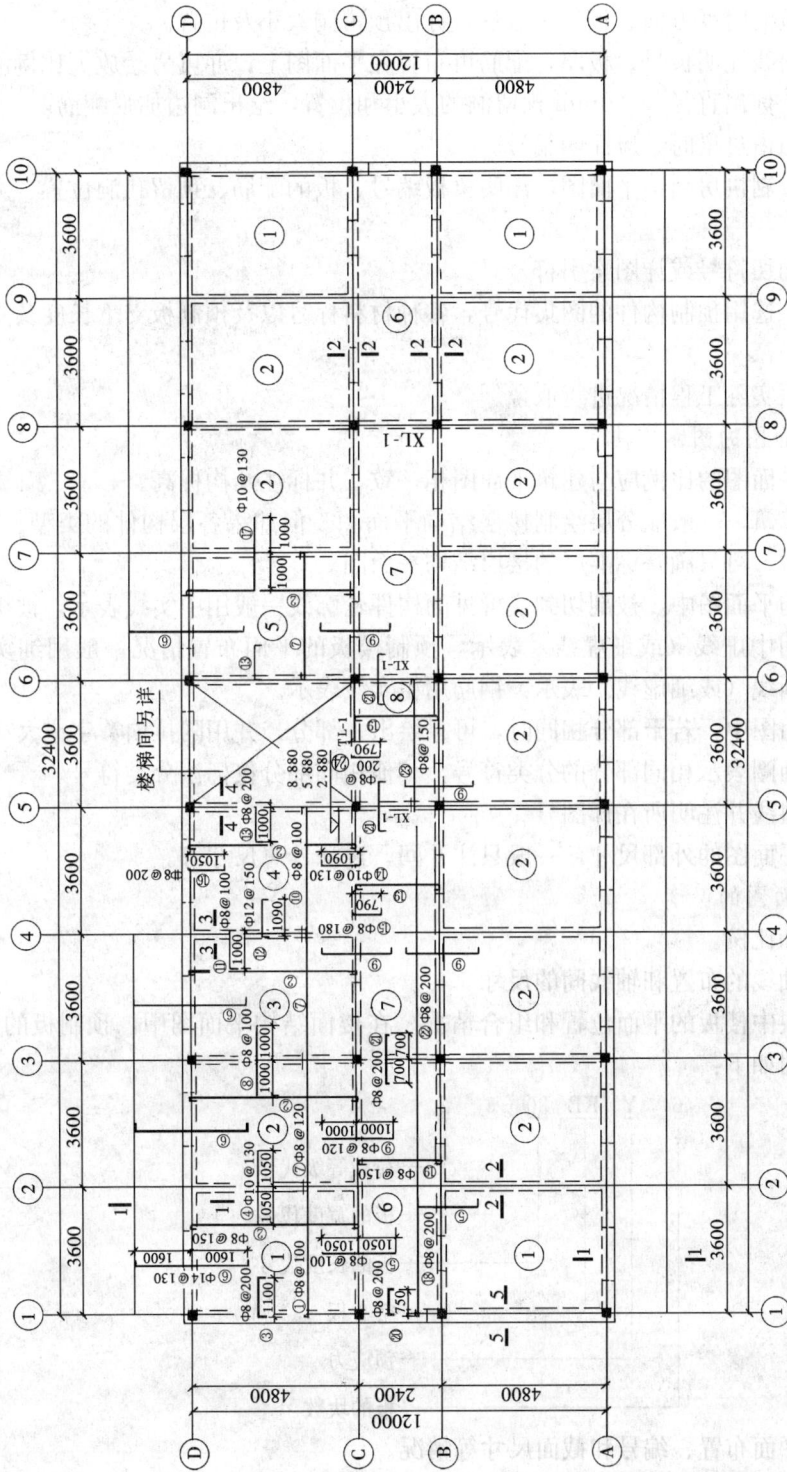

楼 面 结 构 平 面 图 1：100

板厚度为100

图9-24 楼面结构平面图

2. 楼面结构平面图的图示内容

（1）绘出与建筑平面图一致的轴线网及梁、柱、承重砌体墙等位置，并注明编号。

（2）注明预制板的跨度方向、板号、数量，标出预留洞大小及位置。

（3）现浇板沿斜线注明板号、板厚，配筋可布置在平面图上，亦可另绘放大比例的配筋图，注明板底标高。标出直径≥300mm 预留洞的大小和位置，绘出洞边加强配筋。

（4）有圈梁或门窗过梁时，应注明编号。

（5）电梯间应绘制机房结构平面图，注明梁板编号、板的配筋、预留孔洞位置、大小及板底标高等。

（6）注出有关剖切符号或详图索引符号。

（7）附注说明：选用预制构件的图集代号，各种材料标号以及预制板支承长度及支座处找平做法等。

以上内容，根据实际工程情况进行取舍。

3. 楼面结构平面图的图示方法

（1）楼面结构平面图的比例应与建筑平面图相一致，并标注结构标高。

（2）对于多层建筑，一般应分层绘制楼层结构平面图。但如果各层构件的类型、大小、数量、布置均相同时，可只画一标准层的楼层结构平面图。

（3）在楼面结构平面图中，被剖切到或可见的构件轮廓线一般用中实线表示，被楼板挡住的墙、柱轮廓线用中虚线（或细虚线）表示，预制楼板的平面布置情况一般用细实线表示，梁用粗单点长画线（或细虚线）表示，钢筋用粗实线表示。

（4）在结构平面图中，若干部分相同时，可只绘出一部分，并用阿拉伯数字或大写的拉丁字母外加细实线圆圈表示相同部分的分类符号，其他相同部分仅标注分类符号。

（5）楼梯间绘斜线并注明所在详图号。

（6）楼面结构平面图的外部尺寸，一般只注开间、进深、总尺寸等。

4. 楼面结构平面图的识读

（1）了解图名和比例。

（2）了解定位轴线的布置和轴线间的尺寸。

（3）了解结构层中楼板的平面位置和组合情况。在楼面结构平面图中，预制板的代号、编号的标注内容说明如下：

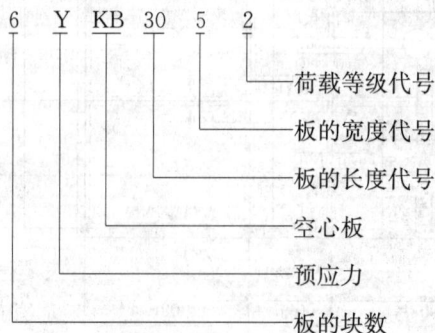

```
6  Y  KB  30  5  2
                 └─ 荷载等级代号
              └──── 板的宽度代号
          └──────── 板的长度代号
      └──────────── 空心板
   └─────────────── 预应力
└────────────────── 板的块数
```

（4）了解梁的平面布置、编号和截面尺寸等情况。

（5）了解现浇板的厚度、标高及支撑在墙上的长度。

（6）了解现浇板中钢筋的布置情况。在图中各类钢筋往往仅画一根示意，钢筋的弯钩向

上、向左表示底层钢筋；钢筋的弯钩向下、向右
表示顶层钢筋，如图9-25所示。

（7）了解各节点详图的剖切位置。

（8）了解梁、板高低变化等情况。

5.楼层结构平面图的绘制

（1）画出与建筑平面图一致的定位轴线。

（2）画出平面外轮廓、楼板下的墙身线和门
窗洞的位置线以及梁的平面位置。

（3）对于预制板部分，注明预制板的数量、
代号和编号。在图上还应注出梁、柱的代号。

图 9-25 双向钢筋的表示方法

底层　　　　　顶层

（4）对于现浇板部分，画出板的钢筋详图，并标注钢筋的编号、规格、直径等。

（5）标注轴线和各部分尺寸。

（6）书写文字说明。

二、屋面结构平面图

屋面结构平面图是表示屋面承重构件平面布置的图样。它与楼面结构平面图基本相同，
但要表示出上人孔、通风道等预留孔洞的位置等。

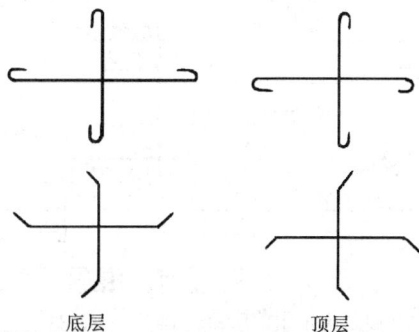

第四节　钢筋混凝土构件详图

结构平面图只能表示出房屋各承重构件的平面布置情况，至于它们的形状、大小、材
料、构造和连接情况等则需要分别画出各承重构件的结构详图来表示。

钢筋混凝土构件详图一般包括模板图、配筋图及钢筋表。

一、模板图

模板图也称外形图，它主要表达构件的外部形状、几何尺寸和预埋件代号及位置。对较
复杂的构件才画模板图，若构件形状简单，模板图可与配筋图画在一起。

二、配筋图

配筋图主要用来表示构件内部的钢筋配置、形状、规格、数量等，是构件详图的主要图
样，一般用立面图和断面图表示，如图9-12所示。

在配筋图中，为了突出钢筋，构件轮廓线用细实线画出，图内不画材料图例，钢筋用粗
实线（在立面图）和黑圆点（在断面图）表示，箍筋用中实线表示，并对钢筋加以说明
标注。

三、钢筋表

钢筋表的设置主要是便于钢筋放样、加工，编制施工预算，同时也便于识图。其内容见
表9-8。

表9-8　　　　　　　　　**L-1　梁　钢　筋　表**

编号	钢筋简图	规格	长度/mm	根数	重量/kg
①	⌐3940¬	Φ14	3940	2	11
②	4500	Φ14	4500	1	5

续表

编号	钢筋简图	规格	长度/mm	根数	重量/kg
③	3790	Φ12	3790	2	9
④	320 220	Φ6	1180		

第五节　混凝土结构施工图平面整体表示方法简介

《建筑结构施工图平面整体设计方法》（简称平法），其表达形式是把结构构件的尺寸和配筋等，按照平面整体表示方法的制图规则，整体直接表达在各类构件的结构布置平面图上，再与标准构造详图相结合，从而构成一套新型完整的结构设计。它改变了传统的那种将构件从结构平面布置图中索引出来，再逐个绘制配筋详图的繁琐方法。

为了规范使用建筑结构施工图平面整体设计方法，保证按平法设计绘制的结构施工图实现全国统一，确保设计、施工质量，中国建筑标准设计研究院根据住房和城乡建设部建质[2011] 46号"关于印发《二〇一一年国家建筑标准设计编制工作计划》的通知"编制了平法系列图集。包括：11G101—1《混凝土结构施工图平面整体表示方法制图规则和构造详图（现浇混凝土框架、剪力墙、梁、板）》；11G101—2《混凝土结构施工图平面整体表示方法制图规则和构造详图（现浇混凝土板式楼梯）》；11G101—3《混凝土结构施工图平面整体表示方法制图规则和构造详图（独立基础、条形基础、筏形基础及桩基承台）》。它们既是设计者完成平法施工图的依据，也是施工、监理人员准确理解和实施平法施工图的依据。

下面以11G101—1《混凝土结构施工图平面整体表示方法制图规则和构造详图（现浇混凝土框架、剪力墙、梁、板）》为例，简介部分构件平法施工图的制图规则。

一、有关规定

（1）按平法设计绘制结构施工图时，必须根据具体工程设计，按照各类构件的平法制图规则，在按结构（标准）层绘制的平面布置图上直接表示各构件的尺寸、配筋。出图时，宜按基础、柱、剪力墙、梁、板、楼梯及其他构件的顺序排列。

（2）对于复杂的工业与民用建筑，需增加模板、开洞和预埋件等平面图。在特殊情况下需增加剖面配筋图。

（3）在平面布置图上表示各构件尺寸和配筋的方式，分平面注写方式、列表注写方式和截面注写方式三种。

（4）按平法设计绘制结构施工图时，应将所有柱、剪力墙、梁和板等构件进行编号，编号中含有类型代号和序号等。其中，类型代号的主要作用是指明所选用的标准构造详图；在标准构造详图上，已经按其所属构件类型注明代号，以明确该详图与平法施工图中该类型构件的互补关系，使两者结合构成完整的结构设计图。

（5）按平法设计绘制结构施工图时，应当用表格或其他方式注明包括地下和地上各层的结构层楼（地）面标高、结构层高及相应的结构层号。

其结构层楼面标高和结构层高在单项工程中必须统一，以保证基础、柱与墙、梁、板、楼梯等用同一标准竖向定位。为施工方便，应将统一的结构层楼面标高和结构层高分别放在柱、墙、梁等各类构件的平法施工图中。

（6）为了确保施工人员准确无误地按平法施工图进行施工，在具体工程施工图中必须写明以下与平法施工图密切相关的内容：

1）注明所选用平法标准图的图集号（如本图集号为 11G101—1），以免图集升版后在施工中用错版本。

2）写明混凝土结构的设计使用年限。

3）当抗震设计时，应写明抗震设防烈度及抗震等级，以明确选用相应抗震等级的标准构造详图；当非抗震设计时，也应注明，以明确选用非抗震的标准构造详图。

4）写明各类构件在不同部位所选用的混凝土的强度等级和钢筋级别，以确定相应纵向受拉钢筋的最小锚固长度及最小搭接长度等。当采用机械锚固形式时，设计者应指定机械锚固的具体形式、必要的构件尺寸以及质量要求。

5）当标准构造详图有多种可选择的构造做法时写明在何部位选用何种构造做法。当未写明时，则为设计人员自动授权施工人员可以任选一种构造做法进行施工。

6）写明柱（包括墙柱）纵筋、墙身分布筋、梁上部贯通筋等在具体工程中需接长时所采用的连接形式及有关要求。必要时，尚应注明对接头的性能要求。

轴心受拉及小偏心受拉构件的纵向受力钢筋不得采用绑扎搭接，设计者应在平法施工图中注明其平面位置及层数。

7）写明结构不同部位所处的环境类别。

8）注明上部结构的嵌固部位位置。

9）设置后浇带时，注明后浇带的位置、浇筑时间和后浇混凝土的强度等级以及其他特殊要求。

10）当柱、墙或梁与填充墙需要拉结时，其构造详图应由设计者根据墙体材料和规范要求选用相关国家建筑标准设计图集或自行绘制。

11）当具体工程需要对图集的标准构造详图做局部变更时，应注明变更的具体内容。

12）当具体工程中有特殊要求时，应在施工图中另加说明。

（7）对钢筋的混凝土保护层厚度、钢筋搭接和锚固长度，除在结构施工图中另有注明者外，均需按图集标准构造详图中的有关构造规定执行。

二、柱平法施工图制图规则

1. 柱平法施工图的表示方法

（1）柱平法施工图系在柱平面布置图上采用列表注写方式或截面注写方式表达。

（2）柱平面布置图，可采用适当比例单独绘制，也可与剪力墙平面布置图合并绘制。

（3）在柱平法施工图中，应按有关规定注明各结构层的楼面标高、结构层高及相应的结构层号，尚应注明上部结构嵌固部位位置。

2. 列表注写方式

列表注写方式，系在柱平面布置图上（一般只需采用适当比例绘制一张柱平面布置图，包括框架柱、框支柱、梁上柱和剪力墙上柱），分别在同一编号的柱中选择一个（有时需要选择几个）截面标注几何参数代号；在柱表中注写柱编号、柱段起止标高、几何尺寸（含柱截面对轴线的偏心情况）与配筋的具体数值，并配以各种柱截面形状及其箍筋类型图的方式来表达柱平法施工图。

柱平法施工图列表注写方式示例，如图 9-26 所示。

柱表

柱号	标高	b×h(圆柱直径D)	b_1	b_2	h_1	h_2	全部纵筋	角筋	b边一侧中部筋	h边一侧中部筋	箍筋类型号	箍筋	备注
KZ1	-0.030~19.470	750×700	375	375	150	550	24Φ25				1(5×4)	Φ10@100/200	—
	19.470~37.470	650×600	325	325	150	450		4Φ22	5Φ22	4Φ20	1(4×4)	Φ10@100/200	
	37.470~59.070	550×500	275	275	150	350		4Φ22	5Φ22	4Φ20	1(4×4)	Φ8@100/200	
XZ1	-0.030~-8.670						8Φ25				按标准构造详图	Φ10@100	③×Ⓑ轴KZ1中设置

箍筋类型1(m×n)　箍筋类型2　箍筋类型3　箍筋类型4　箍筋类型5(m×n+Y)　圆形箍　箍筋类型6　箍筋类型7

箍筋类型1(5×4)

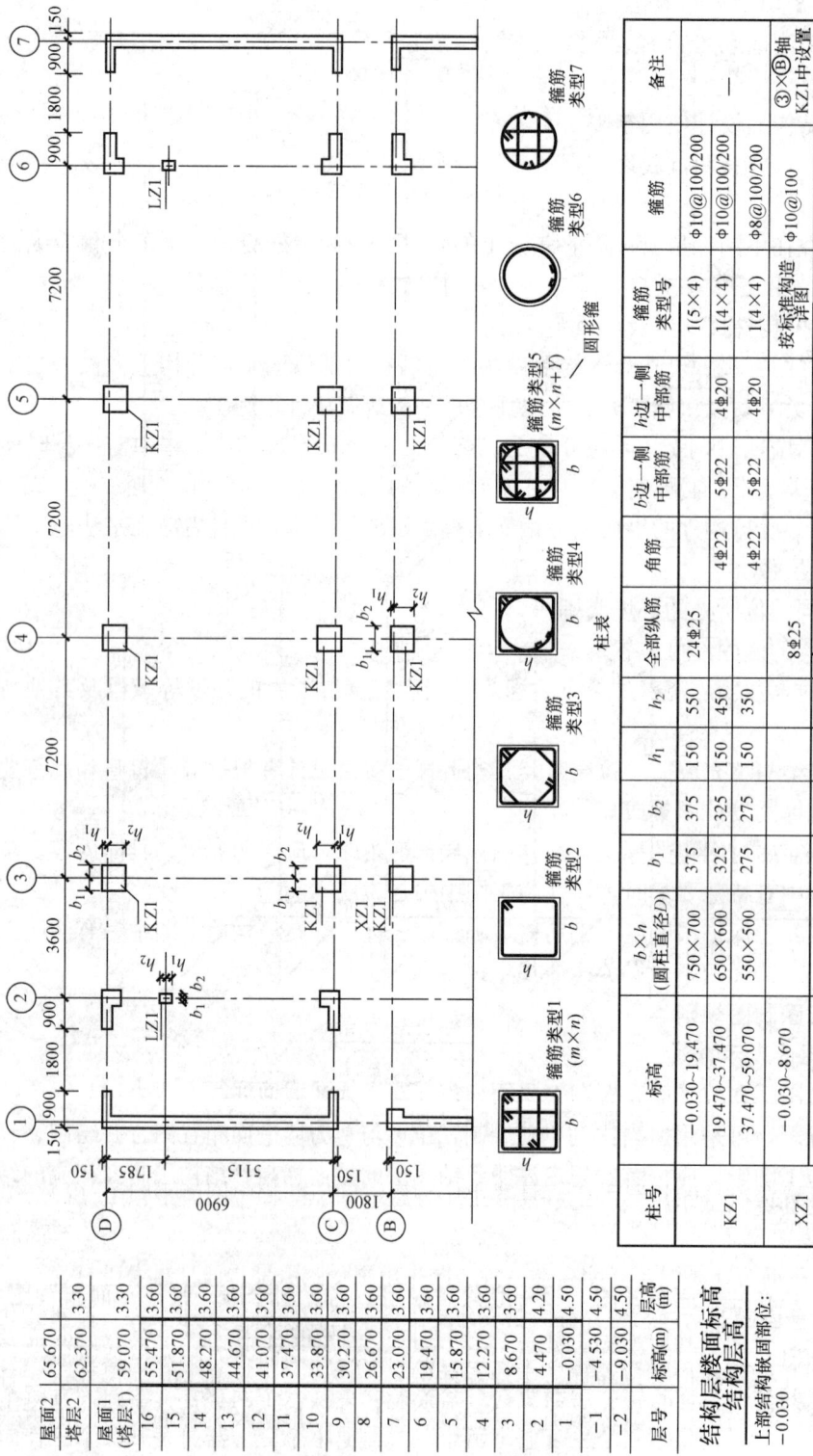

-0.030~59.070柱平法施工图(局部)

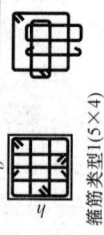

柱平法施工图列表注写方式

图9-26 柱平法施工图列表注写方式

注:1.如采用非对称配筋,需在柱表中增加相应栏目分别表示各边的中部筋。
　　2.抗震设计时箍筋对纵筋至少隔一拉一。
　　3.类型1、5的箍筋肢数可有多种组合,右图为5×4的组合,其余类型在表中只注类型号即可。

结构层楼面标高
结构层高(m)

层号	标高(m)	层高(m)
屋面2	65.670	
塔层2	62.370	3.30
屋面1(塔层1)	59.070	3.30
16	55.470	3.60
15	51.870	3.60
14	48.270	3.60
13	44.670	3.60
12	41.070	3.60
11	37.470	3.60
10	33.870	3.60
9	30.270	3.60
8	26.670	3.60
7	23.070	3.60
6	19.470	3.60
5	15.870	3.60
4	12.270	3.60
3	8.670	3.60
2	4.470	4.20
1	-0.030	4.50
-1	-4.530	4.50
-2	-9.030	4.50

上部结构嵌固部位:
-0.030

3. 截面注写方式

截面注写方式，系在柱平面布置图的柱截面上，分别在同一编号的柱中选择一个截面，按另一种比例原位放大绘制柱截面配筋图，并在各配筋图上继其编号后再注写截面尺寸 $b\times h$、角筋或全部纵筋（当纵筋采用一种直径且能够图示清楚时）；当纵筋采用两种直径时，需再注写截面各边中部筋的具体数值（对于采用对称配筋的矩形截面柱，可仅在一侧注写中部筋，对称边省略不注）、箍筋的具体数值以及在柱截面配筋图上标注柱截面与轴线关系 b_1、b_2、h_1、h_2 具体数值的方式来表达柱平法施工图。

柱平法施工图截面注写方式示例，如图 9-27 所示。

三、剪力墙平法施工图制图规则

1. 剪力墙平法施工图的表示方法

（1）剪力墙平法施工图系在剪力墙平面布置图上采用列表注写方式或截面注写方式表达。

（2）剪力墙平面布置图可采用适当比例单独绘制，也可与柱或梁平面布置图合并绘制。当剪力墙较复杂或采用截面注写方式时，应按标准层分别绘制剪力墙平面布置图。

（3）在剪力墙平法施工图中，应按有关规定注写各结构层的楼面标高、结构层高及相应的结构层号，尚应注明上部结构嵌固部位位置。

（4）对于轴线未居中的剪力墙（包括端柱），应标注其偏心定位尺寸。

2. 列表注写方式

为表达清楚、简便，剪力墙可视为由剪力墙柱、剪力墙身和剪力墙梁（简称为墙柱、墙身、墙梁）三类构件构成。

列表注写方式，系分别在剪力墙柱表、剪力墙身表和剪力墙梁表中，对应于剪力墙平面布置图上的编号，用绘制截面配筋图并注写几何尺寸与配筋具体数值的方式来表达剪力墙平法施工图。

剪力墙平法施工图列表注写方式示例，如图 9-28 所示。

3. 截面注写方式

截面注写方式，系在分标准层选用适当比例原位放大绘制的剪力墙平面布置图上，以直接在墙柱（对墙柱绘制配筋截面图）、墙身、墙梁上注写截面尺寸和配筋具体数值的方式来表达剪力墙平法施工图。

剪力墙平法施工图截面注写方式示例，如图 9-29 所示。

四、梁平法施工图制图规则

1. 梁平法施工图的表示方法

（1）梁平法施工图系在梁平面布置图上采用平面注写方式或截面注写方式表达。

（2）梁平面布置图，应分别按梁的不同结构层（标准层），将全部梁和与其相关联的柱、墙、板一起采用适当比例绘制。

（3）在梁平法施工图中，应按有关规定注明各结构层的顶面标高及相应的结构层号。

（4）对于轴线未居中的梁，应标注其偏心定位尺寸（贴柱边的梁可不注）。

2. 平面注写方式

平面注写方式，系在梁平面布置图上，分别在不同编号的梁中各选一根梁，在其上注写截面尺寸和配筋具体数值的方式来表达梁平法施工图。

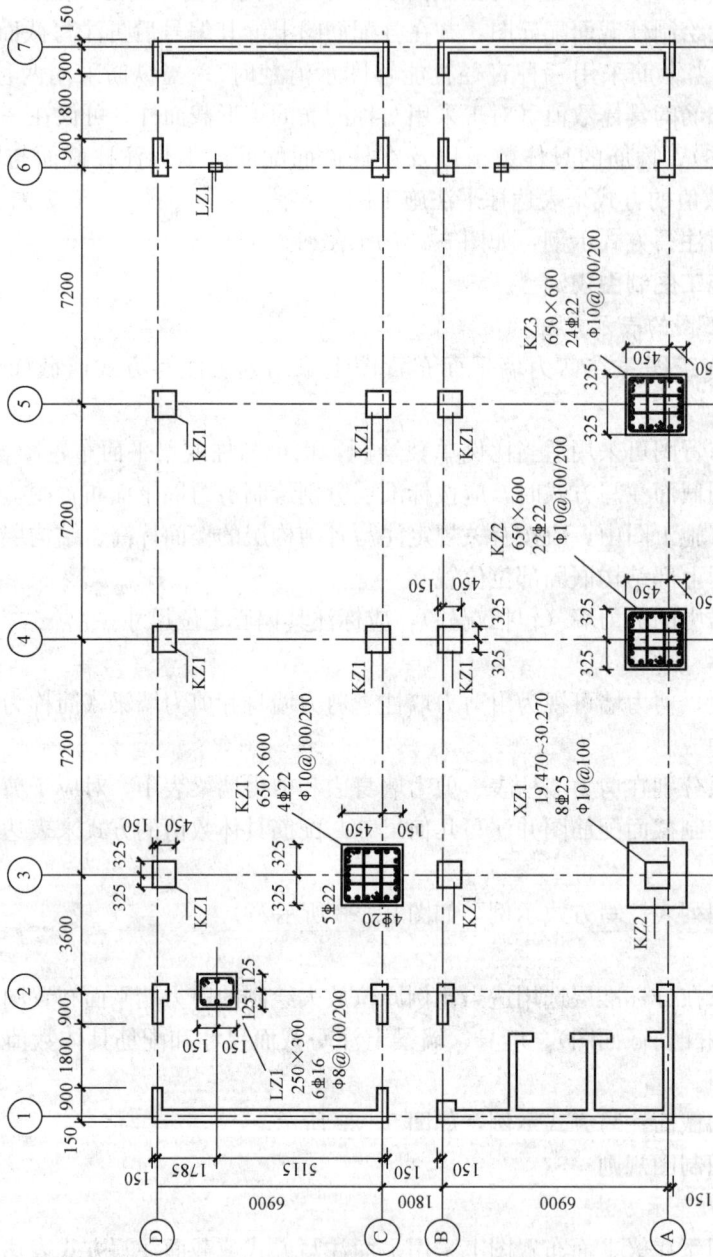

19.470~37.470柱平法施工图

图 9 - 27　柱平法施工图截面注写方式

		标高(m)	层高(m)
屋面2		65.670	3.30
塔层2		62.370	3.30
屋面1(塔层1)		59.070	3.60
	16	55.470	3.60
	15	51.870	3.60
	14	48.270	3.60
	13	44.670	3.60
	12	41.070	3.60
	11	37.470	3.60
	10	33.870	3.60
	9	30.270	3.60
	8	26.670	3.60
	7	23.070	3.60
	6	19.470	3.60
	5	15.870	3.60
	4	12.270	3.60
	3	8.670	3.60
	2	4.470	4.20
	1	−0.030	4.50
	−1	−4.530	4.50
	−2	−9.030	4.50
	层号	标高(m)	层高(m)

结构层楼面标高
结构层高

上部结构嵌固部位：
−0.030

剪力墙梁表

编号	所在楼层号	梁顶相对标高高差	梁截面 b×h	上部纵筋	下部纵筋	箍筋
LL1	2~9	0.800	300×2000	4Φ22	4Φ22	Φ10@100(2)
	10~16	0.800	250×2000	4Φ20	4Φ20	Φ10@100(2)
	屋面1		250×1200	4Φ20	4Φ20	Φ10@100(2)
LL2	3	-1.200	300×2520	4Φ22	4Φ22	Φ10@150(2)
	4	-0.900	300×2070	4Φ22	4Φ22	Φ10@150(2)
	5~9	-0.900	300×1770	4Φ22	4Φ22	Φ10@150(2)
	10~屋面1	-0.900	250×1770	3Φ22	3Φ22	Φ10@100(2)
LL3	2		300×2070	4Φ22	4Φ22	Φ10@100(2)
	3		300×1770	4Φ22	4Φ22	Φ10@100(2)
	4~9		300×1170	4Φ22	4Φ22	Φ10@100(2)
	10~屋面1		250×1170	3Φ20	3Φ20	Φ10@120(2)
LL4	2		250×2070	3Φ20	3Φ20	Φ10@120(2)
	3		250×1770	3Φ20	3Φ20	Φ10@120(2)
	4~屋面1		250×1170	3Φ20	3Φ20	Φ10@120(2)
AL1	2~9		300×600	3Φ20	3Φ20	Φ8@150(2)
	10~16		250×500	3Φ18	3Φ18	Φ8@150(2)
BKL1	屋面1		500×750	4Φ22	4Φ22	Φ10@150(2)

剪力墙身表

编号	标高	墙厚	水平分布筋	垂直分布筋	拉筋(双向)
Q1	-0.030~30.270	300	Φ12@200	Φ12@200	Φ6@600@600
	30.270~59.070	250	Φ10@200	Φ10@200	Φ6@600@600
Q2	-0.030~30.270	250	Φ10@200	Φ10@200	Φ6@600@600
	30.270~59.070	200	Φ10@200	Φ10@200	Φ6@600@600

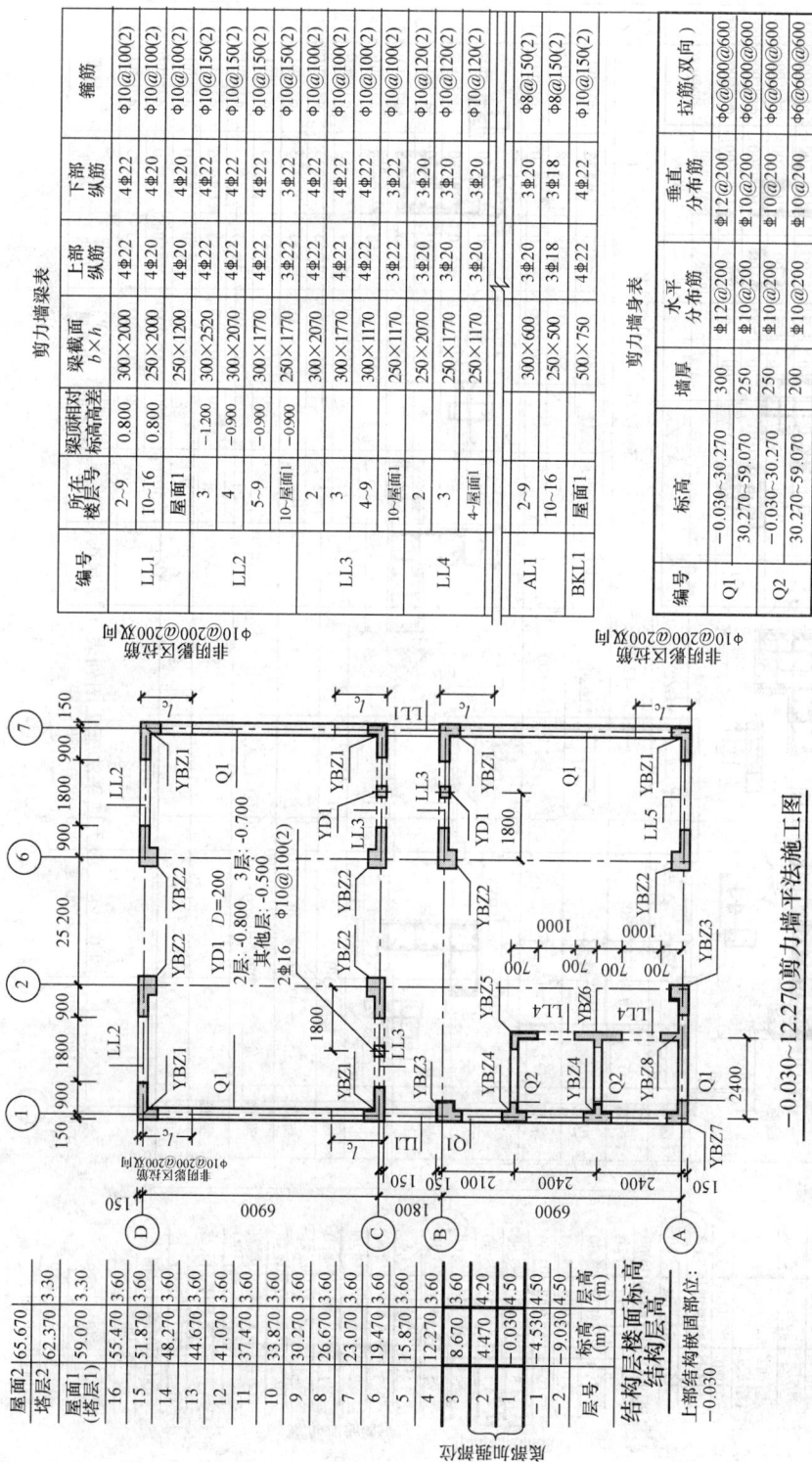

−0.030~12.270剪力墙平法施工图

（剪力墙柱表见下页）

图9-28 剪力墙平法施工图列表注写方式（一）

| 屋面2（塔层2） 65.670 | 3.30 |
| 屋面1（塔层1） 62.370 | 3.30 |

层号	标高(m)	层高(m)
16	59.070	3.60
15	55.470	3.60
14	51.870	3.60
13	48.270	3.60
12	44.670	3.60
11	41.070	3.60
10	37.470	3.60
9	33.870	3.60
8	30.270	3.60
7	26.670	3.60
6	23.070	3.60
5	19.470	3.60
4	15.870	3.60
3	12.270	3.60
2	8.670	4.20
1	4.470	4.50
-1	-0.030	4.50
-2	-4.530	4.50
	-9.030	

结构层楼面标高
结构层高

上部结构嵌固部位：-0.030

注：1. 可在结构层高表中加设混凝土强度等级等栏目。

2. 本示例中墙身水平与竖向约束边缘构件沿墙肢的伸出长度（实际工程中应注明具体值）、约束边缘构件非阴影区拉筋（除图中有标注外）、竖向与水平钢筋直径均同约束边缘构件，直径Φ8。

剪力墙柱表(部分剪力墙柱)

截面				
编号	YBZ1	YBZ2	YBZ3	YBZ4
标高	-0.030~12.270	-0.030~12.270	-0.030~12.270	-0.030~12.270
纵筋	24Φ20	22Φ20	18Φ22	20Φ20
箍筋	Φ10@100	Φ10@100	Φ10@100	Φ10@100
截面				
编号	YBZ5	YBZ6	YBZ7	
标高	-0.030~12.270	-0.030~12.270	-0.030~12.270	
纵筋	20Φ20	23Φ20	16Φ20	
箍筋	Φ10@100	Φ10@100	Φ10@100	

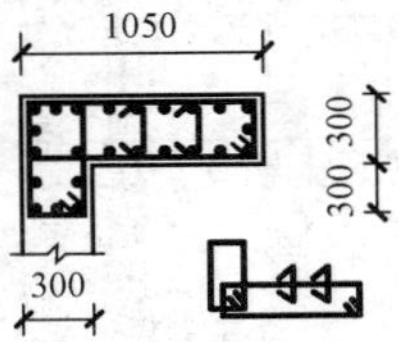

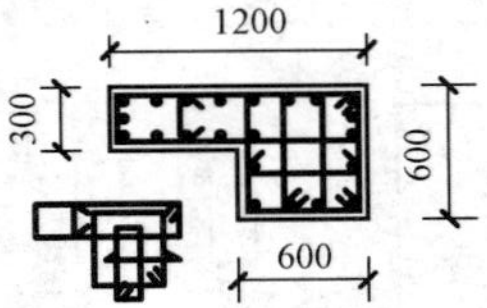

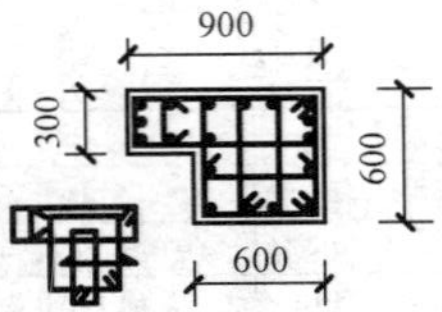

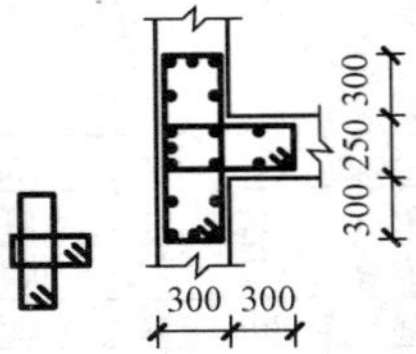

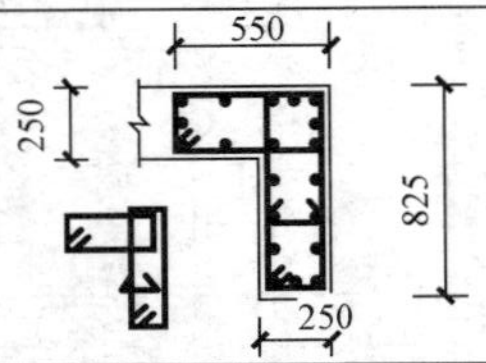

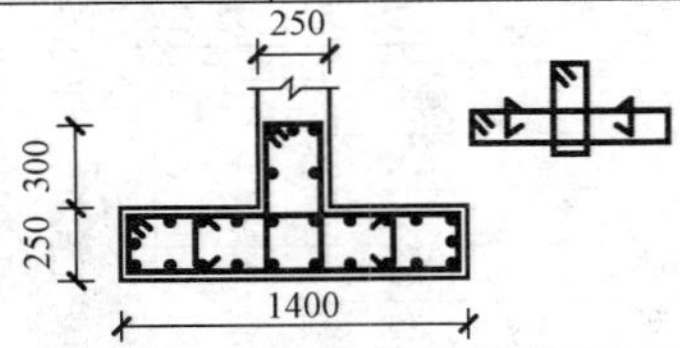

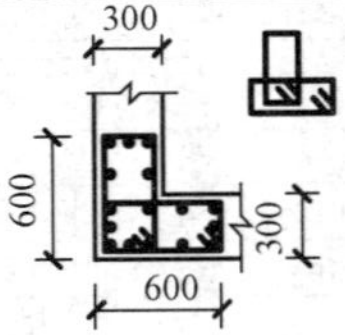

图 9-28　剪力墙平法施工图列表注写方式(二)

层号	标高(m)	层高(m)
屋面2	65.670	3.30
塔层2	62.370	3.30
屋面1(塔层1)	59.070	3.60
16	55.470	3.60
15	51.870	3.60
14	48.270	3.60
13	44.670	3.60
12	41.070	3.60
11	37.470	3.60
10	33.870	3.60
9	30.270	3.60
8	26.670	3.60
7	23.070	3.60
6	19.470	3.60
5	15.870	3.60
4	12.270	3.60
3	8.670	3.60
2	4.470	4.20
1	-0.030	4.50
-1	-4.530	4.50
-2	-9.030	4.50

结构层楼面标高
结构层高

上部结构嵌固部位: -0.030

嵌筋加强部位

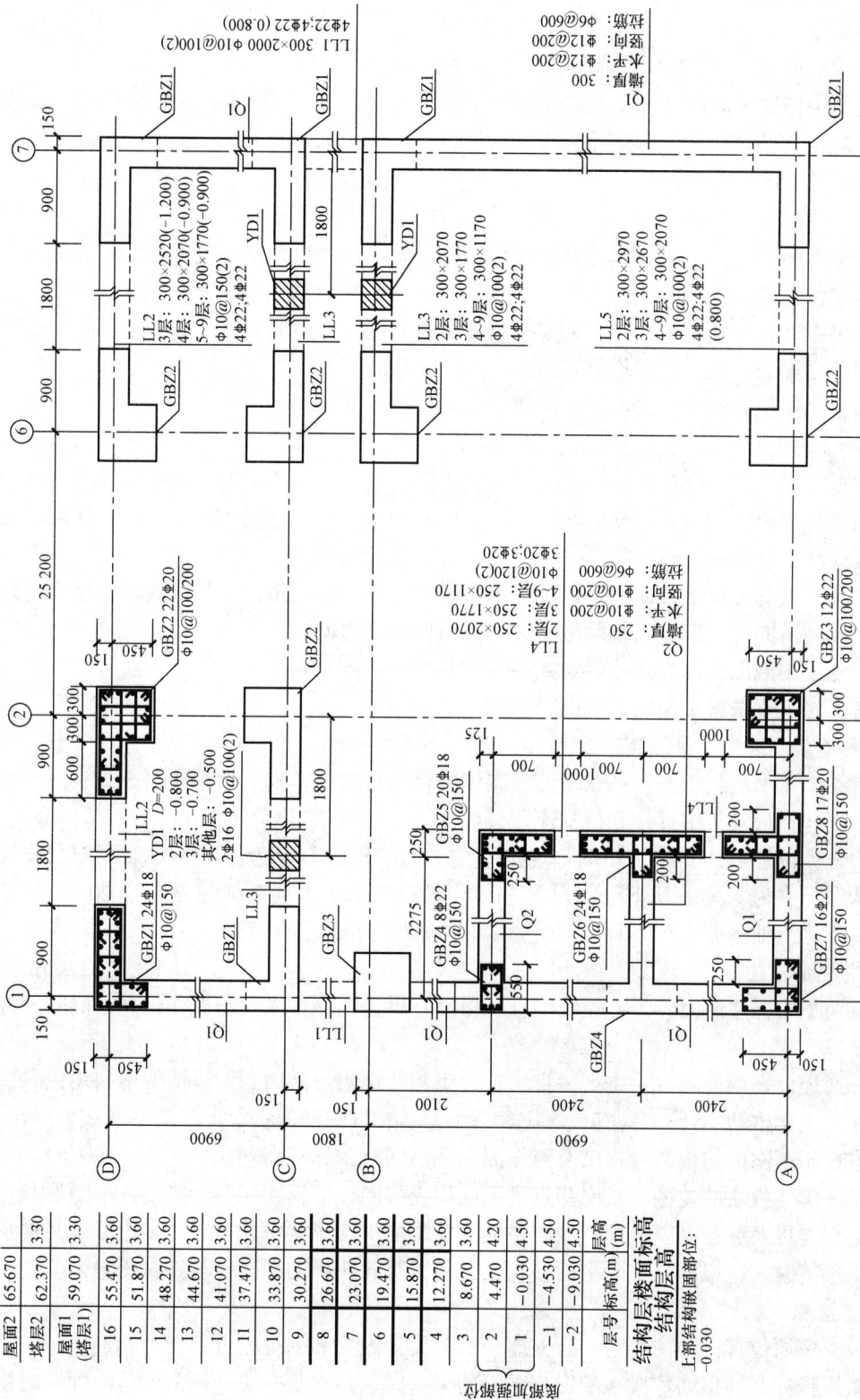

图 9 - 29　剪力墙平法施工图截面注写方式

层号	标高(m)	层高(m)
屋面2	65.670	
塔层2	62.370	3.30
屋面1(塔层1)	59.070	3.30
16	55.470	3.60
15	51.870	3.60
14	48.270	3.60
13	44.670	3.60
12	41.070	3.60
11	37.470	3.60
10	33.870	3.60
9	30.270	3.60
8	26.670	3.60
7	23.070	3.60
6	19.470	3.60
5	15.870	3.60
4	12.270	3.60
3	8.670	3.60
2	4.470	4.20
1	-0.030	4.50
-1	-4.530	4.50
-2	-9.030	4.50

结构层楼面标高
结构层高

上部结构嵌固部位: -0.030

12.270~30.270剪力墙平法施工图

　　平面注写包括集中标注与原位标注，集中标注表达梁的通用数值，原位标注表达梁的特殊数值。当集中标注中的某项数值不适用于梁的某部位时，则将该项数值原位标注，施工时，原位标注取值优先。

　　(1) 梁集中标注的内容，有五项必注值及一项选注值（集中标注可以从梁的任意一跨引出），规定如下：梁编号，该项为必注值；梁截面尺寸，该项为必注值；梁箍筋（包括钢筋级别、直径、加密区与非加密区间距及肢数），该项为必注值；梁上部通长筋或架立筋配置（通长筋可为相同或不同直径采用搭接连接、机械连接或焊接的钢筋），该项为必注值）；梁侧面纵向构造钢筋或受扭钢筋配置，该项为必注值；梁顶面标高高差，该项为选注值。

　　(2) 梁原位标注的内容如下：梁支座上部纵筋（该部位含通长筋在内的所有纵筋）；梁下部纵筋；集中标注中不适用于梁某跨或某悬挑部分的数值；附加箍筋或吊筋（将其直接画在平面图中的主梁上，用线引注总配筋值）。

　　梁平法施工图平面注写方式示例，如图 9 - 30 所示。

　　3. 截面注写方式

　　截面注写方式，系在分标准层绘制的梁平面布置图上，分别在不同编号的梁中各选择一根梁，用剖面号（单边截面号）画在该梁上，引出配筋图，并在其上注写截面尺寸和配筋具体数值的方式来表达梁平法施工图。

　　截面注写方式既可以单独使用，也可与平面注写方式结合使用。当某梁的顶面标高与结构层的楼面标高不同时，应继其梁编号后注写梁顶面标高高差。

　　梁平法施工图截面注写方式示例，如图 9 - 31 所示。

　　五、有梁楼盖平法施工图制图规则

　　1. 有梁楼盖平法施工图的表示方法

　　(1) 有梁楼盖平法施工图，系在楼面板和屋面板布置图上，采用平面注写方式表达。板平面注写主要包括板块集中标注和板支座原位标注。

　　(2) 为方便设计表达和施工识图，规定结构平面的坐标方向为：当两向轴网正交布置时，图面从左至右为 X 向，从下至上为 Y 向；当轴网转折时，局部坐标方向顺轴网转折角度做相应转折；当轴网向心布置时，切向为 X 向，径向为 Y 向。

　　2. 板块集中标注

　　(1) 板块集中标注的内容为：板块编号，板厚，贯通纵筋，以及当板面标高不同时的标高高差。

　　对于普通楼面，两向均以一跨为一板块；对于密肋楼盖，两向主梁（框架梁）均以一跨为一板块（非主梁密肋不计）。所有板块应逐一编号，相同编号的板块可择其一做集中标注，其他仅注写置于圆圈内的板编号，以及当板面标高不同时的标高高差。

　　(2) 同一编号板块的类型、板厚和贯通纵筋均应相同，但板面标高、跨度、平面形状以及板支座上部非贯通纵筋可以不同，如同一编号板块的平面形状可为矩形、多边形及其他形状等。施工预算时，应根据其实际平面形状，分别计算各块板的混凝土与钢材用量。

　　3. 板支座原位标注

　　(1) 板支座原位标注的内容为：板支座上部非贯通纵筋和悬挑板上部受力钢筋。

　　板支座原位标注的钢筋，应在配置相同跨的第一跨表达（当在梁悬挑部位单独配置时则在原位表达）。在配置相同跨的第一跨（或梁悬挑部位），垂直于板支座（梁或墙）绘制一段

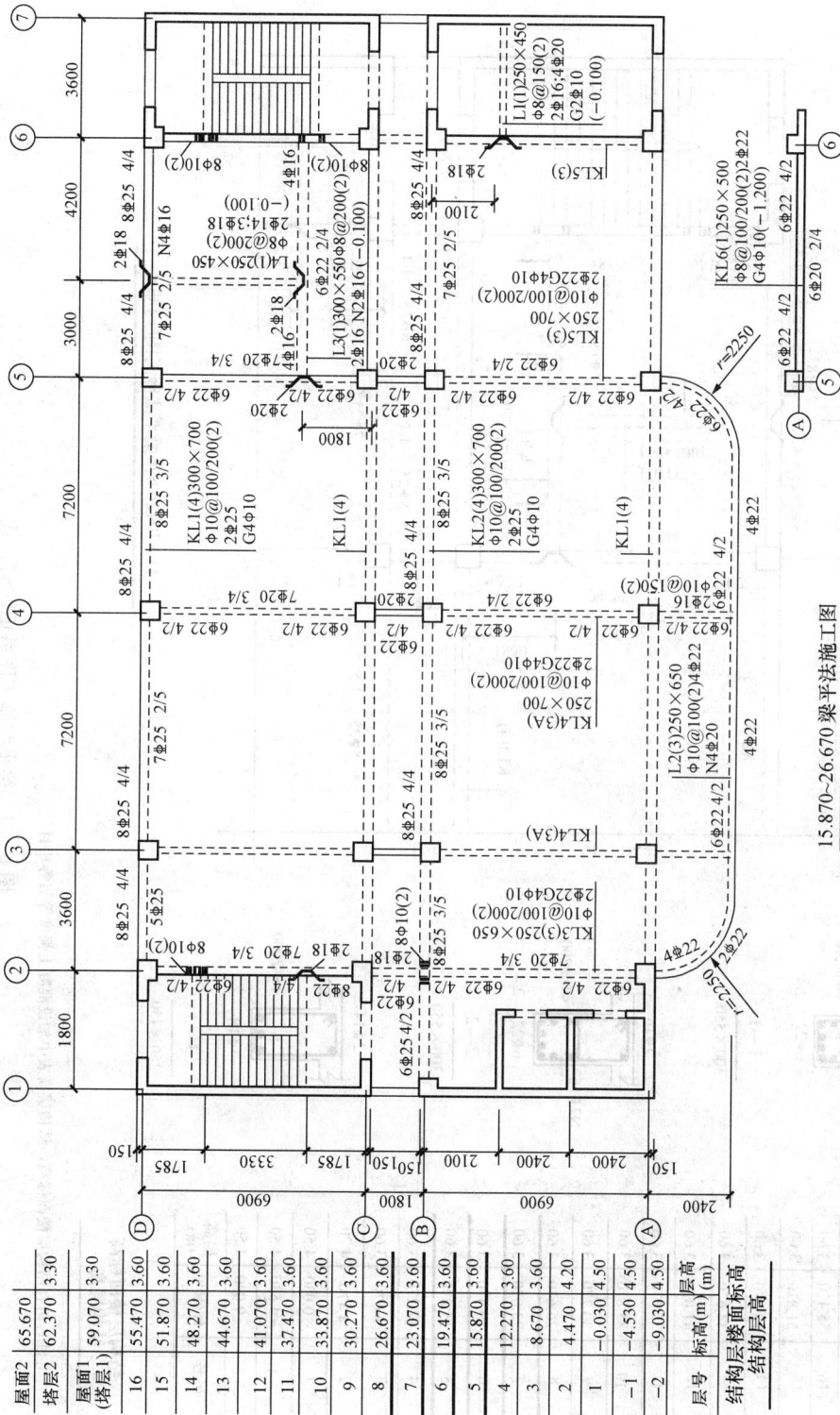

15.870~26.670梁平法施工图

图 9-30 梁平法施工图平面注写方式

注:可在结构层楼面标高、结构层高表中加设混凝土强度等级等栏目。

	层号	标高(m)	层高(m)
屋面2		65.670	3.30
塔层2		62.370	3.30
屋面1(塔层1)	16	59.070	3.60
	15	55.470	3.60
	14	51.870	3.60
	13	48.270	3.60
	12	44.670	3.60
	11	41.070	3.60
	10	37.470	3.60
	9	33.870	3.60
	8	30.270	3.60
	7	26.670	3.60
	6	23.070	3.60
	5	19.470	3.60
	4	15.870	3.60
	3	12.270	3.60
	2	8.670	4.20
	1	4.470	4.20
		-0.030	4.50
	-1	-4.530	4.50
	-2	-9.030	4.50
	层号	标高(m)	层高(m)
	结构层楼面标高 结构层高		

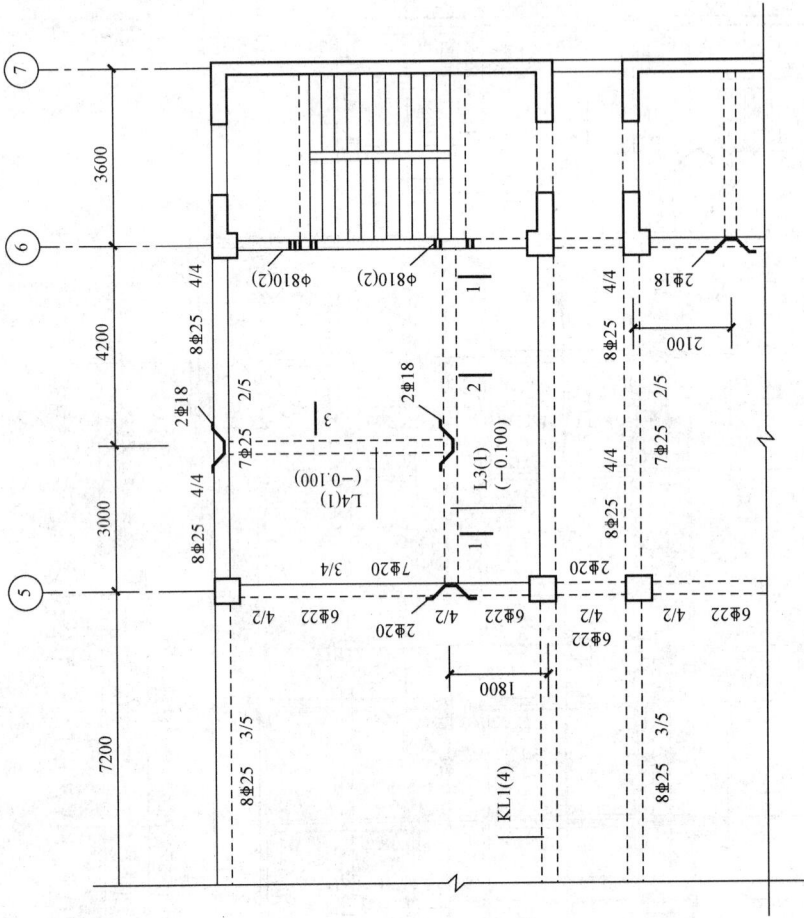

15.870~26.670梁平法施工图(局部)

KL1(4)　8Φ25　3/5　8Φ25　3/5

8Φ25　4/4　8Φ25　4/4　8Φ25　4/4　8Φ25　4/4

2Φ18　2Φ18　2Φ18　2Φ18

7Φ25　7Φ25　7Φ25

Φ8@10(2)　Φ8@10(2)

L4(1)(−0.100)　L3(1)(−0.100)

6Φ22　4/2　6Φ22　4/2　6Φ22　4/2　6Φ22　4/2

2Φ20　2Φ20　2Φ20　2Φ20

7Φ20　3/4

1800　2100

3600　4200　3000　7200

1-1　300×550　4Φ16　N2Φ16　6Φ22　Φ8@200　2/4

2-2　300×550　2Φ16　N2Φ16　6Φ22　Φ8@200　2/4

3-3　250×450　2Φ14　3Φ18　Φ8@200

梁平法施工图截面注写方式

图9-31　梁平法施工图截面注写方式

层号	标高(m)	层高(m)
屋面2	65.670	
塔层2	62.370	3.30
屋面1(塔层1)	59.070	3.30
16	55.470	3.60
15	51.870	3.60
14	48.270	3.60
13	44.670	3.60
12	41.070	3.60
11	37.470	3.60
10	33.870	3.60
9	30.270	3.60
8	26.670	3.60
7	23.070	3.60
6	19.470	3.60
5	15.870	3.60
4	12.270	3.60
3	8.670	3.60
2	4.470	4.20
1	−0.030	4.50
−1	−4.530	4.50
−2	−9.030	4.50

结构层楼面标高
结构层高

注：可在结构层楼面标高、结构层高表中加设混凝土强度等级等栏目。

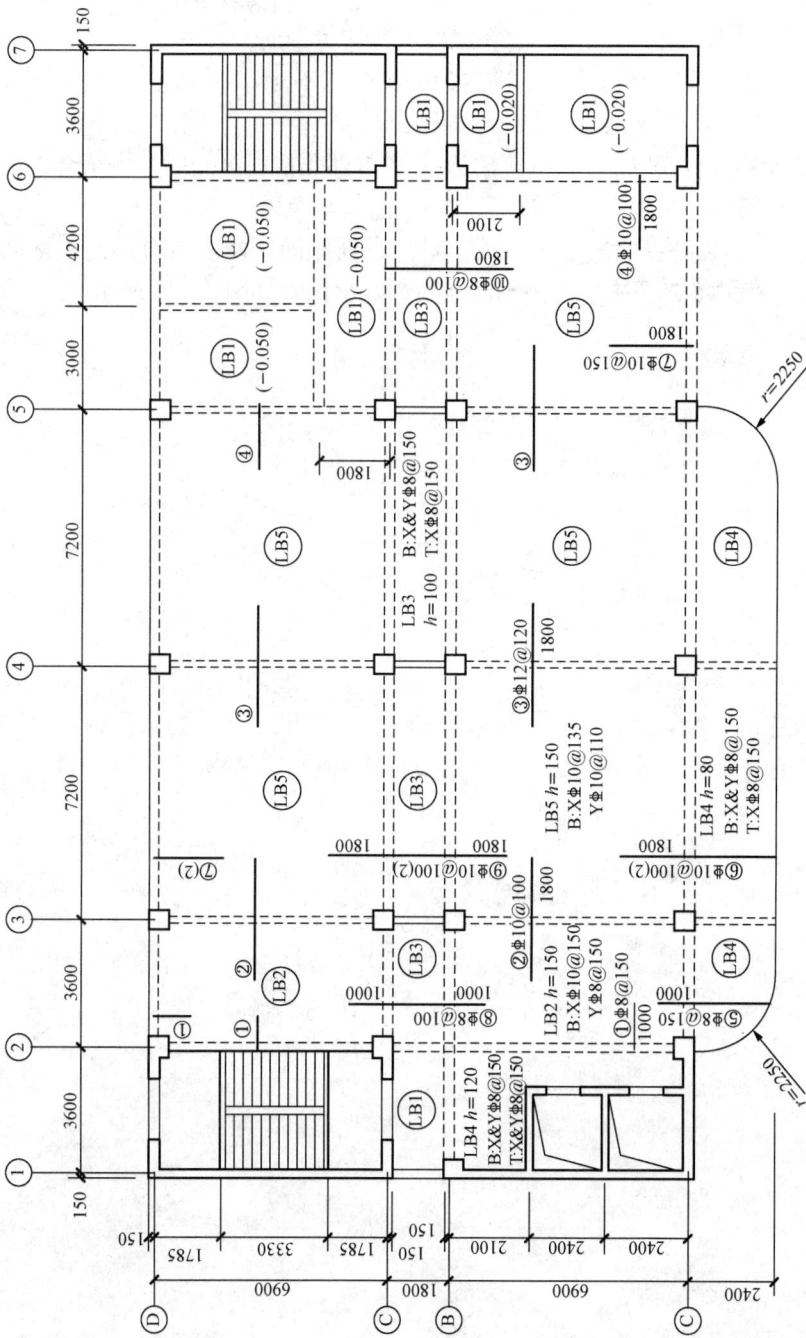

15.870~26.670板平法施工图
（未注明分布筋为Φ8@250）

注：可在结构层楼面标高、结构层高表中加设混凝土强度等级等栏目。

图 9 - 32　有梁楼盖平法施工图平面注写方式

层号	标高 (m)	层高 (m)
屋面2	65.670	3.30
塔层2	62.370	3.30
屋面1 (塔层1)	59.070	3.30
16	55.470	3.60
15	51.870	3.60
14	48.270	3.60
13	44.670	3.60
12	41.070	3.60
11	37.470	3.60
10	33.870	3.60
9	30.270	3.60
8	26.670	3.60
7	23.070	3.60
6	19.470	3.60
5	15.870	3.60
4	12.270	3.60
3	8.670	3.60
2	4.470	4.20
1	-0.030	4.50
-1	-4.530	4.50
-2	-9.030	4.50
层号	标高 (m)	层高 (m)

结构层楼面标高
结构层高

适宜长度的中粗实线（当该筋通长设置在悬挑板或短跨板上部时，实线段应画至对边或贯通短跨），以该线段代表支座上部非贯通纵筋，并在线段上方注写钢筋编号（如①、②等）、配筋值、横向连续布置的跨数（注写在括号内，且当为一跨时可不注），以及是否横向布置到梁的悬挑端。

（2）当板的上部已配置有贯通纵筋，但需增配板支座上部非贯通纵筋时，应结合已配置的同向贯通纵筋的直径与间距，采取"隔一布一"方式配置。

"隔一布一"方式，为非贯通纵筋的标注间距与贯通纵筋相同，两者组合后的实际间距为各自标注间距的1/2。有梁楼盖平法施工图平面注写方式示例，如图9-32所示。

第十章 室内设备施工图

室内设备作为房屋的重要组成部分，是一幢房屋能够正常使用的必备条件。它主要包括给水排水设备、供暖通风设备、电气设备等。室内设备施工图所表达的主要内容就是这些设备在房屋中的平面布置及安装等情况。

第一节 室内给水排水施工图

室内给水排水施工图是表示房屋中卫生器具、给水排水管道及其附件的类型、大小以及与房屋的相对位置和安装方式的工程图。它主要包括室内给水排水平面图、系统轴测图和详图等。

一、室内给水排水施工图的图示特点

（1）室内给水排水施工图中的平面图、详图等都是用正投影法绘制，系统图用轴测投影法绘制。

（2）室内给水排水施工图中（详图除外），各种卫生器具、管件、附件及闸门等均采用统一图例来表示，常用图例见附录表 A-4。

（3）给水排水管道一般采用单线以粗线绘制，而建筑、结构的图形及有关设备均采用细线绘制。

（4）不同直径的管道，以相同线宽的线条表示；管道坡度无需按比例画出（画成水平即可）；管径和坡度均用数字注明。

（5）靠墙敷设管道，不必按比例准确表示出管线与墙面的微小距离，图中只需略有距离即可。暗装管道亦与明装管道一样画在墙外，只需说明哪些部分要求暗装。

（6）当在同一平面位置布置有几根不同高度的管道时，若严格按正投影来画，平面图就会重叠在一起，这时可画成平行排列。

（7）有关管道的连接配件均属规格统一的定型工业产品，在图中均不予画出。

二、室内给水排水施工图的图示内容和图示方法

（一）室内给水排水平面图

1. 图示内容

室内给水排水平面图主要表明建筑物内给水排水管道及卫生器具、附件等的平面布置情况，主要包括：

（1）室内卫生设备的类型、数量及平面位置。

（2）室内给水系统和排水系统中各个干管、立管、支管的平面位置、走向、立管编号和管道的安装方式（明装或暗装）。

（3）管道器材设备如阀门、消火栓、地漏、清扫口等的平面位置。

（4）给水引入管、水表节点和污水排出管、检查井的平面位置、走向及与室外给水、排水管网的连接（底层平面图）。

（5）管道及设备安装预留洞的位置、预埋件、管沟等方面对土建的要求。

2. 图示方法

（1）室内给水排水平面图的比例。室内给水排水平面图的比例一般采用与建筑平面图相同的比例，常用1：100，必要时也可采用1：50、1：150、1：200等。

（2）室内给水排水平面图的数量。多层建筑物的给水排水平面图，原则上应分层绘制。对于管道系统和用水设备布置相同的楼层平面可以绘制一个平面图——标准层给水排水平面图，但底层平面图必须单独画出。当屋顶设有水箱及管道时，应画出屋顶给水排水平面图；如果管道布置不复杂时，可在标准层平面图中用双点长画线画出水箱的位置。

（3）室内给水排水平面图中的房屋平面图。在室内给水排水平面图中所画的房屋平面图，仅作为管道系统及用水设备等平面布置和定位的基准，因此，房屋平面图中仅画出房屋的墙、柱、门窗、楼梯等主要部分，其余细部可省略。

底层给水排水平面图应画出整幢房屋的建筑平面图，其余各层可仅画出布置有管道的局部平面图。

（4）室内给水排水平面图中的用水设备。用水设备中的洗脸盆、大便器、小便器等都是工业产品，不必详细表示，可按规定图例画出；而对于现场浇筑的用水设备，其详图由建筑专业绘制，在给水排水平面图中仅画出其主要轮廓即可。

（5）室内给水排水平面图中给水排水管道。

1）室内给水排水平面图是水平剖切房屋后的水平正投影图。平面图的各种管道不论在楼面（地面）之上或之下，都不考虑其可见性。即每层平面图中的管道均以连接该层用水设备的管路为准，而不是以楼层地面为分界。如属本层使用，但安装在下层空间的排水管道，均绘于本层平面图上。

2）一般将给水系统和排水系统绘制于同一平面图上，这对于设计、施工以及识读都比较方便。

3）由于管道连接一般均采用连接配件，往往另有安装详图，平面图中的管道连接均为简略表示，具有示意性。

（6）室内给水排水平面图中给水系统和排水系统的编号。

1）在给水排水工程中，一般给水管用字母"J"表示：污水管及排水管用字母"W"、"P"表示；雨水管用字母"Y"表示。

2）在底层给水排水平面图中，当建筑物的给水引入管和污水排出管的数量多于一个时，应对每一个给水引入管和污水排出管进行编号。系统的划分一般给水系统以每一个引入管为一个给水系统，排水系统以每一排出管为一排水系统。给水系统和排水系统的编号如图10-1所示。

（7）尺寸标注。

1）在室内给水排水管道平面图中应标注墙或柱的轴线尺寸，以及室内外地面和各层楼面的标高。

2）卫生器具和管道一般都是沿墙或靠柱设置的，不必标注定位尺寸（一般在说明中写出）；必要时，以墙面或柱面为基准标注尺寸。卫生器具的规格可注在引出线上，或在施工说明中说明。

3）管道的管径、坡度和标高均标注在管道的系统图中，在管道的平面图中不必标出。

4）管道长度尺寸用比例尺从图中量出近似尺寸，在安装时则以实测尺寸为准，所以在管道平面图中也不标注管道的长度尺寸。

（二）室内给水排水系统图

1. 图示内容

室内给水排水系统图是给水排水工程施工图中的主要图纸，它分为给水系统图和排水系统图，分别表示给水管道系统和排水管道系统的空间走向，各管段的管径、标高、排水管道的坡度，以及各种附件在管道上的位置。

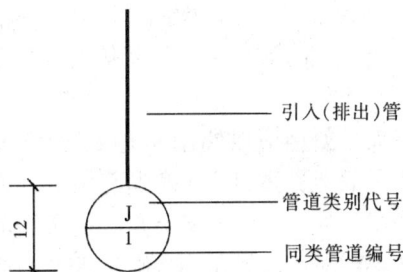

图 10-1 给水系统和排水系统编号

2. 图示方法

（1）轴向选择。室内给水排水系统图一般采用正面斜等轴测图绘制，OX 轴处于水平方向，OY 轴一般与水平线呈 45°（也可以呈 30°或 60°），OZ 轴处于铅垂方向。三个轴向伸缩系数均为 1。

（2）比例。

1）室内给水排水系统图的比例一般采用与平面图相同的比例，当系统比较复杂时也可以放大比例。

2）当采用与平面图相同的比例时 OX、OY 轴方向的尺寸可直接从平面图上量取，OZ 轴方向的尺寸可依层高和设备安装高度量取。

（3）室内给水排水系统图的数量。室内给水排水系统图的数量按给水引入管和污水排出管的数量而定，各管道系统图一般应按系统分别绘制，即每一个给水引入管或污水排出管都对应着一个系统图。每一个管道系统图的编号都应与平面图中的系统编号相一致。系统的编号如图 10-1 所示。建筑物内垂直楼层的立管，其数量多于一个时，也用拼音字母和阿拉伯数字为管道进出口编号，如图 10-2 所示。

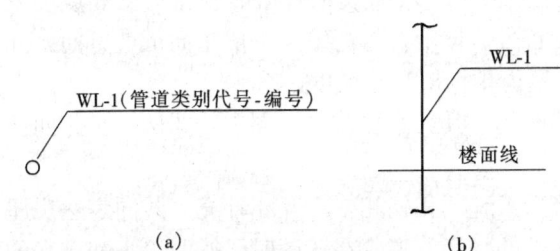

图 10-2 立管编号

(a) 平面图；(b) 立面图系统图

（4）室内给水排水系统图中的管道。

1）系统图中管道的画法与平面图中一样，给水管道用粗实线表示，排水管道用粗虚线表示；给水、排水管道上的附件（如闸阀、水龙头、检查口等）用图例表示。用水设备不画出。

2）当空间交叉管道在图中相交时，在相交处将被挡在后面或下面的管线断开。

3）当各层管道布置相同时，不必层层重复画出，只需在管道省略折断处标注"同某层"即可。各管道连接的画法具有示意性。

4）当管道过于集中，无法表达清楚时，可将某些管段断开，移至别处画出，在断开处给以明确标记。

（5）室内给水排水系统图中墙和楼层地面的画法。在管道系统图中还应用细实线画出被管道穿过的墙、柱、地面、楼面和屋面，其表示方法如图 10-2 所示。

（6）尺寸标注。

1）管径：管道系统中所有管段均需标注管径。当连续几段管段的管径相同时，仅标注两端管段的管径，中间管段管径可省略不用标注，管径的单位为"毫米"。水煤气输送钢管（镀锌、非镀锌）、铸铁管等管材，管径应以公称直径"DN"表示（如 DN50）；耐陶瓷管、混凝土管、钢筋混凝土管、陶土管等，管径应以内径 d 表示（如 d380）；焊接钢管、无缝钢管等，管径应以外径×壁厚表示（如 D108×4）。

管径在图纸上一般标注在以下位置：①管径变径处；②水平管道标注在管道的上方；斜管道标注在管道的斜上方；立管道标注在管道的左侧，如图 10 - 3 所示。当管径无法按上述位置标注时，可另找适当位置标注；③多根管线的管径可用引出线进行标注，如图 10 - 4 所示。

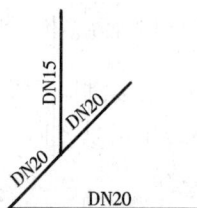

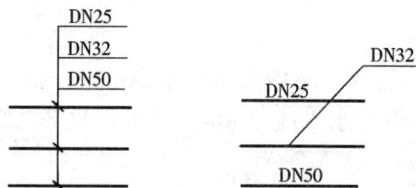

图 10 - 3 管径标准   图 10 - 4 多根管线管径标注

2）标高：室内管道系统图中标注的标高是相对标高。给水管道系统图中给水横管的标高均标注管中心标高，一般要注出横管、阀门、水龙头和水箱各部位的标高。此外，还要标注室内地面、室外地面、各层楼面和屋面的标高。

排水管道系统图中排水横管的标高也可标注管中心标高，但要注明。排水横管的标高由卫生器具的安装高度所决定，所以一般不标注排水横管的标高，而只标注排水横管起点的标高。另外，还要标注室内地面、室外地面、各层楼面和屋面、立管管顶，检查口的标高。标高的标注如图 10 - 5 所示。

3）凡有坡度的横管都要注出其坡度。管道的坡度及坡向表示管道的倾斜程度和坡度方向。标注坡度时，在坡度数字下，应加注坡度符号。坡度符号的箭头一般指向下坡方向，如图 10 - 6 所示。一般室内给水横管没有坡度，室内排水横管有坡度。

（7）图例。平面图和系统图应列出统一的图例，其大小要与平面图中的图例大小相同。

三、室内给水排水施工图的识读

室内给水排水施工图中的管道平面图和管道系统图相辅相依、互相补充，共同表达房屋内各种卫生器具和各种管道以及管道上各种附件的空间位置。在读图时要按照给水和排水的各个系统把这两种图纸联系起来互相对照，反复阅读，才能看懂图纸所表达的内容。

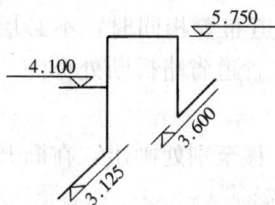

图 10 - 5 管道标高的标注   图 10 - 6 坡度及坡向的表示法

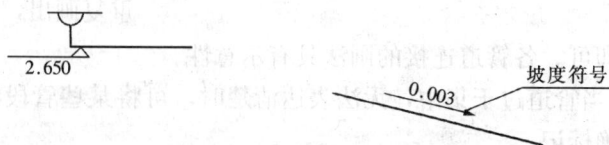

现以某学院学生公寓中的底层给水排水平面图（如图 10 - 7 所示）给水系统图（如图 10 - 8 所示）排水系统图（如图 10 - 9 所示）为例，说明室内给水排水施工图的识读方法。

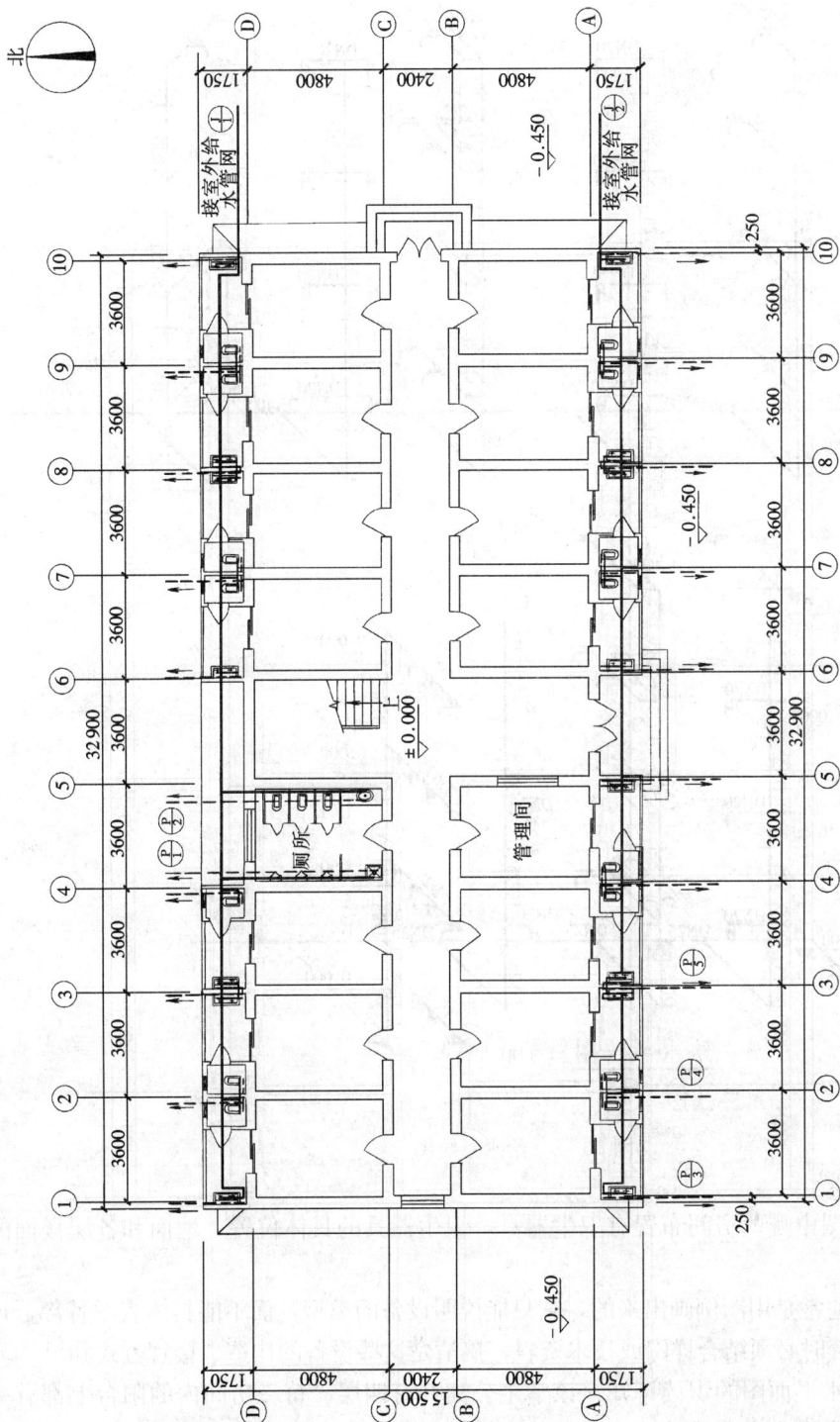

底层给水排水平面图 1：100

图10-7　底层给水排水平面图

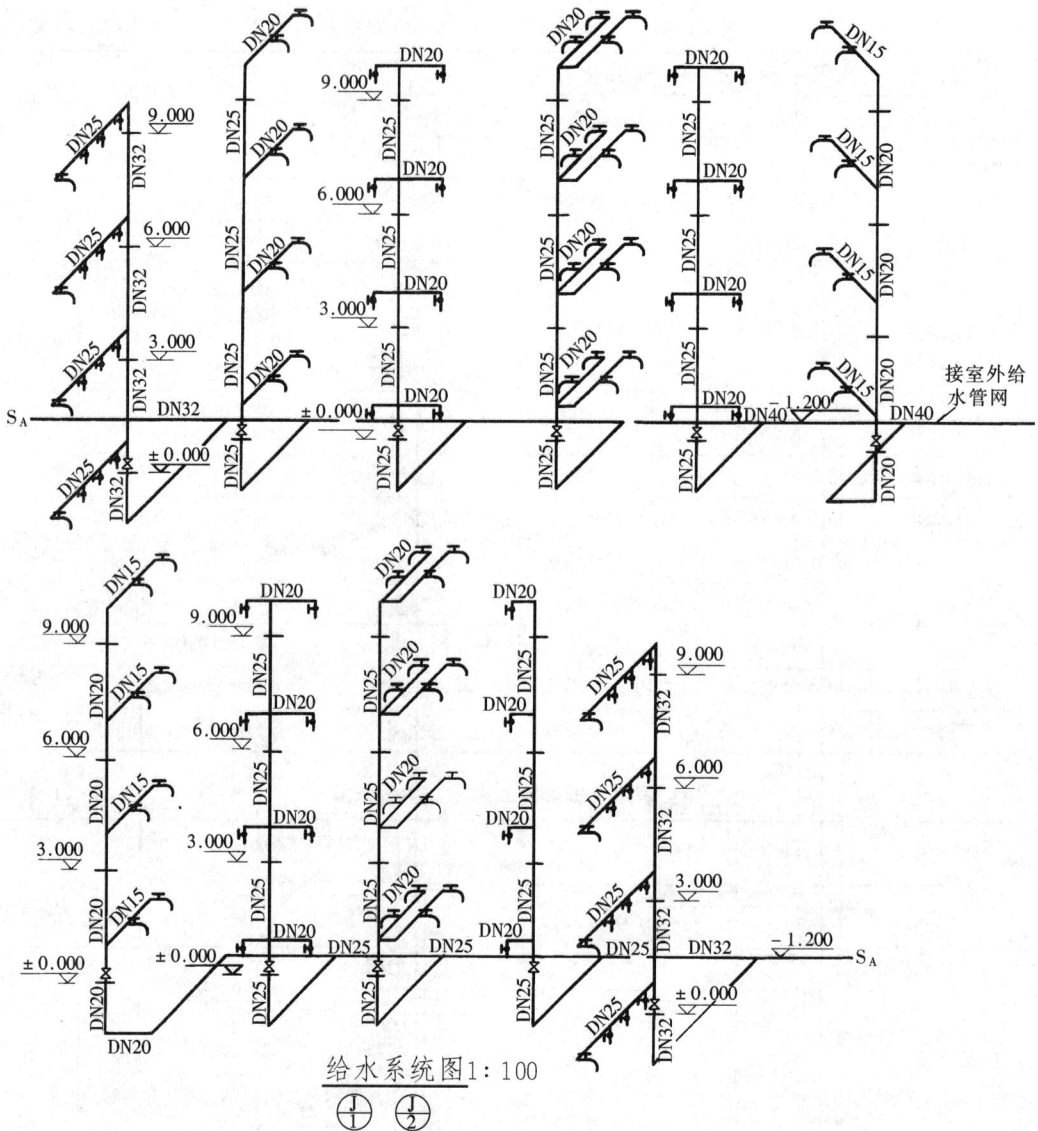

给水系统图 1:100

图 10-8 给水系统图

（1）了解平面图中哪些房间布置有卫生器具，卫生器具的具体位置，地面和各层楼面的标高。

各种卫生器具通常是用图例画出来的，它只能说明设备的类型，而不能具体表示各部分尺寸及构造。因此识读时必须结合详图或技术资料，搞清楚这些设备的构造、接管方式和尺寸。

通过对给水排水平面图的识读可知：该学生公寓共有四层。每一房间内的阳台上都有一个蹲式大便器、含有两个水龙头的洗涤盆。公寓楼每一层都有一个公共厕所。每个公共厕所内有三个蹲式大便器、三个小便器、一个污水池、一个洗手盆。

（2）弄清有几个给水系统和几个排水系统，分别识读。

给水系统（用粗实线表示）有两个布置情况基本相同的系统 ①、②。

①、② 给水系统的引入管都分别自东向西穿过 10 号轴线的墙体进入室内，供给房间及公共厕所间的用水。识读给水系统图时，按水流方向沿引入管——立管——横支管——用水设备的顺序识读。

排水系统（用粗虚线表示）共有①、②、③、④、⑤、五个系统。其中②污水排放系统是排放各层公共厕所间内的大便器及洗手盆产生的污水；①污水排放系统是排放各层公共厕所间内的小便器、污水池及地漏产生的污水；④污水排放系统是排放各层宿舍内大便器产生的污水；③、⑤污水排放系统是排放各层宿舍内洗涤盆产生的污水。识读排水系统图时，按水流方向沿用水设备的存水弯——横支管——立管——排出管的顺序识读。

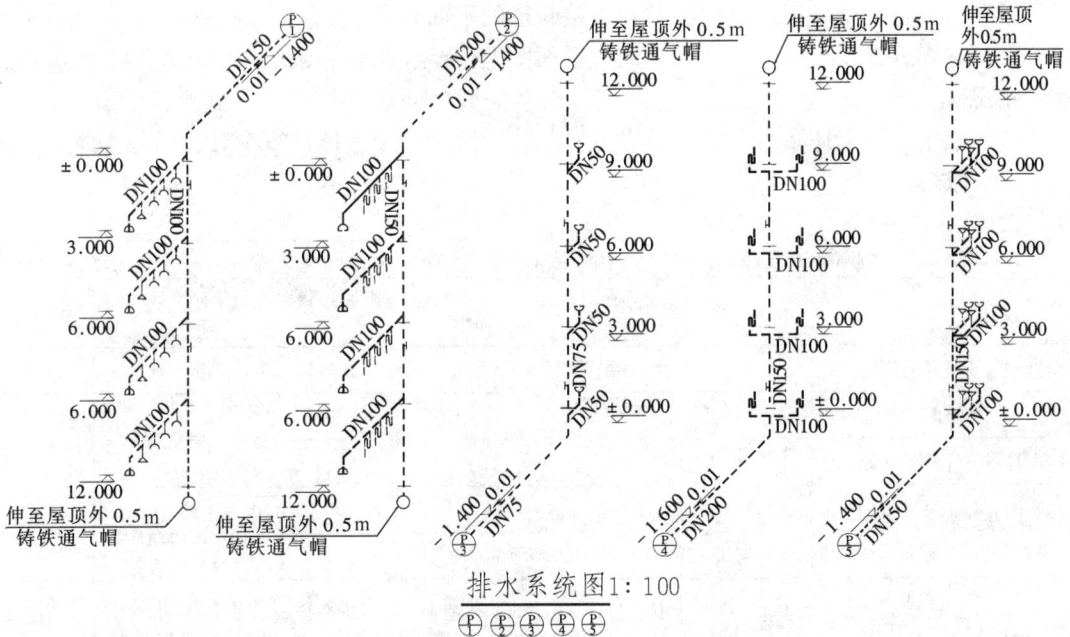

排水系统图1:100

图 10-9 排水系统图

第二节 室内采暖施工图

室内采暖设备是为了改善人们的生活和工作条件及满足生产工艺、科学实验的环境要求而设置的。随着经济建设的发展和生活水平的提高，采暖设备越来越成为建筑工程不可分割的一部分。

室内采暖施工图是表示一幢建筑物采暖工程的图样，它包括室内采暖平面图、室内采暖系统图和详图等。

一、室内采暖施工图的图示特点

室内采暖施工图的图示特点与室内给水排水施工图的图示特点类似，这里不再详述。室内采暖施工图常用图例见附录表 A-5。

二、室内采暖施工图的图示内容和图示方法

(一) 室内采暖平面图

1. 图示内容

室内采暖平面图主要表示管道、附件及散热设备在建筑平面上的布置情况以及它们之间的相互关系，是施工图中的主要图样，包括底层采暖平面图、楼层采暖平面图、顶层采暖平面图。其主要内容包括：

(1) 散热器的平面位置、规格、数量及安装方式 (明装或暗装)。

(2) 采暖管道系统的干管、立管、支管的平面位置、走向、立管编号和管道的安装方式 (明装或暗装)。

(3) 采暖干管上的阀门、固定支架、补偿器等配构件的平面位置。

(4) 在采暖系统上有关设备如膨胀水箱、集气罐 (热水采暖)、疏水器 (蒸汽采暖) 的平面位置、规格、型号以及这些设备与连接管道的平面布置。

(5) 热媒入口及入口地沟情况。同时平面图上还要标明热媒来源、流向及与室外热网的连接情况。

(6) 在平面图上还要表明管道及设备安装的预留洞、预埋件、管沟等方面与土建施工的关系和要求等。

2. 图示方法

(1) 比例。采暖工程制图选用的比例，宜符合表 10 - 1 的规定。

表 10 - 1　　　　　　　　　　　比　　　例

图　名	常用比例	可用比例
总平面图	1：500，1：1000	1：1500
总图中管道断面图	1：50，1：100，1：200	1：150
平面、剖面图及放大图	1：20，1：50，1：100	1：30，1：40，1：150，1：200
详图	1：1，1：2，1：5，1：10，1：20	1：3，1：4，1：15

(2) 编号。一项建筑工程中同时有供暖、通风等两个及两个以上的不同系统时，应进行系统编号。系统的编号如图 10 - 10 (a) 所示；当一个系统出现分支时，可采用图 10 - 10 (b) 的形式。系统代号由大写拉丁字母表示 (见表 10 - 2)，顺序号由阿拉伯数字表示。系统编号宜标注在系统总管处。

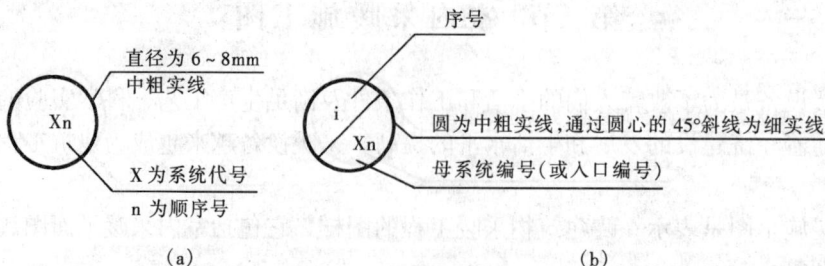

图 10 - 10　系统编号的画法

表 10 - 2 系 统 代 号

序号	字母代号	系统名称	序号	字母代号	系统名称
1	N	（室内）采暖系统	9	X	新风系统
2	L	制冷系统	10	H	回风系统
3	R	热力系统	11	P	排风系统
4	K	空调系统	12	JS	加压送风系统
5	T	通风系统	13	PY	排烟系统
6	J	净化系统	14	P（Y）	排风兼排烟系统
7	C	除尘系统	15	RS	人防送风系统
8	S	送风系统	16	RP	人防排风系统

竖向布置的垂直管道系统，应标注立管编号，如图 10 - 11（a）所示。在不致引起误解时，可只标注序号，如图 10 - 11（b）所示，但应与建筑轴线编号有明显区别。

（3）平面图的数量。多层建筑的采暖平面图原则上应分层绘制。对于管道及散热设备布置相同的楼层平面可绘制一个平面图，但顶层和底层平面图必须单独绘出。

（4）室内采暖平面图中的房屋平面图。本专业需要的建筑部分仅作为管道系统及

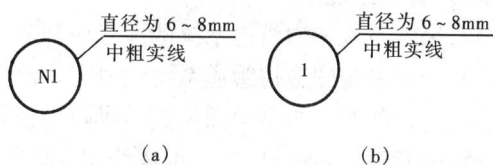

图 10 - 11 立管编号的画法

设备平面布置和定位的基准，因此仅需抄绘房屋的墙身、柱、门窗洞、楼梯、台阶等主要构配件，房屋的细部和门窗代号等均可省略。同时，房屋平面图的图线用细实线绘制；底层平面图要画全轴线；楼层平面图可只画边界轴线。

（5）散热器。散热器等主要设备及部件均为工业产品，不必详细画出，可按所列图例表示，用中、细线绘制。

（6）室内采暖平面图。按正投影法绘制。各种管道不论在楼层地面之上或之下，都不考虑其可见性问题，仍按管道的类型以规定线型和图例画出。管道系统一律用单线绘制。

（7）尺寸标注。

1）房屋的平面尺寸一般只需在底层平面图中注出轴线间的尺寸，另外要标注室外地面的整平标高和各楼层地面标高。

2）管道及设备一般都是沿墙和柱设置的，不必标注定位尺寸。必要时，以墙面和柱面为基准。

3）采暖入口定位尺寸由管中心至所相邻墙面或轴线的距离确定。

4）管道的直径、坡度和标高都标注在管道系统图中，平面图中不必标注。管道长度在安装时以实测尺寸为依据，故图中不予标注。

5）散热器要标注其规格和数量，通常标在窗口或散热器附近。

（二）室内采暖系统图

1. 图示内容

采暖系统图是在平面图的基础上，根据各层采暖平面中管道及设备的平面位置和竖向标高，采用正面斜轴测法绘制出来的。它表明从热媒入口至出口的采暖管道、散热设备、主要附件的空间位置和相互间的关系。该图注有管径、标高、坡度、立管编号、系统编号以及各种设

备、部件在管道系统中的位置。把系统图与平面图对照起来可了解整个室内采暖系统的全貌。

2. 图示方法

(1) 轴向选择。

1) 采暖系统图用正面斜等轴测法绘制。OX 轴处于水平，OZ 轴处于垂直，OY 轴与水平线夹角应选用 45°或 30°。三轴的伸缩系数都是 1。

2) 采暖系统图的轴向与平面图轴向一致，即 OX 轴与平面图的长度方向一致，OY 轴与平面图的宽度方向一致。

(2) 比例。

1) 系统图一般采用与相对应平面图相同的比例绘制。当管道系统复杂时，亦可放大比例。

2) 当采用与相对应平面图相同的比例时，水平的轴向尺寸可直接从平面图上量取，垂直的轴向尺寸，可根据层高和设备安装高度量取。

(3) 管道系统。

1) 采暖系统图中管道系统的编号应与底层采暖平面图中的系统索引符号的编号一致。

2) 采暖系统图应按管道系统编号分别绘制，这样可避免过多的管道重叠和交叉。

3) 管道的画法与平面图相同，供热管道用粗实线绘制；回水管道用粗虚线绘制；设备及部件均用图例表示，以中、细线绘制。

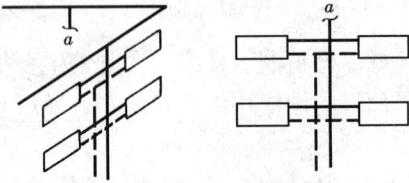

4) 当空间交叉的管道在图中相交时，在相交处被挡住的管线应断开。

5) 当管道过于集中，无法画清楚时，可将某些管段断开，引出绘制，相应的断开处宜用相同的小写拉丁字母注明。如图 10 - 12 所示。

图 10 - 12　系统图中重叠、密集处的引出画法

6) 具有坡度的水平横管无需按比例画出其坡度，但应注明其坡度或另加说明。

(4) 尺寸标注。

1) 管径：管道系统中所有管段均需标注管径，当连续几段的管径相同时，可仅标注其两端管段的管径。焊接钢管应用公称直径"DN"表示，如 DN15 无缝钢管应用"外径×壁厚"表示，如 D114×5。

2) 坡度：凡横管均须标注或说明其坡度。

3) 标高：系统图中的标高是以底层室内地面为±0.000m 的相对标高，采暖管道标注管中心的标高。除标注管道及设备的标高外，尚需标注室内、外地面及各层楼面的标高。

4) 散热器规格、数量的标注。

柱式、圆翼形散热器的数量，注在散热器内；

光管式、串片式散热器的规格、数量应注在散热器的上方。

5) 图例。平面图和系统图应采用统一图例。

三、室内采暖施工图的识读

现以某学院学生公寓中的底层采暖平面图（如图 10 - 13 所示）、采暖系统图（如图 10 - 14 所示）为例，说明室内采暖施工图的识读方法。

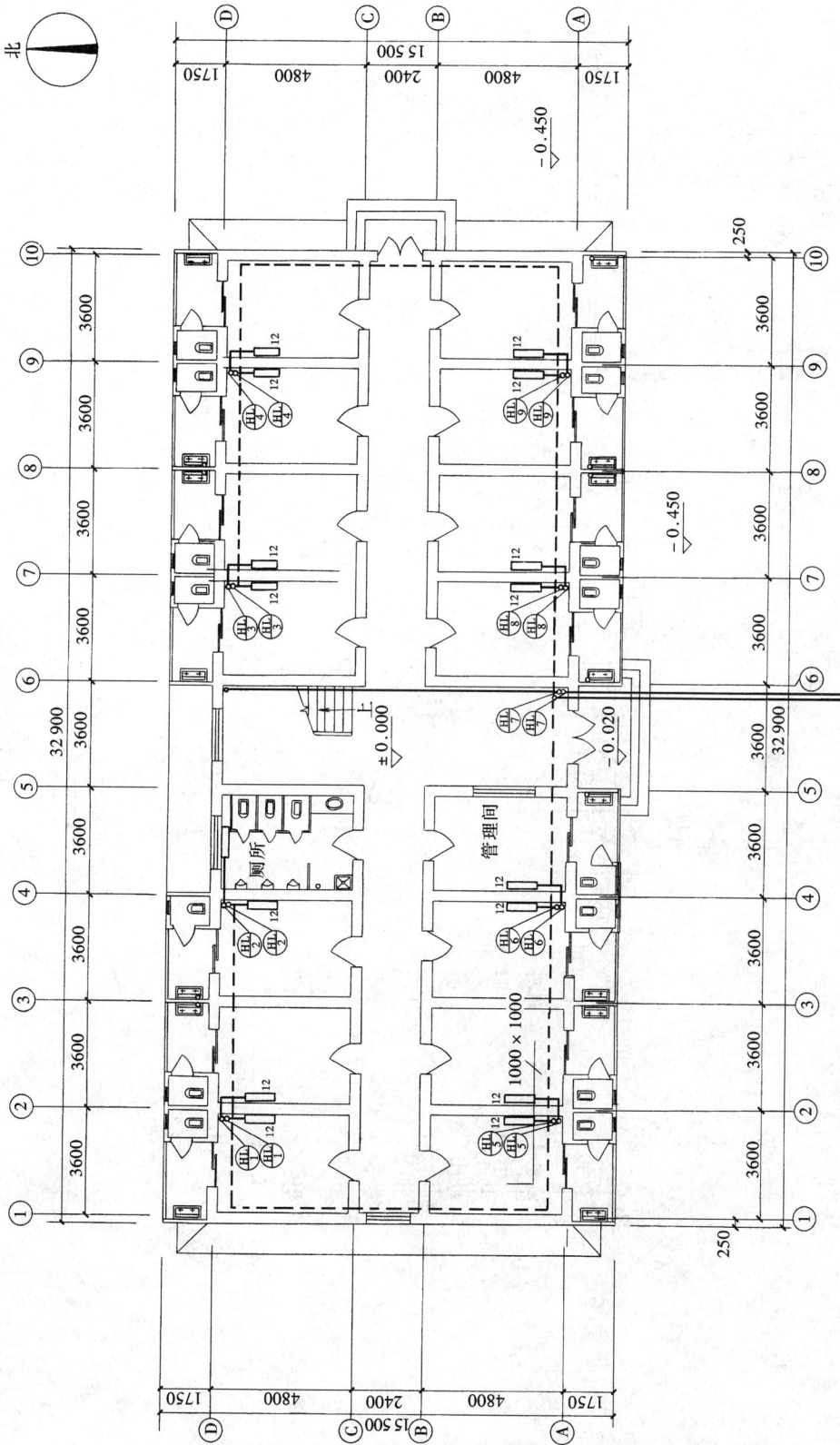

底层采暖平面图 1:100

图10-13 底层采暖平面图

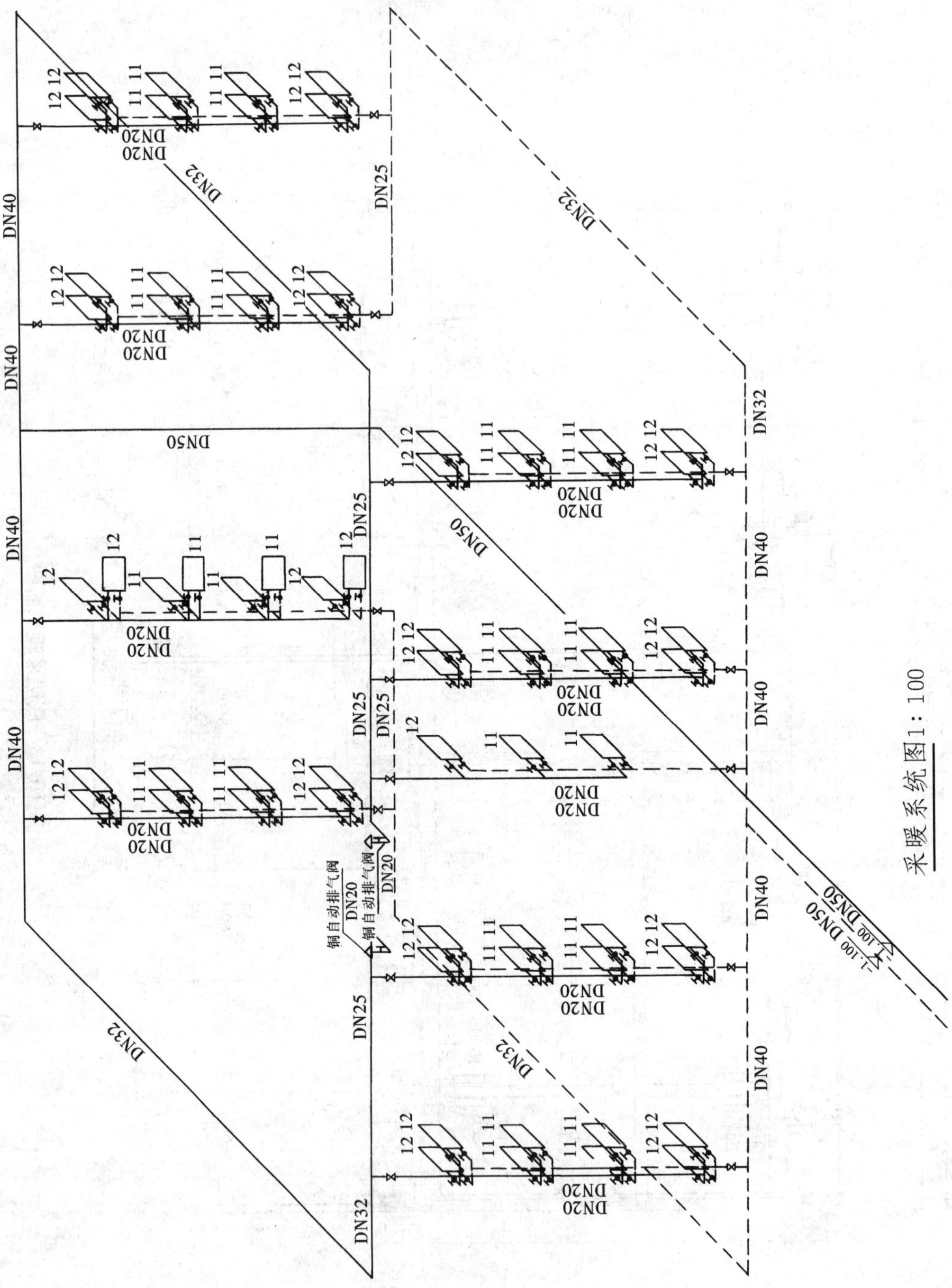

采暖系统图 1:100

图10-14 采暖系统图

（1）通过平面图对建筑平面布置情况进行了解。

了解建筑物总长、总宽及建筑轴线情况。学生公寓总长 32.9m，总宽 15.5m，东西向定位轴线为①～⑩，南北向定位轴线为Ⓐ～Ⓓ。了解建筑物朝向、出入口和分间情况。该建筑物坐北朝南，建筑出入口有两处，其中一处在⑤～⑥轴线之间，并设楼梯通向二楼，另一处在Ⓑ～Ⓒ轴线之间。一层有 16 个房间，其余各层有 17 个房间，大小面积相等。

（2）掌握散热器的布置情况。本例散热器全部在各个房间靠窗户一侧、靠墙布置。散热器的片数都标注在散热器图例内或边上，一层和四层各房间内散热器均为 12 片，二、三层各房间内散热器均为 11 片。

（3）了解室内采暖系统形式及热力入口情况。通过对系统图的识读，可知本例是双管上分式热水采暖系统，热媒干管由南向北穿过Ⓐ轴外墙进入楼内。

（4）了解管路系统的空间走向、立管设置、标高、管径、坡度等。

第三节 室内电气施工图

电在当今的生产、生活中有着极其重要的作用。在建筑工程中，电气设备的安装是必不可少的。每一项电气工程或设施均需经过专门设计并表达在图纸上，这种图即为电气施工图。电气施工图主要包括设计说明、室内电气平面图、室内电气线路图及详图等。

一、室内电气施工图的图示特点

大部分电气施工图与其他类型的图纸区别很大，有许多其自身的特点，了解这些特点是读懂电气施工图的前提。概括起来，电气施工图有以下特点：

（1）构成电气工程的设备、元件、线路很多，结构类型不一，安装方法各异。因此，在电气工程图中，设备、元件、线路及其安装方法等在许多情况下是借用统一的图例和文字符号来表达的，图例和文字符号犹如电气工程语言中的"词汇"。识读电气工程图时，首先要明确和熟悉这些图例和符号所代表的内容与含义以及它们之间的相互关系。"词汇"掌握得越多，读图越方便。

附录表 A-6 是电气工程中常用的电器图例。

（2）一般各种电气的平面图，使用与相应建筑平面图相同的比例。此种情况下，如需确定电器设备安装的位置或导线长度时，可在图上用比例尺直接量取。

与建筑图无直接联系的其他电气施工图，可任选比例或不按比例示意性绘制。

二、室内电气施工图的识读

现以某学院学生公寓中的底层电气平面图（如图 10-15 所示）、电气线路图（如图 10-16 所示）为例，说明电气施工图的识读方法。

从图 10-15 中可以看出：进户线为离地面高为 3m 的两根铝芯橡皮线，在墙内穿管暗敷，管径为 20mm。在管理间有配电箱，暗装在墙内。从配电箱中分出 N1、N2、N3、N4 四个支路。其中 N1 接房间的灯具；N2、N4 分别接北、南阳台上及厕所内的灯具；N3 接走廊上的灯具。房间灯具的开、关由管理间统一管理，而阳台上及厕所内的灯具、走廊上的灯具都设有独立的开关。配电箱上引两根 4mm² 铝芯橡皮线，用 15mm 直径的管道暗敷在墙内至二楼的配电箱。

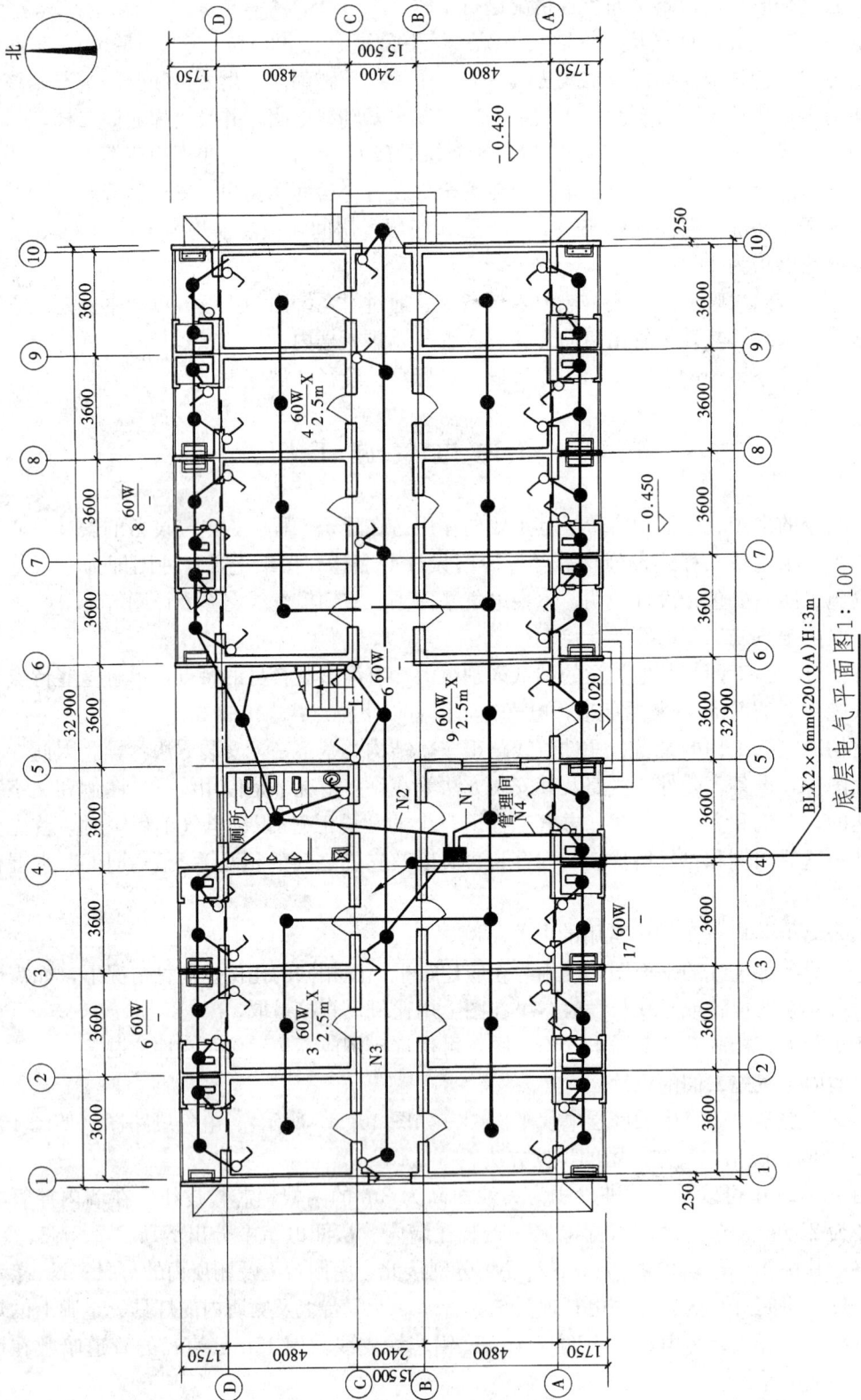

BLX2×6mmG20(QA)H:3m

底层电气平面图1：100

图10-15　底层电气平面图

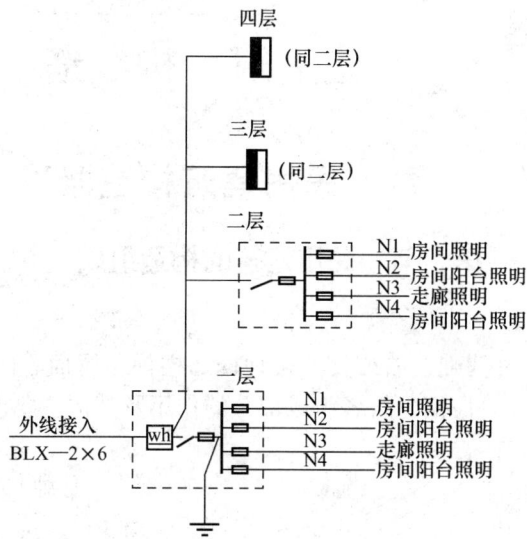

图 10 - 16　各支路配电示意图

从图 10 - 16 中可以看出：电源由底层入户，通过电能表（电度表）和开关（闸）进入房间。每两层设置一个分配电盘，并分出若干支线，每根支线上标有该支线的负荷。

电气安装，一般都按《电气施工安装图》施工，如有不同的安装方法和构造时，需绘制详图。

第三篇　建　筑　构　造

第十一章　民用建筑构造概述

第一节　民用建筑的构造组成

一般民用建筑通常是由基础、墙或柱、楼地面、楼梯、屋面、门窗等六个主要部分组成。下面以图 11-1 为例，将民用建筑各组成部分的作用及其构造要求简述如下：

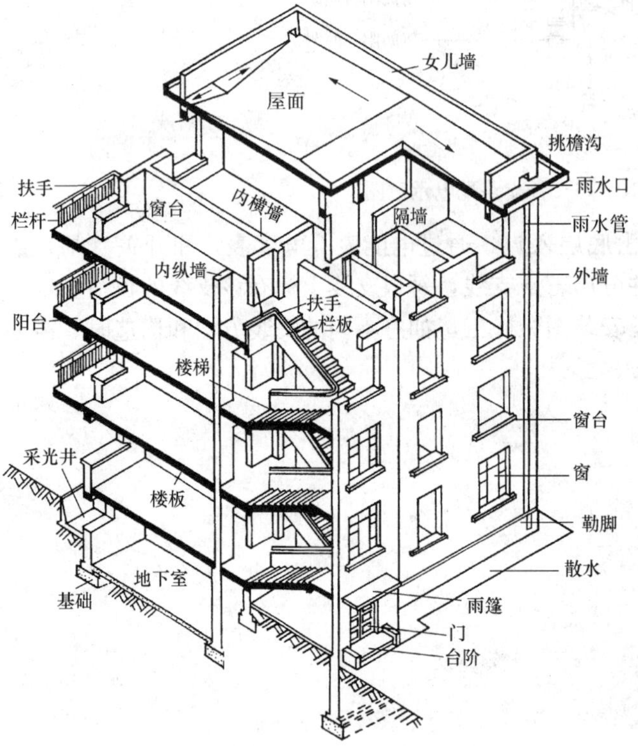

图 11-1　房屋的构造组成

一、基础

基础是建筑物最下部分的承重构件，它承受着建筑物的全部荷载，并把这些荷载传给地基。因此，要求基础应具有足够的承载能力、刚度、耐水、耐腐蚀、耐冰冻性能，防止不均匀沉降和延长使用寿命。

二、墙或柱

有些建筑物由墙承重，有些建筑物由柱承重，墙或柱是建筑物的垂直承重构件。它承受屋面、楼地面传来的各种荷载，并把它们传给基础。外墙同时也是建筑物的围护构件，抵御自然界各种因素对室内的侵袭，内墙同时起分隔房间的作用。因此，作为承重的墙或柱，要求具有足够的承载能力和稳定性；作为围护和分隔的墙体，应具有良好的热工性能、防火性能及隔声、防水、耐久性能。

三、楼地面

楼地面包括楼层地面（楼面）和底层地面（地面），是楼房建筑中水平方向的承重构件。楼面按房间层高将整个建筑物分为若干部分，它将楼面的荷载通过楼板传给墙或柱，同时还对墙体起着水平支撑作用。因此，要求楼面应具有足够的承载能力、刚度，并应具备防火、防水、隔声的性能；地面直接与土壤相连，它承受着首层房间的荷载。因此，要求地面应具有良好的耐磨、防潮、防水、保温的性能。

四、楼梯

楼梯是楼房建筑的垂直交通设施。供人们上下楼层和紧急疏散之用。因此，要求楼梯应具有足够的通行能力、承载能力、稳定性、防火及防滑性能。

五、屋面

屋面是建筑物顶部的承重和围护构件。作为承重构件，它承受着建筑物顶部的荷载（包括自重、雪荷载和风荷载等），并将这些荷载传给墙或柱；作为围护构件，它抵御自然界风、雨、雪的侵袭及太阳辐射热对顶层房间的影响。因此，要求屋面应具有足够的承载能力、刚度及保温、隔热、隔汽、防水性能。

六、门窗

门主要是供人们内外交通和隔离空间之用；窗则主要是采光和通风，同时又有分隔和围护作用。它们都是非承重构件。因此，要求门窗具有隔声、保温、防风沙等性能。

除上述六部分以外，在一幢建筑中，还有许多为人们使用服务和建筑物本身所必需的附属部分，如阳台、散水、勒脚、踢脚、墙裙、台阶、烟囱等。它们各处在不同的部位，发挥着各自的作用。

在设计工作中还把建筑的各组成部分划分为建筑构件和建筑配件。建筑构件主要指墙、柱、梁、楼板、屋架等承重结构；而建筑配件则是指门窗、栏杆、花格、细部装修等。建筑构造设计主要侧重于建筑配件的设计。

第二节 建筑的分类与等级

一、建筑的分类

（一）按建筑的使用功能分类

1. 民用建筑

供人们居住及进行公共活动的非生产性建筑称为民用建筑。民用建筑又分为居住建筑和公共建筑。

（1）居住建筑。居住建筑是供人们生活起居用的建筑，包括住宅、宿舍、公寓等。

（2）公共建筑。公共建筑是供人们进行公共活动的建筑，包括行政办公建筑、文教科研建筑、文化娱乐建筑、体育建筑、商业服务建筑、旅馆建筑、医疗与福利建筑、交通建筑、邮电建筑、纪念性建筑、司法建筑、园林建筑、市政公用设施建筑等。

2. 工业建筑

工业建筑是供人们进行工业生产活动的建筑，包括生产车间、辅助车间、动力用房、仓库等建筑。

3. 农业建筑

农业建筑是供人们进行农、牧、渔业生产和加工用的建筑，包括农机站、温室、畜禽饲养场、水产品养殖场、农副产品仓库等建筑。

4. 术语

（1）裙房：与高层建筑相连的建筑高度不超过 24m 的附属建筑。

（2）综合楼：由两种及两种以上用途的楼层组成的公共建筑。

（3）商住楼：底部商业营业厅与住宅组成的高层建筑。

（4）网局级电力调度楼：可调度若干个省（区）电力业务的工作楼。

（5）高级旅馆：具备星级条件的且设有空气调节系统的旅馆。

（6）高级住宅：建筑装修标准高和设有空气调节系统的住宅。

（7）商业服务网点：住宅底部（地上）设置的百货店、副食店、粮店、邮政所、储蓄所、理发店等小型商业服务用房。该用房层数不超过两层、建筑面积不超过 300m²，采用不开门窗洞口的隔墙与住宅和其他用房完全分隔。

（8）重要的办公楼、科研楼、档案楼：性质重要，建筑装修标准高，设备、资料贵重，火灾危险性大，发生火灾后损失大，影响大的办公楼、科研楼、档案楼。

（二）按建筑的规模和数量分类

1. 大量性建筑

大量性建筑是指建筑规模不大，但建造数量多，分布较广，与人们生活密切相关的建筑，如住宅、中小学校、幼儿园、中小型商店等。

2. 大型性建筑

大型性建筑是指规模大、标准高、耗资多，对城市面貌影响较大的建筑，如大型体育馆、影剧院、火车站等。

（三）按建筑层数或高度分类

1. 住宅建筑按层数分类

住宅建筑按层数划分为：1～3 层为低层；4～6 层为多层；7～9 层为中高层；10 层及以上为高层。

2. 其他民用建筑按高度分类

建筑高度是指建筑物室外地面到其檐口或屋面面层的高度，屋顶上的水箱间、电梯机房、排烟机房和楼梯出口小间等不计入建筑高度。

（1）单层和多层建筑。建筑高度不超过 24m 的民用建筑。

（2）高层建筑。建筑高度超过 24m 的民用建筑（不包括建筑高度大于 24m 的单层公共建筑）；高层建筑应根据其使用性质、火灾危险性、疏散和扑救难度等进行分类。并应符合表 11-1 的规定。

表 11-1   建 筑 分 类

名称	一 类	二 类
居住建筑	十九层及十九层以上的住宅	十层至十八层的住宅
公共建筑	1. 医院； 2. 高级旅馆； 3. 建筑高度超过 50m 或 24m 以上部分的任一楼层的建筑面积超过 1000m² 的商业楼、展览楼、综合楼、电信楼、财贸金融楼； 4. 建筑高度超过 50m 或 24m 以上部分的任一楼层的建筑面积超过 1500m² 的商住楼； 5. 中央级和省级（含计划单列市）广播电视楼； 6. 网局级和省级（含计划单列市）电力调度楼； 7. 省级（含计划单列市）邮政楼、防灾指挥调度楼； 8. 藏书超过 100 万册的图书馆、书库； 9. 重要的办公楼、科研楼、档案楼； 10. 建筑高度超过 50m 的教学楼和普通的旅馆、办公楼、科研楼、档案楼等	1. 除一类建筑以外的商业楼、展览楼、综合楼、电信楼、财贸金融楼、商住楼、图书馆、书库； 2. 省级以下的邮政楼、防灾指挥调度楼、广播电视楼、电力调度楼； 3. 建筑高度不超过 50m 的教学楼和普通的旅馆、办公楼、科研楼、档案楼等

（3）超高层建筑。建筑高度超过100m的民用建筑。

（四）按承重结构的材料及结构形式分类

1. 混凝土结构建筑

混凝土是人工石材，它由石子、砂粒、水泥、外加剂和水按一定比例拌和而成，简称"砼"。以混凝土为主要材料的结构称为混凝土结构，包括素混凝土结构、钢筋混凝土结构和预应力混凝土结构等。其中以钢筋混凝土结构建筑应用最广。

钢筋混凝土多层及高层建筑有框架结构、剪力墙结构、框架—剪力墙结构和筒体结构四种主要的结构体系。

（1）框架结构。即由梁、柱组成的框架承重体系，内、外墙仅起围护和分隔的作用，如图11-2（a）所示。

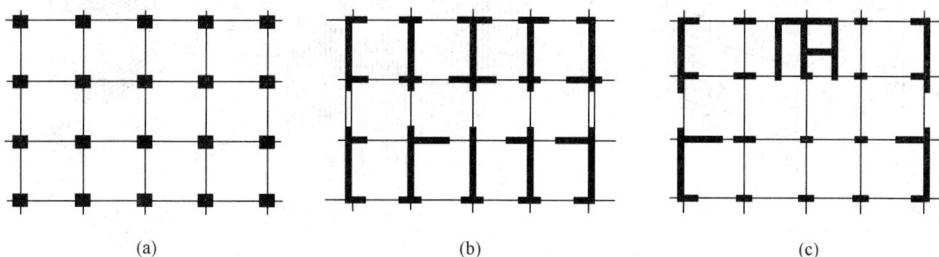

图 11-2　常用结构体系
（a）框架结构；（b）剪力墙结构；（c）框架—剪力墙结构

框架结构的优点是能够提供较大的室内空间，平面布置灵活，因而适用于各种多层工业厂房和仓库。在民用建筑中，适用于多层和高层办公楼、旅馆、医院、学校、商场及住宅等内部有较大空间要求的建筑。

框架结构在水平荷载下表现出抗侧移刚度小，水平位移大的特点，属于柔性结构，随着建筑层数的增加，水平荷载逐渐增大，将因侧移过大而不能满足要求。因此，框架结构建筑一般不超过15层。

（2）剪力墙结构。当建筑层数更多时，水平荷载的影响进一步加大，这时可将建筑的内、外墙都做成剪力墙，形成剪力墙结构，如图11-2（b）所示。它既承担竖向荷载，又承担水平荷载——剪力，"剪力墙"由此得名。因剪力墙是一整片高大实体墙，侧面又有刚性楼盖支撑，故有很大的刚度，属于刚性结构。

剪力墙结构由于受实体墙的限制，平面布置不灵活，故适用于住宅、公寓、旅馆等小开间的民用建筑，在工业建筑中很少采用。此种结构的刚度较大，在水平荷载下侧移小，适用于15~35层的高层建筑。

（3）框架—剪力墙结构。为了弥补框架结构随建筑层数增加，水平荷载迅速增大而抗侧移刚度不足的缺点，可在框架结构中增设钢筋混凝土剪力墙，形成框架—剪力墙结构，如图11-2（c）所示。

在框架—剪力墙结构建筑中，框架以负担竖向荷载为主，而剪力墙将负担绝大部分水平荷载。此种结构体系建筑，由于剪力墙的加强作用，建筑的抗侧移刚度有所提高，侧移大大减小，多用于16~25层的工业与民用建筑（如办公楼、旅馆、公寓、住宅及工业厂房）。

（4）筒体结构。即将剪力墙集中到建筑的内部和外围，形成空间封闭的筒体，使整个结构体系既具有极大的抗侧移刚度，又能因剪力墙的集中而获得较大的空间，使建筑平面获得良好的灵活性，由于抗侧移刚度较大，适用于更高的高层建筑（≥30层或≥100m）。

筒体结构有单筒体结构（包括框架核心筒和框架外框筒）、筒中筒结构和成束筒结构三种形式，如图11-3所示。

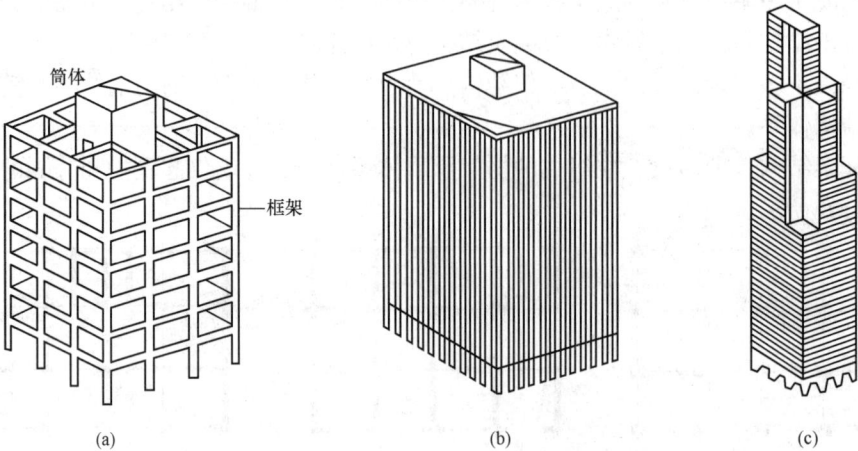

图11-3　筒体结构
(a) 框架内筒结构；(b) 筒中筒结构；(c) 束筒结构

2. 砌体结构建筑

砌体结构建筑是指用普通黏土砖、空心砖、混凝土中小型砌块、粉煤灰中小型砌块等块材，通过砂浆砌筑而成的建筑。根据需要，有时在砌体中加入少量钢筋，称为配筋砌体，图11-4所示为配筋砖砌体。

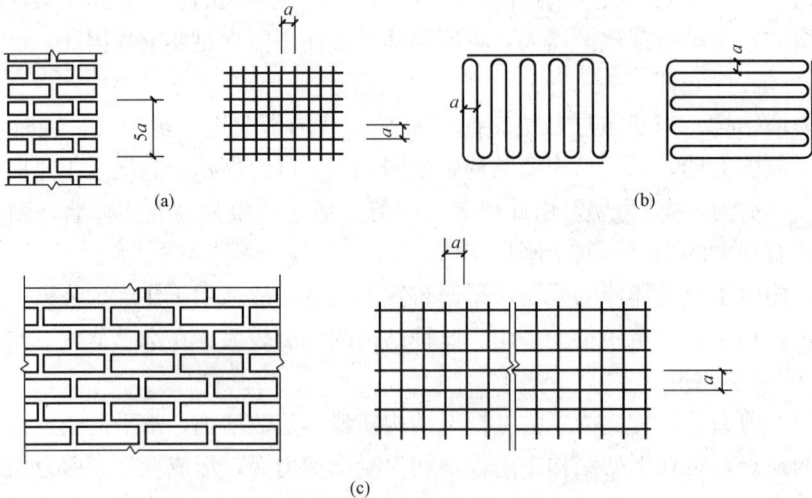

图11-4　网状配筋砖砌体
(a) 用方格网配筋的砖柱；(b) 连弯钢筋网；(c) 用方格网配筋的砖墙

砌体结构建筑具有就地取材、造价低廉、耐火性能好、耐久性较好、保温隔热性能较好以及容易砌筑等优点。但存在强度低、自重大、抗震性能差等缺点，主要用于多层砖混结构、框架结构中的填充墙等。

3. 钢结构建筑

钢结构建筑是指以钢材为主要结构形成的建筑。其主要优点是承载力高，自重轻，塑性和韧性好，材质均匀；便于工厂生产和机械化施工，便于拆卸；抗震性能优越，无污染；可再生、节能、安全，符合建筑可持续发展原则等。钢结构的发展是 21 世纪建筑文明的体现。钢结构的主要缺点是易腐蚀、耐火性差、工程造价和维护费用较高。钢结构的应用正日益增多，主要用于以下结构体系：

(1) 厂房结构。用于重型车间的承重骨架，例如冶金工厂的平炉车间、初轧车间等。

(2) 大跨结构。用于火车站、大会堂、体育馆、展览馆、影剧院等，其结构体系要采用框架结构、网架结构、悬索结构以及预应力钢结构等。

(3) 多层工业建筑结构。用于炼油工业中的多层多跨框架。

(4) 高层结构。当层数在 30 层以上时，国外多采用钢结构，我国已建成的高层钢结构大多在 40 层以上，上海浦东的金茂大厦高度为 420.5m。

(5) 塔桅结构。用于高度较大的无线电桅杆、广播电视塔、高压输电线路塔、火箭发射塔、石油钻井塔等。

(6) 板壳结构。用于要求密封的容器，如大型储液库、煤气库等。

(7) 可拆卸结构。用于临时用房和经常性移动的结构。如临时展览馆、建筑工地井架、塔式起重机、钢脚手架等。

4. 木结构建筑

木结构建筑是指以木材作为建筑物承重骨架的建筑。具有自重轻、构造简单、施工方便等优点，是我国古代建筑的主要结构类型。从唐宋到明清，经历了从程式化到高度程式化的演进，形成了一整套极为严密的定型形制。全部官式建筑都是程式化的。民间建筑大部分也是定型的，或是在定型的基础上灵活变化。但木材易腐，耐火性及耐久性差，再加之我国木材资源有限，所以木结构建筑目前已基本不采用。

(五) 按设计使用年限分类

民用建筑的设计使用年限应符合表 11 - 2 的规定。

表 11 - 2 　　　　　　　　　　　设 计 使 用 年 限 分 类

类别	设计使用 年限（年）	示例	类别	设计使用 年限（年）	示例
1	5	临时性建筑	3	50	普通建筑和构筑物
2	25	易于替换结构构件的建筑	4	100	纪念性建筑和特别重要的建筑

二、建筑的等级

建筑等级是根据建筑物的耐火性能、规模大小和复杂程度来划分等级的。

(一) 按建筑的耐火性能分等级

按照建筑的耐火性能，根据我国现行规范规定，一般建筑物的耐火等级分为四级，见表 11 - 3；高层建筑的耐火等级应分为一、二两级，见表 11 - 4。一类高层建筑的耐火等级应为一级，二类高层建筑的耐火等级不应低于二级；裙房的耐火等级不应低于二级；高层建筑地下室的耐火等级应为一级。耐火等级标准依据建筑物的主要构件（如墙、柱、梁、楼板、楼梯等）的燃烧性能和耐火极限两个因素来确定。

表 11 - 3　　　　　　　　　　建筑物构件的燃烧性能和耐火极限（h）

构件名称		耐　火　等　级			
		一级	二级	三级	四级
墙	防火墙	不燃烧体 3.00	不燃烧体 3.00	不燃烧体 3.00	不燃烧体 3.00
	承重墙	不燃烧体 3.00	不燃烧体 2.50	不燃烧体 2.00	难燃烧体 0.50
	非承重外墙	不燃烧体 1.00	不燃烧体 1.00	不燃烧体 0.50	燃烧体
	楼梯间的墙 电梯井的墙 住宅单元之间的墙 住宅分户墙	不燃烧体 2.00	不燃烧体 2.00	不燃烧体 1.50	难燃烧体 0.50
	疏散走道两侧 的隔墙	不燃烧体 1.00	不燃烧体 1.00	不燃烧体 0.50	难燃烧体 0.25
	房间隔墙	不燃烧体 0.75	不燃烧体 0.50	难燃烧体 0.50	难燃烧体 0.25
柱		不燃烧体 3.00	不燃烧体 2.50	不燃烧体 2.00	难燃烧体 0.50
梁		不燃烧体 2.00	不燃烧体 1.50	不燃烧体 1.00	难燃烧体 0.50
楼板		不燃烧体 1.50	不燃烧体 1.00	不燃烧体 0.50	燃烧体
屋顶承重构件		不燃烧体 1.50	不燃烧体 1.00	燃烧体	燃烧体
疏散楼梯		不燃烧体 1.50	不燃烧体 1.00	不燃烧体 0.50	燃烧体
吊顶（包括吊顶格栅）		不燃烧体 0.25	难燃烧体 0.25	难燃烧体 0.15	燃烧体

表 11 - 4　　　　　　　　　　建筑构件的燃烧性能和耐火极限（h）

构件名称	燃烧性能和 耐火极限（h）	耐　火　等　级	
		一　级	二　级
墙	防火墙	不燃烧体 3.00	不燃烧体 3.00
	承重墙、楼梯间的墙、电梯井的墙、 住宅单元之间的墙、住宅分户墙	不燃烧体 2.00	不燃烧体 2.00
	非承重外墙、疏散走道两侧的隔墙	不燃烧体 1.00	不燃烧体 1.00
	房间隔墙	不燃烧体 0.75	不燃烧体 0.50
柱		不燃烧体 3.00	不燃烧体 2.50
梁		不燃烧体 2.00	不燃烧体 1.50
楼板、疏散楼梯、屋顶承重构件		不燃烧体 1.50	不燃烧体 1.00
吊顶		不燃烧体 0.25	难燃烧体 0.25

1. 构件的燃烧性能

建筑构件的燃烧性能分为不燃烧体、难燃烧体、燃烧体三类。

（1）不燃烧体。即用不燃烧材料做成的建筑构件，如天然石材、人造石材、金属材料等。

（2）难燃烧体。即用难燃烧材料做成的建筑构件，或用可燃烧材料做成而用不燃烧材料作保护层的建筑构件，如沥青混凝土、经过防火处理的木材等。

（3）燃烧体。即用可燃烧材料做成的建筑构件，如木材等。

2. 构件的耐火极限

建筑构件的耐火极限，是指对任一建筑构件按时间—温度标准曲线进行耐火试验，从受到火的作用时起，到失去支持能力，或完整性破坏，或失去隔火作用时为止的这段时间，用小时（h）表示。具体判定条件如下：

（1）失去支持能力。非承重构件失去支持能力的表现为自身解体或垮塌；梁、板等受弯承重构件，失去支持能力的情况为挠曲率发生突变。

（2）完整性破坏。楼板、隔墙等具有分隔作用的构件，在试验中，当出现穿透裂缝或穿火的孔隙时，表明试件的完整性被破坏。

（3）失去隔火作用。具有防火分隔作用的构件，试验中背火面测点测得的平均温度升到140℃（不包括背火面的起始温度），或背火面测温点任一测点的温度到达220℃时，则表明试件失去隔火作用。

（二）按建筑的规模大小、复杂程度分等级

建筑按照其规模大小、复杂程度，分成特级、一级、二级、三级、四级、五级六个级别，具体划分见表11-5。

表11-5　　　　　　　　　　　民用建筑的等级

工程等级	工程主要特征	工程范围举例
特级	1. 列为国家重点项目或以国际性活动为主的特高级大型公共建筑； 2. 有全国性历史意义或技术要求特别复杂的中小型公共建筑； 3. 30层以上建筑； 4. 高大空间有声、光等特殊要求的建筑物	国宾馆、国家大会堂、国际会议中心、国际体育中心、国际贸易中心、国际大型空港、国际综合俱乐部、重要历史纪念建筑、国家级图书馆、博物馆、美术馆、剧院、音乐厅、三级以上人防工程
一级	1. 高级大型公共建筑； 2. 有地区性历史意义或技术要求复杂的中小型公共建筑； 3. 16层以上29层以下或超过50m高的公共建筑	高级宾馆、旅游宾馆、高级招待所、别墅、省级展览馆、博物馆、图书馆、科学实验研究楼（包括高等院校）、高级会堂、高级俱乐部、≥300床位医院、疗养院、医疗技术楼、大型门诊楼、大中型体育馆、室内游泳馆、室内滑冰馆、大城市火车站、航运站、候机楼、摄影棚、邮电通信楼、综合商业大楼、高级餐厅、四级人防、五级平战综合人防
二级	1. 中高级、大中型公共建筑； 2. 技术要求较高的中小型建筑； 3. 16层以上29层以下住宅	大专院校教学楼、档案楼、礼堂、电影院，部省级机关办公楼、300床位以下医院、疗养院、地市级图书馆、文化馆、少年宫、俱乐部、排演厅、报告厅、风雨操场、大中城市汽车客运站、中等城市火车站、邮电局、多层综合商场、风味餐厅、高级小住宅等
三级	1. 中级、中型公共建筑； 2. 7层以上（包括7层）15层以下有电梯住宅或框架结构的建筑	重点中学、中等专科学校教学试验楼、电教楼、社会旅馆、饭馆、招待所、浴室、邮电所、门诊部、百货楼、托儿所、幼儿园、综合服务楼，一、二层商场、多层食堂、小型车站等
四级	1. 一般中小型公共建筑； 2. 7层以下无电梯的住宅，宿舍及砖混结构建筑	一般办公楼、中小学教学楼、单层食堂、单层汽车库、消防车库、防消站、蔬菜门市部、粮站、杂货店、阅览室、理发室、水冲式公共厕所等
五级	一、二层单一功能，一般小跨度结构建筑	

第三节　影响建筑构造的因素和设计原则

一、影响建筑构造的因素

（一）外界环境的影响

外界环境的影响是指自然界和人为的影响，归纳起来有以下三个方面：

1. 外力的影响

作用在建筑物上的各种力统称为荷载。荷载可归纳为恒载（如结构自重等）和活荷载（如人群、家具、雪荷载、地震荷载、风荷载等）两大类。荷载的大小是结构选型、材料选用及构造设计的重要依据。

2. 自然气候的影响

我国幅员辽阔，各地区气候、地质及水文等情况大不相同。日晒、雨淋、风雪、冰冻、地下水、地震等因素将给建筑物带来影响。对于这些影响，在构造上必须考虑相应的防护措施，如防潮、防水、保温、隔热、防温度变形等。

3. 人为因素的影响

人为因素，如火灾、机械振动、噪声等影响，在建筑构造上需采取防火、防振和隔声的相应措施。

（二）建筑技术条件的影响

建筑技术条件是指建筑材料技术、结构技术和施工技术等。随着这些技术的不断发展和变化，建筑构造技术受它们的影响和制约也在改变着。所以建筑构造做法不能脱离一定的建筑技术条件而存在，设计中应采取相适应的构造措施。

（三）建筑标准的影响

建筑构造设计必须考虑建筑标准。标准高的建筑，其装修质量好，设施齐全且档次高，建筑的造价相应也较高；反之，则较低。标准高的建筑，构造做法考究，反之，构造只能采取一般的做法。因此，建筑构造的选材、选型和细部做法无不根据标准的高低来确定。

二、建筑构造的设计原则

在建筑构造设计中，应根据建筑的类型特点、使用功能的要求及影响建筑构造的因素，分清主次和轻重，综合权衡利弊关系，根据以下设计原则，妥善处理。

1. 技术先进

建筑构造设计中，在应用改进传统的建筑方法的同时，应大力开发对新材料、新技术、新构造的应用，因地制宜地发展适用的工业化建筑体系。

2. 经济合理

建筑构造无不包含经济因素。在设计中应掌握建筑标准，做到经济合理，在保证工程质量的前提下，尽量降低建筑造价。

3. 节约能源

建筑构造设计中，应尽可能地改进节点构造，提高外墙的保温隔热性能，改善外门窗气密性。充分利用自然光和采用自然通风换气，达到节约能源的目的。

4. 安全适用

在进行主要承重结构设计的同时，应确定构造方案。在构造方案上首先应考虑安全适用，以确保房屋使用安全，经久耐用。

5. 保护环境

建筑构造设计应选用无毒、无害、无污染、有益于人体健康的材料和产品，采用取得国家环境认证的标志产品。

6. 美观大方

建筑的美观主要是通过其平面空间组合、建筑体型和立面、材料的色彩和质感、细部的处理及刻画来体现的。建筑要做到美观大方，构造设计是非常重要的一环。

第四节　建筑标准化与模数协调

建筑业是我国国民经济的支柱产业之一。为了适应我国"四化"建设迅速发展的需要，必须改变目前建筑业劳动力密集、手工作业的落后局面，尽快实现建筑工业化，像工厂生产产品那样生产房子。建筑工业化的内容为：设计标准化、构配件生产工厂化、施工机械化、管理现代化。设计标准化是实现其他目标的前提，只有使建筑构配件乃至整个建筑物标准化，才能够实现建筑工业的现代化。

一、建筑标准化

建筑标准化主要包括两方面的内容：首先应制定各种法规、规范标准和指标，使设计有章可循；其次是设计中推行标准化设计。标准化设计可以借助国家或地区通用的标准图集来实现，设计者根据工程的具体情况选择标准构配件。实行建筑标准化，既有利于工厂定型规模生产，又可节省设计力量，加快施工速度，达到缩短设计和施工周期，提高劳动生产率和降低工程造价的目的。

二、建筑模数协调

为了实现建筑设计标准化，使不同材料、不同形状和不同制造方法的建筑构配件（或组合件）具有一定的通用性和互换性，我国颁布了《建筑模数统一协调标准》（GBJ 2—1986），用以约束和协调建筑的尺度关系。

（一）建筑模数

建筑模数是选定的标准尺度单位，作为建筑物、建筑构配件、建筑制品以及建筑设备尺寸间相互协调中的增值单位。

1. 基本模数

基本模数是模数协调中最基本的数值，用 M 表示，即 1M＝100mm。建筑物和建筑物部件以及建筑组合件的模数化尺寸，应是基本模数的倍数。

2. 导出模数

导出模数分为扩大模数与分模数，其基数应符合下列规定：

（1）扩大模数。指基本模数的整倍数。其中水平扩大模数的基数为 3M、6M、12M、15M、30M、60M，其相应的尺寸分别为 300、600、1200、1500、3000、6000mm；竖向扩大模数的基数为 3M、6M，其相应的尺寸分别为 300、600mm。

（2）分模数。指基本模数的分数值。其基数为 1/10M、1/5M、1/2M，其相应的尺寸分别为 10、20、50mm。

3. 模数数列

模数数列是由基本模数、扩大模数、分模数为基础扩展成的一系列尺寸，它用以保证不同类型的建筑物及其各组成部分间的尺寸统一与协调，减少尺寸的范围以及使尺寸的叠加和分割有较大的灵活性。模数数列见表 11-6。

表 11-6　　　　　　　　　　　　　　　模　数　数　列　　　　　　　　　　　　　mm

模数名称	基本模数	扩大模数						分模数		
模数基数	1M	3M	6M	12M	15M	30M	60M	1/10M	1/5M	1/2M
基数数值	100	300	600	1200	1500	3000	6000	10	20	50
模数数列	100	300						10		
	200	600	600					20	20	
	300	900						30		
	400	1200	1200	1200				40	40	
	500	1500			1500			50		50
	600	1800	1800					60	60	
	700	2100						70		
	800	2400	2400	2400				80	80	
	900	2700						90		
	1000	3000	3000		3000	3000		100	100	100
	1100	3300						110		
	1200	3600	3600	3600				120	120	
	1300	3900						130		
	1400	4200	4200					140	140	
	1500	4500			4500			150		150
	1600	4800	4800	4800				160	160	
	1700	5100						170		
	1800	5400	5400					180	180	
	1900	5700						190		
	2000	6000	6000	6000	6000	6000	6000	200	200	200
	2100	6300						220		
	2200	6600		6600				240		
	2300	6900								250
	2400	7200	7200	7200				260		
	2500	7500			7500			280		
	2600		7800					300		300
	2700		8400	8400				320		
	2800		9000		9000	9000		340		

续表

模数名称	基本模数	扩大模数							分模数		
模数基数	1M	3M	6M	12M	15M	30M	60M	1/10M	1/5M	1/2M
基数数值	100	300	600	1200	1500	3000	6000	10	20	50
模 数 数 列	2900		9600	9600						350
	3000				10500				360	
	3100			10800					380	
	3200			12000	12000	12000	12000		400	400
	3300					15000				450
	3400					18000	18000			500
	3500					21000				550
	3600					24000	24000			600

模数数列的适用范围如下：

（1）基本模数数列。主要用于建筑物层高、门窗洞口和构配件截面。

（2）扩大模数数列。主要用于建筑物的开间或柱距、进深或跨度、层高、构配件截面尺寸和门窗洞口等处。

（3）分模数数列。主要用于缝隙、构造节点和构配件截面等处。

（二）定位轴线

把房屋看作是三向直角坐标空间网格的连续系列，当三向均为模数尺寸时称为模数化空间网格，如图 11-5 所示。三向直交面的一个面应是水平的，网格间距应等于基本模数或扩大模数。

在模数化空间网格中，确定主要结构位置的线，如确定开间或柱距、进深或跨度的线称为定位轴线。除定位轴线以外的网格线均为定位线，定位线用于确定模数化构件尺寸，如图 11-6 所示。

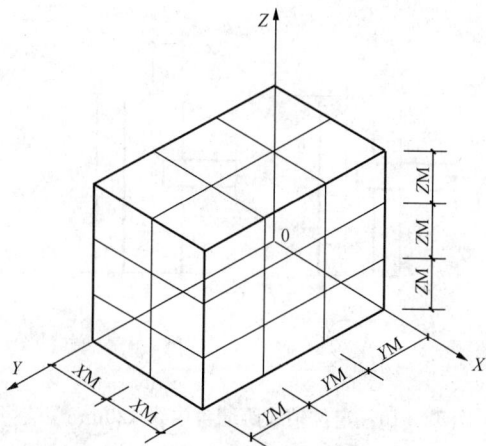

图 11-5　模数化空间网格

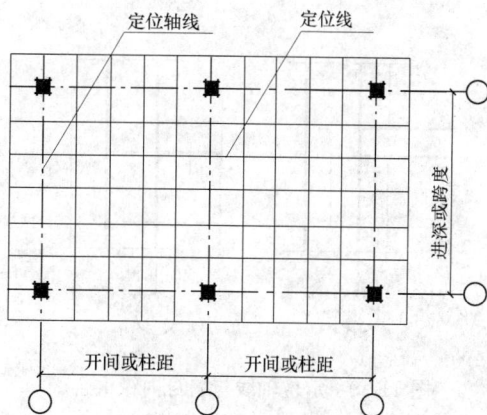

图 11-6　定位轴线和定位线

房屋需在水平和竖向两个方向进行定位，以下介绍砖混结构的定位轴线，其他结构建筑的定位轴线也可以此为参考。

1. 墙身的平面定位轴线

(1) 承重外墙的定位轴线。承重外墙的顶层墙身内缘与平面定位轴线的距离为 120mm (图 11 - 7)。

(2) 承重内墙的定位轴线。承重内墙的顶层墙身中心线应与平面定位轴线相重合(图 11 - 8)。

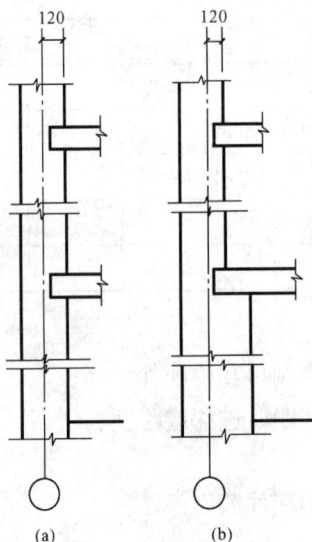

图 11 - 7　承重外墙定位轴线
(a) 底层与顶层墙厚相同；
(b) 底层与顶层墙厚不相同

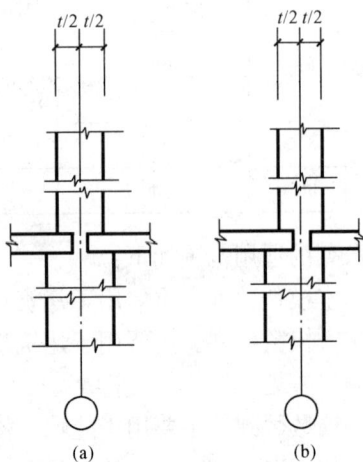

图 11 - 8　承重内墙定位轴线
(a) 定位轴线中分底层墙身；
(b) 定位轴线偏分底层墙身

(3) 非承重墙的定位轴线除可按承重外墙或内墙的规定定位外，还可使墙身内缘与平面定位轴线相重合。

(4) 带壁柱外墙的墙身内缘与平面定位轴线相重合 (图 11 - 9) 或墙身内缘距平面定位轴线 120mm (图 11 - 10)。

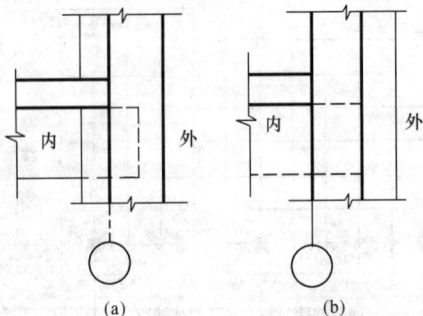

图 11 - 9　定位轴线与墙身内缘重合
(a) 内壁柱时；(b) 外壁柱时

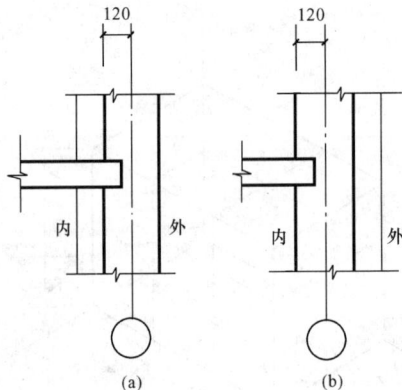

图 11 - 10　定位轴线距墙身内缘 120mm
(a) 内壁柱时；(b) 外壁柱时

2. 墙身的竖向定位

(1) 底层及中间层墙身竖向定位应与楼面上表面重合 (图 11 - 11)。

（2）顶层墙身竖向定位应为屋顶结构层上表面与距墙内缘 120mm 处的外墙定位轴线的相交处（图 11 - 12）。

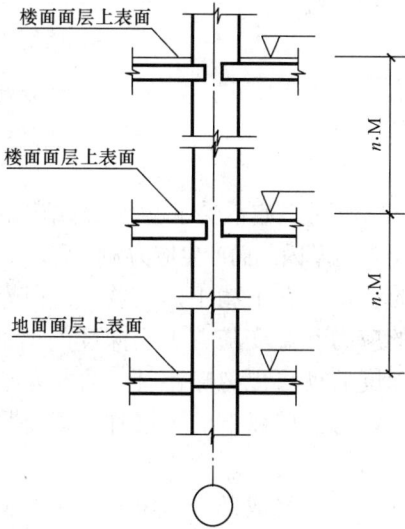

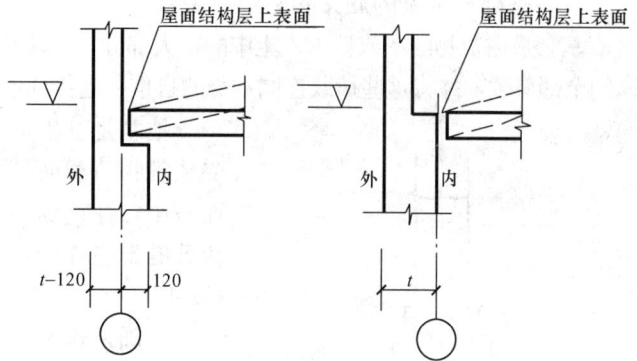

图 11 - 11　底层及中间层墙身竖向定位　　　　　图 11 - 12　顶层墙身竖向定位

（三）几种尺寸及其关系

为了保证建筑制品、构配件等有关尺寸间的统一与协调，《建筑模数协调统一标准》规定了标志尺寸、构造尺寸、实际尺寸及其相互间的关系。

1. 标志尺寸

标志尺寸用来标注建筑物定位轴线、定位线之间的垂直距离（如开间或柱距、进深或跨度、层高等），以及建筑构配件、建筑组合件、建筑制品及有关设备等界限之间的尺寸。标志尺寸应符合模数数列的规定。

2. 构造尺寸

构造尺寸是建筑构配件、建筑组合件、建筑制品等生产的设计尺寸。该尺寸与标志尺寸有一定的差额。一般情况下，构造尺寸加上缝隙尺寸等于标志尺寸。缝隙尺寸也应符合模数数列的规定。

3. 实际尺寸

实际尺寸指建筑构配件、建筑组合件、建筑制品等生产制作后的实际尺寸。这一尺寸因生产误差造成与设计构造尺寸间的差值，这一差值应符合建筑公差的规定。

标志尺寸、构造尺寸和缝隙尺寸之间的关系如图 11 - 13 所示。

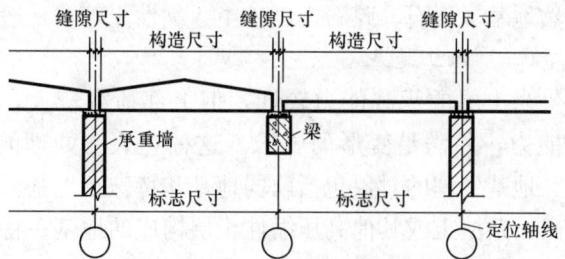

图 11 - 13　几种尺寸关系

第十二章　基础与地下室

第一节　概　述

一、基础与地基的涵义和它们的关系

基础是建筑物的墙或柱深入土中的扩大部分，是建筑物的一部分，它承受建筑物上部结构传来的全部荷载，并将这些荷载连同本身的自重一起传到地基上，地基因此而产生应力和应变。

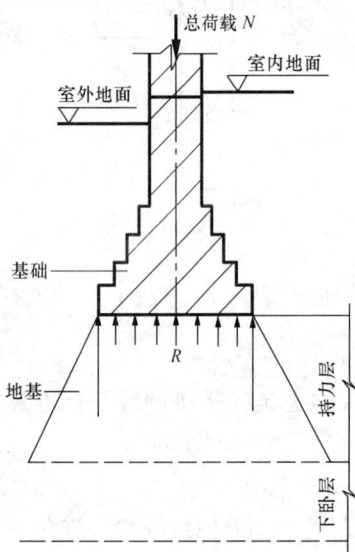

图 12-1　基础与地基的关系

地基是基础下部的土层，它不属于建筑物，地基承受建筑物荷载而产生的应力和应变随着土层深度的增加而减小，在达到一定深度后就可以忽略不计。直接承受荷载的土层称为持力层，持力层以下的土层称为下卧层（图 12-1）。

基础是建筑物十分重要的组成部分，没有一个坚固而耐久的基础，上部结构就是建造得再结实，也会出问题。而地基与基础又密切相关，地基虽不是建筑物的组成部分，但它对保证建筑物的坚固耐久具有非常重要的作用。实践证明，建筑物的事故，很多是与地基基础有关的，例如建于1913年的加拿大特朗斯康谷仓，由于设计前不了解地基埋藏有厚达16m的软黏土层，建成后谷仓的荷载超过了地基的承载能力，造成地基丧失稳定性，使谷仓西侧陷入土中8.8m，东侧抬高1.5m，仓身倾斜27°。

二、地基的分类

建筑物的地基可分为天然地基和人工地基两大类。

（一）天然地基

凡具有足够的承载力和稳定性，不需经过人工加固，可直接在其上建造房屋的土层称为天然地基。岩石、碎石土、砂土、黏性土等，一般可作为天然地基。

（二）人工地基

当土层的承载能力较低，但上部荷载较大，必须对土层进行人工加固，以提高其承载能力，并满足变形的要求。这种经人工处理的土层，称为人工地基。

地基处理的对象包括软弱地基和特殊土地基。软弱地基是指主要由淤泥、淤泥质土、冲填土、杂填土或其他高压缩性土层构成的地基；特殊土地基主要指湿陷性黄土等区域性特殊土构成的地基。

地基处理的方法很多，各自有不同的适用范围和作用原理。选择地基处理方法时，应对地基条件、目标要求、工程费用及材料、机具来源等方面进行综合分析，通过几种可供采用的方案比较，择优选择一种技术先进、经济合理、施工可行的方案。

地基处理方法分类如下：

（1）按处理深度可分为浅层处理和深层处理。

（2）按处理对象可分为砂性土处理和黏性土处理，饱和土处理和非饱和土处理等。

（3）按地基的加固机理不同可分为换土垫层法、预压法、强夯法和排水固结法等，分类见表12-1、表12-2。

表 12-1　　　　　　　　　　　软弱土地基处理方法分类表

编号	分类	处理方法	原理及作用	适用范围
1	碾压夯实	重锤夯实、机械碾压、振动压实	利用压实原理，通过夯实、碾压、振动，把地基表层压实，以提高其强度，减少基压缩性和不均匀性，消除其湿陷性	适用于处理低饱和度的黏性土、粉土、砂土、碎石土、人工填土等
		强夯（动力固结）	反复将夯锤提到高处使其自由落下，给地基以冲击和振动能量，将其夯实，从而提高土的强度并降低其压缩性，在有效影响深度范围内消除土的液化及湿陷性	适用于处理碎石土、砂土、低饱和度的粉土与黏性土、湿陷性黄土素填土和杂填土等
2	换土垫层	砂石垫层、素土垫层、灰土垫层，矿渣垫层	挖去地表浅层软弱土层或不均匀土层，回填坚硬、较粗粒径的材料，并夯压密实，形成垫层，从而提高持力层的承载力	适用于处理浅层软弱地基及不均匀地基
3	排水固结	堆载预压、真空预压、降水预压	对地基进行堆载或真空预压，加速地基的固结和强度增长，提高地基的稳定性；加速沉降发展，使地基沉降提前完成。降水预压则是借井点抽水降低地下水位，以增加土的自重应力，达到预压目的	适用于处理饱和软弱土。降水预压适用于渗透性较好的砂或砂质土
4	振密挤密	土或灰土挤密桩、石灰桩、砂石桩等	借助于机械、夯锤或爆破，使土的孔隙减少，强度提高；必要时，回填素土、灰土、石灰、砂和碎石等，与地基土组成复合地基，从而提高地基的承载力，减少沉降量	适用于处理无黏性土、杂填土、非饱和黏性土及湿陷性黄土等
5	置换及拌入	高压喷射注浆、水泥土搅拌等	在地基中掺入水泥、石灰或砂浆等形成增强体，与未处理部分土组成复合地基，从而提高地基的承载力，减少沉降量	适用于处理软弱黏性土、欠固结冲填土、粉砂、细砂等
6	加筋	土工合成材料加筋、锚固、加筋土、树根桩	通过在地基土中设置强度较大的土工合成材料、拉筋等加筋材料，从而提高地基的承载力，减小沉降量，或维持建筑物的稳定	适用于处理砂土、软弱土、人工填土地基
7	其他	灌浆、冻结、托换技术、纠偏技术	通过独特的技术措施处理软弱土地基	根据建筑物和地基基础情况确定

表 12-2　　　　　　　　　　湿陷性黄土地基常用的处理方法

名　称		适用范围	一般可处理（或穿透）基底下的湿陷性土层厚度（m）
垫层法		地下水位以上，局部或整片处理	1～3
夯实法	强夯	$S_r<60\%$ 的湿陷性黄土，局部或整片处理	3～6
	重夯		1～2

续表

名　　称	适用范围	一般可处理（或穿透）基底下的湿陷性土层厚度（m）
挤密法	地下水位以上，局部或整片处理	5～15
桩基础	基础荷载大，有可靠的持力层	≤30
预浸水法	Ⅲ、Ⅳ级自重湿陷性黄土场地，6m 以上尚应采用垫层等方法处理	可消除地面下 6m 以下全部土层的湿陷性
单液硅化或碱液加固法	一般用于加固地下水位以上的已有建筑物地基	≤10 单液硅化加固的最大深度可达 20m

三、对地基和基础的要求

为了保证建筑物的安全和正常使用，使基础工程做到安全可靠、经济合理、技术先进和便于施工，对地基和基础提出以下要求：

（一）对地基的要求

（1）地基应具有足够的强度和较低的压缩性。

（2）地基的承载力要均匀。

（3）地基应有较好的持力层和下卧层。

（4）尽可能采用天然地基。

（二）对基础的要求

（1）基础应具有足够的强度和耐久性，以便有效地传递荷载和保证使用年限。

（2）基础属于隐蔽工程，要确保按设计图纸和验收规范施工和验收。

（3）在选材上尽量就地取材，以降低工程造价。

第二节　基础的埋置深度及影响因素

一、基础的埋置深度

基础的埋置深度是指设计室外地面到基础底面的垂直距离，简称埋深，见图 12 - 2。

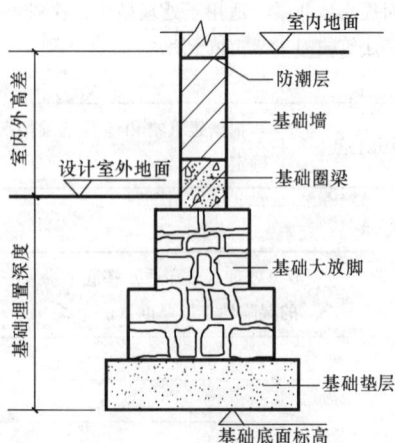

图 12 - 2　基础埋置深度

基础根据埋深的不同有浅基础和深基础之分。一般情况下，将埋深小于等于 5m 者称为浅基础，埋深大于 5m 者称为深基础。从基础的经济效果看，其埋置深度愈小，工程造价愈低，但如基础没有足够的土层包围，基础底面的土层受到压力后会把基础四周的土挤出，基础将产生滑移而失去稳定；同时，基础埋深过浅，易受外界的影响而损坏，所以基础的埋置深度一般不应小于 500mm。

二、影响基础埋深的因素

影响基础埋置深度的因素很多，一般应根据以下几个方面综合考虑确定：

1. 地基土层构造对基础埋深的影响（见表 12-3）

表 12-3 　　　　　　　　　　地基土层构造对基础埋深的影响

序号	地基土层构造	基础埋深	图示
1	均匀好土	应尽量浅埋，但也不得浅于 500mm	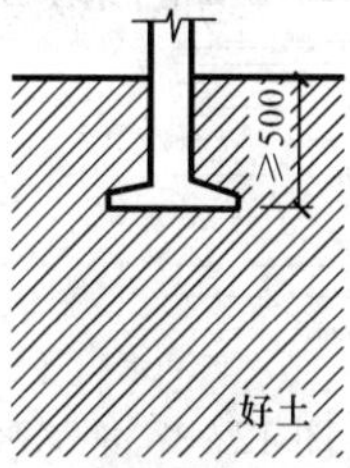
2	上层为软土，厚度在 2m 以内，下层为好土	应埋在好土层上，土方开挖量不大，既可靠又经济	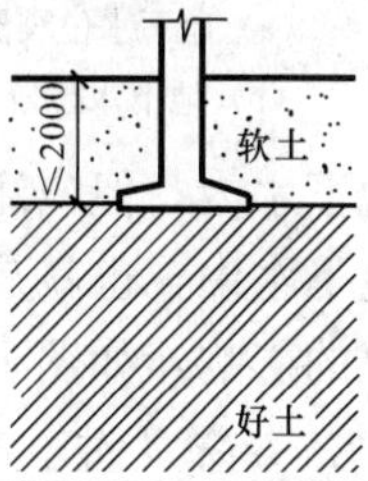
3	上层为软土，厚度在 2～5m	低层轻型建筑仍可埋在软土层内，但应加宽基础底面并加强上部结构的整体性；若是高层重型建筑，则应将基础埋在好土上，以保安全	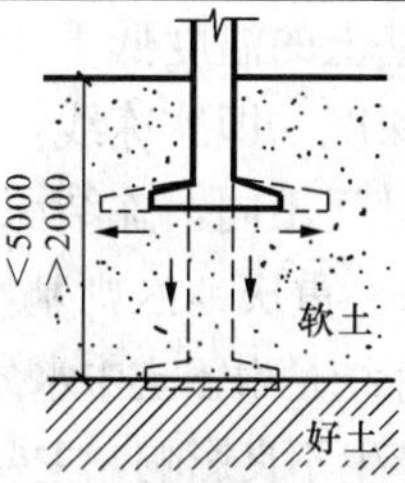
4	上层软土厚度大于在 5m	可做地基加固处理，或者将基础埋在好土上；应作技术经济比较后选定	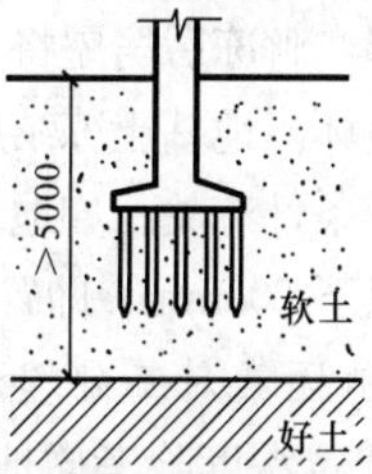
5	上层为好土，下层为软土	应力争将基础浅埋在好土层内，适当加大基础底面，以有足够厚度的持力层，并验算下卧层的应力和应变，确保建筑的安全	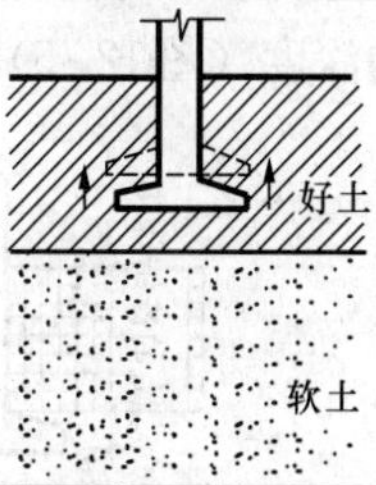
6	地基由好土和软土交替构成	低层轻型建筑应尽可能将基础埋在好土内；重型建筑可采用人工地基或将基础深埋到下层好土上，两方案可经技术经济比较后选定	

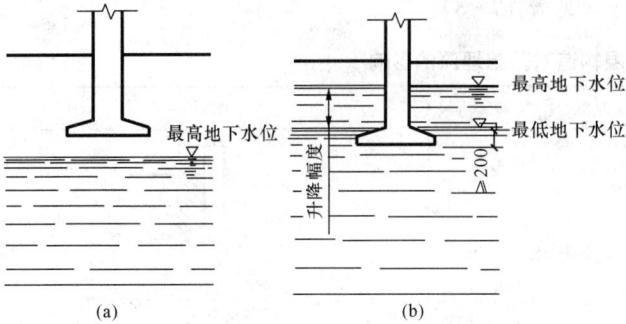

图 12-3 地下水位对基础埋深的影响
(a) 地下水位较低时的基础埋置深度；
(b) 地下水位较高时的基础埋置深度

2. 地下水位对基础埋深的影响

地下水对某些土层的承载能力有很大影响，如黏性土在地下水上升时，将因含水量增加而膨胀，使土的强度降低；当地下水下降时，基础将产生下沉。为避免地下水的变化影响地基承载力及防止地下水对基础施工带来的麻烦，一般基础应力争埋在最高水位以上，如图 12-3（a）所示。

当地下水位较高时，基础不得不埋置在地下水内。但应注意，基础底面宜置于最低地下水位以下 200mm，以使基础底面常年置于地下水中，也就是防止置于地下水位升降幅度之内。这是为了减少和避免地下水的浮力对建筑的影响，如图 12-3（b）所示。

3. 土的冻结深度对基础埋深的影响

当地基土的温度低于 0～1℃时，土内孔隙中的水大部分冻结。地基土冻结的极限深度称为冻结深度，即冰冻线，一是地面以下的冻结土与非冻结土的分界线。各地区气候不同，低温持续时间不同，冻结深度也不同。如哈尔滨为 2m，沈阳为 1.5m，北京为 0.85m，郑州为 0.2m，重庆地区则基本无冻结土。当冻土深度小于 0.5m 时，基础埋深即不受其影响。

土的冻结是由于土中水分受冷冻结成冰，体积膨胀，因而导致冻土膨胀。地基土冻结后，是否对建筑产生不良影响，主要看土冻结后会不会产生冻胀现象。若产生冻胀，冻结时的冻胀力可将房屋拱起，解冻后房屋将下沉。不均匀的冻融，引起不均匀的胀缩，因而导致建筑出现裂缝、倾斜以及破坏。地基土冻结后是否产生冻胀，主要与地基土颗粒的粗细程度、含水量大小和地下水位高低等条件有关。如地基土存在冻胀现象，特别是在粉砂、粉土和黏性土中，基础底面应置于冰冻线以下 200mm，即置于不冻土之中，以避免冻害发生，如图 12-4 所示。

4. 其他因素对基础埋深的影响

基础埋置深度除考虑地基土层构造、地下水位、土的冻结深度等因素外，还应考虑相邻建筑物基础的深度（图 12-5），新建建筑物是否有地下室、设备基础、地下管沟等因素的影响。

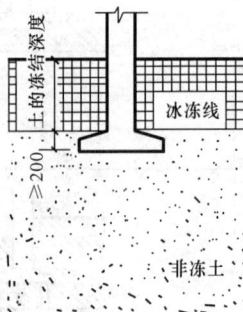

图 12-4 冰冻深度对基础埋深的影响

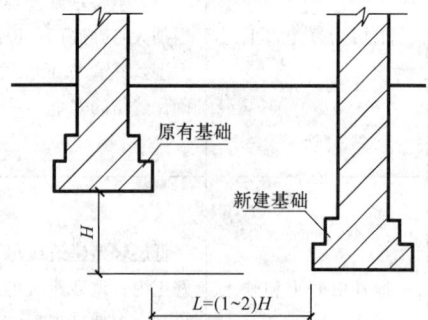

图 12-5 相邻基础的关系

第三节　基础的类型与构造

一、基础的类型

基础的类型很多，对于民用建筑的基础，可以按构造形式、材料和受力特点进行分类。

（一）按基础的构造形式分类

1. 条形基础

当建筑物上部结构采用墙承重时，基础沿墙身设置呈长条形，这种基础称为条形基础或带形基础（图12-6）。条形基础常用砖、石、混凝土等材料建造。当地基承载能力较小，荷载较大时，承重墙下也可采用钢筋混凝土条形基础。

2. 独立基础

当建筑物上部结构为梁、柱构成的框架、排架及其他类似结构时，其基础常采用方形或矩形的单独基础，称独立基础。独立基础的形式有阶梯形、锥形、杯形等（图12-7），主要用于柱下。当建筑是以墙作为承重结构，而地基承载力较弱或埋深较大时，为了节约基础材料，减少土石方工程量，亦可采用墙下独立基础。为了支承上部墙体，在独立基础上可设基础梁或拱等连续构件（图12-8）。

3. 井格基础

当建筑物上部荷载不均匀，地基条件较差时，常将柱下基础纵横相连组成井字格状，叫井格基础（图12-9）。它可以避免独立基础下沉不均的弊病。

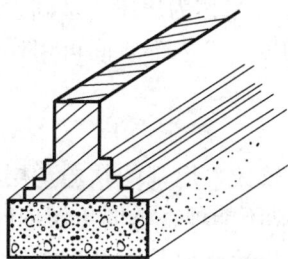

图12-6　条形基础

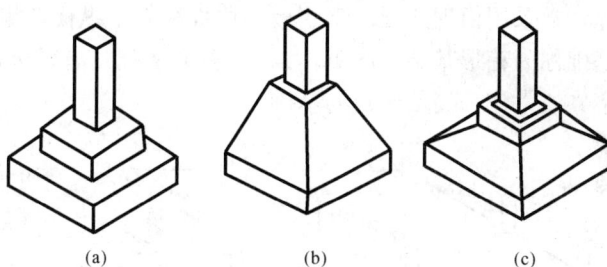

图12-7　独立基础
（a）阶梯形；（b）锥形；（c）杯形

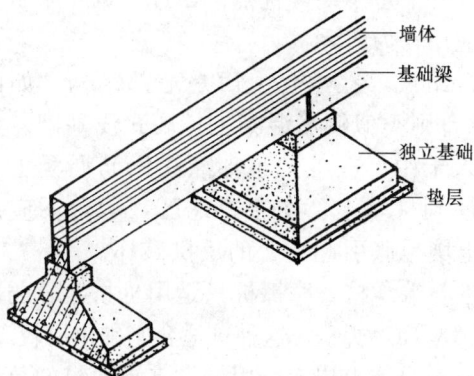

图12-8　墙下独立基础

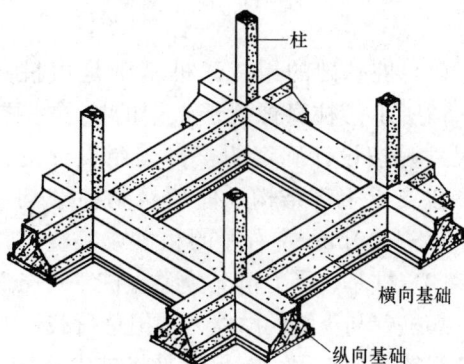

图12-9　井格基础

4. 筏片基础

当建筑物上部荷载很大或地基的承载力很小时，可由整片的钢筋混凝土板承受整个建筑的荷载并传给地基，这种基础形似筏子，故称筏片基础，也称满堂基础。其形式有板式和梁板式两种（图12-10）。

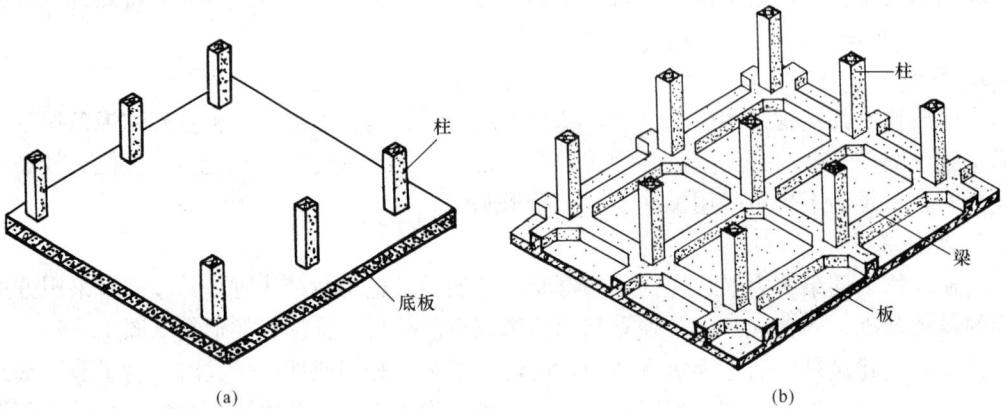

图 12-10 筏片基础
(a) 板式基础；(b) 梁板式基础

5. 箱形基础

当钢筋混凝土基础埋置深度较大，为了增加建筑物的整体刚度，有效抵抗地基的不均匀沉降，常采用由钢筋混凝土底板、顶板和若干纵横墙组成的箱形整体来作为房屋的基础，这种基础称为箱形基础（图12-11）。箱形基础具有较大的强度和刚度，且内部空间可用作地下室，故常作为高层建筑的基础。

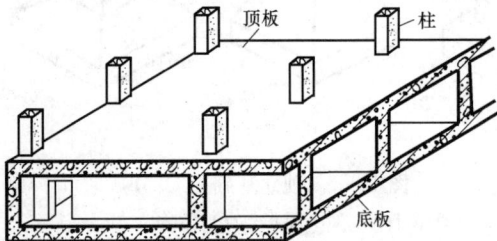

图 12-11 箱形基础

6. 桩基础

当建筑物荷载较大，地基的软弱土层厚度在5m以上及基础不能埋在软弱土层内时，常采用桩基础，它是天然地基深基础方案之一。桩基础具有承载力高，沉降量小，节省基础材料，减少挖填土方工程量，改善施工条件和缩短工期等优点。因此，近年来桩基础应用较为广泛。

（1）桩基础的组成。桩基础是由桩身和承台组成，在承台上面是上部结构，如图12-12所示。柱身像置于土中的柱子一样，而承台则类似钢筋混凝土扩展式浅基础。桩身尺寸是按设计确定的，再按照设计的点位置入土中。在桩的顶部灌注钢筋混凝土承台，以支承上部结构，使建筑物荷载均匀地传递到桩基上。在寒冷地区，承台下应铺设100~200mm左右厚的粗砂或焦渣，以防止土壤冻胀引起承台的反拱破坏。

（2）桩基按受力情况分类。桩基可分为摩擦桩与端承桩。摩擦桩只是用桩挤实软弱土层，靠桩壁与土壤的摩擦力承担总荷载，如图12-13（a）所示。这种桩适合坚硬土层较深，总荷载较小的工程；端承桩是将桩尖直接支承在岩石或硬土层上，用桩身支承建筑的总荷载，也称做柱桩，如图12-13（b）所示。这种桩适用于坚硬土层较浅、荷载较大的工程。

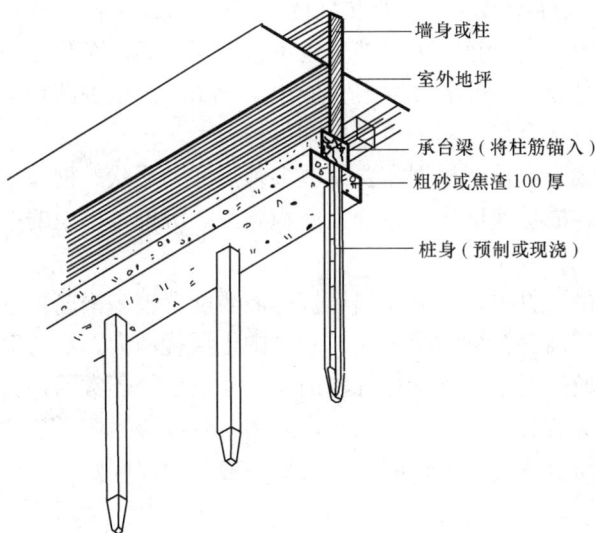

图 12 - 12　桩基础的组成

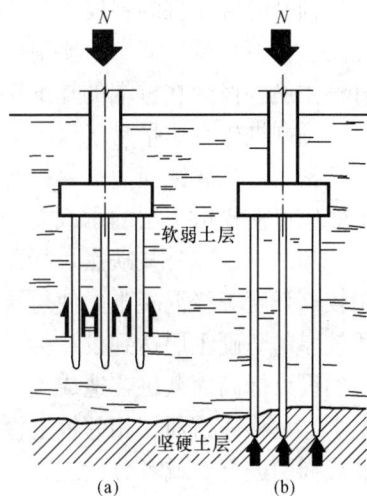

图 12 - 13　桩基础受力类型

(a) 摩擦桩；(b) 端承桩

（3）桩基按材料分类。桩基按材料不同可分为混凝土桩、钢桩、木桩和组合材料桩等。

1）混凝土桩。混凝土桩还可分为素混凝土桩、钢筋混凝土桩和预应力钢筋混凝土桩。

素混凝土桩由于受混凝土抗拉强度低的影响，一般只用在桩纯粹承压条件下，不适于荷载条件复杂多变的情况，因而它的应用已很少。

钢筋混凝土桩的配筋率较低（一般为 0.3%～1.0%），取材方便，价格便宜，耐久性好。桩基工程绝大部分采用钢筋混凝土桩。

预应力钢筋混凝土桩通常预制而成，桩体在抗弯、抗拉及抗裂等方面比钢筋混凝土桩更强，特别适用于受冲击和振动荷载情况。

混凝土桩可以分为预制桩和灌注桩两种基本的类型。

a. 预制桩。预制桩是桩体在施工现场或工厂先预制好，然后运至工地，用各种沉桩方法埋入地层中而成。预制桩有方形和八边形截面或中空方形和圆形截面等，截面边长一般为250～550mm，管桩截面直径有 400、550mm 几种。中空型桩更适用于摩擦型桩，因为单位体积混凝土可提供更大的接触面。圆形中空桩基运用离心原理浇制而成。各桩横截面如图12-14 所示。钢筋的作用是抵抗起吊和运输中产生的弯矩、竖向荷载。这类桩按预定的长度预制并养护，然后运往施工现场。

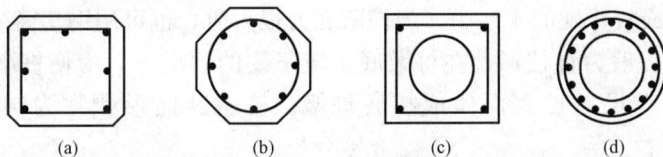

图 12 - 14　预制混凝土桩

（a）方形；（b）八边形；（c）中空方形；（d）中空圆形

目前工厂预制的桩限于运输和起吊能力一般不超过13.5m，现场制作的长度可大些，但限于桩架高度，一般在 20～30m 以内。桩长度不够时，需要在沉桩过程中接长。

预制混凝土桩的强度等级不宜低于 C30，采用静压法沉桩时也不宜低于 C20，对预应力混凝土桩不宜低于 C40。预制桩纵向钢筋混凝土保护层厚度不宜低于 30mm。预制桩的桩端可将主筋合拢焊在桩端的辅助钢筋上，也可在合拢主筋上再包以钢板桩靴。

预制桩桩身质量易于保证和控制，承载力高，能根据需要制成多种尺寸和形状。桩身混凝土密实，抗腐蚀能力强。桩身制作方便，成桩速度快，适合大面积施工。沉桩过程中的挤土效应可使松散土层的承载能力提高。

预制桩也有一些缺点，如需运输、起吊、打桩，为避免损坏桩体需要配置较多钢筋，选用较高强度等级混凝土，使得预制桩造价较高。打桩时噪声大，对周围土层扰动大。不易穿透较厚的坚硬土层达到设计标高，往往需通过射水或预钻孔等辅助措施来沉桩，还常因桩打不到设计标高而截桩，造成浪费。挤土效应有时会引起地面隆起，道路、管线等损坏，桩产生水平位移或挤断、相邻桩上浮等，因此需合理确定沉桩顺序。沉桩一般从中间开始，向两端或周围进行，或者分段进行。

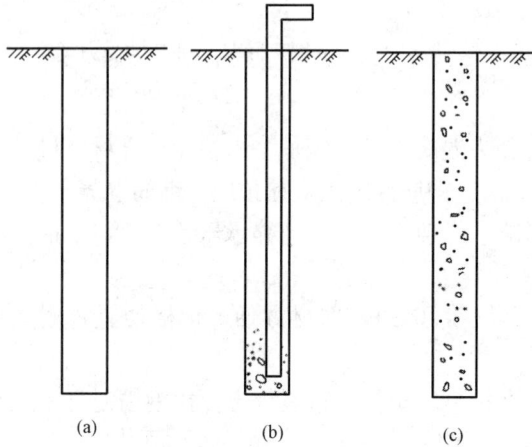

图 12 - 15　现场灌注桩

(a) 泥浆护壁钻孔；(b) 灌浆管孔底浇筑；(c) 灌注完成

b. 灌注桩。现场灌注桩是先在地基土中钻孔或挖孔，然后下放钢筋笼和填充混凝土而成。如图 12 - 15 所示。灌注桩的材料除钢筋混凝土和素混凝土外，还有砂、碎石、石灰、水泥和粉煤灰等，这些材料与桩周围土构成复合地基，丰富了地基处理的措施。

灌注桩混凝土的强度等级不得低于 C15，水下灌注时不得低于 C20。灌注桩纵向钢筋混凝土保护层厚度不应小于 35mm；水下灌注混凝土，其保护层厚度不得小于 50mm。

当持力层承载力较低时，可采用扩底桩。例如：钻挖成扩底锥孔后再灌注混凝土。其他形成扩底桩的方法有：用内夯管夯击孔底刚浇筑的混凝土，以便形成扩大的混凝土球状物，这样的扩底桩又称为夯扩桩，如图 12 - 16 (a) ～ (c) 所示；在孔底进行可控制的爆破，形成爆扩桩，如图 12 - 16 (d) ～ (f) 所示。桩墩是通过在地基中成孔后灌注混凝土形成大口径断面柱形深基础，即以单个桩墩代替群桩及承台。桩墩基础底部可支承于基岩之上，也可嵌入基岩或较坚硬的土层中。当桩墩受力很大时，也可用钢套筒或钢核桩墩，如图 12 - 17 所示。桩墩一般为直柱形，在桩墩底土较坚硬的情况下，为使桩墩底承受较大的荷载，也可将桩墩底端尺寸扩大而做成扩底桩墩。桩墩断面形状常为圆形，其直径不小于 0.8m。

灌注桩其钢材使用量一般较低，比预制桩经济，造价约为预制桩的 40%～70%。适于各种地层，桩长可灵活调整，桩端扩底可充分发挥桩身强度和持力层承载力。但它成桩质量不易保证，桩身易出现断桩、缩颈、夹泥、沉渣和混凝土析出等质量问题。

2) 钢桩。钢桩通常为管桩或轧制的 H 型钢桩，槽钢和工字钢也可用作钢桩。但热轧宽

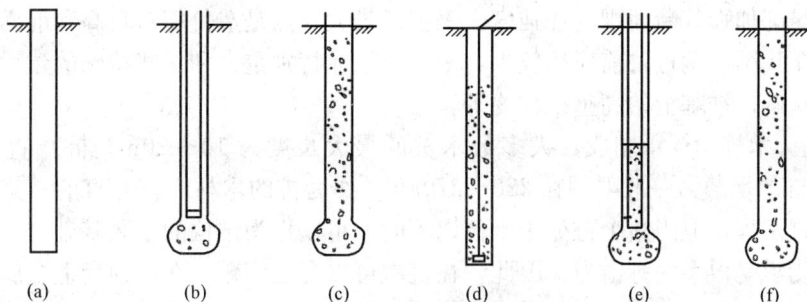

图 12 - 16　拔管夯扩灌注桩和爆扩桩

(a) 钻孔下套管；(b) 内夯管捣实；(c) 成桩；(d) 钻孔放引线及注混凝土；

(e) 引爆；(f) 灌混凝土成桩

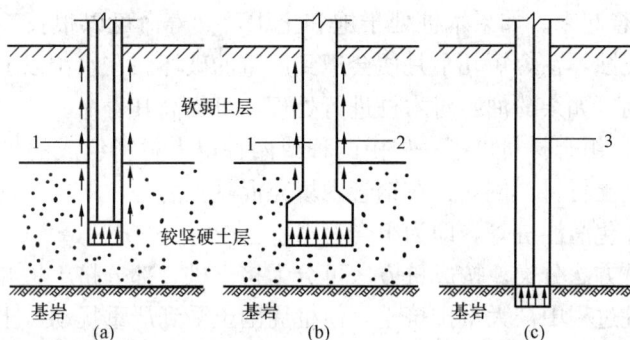

图 12 - 17　桩墩

(a) 摩擦桩墩；(b) 摩擦桩墩；(c) 端承桩墩

1—钢筋；2—钢套筒；3—钢核

翼缘 H 型钢更适用些，因为其腹板和翼缘等厚且长度相近，而槽钢和工字钢的腹板比翼缘薄且长，如图 12 - 18 所示。我国《建筑桩基技术规范》（JGJ 94—2008）中列出了常用 H 型钢桩的截面尺寸。钢桩如果不得不接长时，可用焊接或铆接。

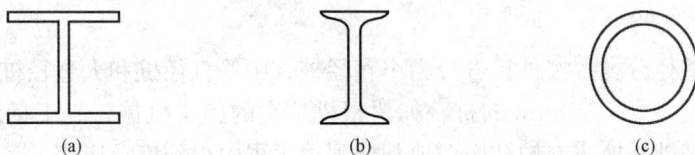

图 12 - 18　钢桩的横截面

(a) H 形（宽翼缘）；(b) 工字形；(c) 管形

　　钢管桩可开口或闭口打入。当桩很难打入时，比如遇到密实的砂砾、页岩和软岩时，钢管桩可以焊上圆锥形桩端（或桩靴）。大多数情况下，钢管桩在打入后用混凝土填实，形成组合材料桩。

　　钢桩存在锈蚀的问题，例如：遇到泥炭土和另外一些有机土，它们都具有腐蚀性，一般应加厚钢桩（超过实际设计截面）。很多情况下，在桩的表面涂上有效的防腐层，且打桩时涂层也不容易损坏。在大多数腐蚀区域，有混凝土外壳的钢桩也能有效地防腐蚀。

　　钢桩材料强度高、抗冲击性能好，接头易于处理、施工质量稳定，还可根据弯矩沿桩身的变化情况局部加强其断面刚度和强度。钢桩的最大缺点是造价相对较高和前面提到的存在锈蚀问题。在我国，钢桩目前应用较少，一般只用在特别重大和一些特殊的建设工程中，如火电厂厂房基础、软基上的高重结构物等。

3）木桩。木桩用树干制成，大多数木桩的最大长度为 10～20m，桩端直径不应小于 150mm。木桩的承载力一般限制在 220～270kN。作为桩的木材应该是直的、完好的。木桩一般用于临时工程，但当整个桩处于水位以下时，可以作为结构的永久基础。

木桩不能承受很大的打击力，因此，在桩端可以套上钢靴、在桩顶套上金属箍，以防破坏。木桩应尽量避免接头，特别是当承受拉伸荷载或水平荷载时。但如果必须接头时，可以用金属管套或铆钉和螺栓连接。管套的长度至少为木桩直径的 5 倍。为了连接紧密，接头末端应该锯正，装配位置应仔细修整；采用金属铆钉和螺栓连接时，接头末端也应该锯正，在铆钉连接的部位应削平。如果木材足够长，但其横断面尺寸不足，可以几根胶合在一起，或者用 3～4 根圆木组合起来。如果木桩处于饱和土中，其寿命可以很长。但在海水中，木桩受到各种有机物的侵蚀，在短短几个月便会遭到严重的破坏。在水位以上的桩还容易受到昆虫的破坏。用防腐剂（如杂酚油）对木桩进行处理，可提高其寿命。

4）组合材料桩。组合材料桩指一根由两种或两种以上材料组成的桩。整个桩长分段采用木材、钢材或混凝土材料。例如：在钢管内填充混凝土的桩，下部为预制桩、上部为灌注桩、中间为预制桩外包灌注桩等，即为组合材料桩。

（4）桩基按成桩方法分类。按成桩方法可分为挤土桩、部分挤土桩和非挤土桩。

挤土桩是在成桩过程中，大量排挤土，使桩周围土受到严重扰动，土的工程性质有很大改变的桩。挤土桩引起的挤土效应使地面隆起和土体侧移，施工常带有噪声，导致对周围环境的较大影响。但它不存在泥浆及弃土污染问题。这类桩主要有打入或静压成的实心或闭口预制混凝土桩、闭口钢管桩及沉管灌注桩等。

部分挤土桩在成桩过程中，引起部分挤土效应，使桩周围土受到一定程度的扰动。这类桩主要有打入或压入 H 型钢桩、开口管桩、预钻孔植桩及长螺旋钻孔、冲孔灌注桩等。非挤土桩采用钻孔、挖孔等方式将与桩体积相同的土体排出，对周围土体基本没有扰动，但废泥浆、弃土等可能会对环境造成影响。这类桩主要有干作业挖孔桩、泥浆护壁钻孔桩和套管护壁灌注桩等。

（5）桩基按桩径分类。按桩径可分为小直径桩、中等直径桩和大直径桩。

小直径桩指桩径 $d \leqslant 250$mm 的桩，如树根桩。它的施工机械、施工场地及施工方法一般较为简单，在基础托换、支护结构、地基处理等工程中得到广泛应用。

中等直径桩，250mm$<d<800$mm，这种桩大量应用于工业与民用建筑的基础，成桩方法和工艺很多。

大直径桩，$d \geqslant 800$mm，此类桩大多为钻、冲、挖孔灌注桩，还有大直径钢管桩等，通常用于高重型结构物基础，单桩承载力高，可实现柱下单桩形式，多为端承型桩。

（二）按基础的材料及受力特点分类

（1）刚性基础（无筋扩展基础）。凡是由刚性材料建造、受刚性角限制的基础，称为刚性基础。刚性材料一般是指抗压强度高、抗拉和抗剪强度较低的材料。如砖、石、混凝土、灰土等材料建造的基础，属于刚性基础，见图 12-19（a）。这类基础的大放脚（基础的扩大部分）较高，体积较大，埋置较深。适用于土质较均匀、地下水位较低、六层以下的砖墙承重建筑。

一般情况下,基础的底面积愈大,其底面的压强愈小,对地基的负荷愈有利。但放大的尺寸超过一定范围,超过基础材料本身的抗拉、抗剪能力,就会产生冲切破坏。从图 12-20 中可看出,破坏的方向不是沿墙或柱的外侧垂直向下,而是与垂线形成一个角度,这个角度就是材料特有的刚性角 α,它是宽 b 与高 h 所夹的角。只有控制基础的宽高比($b:h$),才能保证基础不被破坏。

(2)柔性基础(扩展基础)。主要是指钢筋混凝土基础,它是在混凝土基础的底部配以钢筋,利用钢筋来抵抗拉应力,使基础底部能够承受较大的弯矩。这种基础不受材料刚性角的限制,故称为柔性基础,见图 12-19(b)。这类基础大放脚矮,体积小、挖方少、埋置浅。适用于土质较差、荷载较大、地下水位较高等条件下的大中型建筑。

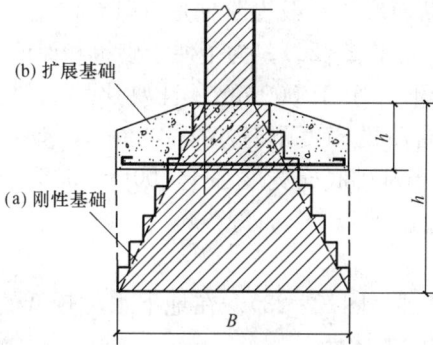

图 12-19 刚性基础与柔性基础(扩展基础)比较

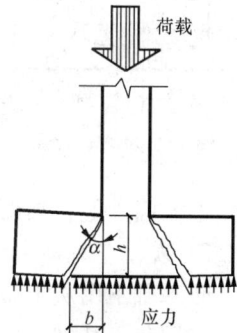

图 12-20 刚性角的形成

二、刚性基础构造

(一)砖基础

用非黏土烧结砖砌筑的基础叫砖基础。它具有取材容易,价格较低,施工简便等优点。但由于砖的强度、耐久性、抗冻性和整体性均较差,因而只适合于地基土质好、地下水位较低,五层以下的砖混结构中。

砖基础断面一般都做成阶梯形,这个阶梯形通常称为大放脚(图 12-21)。大放脚从垫层上开始砌筑,其台阶宽高比允许值为 $b/h \leqslant 1/1.5$。为保证大放脚的刚度,应为"二皮一收"(等高式)

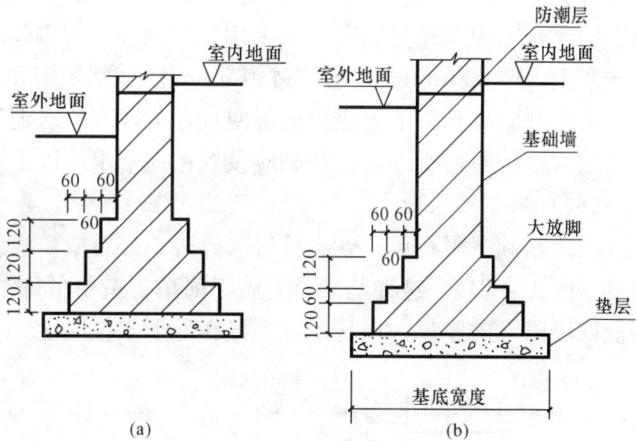

图 12-21 砖基础
(a)等高式大放脚;(b)间隔式大放脚

或"二皮一收"与"一皮一收"相间(间隔式),但其最底下一级必须用二皮砖厚。一皮即一皮砖,标注尺寸为 60mm,每收一次,两边各收 1/4 砖长。砌筑前基槽底面要铺 20mm 厚的砂垫层。

（二）毛石基础

毛石是一种天然石材经粗略加工使其基本方整，便于人力搬运及操作的石料，粒径一般不小于 300mm。毛石基础的强度、抗水、抗冻、抗腐蚀性能均较好。但由于毛石自重较大，操作要求高，运输、堆放不便，故毛石基础多适用于邻近山区，石材丰富，一般标准的砖混结构中。

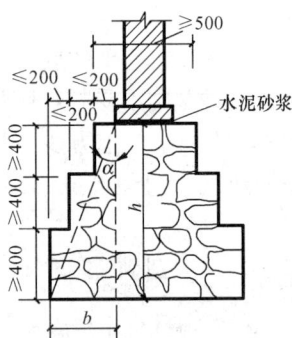

图 12-22　毛石基础

毛石基础的做法有两种。一种是毛石灌浆基础，即在基坑内先铺一层高约 400mm 左右的毛石后，灌以 M2.5 砂浆，然后分层施工；另一种是浆砌毛石基础，即边铺砂浆边砌毛石。两种做法均要求毛石大小交错搭配，缝内砂浆饱满，灰缝错开。

毛石基础断面形式一般为阶梯形，其台阶宽高比允许值为 $b/h \leqslant 1/1.5$（图 12-22）。为了便于砌筑和保证砌筑质量，基础顶部宽度不宜小于 500mm，且要比墙或柱每边宽出 100mm。每个台阶的高度不宜小于 400mm，退台宽度不应大于 200mm。当基础底面宽度小于 700mm 时，毛石基础应做成矩形截面。毛石顶面砌墙时应先铺一层水泥砂浆。

（三）灰土基础

在砖基础下用灰土做垫层，便形成灰土基础（图12-23）。在地下水位较低的地区，低层房屋采用灰土基础，可节省材料，提高基础的整体性。

灰土是用经过消解后的石灰粉和黏性土按一定比例加适量的水拌和夯实而成。其配合比为 3：7 或 2：8，一般采用 3：7，即 3 分石灰粉，7 分黏性土（体积比），通常称"三七灰土"。灰土需分层夯实，每层均需铺 220mm，夯实后为 150mm 厚，通称一步。三层及三层以上的混合结构和轻型厂房，多采用三步灰土，厚 450mm；三层以下混合结构房屋多采用两步灰土，厚 300mm。垫层超过 100mm 按基础使用和计算。

灰土基础具有施工简便，造价便宜，可以节约水泥和砖石材料的优点。但由于灰土抗冻性、耐水性较差，所以灰土基础应设置在地下水位以上，冰冻线以下。

（四）三合土基础

在砖基础下用石灰、砂、骨料（碎砖、碎石或矿渣）组成的三合土做垫层，形成三合土基础（图 12-24）。这种基础具有施工简单、造价低廉的优点。但其强度较低，只适用于四层及四层以下的建筑，且基础应埋置在地下水位以上。

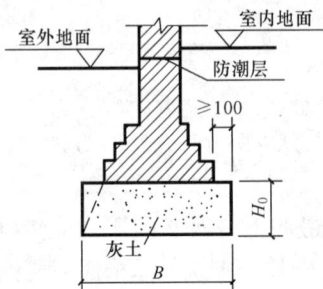

图 12-23　灰土基础

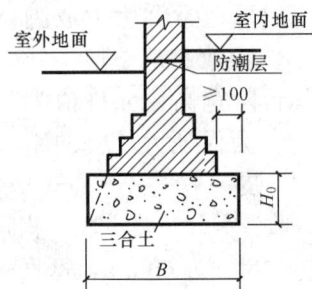

图 12-24　三合土基础

　　三合土的配比为 1∶3∶6 或 1∶2∶4。三合土应均匀铺入基槽内，加适量水拌和夯实，每层厚 150mm，总厚度 $H_0 \geqslant 300mm$，宽度 $B \geqslant 600mm$。三合土铺至设计标高后，在最后一遍夯打时，宜浇浓灰浆。待表面灰浆略微风干后，再铺上薄薄一层砂子，最后整平夯实。

（五）混凝土和毛石混凝土基础

　　这种基础多采用 C15 或 C20 混凝土浇筑而成，它坚固耐久、抗水、抗冰，多用于地下水位较高或有冰冻情况的建筑。它的断面形式和有关尺寸，除满足刚性角外，不受材料规格限制，按结构计算确定。其基本形式有梯形、阶梯形等（图 12-25）。

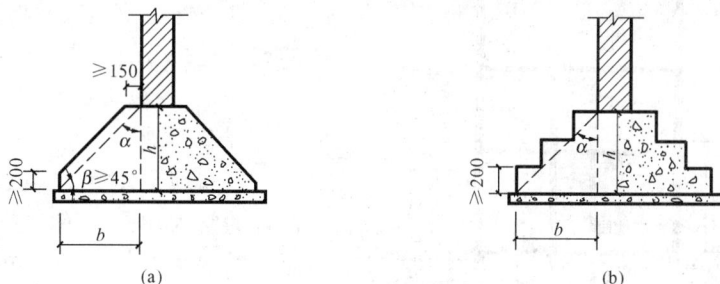

图 12-25　混凝土基础
（a）梯形；（b）阶梯形

　　基础底面下可设置垫层，垫层多用低强度等级的混凝土或三合土，厚度 80～100mm，每侧加宽 80～100mm。垫层不计入基础面积，作用是找平坑槽，便于放线和传递荷载。

　　混凝土的强度、耐久性、防水性都较好，是理想的基础材料。在混凝土基础体积过大时，可以在混凝土中加入适量毛石，即是毛石混凝土基础。加入的毛石粒径不得超过 300mm，也不得大于基础宽度的 1/3，加入的毛石体积为总体积的 20%～30%，且应分布均匀。

三、柔性基础（扩展基础）构造

　　柔性基础就是在基础受拉区的混凝土中配置钢筋，由弯矩产生的拉应力全部由钢筋承担，因而不受刚性角的限制。基础的"放脚"可以做得很宽、很薄，所以也叫板式基础（图 12-26）。它的截面面积较刚性基础小得多，挖土方量也少得多，但是它增加了钢筋和混凝土的用量，综合造价还是较高。

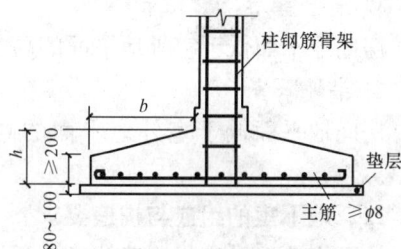

图 12-26　柔性基础（扩展基础）构造

　　柔性基础相当于倒置的悬臂板，板端最薄处不应小于 200mm，根部厚度需进行计算，一般最经济厚度为 $b/4$。

　　柔性基础属受弯构件，混凝土的强度等级不宜低于 C20，钢筋需进行计算求得，但受力筋直径不宜小于 8mm，间距不宜大于 200mm。当用等级较低的混凝土作垫层时，为使基础底面受力均匀，垫层厚度一般为 80～100mm。为保护基础钢筋，当有垫层时，保护层厚度不宜小于 35mm，不设垫层时，保护层厚度不宜小于 70mm。

第四节 地 下 室 构 造

在建筑物首层下面的房间称为地下室，它是在限定的占地面积中争取到的使用空间。在城市用地比较紧张的情况下，把建筑向上下两个空间发展，是提高土地利用率的手段之一。如高层建筑的基础很深，利用这个深度建造一层或多层地下室，既增加了使用面积，又省掉房心填土之费用，一举两得。图 12 - 27 为地下室示意图。

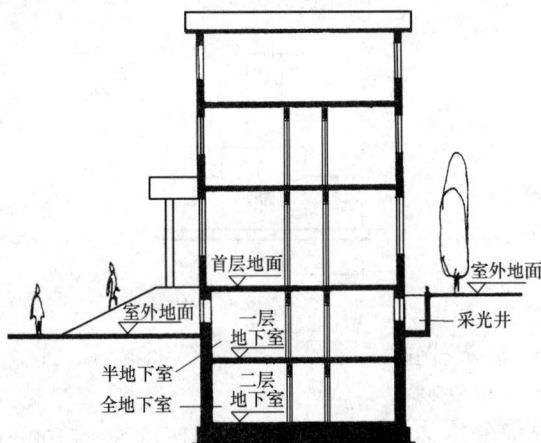

图 12 - 27　地下室示意图

一、地下室的类型

地下室主要是按照功能和与室外地面的关系进行分类。

（一）按功能分类

1. 普通地下室

普通地下室是建筑空间在地下的延伸，通常为单层，有时根据需要可达数层。其耐火等级、防火分区、安全疏散、防排烟设施、房间内部装修等应符合防火规范的有关规定。

2. 防空地下室

防空地下室是修建在地面房屋下面的人防建筑，它可以用做专业队掩蔽所和人员掩蔽所等。在平面布置、结构选型、通风防潮、采光照明和给水排水等方面，应采取相应措施使其充分发挥战备效益、社会效益和经济效益。

（二）按地下室与室外地面的关系分类

1. 地下室

房间地平面低于室外地平面的高度超过该房间净高的 1/2 者为地下室。

2. 半地下室

房间地平面低于室外地平面的高度超过该房间净高的 1/3，且不超过 1/2 者为半地下室。

二、地下室的组成与构造要求

地下室一般由底板、墙体、顶板、楼梯和门窗五大部分组成。

1. 底板

底板处于最高地下水位之上时，可按一般地面工程做法，即垫层上现浇混凝土 60~80mm 厚，再做面层；如底板处于地下水位之中时，底板不仅承受地面垂直荷载，还要承受地下水的浮力。因此，要求它具有足够的强度、刚度和抗渗性能。通常采用钢筋混凝土底板。

2. 墙体

墙体的主要作用是承受上部结构的垂直荷载，并承受土、地下水和土壤冻胀的侧压力。因此，要求它必须具有足够的强度和防潮、防水的性能。一般采用砖墙、混凝土墙或钢筋混凝土墙。

3. 顶板

顶板与楼板基本相同，常采用现浇或预制的钢筋混凝土板。如为人防地下室必须采用现浇板，并按有关规定决定板的厚度和混凝土强度等级。

4. 楼梯

楼梯可与地面以上部分的楼梯间结合布置。对于人防地下室，要设置两个直通地面的出入口，并且必须有一个是独立的安全出口。这个安全出口周围不得有较高的建筑物，以防因突袭倒塌堵塞出口，影响疏散。

5. 门窗

普通地下室的门窗与地上房间门窗相同。地下室外窗如在室外地坪以下时，应设置采光井，以利于室内采光、通风和室外行走安全。人防地下室一般不允许设窗，如需设窗，应做

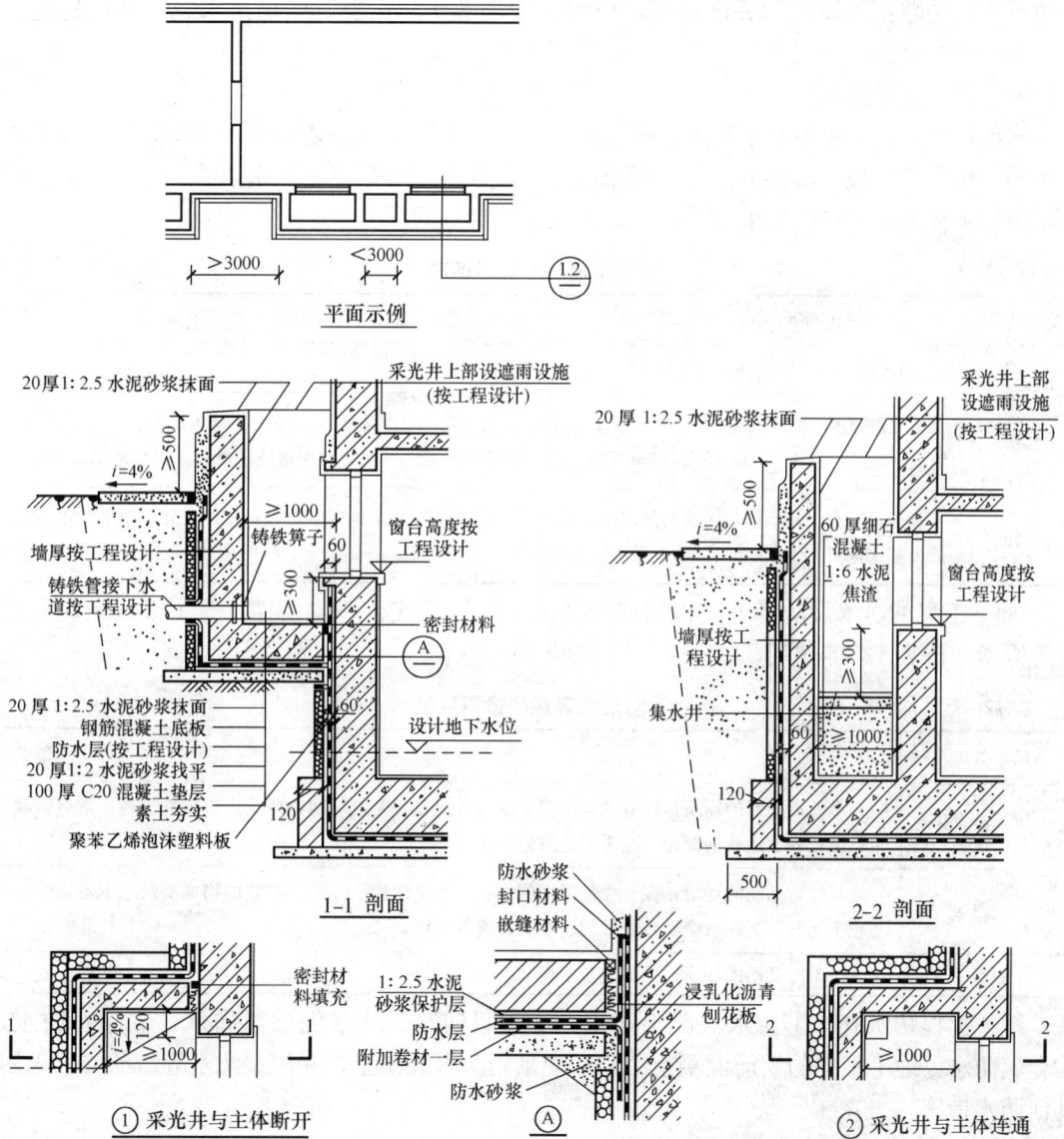

图 12-28 地下室采光井构造

好战时封堵措施。外门应按防护等级要求，设置防护门、防护密闭门。

三、地下室采光井构造

地下室的外窗处，可按其与室外地面的高差情况设置采光井。采光井可以单独设置，也可以联合设置，视外窗的间距而定。图 12 - 28 为地下室采光井构造。

第五节　地下工程防水与防潮

地下工程的外墙和底板都埋在地下，常年受到土中水分和地下水的侵蚀、挤压，如不采取有效的构造措施，地面水或地下水将渗透到地下工程内，轻则引起墙皮脱落，墙面霉变，影响美观、使用，重则降低建筑物的耐久性，甚至破坏。因此，地下工程的防水和防潮是确保地下工程能够正常使用的关键环节，应根据现场的实际情况，确定防水或防潮的构造方案。做到安全可靠，万无一失。

一、地下工程防水

当设计最高地下水位高于地下室底板标高时，底板和部分外墙被浸在水中，外墙受到地下水的侧压力，底板受到浮力。在这种情况下，必须考虑对地下工程采取防水措施。

地下工程的防水等级标准分为三级，见表 12 - 4。

表 12 - 4　　　　　　　　　　　地下工程防水等级标准

防水等级	标　　　准
一级	不允许渗水，结构表面无湿渍
二级	不允许漏水，结构表面可有少量湿渍；工业与民用建筑：总湿渍面积不应大于总防水面积（包括顶板、墙面、地面）的 1/1000；任意 100m² 防水面积上的湿渍不超过 1 处，单个湿渍的最大面积不大于 0.1m²
三级	有少量漏水点，不得有线流和漏泥沙；任意 100m² 防水面积上的漏水点数不超过 7 处，单个漏水点的最大漏水量不大于 2.5L/d，单个湿渍的最大面积不大于 0.3m²

地下工程的防水设防要求应根据使用功能、结构形式、环境条件、施工方法及材料性能等因素，按表 12 - 5 选用。

表 12 - 5　　　　　　　　　　　不同防水等级的适用范围

防水等级	适　用　范　围
一级	人员长期停留的场所；因有少量湿渍会使物品变质、失效的物场所及严重影响设备正常运转和危及工程安全运营的部位；极重要的战备工程
二级	人员经常活动的场所；在有少量湿渍的情况下不会使物品变质、失效的物场所及基本不影响设备正常运转和工程安全运营的部位；重要的战备工程
三级	人员临时活动的场所；一般战备工程

地下工程防水有：①防水混凝土防水；②卷材防水；③水泥砂浆防水；④涂料防水；⑤金属防水。地下工程的钢筋混凝土结构，应采用防水混凝土，并根据防水等级的要求采用其他防水措施。

（一）防水混凝土防水

混凝土防水是由防水混凝土依靠材料自身的憎水性和密实性来达到防水的目的。防水混凝土既是承重结构，又是围护结构，并具有可靠的防水性能。因而简化了施工，加快了工程进度，改善了劳动条件。防水混凝土分为普通防水混凝土和掺外加剂的防水混凝土。普通防水混凝土是对混凝土中骨料进行科学级配，对水灰比进行精确计算，按要求严格振捣，从而起到防水作用；掺外加剂的防水混凝土，则是在混凝土中掺入加气剂或密实剂，来提高其抗渗性能而达到防水目的。为了保证防水效果，防水混凝土结构厚度不应小于 250mm，裂缝宽度不得大于 0.2mm，并不得贯通。迎水面钢筋保护层的厚度应大于等于 50mm，当遇有腐蚀性介质时，应适当加厚。其使用环境温度不得高于 80℃。

地下工程防水混凝土防水构造示例，图 12-29 为桩基础防水构造、图 12-30 为条形基础与独立基础防水构造、图 12-31 为地下连续墙与底板防水构造。

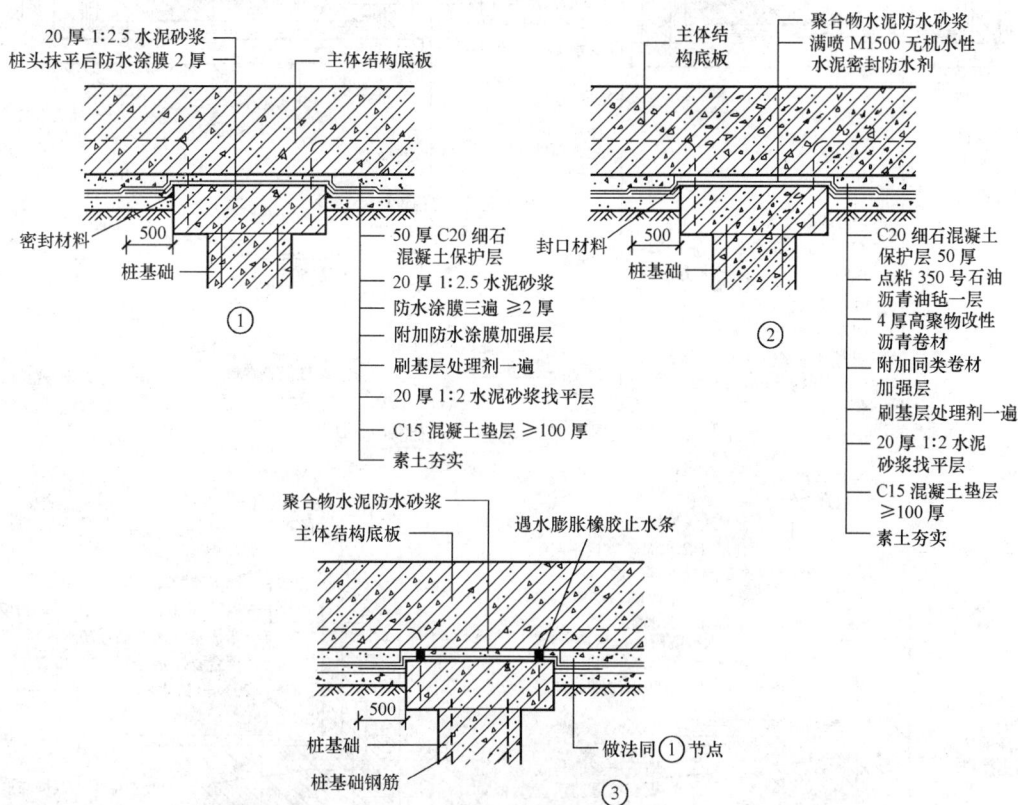

图 12-29　桩基础防水构造

（二）卷材防水

卷材防水属于柔性防水，适用于受侵蚀性介质作用或受振动作用的地下工程防水，应铺设在混凝土结构主体的迎水面，它是在结构主体底板垫层至墙体顶端的基面上，在外围形成的封闭的防水层。卷材防水层一般有外防外贴法和外防内贴法两种施工方法。

（1）外防外贴法（简称外贴法）：如图 12-32 所示，待混凝土垫层及砂浆找平层施工完毕，在垫层四周砌保护墙的位置干铺油毡条一层，再砌半砖保护墙高 300～600mm，并在内侧抹找平层。干燥后，刷冷底子油 1～2 道，再铺贴底面及砌好保护墙部分的油毡防水层，在四周留出油毡接头，置于保护墙上，并用两块木板或其他合适材料将油毡接头压于其间，从而防止接头断裂、损伤、弄脏。然后在油毡层上做保护层。再进行钢筋混凝土底

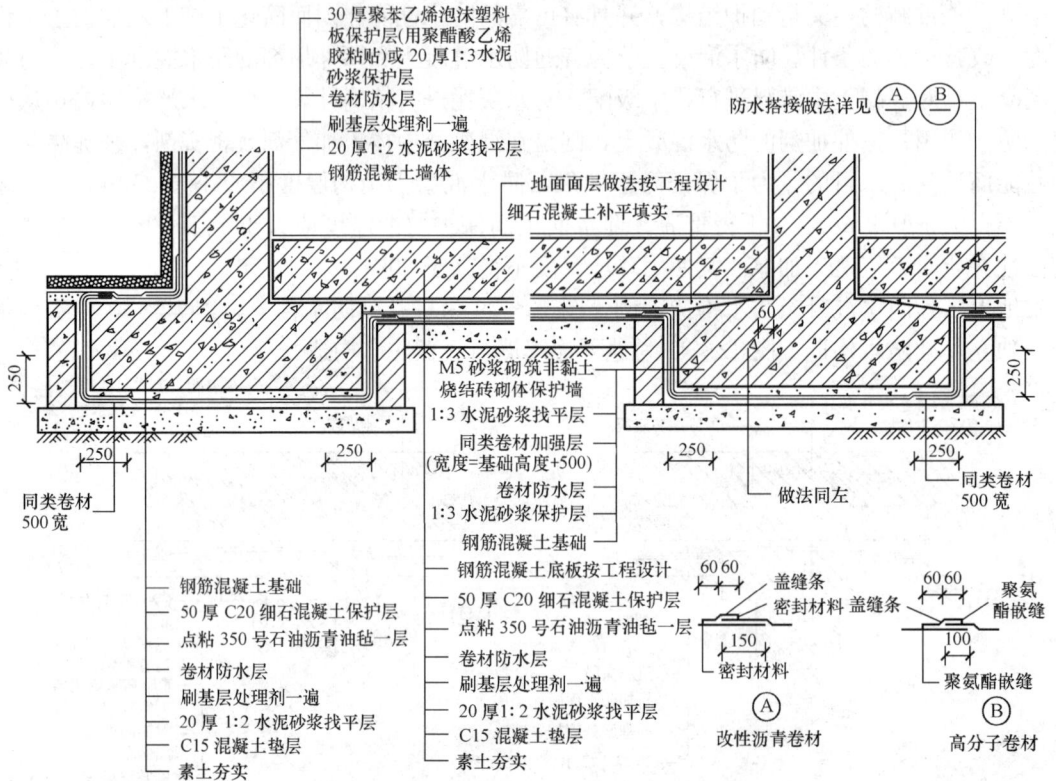

图 12-30　条形基础与独立基础防水构造

30 厚聚苯乙烯泡沫塑料板保护层(用聚醋酸乙烯胶粘贴)或 20 厚 1:3 水泥砂浆保护层
卷材防水层
刷基层处理剂一遍
20 厚 1:2 水泥砂浆找平层
钢筋混凝土墙体

防水搭接做法详见

地面面层做法按工程设计
细石混凝土补平填实

M5 砂浆砌筑非黏土烧结砖砌体保护墙
1:3 水泥砂浆找平层
同类卷材加强层(宽度=基础高度+500)
卷材防水层
1:3 水泥砂浆保护层
钢筋混凝土基础

做法同左

同类卷材 500 宽

同类卷材 500 宽

钢筋混凝土基础
50 厚 C20 细石混凝土保护层
点粘 350 号石油沥青油毡一层
卷材防水层
刷基层处理剂一遍
20 厚 1:2 水泥砂浆找平层
C15 混凝土垫层
素土夯实

钢筋混凝土底板按工程设计
50 厚 C20 细石混凝土保护层
点粘 350 号石油沥青油毡一层
卷材防水层
刷基层处理剂一遍
20 厚 1:2 水泥砂浆找平层
C15 混凝土垫层
素土夯实

盖缝条
密封材料 盖缝条
密封材料
Ⓐ 改性沥青卷材

聚氨酯嵌缝
聚氨酯嵌缝
Ⓑ 高分子卷材

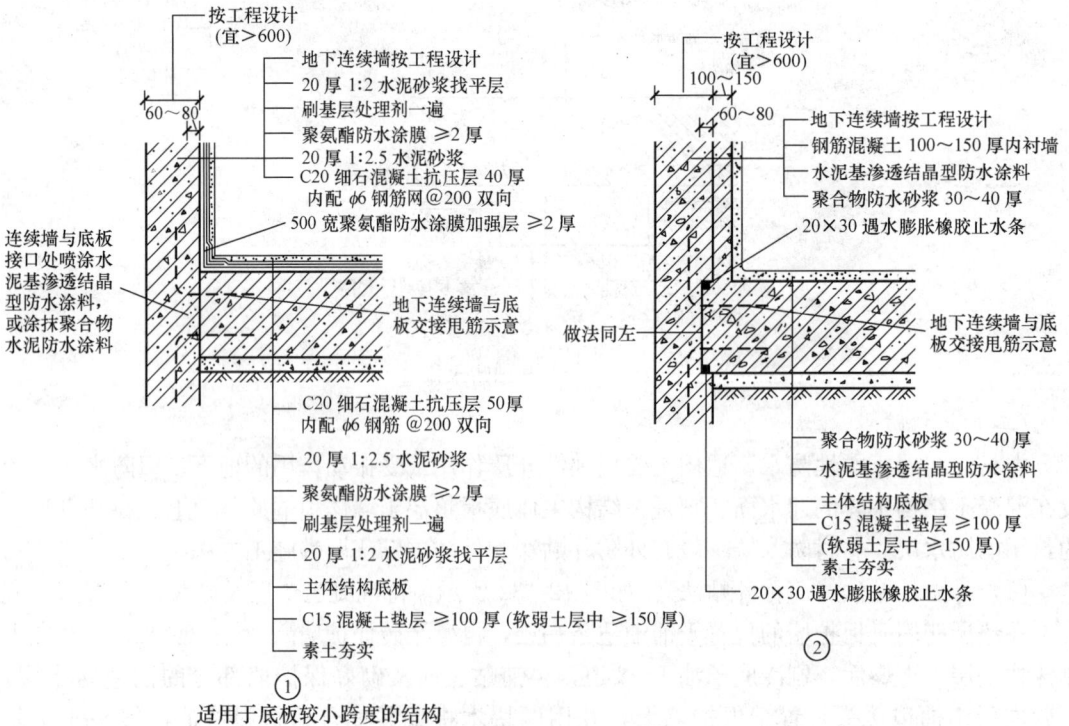

图 12-31　地下连续墙与底板防水构造

按工程设计(宜>600)
地下连续墙按工程设计
20 厚 1:2 水泥砂浆找平层
刷基层处理剂一遍
聚氨酯防水涂膜 ≥2 厚
20 厚 1:2.5 水泥砂浆
C20 细石混凝土抗压层 40 厚内配 φ6 钢筋网@200 双向
500 宽聚氨酯防水涂膜加强层 ≥2 厚

连续墙与底板接口处喷涂水泥基渗透结晶型防水涂料,或涂抹聚合物水泥防水涂料

地下连续墙与底板交接甩筋示意

C20 细石混凝土抗压层 50 厚内配 φ6 钢筋 @200 双向
20 厚 1:2.5 水泥砂浆
聚氨酯防水涂膜 ≥2 厚
刷基层处理剂一遍
20 厚 1:2 水泥砂浆找平层
主体结构底板
C15 混凝土垫层 ≥100 厚 (软弱土层中 ≥150 厚)
素土夯实

① 适用于底板较小跨度的结构

按工程设计(宜>600)
地下连续墙按工程设计
钢筋混凝土 100~150 厚内衬墙
水泥基渗透结晶型防水涂料
聚合物防水砂浆 30~40 厚
20×30 遇水膨胀橡胶止水条

做法同左

地下连续墙与底板交接甩筋示意

聚合物防水砂浆 30~40 厚
水泥基渗透结晶型防水涂料
主体结构底板
C15 混凝土垫层 ≥100 厚(软弱土层中 ≥150 厚)
素土夯实
20×30 遇水膨胀橡胶止水条

②

板及砌外墙等结构施工，并在墙的外边抹找平层，刷冷底子油。干燥后，铺贴油毡防水层（先贴留出的接头，再分层接铺到要求的高度）。完成后，立即刷涂1.5～3mm厚的热沥青或加入填充料的沥青胶，以保护油毡。随即继续砌保护墙至油毡防水层稍高的地方。保护墙与防水层之间的空隙用砂浆随砌随填。

外防外贴法，卷材防水层直接粘贴于主体外表面，防水层能与混凝土结构同步，较少受结构沉降变形影响，施工时不易损坏防水层，也便于检查混凝土结构及卷材的质量，发现问题容易修补。缺点是工期长，工作面大，土方量大，卷材接头不易保护，容易影响防水工程质量。

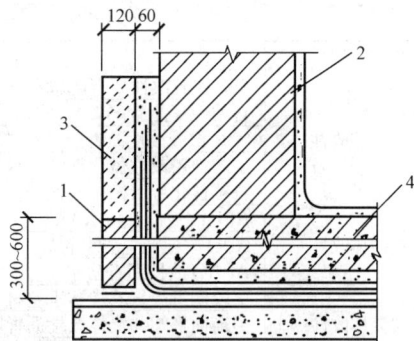

图 12-32　外贴法施工示意图
1—永久保护墙；2—基础外墙；
3—临时保护墙；4—混凝土底板

（2）外防内贴法（简称内贴法）：如图 12-33 所示，先做好混凝土垫层及找平层，在垫层四周干铺油毡一层并在其上砌一砖厚的保护墙，内侧抹找平层，刷冷底子油 1～2 遍，然后铺贴油毡防水层。完成后，表面涂刷 2～4mm 厚热沥青或加填充料的沥青胶，随即铺撒干净、预热过的绿豆砂，以保护油毡。接着进行钢筋混凝土底板及砌外墙等结构施工。

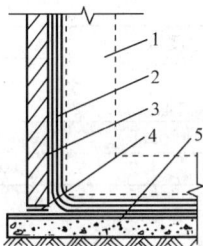

图 12-33　内贴法施工示意图
1—尚未施工的地下室墙；
2—卷材防水层；3—永久保护墙；
4—干铺油毡一层；5—混凝土垫层

外防内贴法，可一次完成防水层的施工，工序简单，土方量较小，卷材防水层无需临时固胶留槎，可连续铺贴。缺点是立墙防水层难以和主体同步受结构沉降变形影响，防水层易受损，卷材及混凝土的抗渗质量不易检查，如发生渗漏，修补困难。

卷材防水层应选用高聚物改性沥青防水卷材类或合成高分子防水卷材类。

（1）高聚物改性沥青防水卷材：具有耐老化、耐侵蚀、不浸润等特性和良好的憎水性、弹塑性、耐候性和黏结性。适用于受侵蚀性介质作用或受振动作用、基层变形较小、迎水面设防的地下工程。搭接边应采用热熔黏结。选用厚度及常用材料见表 12-6、表 12-7。

表 12-6　　　　　　　　　高聚物改性沥青防水卷材厚度的选用

防水等级	设防道数	厚度（mm）
一级	二道或二道以上	单层≥4.0
二级	二道	双层≥3.0×2
三级	宜一道	≥4.0
	复合	≥3.0

注　表中所述设防道数不包括混凝土结构自防水。

表 12-7　　　　　　　　　　　　　　常用高聚物改性沥青防水卷材

类　型	名　称	代号
弹性体改性	SBS 橡胶改性沥青防水卷材	J1-1
	自粘性聚酯胎 SBS 橡胶改性沥青防水卷材	J1-2
	SBR 橡胶改性沥青防水卷材	J1-3
	丁苯橡胶改性氧化沥青防水卷材	J1-4
	自粘性化纤胎橡胶改性沥青防水卷材	J1-5
塑性体改性	APP 改性沥青防水卷材	J1-6
	APO 改性沥青防水卷材	J1-7
	APAO 改性沥青防水卷材	J1-8
共混体改性	棉胶沥青聚氯乙烯防水卷材	J1-9
	铝箔面橡塑共混体改性沥青防水卷材	J1-10
	橡塑改性沥青聚乙烯胎防水卷材	J1-11

（2）合成高分子防水卷材：具有抗拉强度高、延伸率大、弹性高、温度特性好、耐水性能优异等特性。适用于受侵蚀性介质或振动作用的基层变形量较大、迎水面设防的地下工程。橡胶型卷材采用冷粘法施工；树脂型卷材、塑料板采用热熔、热风焊接施工。选用厚度及常用材料见表 12-8、表 12-9。

表 12-8　　　　　　　　　　　　合成高分子防水卷材厚度的选用

防水等级	设防道数	厚度（mm）
一级	三道或三道以上	单层≥1.5
二级	二道	双层总厚≥1.2×2
三级	宜一道	≥1.5
	复合	≥1.2

注　表中所述设防道数不包括混凝土结构自防水。

表 12-9　　　　　　　　　　　　　　常用合成高分子防水卷材

类型		名　称	代号
均质片	硫化橡胶类	三元乙丙橡胶防水卷材	J2-1
		氯化聚乙烯—橡胶共混防水卷材	J2-2
		氯丁橡胶、氯磺化聚乙烯、氯化聚乙烯防水卷材等	J2-3
		再生三元乙丙—丁基橡胶防水卷材	J2-4
	非硫化橡胶类	三元乙丙橡胶防水卷材	J2-5
		氯化聚乙烯—橡胶共混防水卷材	J2-6
		氯化聚乙烯防水卷材	J2-7
	树脂类（塑料板）	聚氯乙烯防水卷材（PVC）等	J2-8
		乙烯—醋酸乙烯共聚物（EVA）、聚乙烯等	J2-9
		乙烯—共聚物沥青（ECB）等	J2-10
复合片	硫化橡胶类	乙丙、丁基、氯丁橡胶、氯磺化聚乙烯等	J2-11
	非硫化橡胶类	氯化聚乙烯、乙丙、丁基、氯丁橡胶、氯磺化聚乙烯等	J2-12
	树脂类（塑料板）	聚氯乙烯防水卷材（PVC）等	J2-13
		聚乙烯防水板（PE、LDPE、HDPE）等	J2-14
其　他		纳基膨润土防水毡、防水板（单层使用厚度≥6.4mm）	J2-15
		聚合物水泥柔性防水卷材	J2-16

地下工程卷材防水构造示例，如图 12-34、图 12-35 所示。

（三）水泥砂浆防水

水泥砂浆防水属于刚性防水，适用于埋置深度不大，使用时不会因结构沉降，温度、湿度变化以及受振动等产生有害裂缝的地下防水工程。水泥砂浆防水层可采用多层抹压施工，

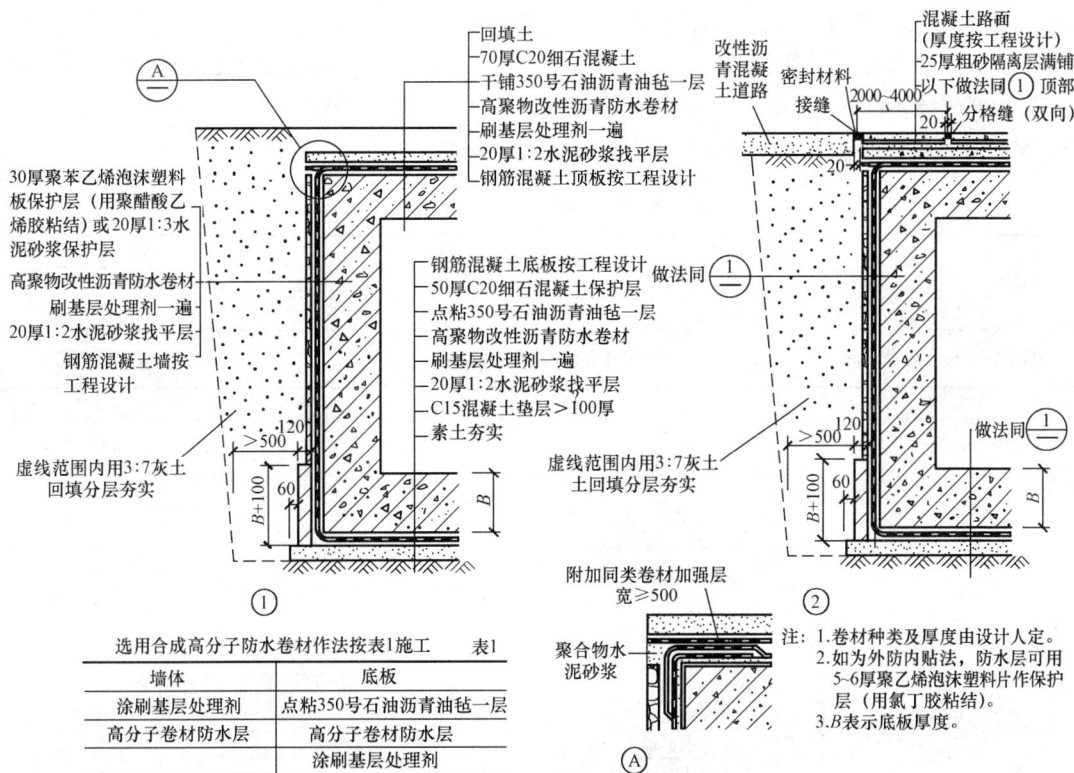

图 12-34 卷材防水构造（一）

选用合成高分子防水卷材作法按表1施工　表1

墙体	底板
涂刷基层处理剂	点粘350号石油沥青油毡一层
高分子卷材防水层	高分子卷材防水层
	涂刷基层处理剂

注：1.卷材种类及厚度由设计人定。
　　2.如为外防内贴法，防水层可用5~6厚聚乙烯泡沫塑料片作保护层（用氯丁胶粘结）。
　　3.B表示底板厚度。

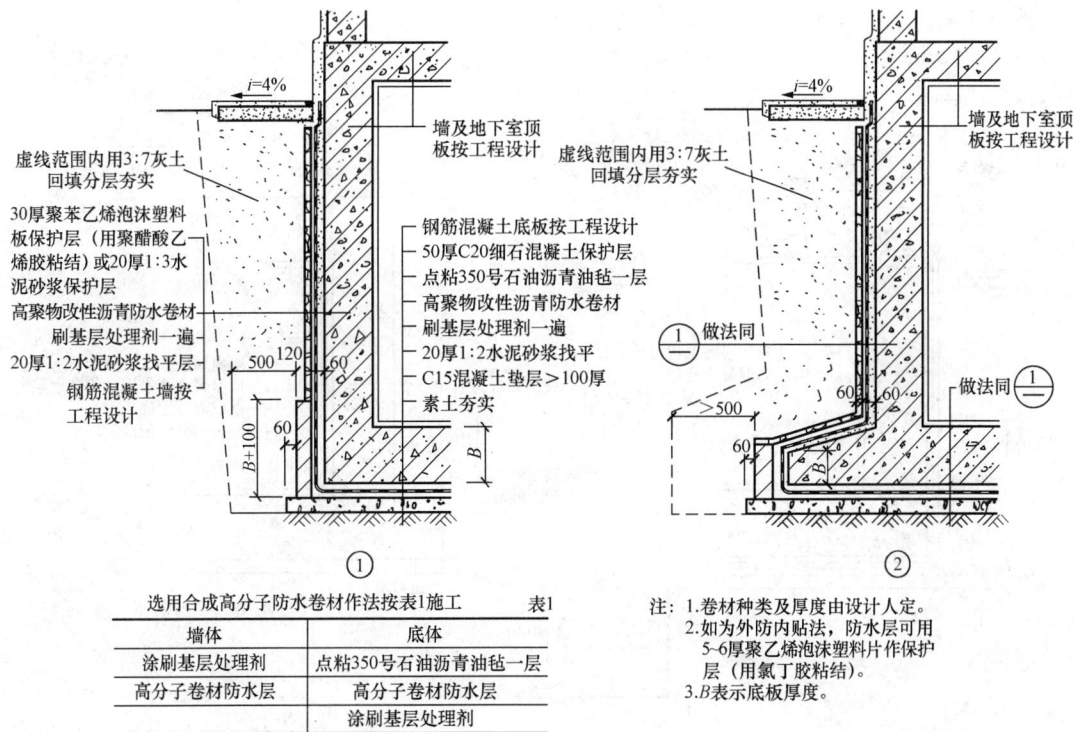

图 12-35 卷材防水构造（二）

选用合成高分子防水卷材作法按表1施工　表1

墙体	底体
涂刷基层处理剂	点粘350号石油沥青油毡一层
高分子卷材防水层	高分子卷材防水层
	涂刷基层处理剂

注：1.卷材种类及厚度由设计人定。
　　2.如为外防内贴法，防水层可用5~6厚聚乙烯泡沫塑料片作保护层（用氯丁胶粘结）。
　　3.B表示底板厚度。

并宜与其他防水措施复合使用。它可用于结构主体的迎水面或背水面。

水泥砂浆防水具有高强度、抗刺穿、湿粘性等特性。它包括普通防水砂浆、聚合物水泥砂浆和掺外加剂或掺和料防水砂浆。由于普通防水砂浆的多层做法比较繁琐，故工程中已不多用。

水泥砂浆的厚度规定及常用材料见表 12-10、表 12-11。

表 12-10　　　　　　　　水泥砂浆厚度规定

名　称	厚度（mm）
聚合物水泥砂浆防水层	单层：6~8；双层：10~12
掺外加剂或掺和料水泥砂浆、普通水泥砂浆	18~20

表 12-11　　　　　　　　常用水泥砂浆防水材料

类　型	名　称	代号
聚合物水泥砂浆	有机硅防水砂浆	S-1
	阳离子氯丁胶乳防水砂浆	S-2
	EVA聚合物防水砂浆	S-3
	丙烯酸酯共聚乳液防水砂浆	S-4
	不饱和聚酯树脂防水砂浆	S-5
	丁苯胶乳防水砂浆	S-6
	钢纤维（合成纤维）聚合物防水砂浆	S-7
外加剂、掺和料水泥砂浆（宜多层抹压）	补偿收缩（掺膨胀剂）水泥砂浆	S-8
	硅粉、粉煤灰水泥砂浆	S-9
	减水剂水泥砂浆	S-10
	水泥防水剂防水砂浆	S-11
	无机铝盐防水砂浆	S-12
	钢纤维（合成纤维）补偿收缩防水砂浆	S-13
普通水泥砂浆防水层（宜多层抹压）		S-14

地下工程水泥砂浆防水构造示例，如图 12-36 所示。

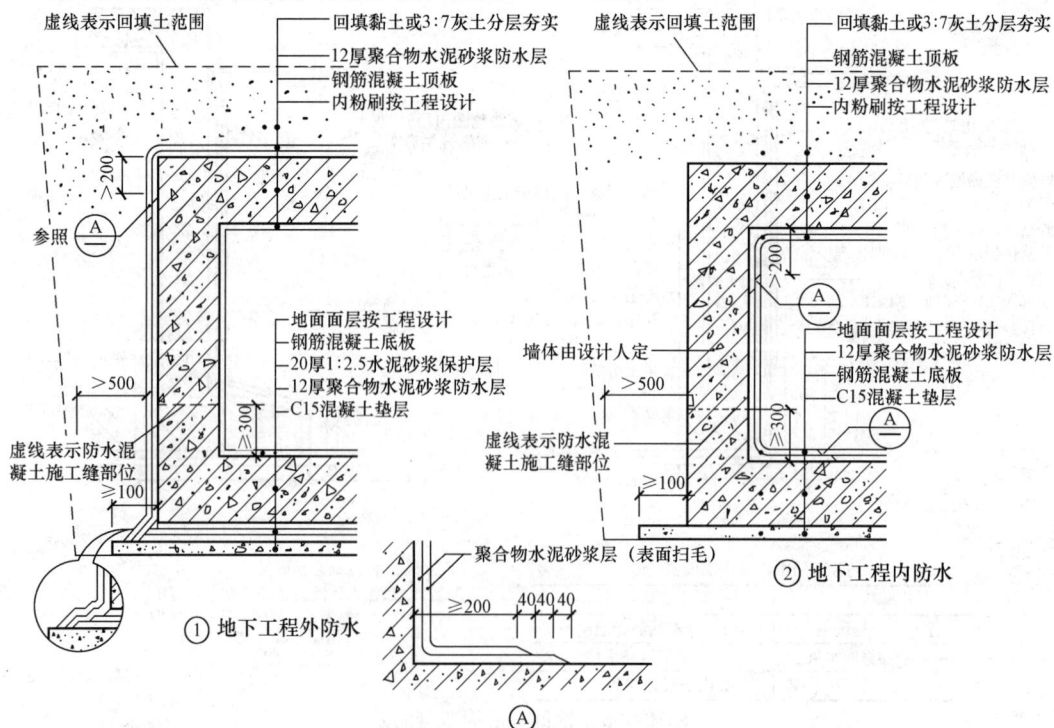

图 12-36　水泥砂浆防水构造

（四）涂料防水

涂料防水层包括有机防水涂料和无机防水涂料。有机防水涂料宜用于结构主体的迎水面；无机防水涂料宜用于结构主体的背水面。

有机防水涂料包括反应型、水乳型、聚合物水泥防水涂料；无机防水涂料包括水泥基防水涂料、水泥基渗透结晶型防水涂料。

（1）有机防水涂料：具有良好的延伸性、整体性和耐腐蚀性。适宜在迎水面设防。深埋、振动、变形较大的工程宜选用高弹性涂料。水乳型、聚合物水泥基有机涂料可用于潮湿基层。选用厚度及常用材料见表12-12、表12-13。

表 12-12　　　　　　　　有机防水涂料厚度选用

防水等级		厚度（mm）		
		反应型	水乳型	聚合物水泥
一级	三道以上	1.2～2.0	1.2～1.5	1.5～2.0
二级	二道			
三级	一道	—	—	≥2.0
	复合	—	—	≥1.5

注　表中所注设防道数不包括混凝土结构自防水。

表 12-13　　　　　　　　常 用 有 机 防 水 涂 料

类 型	名 称	代 号
反 应 型	聚氨酯防水涂料	T1-1
	环氧树脂防水涂料	T1-2
	不饱和聚酯树脂防水涂料	T1-3
	聚硫橡胶防水涂料	T1-4
水 乳 型	硅橡胶防水涂料	T1-5
	丙烯酸酯防水涂料	T1-6
	有机硅防水涂料	T1-7
	聚氯乙烯弹性防水涂料	T1-8
	聚丁或丁苯胶乳防水涂料	T1-9
	三元乙丙橡胶防水涂料	T1-10
	SBS弹塑性防水涂料	T1-11
水泥聚合物	丙烯酸胶乳—水泥复合防水涂料	T1-12
	EVA、丙烯酸酯乳液—水泥复合防水涂料	T1-13
	EVA、改性剂—水泥复合防水涂料	T1-14

（2）无机防水涂料：它与水泥砂浆、混凝土基层具有良好的湿干黏结性、耐磨性和抗刺穿性。宜用于主体结构的背水面和潮湿基层。潮湿基层亦可采用复合涂料，先涂水泥基类无机涂料，后涂有机涂料。选用厚度及常用材料见表12-14、表12-15。

表 12-14 **无机防水涂料厚度选用**

防水等级		水泥基（厚度 mm）	渗透结晶型（厚度 mm）	
			水泥基（粉末型）	溶液型
一级	三道以上		≥0.8	按要求喷涂
二级	二道	1.5～2.0	≥0.8	—
三级	一道	≥2.0	—	—
	复合	≥1.5	—	—

注 表中所注设防道数不包括混凝土结构自防水。

表 12-15 **常 用 无 机 防 水 涂 料**

类 型		名 称	代号
水泥基		堵漏防水粉（剂）	T2-1
		水泥基防水涂料	T2-2
渗透结晶型	水泥基	CCCW	T2-3
	溶液型	渗密液	T2-4
		M1500 无机水性水泥密封防水剂	T2-5

地下工程涂料防水构造示例，如图 12-37 所示。

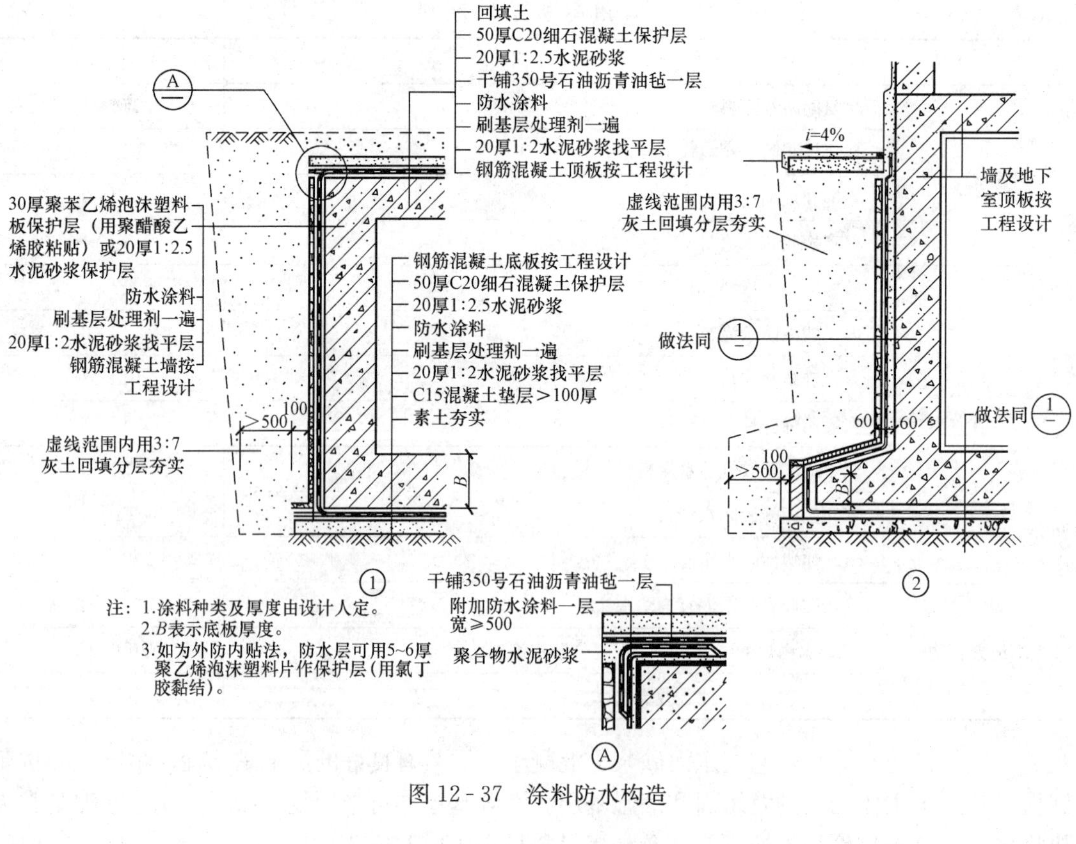

注：1.涂料种类及厚度由设计人定。
2.B表示底板厚度。
3.如为外防内贴法，防水层可用5~6厚聚乙烯泡沫塑料片作保护层（用氯丁胶黏结）。

图 12-37 涂料防水构造

（五）金属防水

金属防水层主要用于工业厂房地下烟道、电炉基坑、热风道等有高温高热以及振动较大、防水要求严格的地下防水工程。它只起防水作用，其承重部分仍以钢筋混凝土承担。

金属防水层分内防水和外防水两种做法。采用内防水时，金属防水层应与混凝土结构内的钢筋焊牢或焊接一定数量的锚固件；采用外防水时，金属防水层应焊在混凝土结构预埋件上，焊缝检查合格后，应将其与结构间的空隙用水泥砂浆灌实。

金属防水层常用材料见表 12-16。

表 12-16　　　　　　　　　　　　金属防水层常用材料

名　称	厚度（mm）	代号
碳素结构钢	民用 3～6，工业用 8～12	G-1
低合金高强度结构钢	民用 3～6，工业用 8～12	G-2
铝、锡、锑合金防水卷（板）材	＞0.45	G-3
不锈钢板	0.5～1.2	G-4

地下工程金属防水构造示例，如图 12-38 所示。

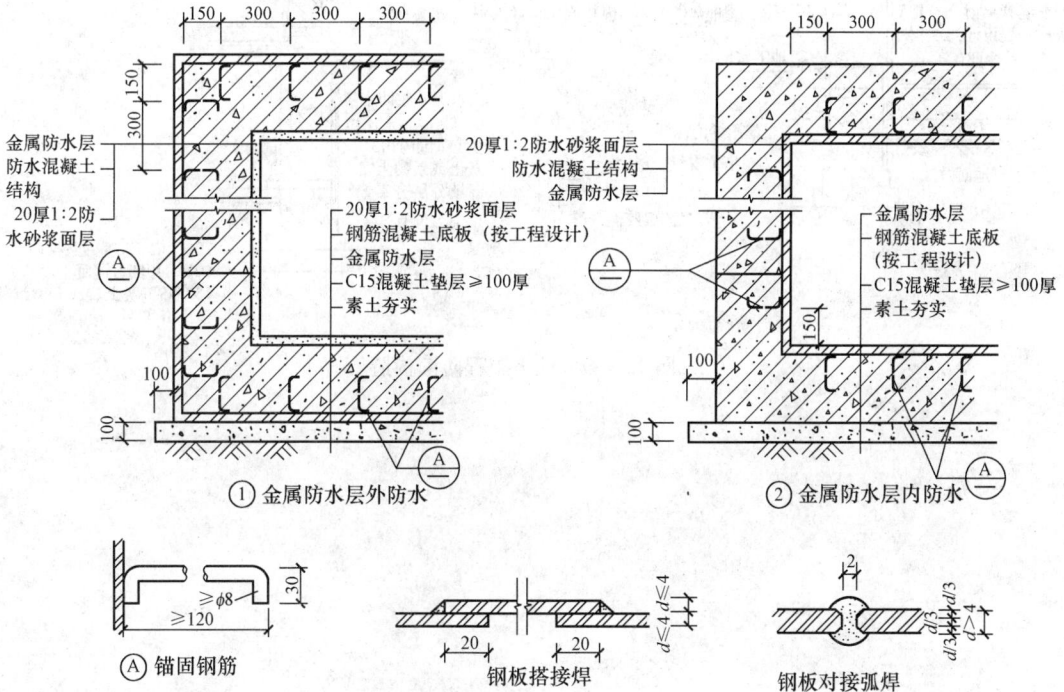

图 12-38　金属防水构造

二、地下工程防潮

当设计最高地下水位低于地下室底板标高，且工程周围没有其他因素形成的滞水时，外墙和底板只受到土层中潮气的影响。在这种情况下，应考虑对地下工程采取防潮措施。

地下工程防潮措施只适用于防无压水（如毛细管水及地下水下渗而造成的无压水）。

防潮层的做法按表 12-17 选定。

表 12-17　　　　　　　　　　　　**防 潮 层 做 法**

编号	防 潮 层 做 法
1	防水涂料详见表 12-10、表 12-11、表 12-12、表 12-13
2	水泥砂浆防水层详见表 12-8、表 12-9

地下工程防潮构造示例，如图 12-39 所示。

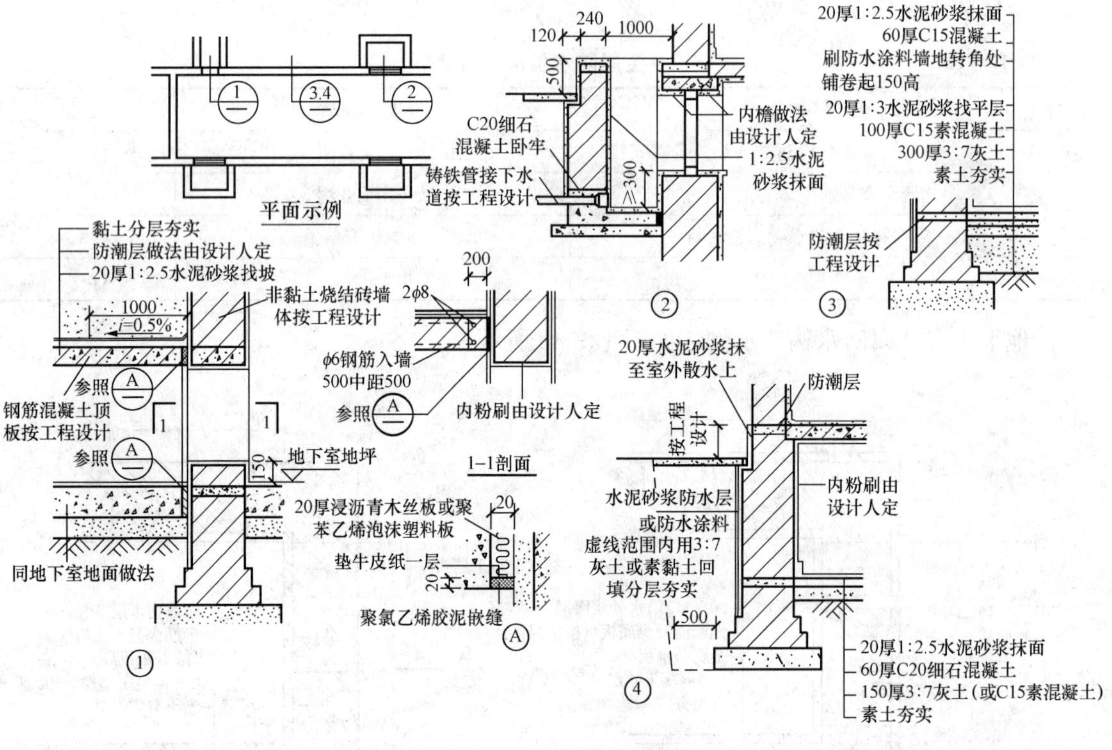

图 12-39　地下工程防潮构造

第十三章

墙　体

第一节　概　　述

　　墙体是组成建筑空间的竖向构件。它下接基础，中隔楼板，上连屋顶，是建筑物的重要组成部分。其造价、工程量和自重往往是建筑物所有构件当中所占份额最大的。长期以来，人们一直围绕着墙体的技术和经济问题进行着不懈的努力和探索，并取得了一定的进展。

一、墙体的类型

（一）按墙体在建筑物中所处的位置及方向分类

　　（1）按墙体所处的位置不同，可分为外墙和内墙。凡位于建筑物四周的墙称为外墙；位于建筑物内部的墙称为内墙。外墙的主要作用是抵抗大气侵袭，保证内部空间舒适，故又称为外围护墙；内墙的主要作用是分隔室内空间，保证各房间的正常使用。

　　（2）按墙体所处的方向不同，又可分为纵墙和横墙。沿建筑物长轴方向布置的墙称为纵墙，有外纵墙和内纵墙之分，外纵墙也称檐墙；沿建筑物短轴方向布置的墙称为横墙，有外横墙和内横墙之分，外横墙通常称为山墙。墙体的名称如图13-1所示。

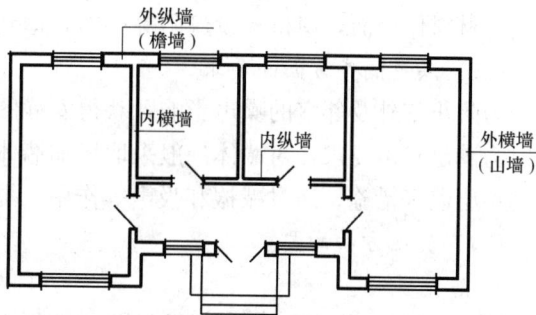

　　此外，窗与窗或门与窗之间的墙称为窗间墙；窗洞下方的墙称为窗下墙；屋顶上部高出屋面的墙称为女儿墙等。

图 13-1　墙体的名称

（二）按墙体受力情况分类

　　按墙体受力情况的不同，可分为承重墙和非承重墙。凡是承担上部构件传来荷载的墙称为承重墙；不承担上部构件传来荷载的墙称为非承重墙。非承重墙包括自承重墙和隔墙，自承重墙仅承受自身重量而不承受外来荷载，而隔墙主要用作分隔内部空间而不承受外力。在框架结构中，不承受外来荷载，自重由框架承受，仅起分隔作用的墙，称为框架填充墙。

（三）按墙体材料分类

　　按墙体所用材料不同有砖墙、石墙、土墙、混凝土墙、钢筋混凝土墙，以及利用各种材料制作的砌块墙、板材墙等。

（四）按墙体构造方式分类

　　按墙体构造方式可以分为实体墙、空体墙和组合墙三种。实体墙由单一材料组成，如普通砖墙、实心砌块墙等。空体墙也由单一材料组成，可由单一材料砌成内部空腔或材料本身具有孔洞，如空斗墙、空心砌块墙等；组合墙由两种及两种以上材料组合而成，如混凝土墙、加气混凝土复合板材墙等。

（五）按墙体施工方法分类

按墙体施工方法不同可分为叠砌式墙、预制装配式墙和现浇整体式墙三种。叠砌式墙是用零散材料通过砌筑叠加而成的墙体，如砖墙、石墙和各种砌块墙等；预制装配式墙是指将在工厂制作的大、中型墙体构件，用机械吊装拼合而成的墙体，如大板建筑、盒子建筑等；现浇整体式墙是现场支模和浇筑的墙体，如现浇钢筋混凝土墙等。

二、墙体的设计要求

（一）具有足够的强度和稳定性

墙体的强度与砌体本身的强度等级、所用砂浆的强度等级、墙体尺寸、构造以及施工技术有关；墙体的稳定性则与墙的长度、厚度、高度密切相关，同时也与受力支承情况有关。一般通过控制墙体的高厚比，利用圈梁、构造柱以及加强各部分之间的连接等措施，增强其稳定性。

（二）满足热工方面的要求

热工要求主要是指外墙体的保温与隔热。对于外墙体的保温，通常采用增加墙体厚度、选择导热系数小的墙体材料、采用多种材料的组合墙以及防止外墙中出现凝结水、空气渗透等措施加以解决；对于外墙的隔热，一般可以通过选用热阻大，重量大，表面光滑、平整、浅色的材料作饰面，窗口外设遮阳等措施，达到降低室内温度的目的。

（三）满足隔声方面的要求

为防止室外及邻室的噪声影响，获得安静的工作和休息环境，墙体应具有一定的隔声能力。为满足隔声要求，对墙体一般采取增加墙体密实性及厚度，采用有空气间层或多孔性材料的夹层墙等措施。通过减振和吸声等作用，提高墙体的隔声能力。

（四）其他方面的要求

1. 防火要求

选择燃烧性能和耐火极限符合防火规范规定的材料。在大型建筑中，还要按防火规范的规定设置防火墙，将建筑划分为若干区段，以防止火灾蔓延。

2. 防水防潮要求

位于卫生间、厨房、实验室等有水的房间及地下室的墙，应采取防水、防潮措施。选择良好的防水材料以及恰当的做法，保证墙体的坚固耐久性，使室内有良好的卫生环境。

3. 建筑工业化要求

建筑工业化的关键是墙体改革。尽可能采用预制装配式墙体材料和构造方案，为生产工厂化、施工机械化创造条件，以降低劳动强度，提高墙体施工的工效。

三、墙体结构布置要求

结构布置是指梁、板、墙、柱等结构构件在房屋中的总体布局。大量性民用建筑的结构布置方案，通常有以下几种，如图 13-2 所示。

（一）横墙承重方案

横墙承重方案是将楼板两端搁置在横墙上，荷载由横墙承受，纵墙只起纵向稳定和围护作用。该方案特点是横向间距小，又有纵墙拉结，使建筑物的整体性好，空间刚度较大，对抵抗风力、地震力等水平荷载的作用十分有利。该方案适用于使用功能为小房间的建筑，如住宅、宿舍等，见图 13-2（a）。

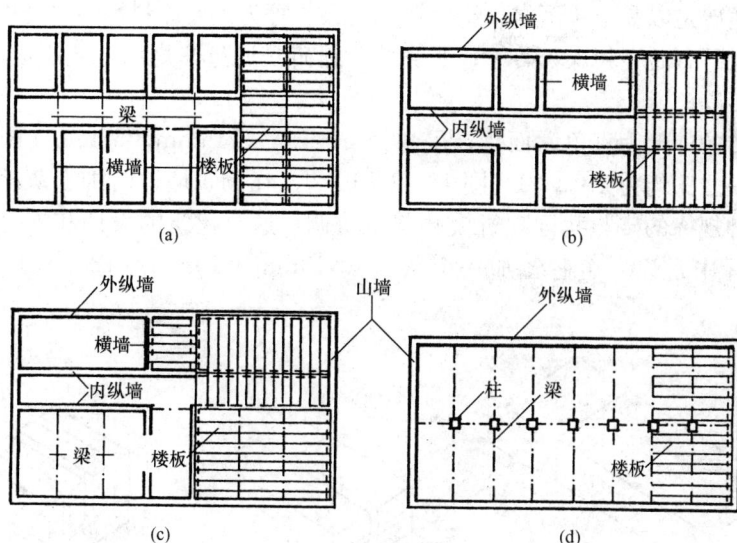

图 13-2 墙体结构布置方案

（a）横墙承重；（b）纵墙承重；（c）纵横墙混合承重；（d）部分框架承重

（二）纵墙承重方案

纵墙承重方案是将大梁或楼板搁置在内外纵墙上，荷载由纵墙承受，横墙为非承重墙，仅起分隔房间的作用。该方案特点是房间平面布置较为灵活，适用于需要较大房间的建筑，如教学楼、办公楼等，见图 13-2（b）。

（三）纵横墙混合承重方案

由于建筑空间变化较多，结构方案可根据需要布置，房屋中一部分用横墙承重，另一部分用纵墙承重，形成纵横墙混合承重方案。该方案的特点是建筑组合灵活，空间刚度较好。适用于开间、进深变化较多的建筑，如医院、实验楼等，见图 13-2（c）。

（四）部分框架承重方案

当建筑需要大空间时，采用部分框架承重，四周为墙承重，楼板的荷载传给梁、柱或墙。该方案的特点是房屋的总刚度主要由框架保证，水泥及钢材用量较大，适用于内部需要大空间的建筑，如商店、综合楼等，见图 13-2（d）。

第二节 墙 体 构 造

一、墙体材料

墙体材料是房屋建筑主要的围护和结构材料。目前常用的墙体材料有砖、砌块、钢筋混凝土板材和砌筑砂浆。

（一）砌墙砖

凡由黏土、工业废料或其他地方资源为主要原料，以不同工艺制成，在建筑中用于砌筑承重和非承重墙体的砖，统称为砌墙砖。

砌墙砖可分为普通砖和空心砖两大类。

（1）普通砖：它是没有孔洞或孔洞率小于 15％的砖，按照生产工艺分为烧结砖和非烧结砖。烧结普通砖是以黏土、页岩、煤矸石、粉煤灰等为主要原料，经焙烧而成，包括黏土砖、页岩砖、煤矸石砖、粉煤灰砖等；非烧结普通砖是通过非烧结工艺制成的，如碳化砖、蒸氧砖、蒸压砖等。

烧结普通砖的外形为直角六面体，尺寸为 240mm×115mm×53mm［图 13-3（a）］。砖的长、宽、厚之比约为 4∶2∶1［图 13-3（b）］，在砌筑墙体时加上灰缝，上下错缝方便灵活。但这种规格的砖与我国现行模数制不协调，这给建筑的设计和施工带来一定的麻烦。在工程实际中常以一个砖宽加一个灰缝（115mm＋10mm＝125mm）为砌体的组合模数。

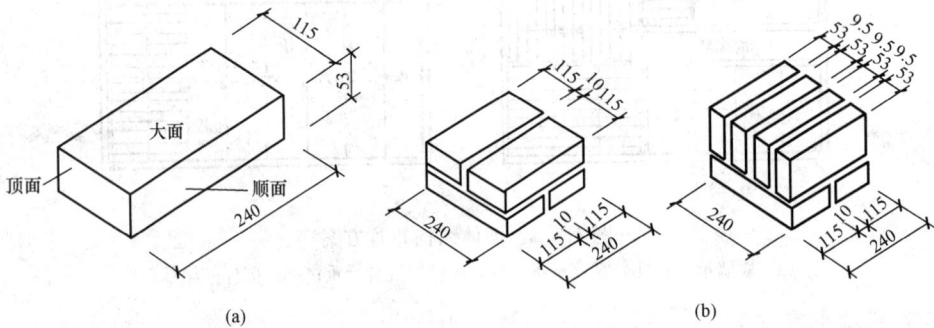

图 13-3　普通砖的尺寸关系
(a) 普通砖的尺寸；(b) 普通砖的组合尺寸关系

（2）空心砖：它是指孔洞率等于或大于 15％的砖，其中孔的尺寸小而数量多者又称为多孔砖。

烧结空心砖为顶面有孔，且孔洞较大的砖（图 13-4），其尺寸有 290mm×190mm×90mm 和 240mm×180mm×115mm 两种；烧结多孔砖为大面有孔，孔多且小的砖（图 13-5），其尺寸有 190mm×190mm×90mm 和 240mm×115mm×90mm 两种。

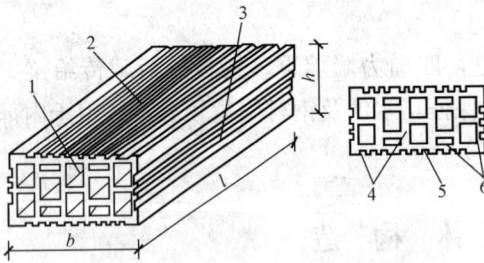

图 13-4　烧结空心砖的外形
图 13-5　烧结多孔砖的外形
1—顶面；2—大面；3—顺面；4—肋；
5—凹槽线；6—外壁

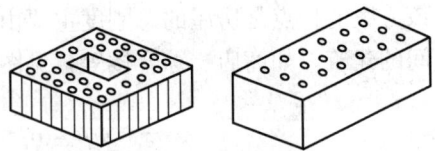

烧结普通砖既具有一定的强度和耐久性，又具有良好的保温隔热性能。但其中的实心黏土砖由于生产时毁田取土量大、能耗高、自重大，属墙体材料革新中的淘汰产品。

砖的强度等级是根据其抗压强度和抗弯强度综合确定的，分别为 MU30、MU25、MU20、MU15、MU10、MU7.5 六个等级。

（二）砌块

砌块是形体较大的人造石材。按形态分为实心砌块和空心砌块；按产品规格分为大型

（高度大于 980mm）砌块、中型（高度为 380～980mm）砌块和小型（高度为 115～380mm）砌块；按生产工艺分为烧结砌块和蒸氧蒸压砌块；按主要材料分为普通混凝土砌块、轻骨料混凝土砌块、硅酸盐砌块、石膏砌块等。

建筑砌块是一种新型的墙体材料，它不仅具有生产工艺简单、生产周期短、砌筑效率高、适应性强等特点，而且可以充分地利用地方资源和工业废渣，以节省黏土资源和改善环境。同时，通过空心化还可改善墙体的保温隔热性能，以利节能。因此，建筑砌块是当前大力推广的墙体材料之一。

（三）钢筋混凝土

随着房屋层数和高度的进一步增加，水平荷载对房屋的影响增大。此时，采用钢筋混凝土墙体，为整个房屋提供很大的抗剪强度和刚度，一般称这种墙体为"抗震墙"或"剪力墙"。

（四）板材

随着建筑结构体系的改革和大开间多功能框架结构的发展，各种轻质和复合多功能墙用板材也蓬勃兴起。目前可用于墙体的板材品种很多，按墙板的功能分为外墙板、内墙板和隔墙板；按墙板的规格分为大型墙板、条板拼装的大板和小张的轻型板；按墙板的结构分为实心板、空心板和多功能复合墙板。

以建筑板材为围护结构的建筑体系，具有质轻、节能、施工方便快捷、使用面积大、开间布置灵活等特点，因此，具有良好的发展前景。

（五）砌筑砂浆

将砖、石、砌块等黏结成整体的砂浆称为砌筑砂浆。它起着黏结砖、石及砌块，传递荷载，协调变形的作用。同时砂浆具有嵌缝，提高墙体的防寒、隔热和隔声的能力。砌筑砂浆要求有一定的强度，以保证墙体的承载能力，同时还要求有适当的流动性和保水性，即具有良好的和易性，方便施工。

砌筑砂浆通常使用的有水泥砂浆、石灰砂浆及混合砂浆三种。

（1）水泥砂浆：由水泥、砂加水拌和而成，它属于水硬性材料，强度高，防潮性能好，较适合于砌筑潮湿环境的墙体。

（2）石灰砂浆：由石灰膏、砂加水拌和而成，它属于气硬性材料，强度不高，常用于砌筑一般、次要的民用建筑中地面以上的墙体。

（3）混合砂浆：由水泥、石灰膏、砂加水拌和而成，这种砂浆强度较高，和易性和保水性较好，常用以砌筑工业与民用建筑中地面以上的墙体。

砂浆的强度等级分为六级，即 M20、M15、M10、M7.5、M5.0 及 M2.5。常用的砌筑砂浆是 M5.0 M10 。

二、墙体的组砌方式

组砌是指砖、砌块在墙体中的排列方式。墙体在组砌时应遵循"内外搭接、上下错缝"的原则，使砖、砌块在墙体中能相互咬合，以增加墙体的整体性，保证墙体不出现连续的垂直通缝，确保墙体的强度。砖之间搭接和错缝的距离一般不小于 60mm；砌块之间搭接长度不宜小于砌块长度的 1/3。

（一）砖墙的组砌方式

图 13-6 为非黏土烧结普通砖墙的组砌名称及错缝示例。当墙面不抹灰作清水时，组砌

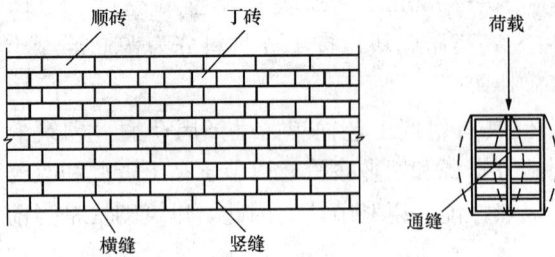

图 13-6 普通砖墙组砌名称及错缝示例

还应考虑墙面图案美观。

在砖墙的组砌中，把砖的长方向垂直于墙面砌筑的砖叫丁砖，把砖的长方向平行于墙面砌筑的砖叫顺砖。上下皮之间的水平灰缝称横缝，左右两砖之间的垂直缝称竖缝。要求丁砖和顺砖交替砌筑，灰浆饱满，横平竖直（图 13-6）。常见的砖墙体有以下几种砌筑方式：

1. 实体墙

实体墙的组砌方式如图 13-7 所示。

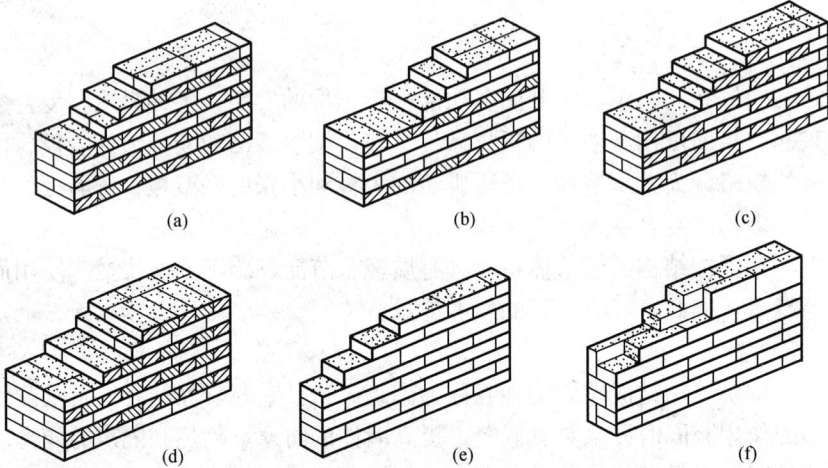

图 13-7 实体墙的组砌方式

（a）一顺一丁；（b）多顺一丁；（c）丁顺相间；
（d）370mm 墙；（e）120mm 墙；（f）180mm 墙

2. 空斗墙

侧立砌筑的砖叫斗砖，内外皮斗砖之间离开较大空隙或填入松散材料而形成的墙叫空斗墙。内外皮斗砖之间需用通砖拉结，拉结砖可用丁斗砖，也可用卧砌丁砖（眠砖）。用眠砖拉结的叫有眠空斗墙；用丁斗砖拉结的叫无眠空斗墙，如图 13-8 所示。

空斗墙用料省、自重轻、保温隔热好，适用于炎热、非震区低层民用建筑。

3. 空心墙

用空心砖、多孔砖砌筑墙体时，根据墙厚设计要求可顺砌或丁砌，上下皮搭接 1/2 砖，这种砖一般均有整砖与半砖两种规格。因此，在墙的端头、转角、内外墙交接、壁柱、独立柱等处均不必砍砖，必要时也可用普通砖镶砌，如图 13-9 所示。

4. 组合墙

为改善墙体的热工性能，外墙可采用砖与其他保温材料结合而成的组合墙。组合墙一般有内贴保温材料、中间填保温材料以及在墙体中间留空气间层等构造做法，如图 13-10 所示。

（二）砌块的组砌方式

图 13-11 为加气混凝土砌块墙平面组砌示例；图 13-12 为加气混凝土砌块墙立、剖面组砌示例。

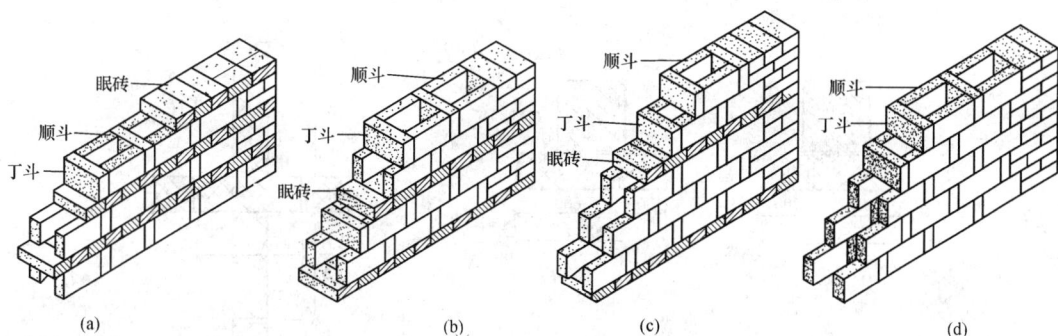

图 13 - 8 有眠空斗墙与无眠空斗墙

（a）一眠一斗；（b）一眠二斗；（c）一眠三斗；（d）无眠空斗

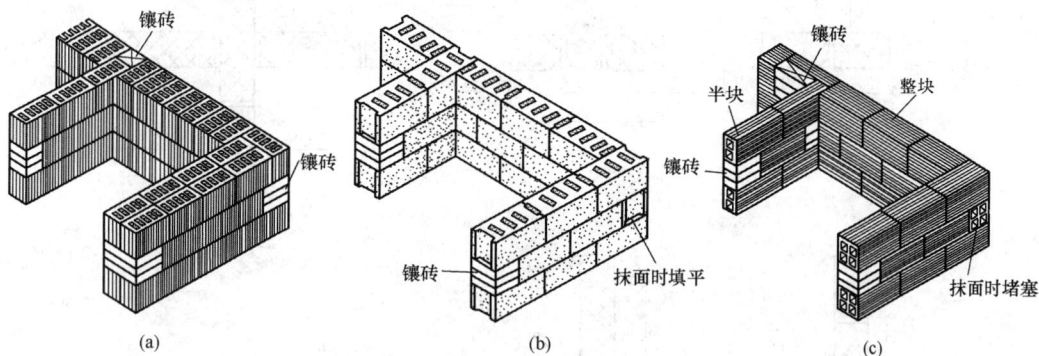

图 13 - 9 空心墙的构造

（a）五孔砖墙；（b）矿渣空心砖墙；（c）陶土空心砖墙

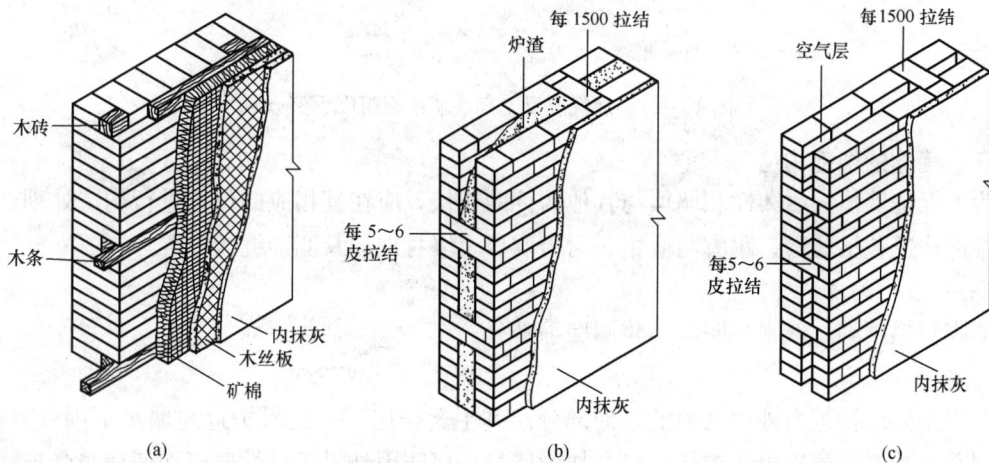

图 13 - 10 组合墙的构造

（a）单面贴保温材料；（b）墙中填保温材料；（c）墙中留空气层

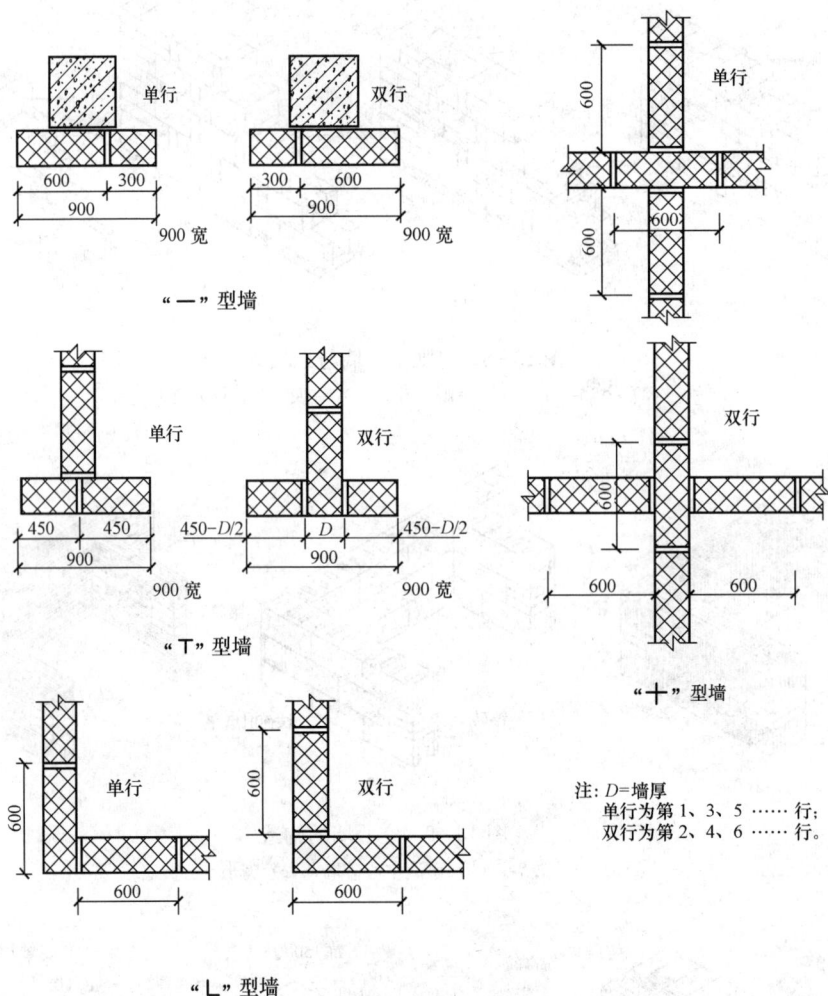

"一"型墙

"T"型墙

"十"型墙

"L"型墙

注：D=墙厚
单行为第 1、3、5 …… 行；
双行为第 2、4、6 …… 行。

图 13-11　加气混凝土砌块墙平面组砌示例

三、墙体的细部构造

为了保证墙体的耐久性和墙体与其他构件的连接，应在其相应的位置进行构造处理。墙体的细部构造包括墙脚、踢脚与墙裙、门窗洞口、墙身加固及变形缝构造等。

（一）墙脚构造

墙脚包括勒脚、散水与明沟、防潮层等部分。

1. 勒脚

勒脚是外墙接近室外地面处的表面部分。其主要作用：一是保护近地墙身不因外界雨、雪的侵袭而受潮、受冻以致破坏；二是加固墙身，以防因外界机械性碰撞而使墙身受损；三是对建筑物立面处理产生一定的效果。

勒脚的常见做法有以下几种：

（1）勒脚表面抹灰：在勒脚部位抹灰 20～30mm 厚，如 1：2.5 水泥砂浆等［图 13-13（a）］。

（2）勒脚贴面：在勒脚部位用天然石材或人工石材贴面，如花岗石、面砖等［图 13-13 （b）］。

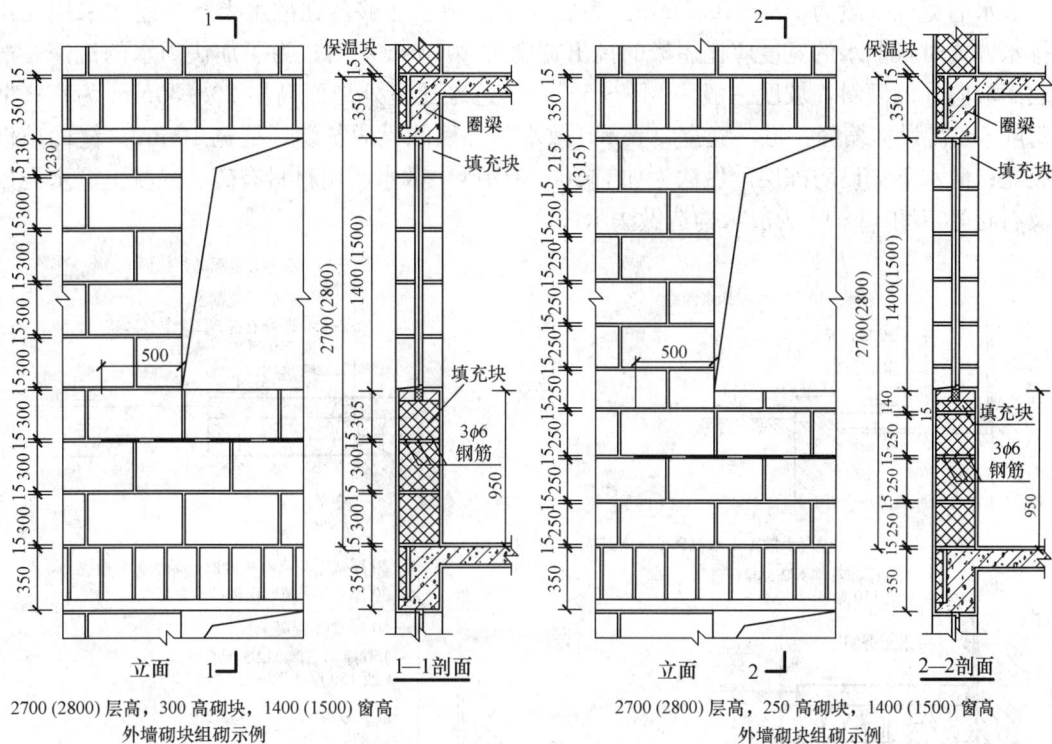

图 13-12　加气混凝土砌块墙立、剖面组砌示例

（3）在勒脚部位增加墙体的厚度，再做饰面［图 13-13（c）］。

（4）用石材代替普通砖砌筑勒脚，如毛石等［图 13-13（d）］。

勒脚的高度主要取决于防止地面水上溅的影响，一般应距室外地坪 500mm 以上，同时还应兼顾建筑的立面效果，可以做到窗台或更高些。

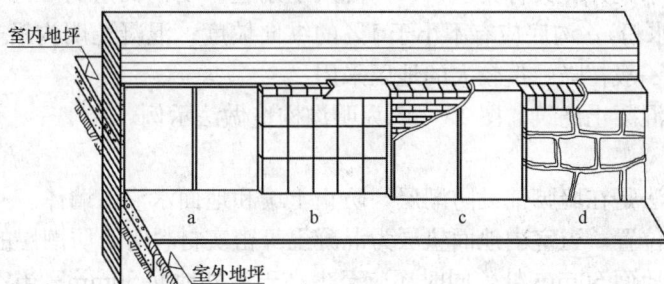

图 13-13　常用勒脚构造
a—表面抹灰；b—贴面；c—加厚墙做饰面；d—毛石

2. 散水与明沟

为了防止雨水和室外地面水沿建筑物渗入，危害基础，需在建筑物四周设置散水或明沟，将勒脚附近的地面水导致建筑范围以外。

（1）散水。散水是沿建筑物外墙四周设置的向外倾斜的坡面。其作用是把屋面下落的雨水排到远处,进而保护墙基不受雨水等侵蚀。散水适用于年降水量较少,或建筑四周易于排除地面水的情况,否则应采用明沟散水。

散水的宽度一般为 600～1000mm。为保证屋面雨水能够落在散水上,当屋面采用无组织排水方式时,散水的宽度应比屋檐的挑出宽度大 200mm 左右;为了加快雨水的流速,散水表面应向外侧倾斜,坡度一般为 3‰～5‰,外边缘比室外地面高出 20～30mm 为宜;散水每隔 6m 需设伸缩缝一道,缝宽 20mm,散水与外墙间设通长缝,缝宽 10mm,缝内填沥青胶泥;散水下如设防冻层,做法为加铺 300 厚中砂。散水所用材料有砖、混凝土、水泥砂浆及石材等,图 13 - 14 为散水构造做法示例。

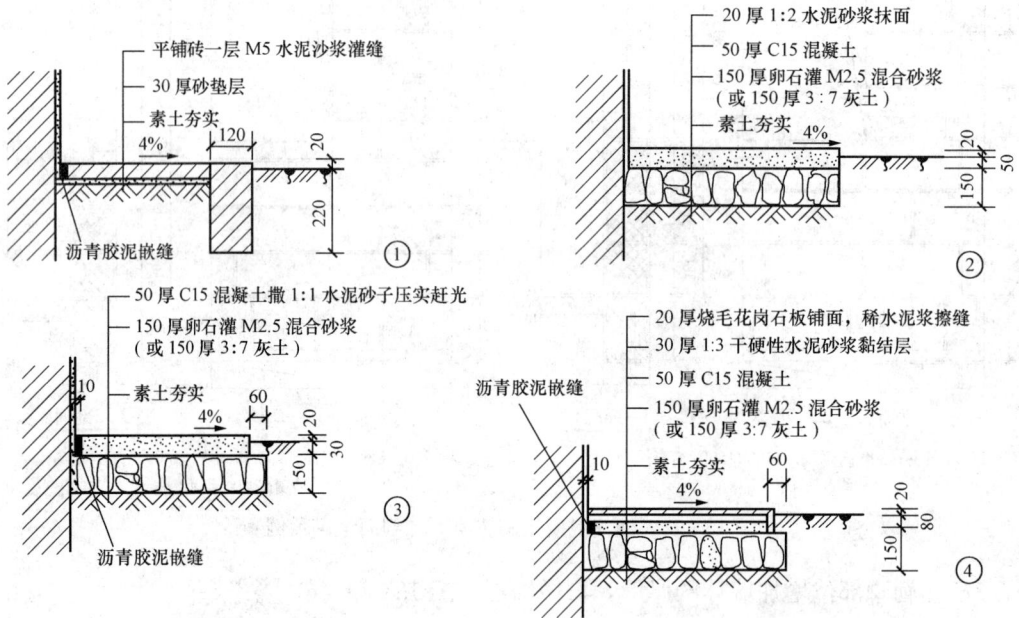

图 13 - 14 散水构造

(2) 明沟。明沟又称阳沟、排水沟,位于建筑物的四周。其作用是把屋面下落的雨水有组织地导向地下排水集井(又称集水口)而流入下水道。明沟面层为 5 厚 1:2.5 水泥砂浆抹面(内掺 5% 防水粉);沟底应有不小于 1% 的纵向坡度;混凝土明沟沿长度方向每隔 6m 需设伸缩缝。明沟一般在降雨量较大的地区采用。

明沟通常采用混凝土浇筑,图 13 - 15 为明沟构造做法示例。

3. 墙身防潮

墙身防潮的方法是在墙脚铺设防潮层,防止土壤和地面水渗入墙体。

(1) 防潮层的位置。当室内地面垫层为混凝土等密实材料时,防潮层的位置应设在垫层范围内,低于室内地面 60mm 处,同时还应至少高于室外地面 50mm;当室内地面垫层为透水材料时(如炉渣、碎石等),其位置可与室内地面平齐或高于室内地面 60mm;当内墙两侧地面出现高差时,应在墙身内设高低两道水平防潮层,并在土壤一侧设垂直防潮层。墙身防潮层的位置如图 13 - 16 所示。

(2) 防潮层的做法。墙身防潮层的做法通常有以下三种:

1) 防水砂浆防潮层:采用 20 厚 1:2.5 水泥砂浆(掺水泥重量 3%～5% 的防水剂)。适用于砌体墙的水平或垂直防潮。此种做法构造简单,但砂浆开裂或不饱满时,影响防潮

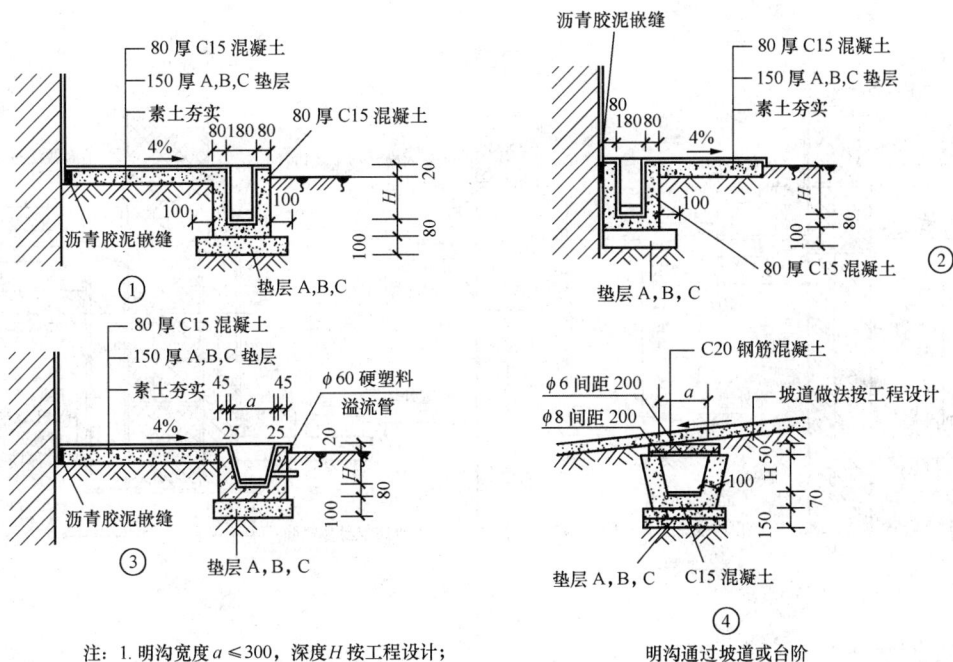

注：1. 明沟宽度 $a \leqslant 300$，深度 H 按工程设计；
2. 垫层 A：100 厚 C15 或碎砖夯实灌 M2.5；
混合砂浆，简称"碎石垫层"；
垫层 B：150 厚卵石灌 M2.5 混合砂浆，简称"卵石垫层"；
垫层 C：150 厚 3:7 灰土，简称"灰土垫层"。

图 13 - 15 明沟构造

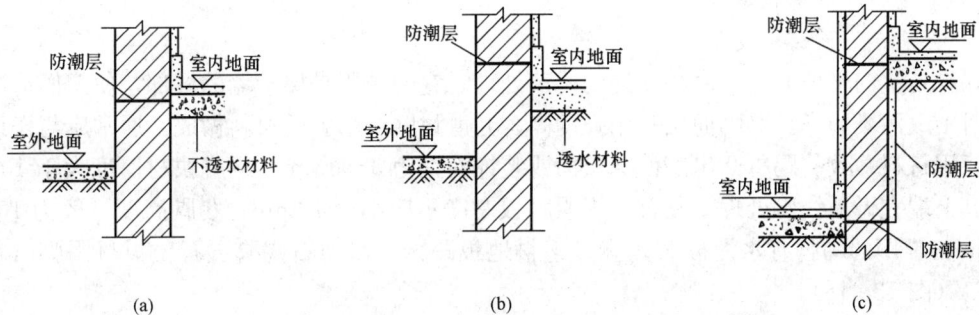

图 13 - 16 墙身防潮层的位置

（a）地面垫层为密实材料；（b）地面垫层为透水材料；（c）室内地面有高差

效果。

2）钢筋混凝土防潮层：采用 60 厚的 C15 细石混凝土带，内配 $2\phi6$。适用于砌体墙的水平防潮，其防潮性能好。

3）涂料防潮层：采用 20 厚 1：2.5 水泥砂浆找平层；涂刷聚氯乙烯防水涂料两道（每道用料约 $1kg/m^2$）。适用于砌体墙的垂直防潮，防潮效果好。施工时，应在找平层干燥后涂刷防水涂料，待前一道干燥后再涂第二道，且两道的涂刷方向应相互垂直。

如果墙脚采用不透水的材料（如石材或混凝土等），或设有钢筋混凝土地圈梁时，可以不设防潮层。

图 13 - 17 为加气混凝土砌块墙防潮做法示例。

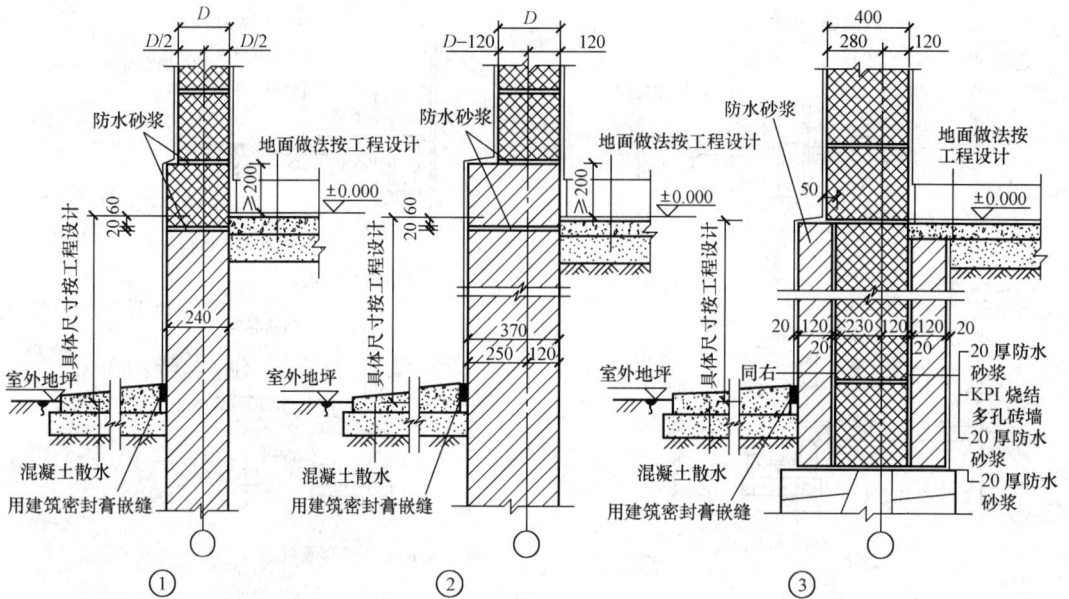

注：1. ① 适用于加气混凝土主体墙厚 $D \leqslant 250$；
　　② 适用于加气混凝土主体墙厚 $250 < D \leqslant 350$；
　　③ 适用于严寒地区（加气混凝土主体墙厚为 400）。
　　2. 防水砂浆配比为 1:3，水泥砂浆中加入 3%～5% 防水粉。
　　3. 外饰面做法按工程设计。

图 13 - 17　加气混凝土砌块墙身防潮做法

（二）踢脚与墙裙构造

1. 踢脚

踢脚是室内楼地面与墙面相交处的构造处理。它的作用是保护墙的根部，使人们清洗楼地面时不致污染墙身。踢脚面层宜用强度高、光滑耐磨、耐脏的材料做成。通常应与楼地面面层所用材料一致。踢脚凸出墙面抹灰面或装饰面宜为 3～8mm。踢脚块材厚度大于 10mm 时，其上端宜做坡线脚处理。复合地板踢脚板厚度不应小于 12mm；踢脚高度一般为 100～150mm。常用的踢脚有水泥砂浆踢脚、塑料地板踢脚、水磨石踢脚、石质板材踢脚、硬木踢脚等（图 13 - 18）。

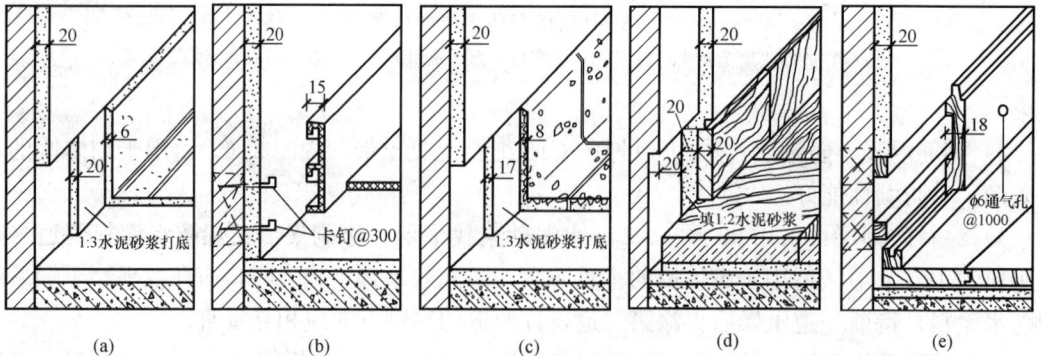

图 13 - 18　踢脚构造

（a）水泥砂浆踢脚；（b）塑料地板踢脚；（c）水磨石踢脚；（d）大理石（花岗石）踢脚；（e）硬木踢脚

2. 墙裙

墙裙是踢脚的延伸，高度一般为 1200～1800mm。卫生间、厨房墙裙的作用是防水和便于清洗，多用于水泥砂浆墙裙、乳胶漆墙裙、瓷砖墙裙、水磨石墙裙、石质板材墙裙等（图13-19）；一般居室内墙裙主要做装饰，常用纸面石膏板贴面墙裙、塑料条形和板墙裙、胶合板（或实木板）墙裙等，图13-20为木墙裙构造做法示例。

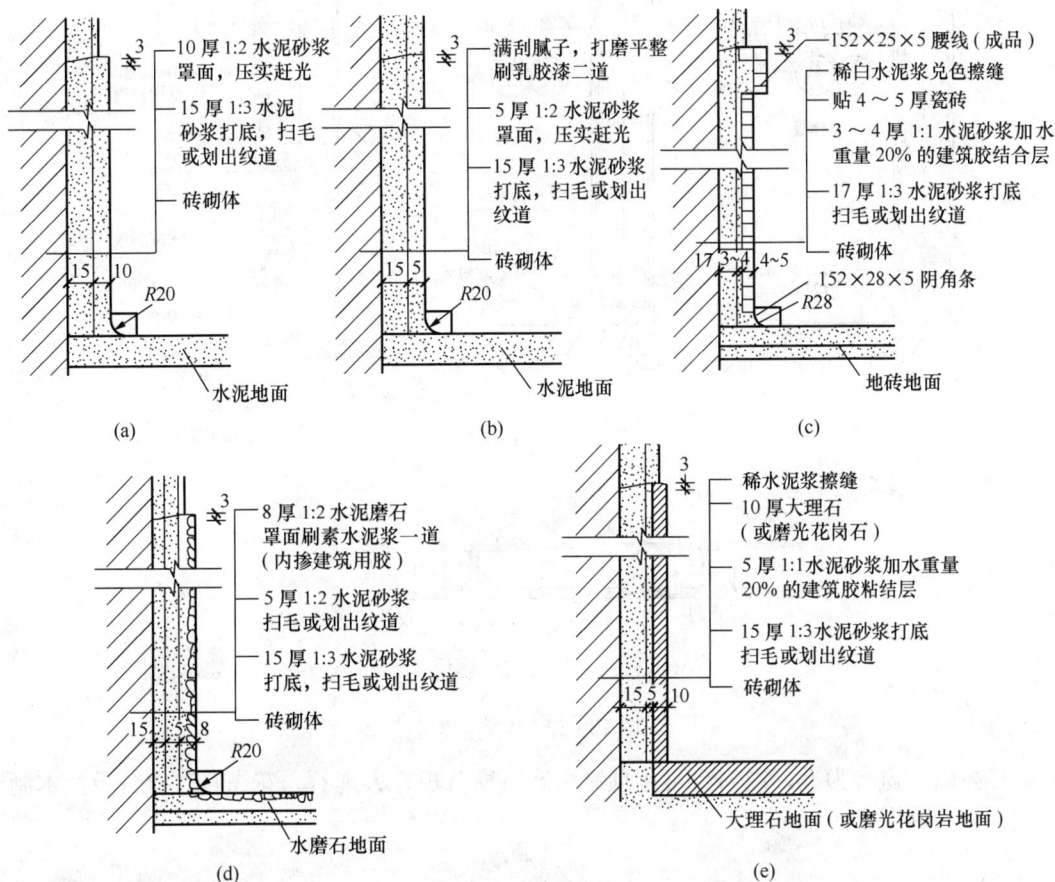

图 13-19　墙裙构造

（a）水泥砂浆墙裙；（b）乳胶漆墙裙；（c）瓷砖墙裙；

（d）水磨石墙裙；（e）大理石（磨光花岗石）墙裙

（三）门窗洞口构造

1. 窗台

凡位于窗洞口下部的墙体构造处理称为窗台，它分为内窗台和外窗台。

外窗台的主要作用是为了排除雨水；内窗台的主要作用是保护墙面并可放置物品。

外窗台有悬挑和不悬挑两种。悬挑窗台常用砖砌或采用预制钢筋混凝土，其挑出的尺寸应不小于 60mm，且必须抹出滴水槽或鹰嘴线（图13-21、图13-22），以免排水时雨水沿窗台底面流至下部墙体；对于不悬挑的窗台，宜采用光洁度较好的外装修材料，如面砖、天然石材等（图13-23），以减轻对墙面的水迹污染。

外窗台面一般应低于内窗台面，且应抹成外倾坡以利排水，防止雨水流入室内。设计窗

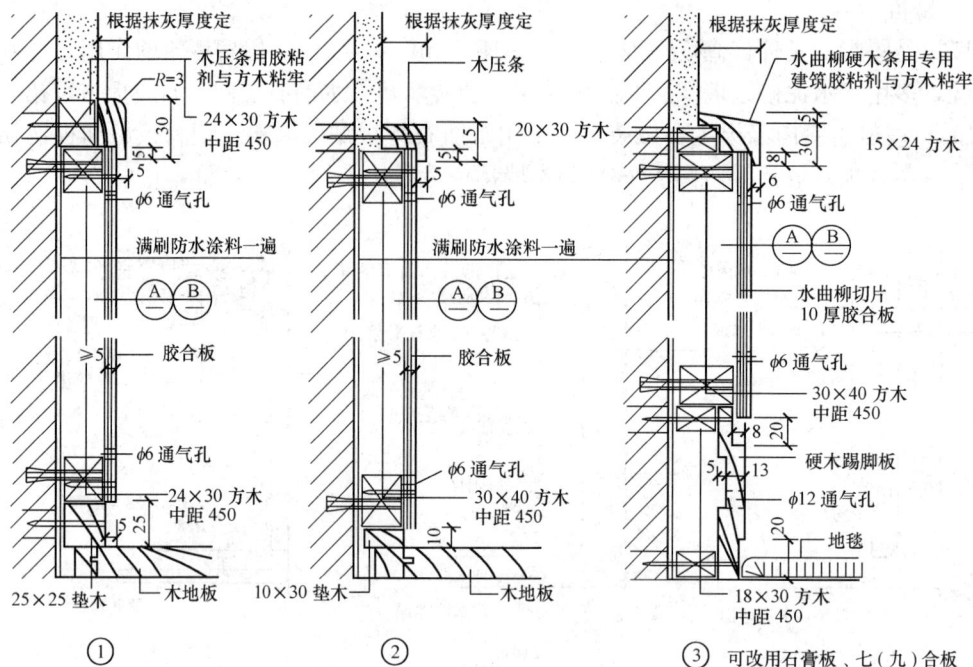

图 13-20　木墙裙构造

台的标高以内窗台为准。内窗台可用预制水磨石窗台板、大理石（花岗石）窗台板及木制窗台板等做法（图 13-24）。

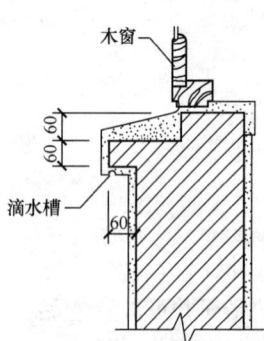

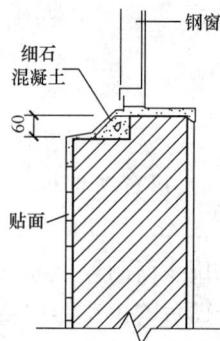

图 13-21　悬挑窗台构造　　　图 13-22　滴水槽与鹰嘴线　　　图 13-23　无悬挑窗台构造
　　　　　　　　　　　　　　　（a）滴水槽；（b）鹰嘴线

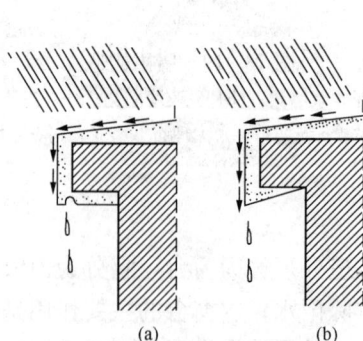

2. 门窗过梁

为了支撑门窗洞口上传来的荷载，并把这些荷载传递给洞口两侧的墙体，常在门窗洞顶上设置一根横梁，这根横梁就叫过梁。根据材料和构造方式不同，过梁有钢筋混凝土过梁、砖拱过梁及钢筋砖（砌块配筋）过梁三种做法。

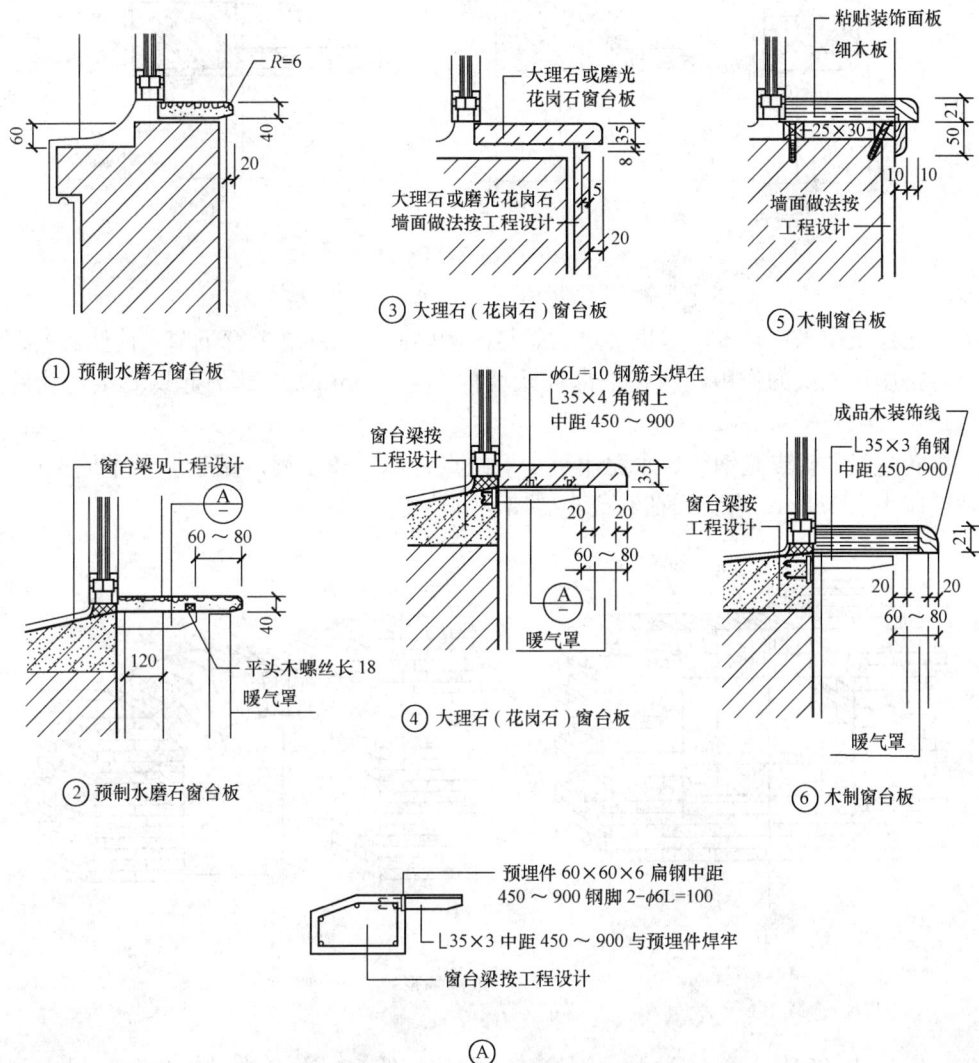

图 13-24　内窗台构造

（1）钢筋混凝土过梁。钢筋混凝土过梁承载能力强，适应性强，可用于较宽的门窗洞口。按照施工方法不同，钢筋混凝土过梁可分为现浇和预制两种。其中预制钢筋混凝土过梁施工速度快，是最常用的一种。图 13-25 为钢筋混凝土过梁的几种形式。

平墙过梁（矩形截面过梁）施工制作方便，是常用的形式，见图 13-25（a）。过梁宽度一般同墙厚，高度按结构计算确定，但应配合砖（砌块）的规格。过梁两端伸进墙体内的支撑长度不小于 240mm。在立面中往往有不同形式的窗，过梁的形式应配合处理。如有窗套的窗，过梁截面为 L 形，挑出 60mm，厚 60mm，见图 13-25（b）。又如带窗楣板的窗，可按设计要求出挑，一般可挑 300～500mm，厚度 60mm，见图 13-25（c）。

（2）砖拱过梁。砖拱过梁是我国的一种传统做法，形式有平拱、弧拱两种（图 13-26）。

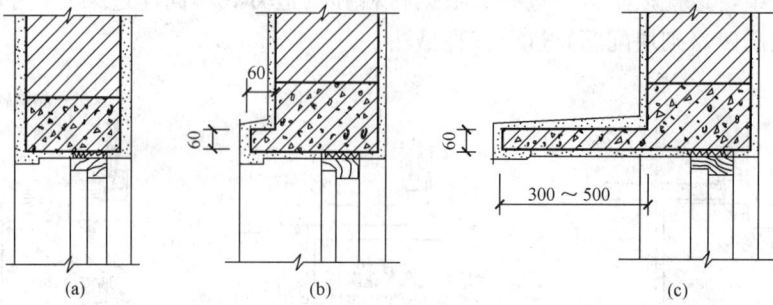

图 13-25 钢筋混凝土过梁
(a) 平墙过梁；(b) 带窗套过梁；(c) 带窗楣过梁

其中平拱在建筑中采用较多。平拱砖过梁是将砖侧砌而成，灰缝上宽下窄，使侧砖向两边倾斜，相互挤压形成拱的作用，两端下部伸入墙内 20～30mm，中部的起拱高度约为跨度的 1/50～1/100。

平拱砖过梁的优点是钢筋、水泥用量少，缺点是施工速度慢。用于非承重墙上的门窗，洞口宽度应小于 1.2m。有集中荷载或半砖墙不宜使用。

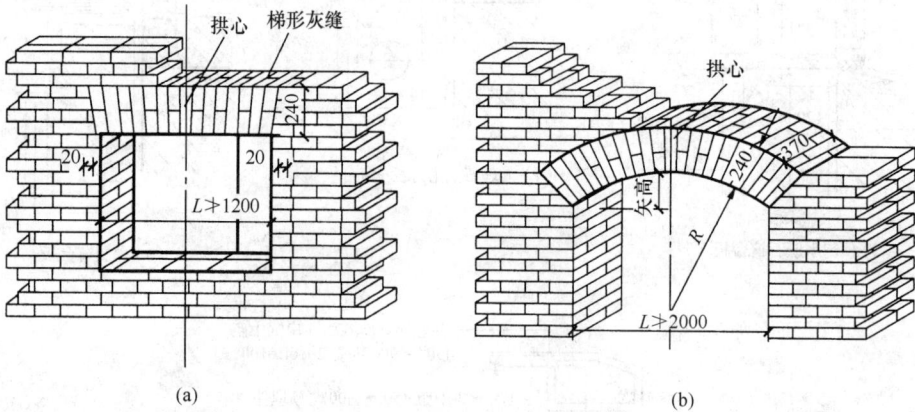

图 13-26 砖拱的形式
(a) 平拱（平碹）；(b) 弧拱

(3) 钢筋砖（砌块配筋）过梁。钢筋砖（砌块配筋）过梁是在砖（砌砖）缝中配置钢筋，形成能承受弯矩的加筋砌体。由于钢筋砖（砌块）施工比较简单，因此目前应用比较广泛。

钢筋砖过梁中砖的强度等级不小于MU7.5，砌筑砂浆等级不小于M5。这部分砖砌体厚度应在4皮砖以上，且不小于洞口宽度的1/5。在砖砌体下部设置钢筋，钢筋两端伸入墙内250mm，并做弯钩，钢筋的根数不少于2根，同时，不少于每1/2砖1根。为了使钢筋与上部砖砌体共同工作，底面砂浆的厚度应不小于30mm，如图13-27所示。

砌块配筋过梁构造，如图13-28所示。

(四) 墙身加固构造

1. 圈梁

圈梁也称腰箍，是沿建筑物四周外墙及部分内墙在同一水平面上设置的连续封闭的梁。

其主要作用是增强房屋的整体刚度和稳定性，减轻地基不均匀沉降对房屋的破坏，抵抗地震力的影响。圈梁的数量和位置应按建筑抗震设计规范（GB 50011—2001）的相关规定设置，且具有下列构造要求。

（1）圈梁通常设置在基础墙处、檐口处和楼板处。当屋面板、楼板与窗洞口间距较小，而且抗震设防等级较低时，也可以把圈梁设在窗洞口上皮，兼做过梁使用，过梁部分的钢筋应按计算用量单独配置。

（2）圈梁应连续地设在同一水平面上，并形成封闭状。当不能在同一水平面上闭合时，应增设附加圈梁以确保圈梁为一连续封闭的整体，如图 13-29 所示。

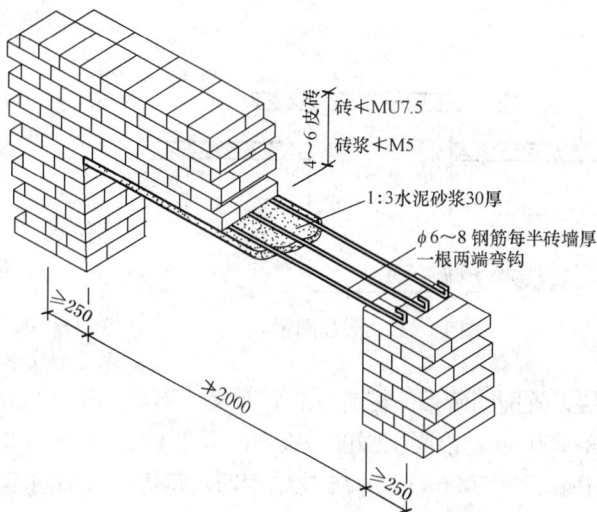

图 13-27 钢筋砖过梁构造

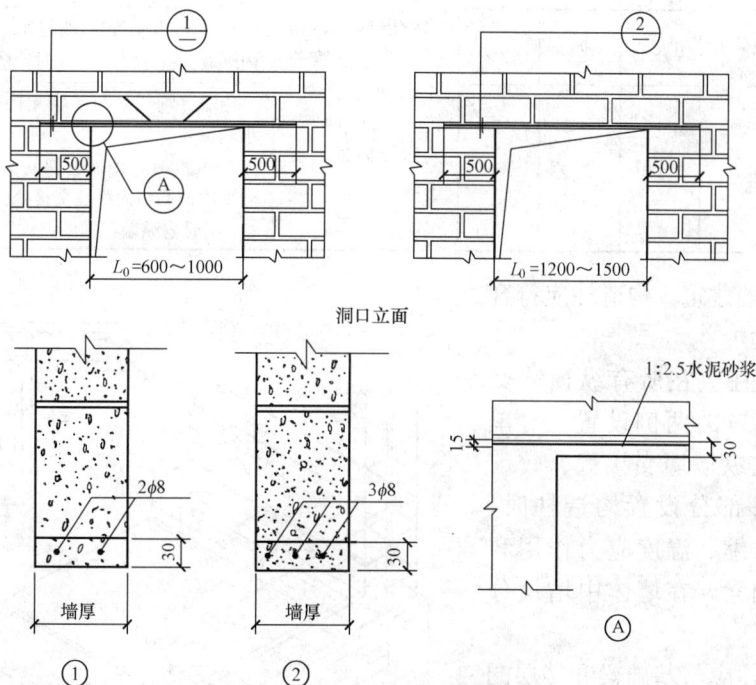

图 13-28 砌块配筋过梁构造

（3）圈梁有钢筋混凝土和钢筋砖两种做法，其中钢筋混凝土圈梁应用最为广泛。钢筋混凝土圈梁的截面宽度宜与墙体厚度相同，且不小于 240mm。高度宜为砖（砌块）高的倍数，且不宜小于 120mm（200mm）。圈梁一般均按构造配置钢筋，纵向钢筋不应小于 4φ10，箍筋间距不大于 250mm。

2. 构造柱

构造柱是沿墙体上下贯通的钢筋混凝土柱。其主要作用是与各层圈梁连接，形成空间骨

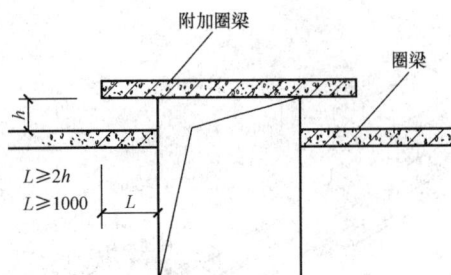

图 13 - 29　附加圈梁

架，以增强建筑的整体刚度，提高墙体抗变形的能力。

对于砖墙建筑，构造柱应符合下列构造要求。

（1）在房屋四角及内外墙交接处，楼梯间等部位设置构造柱，设置要求见表 13 - 1。

（2）构造柱下端应锚固于地梁内，无地梁时应伸入室外地坪下 500mm 处。上部与楼板层圈梁连接，如圈梁为隔层设置时，应在无圈梁的楼板层设置配筋砖带。构造柱的截面尺寸不应小于 180mm×240mm，内配 4φ12 主筋，箍筋 φ6，间距 250mm。混凝土强度等级不应低于 C15。在施工时，应先砌墙，后浇筑钢筋混凝土柱，并应沿墙高每 500mm 设 2φ6 拉结钢筋，每边伸入墙内不宜小于 1m，如图 13 - 30 所示。

表 13 - 1　　　　　　　　　　　　　多层砖房构造柱的设置要求

地震设防烈度	6 度	7 度	8 度	9 度	设 置 部 位	
房屋层数	四、五	三、四	二、三		外墙四角，错层部位，横墙与外纵墙交接处，较大洞口两侧，大房间内外墙交接处	7～8 度时，楼、电梯的四角
	六～八	五、六	四	二		隔一开间（轴线）横墙与外墙交接处，山墙与内纵墙交接处。7～9 度时，楼、电梯的四角
		七	五、六	三、四		内墙（轴线）与外墙交接处，内墙局部较小墙垛外。7～9 度时，楼、电梯间的四角。8 度时无洞口内横墙与内纵墙交接处。9 度时内纵墙与横墙（轴线）交接处

对于砌块墙建筑，构造柱应符合下列构造要求。

（1）构造柱应在所有纵横墙交接处，较大洞口的两侧设置。对单排孔砌块墙在纵横墙交接处、较大洞口的两侧等部分设置构造柱时，应考虑墙体收缩、温度应力作用和地震作用等因素，在墙体中增设分布构造柱。

（2）构造柱应与基础梁和楼层圈梁锚固。构造柱的截面尺寸不应小于190mm×200mm，纵筋不应少于4φ12，混凝土强度等级不应低于 C20；设计烈度为 7 度、8 度的砌块墙建筑，除满足一般构造要求外，尚应采取抗震构造措施，加设钢筋混凝土构造柱后，其高度限值可增加 3m。构造柱间

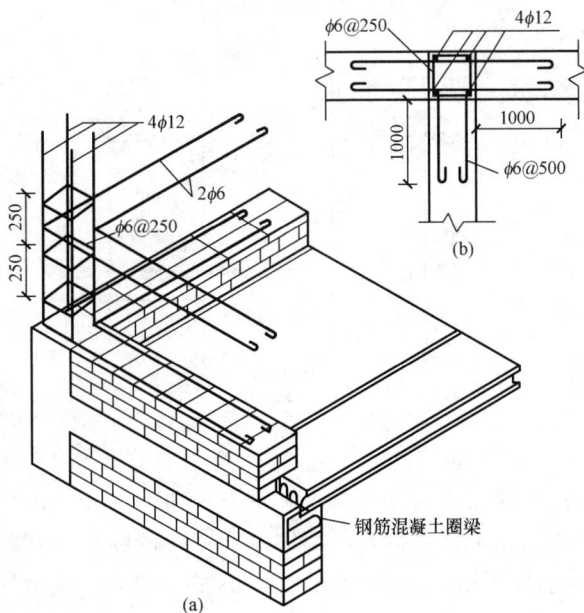

图 13 - 30　砖墙建筑的构造柱设置
（a）外墙转角构造柱；（b）内外墙构造柱

距不大于8m。构造柱的截面尺寸不应小于240mm×180mm，主筋不小于4φ12，箍筋间距不宜大于250mm。墙与构造柱之间应沿墙高度在每皮水平灰缝中设2φ6钢筋联结，钢筋伸入墙内不应小于1m，如图13-31所示。

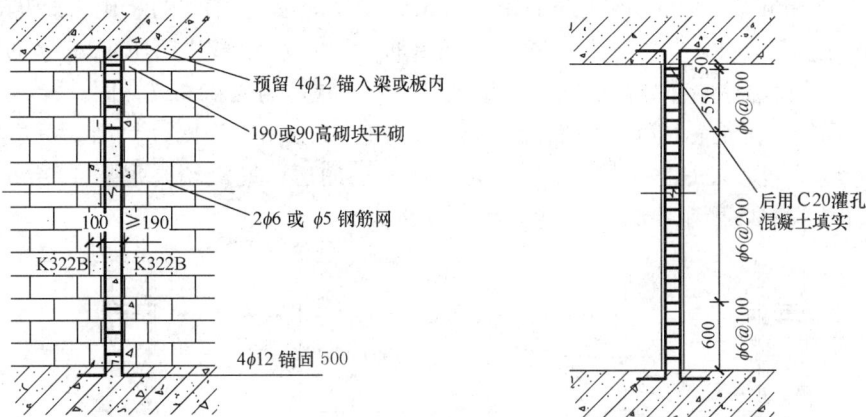

图13-31 砌块建筑的构造柱设置

（3）砌块墙在与构造柱相连接的部位应预留马牙槎，马牙槎的长度宜为90mm。

3. 芯柱

芯柱是在单排孔砌块墙体内贯通上下砌块孔洞的现浇钢筋混凝土柱。芯柱内设置一根主筋，不设箍筋。芯柱主要在墙体转角和内外墙交叉部位、门窗洞口两侧以及在墙体内分布设置，它与水平灰缝钢筋、混凝土配筋带、圈梁和过梁等共同工作，对墙体进行约束，以提高墙体的整体性能，加强抗震和承载能力。

芯柱应符合下列构造要求。

（1）对不采用构造柱的单排孔砌块建筑，应按表13-2要求的位置与数量集中设置钢筋混凝土芯柱；对横墙较少的房屋，应按照增加一层的要求设置。

表13-2 砌块建筑芯柱集中设置要求

地震设防烈度	6度设防	7度设防	8度设防	设置部位	设置数量
房屋层数	4	3	2	外墙转角，楼梯间四角，大房间内外交接处	外墙转角，灌实3个孔；内墙交接处，灌实4个孔
	5	4	3	外墙转角，楼梯间四角，大房间内外交接处山墙与内纵墙交接处，隔开间横墙（轴线）与外纵墙交接处	
	7	6	5	外墙转角，楼梯间四角，各内墙（轴线）与外墙交接处；8度时，内纵墙与横墙（轴线）交接处和洞口两侧	外墙转角，灌实5个孔；内外墙交接处，灌实4个孔；内墙交接处，灌实4~5个孔；洞口两侧各灌实1个孔
	8	7	6	外墙转角，楼梯间四角，各内墙（轴线）与外墙交接；内纵墙与横墙（轴线）交接处和洞口两侧	外墙转角，灌实7个孔；内外墙交接处，灌实5个孔；内墙交接处，灌实6~7个孔；洞口两侧各灌实1~2个孔

（2）对采用构造柱的单排孔砌块建筑，应考虑墙体收缩、温度应力作用和地震作用等因素，在墙体内均匀设置分布芯柱。

（3）芯柱应在设计楼层范围内贯通墙身与楼板，并与上下圈梁整体现浇；芯柱的截面尺寸不宜小于 120mm×120mm 或 145mm×100mm，宜用不低于 C20 的灌孔混凝土浇筑。

（4）每根芯柱内插 1 根不小于 $\phi12$ 的竖向钢筋；8 度设防的 6 层房屋芯柱钢筋应不小于 $1\phi14mm$。钢筋在芯柱底部与楼层圈梁和基础梁锚固，顶部与屋盖圈梁锚固。

（5）在钢筋混凝土芯柱处，沿墙高每隔 600mm 应设 $\phi4$ 钢筋网片拉结，每边伸入墙体不宜小于 1m。7 度设防地区 7 层、8 度设防地区 6 层的房屋应沿墙高每隔 400mm 设一道。芯柱构造如图 13-32 所示。

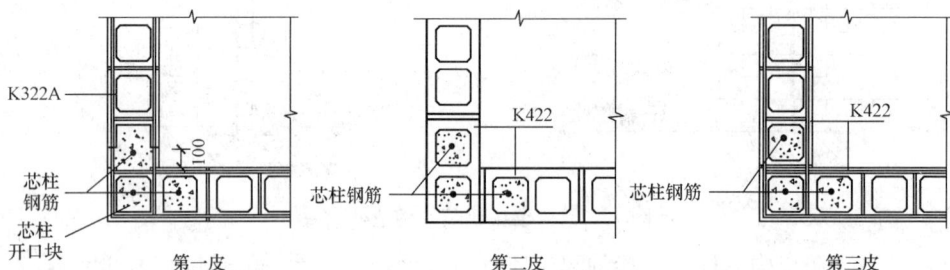

图 13-32 芯柱构造

（五）变形缝构造

由于温度变化、地基不均匀沉降和地震因素的影响，使建筑物发生裂缝或破坏，故在设计时，事先将房屋划分成若干个独立的部分，使各部分能自由地变化。这种将建筑物垂直分开的预留缝称为变形缝。变形缝包括伸缩缝、沉降缝和防震缝三种。

1. 变形缝的设置

变形缝设置应按设缝的性质和条件设计，使其在产生位移或变形时不受阻，不被破坏，并不破坏建筑物。

（1）伸缩缝。为防止建筑构件因温度变化，热胀冷缩使房屋出现裂缝或破坏，在沿建筑物长度方向，相隔一定距离预留垂直缝隙。这种因温度变化而设置的缝叫做伸缩缝或温度缝。伸缩缝是从基础顶面开始，将墙体、楼板、屋顶全部构件断开，因为基础埋于地下，受气温影响较小，不必断开。伸缩缝的宽度一般为 20～30mm。

伸缩缝的间距主要与结构类型、材料和当地温度变化情况有关，砌体房屋伸缩缝的最大间距见表 13-3；钢筋混凝土结构伸缩缝的最大间距见表 13-4。

表 13-3　　　　　　　　　　　　　砌体房屋伸缩缝的最大间距　　　　　　　　　　　　　　　m

砌体类别	屋面或楼面的类别		间距
各种砌体	整体式或装配整体式钢筋混凝土结构	有保温层或隔热层的屋面、楼面	50
		无保温层或隔热层的屋面	40
	装配式无檩体系钢筋混凝土结构	有保温层或隔热层的屋面	60
		无保温层或隔热层的屋面	50
	装配式有檩体系钢筋混凝土结构	有保温层或隔热层的屋面	75
		无保温层或隔热层的屋面	60

续表

砌体类别	屋面或楼面的类别	间距
烧结普通砖 空心砖砌体	黏土瓦或石棉水泥瓦屋面	100
石砌体	木屋面或楼面 砖石屋面或楼面	80
硅酸盐、硅酸盐砌块 和混凝土砌块砌体		75

注　1. 层高大于 5m 的混合结构单层房屋，其伸缩缝间距可按表中数值乘以 1.3 采用，但当墙体采用硅酸盐砖、硅酸盐砌块和混凝土砌块砌筑时，不得大于 75m；

　　2. 温差较大且变化频繁地区和严寒地区不采暖的房屋及构筑物墙体的伸缩缝最大间距，应按表中数值予以适当减少。

表 13-4　　　　　　　　　　　　钢筋混凝土结构伸缩缝最大间距　　　　　　　　　　　　　m

序　号	结　构　类　型		室内或土中	露　天
1	排架结构	装配式	100	70
2	框架结构	装配式	75	50
		现浇式	55	35
3	剪力墙结构	装配式	65	40
		现浇式	45	30
4	挡土墙及地下室墙壁等结构	装配式	40	30
		现浇式	30	20

注　1. 如有充分依据或可靠措施，表中数值可以增减；

　　2. 当屋面板上部无保温或隔热措施时，框架、剪力墙结构的伸缩缝间距，可按表中露天一栏的数值选用，排架结构可按适当低于室内一栏的数值选用；

　　3. 排架结构的柱顶面（从基础顶面算起）低于 8m 时，宜适当减少伸缩缝间距；

　　4. 外墙装配内墙现浇的剪力墙结构，其伸缩缝最大间距按现浇式一栏的数值选用。滑模施工的剪力墙结构，宜适当减小伸缩缝间距。现浇墙体在施工中应采取措施减少混凝土收缩应力。

（2）沉降缝。为防止建筑物各部分由于地基不均匀沉降引起房屋破坏所设置的垂直缝称为沉降缝。沉降缝将房屋从基础到屋顶全部构件断开，使两侧各为独立的单元，可以垂直自由沉降。沉降缝在建筑中应设置的部位如图 13-33 所示。

沉降缝的宽度与地基情况及建筑物的高度有关，地基越软弱，建筑物高度越大，缝宽也就越大，其宽度见表 13-5。

表 13-5　　　　　　　　　　　　　　沉 降 缝 的 宽 度

地基情况	建筑物高度	沉降缝宽度（mm）
一般地基	$H<5m$	30
	$H=5\sim10m$	50
	$H=10\sim15m$	70
软弱地基	2～3 层	50～80
	4～5 层	80～120
	5 层以上	＞120
湿陷性黄土地基		≥30～70

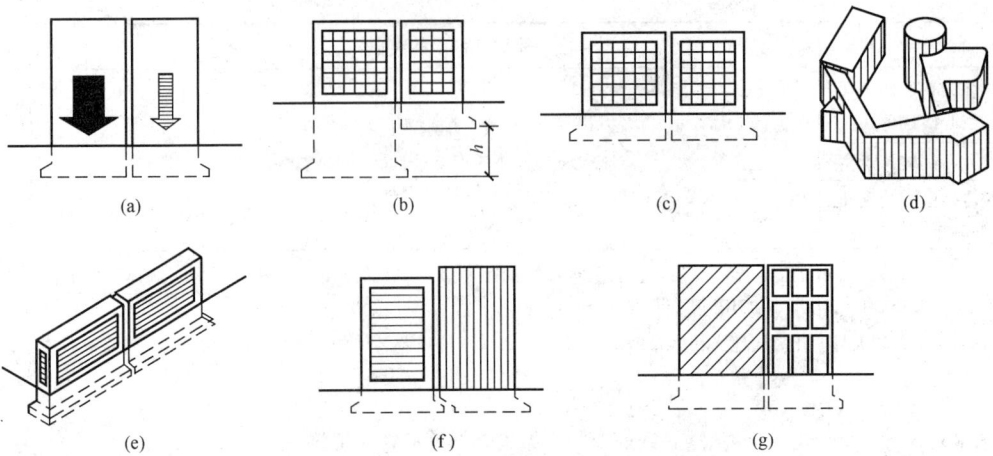

图 13-33　沉降缝的设置部位

(a) 荷载相差悬殊；(b) 埋深相差悬殊；(c) 地基承载力相差较大；(d) 建筑物体形较复杂；

(e) 建筑物长度较大；(f) 与旧建筑物毗连；(g) 结构类型不同

（3）防震缝。为防止建筑物的各部分在地震时相互撞击，造成变形和破坏而设置的缝称为防震缝。在设防烈度为 7～9 度的地区内，应设置防震缝。一般情况下，防震缝仅在基础以上设置，但防震缝应同伸缩缝和沉降缝协调布置，做到一缝多用。当防震缝与沉降缝结合设置时，基础也应断开。防震缝在建筑中应设置的部位如图 13-34 所示。

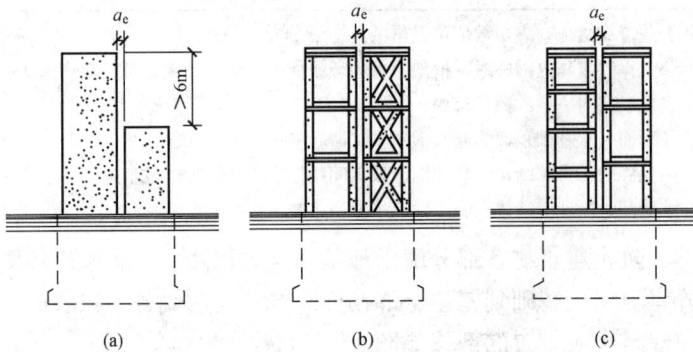

图 13-34　防震缝的设置部位

(a) 高差大于 6m；(b) 结构刚度差异大；(c) 有错层

防震缝的宽度与建筑的结构形式和地震设防烈度等因素有关。对多层和高层钢筋混凝土结构房屋，其最小宽度应符合下列要求：

1）当高度不超过 15m 时，可采用 70mm；

2）当高度超过 15m 时，按设防烈度为 7 度、8 度、9 度相应建筑每增高 4m、3m、2m 时，缝宽在 70mm 基础上增加 20mm。

防震缝应沿建筑物全高设置，缝的两侧通常做成双墙或双柱，以使各部分结构都有较好的刚度。

2. 墙体变形缝的构造

变形缝的构造和材料应根据其部位需要分别采取防排水、防火、保温、防老化、防腐蚀、防虫害和防脱落等措施。

伸缩缝应保证建筑构件在水平方向自由变形；沉降缝应满足构件在垂直方向自由沉降变形；防震缝主要是防地震水平波的影响。但三种缝的构造基本相同。墙体变形缝的构造处理，要求既要保证在变形缝两侧墙体的自由伸缩、沉降与摆动，又要密封严实，以满足防风沙、防飘雨、保温隔热和外形美观的要求。砖混结构变形缝处，可采用单墙或双墙承重方案，框架结构可采用悬挑方案。

墙体变形缝的构造，在外墙与内墙处理中，由于位置不同而各有侧重。缝的宽度不同，构造处理不同。

（1）外墙变形缝。为保证外墙自由变形，并防止风雨影响室内，缝口可采用镀锌薄钢板或铝板等盖缝调节。图 13-35 为外墙变形缝构造示例。

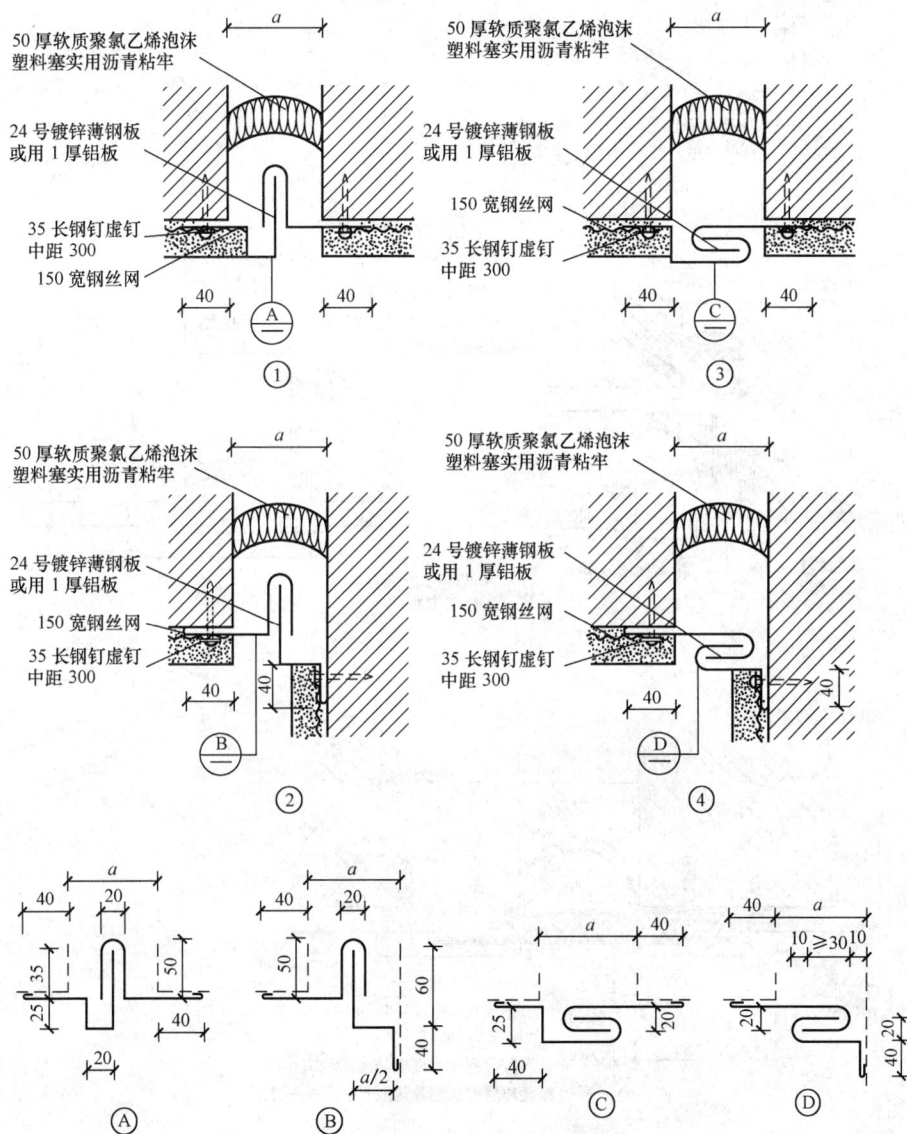

图 13-35　外墙变形缝构造

　　（2）内墙变形缝。内墙变形缝着重表面处理，可采用木板或金属板盖缝。图 13-36 为内墙变形缝构造示例。

　　图 13-37 为加气混凝土砌块墙变形缝构造示例（适用于内外墙）。

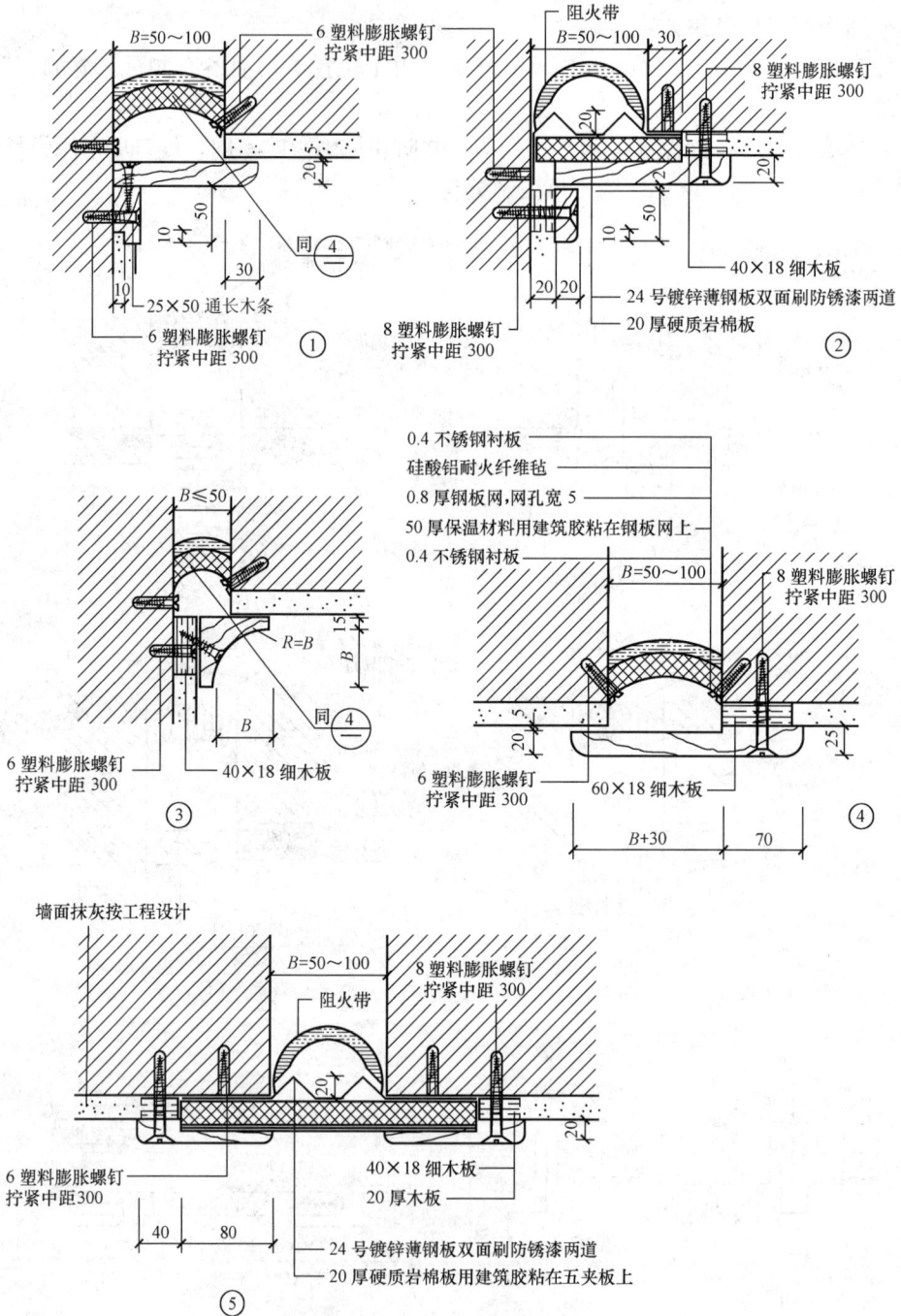

图 13-36　内墙变形缝构造

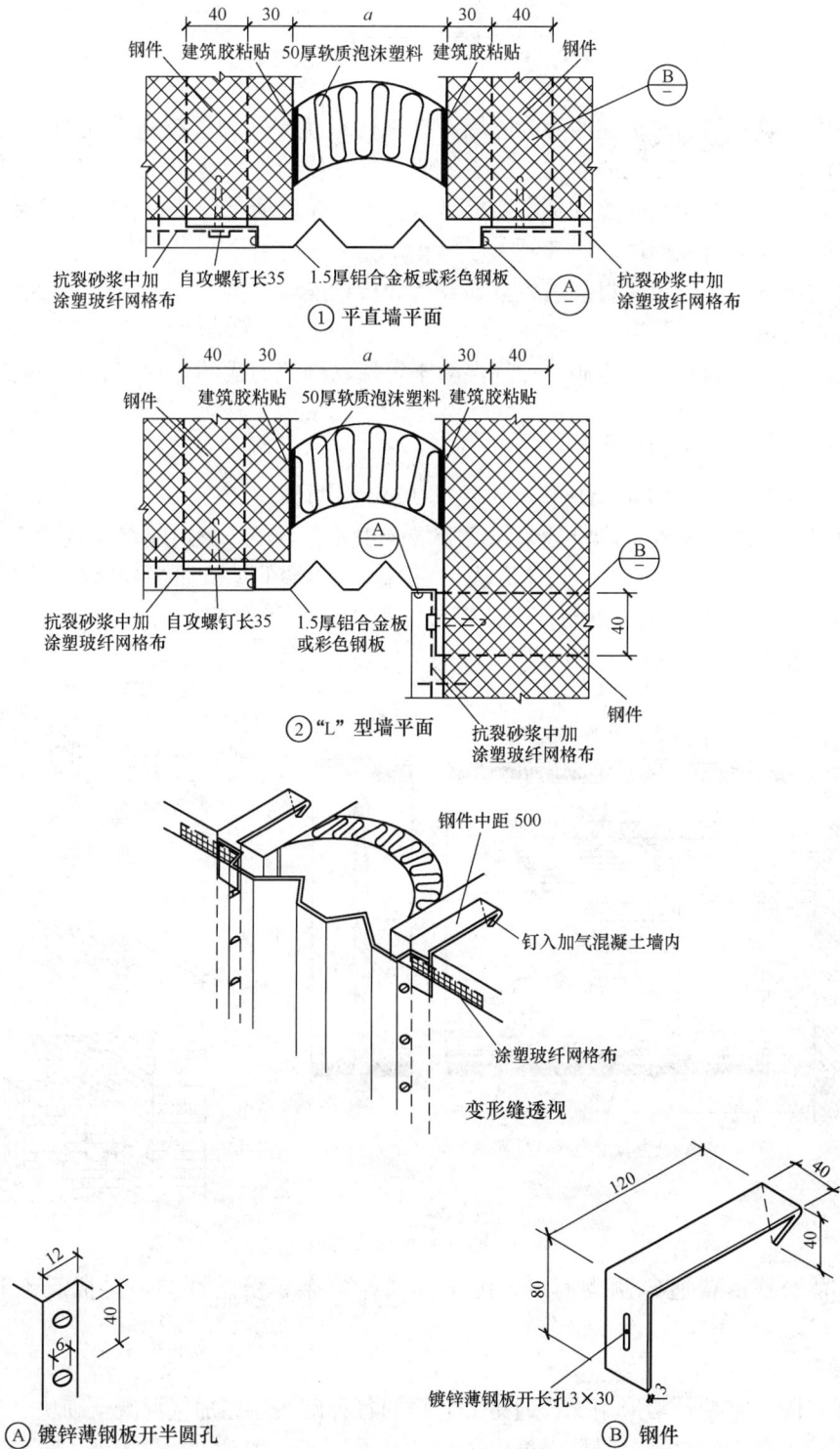

① 平直墙平面

② "L" 型墙平面

变形缝透视

Ⓐ 镀锌薄钢板开半圆孔

Ⓑ 钢件

图 13-37 加气混凝土砌块墙变形缝构造

第三节　隔　墙　构　造

建筑物内分隔房间的非承重墙称为隔墙。在现代建筑中，为了提高平面布局的灵活性，大量采用隔墙以适应建筑功能的变化。由于隔墙不承受任何外来荷载，且本身的重量还要由楼板或小梁来承受，因此对隔墙的基本要求是自重轻、厚度薄、便于拆卸，并具有一定的隔声、防火、防潮和耐腐蚀等性能。

隔墙按构造方式可分为块材隔墙、立筋隔墙和板材隔墙三类。

一、块材隔墙

块材隔墙是用普通砖、空心砖、加气混凝土等块材砌筑而成的，常用的有普通砖隔墙和砌块隔墙。

1. 普通砖隔墙

普通砖隔墙有半砖（120mm）和1/4砖（60mm）两种。

半砖隔墙用普通砖顺砌，砌筑砂浆强度等级一般不低于 M5。当隔墙高度大于 3m 或墙长大于 5m 时，应采取加强措施。具体方法是使隔墙与两端的承重墙或柱固结，同时在墙内每隔 500～800mm 设 $2\phi6$ 拉结钢筋。为使隔墙的上端与楼板之间结合紧密，隔墙顶部采用斜砌立砖或每隔 1m 用木楔打紧，图 13-38 为半砖隔墙构造。

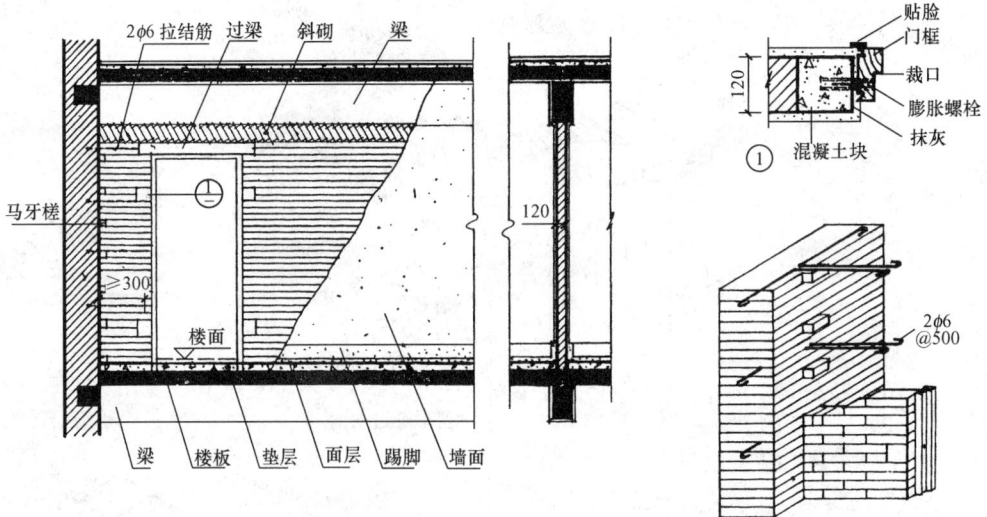

图 13-38　半砖隔墙构造

1/4 砖隔墙是由普通砖侧砌而成，由于其操作复杂，稳定性差，对抗震不利，不宜提倡。

2. 砌块隔墙

为了减轻隔墙重量，常采用比普通砖大而轻的各种砌块，如加气混凝土砌块、炉渣混凝土砌块、陶粒混凝土砌块等。隔墙厚度由砌块尺寸而定，一般为 90～120mm 厚。砌块大多具有质轻、孔隙率大、隔热性能好等优点，但吸水性强。因此，砌筑时，应在墙下先砌 3～5 皮烧结普通砖。

砌块隔墙厚度较薄，也需采取加强稳定性措施，其方法与砖隔墙类似。图 13-39 为加气混凝土砌块隔墙构造。

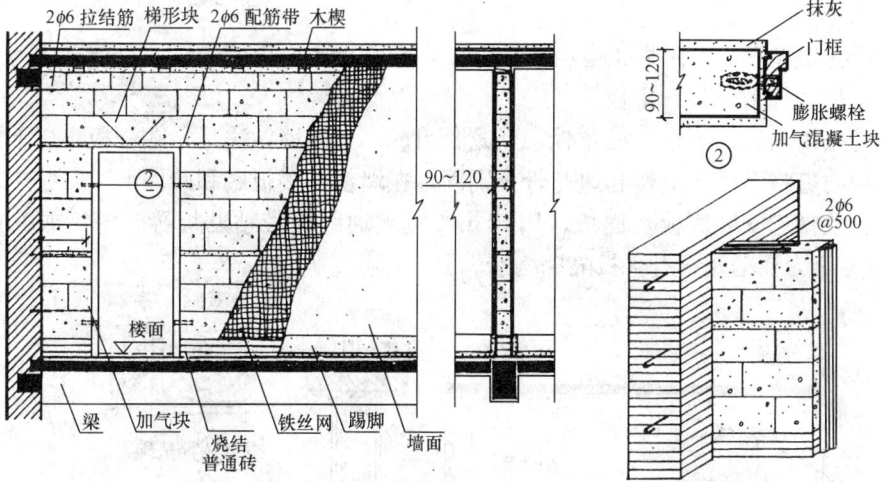

图 13 - 39　加气混凝土砌块隔墙构造

二、立筋隔墙

立筋隔墙也称立柱隔墙或龙骨隔墙，是由木骨架或金属骨架及墙面材料两部分组成。根据墙面材料的不同，立筋隔墙分为有板条抹灰墙、石膏板墙等。这类隔墙自重轻，一般可直接设在楼板上，板下可不设梁。又因墙中有空气夹层，隔声效果较好。但这类隔墙防水、防潮能力较差，不宜用在潮湿房间。

1. 板条抹灰隔墙

板条抹灰隔墙简称板条墙。它是在由上槛、下槛、立龙骨、斜撑等构件组成骨架上钉灰板条，然后抹灰而成。灰板条尺寸一般为 1200mm×24mm×6mm。板条间留出 6～10mm 的空隙，使灰浆能挤到板条缝的背面，咬住板条。图 13 - 40 为木骨架板条抹灰隔墙构造。

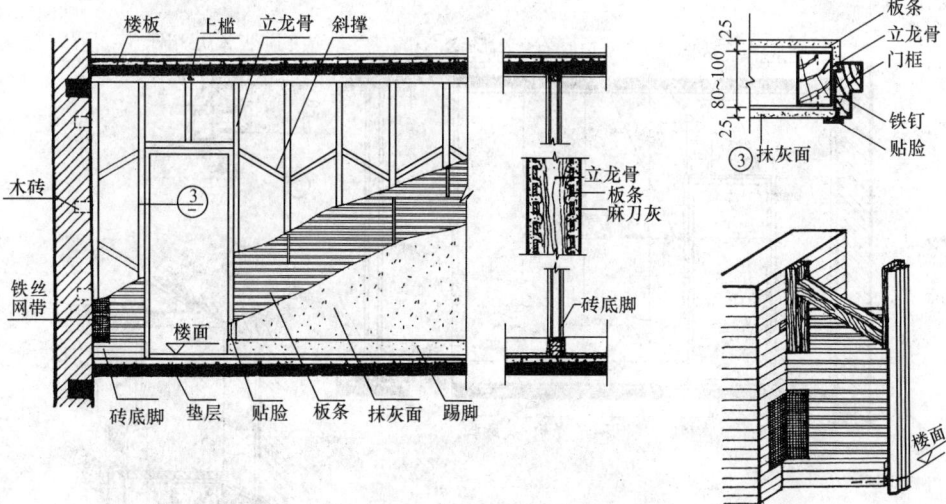

图 13 - 40　木骨架板条抹灰隔墙构造

板条抹灰隔墙耗费木材多，施工复杂，湿作业多，难以适应建筑工业化的要求，目前已很少采用。

2. 石膏板隔墙

它是用薄壁型钢、石膏板条等材料作骨架，石膏板作面板的隔墙。目前采用薄壁型钢骨架的较多，称为轻钢龙骨石膏板。

轻钢骨架由上槛、下槛、横龙骨、竖龙骨组成。其隔墙做法是，在楼板垫层上浇筑混凝土墙垫，用射钉将下槛、上槛和边龙骨分别固定在墙垫、楼板底和砖墙上，安装中间龙骨及横撑，用自攻螺丝安装底板及面板，用 50mm 宽玻璃纤维带粘贴板缝、壁纸或其他装饰面料。图 13-41 为轻钢龙骨石膏板隔墙构造。

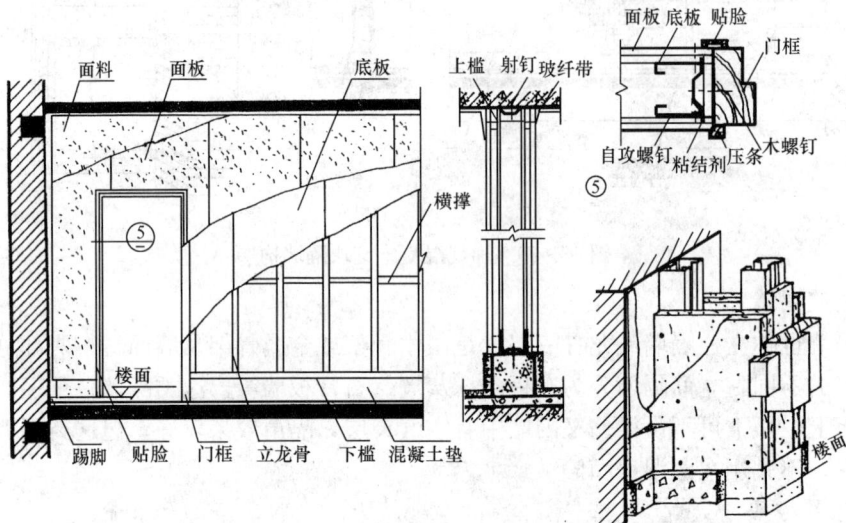

图 13-41　轻钢龙骨石膏板隔墙构造

轻钢龙骨石膏板隔墙具有刚度好、耐火、防水、隔声等特点，是目前在建筑中使用较多的一种隔墙。

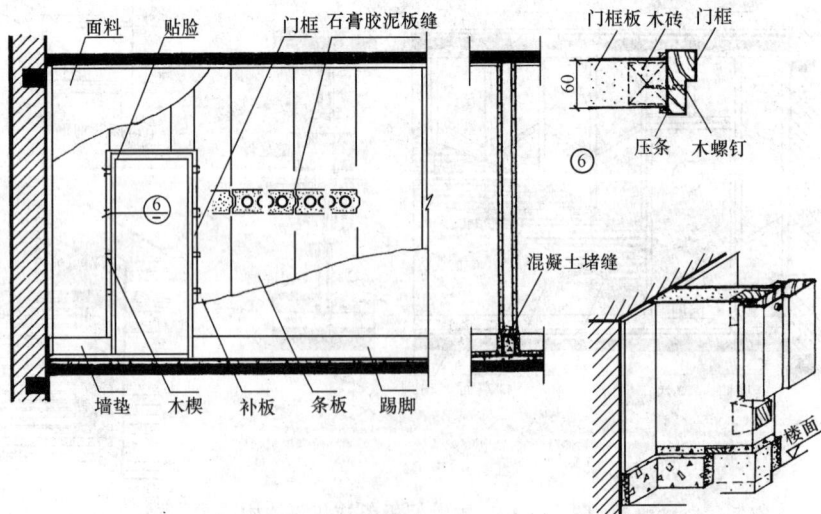

图 13-42　增强石膏空心条板隔墙构造

三、板材隔墙

板材隔墙是指单板高度相当于房间净高，面积较大，且不依赖骨架，由工厂制作为成品板材，现场组装而成的隔墙。目前成品板材主要有加气混凝土条板、石膏条板、泰柏板等。

板材隔墙的做法是，在楼板垫层上浇筑混凝土墙垫，门洞两侧安装门框板（板上附有木砖），依此安装整块条板，端部不足处安装补板（按尺寸锯割）。板间企口缝用石膏胶泥粘结，门框与门框板连接处用木螺丝固定，粘贴装饰面料后钉木压条。踢脚部分可抹水泥砂浆，也可镶贴水磨石踢脚板。图13－42为增强石膏空心条板隔墙构造。

板材隔墙装配性好，施工速度快，现场湿作业少，拆迁较方便，防火性能好；但也存在隔声效果较差，取材受条件限制，抗侧向推力较差等缺点。

第十四章

楼 地 面

第一节 概 述

楼地面是楼房建筑中水平方向的承重构件，包括楼层地面（楼面）和底层地面（地面）。楼面分隔上下楼层空间，地面直接与土壤相连。由于它们均是供人们在上面活动的，因而具有相同的面层；但由于它们所处的位置不同、受力不同，因而结构层有所不同。楼面的结构层为楼板，楼板将所承受的上部荷载及自重传递给墙或柱，再由墙、柱传给基础，楼板有隔声等功能要求。地面的结构层为垫层，垫层将所承受的地面荷载及自重均匀地传给夯实的地基，对地面有防潮等要求。

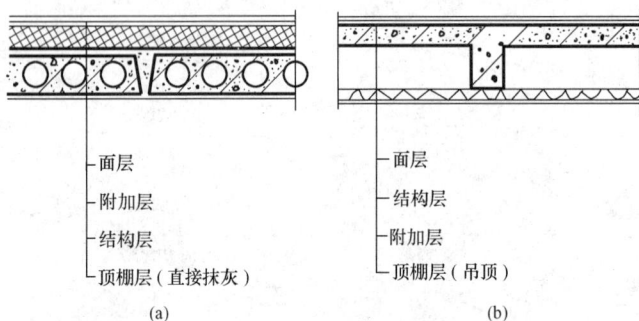

图 14-1　楼面的基本组成
（a）预制钢筋混凝土楼板；（b）现浇钢筋混凝土楼板

一、楼面的基本组成

为了满足使用要求，楼面通常由面层、结构层（楼板）、顶棚层三部分组成。必要时，对某些有特殊要求的房间加设附加层，如防水层、隔声层和隔热层等。图 14-1 为楼面的基本组成。

1. 面层

它是指人们进行各种活动与其接触的楼面表面层。面层起着保护楼板、分布荷载、室内装饰等作用。楼面的名称是以面层所用材料而命名的，如面层为水泥砂浆则称为水泥砂浆楼面。

2. 结构层

结构层又称楼板，由梁或拱、板等构件组成。它承受整个楼面的荷载，并将这些荷载传给墙或柱，同时还对墙身起水平支撑作用。

3. 顶棚层

顶棚层是楼面的下面部分。根据不同建筑物的要求，在构造上有直接抹灰顶棚、粘贴类顶棚和吊顶棚等多种形式。

二、楼面的设计要求

为保证楼面的结构安全和正常使用，对楼面设计有以下三方面要求。

1. 应具有足够的强度和刚度

楼板作为承重构件，应有足够的强度，在承受自重和使用荷载下不会破坏；为保证正常使用，楼面必须具有足够的刚度，在荷载作用下，构件弯曲挠度不会超过许可值。

2. 满足隔声、防火、热工方面的要求

为防止噪声通过上下相邻的房间，影响其使用，楼面应具有一定的隔声能力；楼面应根据建筑物的等级和防火要求进行设计，以避免和减少火灾发生对建筑物的破坏作用；对于有一定的温度、湿度要求的房间，常在楼面中设置保温层，以减少通过楼面的热交换作用。

此外，一些房间，如厨房、厕所、卫生间等，楼面潮湿、易积水，应注意处理好楼面的防渗漏问题；对楼面变形缝也应进行合理的构造处理。楼面变形缝应结合建筑物的结构（墙、柱）变形缝位置而设置，变形缝应贯通楼面各层。其构造做法如图 14-2 所示。

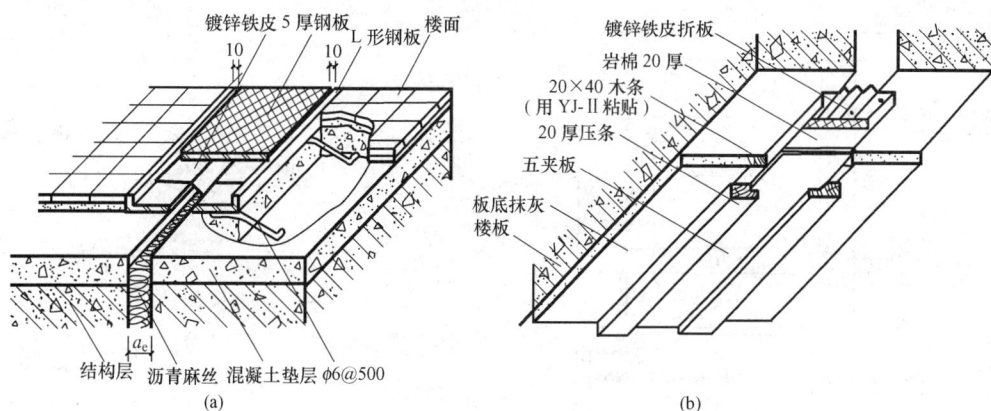

图 14-2 楼面变形缝的构造
(a) 面层变形缝；(b) 顶棚变形缝

3. 满足建筑经济的要求

一般情况下，多层房屋楼板的造价占土建造价的 20%～30%。因此，应注意结合建筑物的质量标准、使用要求及施工技术条件等因素，选择经济合理的结构形式和构造方案，尽量为工业化施工创造条件，加快施工速度，并降低工程造价。

三、楼板的类型

楼面根据其结构层使用的材料不同，可分为木楼板、砖拱楼板、钢楼板、压型钢板组合楼板及钢筋混凝土楼板等。

（1）木楼板具有自重轻、构造简单等优点。但由于它不防火，耐久性差且耗木材量大，现已极少采用。

（2）砖拱楼板可以节约钢材、水泥、木材，但由于它自重大，承载力及抗震性能较差，施工较复杂，目前一般也不采用。

（3）钢楼板由于钢材价格昂贵，耗钢量大，应慎重采用。

（4）压型钢板组合楼板具有刚度大，整体性好且有利于施工等优点，但由于用钢量大，造价高，目前主要用于钢框架结构中。

（5）钢筋混凝土楼板强度高、刚度大，耐久性和耐火性好，混凝土可塑性大，可浇灌成各种形状和尺寸的构件，因而比较经济合理，被广泛采用。

第二节 钢筋混凝土楼板

钢筋混凝土楼板按其施工方式不同，可分为现浇式、预制装配式和装配整体式三种。

一、现浇式钢筋混凝土楼板

现浇式钢筋混凝土楼板是经在施工现场支模板、绑扎钢筋、浇捣混凝土及养护等工序而成的楼板。这种楼板整体性好，抗震性强，能适应各种建筑平面构件形状的变化。但它模板用量多，现场湿作业量大，工期长，且施工受季节影响较大。

现浇式钢筋混凝土楼板，根据受力和传力情况的不同，可分为板式楼板、梁板式楼板和无梁楼板等。

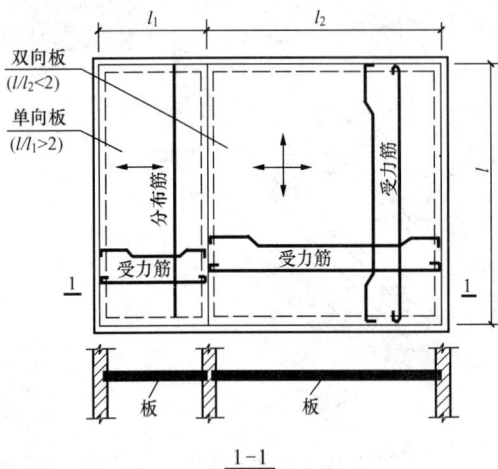

图 14-3　板式楼板

（一）板式楼板

当房间的跨度不大时，楼板内不设梁，板直接支撑在四周的墙上，荷载由板直接传给墙体，这种楼板称为板式楼板。板式楼板有单向板与双向板之分（图 14-3）。

1. 单向板

当板的长边与短边之比大于 2 时，板基本上沿短边单方向承受荷载，这种板称为单向板。通常把单向板的受力钢筋沿短边方向布置。

2. 双向板

当板的长边与短边之比小于或等于 2 时，板上的荷载沿双向传递，在两个方向产生弯曲，这种板称为双向板。在双向板中受力钢筋沿双向布置。它较单向板刚度好，且可节约材料，充分发挥钢筋的受力作用。

板式楼板底面平整、美观、施工方便，适用于小跨度房间，如走廊、厕所和厨房等。

（二）梁板式楼板

当房间的跨度较大时，板的厚度和板内配筋均会增大。为使板的结构更经济合理，常在板下设梁以控制板的跨度。这样楼板上的荷载就先由板传给梁，再由梁传给墙或柱。这种楼板称为梁板式楼板（又称肋形楼板）。根据梁的构造情况又可分为单梁式、复梁式和井梁式楼板。

1. 单梁式楼板

当房间平面尺寸不大时，可以仅在一个方向设梁，梁可以直接支撑在承重墙上，这种楼板称为单梁式楼板见图 14-4。

2. 复梁式楼板

当房间平面尺寸任何一个方向均大于 6m 时，则应在两个方向设梁，甚至还应设柱。梁有主梁和次梁之分。次梁与主梁一般是垂直相交，板搁置在次梁上，次梁搁置在主梁上，主梁搁置在墙或柱上。这种楼板称为复梁式楼板见图 14-5。主梁跨度一般为 5～8m，次梁

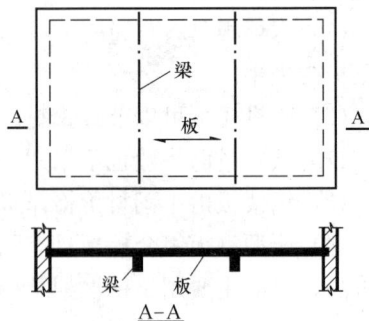

图 14-4　单梁式楼板

跨度一般为 4～6m。板跨一般为 1.7～2.7m，板的厚度一般为 60～80mm。

复梁式楼板适用于面积较大的房间，构造简单而刚度大，可埋设管道，施工方便，比较经济，因而被广泛用于公共建筑、居住建筑和多层工业建筑中。

3. 井梁式楼板

当房间尺寸较大，并接近正方形时，常沿两个方向布置等距离、等截面的梁（不分主次梁），从而形成井格式结构，这种结构通常称为井梁式楼板结构（图 14-6）。这种结构中部不设柱，梁跨可达 30m，板跨一般为 3m 左右。为了美化楼板下部的图案，梁格可布置成正

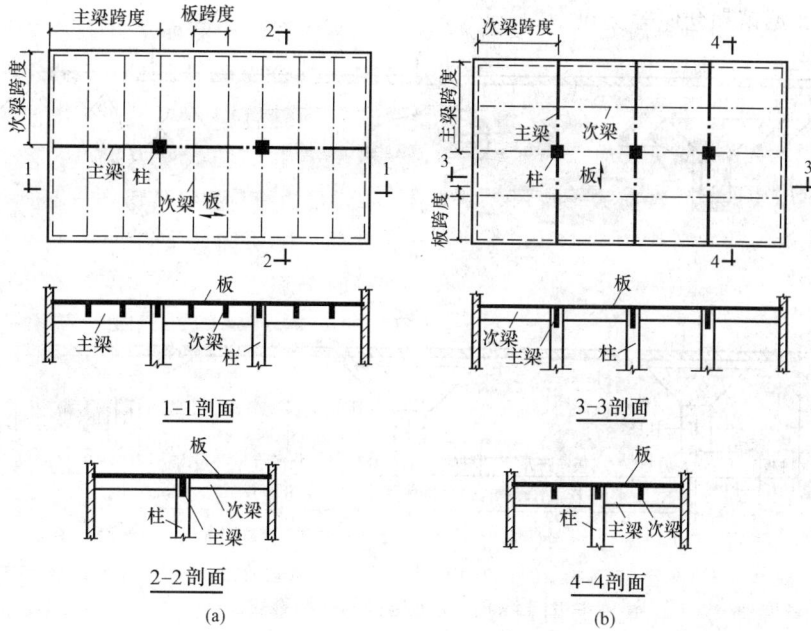

图 14-5 复梁式楼板

（a）纵向主梁方案；（b）横向主梁方案

井式［图 14-6（a）］和斜井式［图 14-6（b）］。

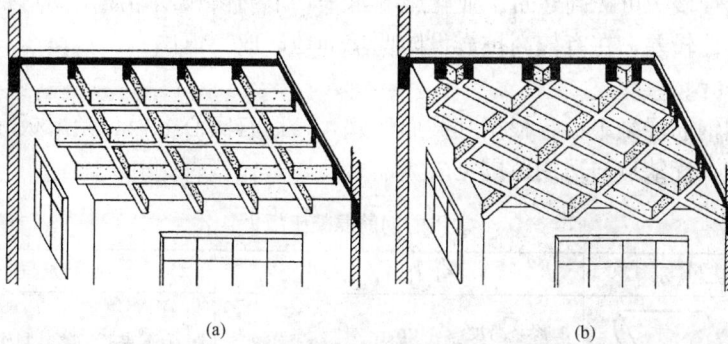

图 14-6 井梁式楼板

（a）正井式；（b）斜井式

井梁式楼板一般可用于门厅或需较大空间的大厅。

（三）无梁楼板

直接支撑在柱上，而不设主梁和次梁的楼板称为无梁楼板，见图 14-7。为增加柱的支撑面积，减小板跨，改善板的受力条件，一般可在柱顶上加设柱帽或托板，见图 14-8。无梁楼板柱网一般

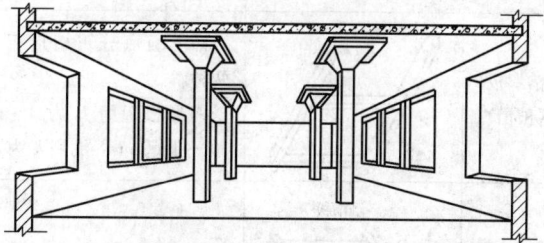

图 14-7 无梁楼板

为正方形，有时也可为矩形。柱距一般为 6m 左右较为经济，板的最小厚度通常为 120mm。

无梁楼板顶棚平整，室内净空大，采光通风效果好，且施工较简单，多用于楼层荷载较

大的商场、展览馆和仓库等建筑中。

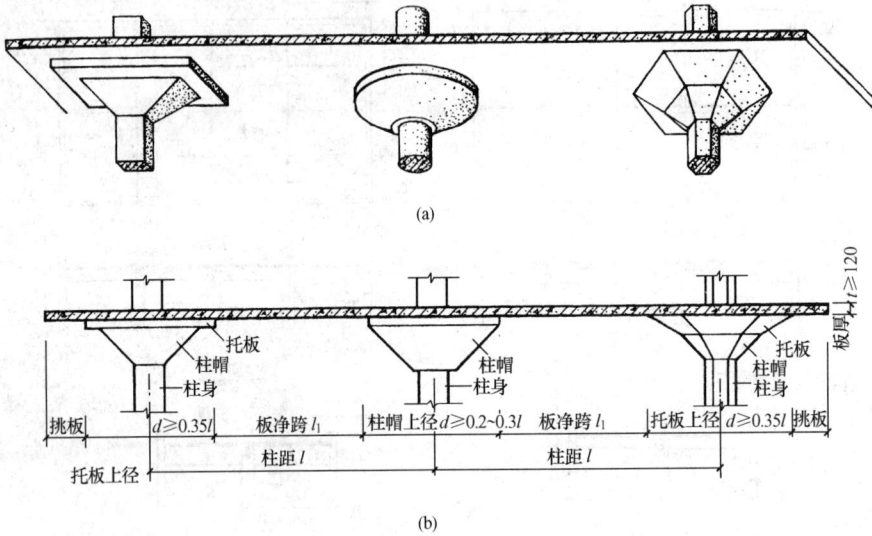

(a)

(b)

图 14 - 8 无梁楼板的柱帽形式

(a) 仰视图；(b) 正视图

二、预制装配式钢筋混凝土楼板

预制装配式钢筋混凝土楼板是指把预制构件厂生产或现场制作的钢筋混凝土板安装拼合而成的楼板。这种楼板可提高建筑工业化施工水平，节约模板，缩短工期，且施工不受季节限制；但其整体性较差，在有较高抗震设防要求的地区应当慎用。

（一）板的类型

常用的预制钢筋混凝土板，根据其截面形式，一般有实心平板、槽形板和空心板三种类型。其构件特点、优缺点与适用范围见表 14 - 1。

表 14 - 1   常用的钢筋混凝土板

构件名称	图 示	构件特点	优缺点与适用范围
实心平板		经济跨度≤2.5m。 板厚可取跨度的 $\frac{1}{30}$，一般为 60～100mm，板的宽度为 400～900mm	上下表面平整，制作简单，安装方便。 宜用在荷载不大、小跨度的走道、管沟盖板等处
槽形板（正槽）		槽形板可分正槽形板与倒槽形板两种。 槽形板板跨 L 为 3～6m，板宽为 500～1200mm，肋高 h 为 150～300mm	自重轻，节省材料，受力性能好，便于开洞。 板面较薄，隔声隔热性能较差，可通过吊顶棚、填充轻质材料等措施解决
槽形板（倒槽）	倒槽板	槽形板需在纵肋之间增加横肋。板端伸入砖墙部分应用砖块填实或从端肋封闭	槽形板大量应用于屋面板，厕所、厨房的楼板及具有高级装修的楼面

续表

构件名称	图　　示	构　件　特　点	优缺点与适用范围
空心板	方孔板 圆孔板 	短向板长度为 2.1～4.2m，非预应力板厚 150mm，预应力板厚 120mm。预应力板可制成 4.5～6m 的长向板，板厚 180～240mm。为节约材料应优先选用预应力板。 板端孔洞须用混凝土块堵严抹平	上下板面平整。 自重较轻，用料省，受力合理，刚度较大。 隔热隔声效果好。 板面不能随便开洞。 一般适用于工业与民用建筑的楼面和屋面，是用量最多的构件

（二）板的布置方式

在进行板的布置时，首先应根据房间的开间、进深尺寸确定板的支撑方式，然后根据板的规格进行布置。板的支撑方式有板式和梁板式两种。预制板直接搁置在墙上的称为板式布置，见图 14-9（a）；若预制板支撑在梁上，梁再搁置在墙上的称为梁板式布置，见图 14-9（b）。

在确定板的规格时，应首先以房间的短边为板跨进行，一般要求板的规格、类型愈少愈好，以简化板的制作与安装。同时应避免出现三面支撑情况，即楼板的纵边不得搁置在梁上或砖墙内，否则，在荷载作用下，板会产生裂缝。

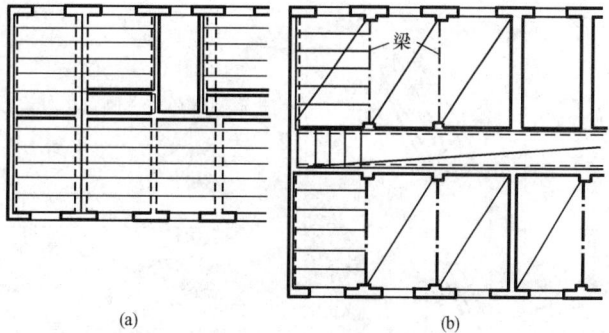

图 14-9　预制楼板结构布置
(a) 板式结构布置；(b) 梁板式结构布置

（三）梁的截面形式

梁的截面形式有矩形、T 形、十字形、花篮形等。其构造特点、优缺点与适用范围见表 14-2。

表 14-2　　　　　　　　　　常用的钢筋混凝土梁

构件名称	图　　示	构　件　特　点	优缺点与适用范围
矩形梁		预应力钢筋混凝土梁跨度一般在 7m 以内。构件的制作长度一般比跨度小 20～50mm。梁高 h 一般取 $\left(\frac{1}{14}\sim\frac{1}{8}\right)L$（$L$ 为梁的跨度）	外形简单，制作方便，应用广泛

续表

构件名称	图　示	构 件 特 点	优缺点与适用范围
T 形梁	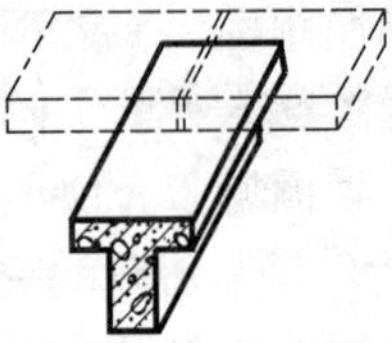	受拉区混凝土截面减小，但梁端支撑处应将截面做成矩形	用料省，自重较轻，受力合理。制作较复杂，仰视时，梁底不太美观
倒 T 形梁	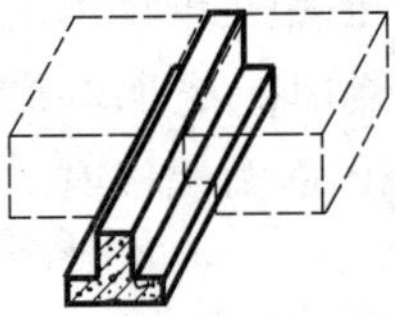	将板搁置在梁底台影处，台影为悬挑结构	梁面与板面平，可增大房屋净空。板端较复杂，制作不便
十字梁	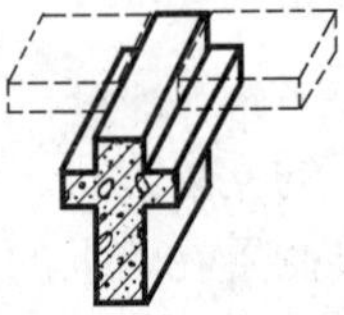	将板搁置在梁上侧台影处，板与梁顶适平	可增大房屋净高，梁截面复杂，制作不便
花篮梁	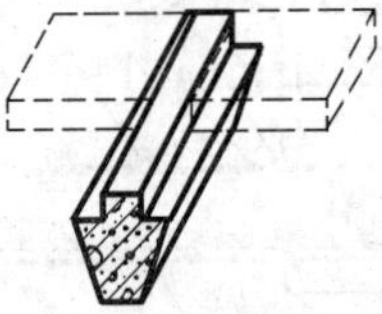	将板搁置在梁上侧台影处，板与梁顶适平	可增大房屋净高，梁截面复杂，制作不便
缺口梁	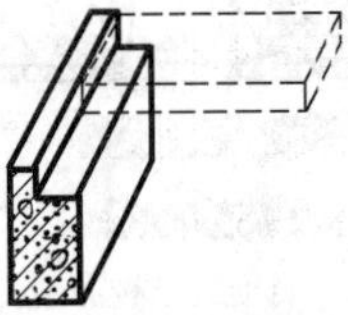	将板搁置在梁顶端缺口处	可增大房屋净高，梁截面复杂，制作不便
L 形梁	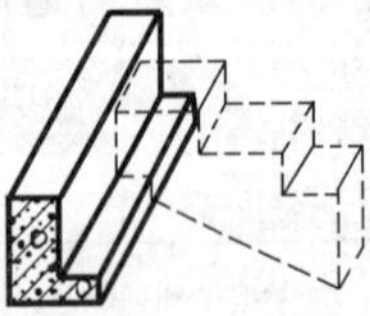	同倒 T 形梁	适用于装配式楼梯

（四）板的细部构造

1. 板的搁置及锚固

预制板搁置在墙上或梁上时，均应有足够的搁置长度。一般在砖墙上的搁置长度不宜小于 100mm；在梁上的搁置长度应不小于 80mm。地震地区板端深入外墙、内墙和梁的长度分别应不小于 120、100mm 和 80mm。并且在搁置时，还应采用 M5 水泥砂浆坐浆 20mm 厚，以利于二者的连接。

为了增强楼板的整体刚度，特别是在地基条件较差地区或地震区，应在板与墙以及板端与板端连接处设置锚固钢筋，见图 14-10。

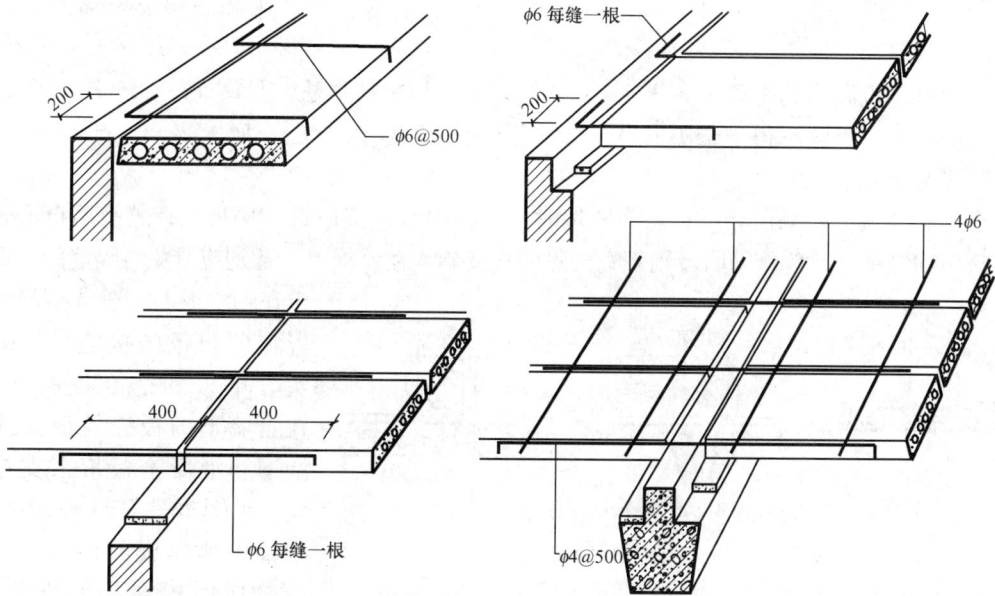

图 14-10　板的锚固

2. 板缝的处理

安装预制板时，为使板缝灌浆密实，要求板块之间离开一定的缝隙，以便填入水泥砂浆或细石混凝土。

板的接缝有端缝和侧缝两种。板的端缝一般需在板缝内灌筑细石混凝土，以加强连接；板的侧缝一般有三种形式：V形、U形和凹形，如图 14-11 所示。其中凹形缝有利于加强楼板的整体刚度。

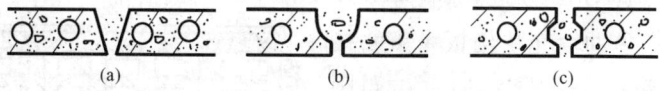

图 14-11　板缝的形式
(a) V形缝；(b) U形缝；(c) 凹形缝

板的排列受到板宽规格的限制，在具体布置房间楼板时，经常出现小于一块板宽度的缝隙。遇到这种情况，可视缝隙大小采取如下措施，见图 14-12。

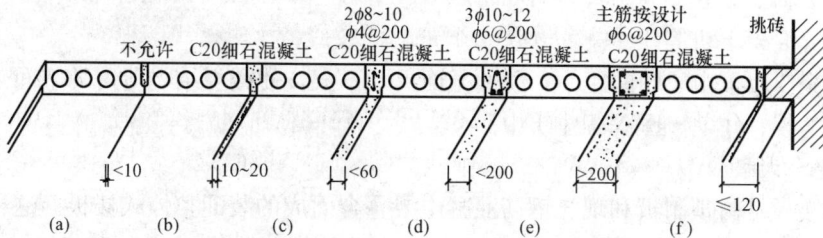

图 14-12　板缝处理措施

(1) 当板缝为 10～20mm 宽时，应以细石混凝土灌缝，见图 14-12 (b)。

(2) 当板缝小于 60mm 时，应加设 2ϕ8～10 钢筋，用细石混凝土灌缝，见图 14-12 (c)。

(3) 当板缝小于 200mm 时，应加设 3ϕ10～12 钢筋，用细石混凝土灌缝，见图 14 - 12 (d)。

(4) 当板缝大于 200mm 时，应按设计计算配置钢筋骨架，用细石混凝土灌缝，见图 14 - 12 (e)。

(5) 当邻近墙体的距离不大于 120mm 时，可采用挑砖做法，见图 14 - 12 (f)。

规范要求，板缝不得小于 10mm，以便有利于板间连接，见图 14 - 12 (a)。

3. 隔墙与楼板的关系

在预制楼板上，采用轻质材料作隔墙时，可将隔墙直接设置在楼板上；若采用自重较大的材料，如烧结普通砖作隔墙，则不宜将隔墙直接搁置在楼板上，特别应避免将隔墙的荷载集中在一块板上。通常将隔墙设置在两块板的接缝处。采用实心平板和空心板的楼板，在隔墙下的板缝处设梁或现浇钢筋混凝土板带来支撑隔墙，见图 14 - 13 (a)、(c)；若采用槽形板的楼板，隔墙可直接搁置在板的纵肋上，见图 14 - 13 (b)。

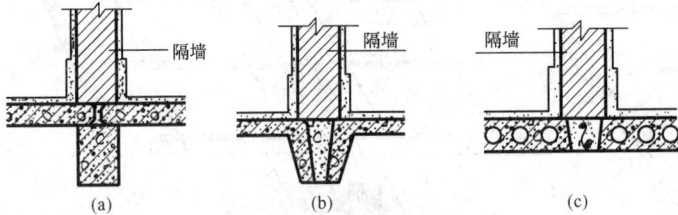

图 14 - 13 隔墙与楼板的关系
(a) 隔墙支撑在梁上；(b) 隔墙支撑在纵肋上；(c) 板缝配筋

三、装配整体式钢筋混凝土楼板

装配整体式钢筋混凝土楼板是采用部分预制构件，经现场安装，再整体浇筑混凝土面层所形成的楼板。这种楼板具有整体性强和节约模板的优点。按结构及构造方式的不同，这种楼板有密肋填充块楼板和叠合式楼板等做法。

(一) 密肋填充块楼板

密肋填充块楼板由密肋楼板和填充块叠合而成，如图 14 - 14 所示。密肋楼板有现浇密肋楼板［图 14 - 14(a)］、预制小梁现浇楼板［图 14 - 14(b)］等。密肋楼板间填充块，常用陶土空心砖、矿渣混凝土空心砖、加气混凝土块等。

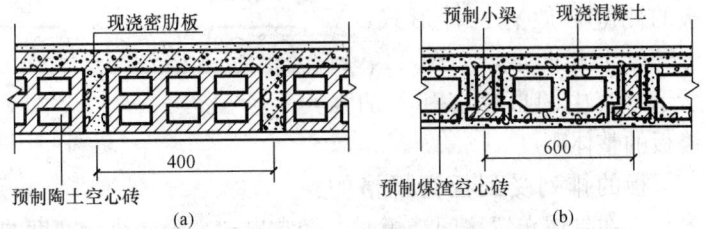

图 14 - 14 密肋填充块楼板
(a) 现浇密肋填充块楼板；(b) 预制小梁填充块楼板

密肋填充块楼板由于肋间距小，肋的截面尺寸不大，使楼板结构所占的空间较小。此种楼板常用于学校、住宅、医院等建筑中。

(二) 叠合式楼板

叠合式楼板是由预制板和现浇钢筋混凝土层叠合而成的装配整体式楼板。这种楼板节约模板，整体性较好，但施工较麻烦，如图 14 - 15 所示。

叠合式楼板的预制钢筋混凝土薄板既是永久性模板，又能与上部的现浇层共同工作。预制板底平整，可直接做各种顶棚装修。因此，薄板具有结构、模板、装修三方面的功能。目前这种楼板已在住宅、学校、办公楼、仓库等建筑中应用。

现浇叠合层的厚度一般为 $100\sim120mm$，混凝土的强度等级不低于 C20。为保证预制薄板与叠合层有较好的连接，薄板上表面需刻槽处理，如图 14 - 15（a）所示；也可在薄板上表面露出较规则的三角形结合钢筋，如图 14 - 15（b）所示。

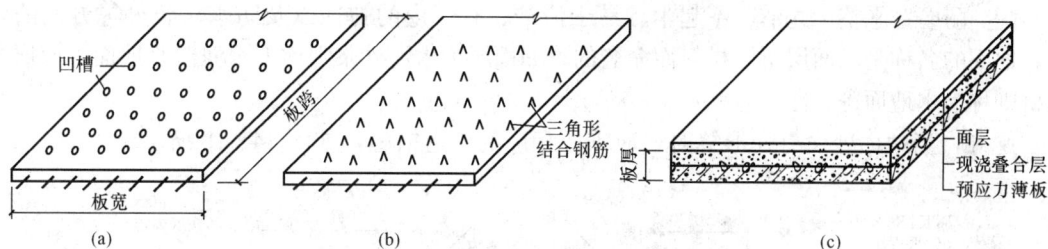

图 14 - 15　叠合楼板

（a）薄板面刻凹槽；（b）薄板面外露三角形结合钢筋；（c）叠合组合板

第三节 地 面 构 造

地面是建筑物底层与土壤相接的部分，它承受着地面上的荷载，并将这些荷载均匀地传给地基。

地面的基本构造层为面层、垫层和基层（地基）。为满足其他方面的要求，地面往往还增加相应的附加构造层，如找平层、结合层、防潮层、保温层、防水层等，如图 14 - 16 所示。

一、基层

基层是位于地面垫层下的承重层，又称地基。当地面上荷载较小时，一般采用素土夯实；当地面上荷载较大时，可对基层进行加固处理，如采用换土或夯入碎砖、碎石等方法。

二、垫层

垫层是位于基层和面层之间的结构层，有刚性垫层和非刚

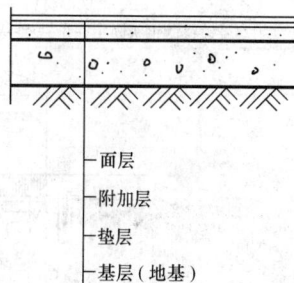

图 14 - 16　地面的基本构造层

性垫层之分。刚性垫层常用低强度等级混凝土，一般采用 C10 混凝土，其厚度应根据上部荷载的大小确定，常用的厚度为 $60\sim100mm$。非刚性垫层常采用砂、碎石、三合土及灰土等材料，其厚度根据材料和构造要求，通常为 $60\sim120mm$。

刚性垫层常用于整体面层和薄而脆的块材面层，如水磨石地面、锦砖地面、大理石地面等。

非刚性垫层常用于面层材料厚且强度较高的地坪中，如砖地面、混凝土地面等。

对某些室内荷载大且地基又较差并且有保温等特殊要求的，或面层装修标准较高的建筑，可在基层上先做非刚性垫

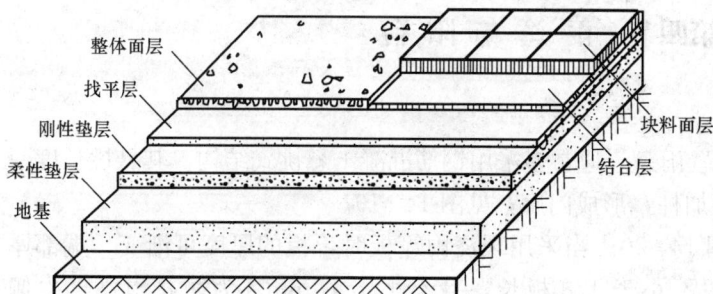

图 14 - 17　复式垫层地面、构造

层，再做一层刚性垫层，即复式垫层，如图 14-17 所示。

三、面层

面层是指人们进行各种活动与其接触的地面表面层。根据房间使用功能的不同，面层应满足坚固、耐磨、平整、光洁、不起尘、易于清洁、有一定的弹性以及防水、防火等方面的要求。地面的名称是以面层所用材料而命名的，如面层为水泥砂浆则称为水泥砂浆地面；面层为木材则称为木地面等。

此外，当地面处设有变形缝时，应采取相应的构造措施，如图 14-18 所示。

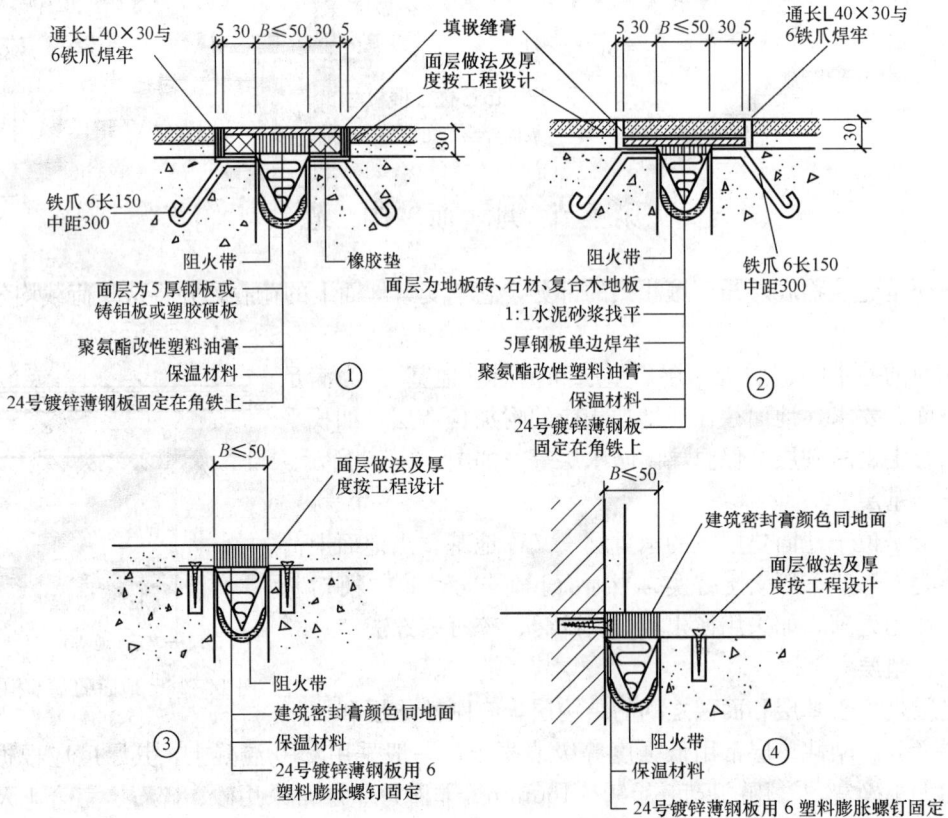

图 14-18 地面变形缝构造

第四节 雨篷与阳台

一、雨篷

在房屋入口处为了遮雨需设置雨篷。通常多采用钢筋混凝土悬挑式结构。其悬挑长度一般为 0.9～1.5m。大型雨篷下常加柱，形成门廊，见图 14-19。

雨篷有板式和梁板式，见图 14-20。当采用现浇雨篷板时，板的厚度可渐变，端部厚度不小于 50mm，根部厚度一般不小于 1/8 板长，且不小于 70mm。为防止雨篷产生倾覆，常将雨篷与门上过梁（或圈梁）浇在一起，如图 14-20（a）所示。板式雨篷可采用无组织排水。

图 14-19 加柱式大型雨篷

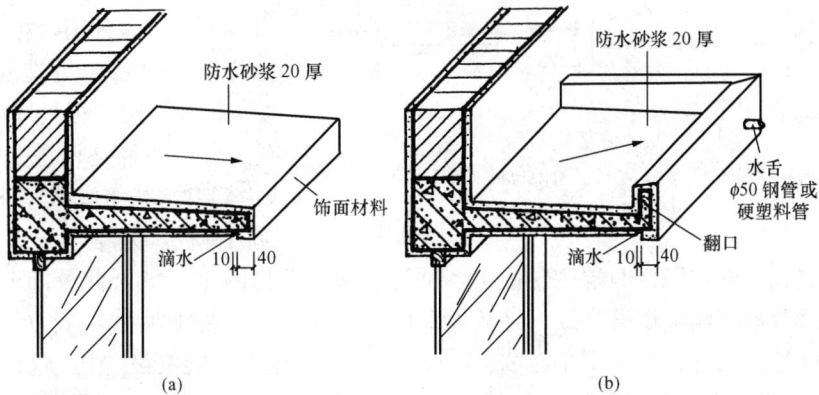

图 14-20 雨篷构造

(a) 板式雨篷;(b) 梁板式雨篷

当挑出长度较大时,一般做成梁板式,梁从门过梁(或圈梁)挑出。通常为了底板平整,也为了防止周边滴水,常将周边梁向上翻起,形成反梁式,并采用有组织排水,如图 14-20(b)所示。

雨篷顶面应采用防水砂浆抹面,厚度一般为 20mm,并在靠墙处做泛水。

二、阳台

阳台是在楼房中供人们室外活动的平台。阳台的设置对建筑物的立面造型起着重要的作用。

(一)阳台的形式

阳台按其与外墙的相对位置,可分为凸阳台、凹阳台和半凸半凹阳台,如图 14-21 所示;阳台按其在建筑平面上的位置,可分为中间阳台与转角阳台;阳台按施工方法可分为现浇阳台和预制阳台。

(二)阳台承重结构的布置

阳台承重结构通常是楼板的一部

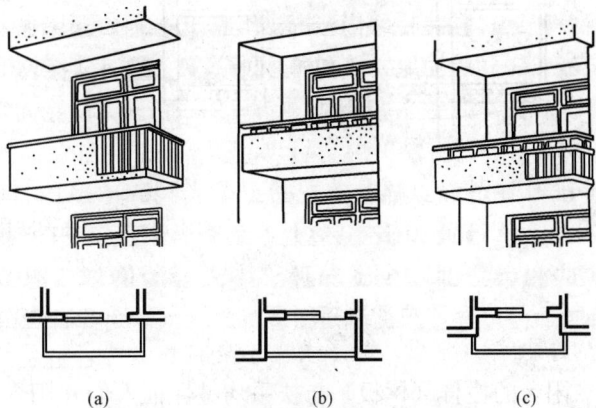

图 14-21 阳台的形式

(a) 凸阳台;(b) 凹阳台;(c) 半凸半凹阳台

分，因此，阳台承重结构应与楼板的结构布置统一考虑，主要采用钢筋混凝土阳台板。钢筋混凝土阳台板可采用现浇式、装配式或现浇与装配相结合的方式。

1. 凹阳台

凹阳台实为楼板层的一部分，所以它的承重结构布置可按楼板层的受力分析进行。

2. 凸阳台

凸阳台的受力构件为悬挑构件，按悬挑方式的不同，有挑板式和挑梁式两种。挑出长度在 1200mm 以内，可用挑板式；大于 1200mm 可用挑梁式。考虑到下层的采光，阳台进深不宜太大。

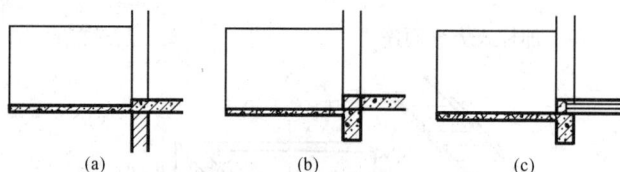

图 14-22　挑板式阳台

(a) 楼板悬挑阳台板；(b) 墙梁悬挑阳台板（墙不承重）；
(c) 墙梁悬挑阳台板（墙承重）

（1）挑板式，即阳台的承重结构是由楼板挑出的阳台板构成，见图 14-22。这种阳台板底平整、造型简洁，但结构构造及施工较麻烦。挑板式阳台板具体的悬挑方式有两种：一种是楼板悬挑阳台板，见图 14-22（a）；另一种是墙梁悬挑阳台板，见图 14-22（b）、(c)。

（2）挑梁式，即在阳台两端设置挑梁，挑梁上搁板，见图 14-23。此种阳台构造简单、施工方便，阳台板与楼板规格一致，是较常采用的一种方式。在处理挑梁与板的关系上有几种方式：一种是挑梁外露，见图 14-23（a）；第二种是在挑梁梁头设置边梁，见图 14-23（b）；第三种是设置 L 形挑梁，梁上搁置卡口板，见图 14-23（c）。

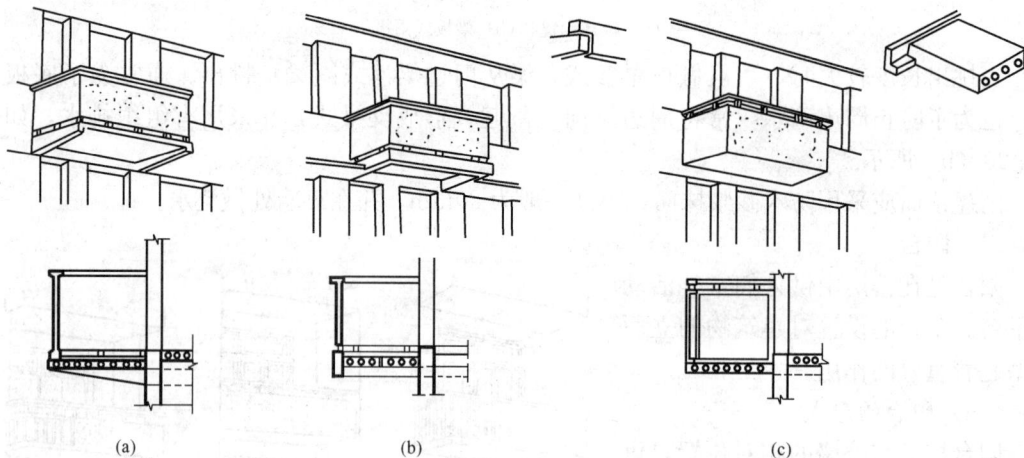

图 14-23　挑梁式阳台

(a) 挑梁外露；(b) 设置边梁；(c) L 形挑梁卡口板

（三）阳台的细部构造

1. 栏杆（栏板）的形式

阳台的栏杆（栏板）与扶手均是保证人们在阳台上活动安全而设置的，要求坚固可靠、舒适美观。扶手高度不应低于 1.05m，高层建筑不应低于 1.1m，镂空栏杆的垂直杆件间净距离不能大于 110mm。

栏杆（栏板）从材料上分，有金属、钢筋混凝土和砌体等；从外形上分，有镂空式和实心组合式等，如图 14-24 所示。

阳台扶手按材料分，有砖砌体、钢筋混凝土及金属材料等。

2. 连接构造

根据阳台栏杆（栏板）及扶手材料和形式的不同，其连接构造方式有多种，如图 14-25 所示。

3. 阳台的排水处理

为防止雨水流入室内，阳台

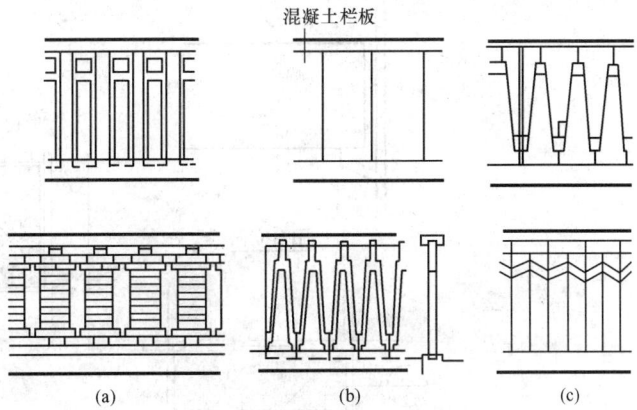

图 14-24 栏杆（栏板）的形式

（a）砖砌栏杆与栏板；（b）钢筋混凝土栏杆与栏板；（c）金属栏杆

地面的设计标高应较室内地面低 20～50mm，阳台的排水分为外排水和内排水。外排水适应于低层或多层建筑，此时，阳台地面应向排水口做 1‰～2‰ 的坡度，排水口处埋设 $\phi 50$ 的镀锌钢管或塑料管水舌，水舌挑出长度至少为 80mm，以防落水溅到下面的阳台上，见图 14-26；内排水适用于高层建筑或某些有特殊要求的建筑，一般是在阳台内侧设置地漏，将积水引入雨水立管，见图 14-27。

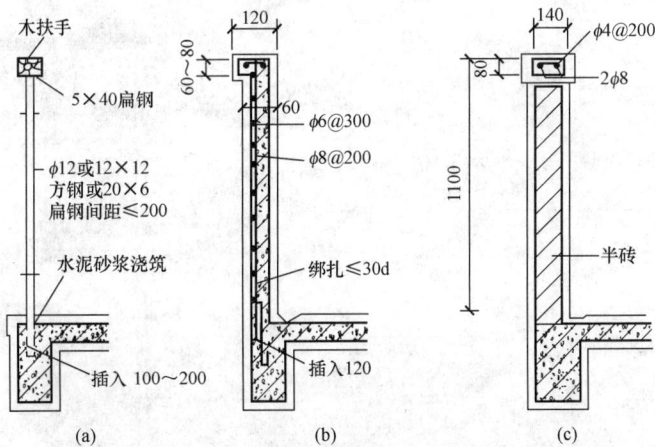

图 14-25 阳台栏杆（栏板）的构造

（a）金属栏杆；（b）现浇混凝土栏板；（c）砖砌栏板

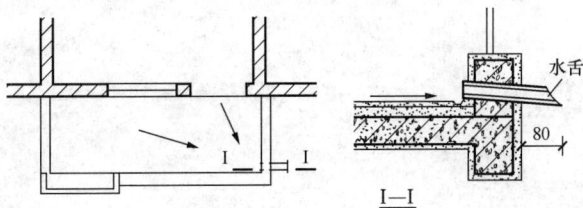

图 14-26 排水管排水

阳台立面

阳台平面

雨水立管

φ70 管道孔
1:2 水泥砂浆嵌缝

φ50 铸铁箅子

φ50 塑料管弯头

Ⓐ

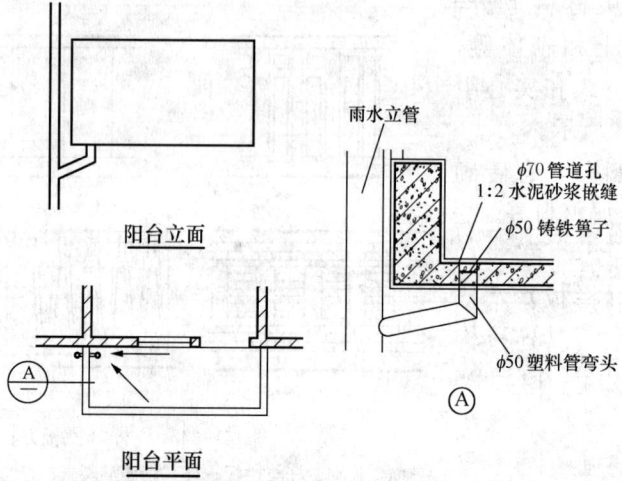

图 14 - 27 雨水管排水

第十五章　垂直交通设施

第一节　概　　述

　　两层以上的房屋就需要有垂直交通设施，包括楼梯、电梯、自动扶梯、台阶、坡道、爬梯以及工作梯等。这些设施要求做到使用方便、结构可靠、防火安全、造型美观和施工方便。楼梯作为竖向交通和人员紧急疏散的主要设施，使用最为广泛；垂直升降电梯则用于高层建筑或使用要求较高的宾馆等多层建筑；自动扶梯仅用于人流量大且使用要求高的公共建筑，如商场、候车楼等；台阶用于室内外高差之间和室内局部高差之间的联系；坡道则由于其无障碍流线，常用于多层车库通行汽车和医疗建筑中通行担架车等，在其他建筑中，坡道也作为残疾人轮椅车的专用交通设施；爬梯专用于消防和检修等；工作梯是供工作人员工作用的交通设施。

　　垂直交通设施的选用，是由建筑本身及环境条件决定的，也就是按垂直方向尺寸（即高差）与水平方向尺寸所形成的坡度来选定，坡度可用角度或高长比值表示，见图15-1。

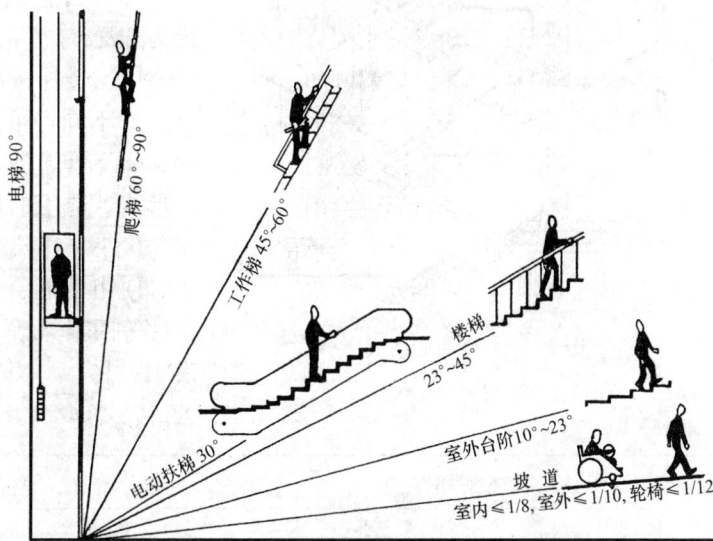

图 15-1　各种垂直交通设施的适用坡度

第二节　楼　　梯

一、楼梯的组成

　　楼梯一般由楼梯段、平台、栏杆（栏板）扶手三部分组成，如图15-2所示。

1. 楼梯段

　　楼梯段是联系两个不同标高平台的倾斜构件，它由若干踏步和斜梁或板构成。为了消除疲劳，每一楼梯段的踏步数量一般不应超过18级，同时考虑人们行走的习惯性，楼梯段的踏步数量也不应少于3级。

2. 平台

　　平台是指两楼梯段之间的水平构件。根据所处的位置不同，有中间平台和楼层平台之分。位于两楼层之间的平台称为中间平台；与楼层地面标高一致的平台称为楼层平台。其主

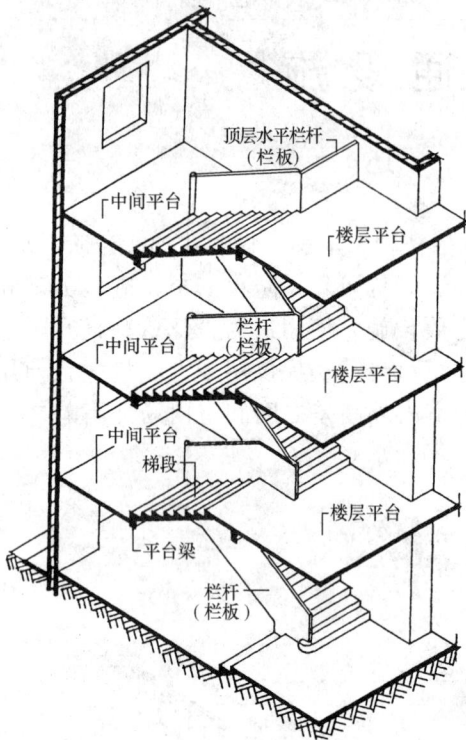

图 15-2　楼梯的组成

要作用是供人们行走时改变行进方向和缓解疲劳，故又称为休息平台。

3. 栏杆（栏板）扶手

栏杆（栏板）扶手是设在楼梯段及平台边缘的安全防护设施。要求必须以坚固、耐久的材料制作，并能承受荷载规规定的水平荷载。

二、楼梯的类型

（1）楼梯按结构材料的不同，有木楼梯、钢楼梯和钢筋混凝土楼梯等。其中钢筋混凝土楼梯具有坚固、耐久、防火等优点，使用最为广泛。

（2）楼梯按楼层间梯段数量和上下楼层方式的不同，可分为直跑梯、双跑梯、多跑梯、交叉梯、剪刀梯、弧形梯及螺旋梯等多种形式。选用的原则是根据楼梯间的平面形状与大小、楼层高低与层数、人流多少与缓急、使用功能、造型需要、投资限额和施工条件等因素来确定。各种不同的楼梯形式见表 15-1。

表 15-1　　　　　　　　　　各种不同的楼梯形式

名　称	图　示	构 造 特 点	适 用 范 围
1. 直跑楼梯		只有一个楼梯段，不设中间平台，所占宽度较小，但长度较大	层高较小的建筑，一般层高不超过 3m
2. 双跑直楼梯		两个楼梯段间设一个中间平台，两梯段在一条直线上。占用宽度较小，但长度较大	楼梯间窄而长的建筑

名　称	图　　　示	构　造　特　点	适　用　范　围
3. 双 跑 平 行 楼 梯		由两个楼梯段和一个中间平台组成，在休息平台处转向180°，占用长度较小，但宽度较大	用途最广，如用于住宅及公共建筑
4. 双 跑 直 角 楼 梯		中间平台处转角90°，两梯段均可沿墙设置，充分利用空间	公共建筑大厅和窄小的跃层住宅
5. 双 合 平 行 楼 梯		两个平行梯段到中间平台处合并为一个宽梯段	公共建筑的主要楼梯
6. 双 分 平 行 楼 梯		一个宽梯段到中间平台处分为两个窄梯段	公共建筑的主要楼梯
7. 三 跑 楼 梯		由三个梯段和两个中间平台组成，占用面积宽而短，梯井较宽	公共建筑

名　称	图　示	构　造　特　点	适　用　范　围
8.扇形楼梯		中间平台处由扇形踏步组成，转角处行走不便	次要及辅助楼梯，不宜作主要楼梯和疏散楼梯
9.剪刀式楼梯		四个梯段用一个中间平台相连，占用面积较大，行走方便	人流较多的公共建筑
10.交叉楼梯		两个直跑楼梯交叉而不相连	人流较多的公共建筑
11.弧线形楼梯		楼梯段为弧形，造型优美、构造复杂、施工不便	公共建筑门厅
12.螺旋楼梯		楼梯踏步围绕一根中心柱布置，占用面积小，造型优美，但行走不便，施工困难	跃层式住宅和检修梯

三、楼梯的尺度

(一) 楼梯的坡度

楼梯的坡度视建筑的功能类型而定，一般情况下，人流多的公共建筑的楼梯应平缓；人流较少的住宅建筑的楼梯可稍陡；次要楼梯可更陡些。楼梯的坡度范围一般在 23°～45° 之间。正常情况下应当把楼梯坡度控制在 38° 以内，一般认为 30° 是楼梯的适宜坡度，如图 15-1 所示。

(二) 踏步尺度

踏步由踏面和踢面组成。楼梯踏步尺度是指踏步的宽度和踏步的高度。踏步的宽度应与成人的脚长相适应，踏步的高度应结合踏步宽度符合成人步距。踏步的宽与高必须有一个恰当的比例关系，才会使人行走时不会感到吃力和疲劳。踏步的宽度与高度可用下列经验公式求得

$$2r + g = s$$

式中　r——踏步高度；

　　　g——踏步宽度；

　　　s——人的平均步距一般为 560～630mm。

民用建筑中，楼梯踏步尺寸应符合表 15-2 的规定。

表 15-2　　　　　　　　　常用适宜踏步尺寸

名　　称	住　宅	学校、办公楼	剧院、食堂	医院（病人用）	幼儿园
踏步高（mm）	156～175	140～160	120～150	150	120～150
踏步宽（mm）	250～300	280～340	300～350	300	260～300

当受条件限制，踏步宽度较小时，可以在踏步的细部进行适当变化来增加踏面的尺寸，如采用加做踏步檐或使踢面倾斜，如图 15-3 所示。

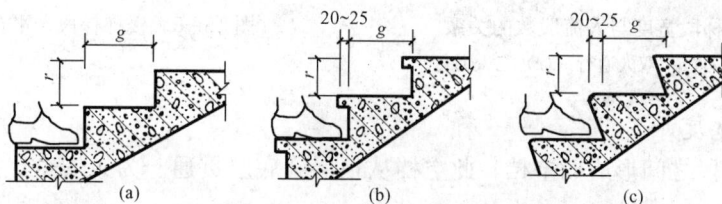

图 15-3　踏步尺寸与人脚的关系
(a) 正常处理的踏步；(b) 加做踏步檐；(c) 踢面倾斜

(三) 梯段尺度

楼梯梯段尺度包括梯段宽度和梯段长度。梯段宽度是指楼梯间墙面至扶手中心线或扶手中心线之间的水平距离。它应根据紧急疏散时，要求通过的人流股数多少确定。我国规定每股人流按 0.55m＋（0～0.15）m 计算，其中 0～0.15m 为人在行进中的摆幅。一般单股人流通行时，梯段宽度应不小于 900mm，见图 15-4 (a)；双股人流通行时为 1100～1400mm，见图 15-4 (b)；三股人流通行时为 1650～2100mm，见图 15-4 (c)。

梯段长度（L）则是每一梯段的水平投影长度，其值为 $L = (N-1) \times b$，其中 b 为踏步水平投影步宽，N 为梯段踏步数。此处需注意踏步数为踢面步高数。

（四）平台宽度

平台宽度指楼梯间墙面至转角扶手中心线的水平距离，它分为中间平台宽度和楼层平台宽度。梯段改变方向时，扶手转向端处的平台最小宽度不应小于梯段宽度，并不得小于 1.20m，当有搬运大型物件需要时应适量加宽。以保持疏散宽度一致，并能使家具等大型物件通过，见图 15-5。

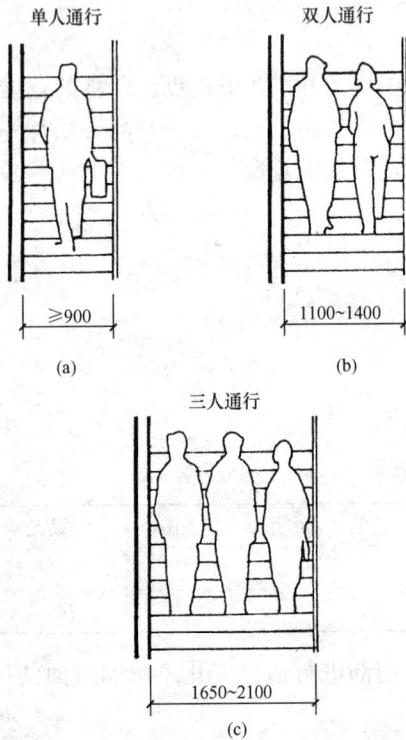

单人通行

双人通行

≥900

1100~1400

(a)

(b)

三人通行

1650~2100

(c)

图 15-4 梯段宽度与人流股数的关系

(a) 单人通行；(b) 双人通行；(c) 三人通行

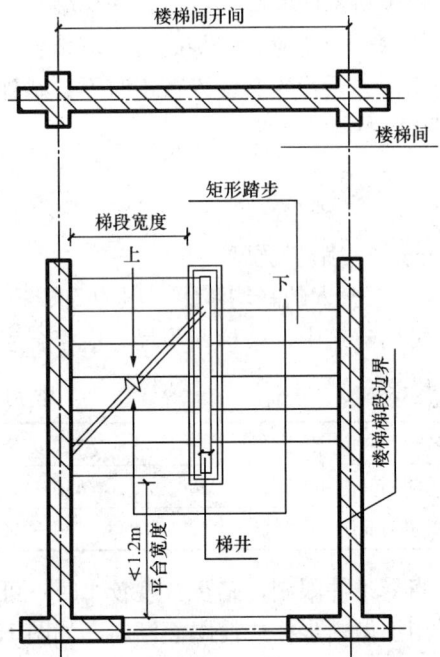

楼梯间开间

楼梯间

梯段宽度

矩形踏步

上

下

楼梯段边界

<×1.2m

平台宽度

梯井

图 15-5 楼梯梯段、平台、梯井

（五）梯井宽度

梯井是指梯段之间形成的空档，此空档从顶层到底层贯通。为了安全，其宽度应小些，以 60~200mm 为宜。

（六）栏杆（栏板）扶手的高度

梯段栏杆（栏板）扶手的高度是自踏步前缘线至扶手顶面的垂直距离。其高度根据人体重心高度和楼梯坡度大小等因素确定，一般为 0.9m 左右；靠楼梯井一侧水平扶手长度超过 0.5m 时，其高度不应小于 1.05m；供儿童使用的楼梯应在 0.5~0.6m 高度增设扶手，见图 15-6。

（七）楼梯的净空高度

楼梯的净空高度是指平台下或梯段下通行人时，应具有的最低高度要求。规范规定，楼梯平台上部及下部过道处的净高不应小于 2m，梯段净高不宜小于 2.20m。梯段净高为自踏步前缘（包括最低和最高一级踏步前缘线以外 0.30m 范围内）量至上方突出物下缘间的垂直高度，见图 15-7。

　　当采用平行双跑楼梯且在底层中间休息平台下设置通道时，为保证平台下的净高，可采取以下方式解决：

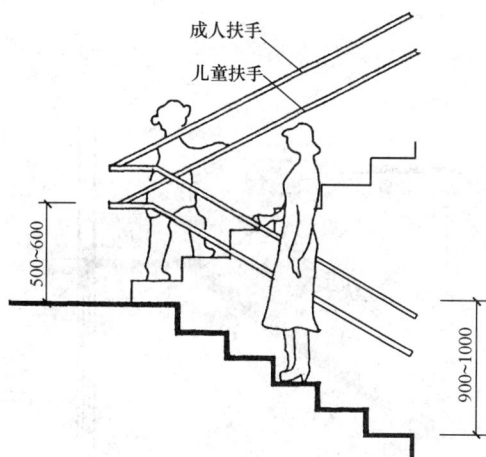

图 15-6　栏杆（栏板）扶手高度

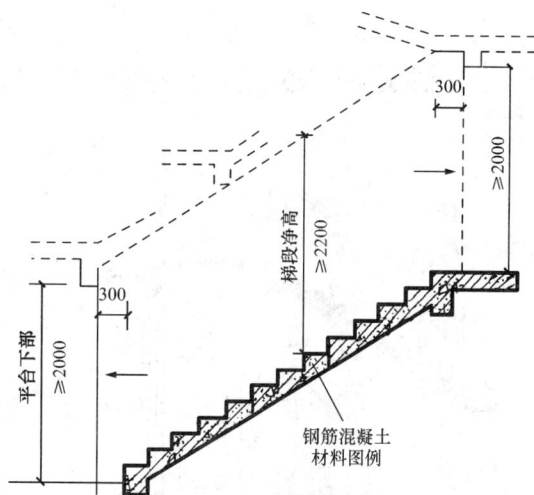

图 15-7　楼梯的净空高度

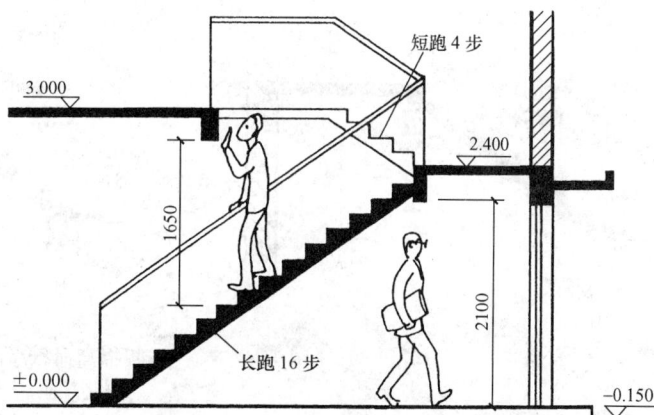

图 15-8　用长短梯段解决通行净高

　　（1）改用长短跑楼梯，即将底层的等跑梯段变为长短跑梯段。起步第一跑为长跑，以提高中间平台标高，见图 15-8。这种方式仅在楼梯间进深较大时采用，此时应注意保证平台上面的净空宽度和宽度。

　　（2）下沉地面，即局部降低底层中间平台下地坪标高，使其低于底层室内地坪标高±0.000，以满足净空高度要求，见图 15-9。这种处理方式可保持等跑梯段，使构件统一，但提高了整个建筑物的高度。此时应注意，降低后的中间平台下地坪标高仍应高于室外地坪标高，以免雨水内溢。

　　（3）综合法，即将长短跑法和下沉地面法综合一体解决通行净高问题（图 15-10）。这种处理方式可兼有前两种方式的优点，并减少其缺点。

　　（4）不设置平台梁。平台梁高为其梁长的 1/12 左右，一般均在 300～400mm 之间。如果去掉平台梁，这个尺寸确实在解决通行净高时起着一定作用。不设平台梁是从结构上进行调整，即将上、下梯段和平台组成一个整体式的折板，将板端直接支承在承重墙体上，这样的变动可以解决 200～300mm 的净高问题，见图 15-11。

　　四、钢筋混凝土楼梯

　　钢筋混凝土楼梯按施工方式不同，可分为现浇式和预制装配式两类。

　　（一）现浇钢筋混凝土楼梯

　　现浇钢筋混凝土楼梯的整体性好，造型随意性强，但现场施工繁琐、湿作业多、工期长，多用于楼梯形式复杂或对抗震要求较高的建筑中。

现浇钢筋混凝土楼梯按受力特点及结构形式的不同，可分为板式楼梯和梁板式楼梯。

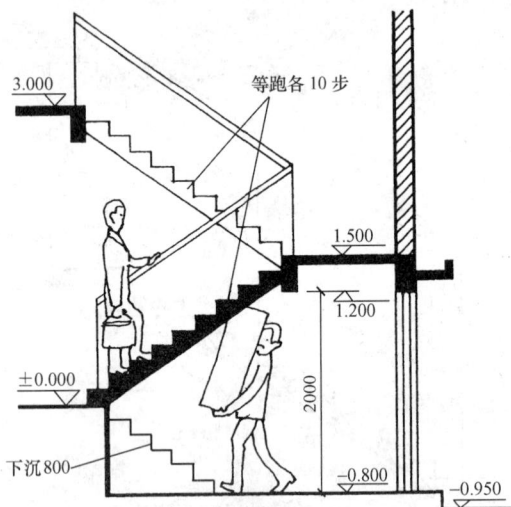

图 15 - 9 下沉地面解决通行净高

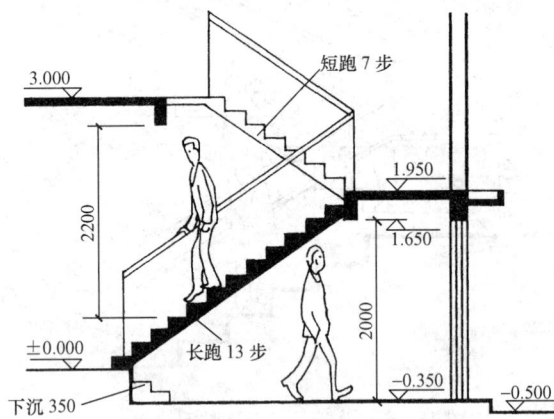

图 15 - 10 用综合法解决通行净高

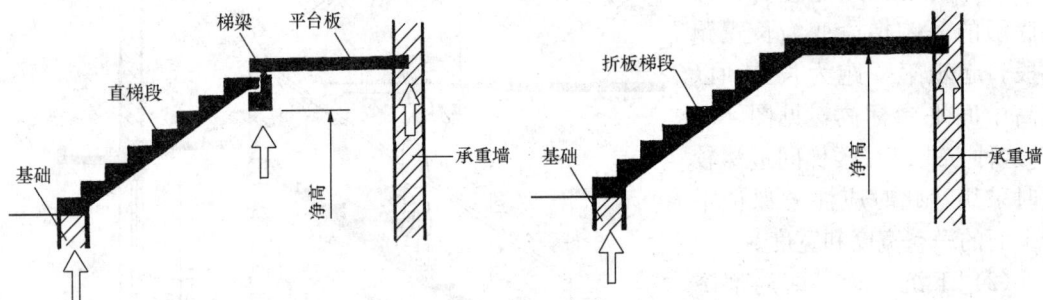

图 15 - 11 用折板提高通行净高

1. 板式楼梯

板式楼梯是将楼梯段作为一块板，板底平整，板面上做成踏步，梯段两端设置平台梁，楼梯段上的荷载通过平台梁传到墙上，见图 15 - 12（a）；也可不设平台梁，将梯段板和平台板现浇为一体，楼梯段上的荷载直接传递到墙上，见图 15 - 12（b）。这种楼梯构造简单，施工方便，但自重大，材料消耗多，适用于楼梯段跨度及荷载较小的楼梯。

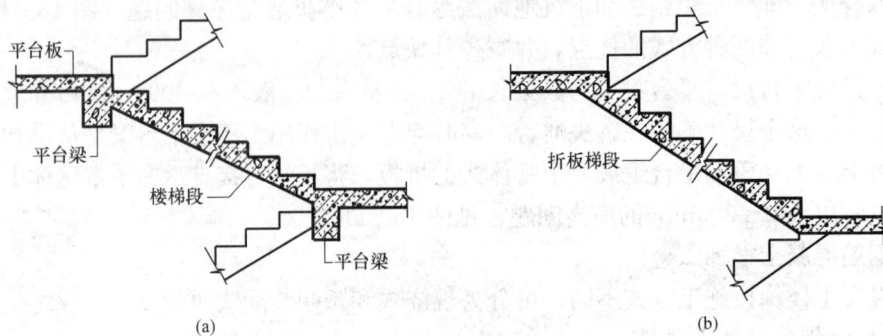

(a)   (b)

图 15 - 12 现浇钢筋混凝土板式楼梯

(a) 设平台梁的梯段；(b) 不设平台梁的梯段

2. 梁板式楼梯

梁板式楼梯是指在梯段中设有斜梁的楼梯。踏步板的荷载通过梯段斜梁传至平台梁，再传到墙上。按斜梁位置的不同有明步和暗步之分。明步是将梁设置在踏步板之下，上面踏步露明，见图 15-13 (a)；暗步是使梁和踏步板的下表面取平，踏步包在梁内，见图15-13 (b)。这种楼梯模板比较复杂，但受力较好，用料比较经济，适用于各种长度的楼梯。

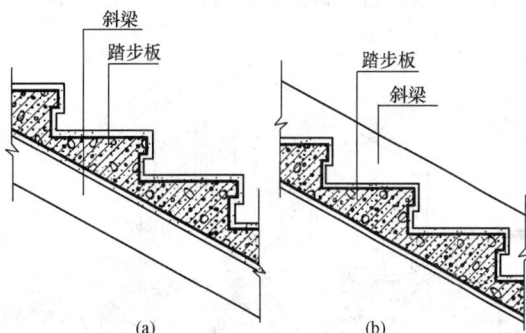

图 15-13　现浇钢筋混凝土梁板式楼梯
(a) 明步楼梯；(b) 暗步楼梯

（二）装配式钢筋混凝土楼梯

装配式钢筋混凝土楼梯是将楼梯分隔成若干部分，在预制厂制作，到现场安装的楼梯。这种方式可加快施工速度，减少现场湿作业，有利于建筑工业化。但楼梯的造型和尺寸将受到局限，且应具有一定的吊装设备。

装配式钢筋混凝土楼梯按构件尺寸的不同，可分为小型构件装配式楼梯和大、中型构件装配式楼梯两类。

1. 小型构件装配式楼梯

小型构件装配式楼梯具有构件小而轻、容易制作、便于安装的优点，但由于构件数量多，现场湿作业亦较多，施工速度较慢，通常用于施工机械化程度较低的房屋建筑中。

小型构件装配式楼梯主要有墙承式和梁承式两种。

（1）墙承式楼梯。按支撑方式的不同有双墙支撑式和悬挑踏步式两种。

双墙支撑式楼梯是把预制的踏步板搁置在两侧的墙上，在砌筑墙体时，随砌随安放踏步板。这种楼梯两个梯段间设墙后，阻挡了视线、光线，感觉空间狭窄，在搬运大件家具设备时感到不方便。为了解决通视的问题，可以在墙体的适当部位开设观察孔，见图 15-14。双墙支撑式楼梯宜用于低标准的次要建筑。悬挑踏步式楼梯是将踏步板的一端嵌固于楼梯间侧墙中，另一端悬挑并安装栏杆的楼梯，见图 15-15。这种形式仅适用于次要楼梯且悬挑尺寸不宜大于 900mm，地震区不宜采用。

（2）梁承式楼梯。其梯段是由踏步板和斜梁组成。梯段斜梁通常做成锯齿形、矩形和 L 形。锯齿形斜梁用于支撑一字形和 L 形踏步板，见图 15-16 (a)、(b)；矩形和 L 形斜梁用于支撑三角形踏步板，见图 15-16 (c)、(d)。一字形和 L 形踏步板与斜梁之间用水泥砂浆找平，三角形踏步板与斜梁之间用水泥砂浆自下而上逐个叠砌。

2. 大、中型构件装配式楼梯

大、中型构件装配式楼梯可以减少预制构件的种类和数量，简化施工过程，减轻劳动强度，加快施工速度；但构件制作和运输较麻烦，施工现场需要有大型吊装设备，以满足安装要求。这种楼梯适用于在成片建设的大量性建筑中使用。

按楼梯段构造形式的不同，大、中型构件装配式楼梯主要有板式和梁板式两种。

（1）板式楼梯，是把楼梯分解为平台梁、平台板和板式梯段等几个构件进行预制安装而成的，见图 15-17。

（2）梁板式楼梯，是把楼梯分解为平台梁、平台板和梁板式梯段等几个构件进行预制安装而成的。梁板式梯段多为槽板式，见图 15 - 18。

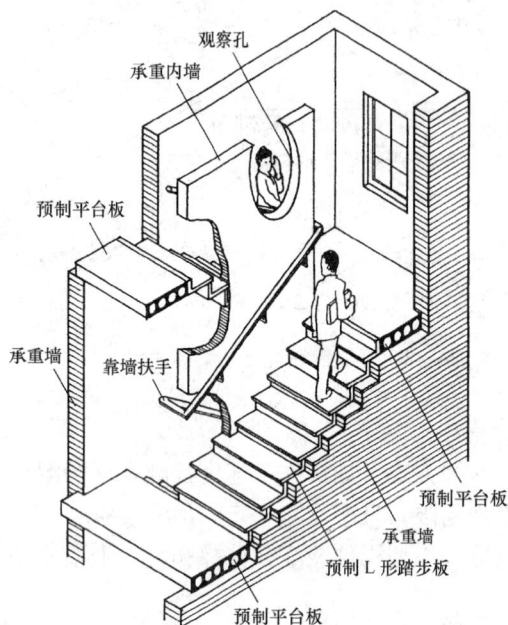

图 15 - 14　双墙支承式楼梯

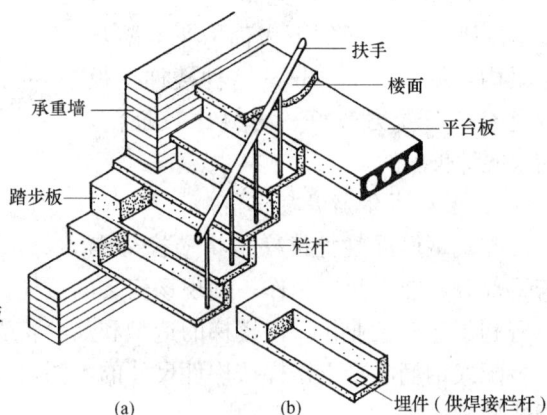

图 15 - 15　悬挑踏步式楼梯

（a）悬挑踏步式楼梯示意；（b）踏步构件

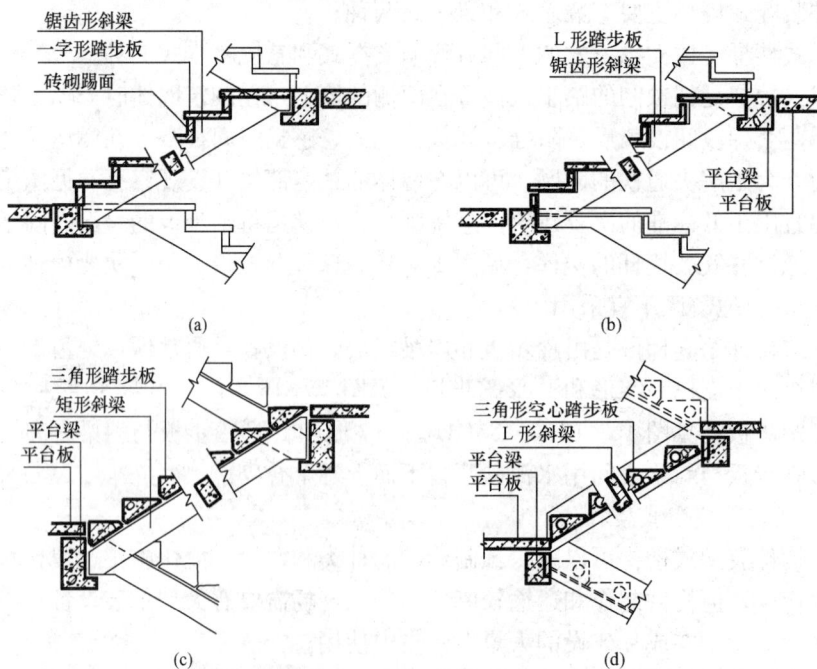

图 15 - 16　梁承式楼梯

（a）一字形踏步板锯齿形斜梁；（b）L 形踏步板锯齿形斜梁；

（c）三角形踏步板矩形斜梁；（d）三角形踏步板 L 形斜梁

　　楼梯段安装时，应用水泥砂浆铺垫，还应在斜梁与平台梁结合处，用插筋套接或预埋钢板电焊的方法连接牢固，见图 15-19。

　　位于建筑物底层的第一跑楼梯段下部应设基础，称为梯基。梯基的形式一般为条形，可选用砖、石等材料砌筑而成，见图 15-20（a）；也可采用平台梁代替，见图 15-20（b）。

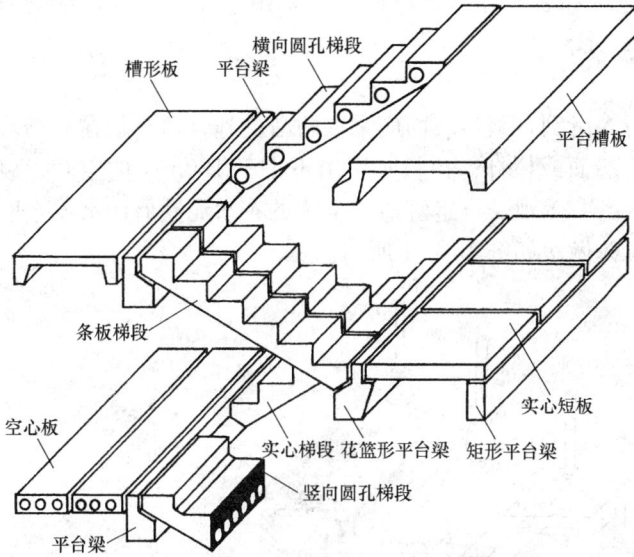

图 15-17　装配式板式楼梯构件组合示意图

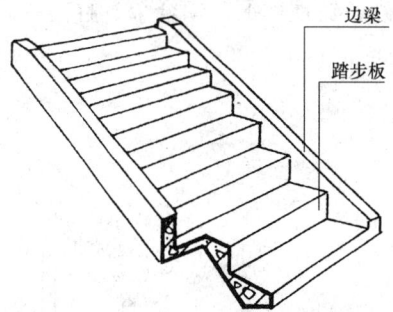

图 15-18　梁板式梯段

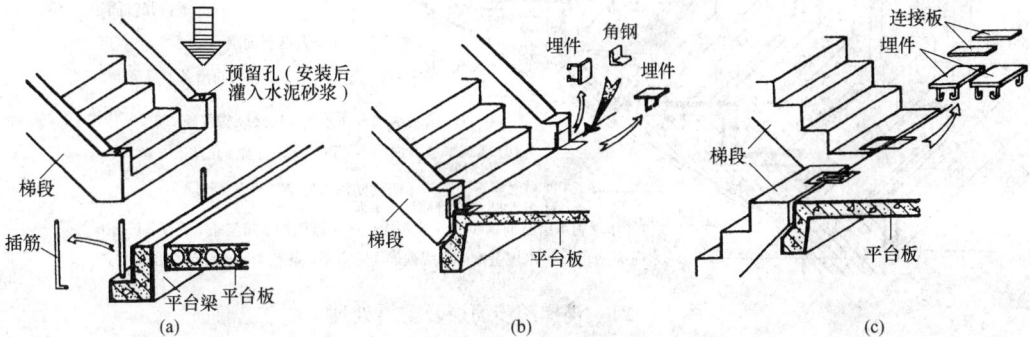

图 15-19　梯段与平台的连接

（a）插筋连接；（b）角钢连接；（c）连接板焊接

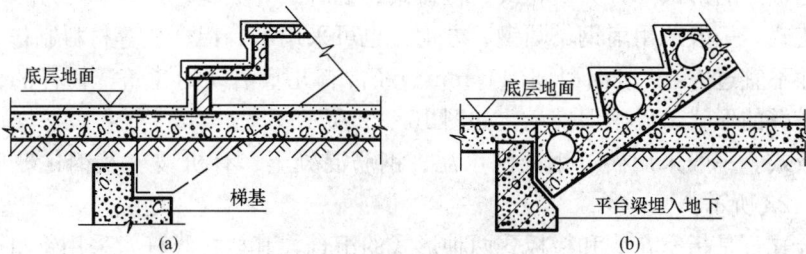

图 15-20　梯基构造示意图

（a）梯段与梯基连接；（b）平台梁代替梯基

五、楼梯的细部构造

(一) 踏步面层及防滑处理

1. 踏步面层

楼梯踏步面层的做法与楼地面做法基本相同。选用的材料，应满足平整、耐磨、便于清洁、防滑和美观等方面的要求。根据造价和装修标准的不同，常采用水泥砂浆面、水磨石面、大理石面、地毯面等，如图 15-21 所示。

2. 防滑处理

对于人流量较大的楼梯，为避免行人滑倒，踏步表面应采取防滑措施。通常是在靠踏步阳角部位做防滑条，防滑条的两端应距墙面或栏杆（栏板）留出不小于 120mm 的空隙，以便清扫垃圾和冲洗。防滑条的材料应耐磨、美观、行走舒适，常用的有水泥铁屑、水泥金刚砂、铸铁、铜、铝合金、缸砖等，其具体做法如图 15-21 所示。

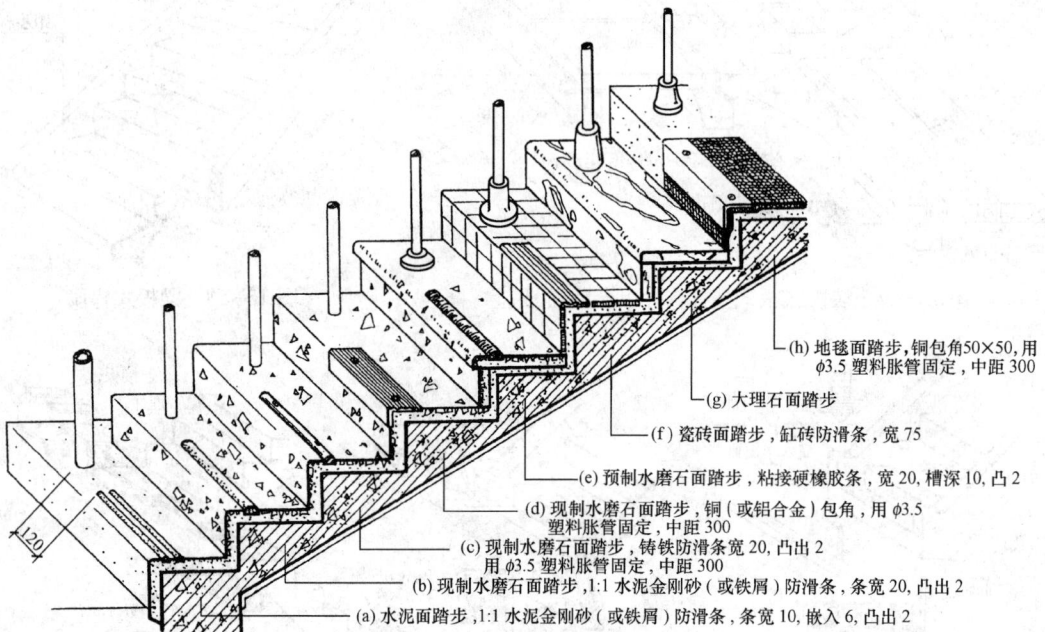

(h) 地毯面踏步,铜包角50×50,用 φ3.5 塑料胀管固定,中距 300
(g) 大理石面踏步
(f) 瓷砖面踏步, 缸砖防滑条, 宽 75
(e) 预制水磨石面踏步, 粘接硬橡胶条, 宽 20, 槽深 10, 凸 2
(d) 现制水磨石面踏步, 铜（或铝合金）包角, 用 φ3.5 塑料胀管固定, 中距 300
(c) 现制水磨石面踏步, 铸铁防滑条宽 20, 凸出 2 用 φ3.5 塑料胀管固定, 中距 300
(b) 现制水磨石面踏步, 1:1 水泥金刚砂（或铁屑）防滑条, 条宽 20, 凸出 2
(a) 水泥面踏步, 1:1 水泥金刚砂（或铁屑）防滑条, 条宽 10, 嵌入 6, 凸出 2

图 15-21　楼梯踏步面层及防滑处理

(二) 栏杆（栏板）及扶手构造

1. 栏杆（栏板）的形式与构造

栏杆（栏板）的形式可分为空花式、栏板式、混合式等类型。

(1) 空花式。一般采用扁钢、圆钢、方钢，也可采用木、铝合金等材料制作。其杆件形成的空花尺寸不宜过大，一般不大于 110mm。经常有儿童活动的建筑，栏杆的分格应设计成不易儿童攀登的形式，以确保安全，如图 15-22 所示。

(2) 栏板式。一般采用砖、钢板网水泥、钢筋混凝土、有机玻璃及钢化玻璃等材料制作，如图 15-23 所示。

(3) 混合式。是指空花式和栏板式两种形式的组合，其栏杆竖杆常采用钢材或不锈钢等材料，其栏板部分常采用轻质美观材料制作，如木板、塑料贴面板、铝板、有机玻璃板和钢化玻璃板等。图 15-24 所示为混合式栏板的几种常见做法。

图 15-22　空花栏杆

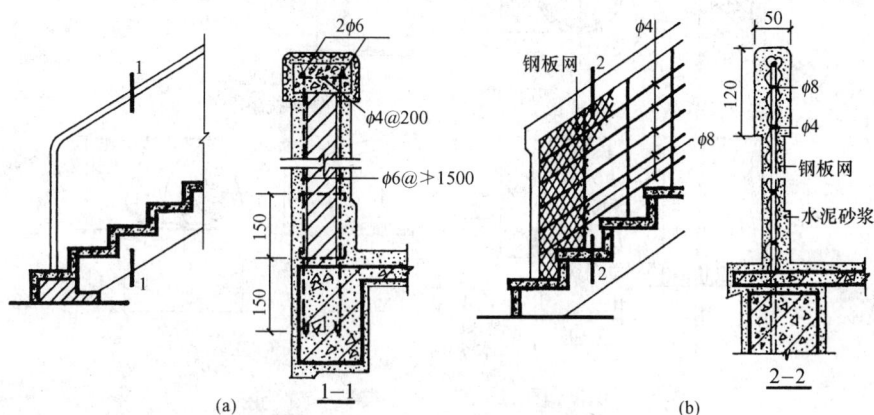

图 15-23　栏板

（a）1/4 砖砌栏板；（b）钢板网水泥栏板

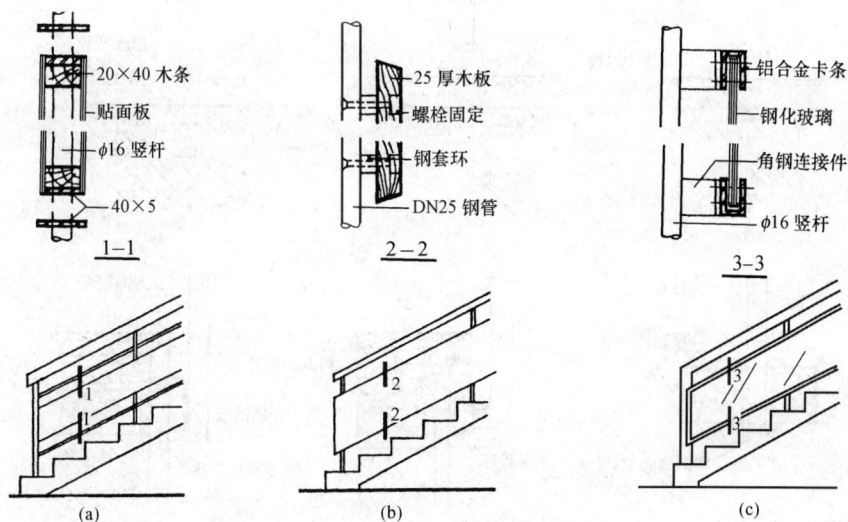

图 15-24　混合式栏杆

2. 扶手

楼梯扶手位于栏杆（栏板）顶面，供人们上下楼梯时依扶之用。扶手一般由硬木、钢管、铝合金管及塑料等材料做成。扶手断面形式多样，图 15 - 25 为几种常见扶手类型。

3. 栏杆、扶手连接构造

（1）栏杆与扶手连接，如图 15 - 25 所示。空花式和混合式栏杆，当采用木材或塑料扶手时，一般在栏杆竖杆顶部设通长扁钢与扶手底面或侧面槽口榫接，用木螺钉固定；金属管材扶手与栏杆竖杆连接一般采用焊接或铆接。

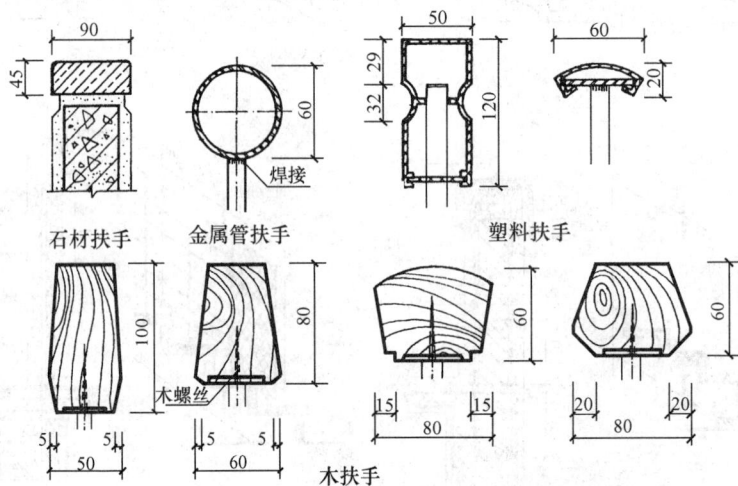

图 15 - 25　扶手类型

（2）栏杆与梯段、平台连接，见图 15 - 26。一般是在梯段和平台上预埋钢板焊接或预留孔插接。为了保护栏杆和增加美观，可在栏杆下端增设套环。

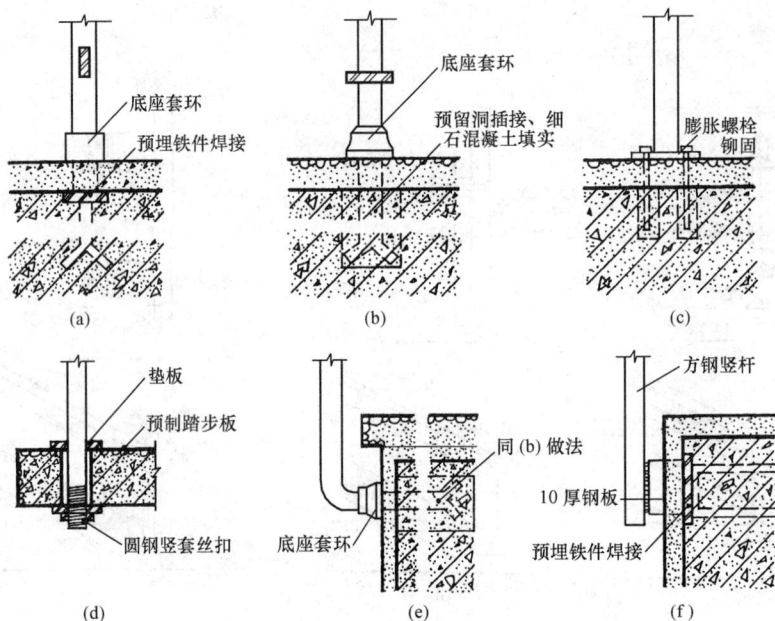

图 15 - 26　栏杆与梯段、平台连接

（3）扶手与墙面连接。扶手与墙面应有可靠的连接，当墙体为砖墙时，可留洞，将扶手连接杆件伸入洞内，用混凝土嵌固，见图 15 - 27（a）；当墙体为钢筋混凝土时，一般采用预埋钢板焊接，见图 15 - 27（b）。在栏杆扶手结束处与墙面相交，也应有可靠的连接，见图 15 - 27（c）、（d）。

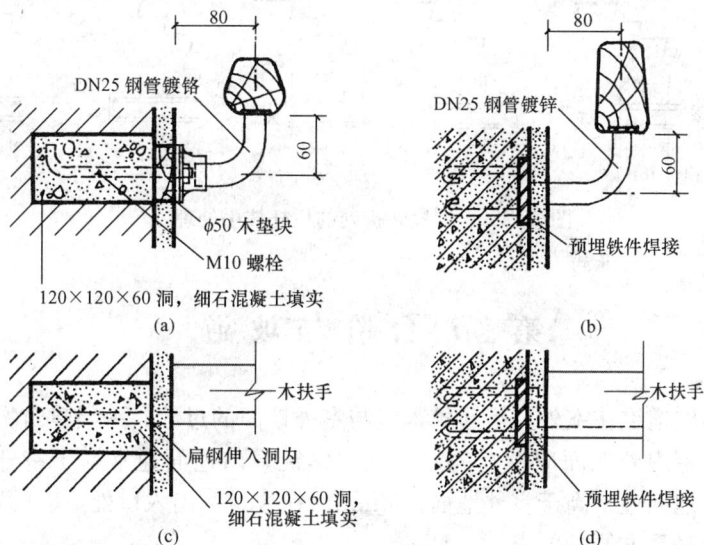

图 15 - 27　扶手与墙面连接

（4）楼梯起步和梯段转折处的栏杆扶手处理。在底层第一跑梯段起步处，为增强栏杆刚度和美观，可以对第一级踏步和栏杆扶手进行特殊处理，如图 15 - 28 所示。在梯段转折处，由于梯段间的高差关系，为了保持栏杆高度一致和扶手的连续，需根据不同情况进行处理，如图 15 - 29 所示。

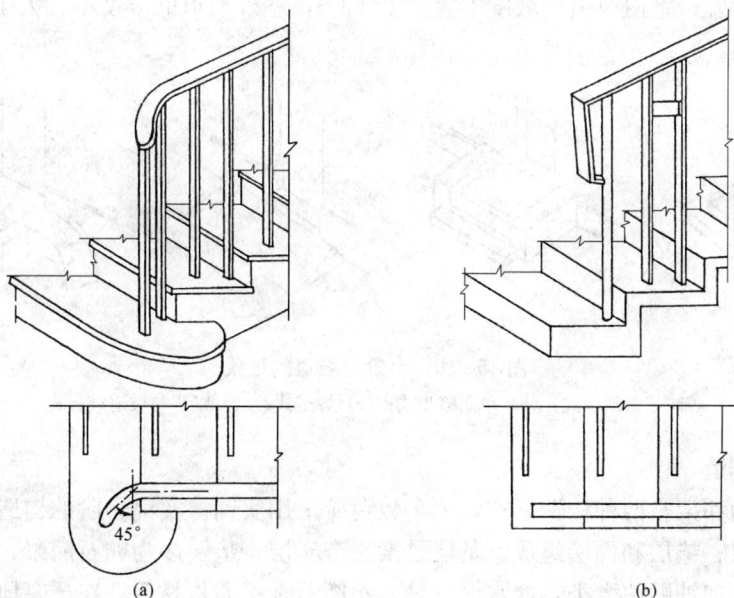

图 15 - 28　楼梯起步处理

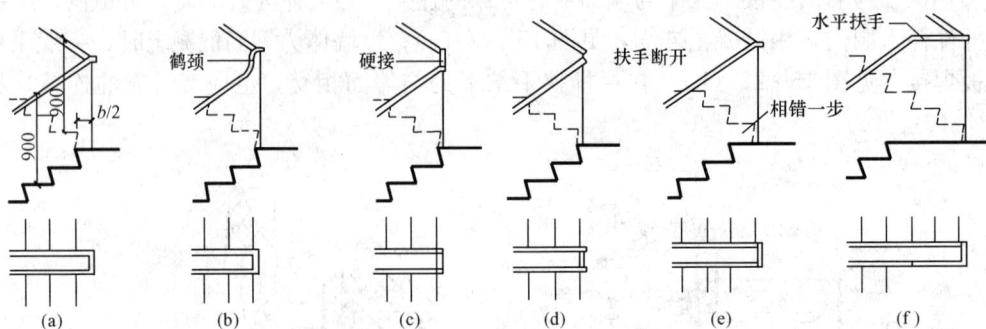

图 15-29　梯段转折处的栏杆扶手处理

第三节　台 阶 与 坡 道

大部分台阶和坡道设在室外，是建筑入口与室外地面的过渡。一般建筑物为了防水、防潮等方面的要求，室内外地面应设有高差。民用建筑室内地面通常高于室外地面 300mm，单层工业厂房室内地面通常高于室外地面 150mm。在建筑物出入口处，应设置台阶或坡道，以满足室内外交通联系方便的要求。

一、台阶与坡道的形式

台阶由平台与踏步组成，其形式有三面踏步式及单面踏步式等；坡道多为单面坡式。在某些大型公共建筑中，为考虑汽车能在大门入口处通行，可采用台阶与坡道相结合的形式，如图 15-30 所示。公共建筑室内外台阶踏步宽度不宜小于 0.3m，踏步高度不宜大于 0.15m，并不宜小于 0.10m，踏步应防滑。室内台阶踏步数不应少于 2 级，当高差不足 2 级时，应按坡道设置；室内坡道的坡度不宜大于 1：8，室外坡道的坡度不宜大于 1：10。坡道应采取防滑措施。

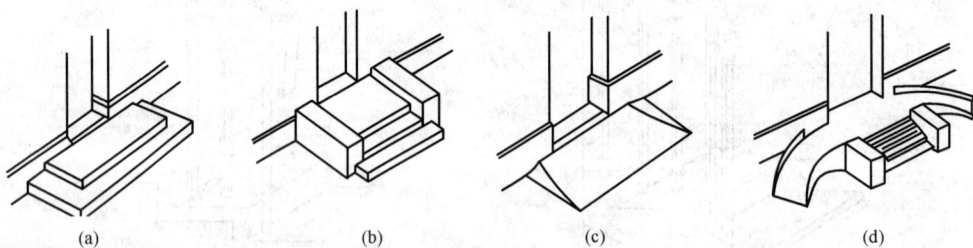

图 15-30　台阶与坡道的形式
（a）三面踏步式；（b）单面踏步式；（c）坡道式；（d）踏步与坡道结合式

二、台阶构造

台阶分实铺与架空两种构造形式，大多数台阶采用实铺。实铺台阶的构造与地面构造基本相同，由基层、垫层和面层组成。基层是素土夯实层；垫层多为卵石灌浆、混凝土或灰土等；面层有整体和铺贴两大类，如水泥砂浆、水磨石、石质板材等。在严寒地区，为保证台阶不受土壤冻胀的影响，应把台阶下部一定深度范围内的原土换掉，改设砂垫层。实铺台阶构造如图 15‑31 所示。

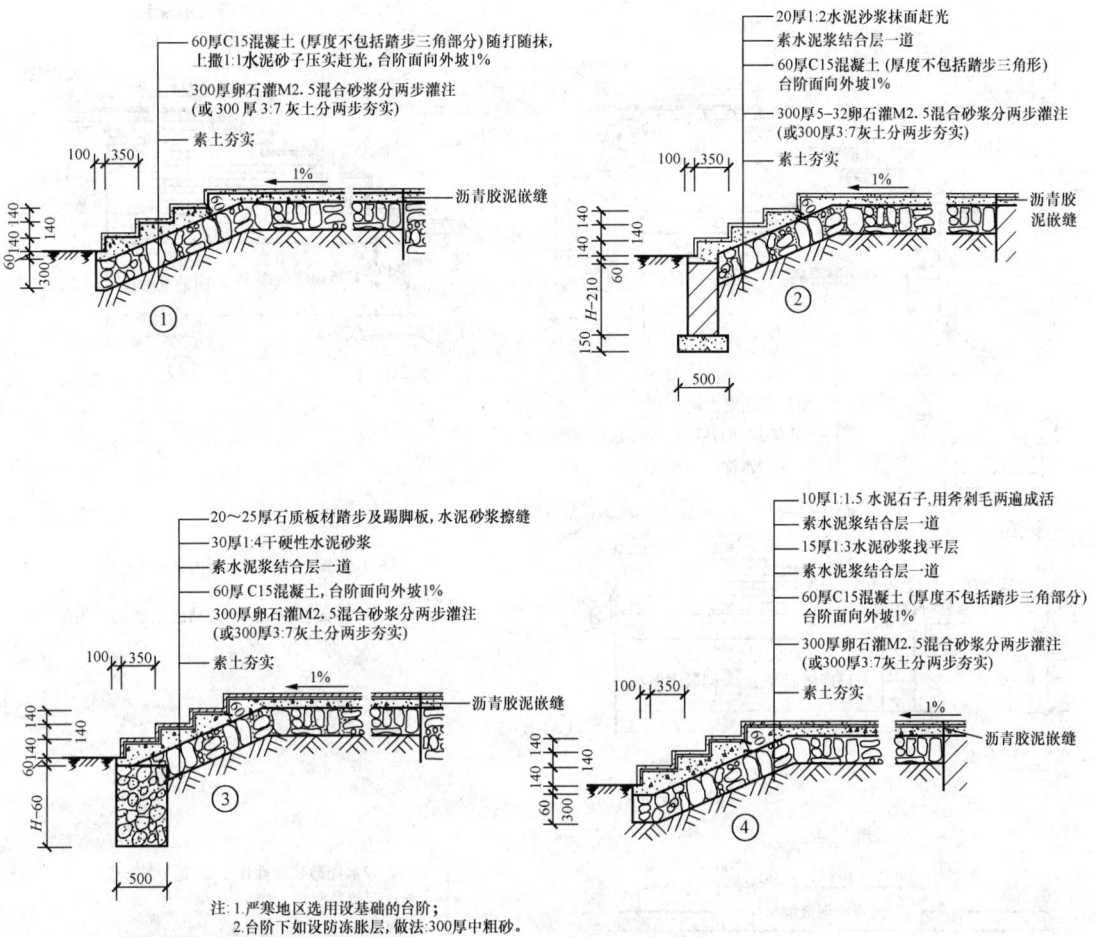

图 15‑31 实铺台阶构造

当台阶尺度较大或土壤冻涨严重时，为保证台阶不开裂，往往选用架空台阶。架空台阶的平台板和踏步板均为预制混凝土板，分别搁置在梁上或砖砌地垄墙上。架空台阶构造如图 15‑32 所示。

三、坡道构造

坡道一般均采用实铺，构造要求与台阶基本相同。垫层的强度和厚度应根据坡道长度及上部荷载的大小进行选择，严寒地区的坡道同样需要在垫层下部设置砂垫层。坡道的坡度较大时，可在面层上作防滑处理，以保证行人和车辆的安全。坡道构造如图 15‑33 所示。

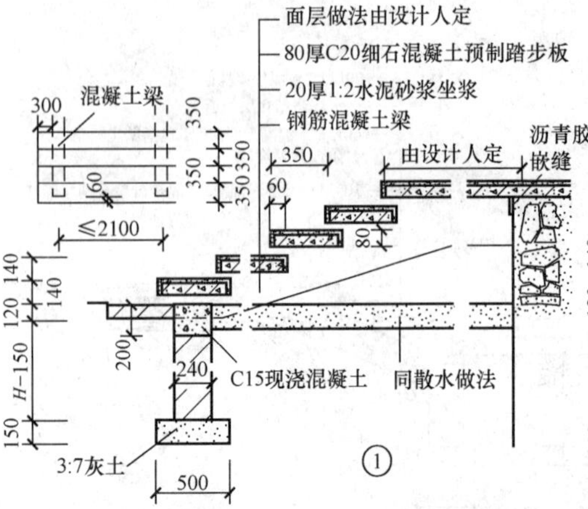

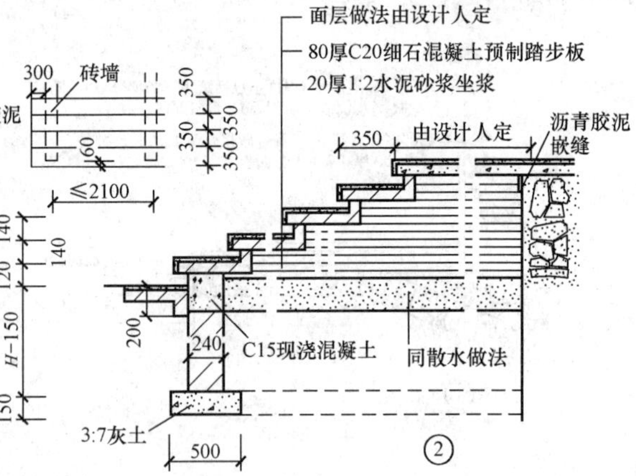

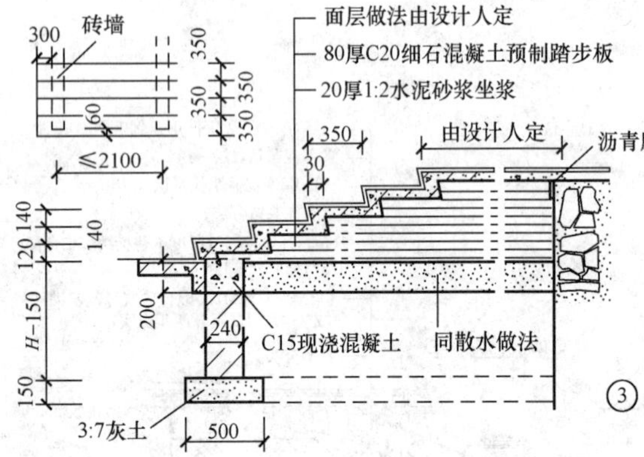

图 15 - 32 架空台阶构造

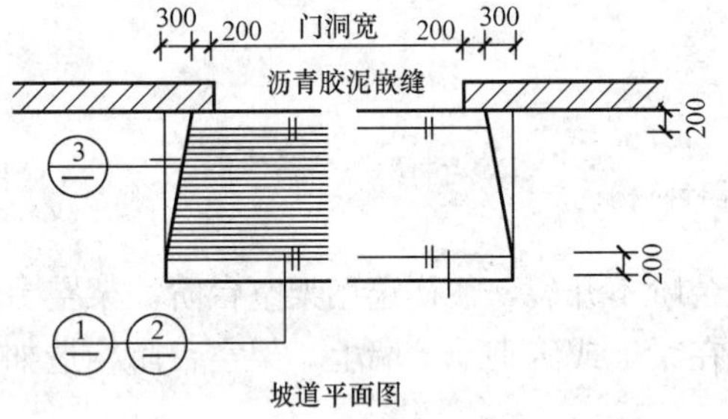

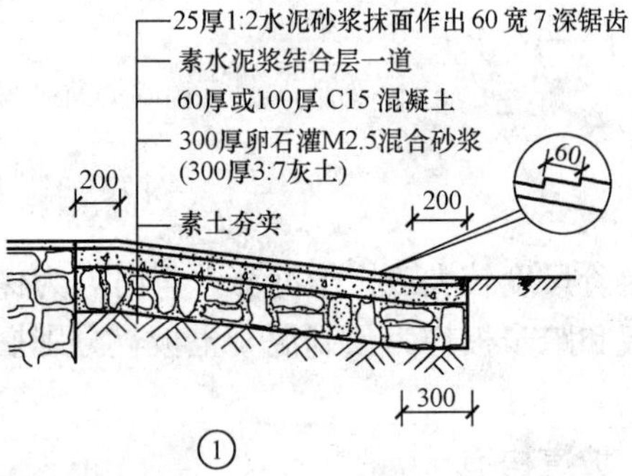

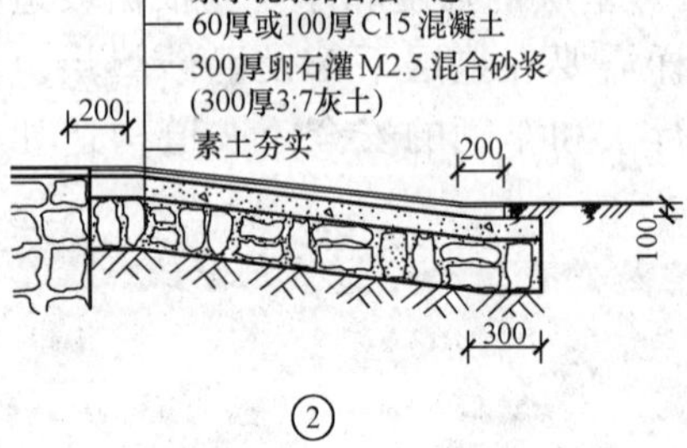

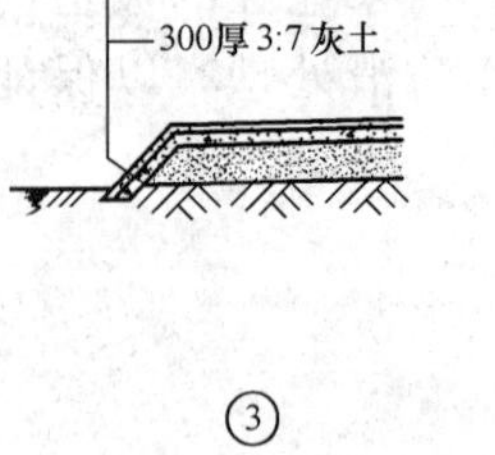

注: 1. 80厚预制混凝土板内配 φ6 钢筋双向中距 200;

2. 花岗石台阶下如设防冻胀层, 做法为加铺 300 厚中砂。

图 15 - 33 坡道构造

注: 1. 坡道下如设防冻层, 做法为加铺 300 厚中砂;

2. 残疾人不选用礓礤面层的坡道。

第四节 电梯与自动扶梯

一、电梯

(一) 电梯的类型

(1) 按使用性质分有客梯、病床梯、货梯、杂物梯和观赏梯等。

(2) 按电梯运行速度分有低速电梯、中速电梯和高速电梯。

(3) 按电梯的拖动方式分有交流拖动电梯、直流拖动电梯和液压电梯。

(4) 按消防要求分有普通乘客电梯和消防电梯。

(二) 电梯的组成

电梯主要由井道、轿厢、机房、平衡重等几部分组成,如图 15-34 所示。

1. 井道

井道是电梯运行的竖向通道,可用砖或钢筋混凝土制成。井道内部设置电梯导轨、平衡重等电梯运行配件。井道还应开设通风孔、排烟孔和检修孔。井道应只供电梯使用,不允许布置无关的管线。

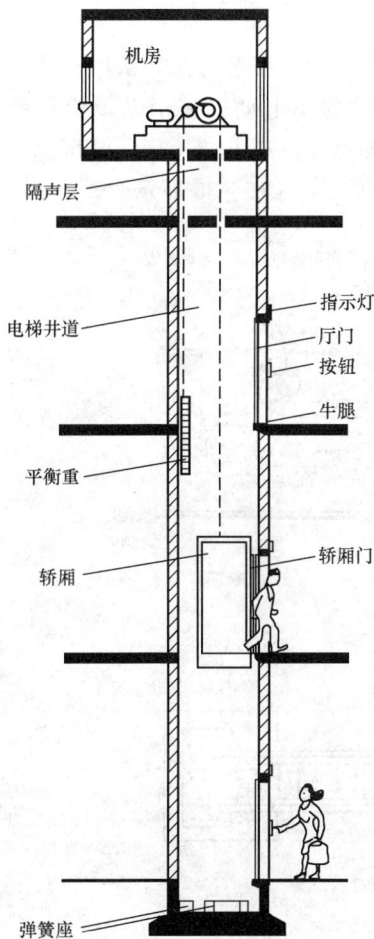

图 15-34 电梯的组成

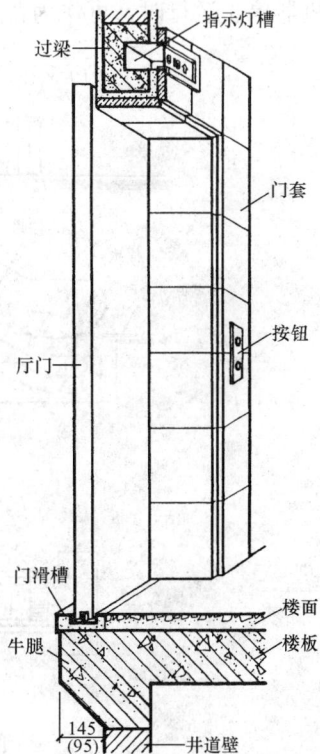

图 15-35 厅门构造

2. 轿厢

轿厢是垂直交通和运输的主要容器，要求坚固、防火、通风、便于检修和疏散。轿厢门一般为推拉门，有一侧推拉和中分推拉两种。轿厢内应设置层数指示灯、运行控制器、排风扇、报警器等。

3. 机房

机房是安装电梯运行动力设施的房间，有顶层机房和底层机房两种，前者使用颇广。机房的平面和剖面尺寸均应满足布置机械和电控设备的需要，并留有足够的管理、维护空间。

由于电梯运行时，设备噪声较大，会对井道周边房间产生影响。为了减小噪声，有时在机房下部设置隔声层。

4. 平衡重

平衡重是由铸铁块叠合而成，用以平衡轿厢的自重和荷载，减少起重设备的功率消耗。

5. 厅门

电梯的出入口称为厅门。厅门的外装修叫门套，用以突出其位置并设置指示灯和按钮。厅门构造如图 15-35 所示。

二、自动扶梯

自动扶梯是一种连续运行的垂直交通设施，承载力较大，安全可靠，被广泛用于大量人流的建筑中，如火车站、商场、地铁车站等处。自动扶梯由电动机械牵动，梯级踏步（坡道）连同扶手同步运行，机房设在楼板下面。自动扶梯可以正逆方向运行，既可提升又可下降，在机器停止运行时，可作为普通楼梯（坡道）使用，如图 15-36 所示。

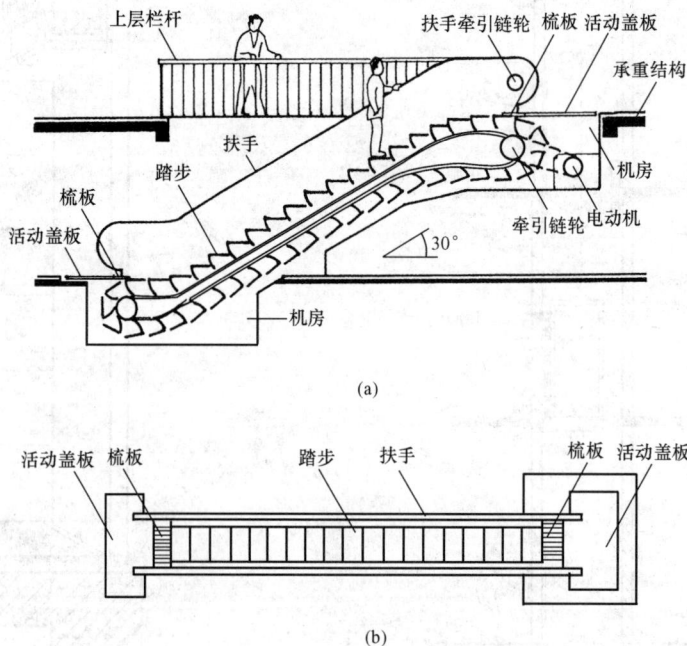

(a)

(b)

图 15-36 自动扶梯示意图

(a) 剖面示意；(b) 平面示意

第十六章

屋　面

第一节　概　述

一、屋面的作用及设计要求

屋面也称屋盖，是房屋最上部的围护结构，它可以抵抗自然界的雨、雪、风、霜、太阳辐射、气温变化等不利因素的影响，保证建筑内部有一个良好的使用环境；屋面也是房屋顶部的承重结构，它承受屋面自重、风雪荷载以及施工和检修屋面的各种荷载；同时屋面的不同形式还是体现建筑风格的重要手段。

屋面设计包括结构选型、确定排水坡度、选择屋面防水材料、选择保温或隔热做法、选择顶棚做法等内容。应满足坚固耐久、排水流畅、防漏可靠、保温或隔热达标、造型美观、室内视感舒适等要求。同时还应做到自重轻、构造简单、取材方便、便于施工、造价经济，与建筑整体相协调。

二、屋面坡度

屋面坡度是解决漏雨问题的关键之一。一般来说，坡度大，排水通畅，积水少，不易漏雨。但坡度超过了限度，会使屋面卷材下滑，开裂以致跌落；反之坡度偏小，屋面防水材料相对稳定，但排水不畅，积水多，极易在屋面防水材料的接缝处渗漏。

屋面坡度的确定应根据屋顶结构形式，屋面基层类别，防水构造形式，材料性能及当地气候等条件确定。并应符合表16-1的规定。

表16-1　屋面的排水坡度

屋面类别	屋面排水坡度（%）	屋面类别	屋面排水坡度（%）
卷材防水、刚性防水的平屋面	2～5	平瓦	20～50
波形瓦	10～50	油毡瓦	≥20
网架、悬索结构金属板	≥4	压型钢板	5～35
种植土屋面	1～3		

注　1. 平屋面采用结构找坡不应小于3%，采用材料找坡宜为2%；
　　2. 卷材屋面的坡度不宜大于25%，当坡度大于25%时应采取固定和防止滑落的措施；
　　3. 卷材防水屋面天沟、檐沟纵向坡度不应小于1%，沟底水落差不得超过200mm。天沟、檐沟排水不得流经变形缝和防火墙；
　　4. 平瓦必须铺置牢固，地震设防地区或坡度大于50%的屋面，应采取固定加强措施；
　　5. 架空隔热屋面坡度不宜大于5%，种植屋面坡度不宜大于3%。

三、屋面的形式

屋面按其所使用的材料，一般可分为钢筋混凝土屋面、瓦屋面、金属屋面、玻璃屋面等；按其外形一般可分为平屋面、坡屋面和其他形式屋面。

（一）平屋面

平屋面是指屋面坡度小于或等于5%的屋面，一般常用坡度为2%～3%。平屋面易于协调统一建筑与结构的关系，较为经济合理，因而被广泛采用，如图16-1所示。

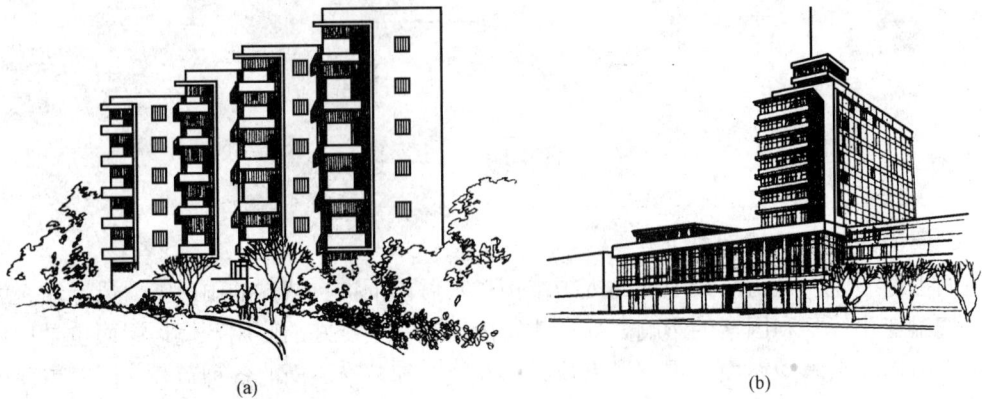

(a)   (b)

图 16-1 平屋面

（二）坡屋面

坡屋面是指屋面坡度在 10% 以上的屋面。它是我国传统的屋面形式，广泛应用于民居等建筑。现代的某些公共建筑考虑景观环境或建筑风格的要求也常采用坡屋面，如图 16-2 所示。

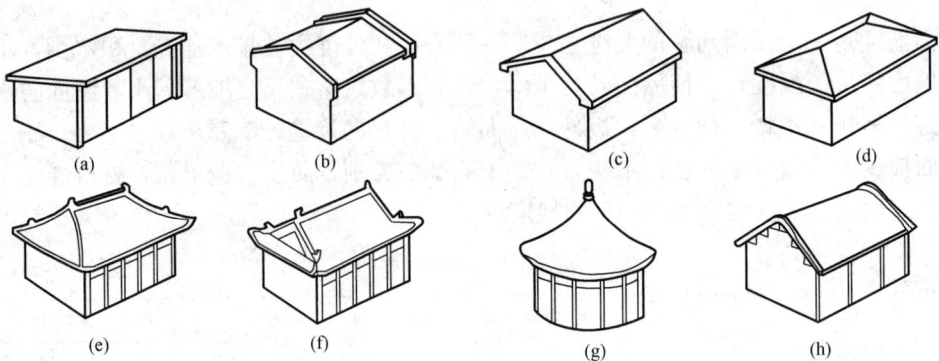

(a)   (b)   (c)   (d)

(e)   (f)   (g)   (h)

图 16-2 坡屋面

（a）单坡；（b）硬山；（c）悬山；（d）四坡；（e）庑殿；（f）歇山；（g）攒尖；（h）卷棚

（三）其他形式的屋面

随着科学技术的发展，出现了许多新型的屋面结构形式，如拱屋面、薄壳屋面、折板屋面、悬索屋面、网架屋面等。它们适用于大跨度、大空间和造型特殊的建筑屋面，如图 16-3 所示。

四、屋面的基本组成

屋面通常由四部分组成，即顶棚、结构层、附加层和面层，如图 16-4 所示。

（1）顶棚。是指房间的顶面，又称天棚。当承重结构采用梁板结构时，可在梁、板底面抹灰，形成抹灰顶棚。当装修要求较高时，可做吊顶处理；有些建筑可不设置顶棚（如坡屋面）。

（2）结构层。主要用于承受屋面上所有荷载及屋面自重等，并将这些荷载传递给支撑它的墙或柱。

（3）附加层。为满足其他方面的要求，屋面往往还增加相应的附加构造层，如隔汽层、找坡层、保温（或隔热）层、找平层、隔离层等。

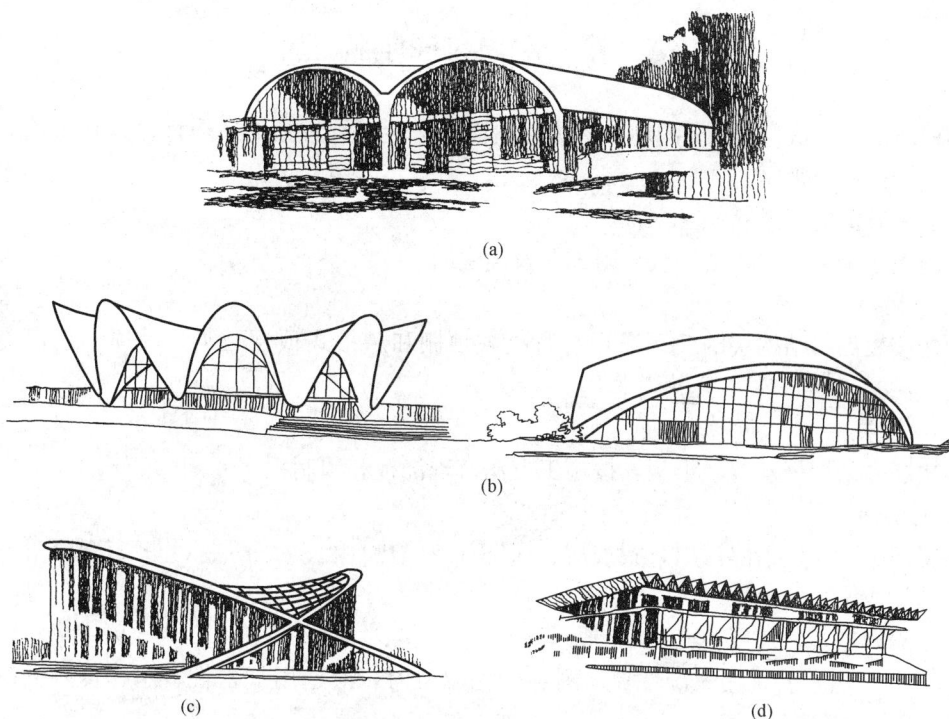

图 16 - 3　其他形式的屋面
（a）拱屋面；（b）薄壳屋面；（c）悬索屋面；（d）折板屋面

　　（4）面层。面层暴露在外面，直接受自然界（风、雨、雪、日晒和空气中有害介质）的侵蚀和人为（上人和维修）的冲击与摩擦。因此，面层材料和做法要求具有一定的抗渗性能、抗摩擦性能和承载能力。

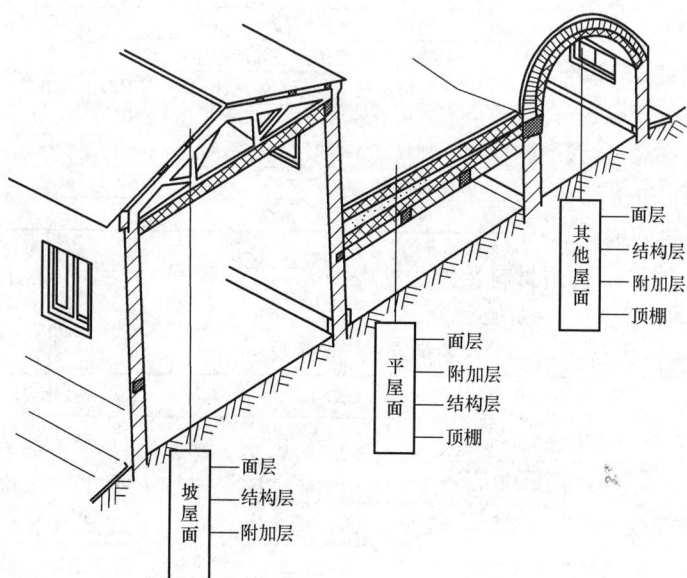

图 16 - 4　屋面组成

第二节　平 屋 面 的 构 造

屋面坡度小于或等于 5% 的屋面称为平屋面。平屋面有较强的适应性，且构造简单，经济耐久，已被广泛采用。

一、平屋面的组成

平屋面通常由顶棚、结构层、附加层及面层组成。

1. 顶棚

顶棚按表面与结构层的关系分，有直接式顶棚和悬吊式顶棚两类。吊顶不仅可美化房间，还有保温（或隔热）、隔声等作用。

2. 结构层

结构层多采用钢筋混凝土板，按施工方法有现浇板和预制板。

3. 附加层

平屋面的附加层由隔汽层、找坡层、保温（或隔热）层、找平层（包括其基层处理剂）、隔离层等组成。

（1）隔汽层。在纬度 40 度以北地区且室内空气湿度大于 75%，其他地区室内空气湿度常年大于 80% 时，若采用吸湿性保温材料做保温层时，应选用气密性、水密性好的防水卷材或防水涂料做隔汽层。

（2）找坡层。找坡层有结构找坡及轻质材料（如炉渣或保温材料等）找坡两种，坡度要求见表 16-1。

（3）保温（或隔热）层。我国北方地区，冬季室内需要采暖，为使室内热量不致散失过快，屋面需设保温层。保温材料种类较多（表 16-2），其选用与厚度由工程做法决定；而南方地区，夏季室外屋面温度高，会影响室内正常的工作和生活，因而屋面要进行隔热处理。

表 16-2　　保温材料种类

编号	保温材料种类	标准号
1	建筑物隔热用硬质聚氨酯泡沫塑料	GB 10800—89
2	膨胀珍珠岩绝热制品	GB/T 10303—2001
3	膨胀蛭石制品	JC 442—91（1996）
4	泡沫玻璃绝热制品	JC/T 647—1996
5	绝热用模塑聚苯乙烯泡沫塑料	GB/T 10800.1—2002
6	绝热用挤塑聚苯乙烯泡沫塑料（XPS）	GB/T 10801.2—2002
7	水泥聚苯板	—
8	加气混凝土块	—
9	岩棉板（毡）	—
10	玻璃棉板（毡）	—

（4）找平层。找平层选用材料及做法见表 16-3。

表 16-3　　找 平 层 材 料 及 做 法

类　别	基层种类	厚度	技术要求
水泥砂浆找平层	整体现浇混凝土	15～20	1:2.5～1:3（水泥:砂）体积比，宜掺抗裂纤维
	整体或板状保温层	20～25	
	装配式混凝土板或松散材料保温层	20～30	
细石混凝土找平层	松散或板状保温层	30～35	混凝土强度等级 C20
混凝土随浇随抹	整体现浇混凝土	—	用于无保温屋面，原浆表面抹平、压光

为了保证防水层与找平层能更好地粘结，当采用沥青为基材防水层施工时，应在找平层上，涂刷冷底子油一道（用汽油稀释沥青）作基层处理。用高分子防水层时，用专用基层处理剂。

（5）隔离层。可采用干铺塑料膜、土工布或卷材，也可采用铺抹低强度等级的砂浆（如白灰砂浆）。

4. 面层

平屋面面层材料的选择是以防水为主要目的。它是防水层或保护层。

（1）防水层。防水层有刚性防水层和柔性防水层。刚性防水层适用于炎热地区；柔性防水层适用于寒冷及温热地区。

刚性防水层选用材料及做法见表 16-4。

表 16-4　　　　　　　　　　　　刚性防水层材料及做法

名称	材料	厚度	构造	内掺剂	
				名称	标准号
刚性防水层	C20 细石混凝土	≥40	内配直径 φ4～6 间距 100～200 双向钢筋网片，并应在分格缝处断开，保护层厚度≥10	1. 砂浆、混凝土防水剂	JC 474—92（1999）
				2. 混凝土膨胀剂	JC 476—2001
				3. 水泥基渗透结晶型防水材料	GB 18445—2001

柔性防水层分卷材防水层及涂料防水层两类。防水层材料的选用、组合及厚度应根据建筑物类别由工程做法定。卷材类防水材料见表 16-5；涂料类防水材料见表 16-6。

表 16-5　　　　　　　　　　　　卷材类防水材料

类别	名称	标准号
沥青防水卷材	1. 石油沥青纸胎油毡、油纸	GB 326—1989
	2. 石油沥青玻璃纤维胎油毡	GB/T 14686—1993
	3. 石油沥青玻璃布胎油毡	JC/T 84—1996
	4. 铝箔面油毡	JC 504—92（1996）
高聚物改性沥青防水卷材	1. 改性沥青聚乙烯胎防水卷材	GB 18967—2003
	2. 沥青复合胎柔性防水卷材	JC/T 690—1998
	3. 自粘橡胶沥青防水卷材	JC 840—1999
	4. 弹性体改性沥青防水卷材	GB 18242—2000
	5. 塑性体改性沥青防水卷材	GB 18243—2000
	6. 自粘聚合物改性沥青聚酯胎防水卷材	JC 898—2002
合成高分子防水卷材	1. 聚氯乙烯防水卷材	GB 12952—2003
	2. 氯化聚乙烯防水卷材	GB 12953—2003
	3. 氯化聚乙烯-橡胶共混防水卷材	JC/T 684—1997
	4. 高分子防水材料（片材）	GB 18173.1—2000
	5. 高分子防水卷材胶粘剂	JC 863—2000

表 16-6　　　　　　　　　　　　涂料类防水材料

类别	名称	标准号
防水涂料	1. 水性沥青基防水涂料	JC 408—91（1996）
	2. 聚氨酯防水涂料	GB/T 19250—2003
	3. 溶剂型橡胶沥青防水涂料	JC/T 852—1999
	4. 聚合物乳液建筑防水涂料	JC/T 864—2000
	5. 聚合物水泥防水涂料	JC/T 894—2001

（2）保护层。根据防水层种类的不同，保护层的做法也不同，见表 16-7。

表 16-7　　　　　　　　　　　　　　　保 护 层 做 法

防水层种类	保护层做法
1. 沥青类防水卷材	玛琦脂粘结绿豆砂，冷玛琦脂粘结云母、蛭石及块体材料，铺抹水泥砂浆或细石混凝土
2. 高聚物改性沥青及合成高分子防水卷材	浅色涂料、铝箔面层、彩砂面层、铺抹水泥砂浆或细石混凝土、块体材料
3. 高聚物改性沥青卷材防水涂膜	粘铺细砂、云母、蛭石、水泥砂浆、块体材料及细石混凝土
4. 合成高分子防水涂膜及聚合物水泥防水涂膜	浅色涂料、水泥砂浆、块体材料、细石混凝土
5. 倒置式防水屋面	采用块体材料或抹水泥砂浆，以及铺纤维织物上压卵石保护层

二、平屋面的排水

（一）排水坡度的形成

绝对水平的屋面是不能排水的。平屋面应有一定的排水坡度。排水坡度可通过结构找坡或材料找坡两种方法形成。

（1）材料找坡亦称垫置坡度，是在水平搁置的屋面板上用轻质价廉的材料铺设找坡层。然后再在上面作保温（或隔热）层和防水层等，也可直接用保温（或隔热）材料找坡。这种做法的室内顶棚面平整，但屋面荷载加大，故屋面坡度不宜过大，见图 16-5（a）。

（2）结构找坡亦称搁置坡度，是把支撑屋面板的墙或梁，做成所需的倾斜坡度，屋面板直接搁置在该斜面上，形成排水坡度，上面直接作保温（或隔热）层和防水层等。这种做法省工、省料、较经济，但室内顶棚面是倾斜的，故多用于生产性建筑和有吊顶的公共建筑，见图 16-5（b）。

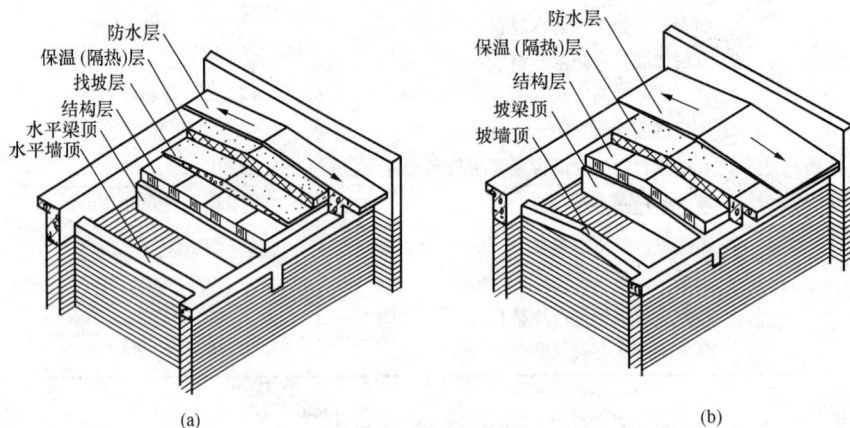

(a)　　　　　　　　　　　　　　　　　　(b)

图 16-5　平屋面排水坡度的形成

(a) 材料找坡；(b) 结构找坡

（二）排水方式

屋面排水就是把屋面上的雨雪水尽快地排除出去，不要积存。通常平屋面的排水方式可分为无组织排水和有组织排水两大类。

1. 无组织排水

无组织排水亦称自由落水，是指雨水经屋檐自由落下至室外地面。这种排水做法构造简单，造价低，不易漏雨和堵塞，但雨水有时会溅湿勒脚，污染墙面。一般用于低矮、次要及降雨量较少地区的建筑。

图 16-6 为单向、双向、三向、四向排水的屋面排水平面图和示意图；图 16-7 为无组织排水屋面组合示例。

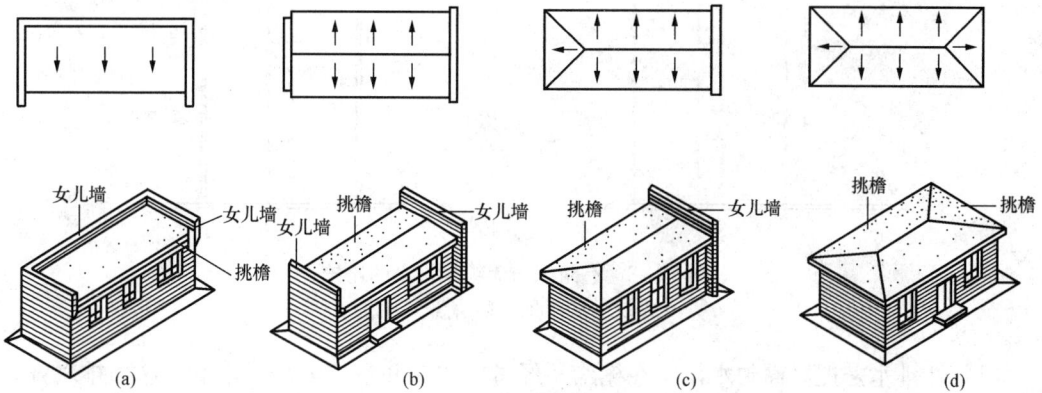

图 16-6　无组织排水方式

（a）三面女儿墙单向排水；（b）两面女儿墙双向排水；（c）一面女儿墙三向排水；（d）四向排水

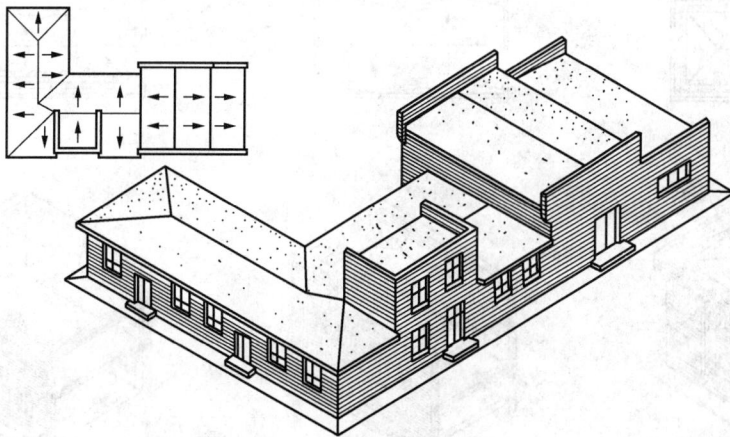

图 16-7　无组织排水屋面组合示例

2. 有组织排水

有组织排水亦称天沟排水。天沟是屋面上的排水沟，位于檐口部位时又称檐沟。有组织排水是指在屋面设置与屋面排水方向垂直的天沟，将雨水汇集起来，经雨水口和雨水管排到室外。当建筑物较高或降雨量大时，如采用无组织排水将会出现很大雨水降落噪声及雨水四溅影响墙身和周围环境，见图 16-8（a）；采用有组织排水会避免上述情况，但这种排水做法构造较复杂，造价较高，易堵塞和漏雨，因此必须保证施工质量，加强使用时的维护和检修，见图 16-8（b）。

有组织排水按雨水管是在建筑物的外侧还是内部，分为外排水和内排水。

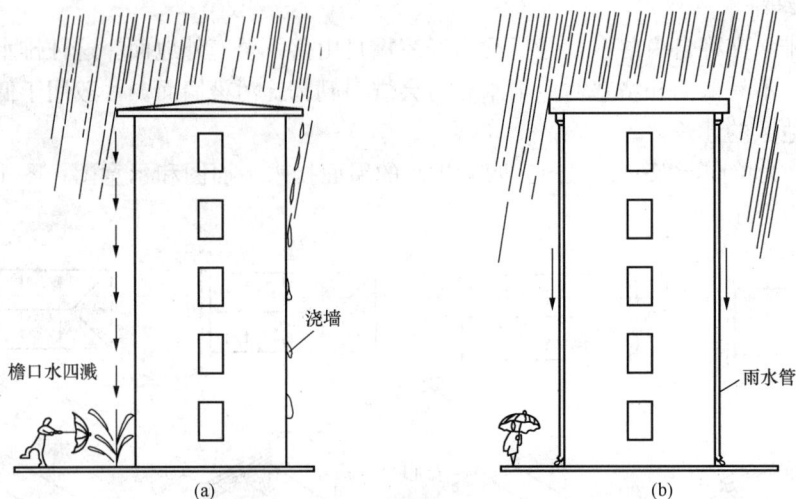

图 16 - 8　有组织与无组织排水的比较

（a）无组织排水；（b）有组织排水

（1）外排水是把屋面雨水汇集在檐沟，经过雨水口和室外雨水管排下。这种排水方式构造简单，造价较低，渗漏的隐患较少且维修方便，是屋面常用的排水方式，图 16 - 9 为不同檐口形式的外排水做法。

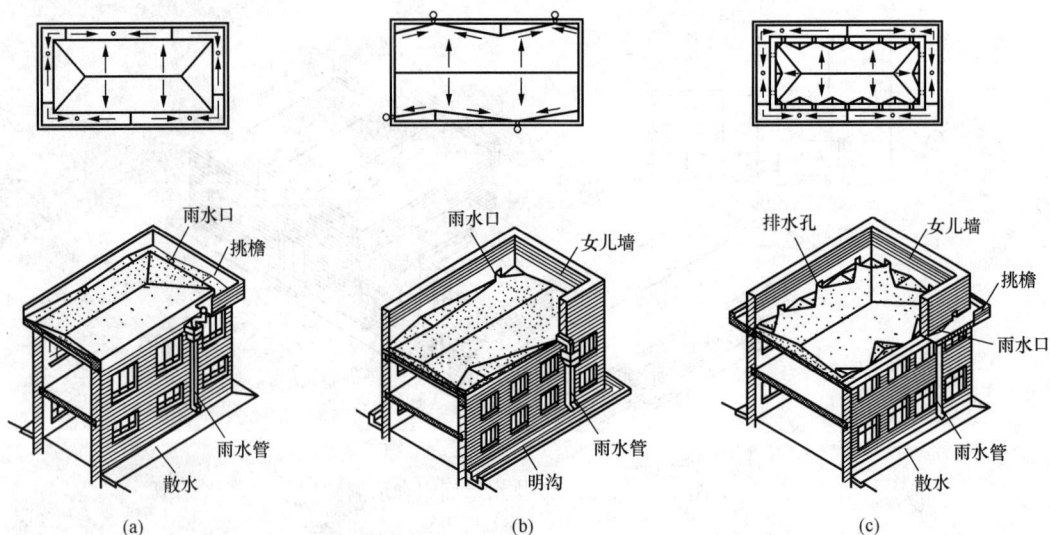

图 16 - 9　有组织外排水

（a）檐沟外排水；（b）女儿墙外排水；（c）女儿墙带挑檐外排水

（2）内排水是把屋面雨水汇集在天沟内，经过雨水口和室内雨水管排入下水系统。这种排水方式构造复杂，造价、维修费用高，而且雨水管占室内空间。有以下情况宜采用或必须采用内排水：多跨结构找坡的屋面；屋面宽度过大不宜垫坡太厚；严寒地区屋面融化雪水易在外排水管冻结；外排水管有碍建筑立面美观；高层及超高层建筑等。图 16 - 10 为不同情况的内排水做法；图 16 - 11 为有组织排水屋面组合示例。

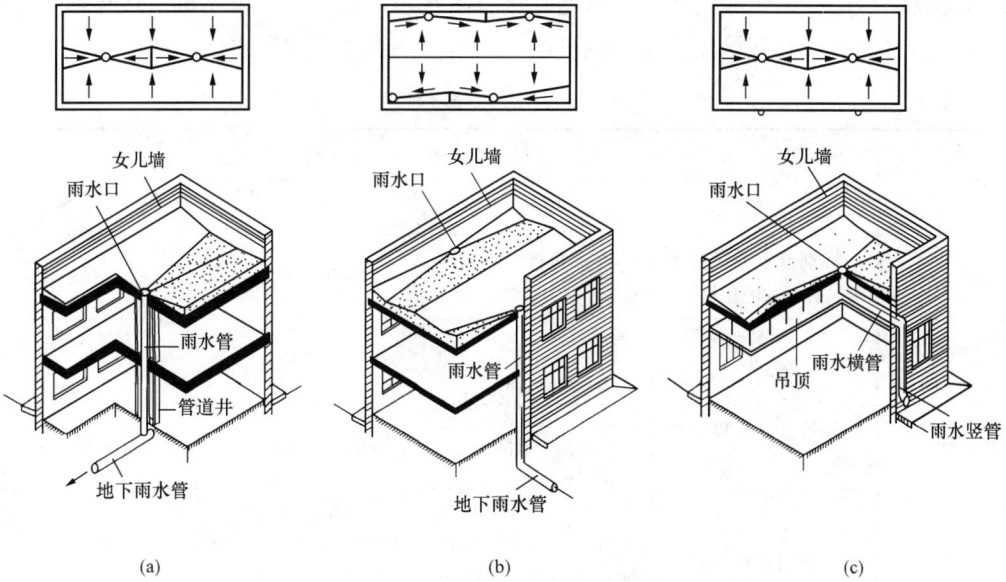

图 16 - 10　有组织内排水

（a）房间中部内排水；（b）外墙内侧内排水；（c）外墙外侧内排水

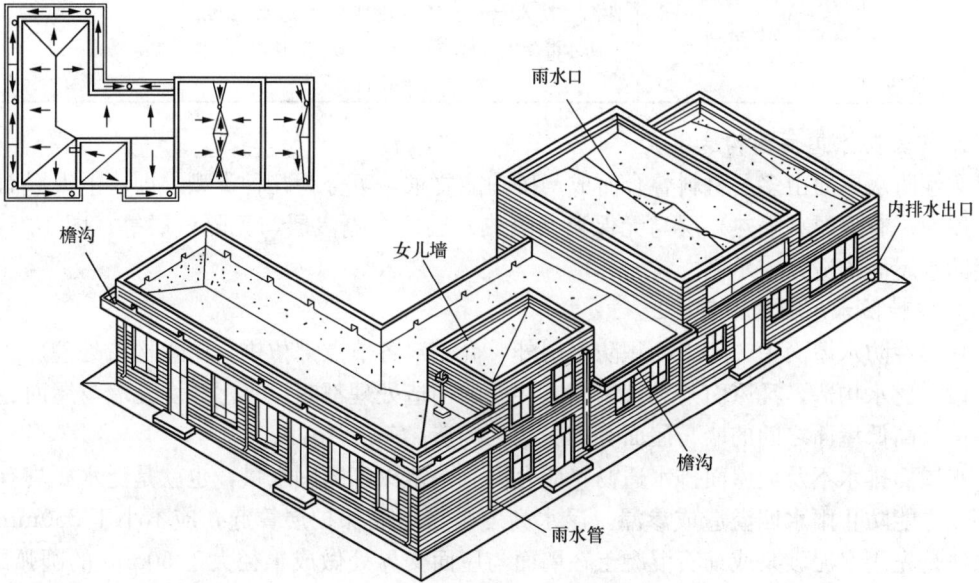

图 16 - 11　有组织排水屋面组合示例

三、平屋面的防水

平屋面工程应根据建筑物的性质、重要程度、使用功能及防水层合理使用年限，结合工程特点、地区自然条件等，按不同等级进行设防，见表 16 - 8。

平屋面按屋面防水层做法不同可分为柔性防水、刚性防水屋面等。

（一）柔性防水屋面

柔性防水屋面包括卷材防水层屋面及涂膜防水层屋面。卷材防水层屋面，是指以防水卷材和胶结材料分层粘贴组成防水层的屋面；涂膜防水层屋面，是指采用可塑性和粘结力较强的高分子防水涂料，直接涂刷在屋面找平层上，形成不透水薄膜防水层的屋面。

表 16 - 8　　　　　　　　　　　　　　　　屋 面 防 水 等 级

项　目	屋 面 防 水 等 级			
	Ⅰ级	Ⅱ级	Ⅲ级	Ⅳ级
建筑物类别	特别重要或对防水有特殊要求的建筑	重要的建筑和高层建筑	一般的建筑	非永久性的建筑
防水层合理使用年限	25 年	15 年	10 年	5 年
设防要求	三道或三道以上防水设防	二道防水设防	一道防水设防	一道防水设防
防水层选用材料	宜选用合成高分子防水卷材、高聚物改性沥青防水卷材、金属板材、合成高分子防水涂料、细石防水混凝土等材料	宜选用高聚物改性沥青防水卷材、合成高分子防水卷材、金属板材、合成高分子防水涂料、高聚物改性沥青防水涂料、细石防水混凝土等材料	宜选用高聚物改性沥青防水卷材、合成高分子防水卷材、三毡四油沥青防水卷材、金属板材、高聚物改性沥青防水涂料、合成高分子防水涂料、细石防水混凝土等材料	可选用二毡三油沥青防水卷材、高聚物改性沥青防水涂料等材料

1. 柔性防水屋面的构造组成

柔性防水屋面由多层材料叠合而成，按功能要求，可分为几种类型，即：上人屋面与不上人屋面；有保温（隔热）层与无保温（隔热）层；有隔汽层与无隔汽层等。图 16 - 12 为柔性防水屋面构造组成示例。

2. 柔性防水屋面的细部构造

在柔性防水屋面中，除大面积防水层外，尚需对各节点部位进行防水构造处理。

（1）泛水构造。凡屋面与垂直墙面交接处的构造处理都叫泛水。如女儿墙与屋面、烟囱与屋面、高低屋面之间的墙与屋面等的交接处构造。

平屋面排水不及坡屋面排水通畅，应允许有一定深度的囤水量，也就是泛水要具有足够的高度方能防止雨水四溢造成渗漏。泛水高度是自屋面保护层算起，应不小于 250mm。一般做法是先用水泥砂浆或细石混凝土在墙面与屋面交界处做成半径大于 50mm 的圆弧或 45°斜面，再在其上粘贴防水层。图 16 - 13 为泛水构造示例。

（2）檐口构造。柔性防水屋面的檐口包括自由排水檐口、檐沟有组织排水檐口等。

1）自由排水檐口，是从屋面悬挑出不小于 400mm 宽的板，以利雨水下落时不至于浇墙。防水要点一是防水材料在檐口端部的收头做法；二是檐口板底面端头的滴水槽，图 16 - 14 为自由排水檐口构造示例。

2）檐沟有组织排水檐口，是在屋面边缘处悬挑出排水檐沟，并将雨水有组织导向雨水口。防水要点一是防水材料在檐沟沟壁顶部的收头做法；二是檐沟下方端头的滴水槽（鹰嘴线），图 16 - 15 为檐沟有组织排水檐口构造示例。

(a)

保护层:8~10厚地砖铺平拍实,缝宽5~8,
1:1水泥砂浆填缝
结合层:1:4干硬性水泥砂浆,面上撒素水泥
隔离层:满铺0.15厚聚乙烯薄膜一层
防水层:按表6-5、表6-6选用
找平层:1:3水泥砂浆,砂浆中掺聚丙烯
或锦纶-6纤维0.75~0.90kg/m³
找坡层:1:8水泥膨胀珍珠岩找坡2%
结构层:钢筋混凝土屋面板
顶棚

(b)

保护层:8~10厚地砖铺平拍实,缝宽5~8,
1:1水泥砂浆填缝
结合层:1:4干硬性水泥砂浆,面上撒素水泥
隔离层:满铺0.15厚聚乙烯薄膜一层
防水层:按表6-5、表6-6选用
找平层:同下方找平层
保温层:水泥聚苯板
找坡层:1:8水泥膨胀珍珠岩找坡2%
隔汽层:一毡二油
找平层:1:3水泥砂浆,砂浆中掺聚丙烯或锦纶-6
纤维0.75~0.90kg/m³
结构层:钢筋混凝土屋面板
顶棚

(c)

保护层:涂料或粒料
防水层:按表6-5、表6-6选用
找平层:1:3水泥砂浆,砂浆中掺聚丙烯或
锦纶-6纤维0.75~0.90kg/m³
找坡层:1:8水泥膨胀珍珠岩找坡2%
结构层:钢筋混凝土屋面板
顶棚

(d)

保护层:涂料或粒料
防水层:按表6-5、表6-6选用
找平层:同下方找平层
保温层:膨胀蛭石
找坡层:1:8水泥膨胀珍珠岩找坡2%
隔汽层:一毡二油
找平层:1:3水泥砂浆,砂浆中掺聚丙烯或
锦纶-6纤维0.75~0.90kg/m³
结构层:钢筋混凝土屋面板
顶棚

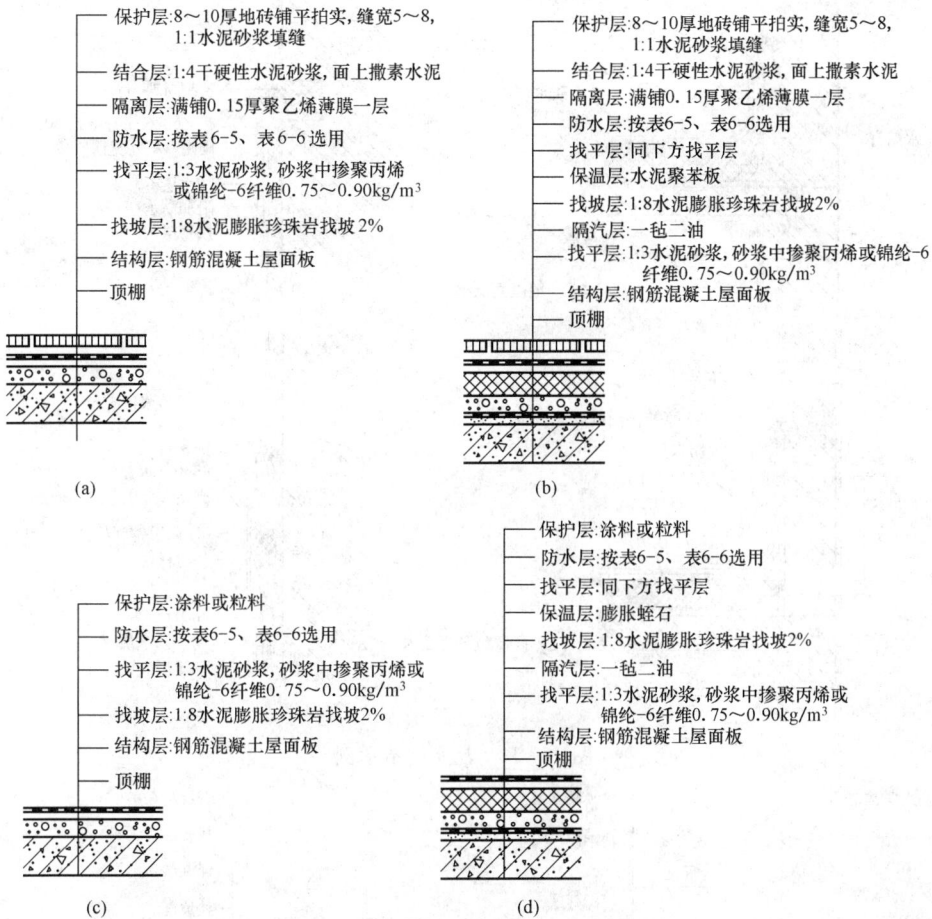

图 16-12 柔性防水屋面构造组成示例
(屋面由结构找坡时,图中找坡层取消)
(a) 无保温、无隔汽、上人屋面;(b) 有保温、有隔汽、上人屋面;
(c) 无保温、无隔汽、不上人屋面;(d) 有保温、有隔汽、不上人屋面

(3) 女儿墙构造。女儿墙是外墙在屋面以上的延续,也称压檐墙。女儿墙不承受垂直荷载,墙厚一般为240mm;为保证其稳定和抗震,高度不宜超过500mm。女儿墙顶端的构造称为压顶。压顶处应设置配筋混凝土板并抹水泥砂浆,以防雨水渗透,侵蚀女儿墙,图16-16为女儿墙有组织排水构造示例。

(4) 雨水口构造。雨水口是用来将屋面雨水排至雨水管而在檐口或檐沟开设的洞口。其构造要求排水通畅,防止渗漏和堵塞,图16-17为屋面外排水雨水口构造示例。

(5) 屋面变形缝构造。屋面变形缝的构造处理原则是既要保证屋面有自由变形的可能,又能防止雨水从变形缝处渗入室内。屋面变形缝有等高屋面变形缝构造处理(图16-18)和高低屋面变形缝构造处理(图16-19)。

(6) 屋面检修孔、屋面出入口构造。不上人屋面须设屋面检修孔,其构造如图16-20所示。出屋面楼梯间一般需设屋面出入口,如图16-21所示。

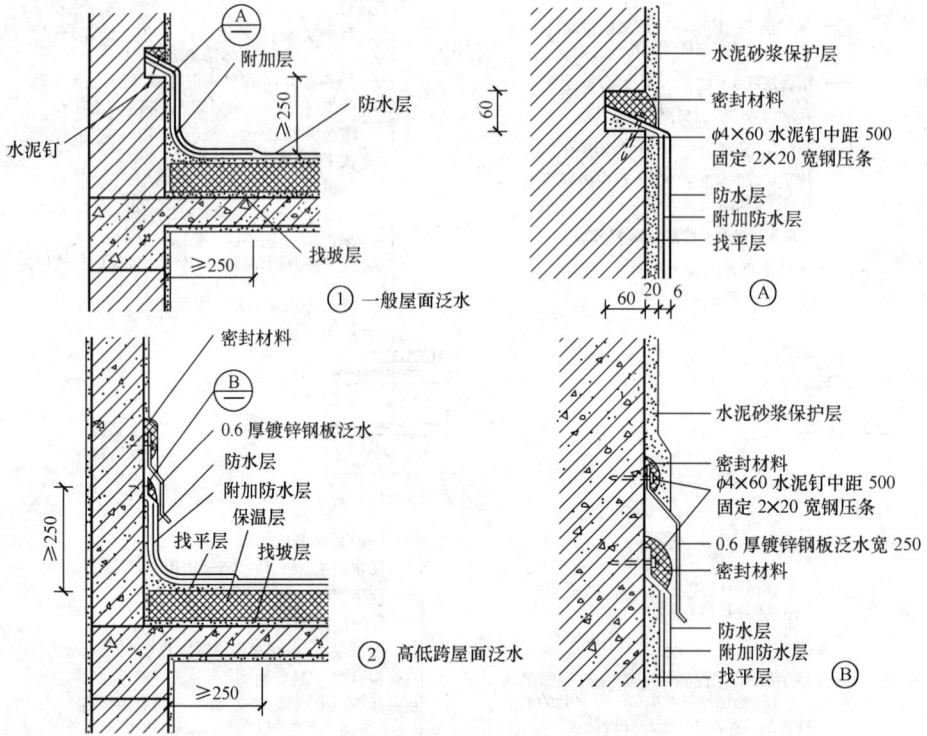

图 16-13　泛水构造示例

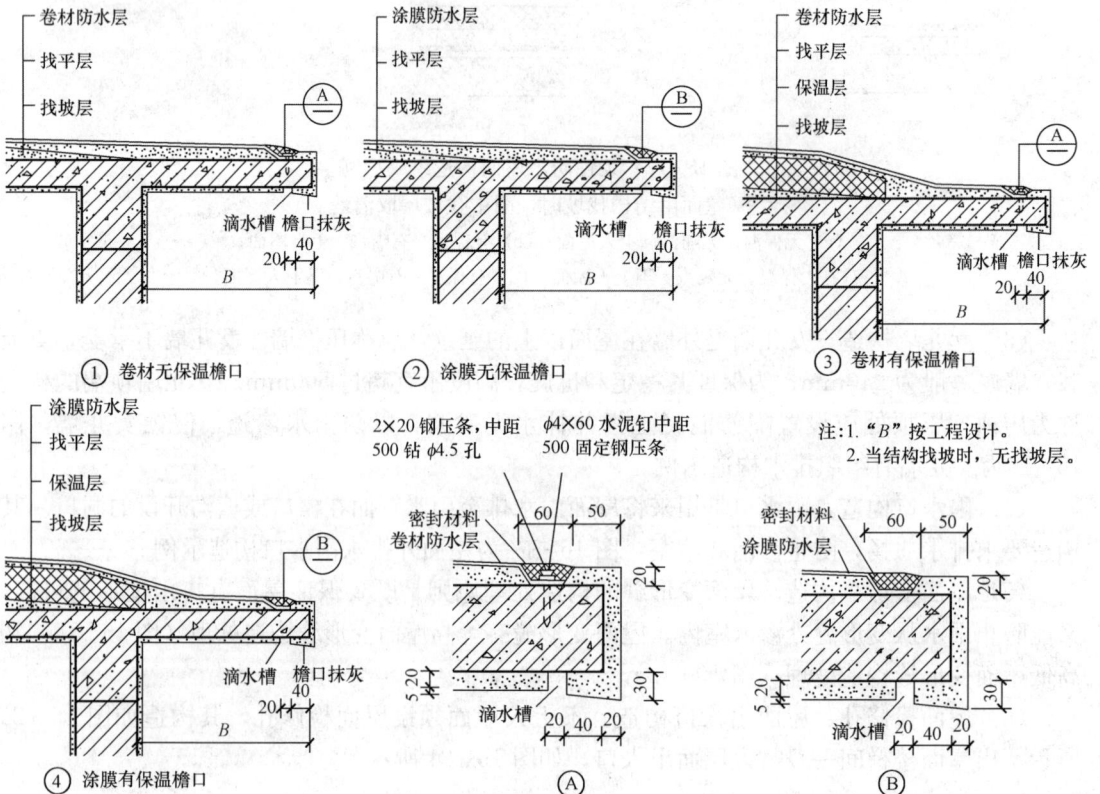

图 16-14　自由排水檐口构造示例

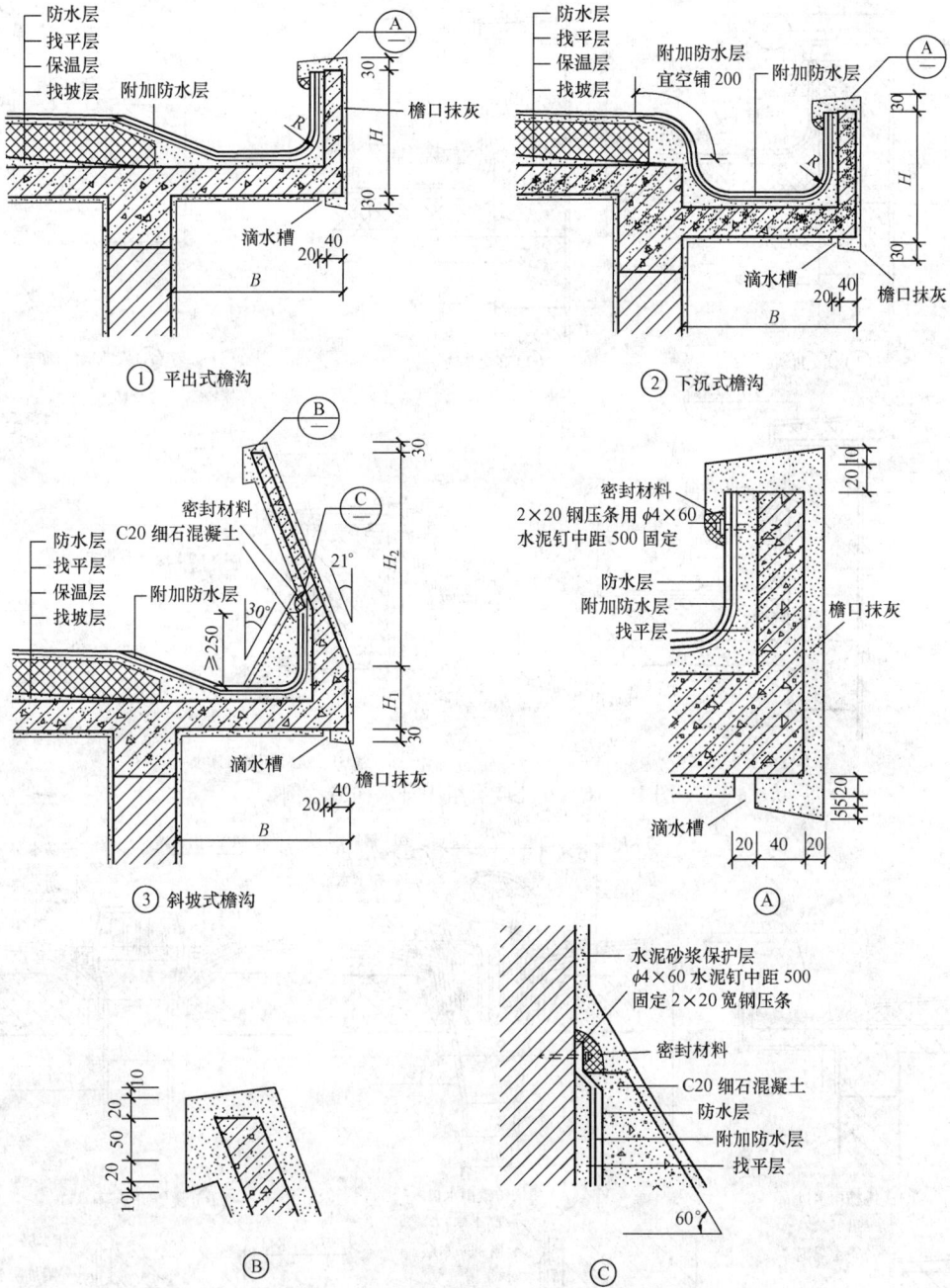

① 平出式檐沟

② 下沉式檐沟

③ 斜坡式檐沟

Ⓐ

Ⓑ

Ⓒ

图 16-15　檐沟有组织排水檐口构造示例

（二）刚性防水屋面

刚性防水屋面是指以刚性材料作为防水层的屋面，如配筋细石混凝土防水屋面等。

这种屋面具有构造简单、施工方便、造价低廉的优点，但对温度变化和结构变形较敏感，容易产生裂缝而渗水，所以多用于日温差较小的我国南方地区的建筑。

1. 刚性防水屋面的构造组成

刚性防水屋面由多层材料叠合而成，图 16-22 为刚性防水屋面构造组成示例。

① 低女儿墙　　　② 高女儿墙(一)　　　Ⓐ 女儿墙压顶(一)

③ 高女儿墙(二)　　　Ⓑ 女儿墙压顶(二)

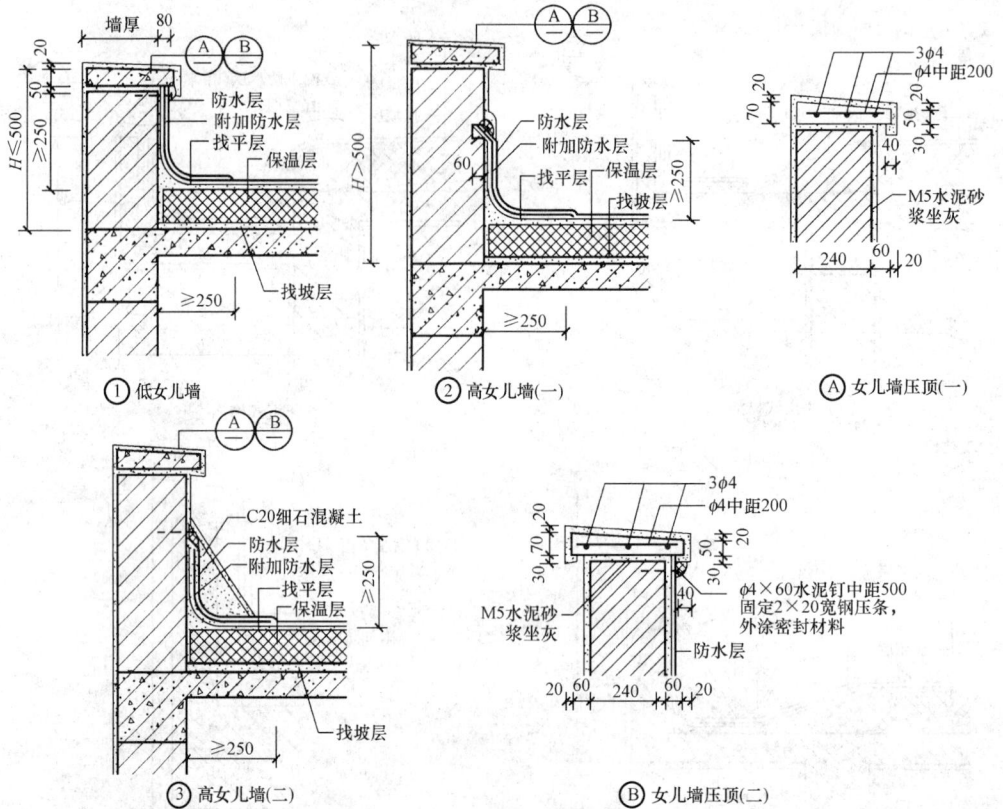

图 16-16　女儿墙有组织排水构造示例

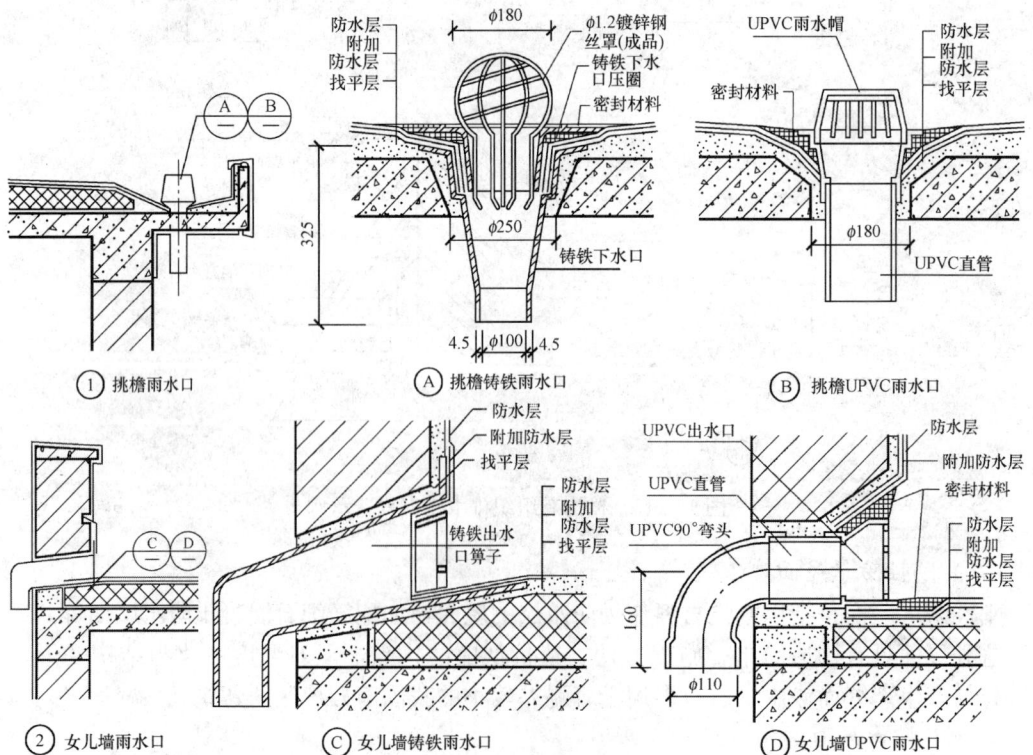

① 挑檐雨水口　　　Ⓐ 挑檐铸铁雨水口　　　Ⓑ 挑檐UPVC雨水口

② 女儿墙雨水口　　　Ⓒ 女儿墙铸铁雨水口　　　Ⓓ 女儿墙UPVC雨水口

图 16-17　屋面外排水雨水口构造示例

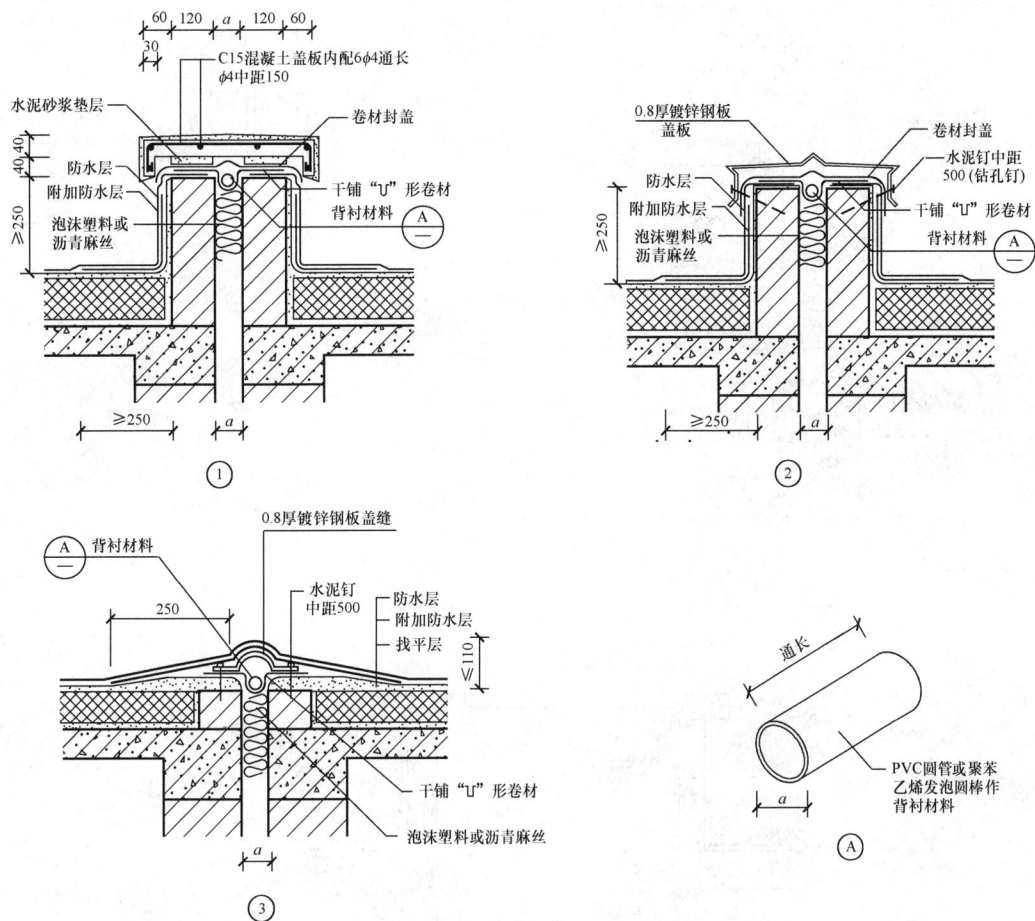

图 16-18　等高屋面变形缝构造处理

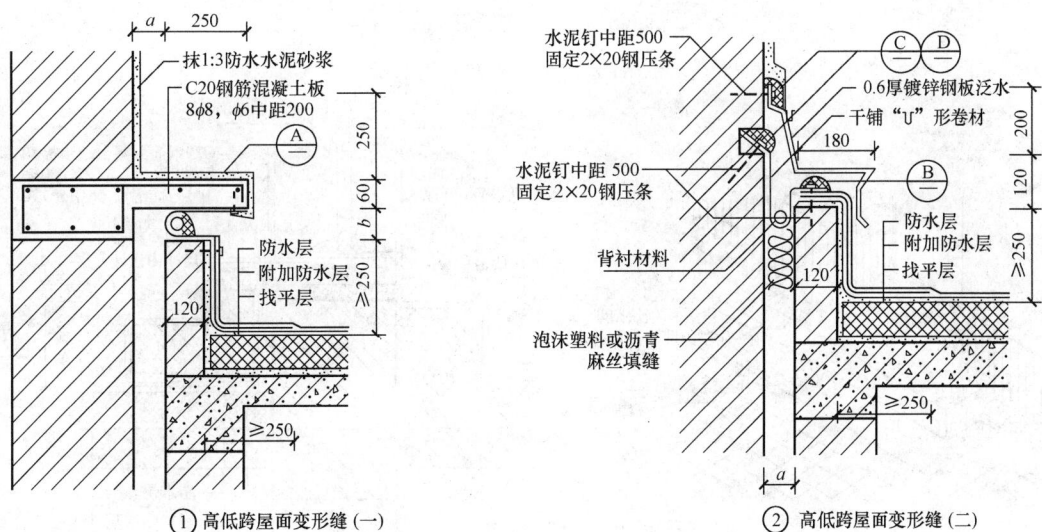

图 16-19　高低屋面变形缝构造处理（一）

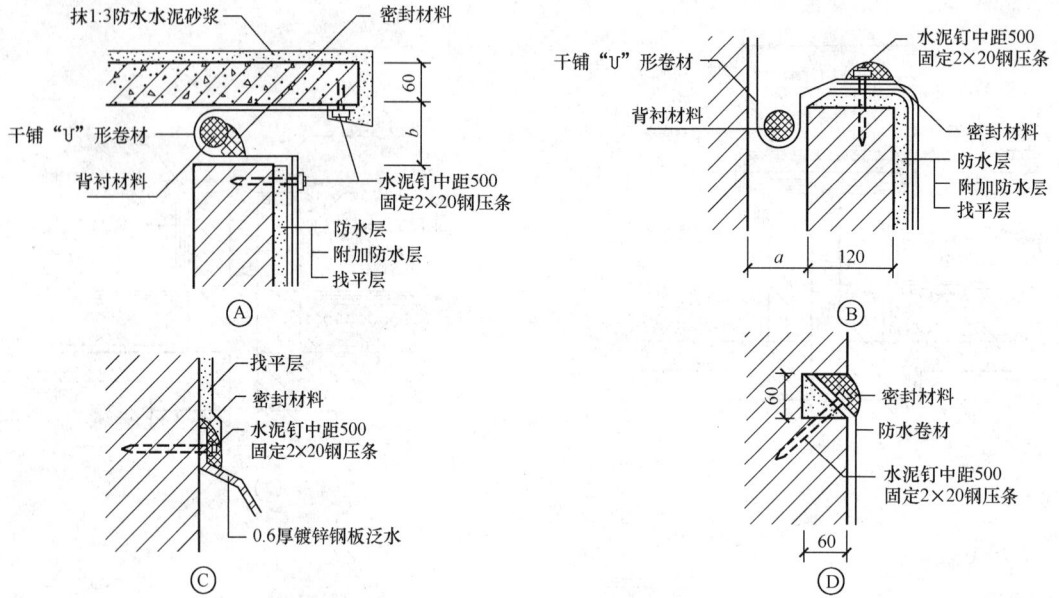

抹1:3防水水泥砂浆　　　密封材料

干铺"U"形卷材

背衬材料

水泥钉中距500
固定2×20钢压条

防水层
附加防水层
找平层

(A)

干铺"U"形卷材

背衬材料

水泥钉中距500
固定2×20钢压条

密封材料
防水层
附加防水层
找平层

(B)

找平层

密封材料

水泥钉中距500
固定2×20钢压条

0.6厚镀锌钢板泛水

(C)

密封材料

防水卷材

水泥钉中距500
固定2×20钢压条

(D)

图 16-19　高低屋面变形缝构造处理（二）

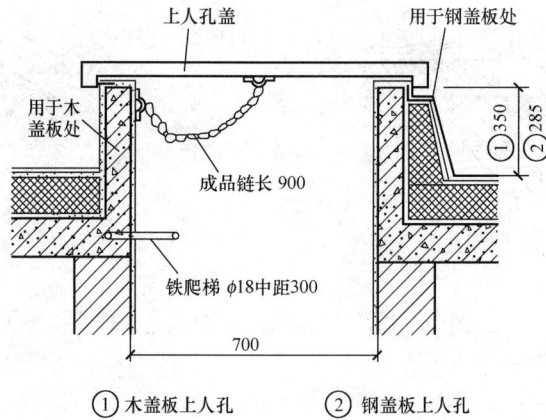

上人孔盖　　　　　　用于钢盖板处

用于木
盖板处

成品链长 900

铁爬梯 φ18中距300

700

① 木盖板上人孔　　　② 钢盖板上人孔

图 16-20　屋面检修孔构造

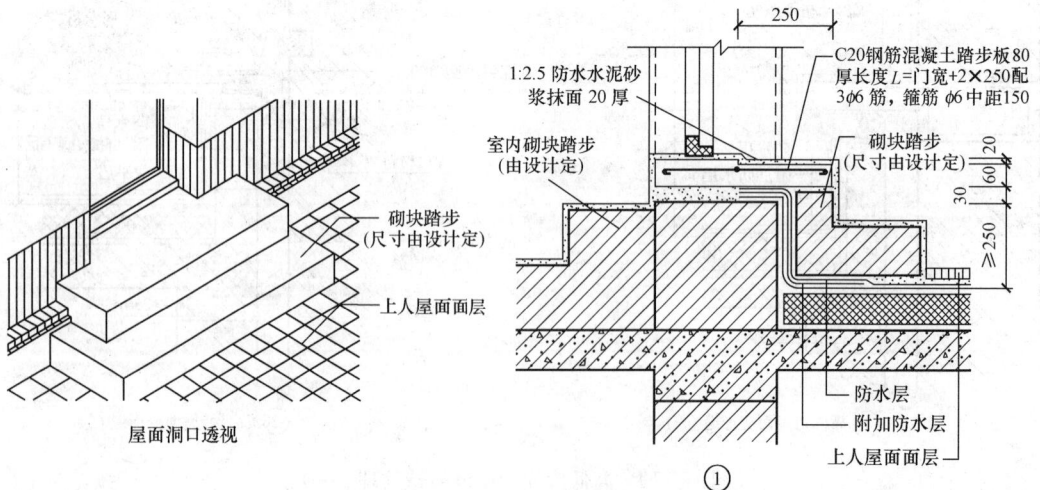

砌块踏步
(尺寸由设计定)

上人屋面面层

屋面洞口透视

250

1:2.5 防水水泥砂
浆抹面 20 厚

室内砌块踏步
(由设计定)

C20钢筋混凝土踏步板80
厚长度L=门宽+2×250配
3φ6 筋，箍筋 φ6中距150

砌块踏步
(尺寸由设计定)

防水层
附加防水层
上人屋面面层

①

图 16-21　屋面出入口构造

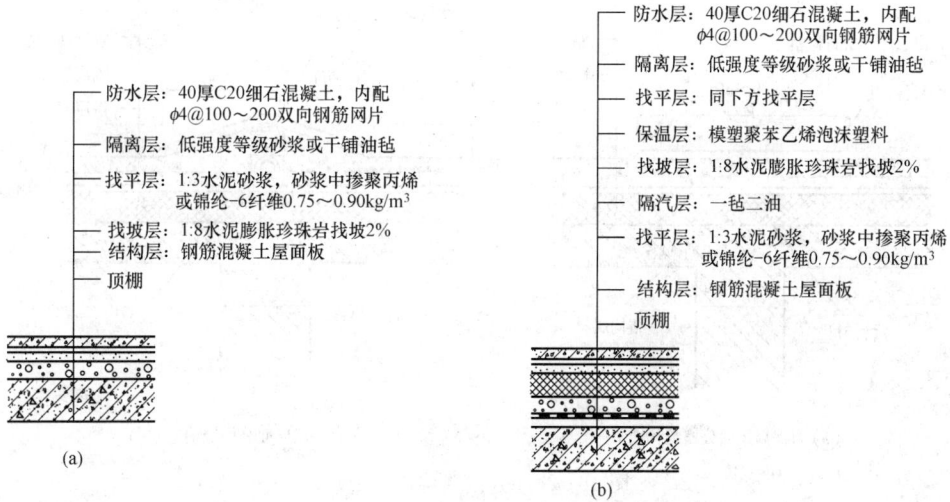

防水层：40厚C20细石混凝土，内配
φ4@100～200双向钢筋网片
隔离层：低强度等级砂浆或干铺油毡
找平层：1:3水泥砂浆，砂浆中掺聚丙烯
或锦纶-6纤维0.75～0.90kg/m³
找坡层：1:8水泥膨胀珍珠岩找坡2%
结构层：钢筋混凝土屋面板
顶棚

(a)

防水层：40厚C20细石混凝土，内配
φ4@100～200双向钢筋网片
隔离层：低强度等级砂浆或干铺油毡
找平层：同下方找平层
保温层：模塑聚苯乙烯泡沫塑料
找坡层：1:8水泥膨胀珍珠岩找坡2%
隔汽层：一毡二油
找平层：1:3水泥砂浆，砂浆中掺聚丙烯
或锦纶-6纤维0.75～0.90kg/m³
结构层：钢筋混凝土屋面板
顶棚

(b)

图 16-22　刚性防水屋面构造组成示例
(a) 无保温、无隔汽、上人屋面；(b) 有保温、有隔汽、上人屋面

2. 刚性防水屋面的细部构造

刚性防水屋面应做好防水层的分格缝构造，同时刚性防水屋面与柔性防水屋面一样，也需处理好泛水、檐口、雨水口等细部构造。

(1) 分格缝构造。分格缝又称分仓缝，是用以适应屋面变形、防止不规则裂缝的人工缝。其设置目的在于：防止温度变化引起防水层开裂；防止结构变形将防水层拉坏。因此屋面分格缝应设置在装配式结构屋面板的支撑端、屋面转折处、刚性防水层与立墙的交接处，并应与板缝对齐。采用横墙承重的民用建筑中，屋面分格缝的位置如图 16-23 所示，分格缝构造如图 16-24 所示。

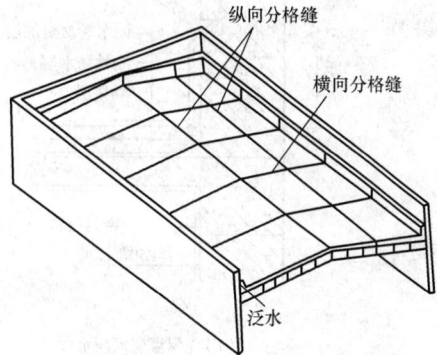

图 16-23　屋面分格缝

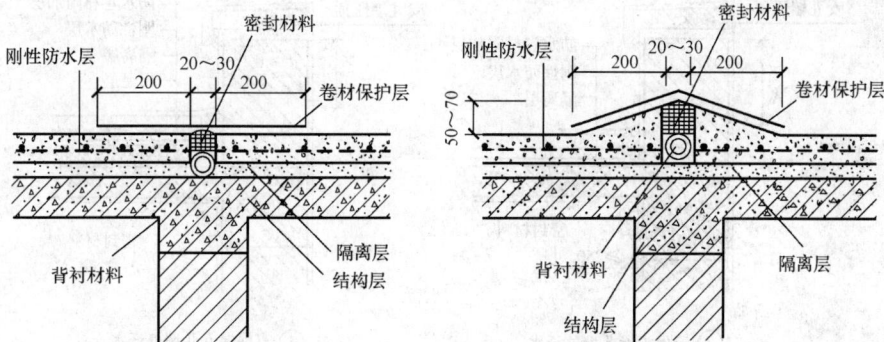

① 无保温屋面分格缝构造 (一)

② 无保温屋面分格缝构造 (二)

图 16-24　分格缝构造 (一)

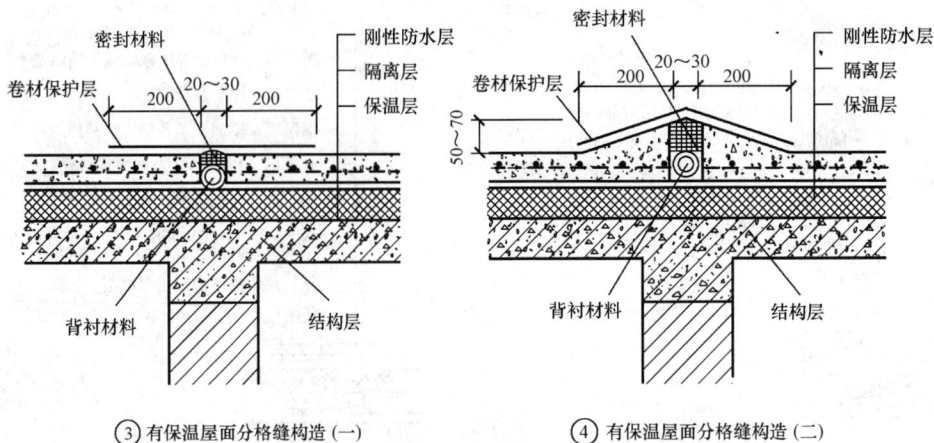

③ 有保温屋面分格缝构造（一）　　　④ 有保温屋面分格缝构造（二）

图 16-24　分格缝构造（二）

（2）泛水构造。刚性防水屋面与柔性防水屋面泛水构造基本相同。其一般做法是泛水与屋面防水应一次做成，不留施工缝，转角处做成圆弧形，并与垂直墙之间设分仓缝。图 16-25 为泛水构造示例。

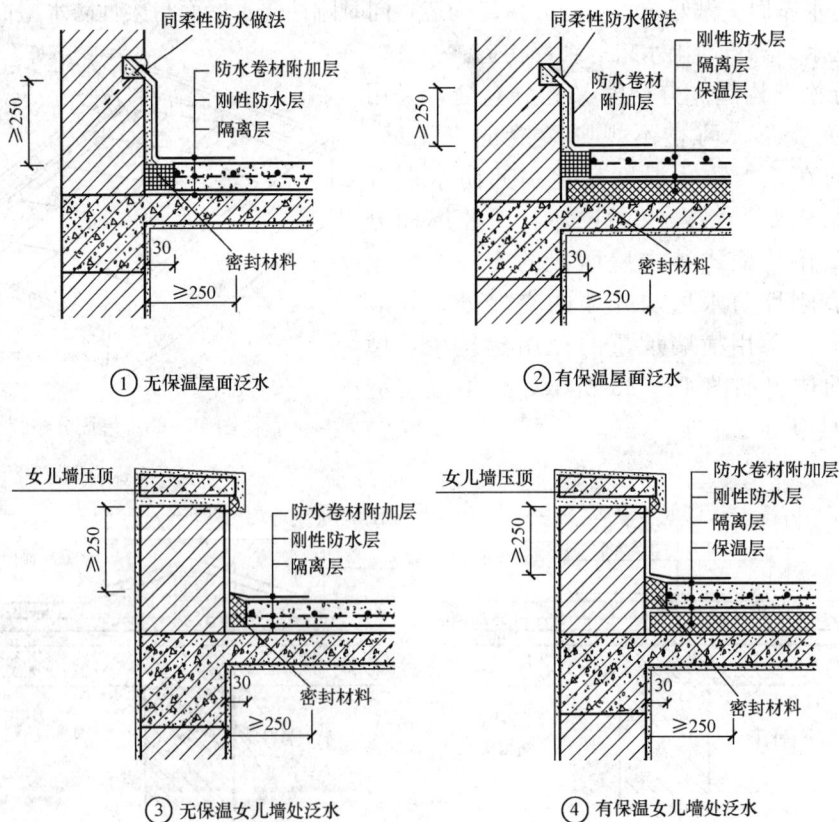

① 无保温屋面泛水　　　　　　　② 有保温屋面泛水

③ 无保温女儿墙处泛水　　　　　④ 有保温女儿墙处泛水

图 16-25　刚性防水屋面泛水构造示例

（3）檐口构造。刚性防水屋面常用檐口形式有自由排水檐口、有组织排水檐口等。图

16-26 为自由排水檐口构造示例；图 16-27 为有组织排水檐口构造示例。

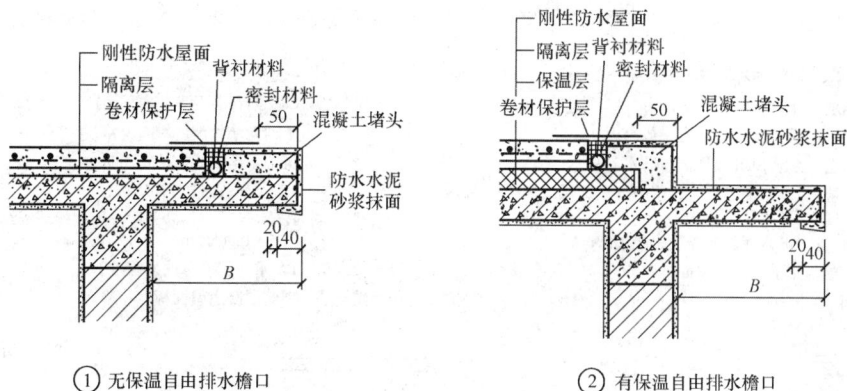

① 无保温自由排水檐口　　　② 有保温自由排水檐口

图 16-26　自由排水檐口构造示例

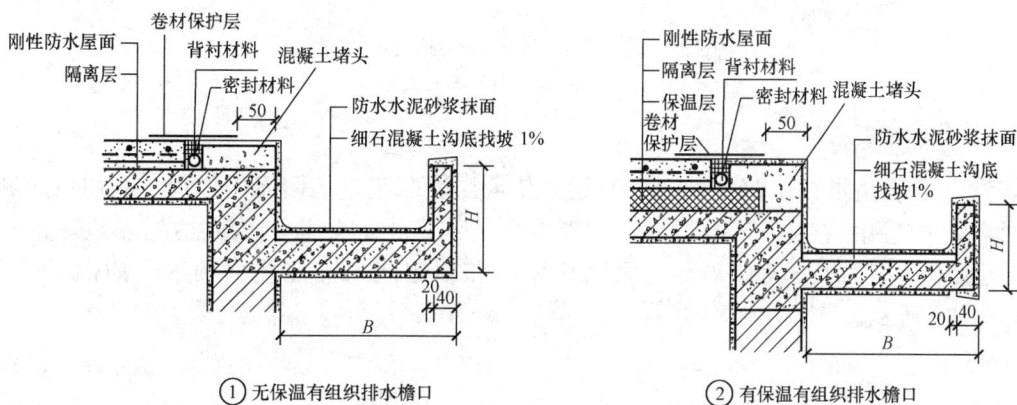

① 无保温有组织排水檐口　　　② 有保温有组织排水檐口

图 16-27　有组织排水檐口构造示例

（4）雨水口构造。雨水口是屋面雨水汇集并排至雨水管的关键部位，构造上要求排水通畅，防止渗漏和堵塞。刚性防水屋面雨水口的做法与柔性防水相似，故不再赘述。

四、平屋面的保温与隔热

（一）平屋面的保温

在采暖地区的冬季，室内外温差较大，为防止室内热量散失过大，保证房屋的正常使用并降低能源消耗，故在屋面中增设保温层。将保温层设在结构层之上，防水层之下，成为封闭的保护层，这种方式称为正置式（或内置式）保温屋面；保温层放在防水层之上，成为敞露的保温层，这种方式称为倒置式（或外置式）保温屋面，图 16-28 为倒置式保温屋面构造组成示例。

（二）平屋面的隔热

在气候炎热地区，夏季太阳辐射使屋面温度剧烈升高，为减少传进室内的热量和降低室内的温度，屋面应采取隔热降温措施。我国南方地区的建筑屋面隔热更为重要。

屋面隔热措施通常有以下几种方式：

保护层：25 厚 1:4 干硬性水泥砂浆，面上撒素水泥，上铺 8~10 厚地砖，铺平拍实，缝宽 5~8，1:1 水泥砂浆填缝

垫　层：C20 细石混凝土，内配 $\phi 4@150\times150$ 钢筋网片
隔离层：干铺无纺聚酯纤维布一层
保温层：挤塑聚苯乙烯泡沫塑料板
防水层：4 厚 SBS 改性沥青防水卷材
找平层：1:3 水泥砂浆，砂浆中掺聚丙烯或锦纶-6 纤维 0.75~0.90kg/m³
找坡层：1:8 水泥膨胀珍珠岩找坡2%
结构层：钢筋混凝土屋面板
顶棚

保护层：C20 细石混凝土，内配 $\phi 4@150\times150$ 钢筋网片
隔离层：干铺无纺聚酯纤维布一层
保温层：挤塑聚苯乙烯泡沫塑料板
防水层：4 厚 SBS 改性沥青防水卷材
找平层：1:3 水泥砂浆，砂浆中掺聚丙烯或锦纶-6 纤维 0.75~0.90kg/m³
找坡层：1:8 水泥膨胀珍珠岩找坡2%
结构层：钢筋混凝土屋面板
顶棚

(a)　　　　　　　　　　　　　　　　　(b)

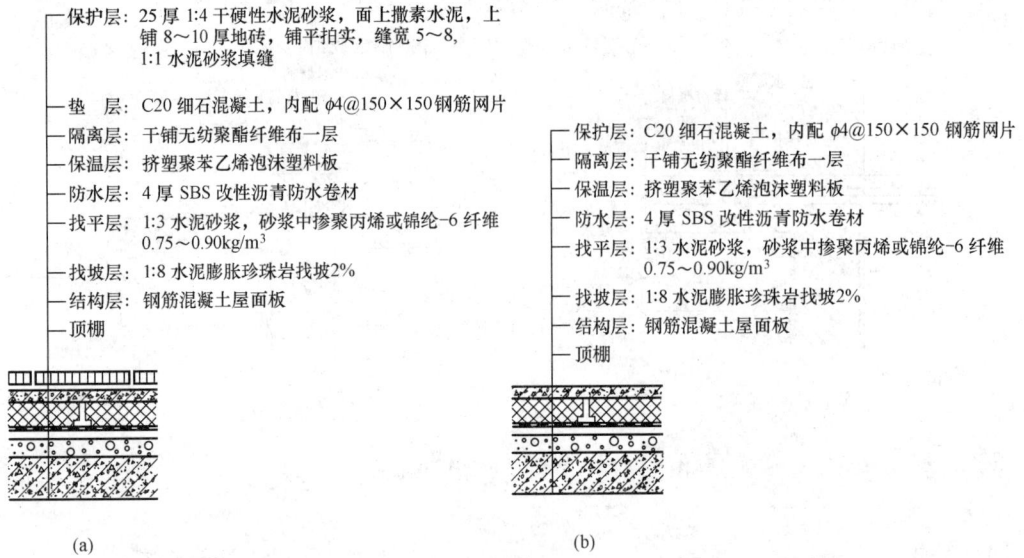

图 16-28　倒置式保温屋面构造组成示例
(a) 上人屋面；(b) 不上人屋面

1. 通风隔热屋面

这种做法是指在屋面中设通风间层，使上层表面起遮挡阳光的作用。利用风压和热压作用把间层中的热空气不断带走，以减少传到室内的热量，从而达到隔热降温的目的。通风隔热屋面一般有架空通风隔热屋面和顶棚通风隔热屋面两种，如图 16-29、图 16-30 所示。

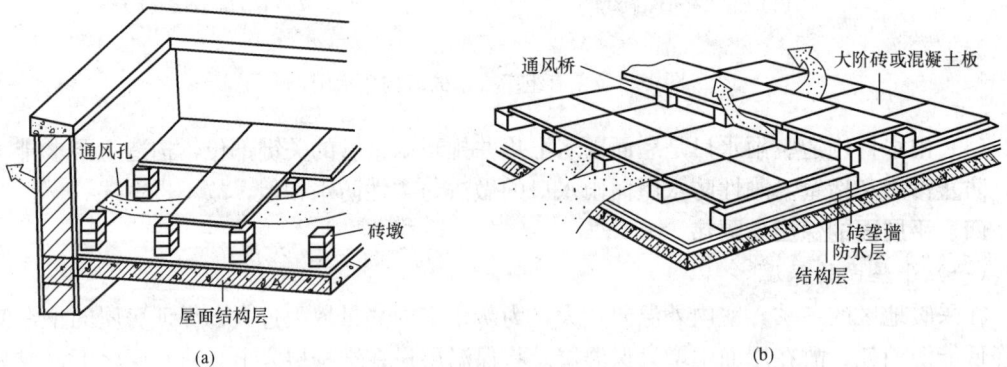

图 16-29　架空通风隔热屋面示意图
(a) 架空隔热层与女儿墙通风孔；(b) 架空隔热层与通风桥

2. 蓄水隔热屋面

蓄水隔热屋面利用平屋面所蓄积的水层来达到屋面隔热的目的，图 16-31 为蓄水隔热屋面构造示例。

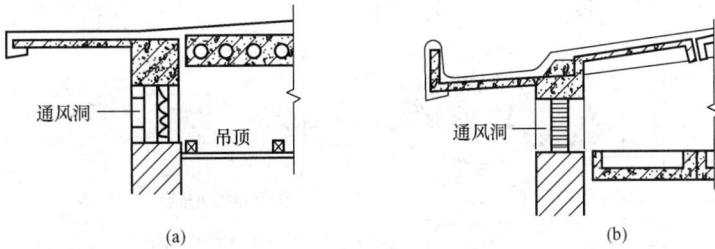

图 16 - 30　顶棚通风隔热屋面示意图
（a）吊顶通风层；（b）双槽板通风层

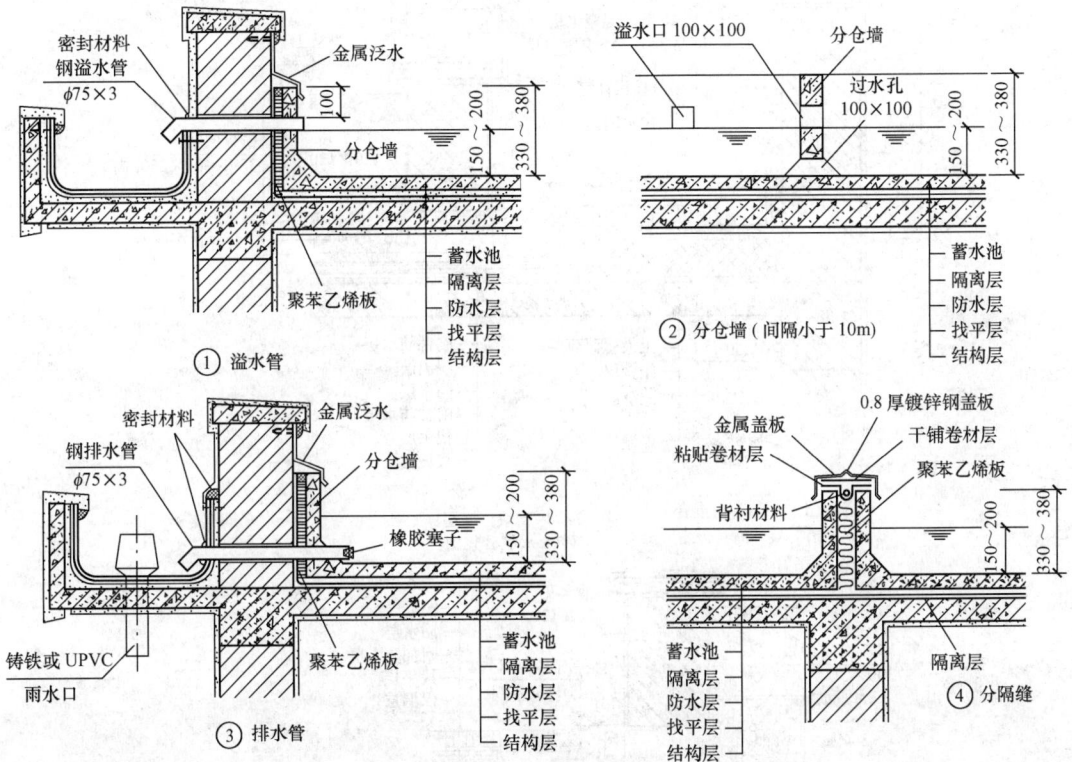

图 16 - 31　蓄水隔热屋面构造示例

3. 种植隔热屋面

种植隔热屋面是在平屋面上种植植物，通过借助栽培介质隔热及植物吸收阳光进行光合作用和遮挡阳光的双重功效来达到降温隔热的目的，图 16 - 32 为种植隔热屋面构造示例。

4. 反射降温隔热屋面

反射降温隔热屋面是利用材料的颜色和光滑度对热辐射的反射作用，将一部分热量反射回去从而达到降温目的。如在屋面上采用浅色的砾石混凝土，或在屋面上涂刷白色涂料，均可起到明显的降温隔热作用。

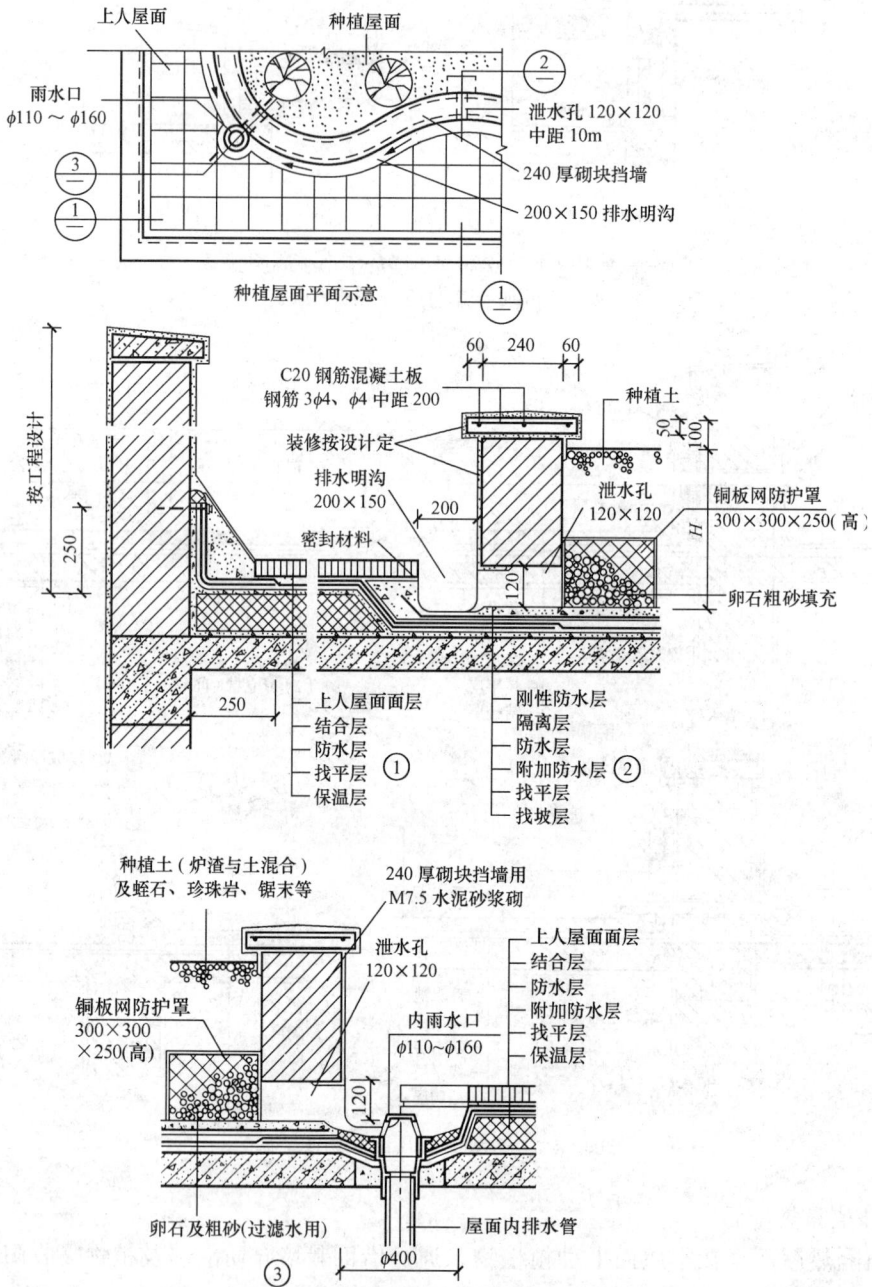

上人屋面

种植屋面

雨水口 φ110～φ160

泄水孔 120×120 中距 10m

240 厚砌块挡墙

200×150 排水明沟

种植屋面平面示意

C20 钢筋混凝土板 钢筋 3φ4、φ4 中距 200

装修按设计定

排水明沟 200×150

密封材料

种植土

泄水孔 120×120

铜板网防护罩 300×300×250(高)

卵石粗砂填充

按工程设计

250

250

① 上人屋面面层 / 结合层 / 防水层 / 找平层 / 保温层

② 刚性防水层 / 隔离层 / 防水层 / 附加防水层 / 找平层 / 找坡层

种植土(炉渣与土混合) 及蛭石、珍珠岩、锯末等

240 厚砌块挡墙用 M7.5 水泥砂浆砌

泄水孔 120×120

铜板网防护罩 300×300 ×250(高)

内雨水口 φ110～φ160

上人屋面面层 / 结合层 / 防水层 / 附加防水层 / 找平层 / 保温层

卵石及粗砂(过滤水用)

屋面内排水管

φ400

③

图 16-32 种植隔热屋面构造示例

第三节 坡屋面的构造

坡屋面的形式如图 16-2 所示。其中屋面是由一些相同坡度的倾斜面交接而成，其交线的名称如图 16-33 所示。

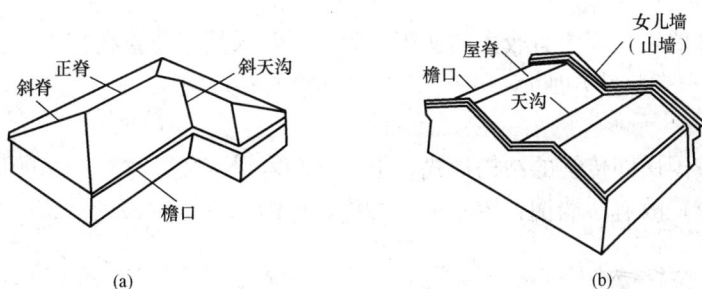

图 16 - 33　坡屋面坡面交线名称

(a) 四坡；(b) 两坡

一、坡屋面的组成

坡屋面一般由结构层、面层及附加层组成。

1. 结构层

结构层主要承受屋面荷载，并把荷载传递到墙或柱上。一般有屋架、檩条、椽子或大梁等。

2. 面层

面层是屋面上的覆盖层，直接承受风雨、冰冻和太阳辐射等大自然气候的作用。它包括屋面盖料（如块瓦、油毡瓦等）和基层（如挂瓦条、屋面板等）。

3. 附加层

坡屋面的附加层由找平层、防水层、保温（或隔热）层、隔汽层、顶棚等组成。

（1）找平层。找平层一般选用 1：3 水泥砂浆 20 厚，应充分养护。分格缝，纵横双向间距不宜大于 6m。

（2）防水层。瓦材作为防水设防中的一道，单独用于防水等级为Ⅲ级的屋面；瓦材作为防水设防中的一道，与柔性防水层双道设防用于等级为Ⅱ级的屋面。瓦材既属于防水层又属于面层。

（3）保温（或隔热）层。采用轻质高效的块状材料做保温层（见表 16 - 2），挤塑聚苯乙烯泡沫塑料板、聚苯乙烯泡沫塑料板均应采用阻燃型产品。

（4）隔汽层。隔汽层的要求及材料选用同平屋面。

（5）顶棚。顶棚是结构层下面的遮盖部分，可使室内上部平整，有一定光线反射，起保温（或隔热）和装饰作用。

二、坡屋面的承重结构形式

坡屋面的承重结构与平屋面不同，坡屋面结构坡度较大，直接形成屋面的排水坡度，它的结构形式有檩式和板式。

（一）檩式结构

檩式结构是在屋架或山墙上支承檩条，檩条上铺设屋面板或椽条的结构系统。常见的形式有：

1. 山墙承重

山墙承重也称硬山搁檩。当房屋横墙间距较小时，可将横墙上部砌成三角形，直接搁置檩条以承受屋面荷载，如图 16 - 34（a）所示。

2. 屋架承重

当房屋的内横墙较少需要有较大的使用空间时，常采用三角形桁架来架设檩条，以承受屋面荷载，如图 16 - 34（b）所示。

3. 梁架承重

梁架承重是我国民间传统的结构形式，由木柱和木梁组成，这种结构的墙只是起围护和分隔作用，不承重，故有"墙倒，屋不坍"之称，如图 16 - 34（c）所示。

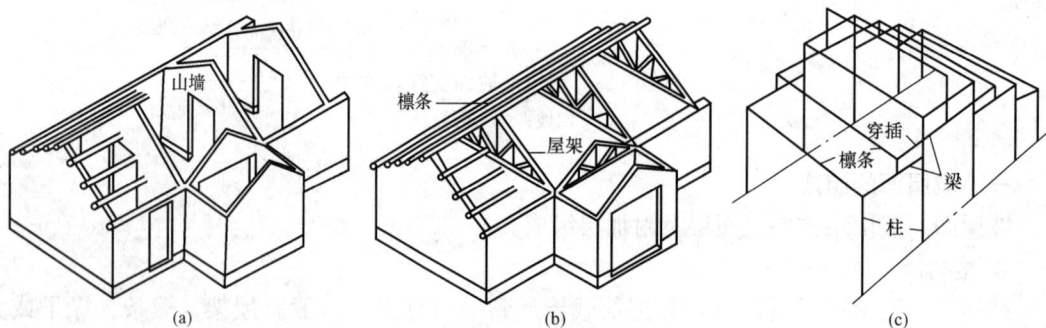

图 16 - 34　檩式结构屋面

（a）山墙承重；（b）屋架承重；（c）梁架承重

（二）板式结构

它是将钢筋混凝土屋面板直接搁置在上部为三角形的横墙、屋架或斜梁上的支撑方式，这种方式常用于民用住宅或风景园林建筑的屋面，如图 16 - 35 所示。

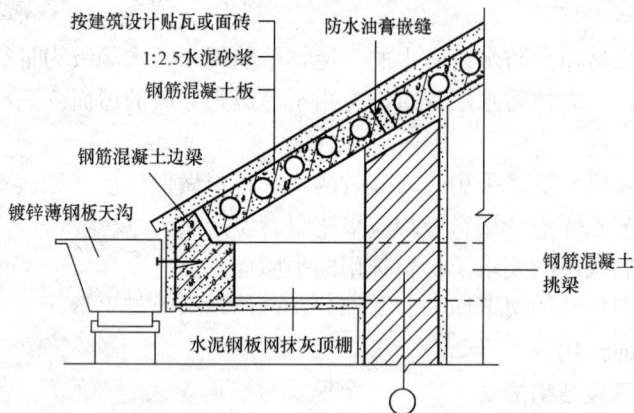

图 16 - 35　板式结构屋面

三、坡屋面的承重结构构件

1. 屋架

屋架形式常为三角形，由上弦、下弦及腹杆组成。所用材料有木材、钢材及钢筋混凝土等，如图 16 - 36 所示。

木屋架一般用于跨度不超过 12m 的建筑。将木屋架中受拉力的下弦及直腹杆件用钢筋或型钢代替，这种屋架称为钢木屋架。钢木屋架一般用于跨度不超过 18m 的建筑，当跨度更大时需采用预应力钢筋混凝土屋架或钢屋架。

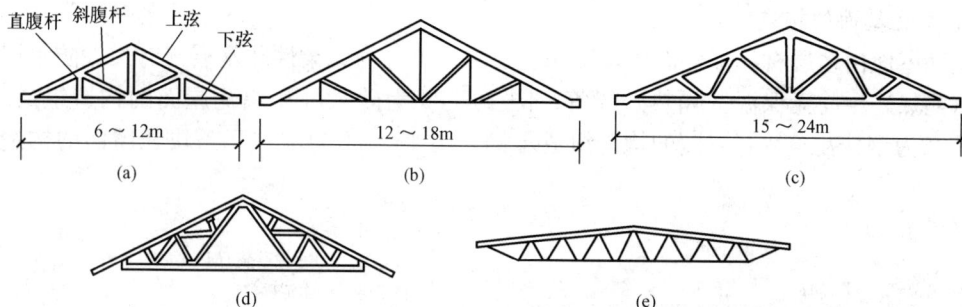

图 16-36　屋架形式

(a) 木屋架；(b) 钢木屋架；(c) 预应力钢筋混凝土屋架；(d) 芬式钢屋架；(e) 梭行轻钢屋架

2. 檩条

檩条所用材料有木材、钢材及钢筋混凝土，檩条材料的选用一般与屋架所用材料相同，使得两者的耐久性接近。檩条的断面形式如图 16-37 所示。

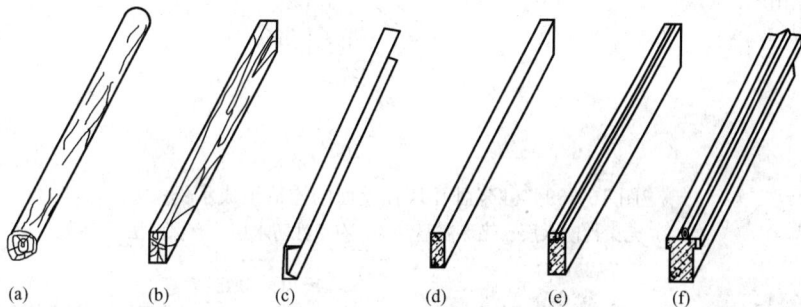

图 16-37　檩条断面形式

(a) 圆木檩条；(b) 方木檩条；(c) 槽钢檩条；(d)、(e)、(f) 混凝土檩条

四、坡屋面的构造

坡屋面是利用各种瓦材作防水层，靠瓦与瓦之间的搭盖达到防水的目的。目前常用的屋面材料有块瓦、油毡瓦等。瓦屋面的名称随瓦的种类而定，如块瓦屋面、油毡瓦屋面等。基层的做法则随瓦的种类和房屋的质量要求而定。

在檩式结构中，瓦材通常铺设在由檩条、屋面板、挂瓦条等组成的基层上，如图 16-38 所示。

在板式结构中，瓦材可通过水泥钉钉、泥背或挂瓦条等方式固定在钢筋混凝土板上。目前多采用板式结构，这里主要介绍屋面结构层为现浇钢筋混凝板的坡屋面构造。根据瓦材种类的不同，坡屋面分为块瓦屋面、油毡瓦屋面及块瓦形钢板彩瓦屋面。

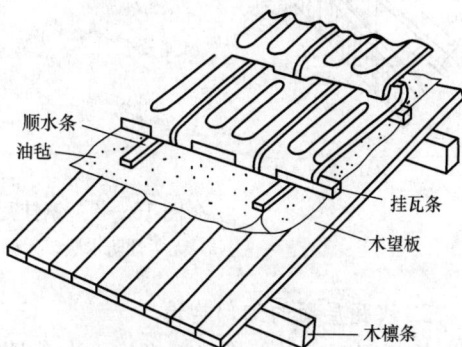

图 16-38　檩式结构瓦屋面

（一）块瓦屋面

块瓦屋面根据基层的做法不同，分为砂浆卧瓦块瓦屋面、钢挂瓦条块瓦屋面及木挂瓦条

块瓦屋面。

1. 块瓦屋面的构造组成

块瓦屋面由多层材料叠合而成，按功能要求，可分为无柔性防水层与有柔性防水层；有保温（隔热）层与无保温（隔热）层等。图 16-39 为砂浆卧瓦块瓦屋面的构造组成示例；图 16-40 为钢挂瓦条块瓦屋面的构造组成示例；图 16-41 为木挂瓦条块瓦屋面的构造组成示例。

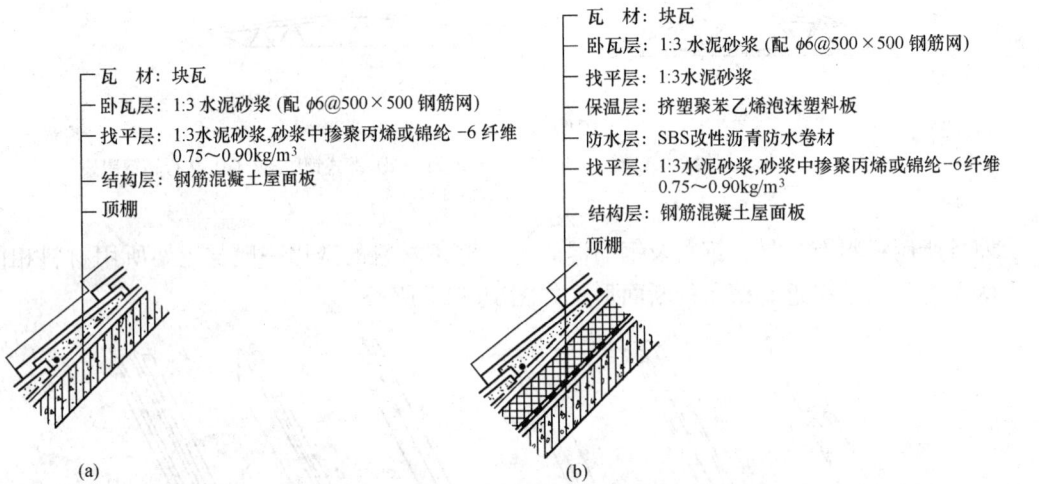

图 16-39　砂浆卧瓦块瓦屋面的构造组成示例
（a）无柔性防水层、无保温层；（b）有柔性防水层、有保温层

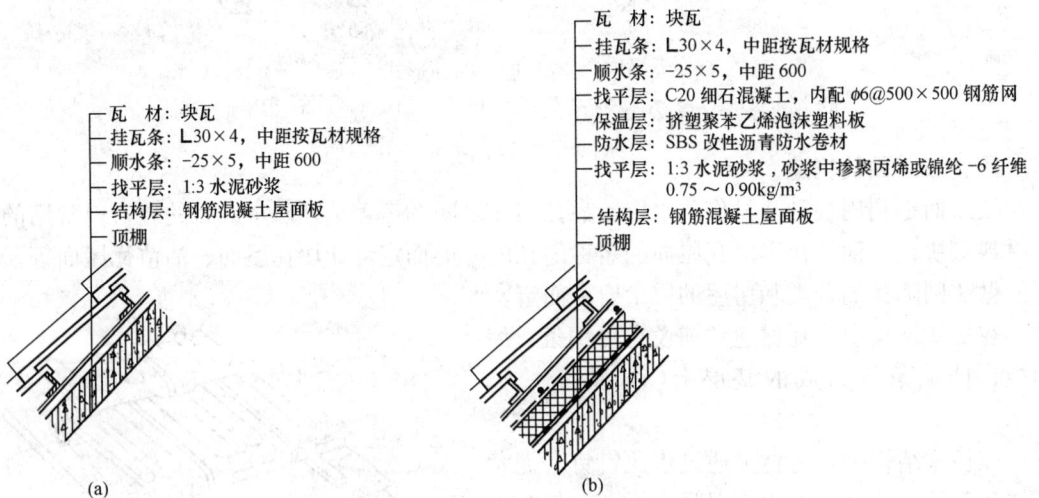

图 16-40　钢挂瓦条块瓦屋面的构造组成示例
（a）无柔性防水层、无保温层；（b）有柔性防水层、有保温层

2. 块瓦屋面的细部构造

块瓦屋面应做好檐口、檐沟、女儿墙泛水、山墙泛水等部位的细部构造。图 16-42 为块瓦屋面檐口构造示例；图 16-43 为块瓦屋面檐沟构造示例；图 16-44 为块瓦屋面女儿墙泛水构造示例；图 16-45 为块瓦屋面山墙泛水构造示例。

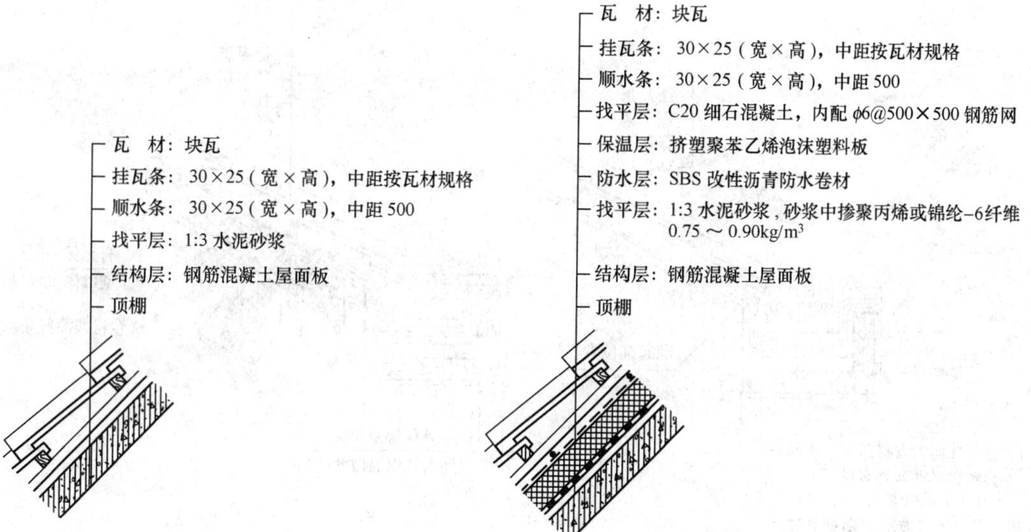

图 16-41 木挂瓦条块瓦屋面的构造组成示例
(a) 无柔性防水层、无保温层；(b) 有柔性防水层、有保温层

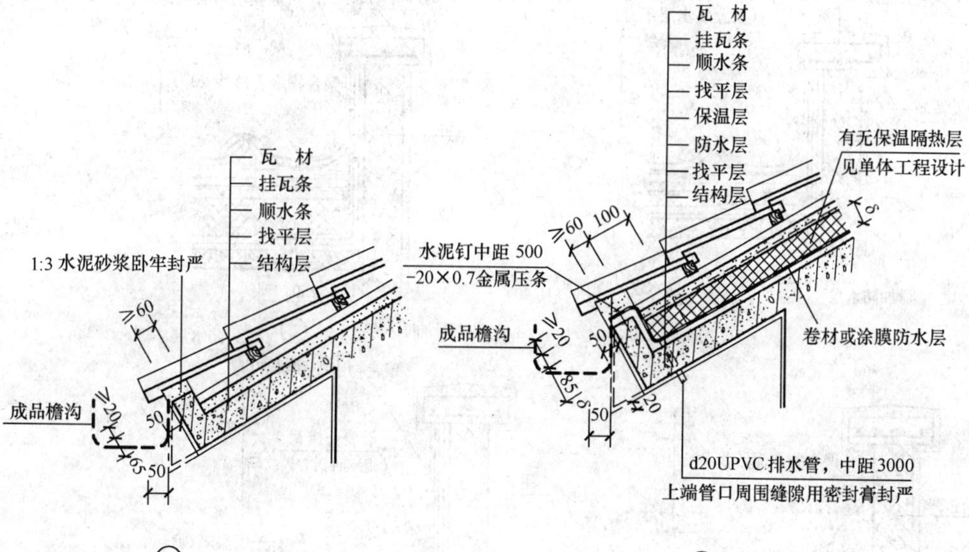

图 16-42 块瓦屋面檐口构造示例

瓦　材
挂瓦条
顺水条
找平层
结构层

瓦　材
挂瓦条
顺水条
找平层
保温层
防水层
找平层
结构层

200

R50
50

有无保温隔热层
见单体工程设计

卷材或涂膜防水层

翻起部位卷材附加层
空铺200宽

高聚物改性沥青卷材防水层4厚
高聚物改性沥青卷材附加层
1:3水泥砂浆找平层20厚
轻集料混凝土找坡层 最薄处0厚
钢筋混凝土檐沟

檐沟外保温随单体
工程外墙外保温做法

① （无柔性防水层、无保温层）

② （有柔性防水层、有保温层）

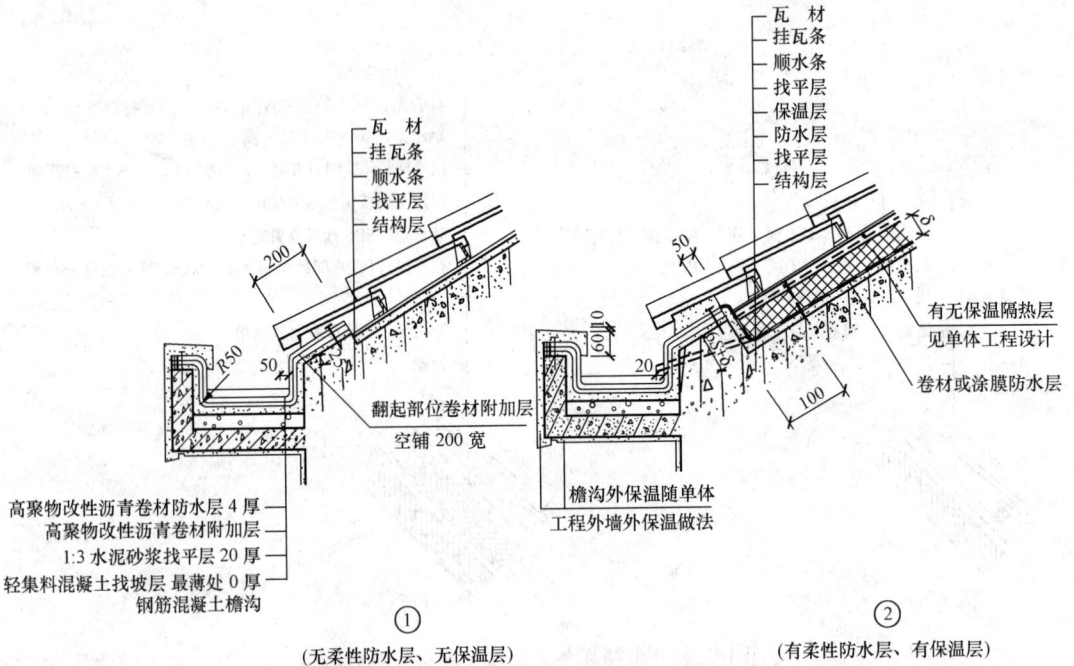

图 16-43　块瓦屋面檐沟构造示例

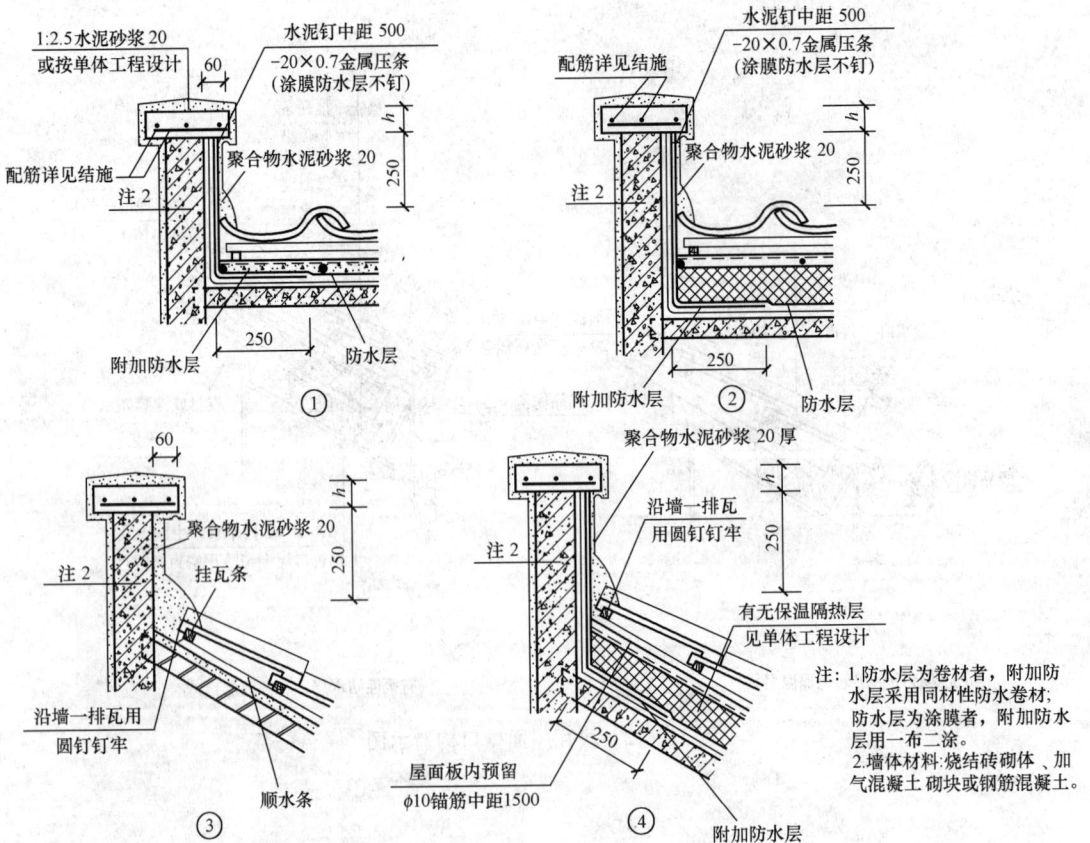

1:2.5水泥砂浆20
或按单体工程设计
60

水泥钉中距500
-20×0.7金属压条
（涂膜防水层不钉）

h
250

配筋详见结施
注2

聚合物水泥砂浆20

附加防水层
250
防水层

①

配筋详见结施

水泥钉中距500
-20×0.7金属压条
（涂膜防水层不钉）

h
250

聚合物水泥砂浆20

注2

附加防水层
250
防水层

②

60

聚合物水泥砂浆20

h
250

注2

挂瓦条

沿墙一排瓦用
圆钉钉牢

顺水条

③

聚合物水泥砂浆20厚

沿墙一排瓦
用圆钉钉牢

h
250

注2

有无保温隔热层
见单体工程设计

屋面板内预留
φ10锚筋中距1500

250

附加防水层

④

注：1.防水层为卷材者，附加防
水层采用同材性防水卷材；
防水层为涂膜者，附加防水
层用一布二涂。
2.墙体材料:烧结砖砌体 、加
气混凝土砌块或钢筋混凝土。

图 16-44　块瓦屋面女儿墙泛水构造示例

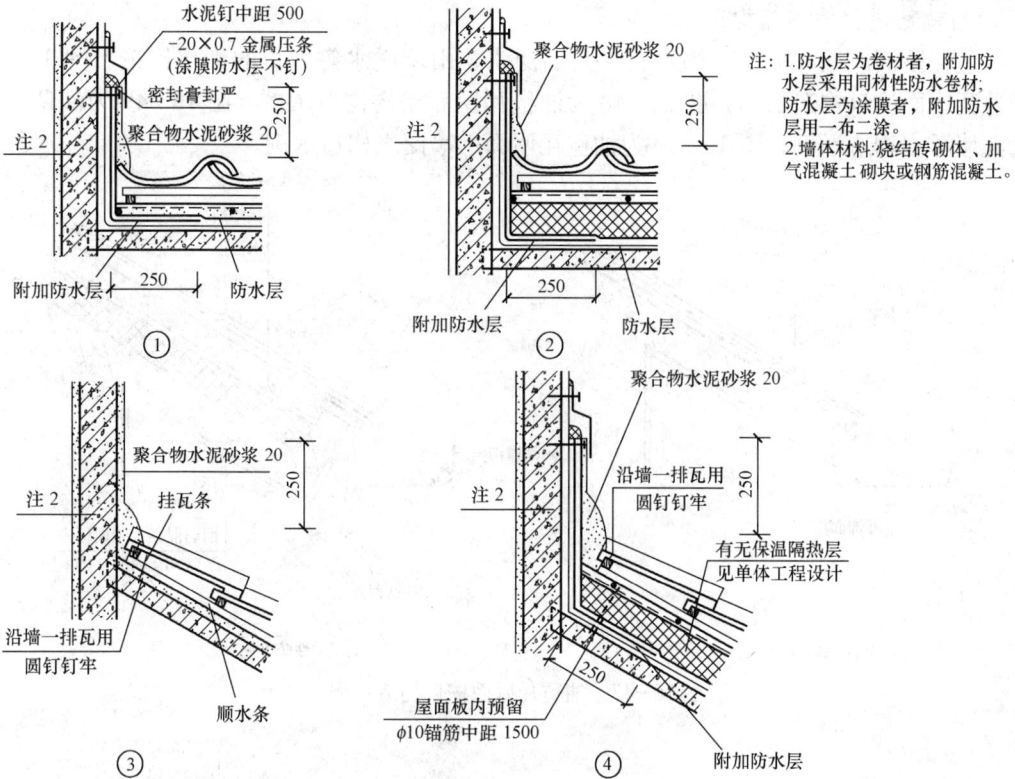

图 16-45 块瓦屋面山墙泛水构造示例

（二）油毡瓦屋面

1. 油毡瓦屋面的构造组成

油毡瓦屋面由多层材料叠合而成，按功能要求，可分为无柔性防水层与有柔性防水层；有保温（隔热）层与无保温（隔热）层等。图 16-46 为油毡瓦屋面的构造组成示例。

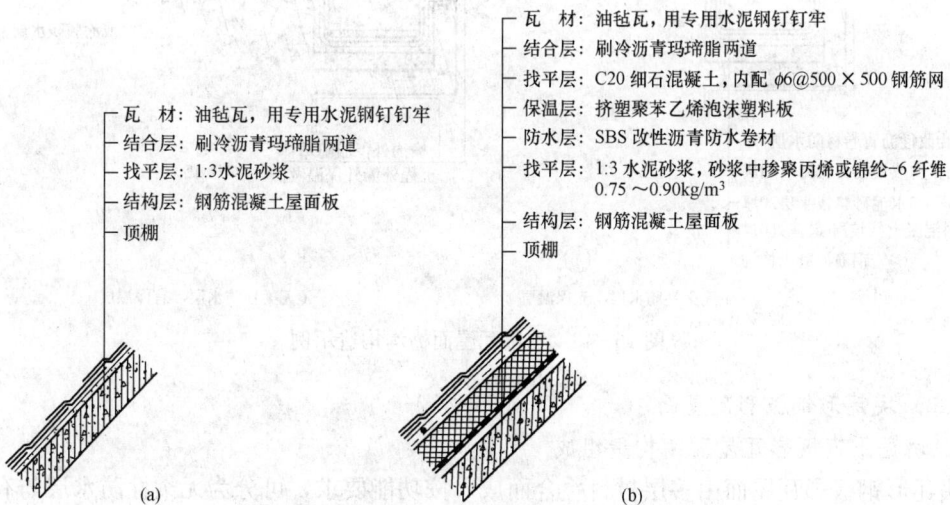

图 16-46 油毡瓦屋面的构造组成示例

（a）无柔性防水层、无保温层；（b）有柔性防水层、有保温层

2. 油毡瓦屋面的细部构造

油毡瓦屋面应做好檐口、檐沟、女儿墙泛水、山墙泛水等部位的细部构造。图 16‑47 为油毡瓦屋面檐口构造示例；图 16‑48 为油毡瓦屋面檐沟构造示例；图 16‑49 为油毡瓦屋面女儿墙泛水构造示例；图 16‑50 为油毡瓦屋面山墙泛水构造示例。

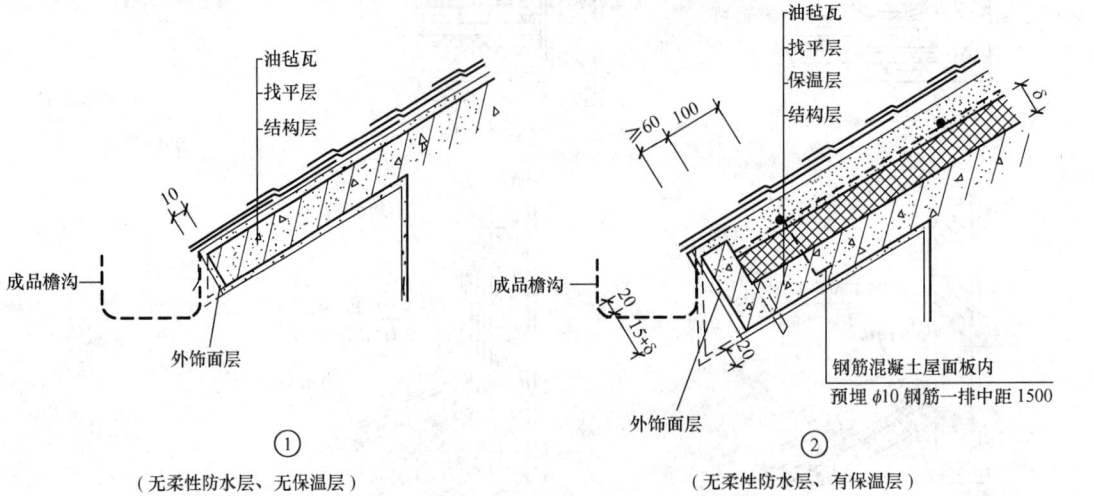

图 16‑47 油毡瓦屋面檐口构造示例

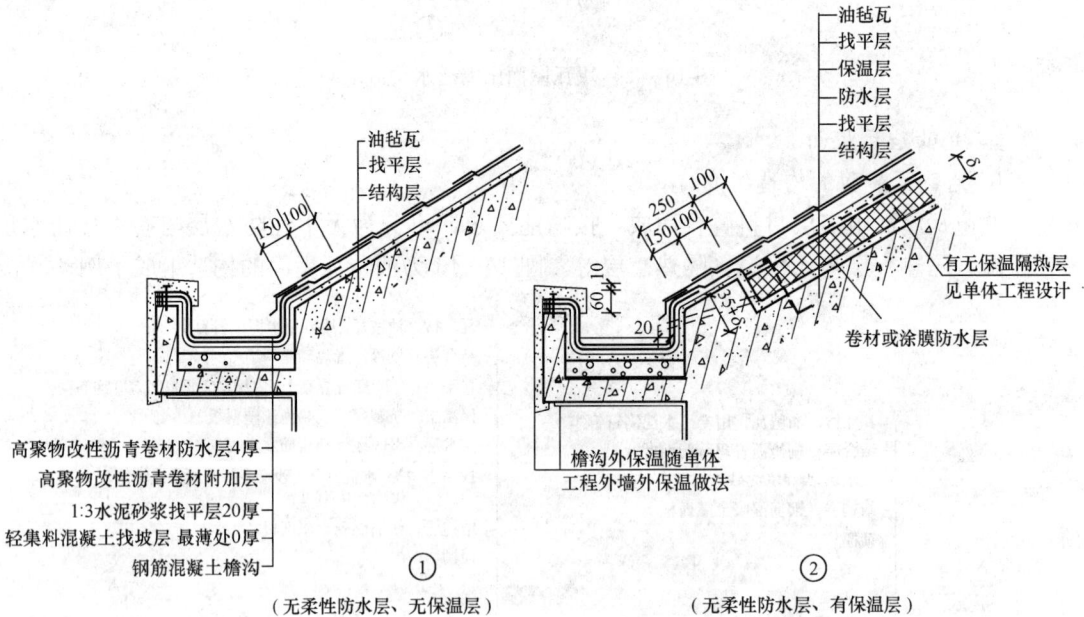

图 16‑48 油毡瓦屋面檐沟构造示例

（三）块瓦形钢板彩瓦屋面

1. 块瓦形钢板彩瓦屋面的构造组成

块瓦形钢板彩瓦屋面由多层材料叠合而成，按功能要求，可分为无柔性防水层与有柔性防水层；有保温（隔热）层与无保温（隔热）层等。图 16‑51 为块瓦形钢板彩瓦屋面构造组成示例。

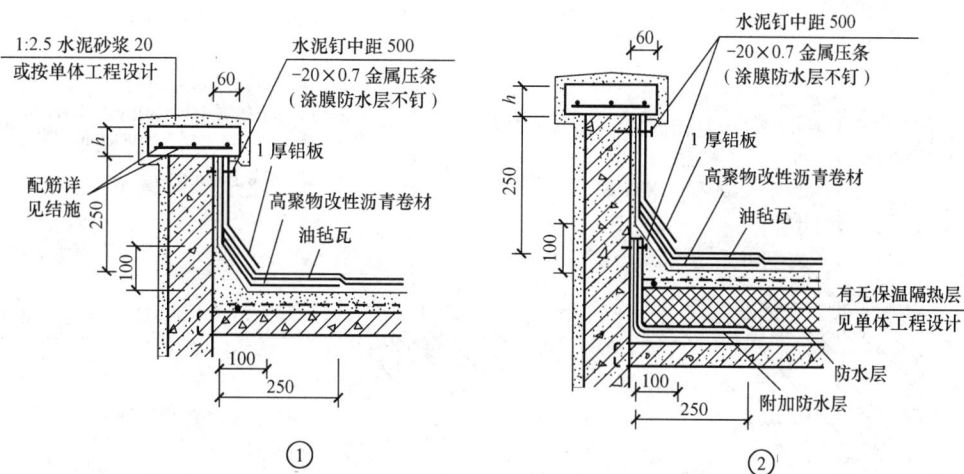

图 16-49　油毡瓦屋面女儿墙泛水构造示例

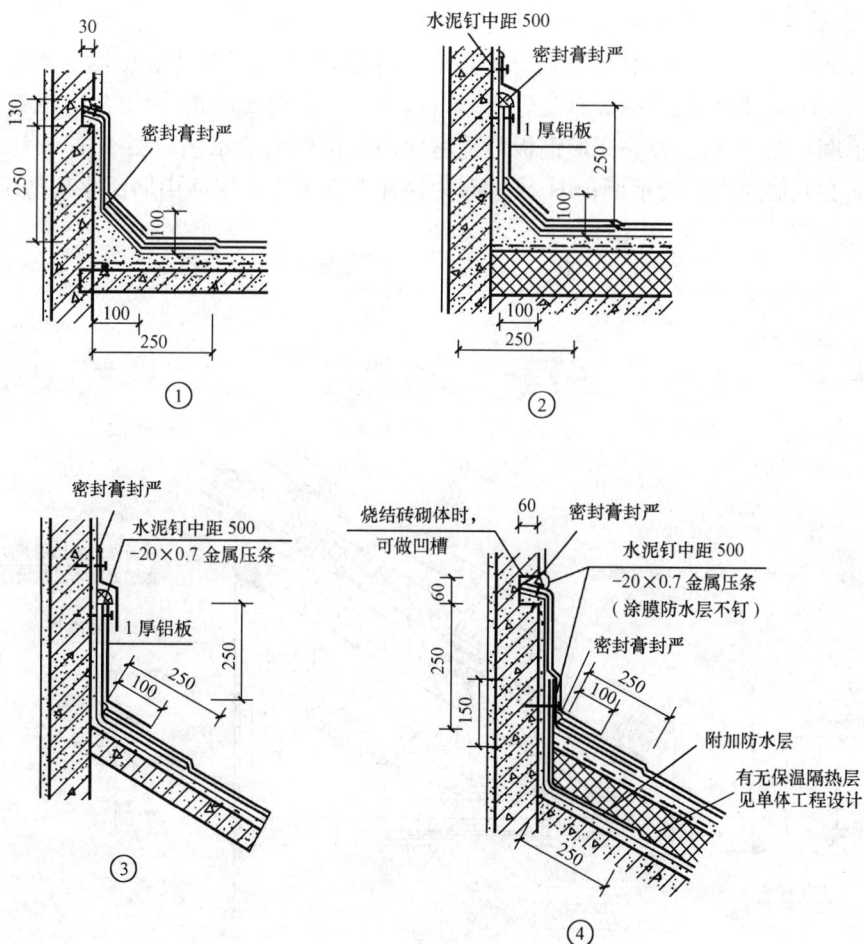

图 16-50　油毡瓦屋面山墙泛水构造示例

瓦　材：块瓦形钢板彩瓦
挂瓦条：冷弯型钢挂瓦条，中距按瓦规格
保温层：挤塑聚苯乙烯泡沫塑料板
防水层：SBS 改性沥青防水卷材
找平层：1:3 水泥砂浆，砂浆中掺聚丙烯或
　　　　锦纶 -6 纤维 0.75 ～ 0.90kg/m³
结构层：钢筋混凝土屋面板

瓦　材：块瓦形钢板彩瓦
挂瓦条：冷弯型钢挂瓦条，中距按瓦规格
找平层：1:3 水泥砂浆
结构层：钢筋混凝土屋面板
顶棚

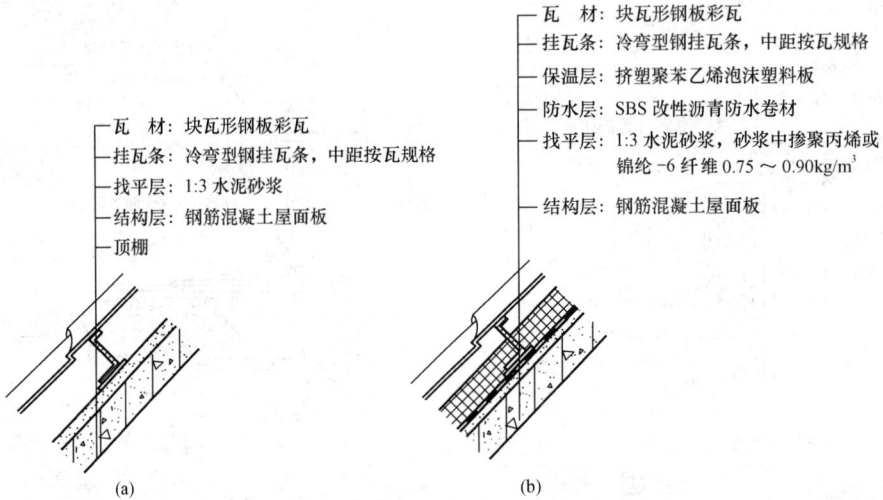

(a)　　　　　　　　　　(b)

图 16 - 51　块瓦形钢板彩瓦屋面构造组成示例
(a) 无柔性防水层、无保温层；(b) 有柔性防水层、有保温层

2. 块瓦形钢板彩瓦屋面的细部构造

块瓦形钢板彩瓦屋面应做好檐口、檐沟、山墙挑檐、女儿墙泛水、山墙泛水等部位的细部构造。图 16 - 52 为块瓦形钢板彩瓦屋面檐口构造示例；图 16 - 53 为块瓦形钢板彩瓦屋面檐沟构造示例；图 16 - 54 为块瓦形钢板彩瓦屋面山墙挑檐构造示例；图 16 - 55 为块瓦形钢板彩瓦屋面女儿墙泛水构造示例；图 16 - 56 为块瓦形钢板彩瓦屋面山墙泛水构造示例。

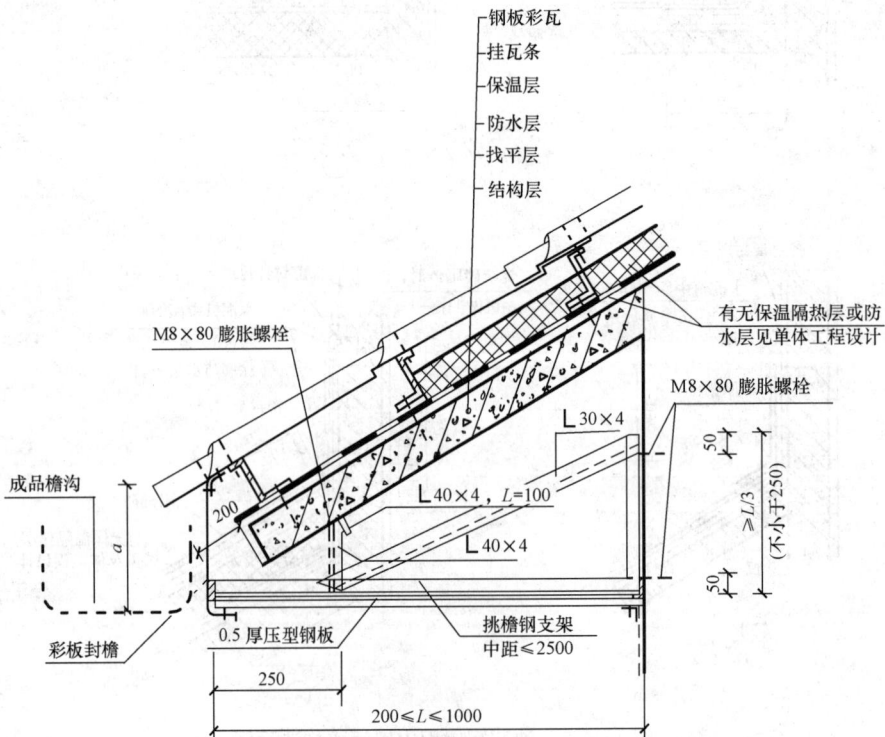

钢板彩瓦
挂瓦条
保温层
防水层
找平层
结构层

有无保温隔热层或防水层见单体工程设计

M8×80 膨胀螺栓
L 30×4
L 40×4，L=100
L 40×4
M8×80 膨胀螺栓
50
≥L/3（不小于250）
50

成品檐沟
彩板封檐
0.5 厚压型钢板
挑檐钢支架中距≤2500
250
200≤L≤1000

图 16 - 52　块瓦形钢板彩瓦屋面檐口构造示例

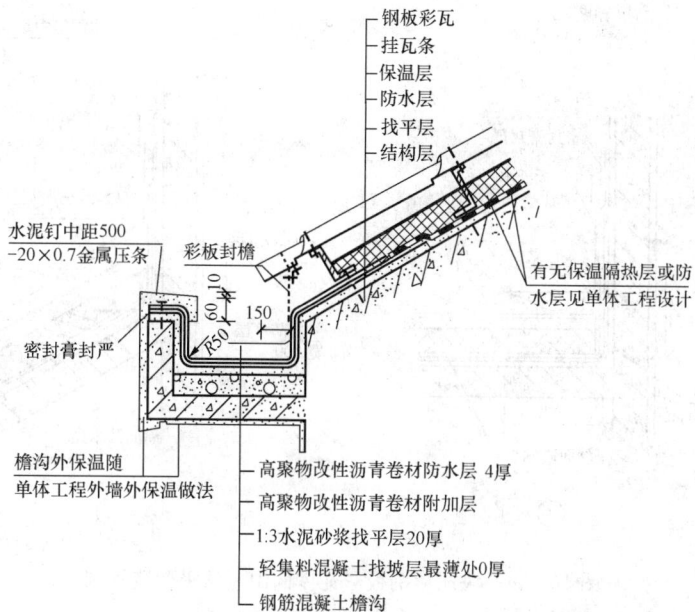

钢板彩瓦
挂瓦条
保温层
防水层
找平层
结构层

水泥钉中距500
-20×0.7金属压条

彩板封檐

有无保温隔热层或防
水层见单体工程设计

密封膏封严

檐沟外保温随
单体工程外墙外保温做法

高聚物改性沥青卷材防水层 4厚
高聚物改性沥青卷材附加层
1:3水泥砂浆找平层20厚
轻集料混凝土找坡层最薄处0厚
钢筋混凝土檐沟

图 16-53　块瓦形钢板彩瓦屋面檐沟构造示例

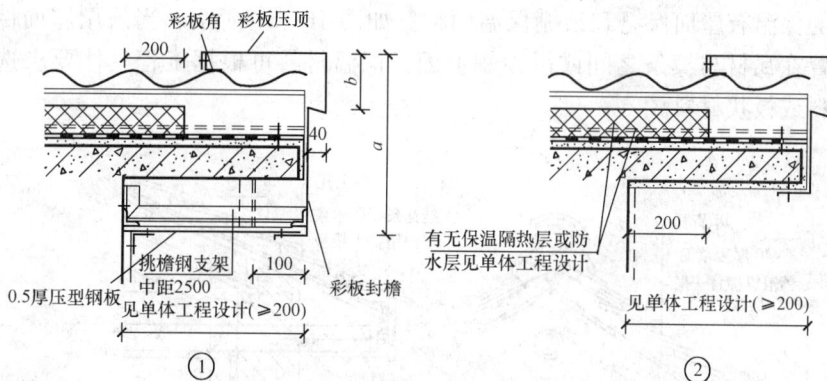

彩板角　彩板压顶

挂檐钢支架
中距2500
0.5厚压型钢板
见单体工程设计(≥200)
彩板封檐

有无保温隔热层或防
水层见单体工程设计

见单体工程设计(≥200)

①

②

图 16-54　块瓦形钢板彩瓦屋面山墙挑檐构造示例

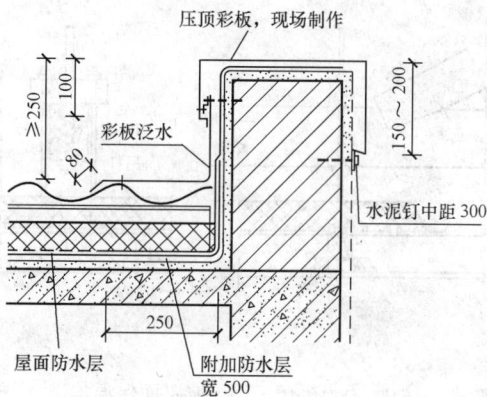

压顶彩板，现场制作

彩板泛水

水泥钉中距300

屋面防水层　附加防水层
宽500

图 16-55　块瓦形钢板彩瓦屋面女儿墙泛水构造示例

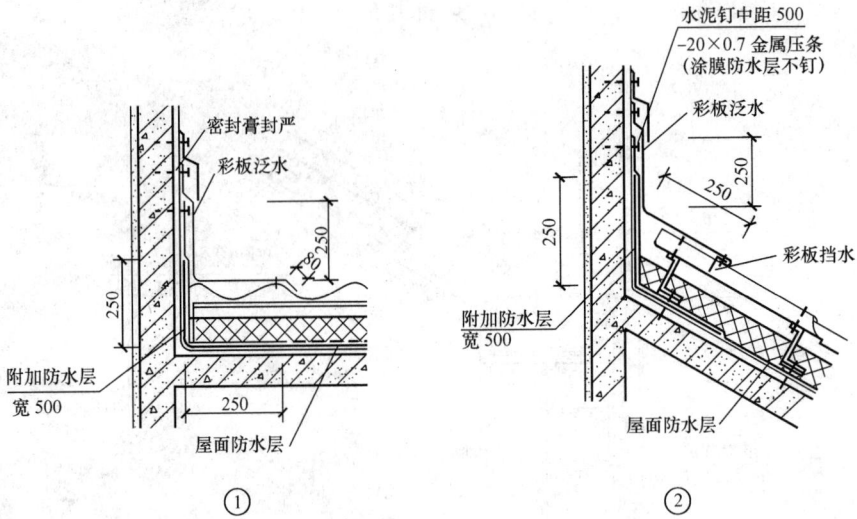

图 16-56　块瓦形钢板彩瓦屋面山墙泛水构造示例

五、坡屋面的保温、隔热

（一）坡屋面的保温

坡屋面的保温有屋面保温和顶棚保温两种。如图 16-57 所示。当采用屋面保温时，保温层一般布置在瓦材与檩条之间或吊顶棚上面。保温材料可根据工程具体要求选用松散材料、块体材料或板状材料。

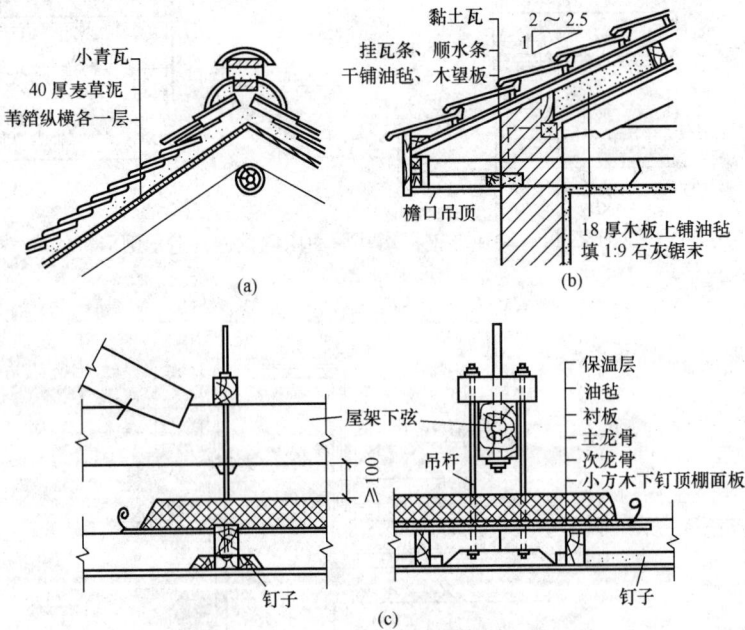

图 16-57　坡屋面保温构造

（a）小青瓦保温屋面；（b）平瓦保温屋面；（c）保温吊顶棚图

（二）坡屋面的隔热

炎热地区坡屋面的隔热除了采用实体材料隔热外，较为有效的措施是设置通风间层，在坡屋面中设进气口和排气口，如图 16‑58 所示为几种通风屋面的示意图。

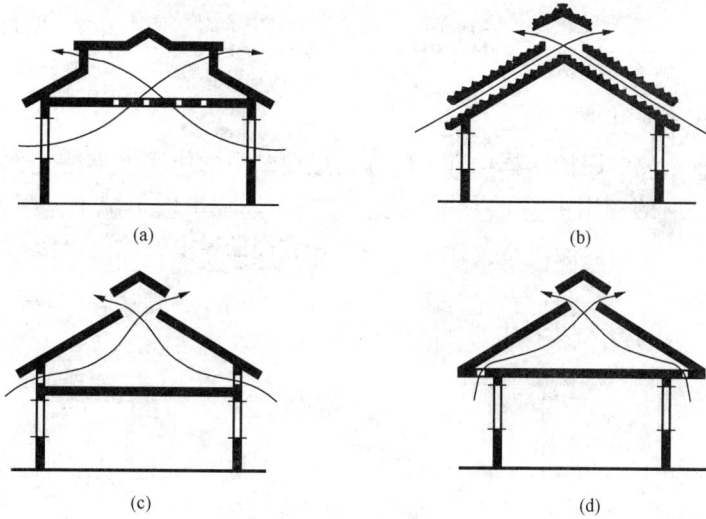

图 16‑58　坡屋面通风示意

（a）在顶棚和天窗设通风孔；（b）在外墙和天窗设通风孔之一；

（c）在外墙和天窗设通风孔之二；（d）在山墙及檐口设通风孔

第十七章 门 窗

第一节 概 述

一、门窗的作用及分类

门窗是建筑物重要的围护结构构件。门在房屋建筑中的作用主要是交通联系，交通疏散并兼采光和通风；窗的作用主要是采光、通风及眺望。在不同情况下，门窗还有分隔、保温、隔声、防火、防辐射、防风沙等作用。同时，它们的尺度、比例、形状、组合、透光材料的类型等，影响着整个建筑的艺术效果。

门按照开启方式可分为以下几类（图 17-1）。

图 17-1 门的形式

(a) 平开门；(b) 弹簧门；(c) 推拉门；

(d) 折叠门；(e) 转门

（1）平开门。水平开启的门，铰链安在侧边，有单扇、双扇，有向内开、向外开之分。

（2）弹簧门。形式同平开门，不同的是弹簧门的侧边用弹簧铰链或下面用地弹簧传动，开启后能自动关闭。

（3）推拉门。可以在上下轨道上滑行的门。推拉门有单扇和双扇之分，可以藏在夹墙内或贴在墙面外，占地少，受力合理，不易变形。

（4）折叠门。为多扇折叠，可以拼合折叠推移到侧边的门。

（5）转门。为三或四扇连成风车形，在两个固定弧形门套内旋转的门。

窗按照开启方式可分为以下几类（图 17 - 2）。

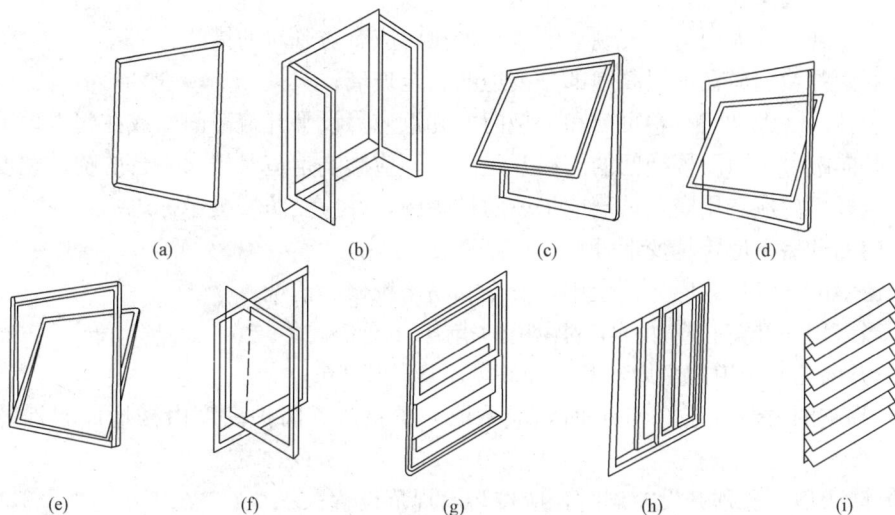

图 17 - 2 窗的开启方式
（a）固定窗；（b）平开窗；（c）上悬窗；（d）中悬窗；（e）下悬窗；（f）立转窗；
（g）垂直推拉窗；（h）水平推拉窗；（i）百叶窗

（1）固定窗。无窗扇、不能开启的窗称为固定窗。固定窗的玻璃直接嵌固在窗框上，可供采光和眺望之用。

（2）平开窗。该类窗铲链安装在窗扇一侧与窗框相连，向外或向内水平开启。它有单扇、双扇、多扇，有向内开与向外开之分。其构造简单，开启灵活，制作维修均方便，是民用建筑中采用最广泛的窗。

（3）悬窗。该类窗因铲链和转轴的位置不同，可分为上悬窗、中悬窗和下悬窗。上悬窗向外开，中悬窗下边向外开防雨效果好，可作外窗用，而下悬窗不能防雨，只能用于内窗。

（4）立转窗。该类窗窗扇沿垂直中轴旋转，也称垂直转窗。该类窗引导风进入室内效果较好，但防雨及密封性较差，多用于单层厂房的低侧窗，不宜用于寒冷和多风沙的地区。

（5）推拉窗。该类窗分垂直推拉窗和水平推拉窗两种。垂直推拉窗需要设滑轮及平衡措施；水平推拉窗上下设槽轨。它们不多占使用空间，窗扇受力状态较好，适宜安装较大玻璃，但通风面积受到限制。

（6）百叶窗。该类窗主要用于遮阳、防雨及通风，但采光差。百叶窗可用金属、木材、钢筋混凝土等制作，有固定式和活动式两种形式。

二、门窗产品的要求

（1）门窗的材料、尺寸、功能和质量等应符合使用要求、并应符合建筑门窗产品标准的规定。

(2) 门窗的配件应与门窗主体相匹配，并应符合各种材料的技术要求。

(3) 应推广应用具有节能、密封、隔声、防结露等优良性能的建筑门窗。

(4) 门窗与墙体应连接牢固，且满足抗风压、水密性、气密性的要求，对不同材料的门窗选择相应的密封材料。

三、门窗设置的有关规定

(1) 外门构造应开启方便，坚固耐用；

(2) 手动开启的大门扇应有制动装置，推拉门应有防脱轨的措施；

(3) 双面弹簧门应在可视高度部分装透明安全玻璃；

(4) 旋转门、电动门、卷帘门和大型门的邻近应另设平开疏散门，或在门上设疏散门；

(5) 开向疏散走道及楼梯间的门扇开足时，不应影响走道及楼梯平台的疏散宽度；

(6) 全玻璃门应选用安全玻璃或采取防护措施，并应设防撞提示标志；

(7) 门的开启不应跨越变形缝；

(8) 窗扇的开启形式应方便使用，安全和易于维修、清洗；

(9) 当采用外开窗时应加强牢固窗扇的措施；

(10) 开向公共走道的窗扇，其底面高度不应低于 2m；

(11) 临空的窗台低于 0.80m 时，应采取防护措施，防护高度由楼地面起计算不应低于 0.80m；

(12) 防火墙上必须开设窗洞时，应按防火规范设置；

(13) 天窗应采用防破碎伤人的透光材料；

(14) 天窗应有防冷凝水产生或引泄冷凝水的措施；

(15) 天窗应便于开启、关闭、固定、防渗水，并方便清洗。

四、门窗保温设计的有关规定

外窗（包括外门上的透明部分）的类型及外门不透明部分的保温措施，应根据建筑物所在地区的气候、周围环境以及建筑物高度、体型系数等因素进行个体工程设计。

(1) 节能门窗的保温性能应符合以下要求：

1) 门窗的传热系数应符合《民用建筑热工设计规范》（GB 50176—1993）及其有关规定。

2) 建筑外门窗保温性能等级应符合《建筑外门窗保温性能分级及检测方法》（GB/T 8484—2008）的规定。

(2) 改善门窗保温性能的主要措施应符合以下要求：

1) 增加门窗的空气间层数目和加强镶嵌部分对红外线的反射能力。

2) 对门窗框进行断热处理，用高效保温材料镶嵌于金属窗框之间。

3) 利用空腹门窗内的空气间层，增加窗框的热绝缘系数。

4) 选用热导率较小的塑料门窗框。

5) 户门、阳台门采用夹层内填充保温材料或在门芯板上加贴保温材料。

6) 节能门窗的气密性等级应符合《建筑外窗气密性能分级及检测方法》（GB/T 7107—2002）的规定，1～6 层应不低于 3 级，7～30 层应不低于 4 级。

(3) 改善门窗气密性的主要措施应符合以下规定：

1) 增加窗户开启缝隙部位的搭接量以及减少开启缝的宽度。

2）按所用材料、断面形状、装置部位采用各种密封条，提高外门窗的气密水平。

3）外门窗四周侧面与墙体之间的缝隙应用保温材料填实。外门窗框内外面与墙体面层和窗台之间的缝隙以及组合窗拼缝处应用密封材料嵌缝。

4）楼梯间及公共空间外门应有随时关闭的功能。

第二节　常　用　门　窗

民用建筑和一般工业建筑及其附属用房常采用塑料、铝合金、木制三种材质的门窗。

塑料、铝合金门窗用做外门窗，木门窗则主要用于内门窗，三种不同材质的门窗各有其不同的特点。

（1）PVC 改性塑料门窗。具有传热系数小，耐弱酸碱，无需油漆等优点，在其窗框料及扇框料中加进合适的钢衬，大幅度增加了塑料窗的强度和刚性，使其在高层建筑上得以应用。用于七层以上建筑外窗时，不能选用外开启窗，可选用内平开或推拉窗。塑料耐弱酸碱的特点，又使其在有酸、碱的工业厂房及沿海盐雾地区的民用建筑更为适宜。

（2）铝合金门窗。用铝合金挤压成型材制作的门窗。具有加工精细，轻质高强，不易锈蚀，外观高雅等优点。被广泛用于高层民用建筑。为满足节能要求，将框料做成带隔断层的或者在框料中填充保温材料（如泡沫保温塑料）。

（3）木门窗。木材取材方便，易于加工，有的木材本身的木纹具有较强的装饰性。新产品模压门不仅可加工成各种线脚图案，具有很强的雕塑感，而且充分合理地利用木材资源，有利于环境保护；由于木材防火性能差，材质不均匀，受潮会变形。我国林资源有限，故近年来，除少数有特殊要求的低层、多层建筑外，外门窗基本不用木材。木材被大量地用作室内装修，在室内门窗这个领域上，木材将发挥它的优势。

一、门窗的物理性能要求

（1）建筑外门窗的选取，应根据建筑等级，使用功能、造价因素等综合考虑，其性能分级指标如抗风压、水密性、气密性、保温性、隔声性、采光性等，见表 17-1～表 17-6。

表 17-1　　　　　　　　　抗风压性能分级

分级	1	2	3	4
指标值 kPa	1.0≤P3<1.5	1.5≤P3<2.0	2.0≤P3<2.5	2.5≤P3<3.0
分级	5	6	7	8	×.×
指标值 kPa	3.0≤P3<3.5	3.5≤P3<4.0	4.0≤P3<4.5	4.5≤P3<5.0	P3≥5.0

注　×.×表示用≥5.0kPa的具体值，取代分级代号。

表 17-2　　　　　　　　　水密性能分级

分级	1	2	3	4	5	××××
指标值（Pa）	100≤ΔP<150	150≤ΔP<250	250≤ΔP<350	350≤ΔP<500	500≤ΔP<700	ΔP≥700

注　××××表示用≥700Pa的具体值取代分级代号，适用于热带风暴和台风袭击地区的建筑。

表 17 - 3　　　　　　　　　　　气 密 性 能 分 级

分　　级	2	3	4	5
单位缝长指标值 q_1 [$m^3/(m \cdot h)$]	$4.0 \geqslant q_3 > 2.5$	$2.5 \geqslant q_3 > 1.5$	$1.5 \geqslant q_3 > 0.5$	$q_3 \leqslant 0.5$
单位缝长指标值 q_2 [$m^3/(m \cdot h)$]	$12 \geqslant q_3 > 7.5$	$7.5 \geqslant q_3 > 4.5$	$4.5 \geqslant q_3 > 1.5$	$q_3 \leqslant 1.5$

表 17 - 4　　　　　　　　　　　保 温 性 能 分 级

分　　级	5	6	7	8	9	10
指标值 [$W/(m^2 \cdot K)$]	$4.0 > K \geqslant 3.5$	$3.5 > K \geqslant 3.0$	$3.0 > K \geqslant 2.5$	$2.5 > K \geqslant 2.0$	$2.0 > K \geqslant 1.5$	$1.5 > K \geqslant 1.0$

表 17 - 5　　　　　　　　　　　空 气 隔 声 性 能 分 级

分级	2	3	4	5	6
指标值（dB）	$25 \leqslant R_w < 30$	$30 \leqslant R_w < 35$	$35 \leqslant R_w < 40$	$40 \leqslant R_w < 45$	$R_w \geqslant 45$

表 17 - 6　　　　　　　　　　　采 光 性 能 分 级

分级	1	2	3	4	5
指标值	$0.20 \leqslant T_r < 0.30$	$0.30 \leqslant T_r < 0.40$	$0.40 \leqslant T_r < 0.50$	$0.50 \leqslant T_r < 0.60$	$T_r \geqslant 0.60$

（2）在确定门窗的抗风压性能时，宜采用查表法。由于各厂家料型不一样，因此厂家在制作前，要对其型材的抗风压性能进行进一步计算。

（3）沿海潮湿风盐雾地区宜采用塑料门窗。

（4）门窗的水密性，在位于大风、多雨地区，不应低于 3 级。

（5）门窗的气密性，在冬季室外平均风速大于或等于 3.0m/s 的地区，多层建筑不应低于 3 级，高层建筑不应低于 4 级。在冬季室外平均风速小于 3.0m/s 的地区，多层建筑不应低于 2 级，高层建筑不应低于 3 级。

（6）在寒冷及严寒地区，如采用铝合金窗时，应使用断桥型材。

（7）门窗的保温性能等级应按当地的节能要求确定。

（8）门窗的隔声性，沿街的住宅或环境噪声较大时，其隔声性能应不小于 30dB（3 级）。

（9）在计算节能的外墙表面积和建筑物体积时，挑窗（凸窗）应将其展开的面积和凸出部分体积，加到建筑物的表面积和建筑物的体积中，不可忽略不计。

二、门窗的主要材料及质量要求

（一）塑料型材

（1）塑料门窗型材应达到《门窗用未增塑聚氯乙烯（PVC - U）型材》（GB/T 8814—2004）的要求。

（2）塑料型材空腹壁厚不小于 2.2mm，还需配置型钢增强其抗水平风压的能力。

（二）铝合金型材

（1）铝合金门窗型材应达到 GB 5237 的要求。

（2）铝合金型材，空腹壁厚不小于 2.0mm，铝合金抗风压容易满足要求，它的缺点主要是传热快，保温性能差。应选用设有断热层的框料，或向框料中浇筑泡沫塑料，满足保温要求。

（三）玻璃

（1）门窗玻璃应符合《建筑玻璃应用技术规程》JGJ 113—2003 的规定。

（2）门窗玻璃一般采用浮法制平面透明玻璃，单层厚 5.0mm，中空玻璃组合厚度

20.0mm（5＋10＋5mm），测试证明，中空玻璃空气层厚度＜8.0mm时将不能起保温作用，故采用10mm厚空气层，单玻璃窗用于非采暖地区，中空玻璃窗用于采暖地区（也用于有隔声要求的外窗上）。

（3）落地窗地面以上900mm高度内用安全玻璃（如10mm厚钢化玻璃或夹丝玻璃）。如果在室内设置护栏扶手或窗外有阳台挑板等，则落地窗可用一般玻璃。

（四）五金件

（1）塑料门窗的五金件应符合现行标准JG/T 124～JG/T 132的规定。

（2）铝合金门窗的五金件应符合现行标准GB 9296～GB 9298；GB 9300～GB 9305的规定。

（3）空气中酸碱浓度大于正常的地区，海岸边的别墅建筑应使用耐腐蚀的五金件。

（4）门窗用的密封毛条应达到GB 12002和GB 10712的要求。

（5）紧固件应符合GB 845、GB 846、GB 5267的要求。

（6）纱窗：近年来，许多具备相当知名度的门窗生产厂家，已使生产质量大幅度提高，用户可向厂方要求提供纱窗的形式，构造组成。至于纱的品种，有铝合金丝，不锈钢丝，塑料丝等多种产品供选择。

（五）成品质量

（1）塑料门窗成品应符合《PVC塑料门》（JG/T 3017—1994）、《PVC塑料窗》（JG/T 3018—1994）的规定。

（2）铝合金门窗成品应符合GB 8478～GB 8482的规定。

（3）木门窗成品质量应符合《建筑木门、木窗》（JG/T 122—2000）、《木结构工程施工质量验收规范》（GB 50206—2002）的规定。

三、门窗构造

（1）塑料组合门窗拼装节点示例，如图17-3所示。

（2）铝合金窗框上墙安装详图示例，如图17-4所示。

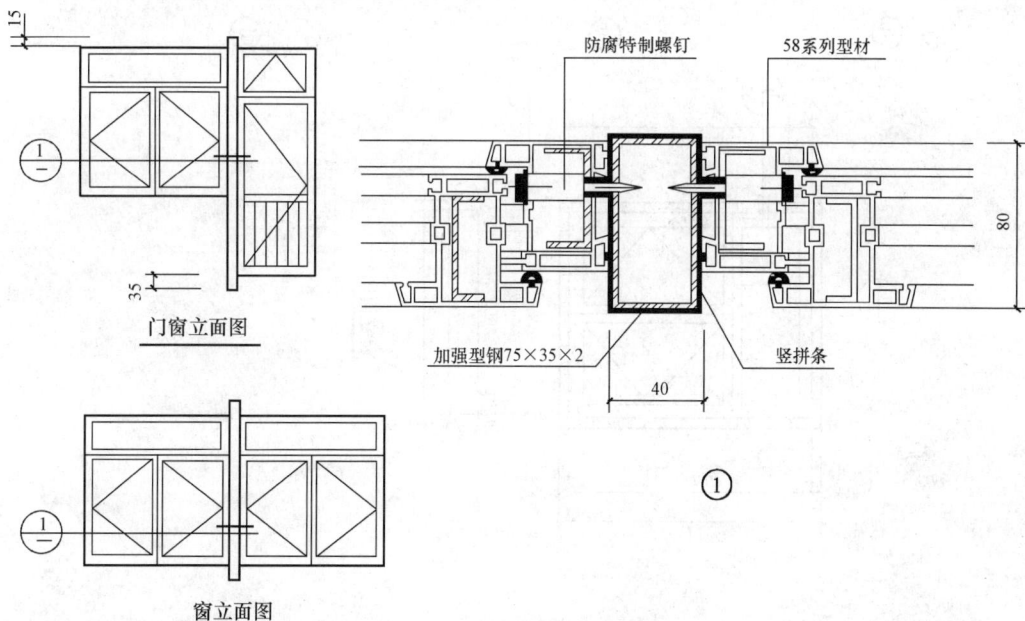

图17-3　塑料组合门窗拼装节点

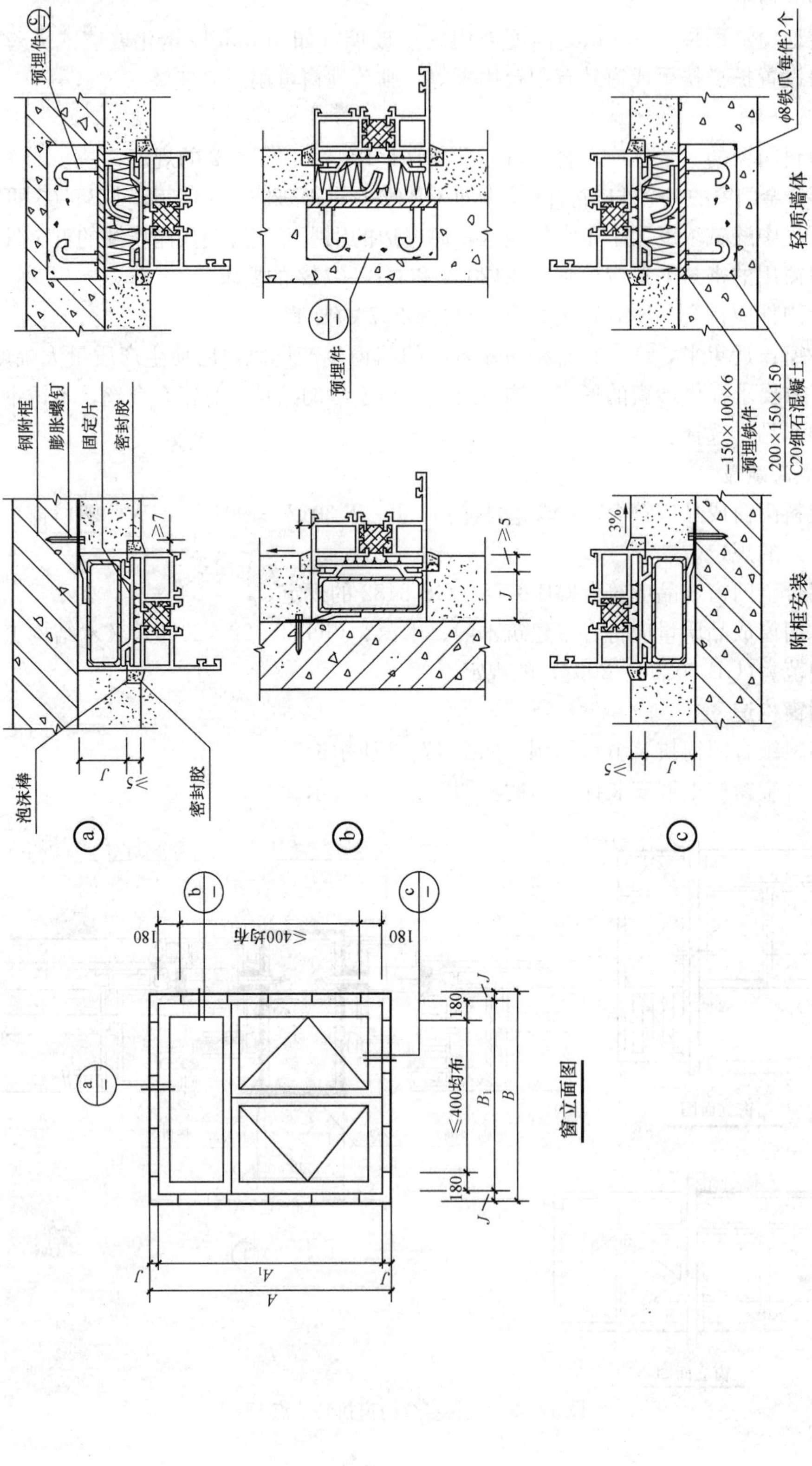

图 17 - 4 铝合金窗框上墙安装详图

（3）木窗中空玻璃带纱扇外平开窗节点示例，如图 17 - 5 所示。

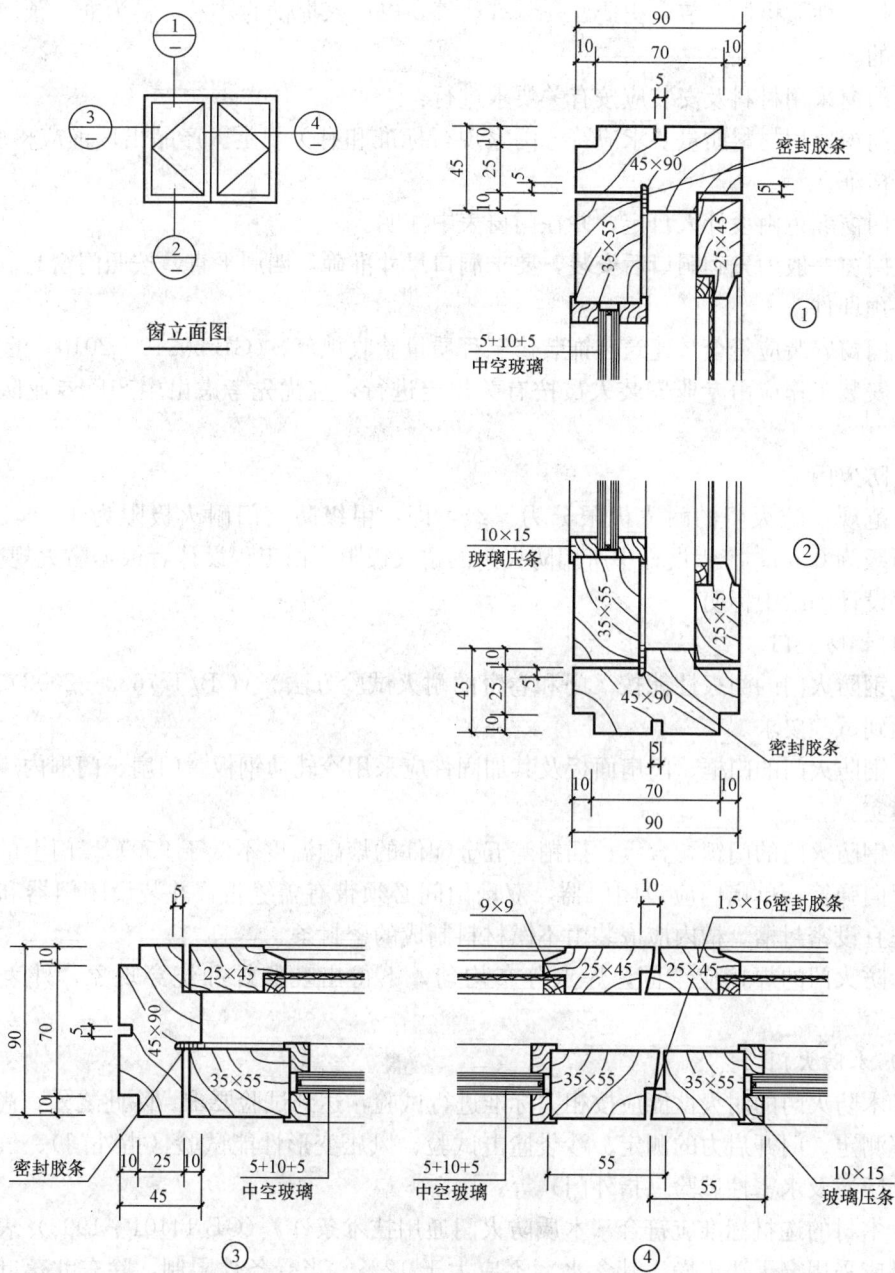

图 17 - 5　木窗中空玻璃带纱扇外平开窗节点

第三节　专　用　门　窗

民用建筑及工业建筑采用的专用门窗有：防火门、防火窗、防火卷帘、隔声门、安全户门、防 X 射线门、电磁波屏蔽门、转门、升降门等。

专用门窗均有专业生产厂家，各厂家生产技术、构造要求可能有所差别，选择具体厂家产品时，技术性能指标、节点构造、安装方法等，以厂家提供的技术资料为准。预埋件等应满足厂家的要求。

专用门窗采用材料及安装应按有关要求进行：

(1) 门窗所用材料质量要求应符合国家现行标准和有关规定。产品出厂前应检验合格，并附有合格证。

(2) 门窗颜色由设计人自定，并在门窗表中注明。

(3) 门窗一般为先砌洞口后安装，要求洞口尺寸准确，四周平直，按照门窗与洞口连接方法作好预埋件。

(4) 门窗安装应符合《建筑装饰装修工程质量验收规范》(GB 50210—2010) 的规定。

(5) 安装工作应由专业安装人员按有关规定进行，宜优先考虑由生产厂专业队伍负责安装。

一、防火门

按规范规定防火门的耐火极限分为三级，即：甲级防火门耐火极限为 1.2h，乙级为 0.9h，丙级为 0.6h。工程设计中所用防火门的耐火极限，由工程设计者根据防火规范确定，并在工程设计图纸中标明。

（一）钢防火门

(1) 钢防火门的耐火性能按《门和卷帘的耐火试验方法》(GB/T 7633—2008) 进行试验。应达到试验要求。

(2) 钢防火门的门框、门扇面板及其加固件应采用冷轧薄钢板。门扇、门框内应用不燃性材料填实。

(3) 钢防火门的门锁、合页、插销等五金配件的熔融温度不低于 950℃。门上的合页不得使用双向弹簧，单扇门应设闭门器，双扇门间必须带有盖缝板，并装设闭门器和顺序器等。门框宜设密封槽，槽内应嵌装由不燃材料制成的密封条。

(4) 防火门的焊接应牢固，焊点分布均匀，不得出现假焊和烧穿现象，外表应打磨平整。

（二）木防火门

(1) 木防火门的耐火性能应按相关标准进行试验，达到试验要求。除此之外，尚须作木材含水率测定、门开启力的测定、沙袋撞击试验、风压变形性能试验（指外门）、气密性试验（指外门）及水密性试验（指外门）等。

(2) 木材的选材标准应符合《木质防火门通用技术条件》(GB 14101—1993) 表 2 的规定。木材应采用窑干法干燥，其含水率不应大于 12%。当受条件限制，除东北落叶松、云南松、马尾松、桦木等易变形的树种外、可采用气干木材，其制作时的含水率不应大于当地的平衡含水率。宜采用经阴燃处理的优质木材。

(3) 填充材料应符合《建筑材料不燃性试验方法》(GB/T 5464—2010) 中的规定。

(4) 玻璃应采用不影响防火门耐火性能试验的合格产品。

(5) 五金配件应是经国家消防检测机构检测合格的定型配套产品。

(6) 门的制作、安装要求均见 GB 14101—1993。

（三）防火门的防腐蚀及装饰

防火门的钢材或木材表面均须有涂料防护及装饰。对钢、木防火门的表面防护要求如下：

（1）防火门的钢构件除镀锌件或制造时，已按规定作了防护涂料可不另作处理外，均须经除锈（除锈等级不低于 Sa2.5 级或 St3 级）后涂醇酸铁红底漆一道，涂醇酸瓷漆两道，醇酸清漆一道。

（2）木防火门表面经刨光打磨后涂醇酸清漆一道，醇酸腻子嵌缝、刮平、打磨，涂醇酸瓷漆两道，醇酸清漆一道。

（3）防火门所用的玻璃一般为复合型防火玻璃，灌浆型防火玻璃或铯钾玻璃，其耐火极限与其厚度和构造有关，须经严格的检测确定。

平开防火门应为向疏散方向开启，并在关闭后，应能从任何一侧手动开启。用于疏散的走道、楼梯间和前室的防火门，应具有自动关闭的功能。双扇防火门，还应具有按顺序关闭的功能，应装有顺序器。常开的防火门，当发生火灾时，应具有自行关闭和信号反馈的功能。

（四）防火门构造

（1）钢防火门构造详图示例，如图 17-6 所示。

（2）木夹板防火门构造详图示例，如图 17-7 所示。

二、防火窗

按规范规定防火窗的耐火极限分为三级，即：甲级防火窗耐火极限为 1.2h，乙级为 0.9h，丙级为 0.6h。工程设计中所用防火窗的耐火极限由工程设计者根据防火规范确定，并在工程设计图纸中标明。

防火窗一般采用钢防火窗，分为固定防火窗和开启式防火窗两种。

（一）防火窗的有关规定

（1）防火窗所用钢材应符合相应钢材标准中的规定，可用普通碳素钢、也可用不锈钢。

（2）防火窗所用的玻璃一般为复合型防火玻璃，灌浆型防火玻璃或铯钾玻璃，其耐火极限与厚度及构造有关，须经严格的检测确定。一般 16～30 厚，窗框与玻璃之间的密封材料应为不燃材料或难燃材料，其制作、安装要求均见《钢质防火窗》（GB 16809—2008）。

（3）防火窗的钢构件除镀锌件或制造时已按规定作了防护涂料，可不另作处理外，均须经除锈（除锈等级不低于 Sa2.5 级或 St3 级）后涂醇酸铁红底漆一道，涂醇酸瓷漆两道，醇酸清漆一道。

（4）开启式防火窗应设自动关闭装置。

（二）防火窗构造

钢防火窗构造详图示例，如图 17-8 所示。

三、防火卷帘

防火卷帘适用于民用建筑及工业建筑中防火分区的分隔。一般有钢防火卷帘及特级防火卷帘。

（一）钢防火卷帘

（1）钢防火卷帘系根据《钢制防火卷帘通用技术条件》（GB 14102—1993）及相关企业标准设计制作，由帘板、导轨、座板、门楣、箱体、卷门机及控制箱所组成，能满足耐火极限和热辐射度。

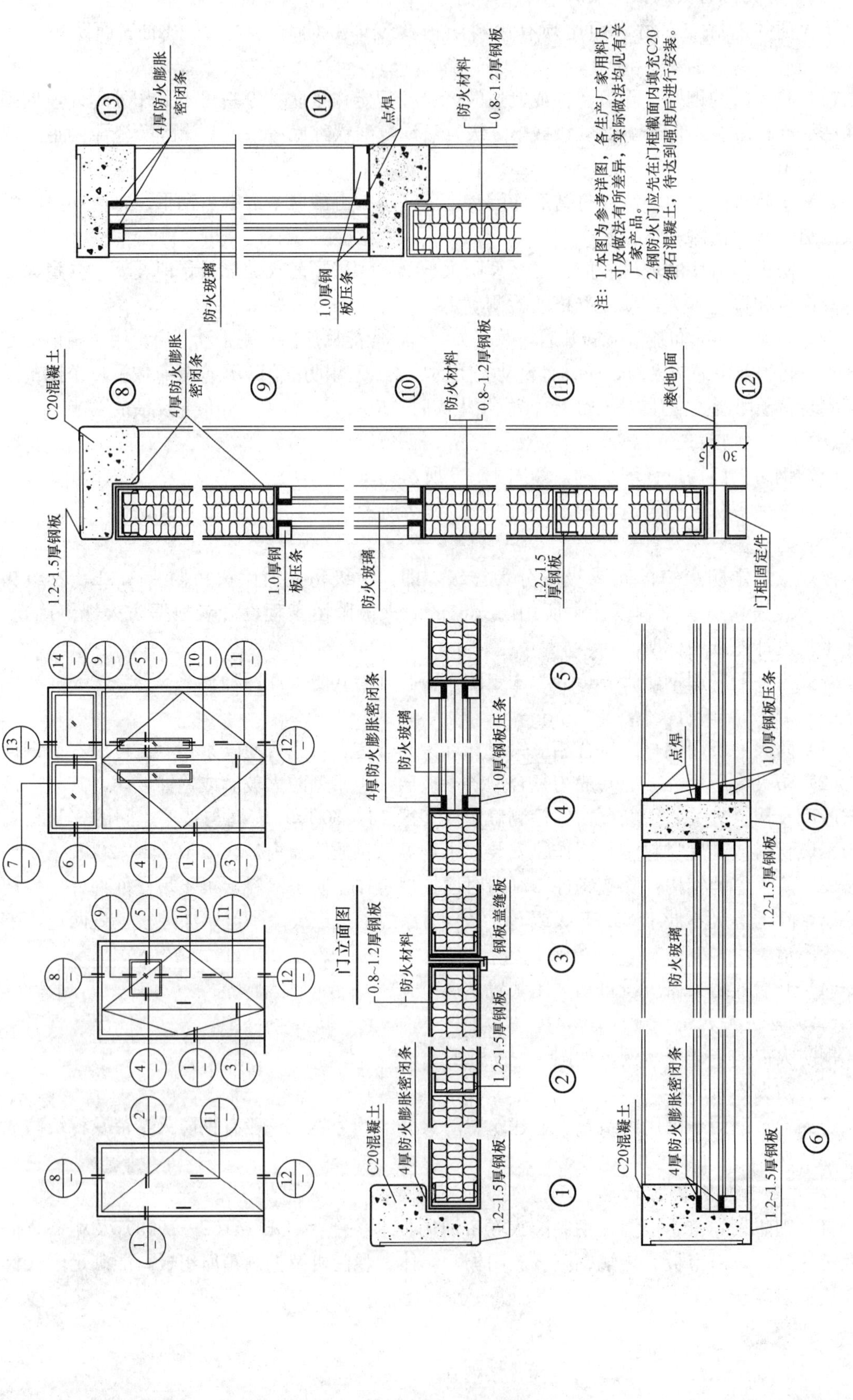

注: 1. 本图为参考详图,各生产厂家用料尺寸及做法有所差异,实际做法均见有关厂家产品。
2. 钢防火门应先在门框截面内填充C20细石混凝土,待达到强度后进行安装。

图 17-6 钢防火门详图

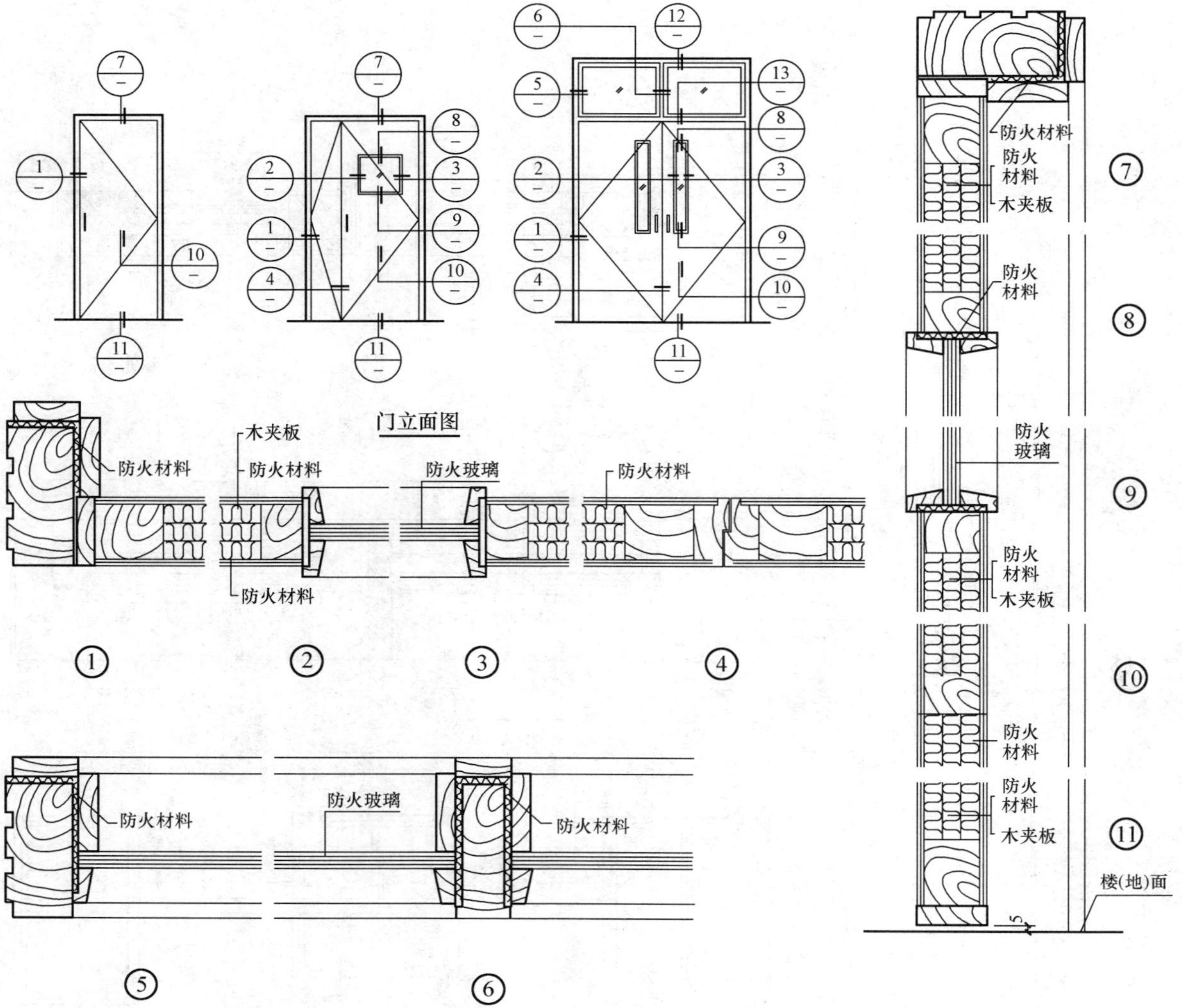

门立面图

防火材料

防火玻璃

木夹板
防火材料
防火材料

防火材料

防火材料

防火玻璃

防火材料

注: 本图为参考详图, 各生产厂
家用料尺寸及做法有所差异,
实际做法均见有关厂家产品。

楼(地)面

图 17-7 木夹板防火门详图

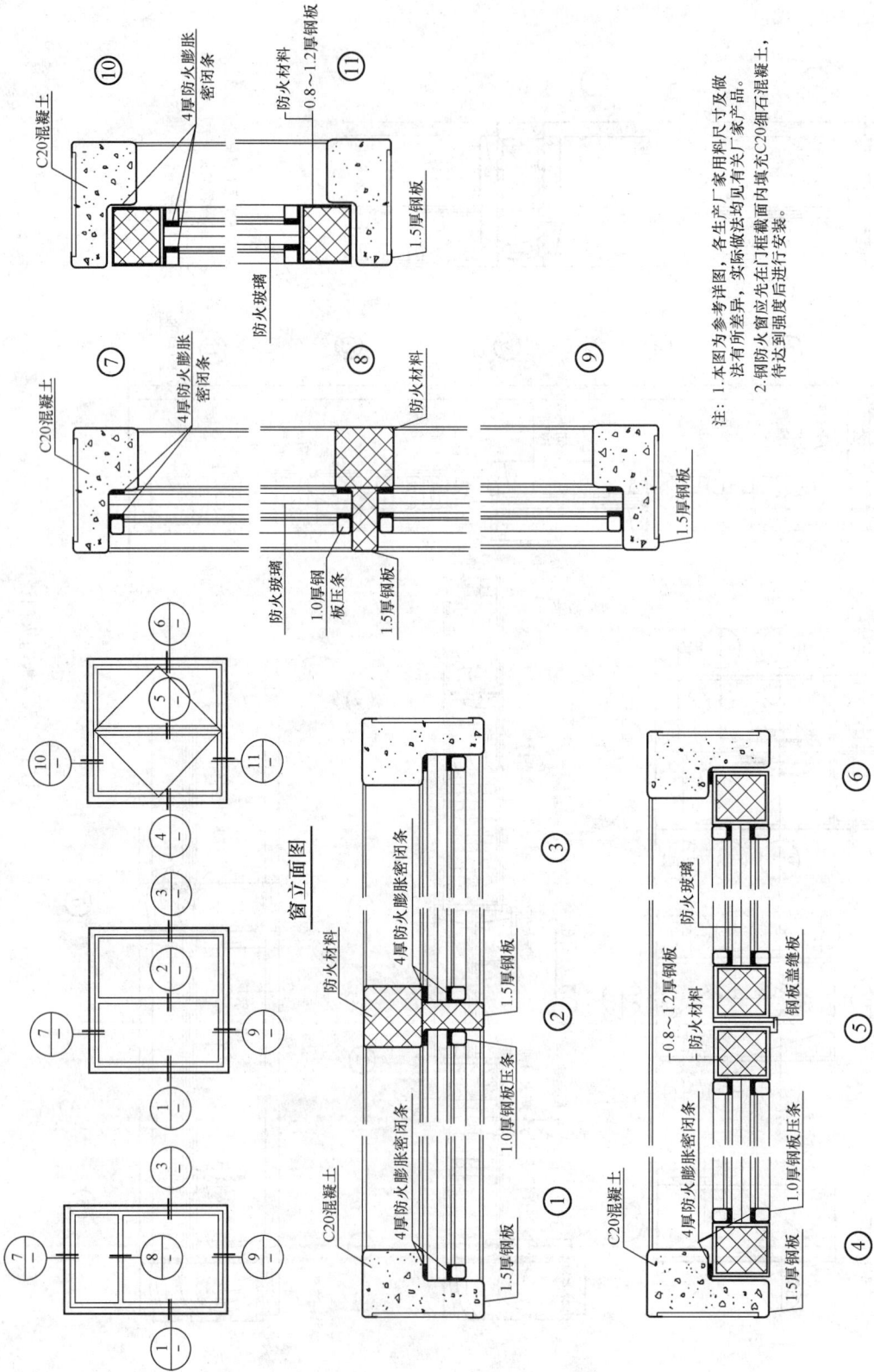

图 17 - 8　钢防火窗详图

（2）防火卷帘的耐火性能按 GB/T 7633—2008 进行耐火性能试验。从受火作用起到背火面隔热辐射强度超过临界热辐射强度规定值时止，或发生帘板面窜火时止，这段时间称为耐火极限。用以决定钢质防火卷帘的耐火性能等级。

（3）耐火极限：按 GB 14102—1993 规定：①普通型钢防火卷帘 F1，1.5h；F2，2.0h。②复合型钢防火卷帘 F3，2.5h；F4，3.0h。

（4）地下汽车库出入口处可以采用耐火极限为 1.2h 的防火卷帘。

（5）帘板、座板、导轨、门楣、箱体应采用镀锌钢板和钢带，以及普通碳素结构钢。卷轴用优质碳素结构钢或普通碳素结构钢，以及电焊钢管或无缝钢管。支座应采用普通碳素结构钢或灰口铸铁。

（6）钢防火卷帘的钢构件除镀锌件或制造时已按规定做了防护涂料的可不另作处理外，必须作防锈处理。

（二）特级防火卷帘

（1）特级防火卷帘指用钢质材料或无机纤维材料做帘面，采用钢—无机布等不同的组合方式，用钢质材料做导轨、座板、夹板、门楣、箱体等，并配以卷门机和控制箱所组成，符合耐火完整性、隔热性和防烟性能要求。

（2）特级防火卷帘耐火时间≥3.0h。

（3）无机布基帘面由防火布、硅酸铝毡及装饰布等组成。其装饰布或基布应能在−20℃的条件下不发生脆裂并应保持一定的弹性；在＋50℃条件下不应粘连。

（三）防火卷帘的技术性能指标及安装要求

（1）钢制防火卷帘的耐风压性能：在规定荷载下其导轨与卷帘不脱落，同时其变形挠度须符合表 17-7 的要求。

表 17-7　　　　　　　　　　变 形 挠 度

强度类别代号	耐风压（Pa）	挠 度					
		$B≤2.5m$	$B=3.0m$	$B=4.0m$	$B=5.0m$	$B=6.0m$	$B>6.0m$
50	490.3	25	30	40	50	60	90
80	784.5	37.5	45	60	75	90	135
120	1176.8	50	60	80	100	120	180

（2）防烟性能及启闭速度应满足相关标准的要求。

（3）防火卷帘安装在建筑物墙体上，应与墙内埋件焊接或预埋螺栓连接，也可用膨胀螺栓安装，但其锚固强度必须满足要求。墙体应为钢筋混凝土墙，如系轻型砌块墙则在洞口两侧做钢筋混凝土构造柱或加带预埋件的预制混凝土砌块。其他要求均见 GB 14102—1993。

（4）防火卷帘按开启方式分为垂直防火卷帘、侧向防火卷帘、水平防火卷帘，其必须配用防火卷门机或普通卷门机加隔热保护装置。设在走道上的防火卷帘，应在卷帘的两侧设置启闭装置，并应具有自动、手动、机械控制的功能。

（四）防火卷帘构造

防火卷帘安装节点构造详图示例，如图 17-9 所示。

四、隔声门

隔声门适用于民用建筑及工业建筑中有隔声要求的房间门。一般采用钢制隔声门，包括不带观察窗和带观察窗两种立面形式。开启方式为平开门。

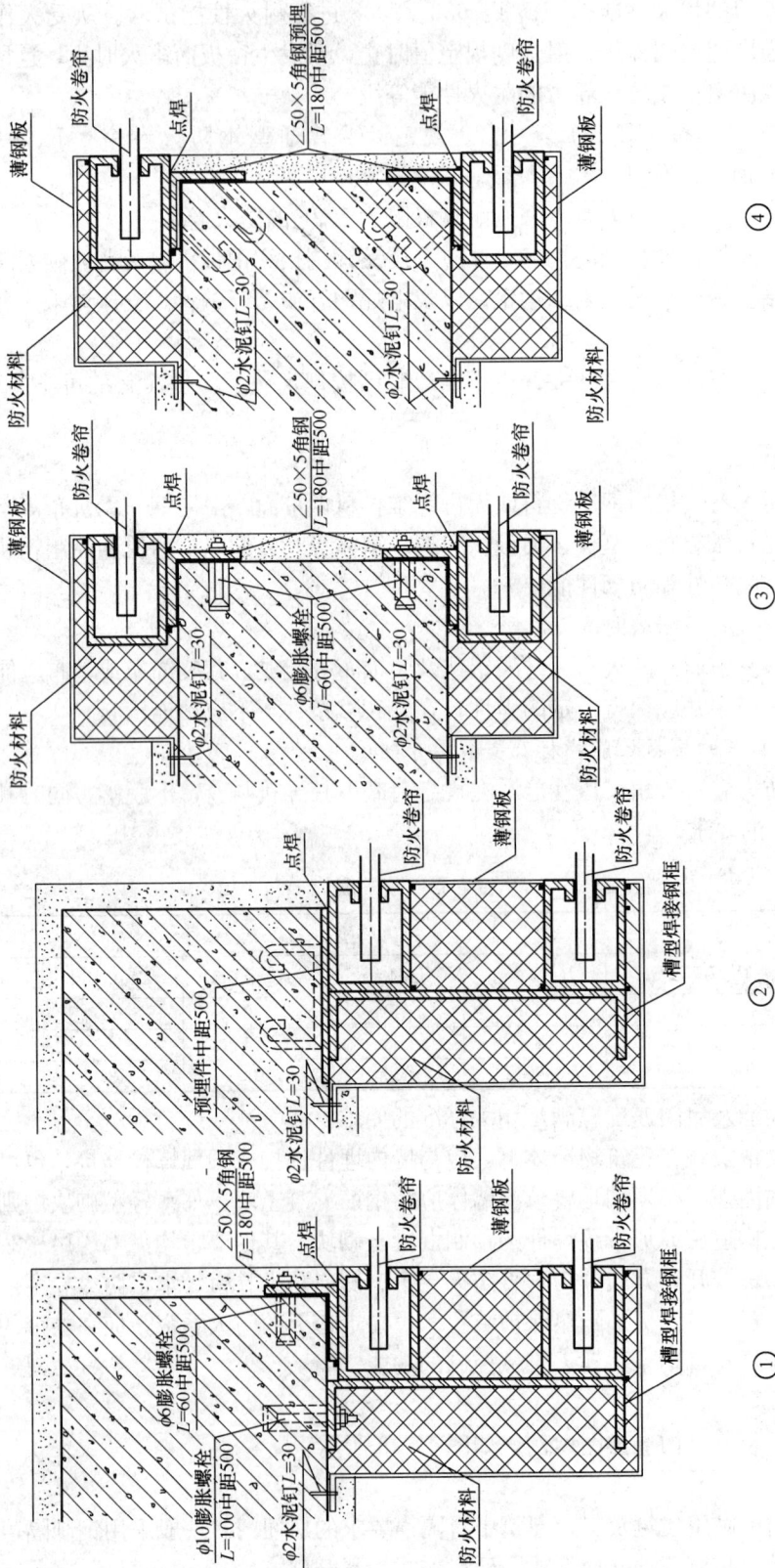

图 17 - 9　防火卷帘安装节点详图

（一）隔声门的有关规定

（1）隔声门的隔声性能等级以门的空气声隔声性能，单值评价量—计权隔声量 R_w 作为分级指标值。空气声隔声性能共分六级，各级的上、下限值见表 17-8。

表 17-8　　　　　　　　　　　建筑用门空气声隔声性能分级表

等级	计权隔声量 R_w 值范围（dB）	等级	计权隔声量 R_w 值范围（dB）
Ⅰ	$R_w \geq 45$	Ⅳ	$35 > R_w \geq 30$
Ⅱ	$45 > R_w \geq 40$	Ⅴ	$30 > R_w \geq 25$
Ⅲ	$40 > R_w \geq 35$	Ⅵ	$25 > R_w \geq 20$

（2）隔声门的门扇、门框的宽度、高度允许偏差应符合相关规定。

（3）门扇、门框应密封良好，四角组装牢固，不应有松动、锤痕、破裂及加工变形等缺陷。

（4）钢隔声门的门框、门扇面板及其加固件应采用冷轧薄钢板。门扇、门框截面内填满隔声材料。

（5）各种零部件安装位置应准确、牢固，门扇及门锁应启闭灵活，应满足使用及安全等要求。

（6）所有金属构件表面均应进行防腐处理。门上窗根据隔声性能等级要求，可采用单层玻璃、双层玻璃、中空玻璃等。

（7）隔声门安装在建筑物墙体上，应与墙内埋件焊接连接，或用膨胀螺栓安装、但其锚固强度必须满足要求。墙体应为钢筋混凝土墙，如系轻型砌块墙，则在洞口两侧做钢筋混凝土构造柱或加带预埋件的预制混凝土砌块。

（二）隔声门构造

隔声门构造详图示例，如图 17-10 所示。

五、安全户门

安全户门是指适用于住宅入户门及其他民用建筑使用的安全防盗门，是一种将保温、防盗、防火、隔声等几种功能集于一门的钢制安全户门，开启方式为平开。

（一）安全户门的有关规定

（1）安全级别：防盗安全门在规定的破坏工具作用下，按其最薄弱环节所能够抵抗非正常开启的净工作时间的长短分级如下：

平开全封闭式防盗安全门	平开带可开启通风小门式防盗安全门
A 级：15min	A 级：10min
B 级：30min	B 级：20min
C 级：45min	C 级：30min

（2）防破坏性能：防盗安全门在普通机械手工工具、便携式电动工具等相互配合作用下，在 A 级、B 级、C 级规定的净工作时间内，应该不能打开门或切割出一个穿透门体的 $615cm^2$ 的开口。

（3）耐火极限：按《建筑设计防火规范》（GB 50016—2006）、《高层民用建筑设计防火规范》（GB 50045—1995）的规定，当对住宅入户门有防火要求时，户门应满足防火门耐火极限。

图 17 - 10 隔声门构造详图

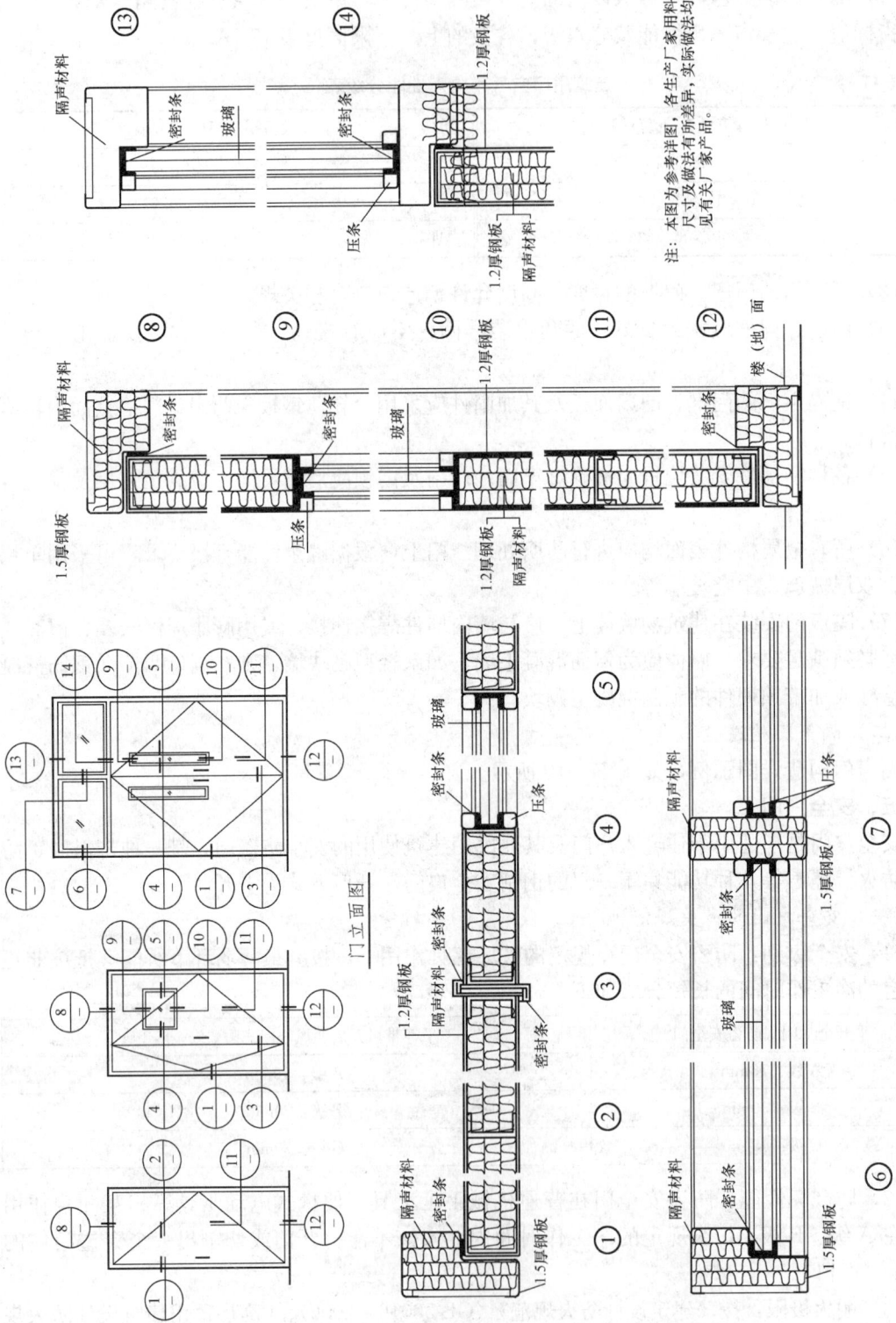

注：本图为参考详图，各生产厂家用料
尺寸及做法有所差异，实际做法均
见有关厂家产品。

（4）保温性能和隔声性能应满足国标的有关设计要求。

（5）防盗安全门门扇锁具安装部位应有加强防钻钢板。门铰链在开启过程中，门体不应产生倾斜；门铰链应可承受使用普通机械手工工具对铰链实施冲击、錾切破坏时传给铰链的冲击力和撬扒力矩，在规定时间内铰链应无断裂现象。防盗安全门上安装的门锁最低应符合《机械防盗锁》（GA/T 73—1994）标准中 A 级别机械防盗锁的技术要求。

（6）所有金属构件表面均应进行防腐蚀处理，漆层应有防锈底漆。漆层表面应无气泡和漆渣，电镀层色泽均匀，镀层无脱落。

（二）安全户门构造

安全户门节点构造详图示例，如图 17 - 11 所示。

六、防 X 射线门

防 X 射线门适用于有 X 射线防护要求的房间。如：医院中诊断 X 射线机、CT 扫描机等；科研、工业 X 射线无损伤检测设备机房等。医院伽玛刀、钴 60 治疗机及工业 γ 射线探伤等具有 γ 射线源的建筑，可根据计算参照使用。

X 射线门一般为平开形式。

（1）防 X 射线门防护材料采用铅板及铅玻璃，其厚度由工程设计者经过计算确定，并在图纸中标明。

（2）木门木材选用一、二等红白松木或材质相似的木材，须经过常规干燥处理，其含水率不应大于当地的平衡含水率。钢制门门扇面板采用 1.5 冷轧钢板。所有金属构件表面均应进行防腐蚀处理。

（3）防 X 射线门安装，应与墙内埋件焊接连接或用膨胀螺栓安装、墙体应为钢筋混凝土墙和烧结砖砌体墙。

七、电磁波屏蔽门

电磁波屏蔽门适用于为隔绝（减弱）室内或室外电磁场和电磁波干扰的屏蔽室。如：信息保密机房、仪器测量调试实验室、微波暗室、医院核磁共振室等。

电磁波屏蔽门一般为平开形式。

（1）电磁波屏蔽门屏蔽层材料采用镀锌钢板，门缝采用插刀屏蔽做法。钢板件除已按规定做了防护涂料的可不另作处理外，必须作防锈处理。

（2）电磁波屏蔽门安装应与墙内埋件焊接或用膨胀螺栓安装，墙体为钢筋混凝土墙、烧结砖砌体墙，如系轻型砌块墙则在洞口两侧做钢筋混凝土构造柱或加带预埋件的预制混凝土砌块。

（3）由于屏蔽工程具有专业性和严格性，电磁波屏蔽门应按不同技术经济指标选购专业厂家产品，并采用专业施工队伍进行施工。

八、转门

转门适用于酒店、写字楼、机场、购物中心、医院、银行、剧院等场所非大量人流集中出入的部分。转门不能作为安全疏散门使用，当转门设在安全疏散口时，必须在转门两侧另设供安全疏散用的门。

转门包括普通转门、折叠式转门、隔断式转门三种形式。

（1）转门按使用材料可分为不锈钢转门、铝合金转门、木转门、全玻璃转门等。

（2）转门按驱动方式分为人力推动转门和自动转门。当采用自动转门时，必须设置防夹、防冲撞系统以保证安全。

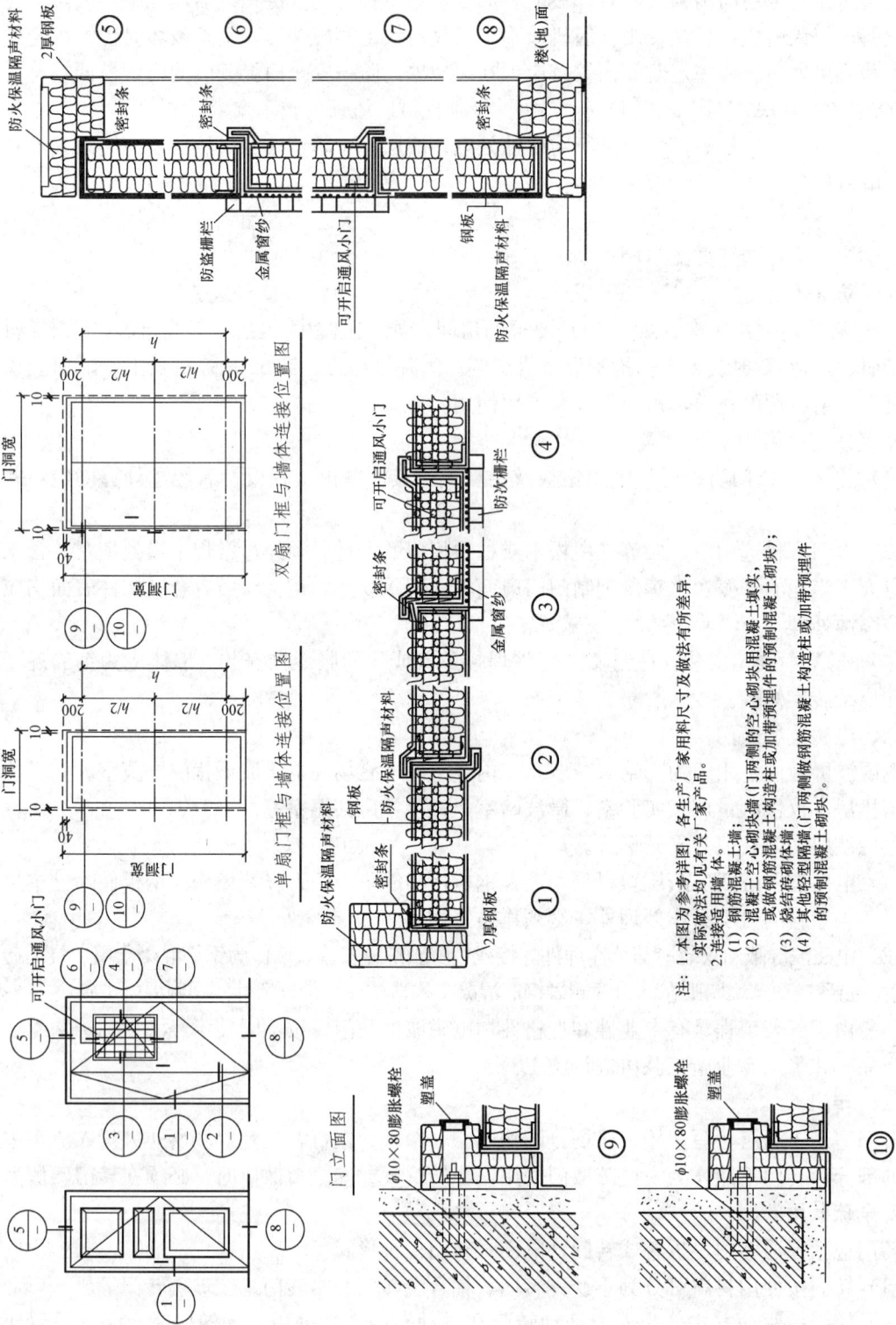

图 17 - 11　安全户门节点详图

注：1. 本图为参考详图，各生产厂家用料尺寸及做法有所差异，实际做法均见有关厂产品。
　　2. 连接适用墙体。
　　　　(1) 钢筋混凝土墙；
　　　　(2) 混凝土空心砌块的墙 (门两侧用混凝土填实，或做钢筋混凝土构造加带预制混凝土砌块；
　　　　(3) 烧结砖砌体墙；
　　　　(4) 其他轻型隔墙 (门两侧做钢筋混凝土构造柱或加带预制的预制混凝土砌块)。

（3）转门四周边角均应装上橡胶密封条和特制毛刷，门边梃与转壁、门扇上冒头与吊顶以及门扇下冒头与地坪表面之间的空隙封堵严密，以提高其防尘、隔声、节能等效果。

九、升降门

升降门适用于民用建筑及工业建筑，如厂房、车库、仓库等建筑。

升降门是门扇开启后移至门洞上方，不占用下部空间，门扇有配重组件平衡门扇重量，减少开关门扇阻力。开关方式为电动和手动两用。根据需要可加装电动无线遥控装置遥控开关门扇。门扇按是否保温分为一般门扇和保温门扇，由工程设计者根据保温要求确定选用，并在图纸中标明。

（1）保温门扇面材料选用彩色金属绝热材料夹心板，一般门型门扇面采用压型钢板。门扇骨架材料为冷轧方钢管及热轧角钢、槽钢、扁钢，门扇骨架采用电弧焊接。门扇与骨架采用点焊或螺栓、铆钉连接。

（2）门扇、五金零件及轨道等表面均应进行防腐蚀处理。

（3）门扇及配件储存于干燥无腐蚀性物资场所，露天存放防雨防潮。门扇运输应垫平、捆牢，避免挤压变形，注意保护门扇漆面防止擦伤。

（4）将门扇导轮装入导轨中，安装好滑轮组，将钢丝绳一端连接门上端吊环绕过滑轮槽，一端与配重连接，调节配重使其与门扇重量平衡，调至门扇上下移动可以停于任意位置为好。

（5）初步安装好后先不接通电动装置，试用手动开关门扇，应能灵活开关，如有阻卡应排除直至能正常运转。调好手动开关后可接通电源进行电动开关调试，直至开关顺畅自如。

（6）电气控制部分安装及接线要严格按照有关电气操作规程操作并妥善接好保护地线，检查无误方可接通电源。

第十八章　建筑装修

第一节　概　述

一幢建筑在结构主体完成后，对一般民用建筑来讲只完成了工程量的 60%～70%，对要求较高的建筑只完成了工程量的 50%，甚至更少。为了满足建筑物的使用功能和美化环境的需要对结构表面如内、外墙面、楼地面、顶棚等有关部位进行一系列的加工处理，即对建筑物进行装修。结构主体完成后的工作都是装修工程涉及的范围，其规模虽没有主体工程宏大，但是它关系到工程质量标准和人们的生产、生活和工作环境的优劣，是建筑物不可缺少的有机组成部分。

一、建筑装修的作用

1. 改善环境条件，满足房屋的使用功能要求

为创造良好的生产、生活和工作环境，无论何种建筑物，一般都需进行装修，所不同的，是装修质量标准的差异。通过对建筑物表面装修处理不仅可以改善其环境条件，且能弥补或提高建筑物的某些功能方面的不足，如砖砌体抹灰后不但能提高建筑物室内及环境照度，而且能防止冬天砖缝可能引起的空气渗透。

2. 保护结构

建筑结构构件暴露在空气中，在风、霜、雨、雪、太阳辐射等的作用下，混凝土可能变得疏松、碳化；构件因热胀冷缩导致结构节点被拉裂；钢铁制品因氧化而锈蚀等。通过建筑物的装修处理，不仅可提高建筑对不利因素的抵抗能力，还可以保护建筑构件不直接受到外力的磨损、碰撞和破坏，进而提高建筑构件的耐久性，延长其使用年限。

3. 装饰和美化建筑物

装修不仅具有满足使用功能和保护作用，还有美化和装饰作用。建筑师根据室内外空间环境的特点，合理运用建筑线形以及不同质地和色彩的饰面材料给人以不同的感受。而且，通过巧妙的组合，创造出优美、和谐、统一而又丰富的空间环境，以满足人们在精神方面对美的追求。

二、建筑装修的设计要求

1. 根据使用功能，确定装修的质量标准

建筑物不同的使用功能，应采用不同装修的质量标准。即使在同一建筑的不同部位，如正、背立面；一般房间与门厅、过道；重要房间与次要房间均可按不同标准加以区别对待。对有特殊要求的房间，如录音室、影剧院等，除选择声学性能良好的饰面材料外，还应采取相应的构造措施。

2. 合理要求耐久性

现代建筑主体结构一般说是耐久的，而装饰饰面由于直接受到各种不利因素的影响，所以材料不同，其耐久性也有显著的差异，耐久性好的材料，经济上不一定合理。故建筑装修饰面应考虑适当的耐久年限，比如重要建筑及高层建筑可采用较高级的装修做法；大量性建筑可考虑较简便的装修做法。

3. 充分考虑经济因素

不同建筑由于装修质量标准，所用材料、构造做法不同而造成投资的差别很大。一般讲，高档装修材料能取得较好的艺术效果，但单纯追求艺术效果，片面提高工程质量标准，浪费国家财产是不对的；反之，片面节约造成不合理使用，甚至影响建筑物的耐久性也是不对的。所以应根据不同等级建筑的不同经济条件，选择、确定与之相适应的装修材料、构造方案和施工方法。

4. 正确合理地选用装修材料

建筑装修材料是装饰工程的重要物质基础，在装修费用中一般占70%左右。装修工程所用材料，量大面广，品种繁多。从烧结普通砖到大理石、花岗岩，从普通砂、石到黄金、锦缎，价格相差很大，能否正确合理选择和利用材料，直接关系到工程质量、效果、造价、做法。其中材料的物理、化学性能及其使用性能是装修用料选择的依据。

5. 充分考虑施工技术条件

装修工程是通过施工来实现的。如果仅有好的设计、材料，没有好的施工技术条件，很难达到理想的效果。因此，在装修设计时应充分考虑影响装修做法的各种因素：如工期长短、施工季节、温度高低、施工队伍的技术管理水平和熟练程度及施工方法等。

第二节　墙　面　装　修　构　造

墙体是建筑物主要饰面部位之一。墙体装修按装修所处部位不同，分为室外装修和室内装修两类。室外装修要求采用强度高、抗冻性强、耐水性好以及具有抗腐蚀性的材料。室内装修材料则因室内使用功能不同，要求有一定的强度、耐水及耐火性。按饰面材料和施工方式不同，分为抹灰类、贴面类、涂刷类、裱糊类、条板类、清水勾缝、玻璃（或金属）幕墙等。

一、抹灰类墙面装修

抹灰类墙面装修是以水泥、石灰膏为胶结材料，加入砂或石渣与水拌和成砂浆或石渣浆，然后抹到墙面上的一种操作工艺。是我国传统的墙面装修方式，也称"粉刷"。这种饰面具有耐久性低、易开裂、易变色、且多为手工操作、湿作业施工、工效较低的缺点，但取材、施工方便、造价低。因此在大量性建筑中得到广泛的应用。

（一）墙面抹灰的组成

为了避免出现裂缝、脱落，保证抹灰层牢固和表面平整，施工时须分层操作。抹灰装饰层一般由底灰（层）、中灰（层）和面灰（层）三个层次组成，如图18-1所示。外墙抹灰一般为20～25mm，内墙抹灰为15～20mm，顶棚为12～15mm。

底层抹灰也叫刮糙，主要的作用是与基层（墙体表面）粘结和初步找平，厚度为5～15mm。底层灰浆用料视基层材料而异：普通砖墙常用石灰砂浆和混合砂浆；对混凝土墙应采用混合砂浆和水泥砂浆；板条墙的底灰用麻刀石灰浆或纸筋石灰浆；另外，对湿度较大的房间或有防水、防潮要求的墙体，底灰应选用水泥砂浆或水泥混合砂浆。

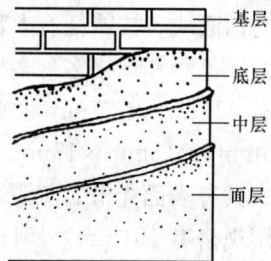

图18-1　抹灰的组成

中层抹灰主要起进一步找平作用，有时可兼作底层与面层之间的粘结层，其所用材料与底层基本相同，也可以根据装修要求选用其他材料，厚度一般为5～10mm。

面层抹灰主要起装修作用，要求表面平整、色彩均匀、无裂纹，可以做成光滑、粗糙等不同质感的表面。

外墙面因抹灰面积较大，由于材料干缩和温度变化，容易产生裂缝，常在抹灰面层作分格，称为引条线。引条线的做法是在底灰上埋放不同形式的木引条，面层抹灰完毕后及时取下引条，再用水泥砂浆勾缝，以提高抗渗能力。

抹灰按质量要求和主要工序划分为三种标准，见表18-1。

表18-1 　　　　　　　　　　抹灰类三种标准

标准＼层次	底层（层）	中层（层）	面层（层）	总厚度（mm）	适用范围
普通抹灰	1		1	≤18	简易宿舍、仓库等
中级抹灰	1	1	1	≤20	住宅、办公楼、学校、旅馆等
高级抹灰	1	若干	1	≤25	公共建筑、纪念性建筑，如剧院、展览馆等

（二）常用抹灰种类、做法及应用

根据面层所用材料及做法，抹灰装修分为一般抹灰和装饰抹灰。

一般抹灰常用的有石灰砂浆抹灰、水泥砂浆抹灰、混合砂浆抹灰、纸筋石灰浆抹灰、麻刀石灰浆抹灰。

装饰抹灰一般是指采用水泥、石灰砂浆等抹灰的基本材料，除对墙面作一般抹灰之外，利用不同的施工操作方法将其直接做成饰面层。装饰抹灰常用的有水刷石面、斩假石面、喷涂面等。

二、贴面类墙面装修

贴面类墙面装修是利用人造板、块及天然石料直接粘贴于基层表面或通过构造连接固定于基层上的装修做法。这类装修具有耐久性强、施工方便、装饰效果好等优点，但造价较高，一般用于装修要求较高的建筑中。

贴面类装修指在内外墙面上粘贴各种陶瓷面砖、天然石板、人造石板等。

（一）面砖、瓷砖饰面装修

（1）面砖一般用于装饰等级要求较高的工程。面砖是以陶土为原料，经压制成型煅烧而成的饰面块，按特征有上釉的和不上釉的；釉面又有光釉和无光釉两种，表面有平滑和带纹理的。色彩和规格多种多样。面砖具有质地坚硬、防冻、耐腐蚀、色彩丰富等优点。常用规格有113mm×77mm×17mm，145mm×113mm×17mm，233mm×113mm×17mm，265mm×113mm×17mm。瓷砖是以优质陶土烧制而成的饰面材料，其表面挂釉，色彩多样。具有表面光滑、美观、吸水率低、不易积垢、清洁方便。多用于需要经常擦洗的墙面。常用规格有151mm×151mm×5mm，110mm×110mm×5mm，并配有各种边角制品。

（2）外墙面砖的安装。面砖应先放入水中浸泡，安装前取出晾干或擦干净，安装时先抹15mm厚1∶3水泥砂浆找底并划毛，再用1∶0.3∶3水泥石灰混合砂浆或用掺有107胶

（水泥用量 5‰～7‰）的 1∶2.5 水泥砂浆满刮 10mm 厚于面砖背面紧粘于墙上。对贴于外墙的面砖常在面砖之间留出一定缝隙，见图 18-2 所示。

瓷砖安装是水泥砂浆打底；10～15 厚水泥石灰膏混合砂浆或 2～3 厚掺 107 胶的水泥素浆结合层；即贴瓷砖，一般不留灰缝；细缝用白水泥擦平。

（二）锦砖饰面装修

锦砖有陶瓷锦砖和玻璃锦砖之分。陶瓷锦砖也称为马赛克，是以优质陶土烧制而成的小块瓷砖；特点是质地坚硬、经久耐用、色泽多样、耐酸、耐碱、耐火、耐磨、不渗水、抗压力强、吸水率小，多用于内外墙面。玻璃锦砖饰面又称玻璃马赛克，是以玻璃为主要原料，加入外加剂，经高温熔化、压块、烧结、熄火而成。特点是质地坚硬、性能稳定、耐热、耐寒、耐酸碱、不龟裂、表面光滑。多用于外墙面。

由于锦砖的尺寸较小，根据其花色品种，可拼成各种花纹图案。铺贴时先按设计的图案将小块材正面向下贴在 500mm×500mm 大小的牛皮纸上，然后牛皮纸面向外将马赛克贴于饰面基层上，待半凝后将纸洗掉，同时修整饰面，见图 18-3 所示。

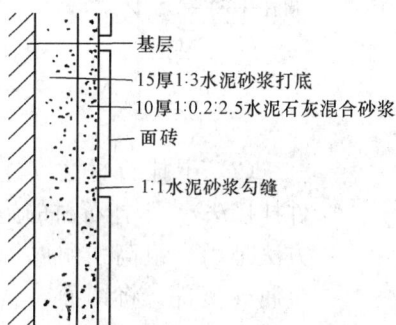

图 18-2 面砖饰面构造示意

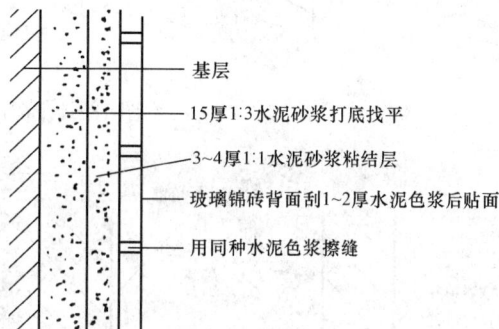

图 18-3 玻璃锦砖饰面构造示意

马赛克安装是 15 厚水泥砂浆打底；2～3 厚水泥纸筋石灰浆或掺 107 胶的水泥浆做结合层；贴马赛克，干后洗去纸皮；水泥色浆擦缝。

玻璃锦砖安装是用 15 厚水泥砂浆分两遍抹平并刮糙（混凝土基层要先刷一道掺 107 胶的素水泥浆）；抹 3 厚水泥砂浆粘结层，即贴玻璃马赛克（在马赛克背面刮一层 2 厚白水泥色浆粘贴）；水泥色浆擦缝。

（三）天然石板及人造石板墙面装修

1. 天然石板墙面

常见的天然石板墙面有花岗石板、大理石板和碎拼大理石墙面等几种。花岗石主要用于外墙面，大理石主要用于内墙面。

花岗石纹理多呈斑点状，色彩有暗红、灰白等。根据加工方式的不同，从装饰质感上可分为磨光石、剁斧石、蘑菇石三种。花岗石质地坚硬、不易风化，能在各种气候条件下采用。大理石是一种变质岩，属于中硬石材，质地比较密实，抗压强度较高，可以锯成薄板，多数经过抛光打蜡，加工成表面光滑的板材。大理石板和花岗石板有正方形和长方形两种。

天然石材贴面装修构造通常采用拴挂法，有时也采用连接件挂装法。

（1）石材拴挂法（湿法挂贴）。天然石材和人造石材的安装方法相同，先在墙内或柱内

预埋 $\phi6$ 铁箍，间距依石材规格而定，而铁箍内立 $\phi8\sim\phi10$ 竖筋，在竖筋上绑扎横筋，形成钢筋网。在石板上下边钻小孔，用双股 16 号钢丝绑扎固定在钢筋网上。上下两块石板用不锈钢卡销固定。板与墙面之间预留 20～30mm 缝隙，上部用定位活动木楔作临时固定，校正无误后，在板与墙之间浇筑 1：3 水泥砂浆，待砂浆初凝后，取掉定位活动木楔，继续上层石板的安装，如图 18-4 所示。

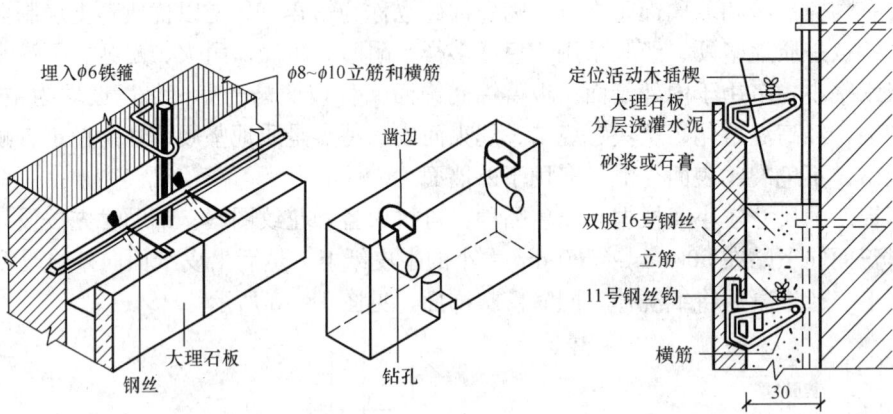

图 18-4　石材拴挂法构造

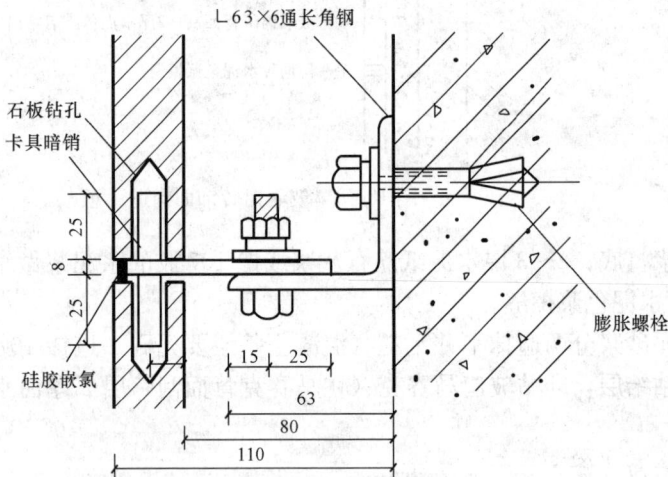

图 18-5　干挂石材法构造

（2）干挂石材法（连接件挂接法）。干挂石材的施工方法是用一组高强耐腐蚀的金属连接件，将饰面石材与结构可靠地连接，其间形成空气间层不作灌浆处理，如图 18-5 所示。

2. 人造石材墙面

人造石材常见的有人造大理石、水磨石板等。其构造与天然石材基本相同，不必在预制板上钻孔，而用预制板背面在生产时露出的钢筋，将板用镀锌钢丝绑牢即可。当预制板为 8～12mm 厚的薄型板材，且尺寸在 300mm×300mm 以内时，可采用粘贴法，就是在基层上用 10mm 厚 1：3 水泥砂浆打底，随后用 6mm 厚 1：2.5 水泥砂浆找平，然后用 2～3mm 厚 YJ－Ⅲ型粘结剂粘贴饰面材料。

三、涂刷类墙面装修

涂刷类墙面装修是将各种涂料喷刷于基层表面而形成牢固的保护膜，从而起到保护墙面和装饰墙面的一种装修做法。这类装修做法材源广，装饰效果好，造价低，操作简单，工期短，工效高，自重轻，维修、更新方便。是当今最有发展前途的装修做法。要求基层平整，施工质量好。

（一）涂料按其成膜物的不同可分为无机涂料和有机涂料两大类

1. 无机涂料

无机涂料主要有石灰浆、大白浆涂料。石灰浆一般刷或喷两遍，为增加其与基层的附着力和耐久性，有的在石灰浆涂料中加入食盐（一般为7％）和明矾，还有的加2％～3％熟桐油。石灰浆的耐久性、耐候性、耐水性及耐污染性均较差。大白浆涂料又称胶白，主要原料是大白粉（又称老粉或白垩粉）、石花和胶。大白浆覆盖力强，涂层细腻洁白、价格低、施工和维修方便，它们多用于一般标准的室内装修。

2. 有机涂料

有机涂料依其主要成膜物质与稀释剂不同，有溶剂型涂料、水溶性涂料和乳液涂料（乳胶漆）三类。

常见的溶剂型涂料有苯乙烯内墙涂料、聚乙烯醇缩丁醛内外墙涂料、过氯乙烯内墙涂料等。这类涂料具有较好的耐水性和耐候性，但施工时挥发出有害气体，潮湿基层上施工会引起脱皮现象。水溶型涂料价格便宜，在潮湿基层上亦可操作，但施工时温度不宜太低。

常见的水溶型涂料有聚乙烯醇水玻璃内墙涂料、聚合物水泥砂浆饰面涂层、改性水玻璃内墙涂料等。这类涂料价格低、无毒无怪味，具有一定的透气性，在较潮湿的基层上亦可操作。

常见的乳液涂料有乙—丙乳胶涂料、苯—丙乳胶涂料等。这类涂料无毒、无味、不易燃烧、耐水性及耐候性较好，具有一定透气性，可在潮湿基层上施工。多用于外墙饰面。

（二）构造做法

建筑涂料的施涂方法，一般分刷涂、滚涂和喷涂。当施涂溶剂型涂料时，后一遍涂料必须在前一遍涂料干燥后进行，否则易发生皱皮、开裂等质量问题。施涂水溶性涂料时，要求与做法同上。每遍涂料均应施涂均匀，各层结合牢固。当采用双组分和多组分的涂料时，施涂前应严格按产品说明书规定的配合比，根据使用情况可分批混合，并在规定的时间内用完。

四、裱糊类墙面装修

裱糊类墙面装修是将各类装饰性的墙纸、墙布和微薄木等卷材类的装饰材料裱糊在墙面上的一种装修。裱糊类墙体饰面装饰性强、造价较经济、施工方法简捷高效、材料更换方便，并且在曲面和墙面转折处粘贴可以顺应基层获得连续的饰面效果。常见的饰面卷材有塑料墙纸、墙布、纤维壁纸、木屑壁纸、金属箔壁纸、皮革、人造革、锦缎、微薄木等。

墙纸按其构成材料和生产方式不同可分为以下几种：

（1）纸面纸基墙纸。价格便宜，性能差，不耐水。目前已较少见。

（2）塑料墙纸（PVC墙纸）。以纸基、布基和其他纤维为底层，以聚氯乙烯或聚乙烯为面层。种类：普通墙纸、发泡墙纸、特种墙纸。墙纸的衬底分纸底与布底两类。纸底加工简单、价格低，但抗拉性能较差；布底则有较高的抗拉能力，但价格较高。这类墙纸易于粘贴，施工简单，表面不吸水，擦洗方便，易于更换。

（3）纤维墙纸。用棉、麻、毛、丝等纤维胶贴在纸基上制成的墙纸。质感强、高雅舒适。不耐脏，不能擦洗，且裱糊用胶会从纤维中渗漏出来，潮湿环境中还会霉变。目前多以仿锦缎的塑料壁纸所代替。

（4）天然材料墙纸。用树叶、草、木材制成的墙纸。它类似于胶合板，具有特殊的装饰效果。

（5）金属墙纸。采用铝箔、金粉、金银等原料制成各种花纹图案，并同用以衬托金属效果的漆面相间配制而成面层，然后将面层与纸质衬底复合压制而成墙纸。这种墙纸可形成多种图案，色彩艳丽，可耐酸，防油污，多用于高级房间的装修。

墙布是以纤维织物直接作为墙面装饰材料。包括玻璃纤维墙面装饰布（以玻璃纤维织物为基材）和织锦等材料。玻璃纤维墙面装饰墙布耐水、防火、抗拉力强，可以擦洗、价格低，但日久变黄并容易泛色。织锦墙面颜色艳丽、色调柔和、但价格昂贵，用于少量的高级装修工程。

墙纸与墙布的裱贴主要在抹灰的基层上进行，首先要处理墙面，然后弹垂直线，再根据房间的高度裁纸，润纸，最后涂胶裱贴。一般用 107 胶与羧甲基纤维素配制的粘结剂，也可采用 8504 和 8505 粉末墙纸胶，而粘贴玻璃纤维布可采用 801 墙布粘合剂。墙面应采用整幅裱糊，并统一预排对花拼缝。不足一幅的应裱糊在较暗或不明显的部位。裱糊的顺序为先高后低，应使饰面材料的长边对准基层上弹出的垂直准线，用刮板或胶辊赶平压实。阴阳转角应垂直，棱角分明。阴角处墙纸（布）搭接顺光，阳面处不得有接缝，并应包角压实。裱糊工程的质量标准是粘贴牢固，表面色泽一致，无气泡、空鼓、翘边、皱折。

五、板材类墙面装修

板材类装修系指采用天然木板或各种人造薄板借助于镶、钉、胶等固定方式对墙面进行装饰处理。这种做法一般不需要对墙面抹灰，属于干作业范畴，可节省人工，提高工效。一般适用于装修要求较高或有特殊使用功能的建筑工程中。

板材类墙面由骨架和面板组成，骨架有木骨架和金属骨架，木骨架由墙筋和横挡组成，通过预埋在墙上的木砖钉固定到墙身上。墙筋和横挡断面常用 50mm×50mm、40mm×40mm，其间距视面板的尺寸规格而定，一般为 450～600mm 之间。金属骨架多采用冷轧薄钢板构成槽形断面。为防止骨架与面板受潮损坏，可先在墙体上刷热沥青一道再干铺油毡一层；也可在墙面上抹 10mm 厚混合砂浆并涂刷热沥青两道。

装饰面板多为人造板，有硬木板、胶合板、纤维板、石膏板等各种装饰面板和近年来应用日益广泛的金属面板。

常见的构造方法如下：

1. 木质板墙面

木质板墙面系用各种硬木板、胶合板、纤维板以及各种装饰面板等作装修。具有美观大方、装饰效果好，且安装方便等优点，但防火、防潮性能欠佳，一般多用作宾馆、大型公共建筑的门厅以及大厅面的装修。木质板墙面装修构造是先立墙筋，然后外钉面板，如图 18-6 所示。

胶合板、纤维板多用圆钉与墙筋和横挡固定。为保证面板有微量伸缩的可能，在钉面板时，板与板之间可留出 5～8mm 的缝隙。缝隙可以是方形、三角形，对要求较高的装修可用木压条或金属压条嵌固。

2. 金属薄板墙面

金属薄板墙面系指利用薄钢板、不锈钢板、铝板或铝合金板作为墙面装修材料。以其精密、轻盈，体现着新时代的审美情趣。

金属薄板墙面装修构造，也是先立墙筋，然后外钉面板。墙筋用膨胀铆钉固定在墙上，间距为 60～90mm。金属板用自攻螺栓或膨胀铆钉固定，也可先用电钻打孔后用木螺栓固定，如图 18-7 所示。

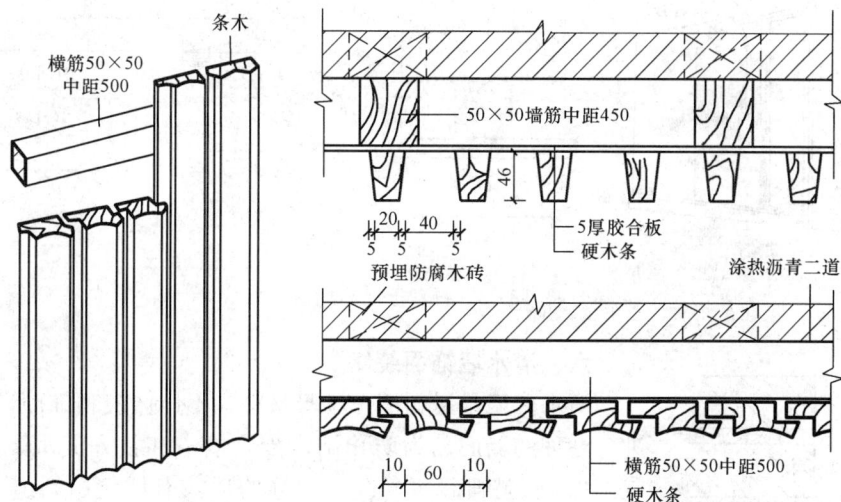

图 18-6 木质板墙面构造

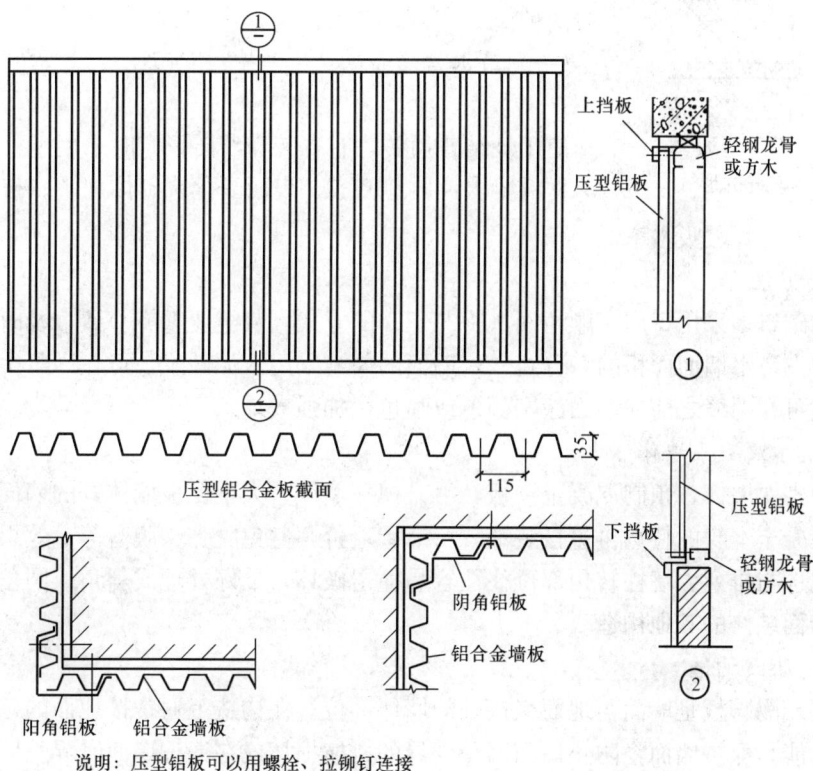

说明：压型铝板可以用螺栓、拉铆钉连接

图 18-7 铝合金板材墙的安装

3. 石膏板墙面

一般构造做法是：首先在墙体上涂刷防潮涂料，然后在墙体上铺设龙骨，将石膏板钉在龙骨上，最后进行板面修饰，如图 18-8 所示。

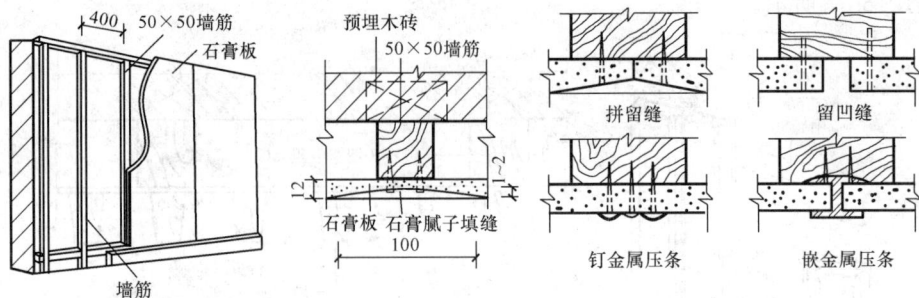

图 18-8　石膏板墙面构造

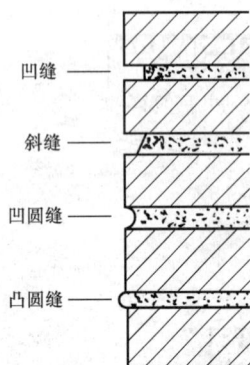

图 18-9　勾缝的形式

六、清水墙饰面装修

清水砖墙是暴露墙体本身材料，不作抹灰和饰面，只对缝隙进行处理的墙面。为防止雨水浸入墙身和整齐美观，可用 1∶1 或 1∶2 水泥细砂浆勾缝，勾缝的形式有凹缝、斜缝、凹圆缝、凸圆缝等，如图 18-9 所示。特点是朴素淡雅、耐久性好、不易变色、不易污染、不易褪色和风化，一般有清水砖墙和清水混凝土墙两种。

（一）清水砖墙面

1. 砖

使用烧结普通砖，有青砖和红砖，有时采用过火砖。

材料要求：质地密实、表面晶化、砌体规整、棱角分明、色泽一致、抗冻性好、吸水率低。

2. 装饰方法

墙体的砌筑多采用每皮丁顺相间（梅花丁）的方式，灰缝要整齐一致，及时清扫墙面。

灰缝约占清水墙面面积的六分之一，墙面的勾缝采用水泥砂浆，可在砂浆中掺入一定量的颜料。也可在勾缝之前在墙面涂刷颜色或喷色以加强效果。

（二）清水混凝土墙体

对各种砌块墙体、预制混凝土壁板、滑升模板墙体、大型模板墙体等的墙面装饰。

利用混凝土本身的特点再进行装饰，可节省造价，避免脱壳、脱落等。效果好坏关键在于模板的挑选与排列。墙柱转角部位往往容易撞击破坏，最好处理成斜角或圆角。

七、墙面装修的其他构造

（一）踢脚线构造

踢脚线或踢脚板是墙面与地面交接处的墙体部位。在构造上通常按地面的延伸部分来处理。主要功能是保护墙面，防止墙面因受外界的碰撞损坏或在清洗墙面时弄脏墙面。按材料和施工方式分：粉刷类踢脚线、铺贴类踢脚板、木踢脚板、塑料踢脚板。踢脚线高度通常为 120~150mm，材料做法一般与楼、地面相同。踢脚线与墙体装修面的关系有：与墙相平、突出墙面、凹进墙面三种，如图 18-10 所示。

（二）墙裙构造

在内装修中，对有防潮、防水或有较高装饰要求时，常设置墙裙。根据使用要求不同，墙裙高度一般为 900～2000mm，其材料可用水泥砂浆、水磨石、瓷砖及植物板材等，如图 18-11 所示。

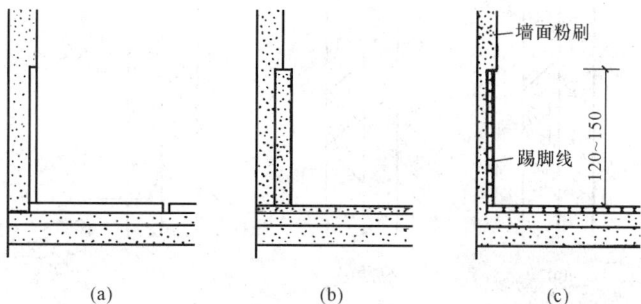

图 18-10 踢脚形式

（a）相平墙面粉刷；（b）突出墙面粉刷；（c）凹进墙面粉刷

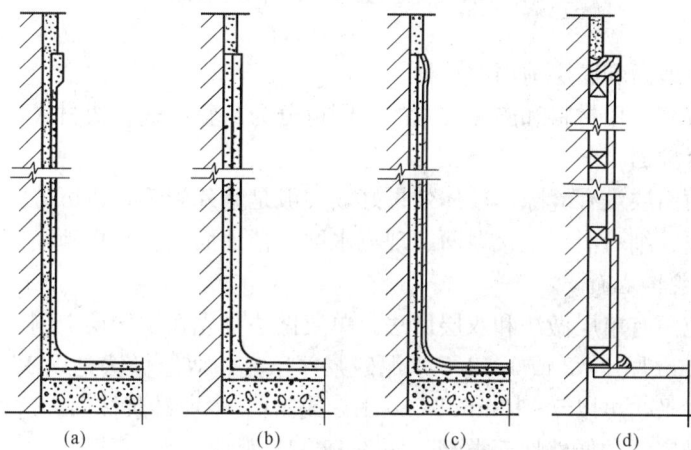

图 18-11 墙裙构造

（a）水泥墙裙；（b）水磨石墙裙；（c）瓷砖墙裙；（d）木墙裙

（三）护角构造

对内墙阳角部位、门洞转角等处，当采用一般抹灰时可用水泥砂浆做成护角，如图 18-12 所示。

（四）装饰凸线及引条

为增加室内美观，在内墙面与顶棚交接处，可做成各种外凸装饰线。见图 18-13。

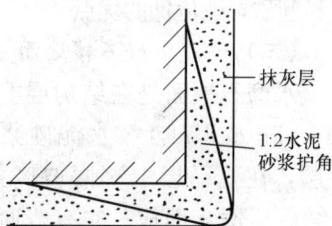

图 18-12 护脚构造

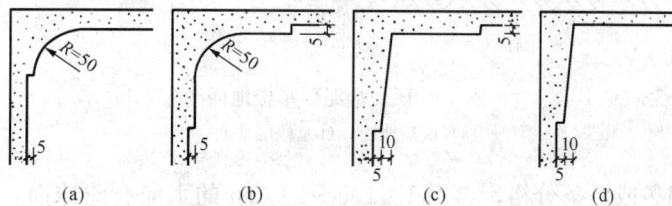

图 18-13 装饰凸线

在外墙面抹灰中，为有利施工、立面划分和便于维修，通常可在抹灰前按设计分格，将木条用水泥砂浆固定，抹灰完毕及时取下引条，形成所需的凹线。引条宽约 30mm，详见图 18-14 所示。

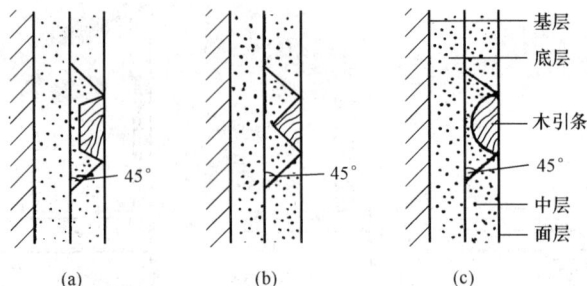

图 18-14　引条做法

第三节　楼地面装修构造

楼地面是楼层地面和底层地面的总称。

楼地面饰面按其所用材料和施工方式的不同可分为：整体式、块材式、卷材式。

一、整体式楼地面

整体式楼地面面层没有缝隙，整体效果好，一般是整片施工，也可分区分块施工。具体有水泥砂浆楼地面、细石混凝土楼地面、现浇水磨石楼地面、涂布楼地面等。

（一）水泥砂浆楼地面

水泥砂浆楼地面有单层做法和双层做法。单层做法是先在结构层上刷一道素水泥浆结合层，再抹 15～20mm 厚 1:2 或 1:2.5 水泥砂浆并压光。双层做法是以 15～20mm 厚 1:3 水泥砂浆打底并找平，再以 5～10mm 厚 1:1.5 或 1:2 水泥砂浆抹面。这种地面施工方便，造价低，是应用最广泛的低档地面类型，如图 18-15 所示。

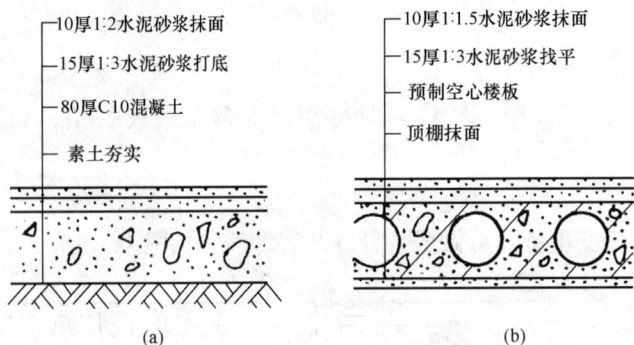

图 18-15　水泥砂浆楼地面
(a) 底层地面；(b) 楼层地面

（二）细石混凝土楼地面

细石混凝土地面是在结构层上浇 30～40mm 厚细石混凝土，混凝土强度应不低于 C20，施工时用铁滚滚压出浆，为提高表面光洁度，可撒 1:1 的水泥砂浆抹压光。这种地面具有强度高、整体性好、不易起砂，造价低的优点。

（三）现浇水磨石楼地面

水磨石地面是在结构层上抹 10～15mm 厚 1:3 水泥砂浆找平层，在找平层上镶嵌玻璃条、铜条或铝条分格，再用 1:1.5～1:2.5 的水泥石渣抹面，待结硬后磨光而成。它有普通水磨石和彩色水磨石地面之分，所不同的是后者用彩色水泥或白色水泥加入各种颜料配成。这种地面具有强度高、平整光洁、不起尘、易于清洁等优点，如图 18-16 所示。

（四）涂布楼地面

在地面上涂布一层溶剂型合成树脂或聚合物水泥材料，硬化后形成整体无缝的面层。

有溶剂型合成树脂涂布地面、聚合物水泥涂布地面等。具体构造做法是用面层材料调配腻子，填补裂缝、凹洞；将涂料用刮板均匀地刮在地面上，每层 0.5 厚，每层干后砂纸打磨，刮三至四遍；干后在上面印画仿木条纹；最后用醇酸清漆罩面，打蜡上光。

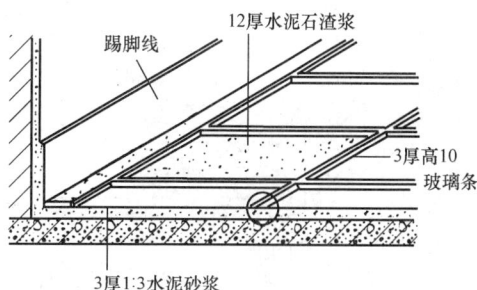

图 18 - 16　水磨石楼地面

二、块材式楼地面

用各种块状或片状材料铺砌成的地面。如瓷砖、缸砖、陶瓷锦砖、水泥花砖、预制水磨石板、大理石板、花岗石板、碎拼大理石等。

（一）陶瓷锦砖、缸砖、水泥砖楼地面

这种地面的铺贴方式是在结构层找平的基础上，用 5～8mm 厚 1∶1 水泥砂浆铺平拍实，砖块间灰缝宽度约 3mm，用干水泥擦缝。水泥砖吸水性强，应预先用水浸泡，阴干或擦干后再用，铺设 24h 后浇水养护，其目的是防止块材将粘结层的水分吸走蒸发而影响其凝结硬化，如图 18 - 17 所示。

（二）预制水磨石板、大理石板、花岗石板楼地面

采用预制水磨石板可减少现场湿作业，施工方便。大理石板及花岗石板质地坚硬、色泽艳丽、美观，多用于门厅、大堂、营业厅等公共场所装饰标准较高的楼地面。这种地面的铺贴方式是在结构层上洒水湿润并刷一道素水泥浆，用 20～30mm 厚 1∶3～1∶4 干硬性水泥砂浆作结合层铺贴板材。见图 18 - 18 所示。

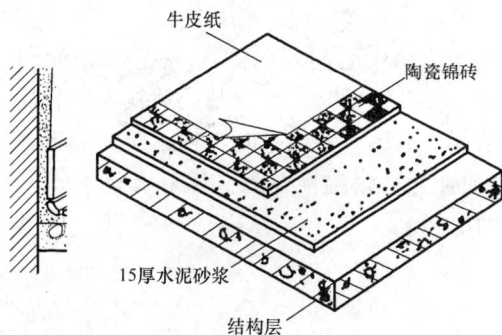

图 18 - 17　陶瓷锦砖楼地面

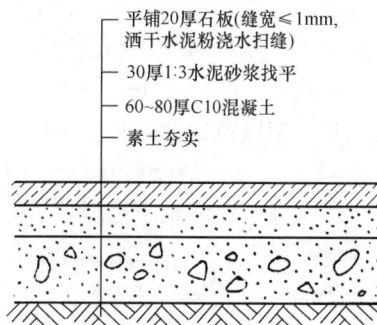

图 18 - 18　石板地面

（三）木楼地面

木楼地面的类型按材质分有普通纯木楼地板、复合木楼地板、软木楼地板。按构造形式分有架空式木楼地板、实铺式木楼地板、粘贴式木楼地板。

架空木地板耗用大量木材，防火差，除特殊房间外已很少采用。实铺木地板时在结构层上设置木龙骨，在木龙骨上钉木地板的地面。有单层和双层两种做法。分别见图 18 - 19 （a）、（b）。粘贴式木地面是把木板直接粘贴在结构层的找平层上。见图 18 - 19 （c）。这种作法施工方便，造价低。

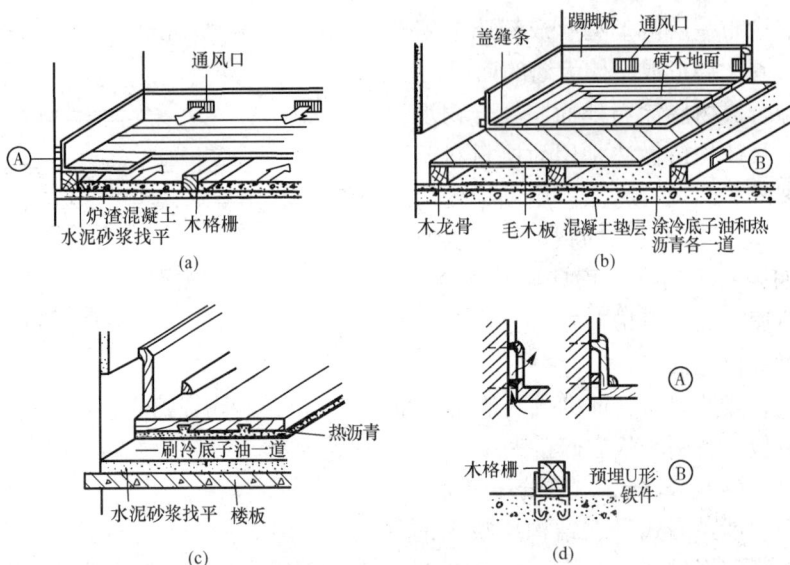

图 18-19　木楼地面

（a）木龙骨单层楼地面；（b）木龙骨双层楼地面；（c）粘贴式木楼地面；（d）A 断面和 B 断面的细部构造

三、卷材式楼地面

由橡胶制品、塑料制品、地毯等覆盖而成的楼地面。

（一）塑料地板楼地面

塑料地面以聚氯乙烯塑料应用最多，它主要以聚乙烯树脂为基料，加入增塑剂、稳定剂、石棉绒等经塑化热压而成。按外形分有块材与卷材类；按材质分有软质与半硬质类；按结构分有单层与多层类。这种地面的铺贴方式可以是直接铺设或胶粘铺贴。直接铺设时先清理基层及找平，按房间尺寸和设计要求排料编号（由中心向四周排），然后将整幅塑料地板革平铺于地面上，四周与墙面间留出伸缩余地。胶粘铺贴时先清理基层及找平，后满刮基层处理剂一遍，塑料毡背面、基层表面满涂粘结剂，最后待不粘手时，粘贴塑料地板。做法见图 18-20 所示。这类地面具有色彩丰富、装饰性强、耐湿性及耐久性好等优点。多用于住宅、公共建筑及工业建筑中洁净度要求较高的房间。

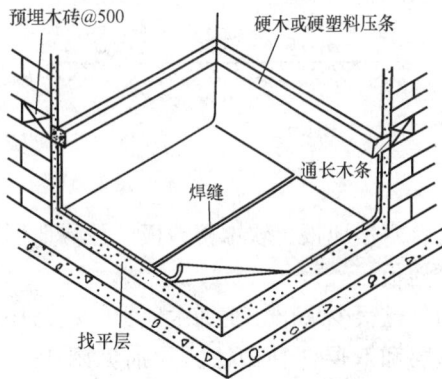

图 18-20　塑料楼地面　　　　　　　　图 18-21　倒刺板与地毯的固定

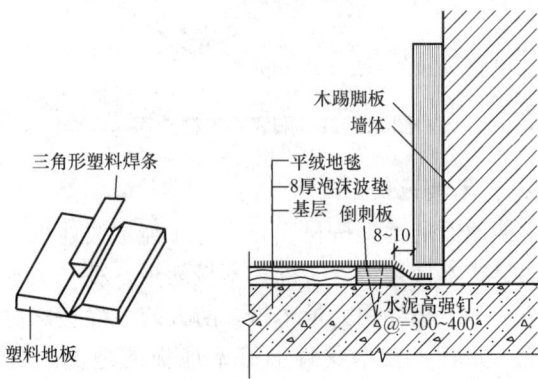

（二）地毯楼地面

地毯按原材料分有羊毛地毯和化纤地毯两种。按编织方法分有切绒、圈绒、提花切绒三种。按加工制作方法分有编织、针刺簇绒、熔融胶合等。按产品有卷材、块材、地砖式。地毯铺设方式有固定式和活动式。固定式铺设可用粘贴固定法或倒刺板固定法。见图18-21所示。活动式铺设是将地毯直接铺设在其层上即可。

卷材地面的基层必须坚实、干燥、平整、干净。多用水泥砂浆作为基层材料。

第四节 顶 棚 装 修 构 造

顶棚是位于楼盖和屋盖下面的装修层。顶棚的设计与选择要考虑到建筑功能、建筑声学、建筑热工、设备安装、管线敷设、维护检修、防火安全等综合因素。

顶棚装修按顶棚外观分：有平滑式顶棚、井格式顶棚、悬浮式顶棚、分层式顶棚等。

顶棚装修按施工方法分：有抹灰刷浆类顶棚、裱糊类顶棚、贴面类顶棚、装配式板材顶棚等；按顶棚表面与结构层的关系分：有直接式顶棚、悬吊式顶棚；按顶棚的基本构造分：无筋类顶棚、有筋类顶棚；按结构构造层的显露状况分：有开敞式顶棚、隐蔽式顶棚等；按面层与格栅的关系分：有活动装配式顶棚、固定式顶棚等；按顶棚表面材料分：有木质顶棚、石膏板顶棚、各种金属板顶棚、玻璃镜面顶棚等；按顶棚受力不同分：有上人顶棚、不上人顶棚。还有结构顶棚、软体顶棚、发光顶棚等。

一、直接式顶棚

直接式顶棚是指在结构层底面直接进行喷浆、抹灰、粘贴壁饰面材料的一种构造方式。用于大量性建筑工程中。这种顶棚的特点是构造简单，构造层厚度小，可充分利用空间，装饰效果多样，用材少，施工方便，造价较低。但不能隐藏管线等设备。常用于普通建筑及室内空间高度受到限制的场所，如图18-22所示。

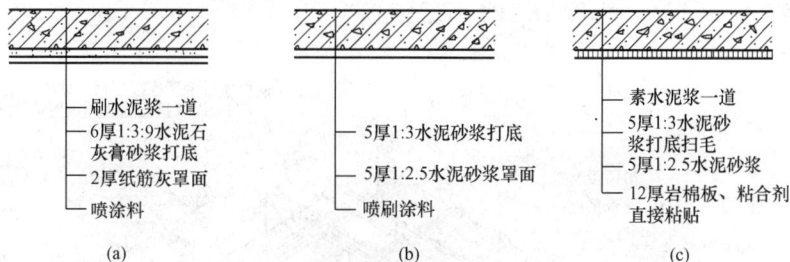

图18-22 直接式顶棚构造示例
（a）直接喷涂料顶棚；（b）抹灰顶棚；（c）贴面顶棚

（一）直接喷、刷涂料顶棚

当板底面平整、室内装修要求不高时，可直接或稍加修补刮平后在其下喷刷大白浆或涂料等。

（二）抹灰顶棚

当板底面不够平整或室内装修要求较高时，可在板底先抹灰后再喷刷各种涂料。顶棚抹灰所用材料可为水泥砂浆、混合砂浆、纸筋灰等。抹灰前板底打毛，可一次成活，也可分两次抹成，抹灰的厚度不宜过大，一般控制在10~15mm。

（三）贴面顶棚

一些装修要求较高或有保温、隔热、吸声等要求的房间，可以在板底面粘贴墙纸、墙布及装饰吸声板材，如石膏板、矿棉板等。通常在粘贴装饰材料之间对水泥砂浆找平。

二、悬吊式顶棚

悬吊式顶棚简称吊顶。对使用和美观要求等装修标准较高的房间通常作吊顶处理。这种饰面可埋设各种管线，可镶嵌灯具，可灵活调节顶棚高度，可丰富顶棚空间层次和形式等等。根据结构构件高度及上人、不上人确定，顶棚内部的空间高度。必要时要铺设检修走道。

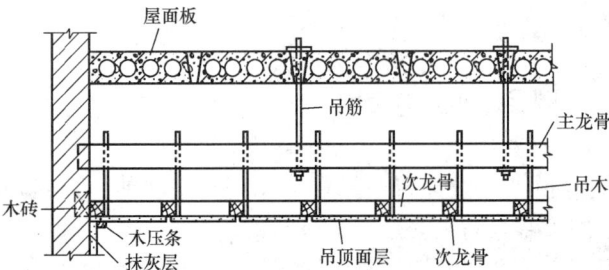

图 18-23　吊顶构造组成

（一）吊顶的构造组成

吊顶一般由基层、面层、吊筋组成，如图 18-23 所示。

1. 基层

基层的组成是由主龙骨、次龙骨。主龙骨通过吊筋固定在楼板或屋面结构上，它承受顶棚荷载，并通过吊筋传递给楼板或屋面板。主龙骨所用材料有木材及金属等。

（1）木基层。由主龙骨、次龙骨组成。主龙骨间距 1.2～1.5m，与吊筋钉接或拴接；次龙骨间距依面层而定，用方木挂钉在主龙骨底部，铁丝绑扎。若面层为抹灰，则次龙骨间距一般为 400～600mm；若面层为板材，则次龙骨通常双向布置。这类基层耐火性较差，多用于造型特别复杂的顶棚。

（2）金属基层。有轻钢基层和铝合金基层。

1）U 形轻钢龙骨基层。采用断面为 U 形的龙骨系列。由大龙骨、中龙骨、小龙骨、横撑龙骨及各种连接件组成。大龙骨分为三种：轻型大龙骨，不上人；中型大龙骨，可偶尔上人；重型大龙骨，可上人，如图 18-24 所示。

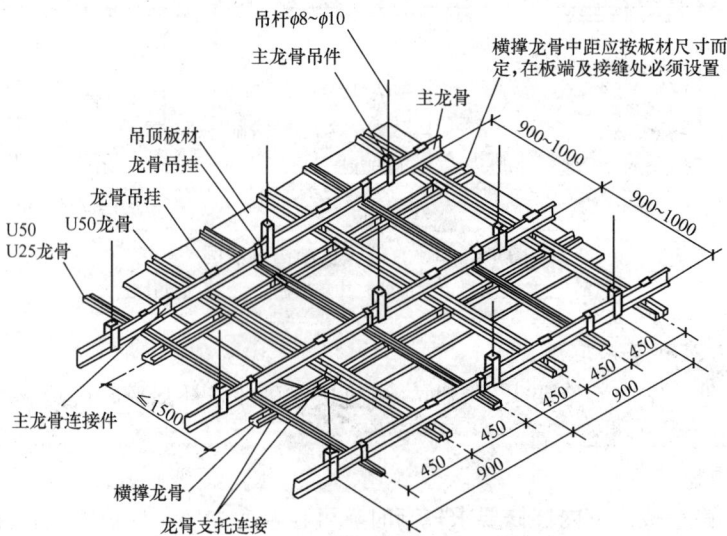

图 18-24　U 形上人轻型钢龙骨安装示意图

2）LT形铝合金基层。采用断面为L形和T形的龙骨。由大龙骨、中龙骨、小龙骨、边龙骨及各种连接件组成。大龙骨也分为轻型系列、中型系列、重型系列。

主龙骨用吊件吊杆固定；次龙骨和小龙骨用挂件与主龙骨固定；横撑龙骨撑住次龙骨。

2. 面层

面层即吊顶的表面层。面层的构造设计要结合灯具、风口等进行布置。顶棚面层可分为：抹灰类、板材类、格栅类。

3. 吊筋

吊筋所用材料有钢筋、型钢、木方等。钢筋用于一般顶棚；型钢用于重型顶棚，或整体刚度要求特高的顶棚；木方用于木基层顶棚，用金属连接件加固。

（二）吊顶的基本构造

1. 板条抹灰顶棚

其特点是构造简单、造价低，但易脱落、耐火性差。构造做法是基层一般采用木龙骨；龙骨下钉毛板条，板条间隙8～10mm，以便抹灰嵌入；板条上做底层、中层和面层抹灰。要求板条间留缝隙；板条两端应固定；板条接头缝应错开。

木主龙骨间距1.2～1.5m，与吊筋钉接或拴接；次龙骨间距依面层而定，用方木挂钉在主龙骨底部，铁丝绑扎。若面层为抹灰，则次龙骨间距一般为400～600mm；这类基层耐火性较差，多用于造型特别复杂的顶棚。

顶棚荷载较大，或悬吊点间距很大，或在特殊环境下，必须采用普通型钢做基层，如角钢、槽钢、工字钢等，如图18-25所示。

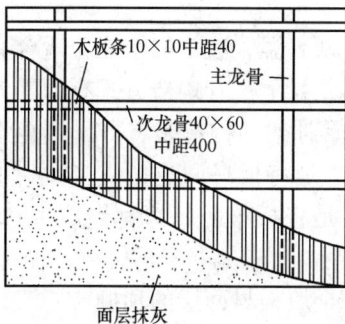

图18-25 板条抹灰顶棚

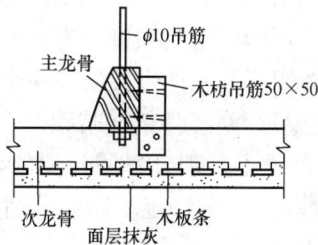

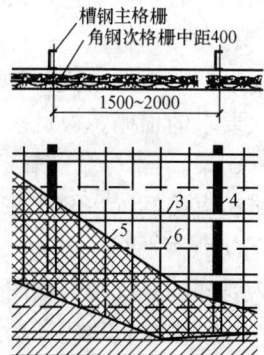

图18-26 钢板网抹灰顶棚

2. 钢板网抹灰顶棚

其特点是耐久性、防振性、耐火性较好。一般由金属龙骨、钢筋网架、钢板网、抹灰层组成。构造做法是基层采用金属骨架；骨架上衬垫一层钢筋网架；网架上绑扎固定钢板网，钢板网上抹灰，如图18-26所示。

3. 板条钢板网抹灰顶棚

一般由木龙骨、木板条、钢板网、抹灰层组成。是在板条抹灰的基础上加钉一层钢板网以防止抹灰层的开裂脱落，如图18-27所示。

4. 板材类顶棚

板材类顶棚的面层材料有实木板、胶合板、纤维板、钙塑板、石膏板、塑料板、硅钙

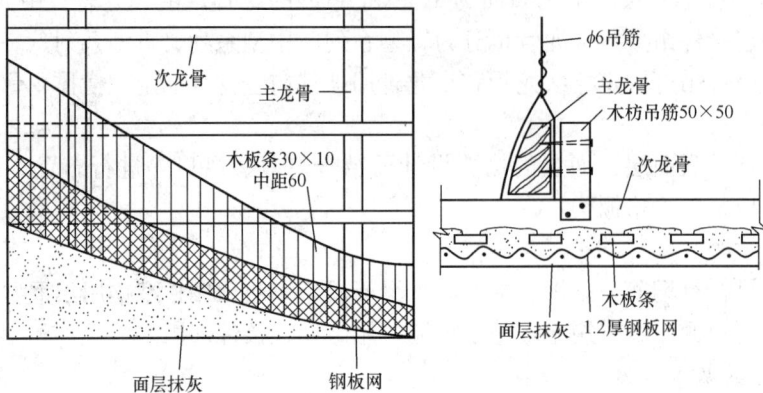

图 18-27　板条钢板网抹灰顶棚

板、矿棉吸声板、铝合金等金属板材。基本构造：在结构层上用射钉等固定吊筋；将主龙骨固定在吊筋上；次龙骨固定在主龙骨上；再用钉接或搁置的方法固定面层板材。

（1）木质顶棚。木质顶棚的面层材料是实木条板和各种人造板（胶合板、木丝板、刨花板、填芯板等）。其特点是构造简单、施工方便、具有自然、亲切、温暖、舒适的感觉。

（2）石膏板顶棚。石膏板顶棚的面板材料有普通纸面石膏板、防火纸面石膏板、石膏装饰板、石膏吸声板等。其饰面特点是自重轻、耐火性能好、抗震性能好、施工方便等。

纸面石膏板可直接搁置在倒 T 形的方格龙骨上，也可用螺栓固定。大型纸面石膏板用螺栓固定后，可刷色、裱糊墙纸、贴面层或做竖条和格子等。无纸面石膏板多为 500mm 见方，有光面、打孔、各种形式的凹凸花纹。安装方法同纸面石膏板。

（3）矿棉纤维板和玻璃纤维板顶棚。这类顶棚具有不燃、耐高温、吸声的性能，适合有防火要求的顶棚。板材多为方形和矩形，一般直接安装在金属龙骨上。其构造方式有暴露骨架（明架）、部分暴露骨架（明暗架）、隐蔽骨架（暗架）。暴露骨架的构造是将方形或矩形纤维板直接搁置在倒 T 形龙骨的翼缘上。部分暴露骨架的构造是将板材两边做成卡口，卡入倒 T 形龙骨的翼缘中，另两边搁置在翼缘上。隐蔽式骨架是将板材的每边都做成卡口，卡入骨架的翼缘中，如图 18-28 所示。

（4）金属板顶棚。金属板顶棚是采用铝合金板、薄钢板等金属板材面层的顶棚。

铝合金板表面作电化铝饰面处理，薄钢板表面可用镀锌、涂塑、涂漆等防锈饰面处理。其特点是自重小、色泽美观大方，具有独特的质感，平挺、线条刚劲明快，且构造简单、安装方便、耐火、耐久。金属板有打孔和不打孔的条形、矩形等形材。

金属条板顶棚中条板呈槽形，有窄条、宽条。条板类型不同和龙骨布置方法不同可做成各式各样的变化效果。按条板的缝隙不同有开放型和封闭型。开放型可做吸声顶棚，封闭型在缝隙处加嵌条或条板边设翼盖。金属条板与龙骨相连的方式有卡口和螺钉两种。

金属方板顶棚中金属方板装饰效果别具一格，易于同灯具、风口、喇叭等协调一致，与柱边、墙边处理较方便，且可与条板形成组合吊顶，采用开放型，可起通风作用。

其安装构造有搁置式和卡入式两种。搁置式龙骨为 T 形，方板的四边带翼缘搁在龙骨翼缘上。卡入式的方板卷边向上，设有凸出的卡口，卡入有夹翼的龙骨中。方板可打孔，也可压成各种纹饰图案。

　　金属方板顶棚靠墙边的尺寸不符合方板规格时，可用条板或纸面石膏板处理，如图18-29所示。

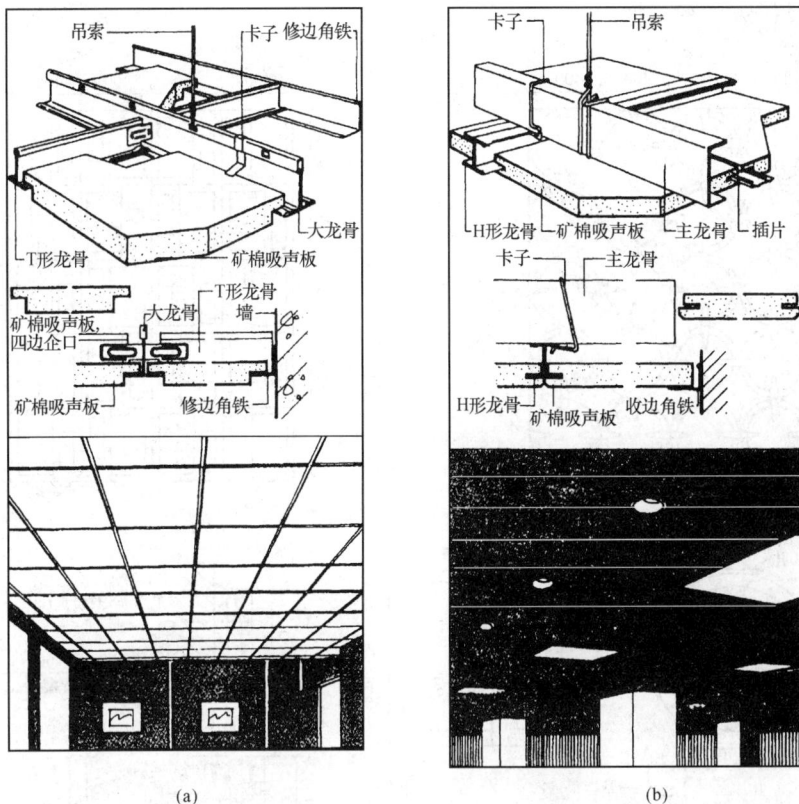

图 18-28　矿棉板吊顶
（a）跌级半明架矿棉板吊顶；（b）暗架矿棉板吊顶

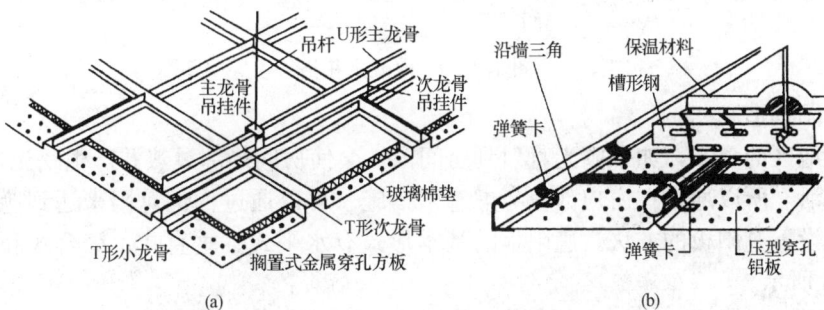

图 18-29　金属板顶棚构造
（a）搁置式金属方板顶棚构造；（b）卡入式金属方板顶棚构造

第五节　其他装修构造

一、花格

　　花格常用于围墙、隔墙、遮阳、窗栅、门窗、栏杆等。既适用于室外，也可用于室内。花格采用具有变化又有规律的几何图案形式，可组合成变化多端、丰富多彩的样式，在组合中应能产生均匀的虚实对比的效果。

花格根据材料的不同分为：砖瓦花格、水泥砂浆花格、木花格、混凝土和水磨石花格。混凝土花格及拼装详图，如图 18-30 所示。

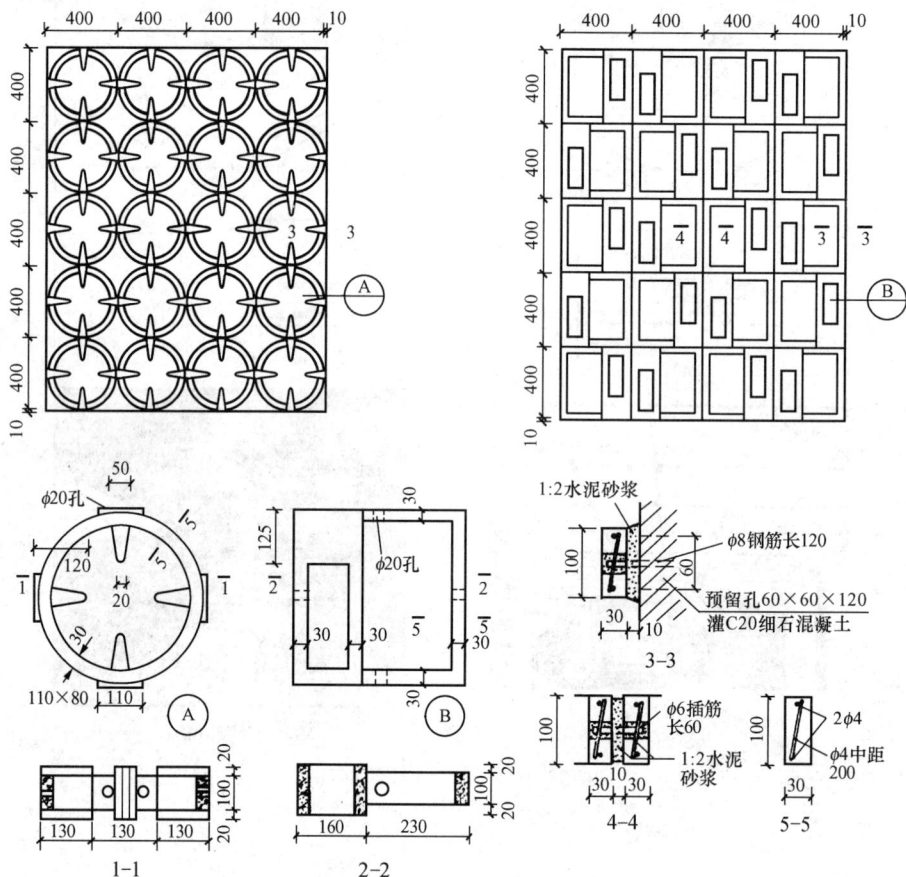

图 18-30　混凝土花格

二、遮阳构造

在炎热地区的夏季，如果阳光直射到房间内，会使房间局部过热并产生眩光，影响人们的工作和生活。所以通常在窗户部位考虑遮阳措施。可以通过构件遮阳来达到遮阳的效果。常是在窗前设置遮阳板的方法。遮阳板的基本形式有水平式、垂直式、综合式和挡板式等，如图 18-31 所示。

三、窗帘盒

窗帘盒一般为木质或金属材料制作，房间有吊顶棚时要同时考虑窗帘盒的做法，其长度通常超过窗洞口宽度 300mm 以上，宽度一般为 120～200mm。其做法见图 18-32 所示。

四、暖气罩

暖气片通常设在窗下，所以暖气罩常与窗台或护壁结合设置。有木制暖气罩和金属暖气罩。木制暖气罩是采用硬木条、胶合板、硬质纤维板等做成格条或格片。可与木护壁结合设置。金属暖气罩是采用钢板、铝合金板等冲压打孔，或做成压型板材等。钢板表面可做成烤漆或搪瓷面层，铝合金表面可氧化出光泽或色彩。固定方式有挂、插、钉、支等。

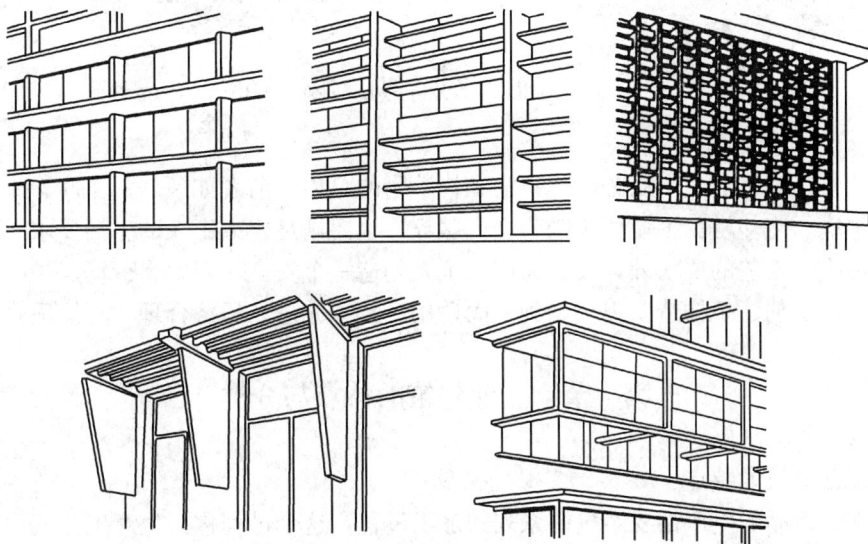

图 18-31 连续遮阳的示例

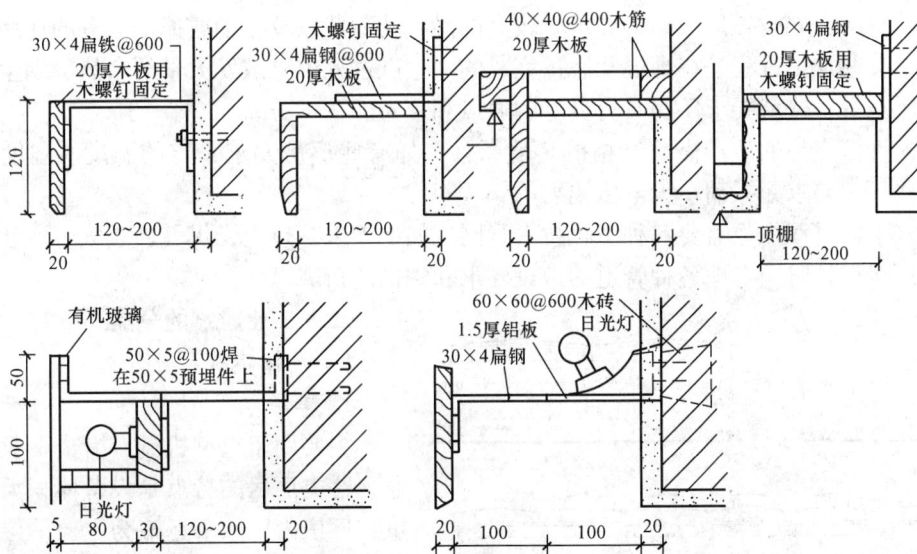

图 18-32 窗帘盒

第十九章
工 业 建 筑 概 述

工业建筑是为工业生产服务的建筑物和构筑物的总称。前者如厂房、车间、库房，后者如烟囱、水塔、冷却塔。工业建筑既为生产服务，也要满足广大工人的生活要求。厂房的设计除要满足生产工艺的要求外，又要为广大工人创造一个安全、卫生、劳动保护条件良好的生产环境。厂房的建筑构造要力求做到坚固适用、技术先进、经济合理、环境适宜。

第一节　工业建筑的特点与分类

一、工业建筑的特点

（1）工业产品的生产都要经过一系列的加工过程，这个过程称为生产工艺流程。生产所需的设备都应按照工艺流程的要求来布置，因而工业建筑的平面形状应按照工艺流程及设备布置的要求进行设计。

（2）厂房内一般都有笨重的机器设备、起重运输设备（吊车）等，这就要求厂房建筑具有较大的空间。同时，厂房结构要承受较大的静、动荷载以及振动或撞击力等的作用。

（3）某些加工过程是在高温状态下完成的，生产过程中要散发大量的余热、烟尘、有害气体及噪声等，这就要求厂房具有良好的通风和采光。

（4）许多产品的生产需要严格的环境条件，如有些厂房要求一定的温度、湿度和洁净度，有些厂房要求无振动，无电磁辐射等。

（5）生产过程往往需要各种工程技术管网，如上下水、热力、煤气、氧气管道和电力供应等。厂房设计时应考虑各种管道的敷设要求和它们的荷载。

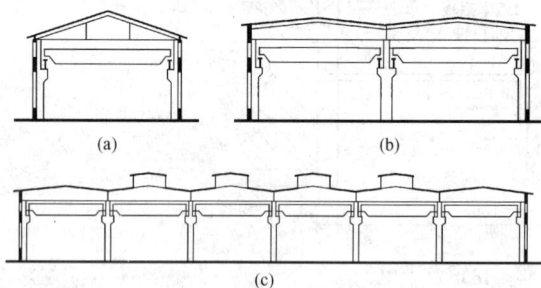

图 19-1　单层厂房
（a）单跨；（b）双跨；（c）多跨

二、工业建筑的分类

（一）按建筑层数分类

1. 单层厂房

主要用于重型机械、冶金工业等重工业。这类厂房的特点是设备体积大、重量重、厂房内以水平运输为主。单层厂房按跨度分有单跨、双跨和多跨（图 19-1）。

2. 多层厂房

常见的层数为 2～6 层。多用于食品、电子、化工、精密仪器工业等。这类厂房的特点是设备较轻、体积较小、工厂的大型机床一般放在底层，小型设备放在楼层上，厂房内部的垂直运输以电梯为主，水平运输以电瓶车为主（图 19-2）。

3. 层数混合的厂房

厂房由单层跨和多层跨组合而成，多用于热电厂、化工厂等。高大的生产设备位于中间的单跨内，边跨为多层（图 19-3）。

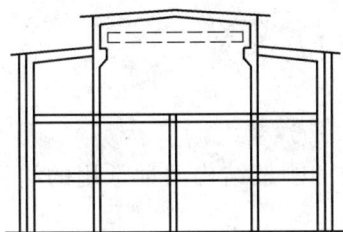

图 19-2 多层厂房

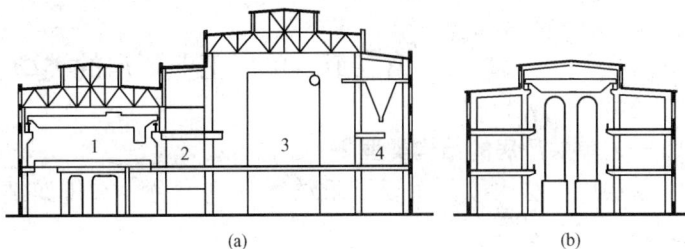

图 19-3 层次混合的厂房
1—汽机间；2—除氧间；3—锅炉房；4—煤斗间

（二）按用途分类

1. 主要生产厂房

在这类厂房中进行生产工艺流程的全部过程，一般包括备料、加工到装配的全过程。如机械制造工厂，包括：铸造车间、锻造车间、冲压车间、铆焊车间、电镀车间、热处理车间、机械加工车间和机械装配车间等。

2. 辅助生产车间

为主要生产厂房服务的车间。如机械修理、工具等车间。

3. 动力用厂房

为全厂提供能源的厂房。如发电站、锅炉房、煤气站等。

4. 储存用房屋

为生产提供存储原料、半成品、成品的仓库。如炉料、砂料、油料、半成品、成品库房等。

5. 运输用房屋

为管理、存储及检修交通工具用的房屋。如机车库、汽车库、电瓶车库等。

6. 其他建筑

如解决厂房给水、排水问题的水泵房、污水处理站等。

（三）按生产状况分类

1. 冷加工车间

在常温状态下进行生产。如机械加工车间、金工车间、机修车间等。

2. 热加工车间

在高温和溶化状态下进行生产，可能散发大量余热、烟雾、灰尘、有害气体等。如铸造、冶炼、热处理车间等。

3. 恒温恒湿车间

为保证产品质量，厂房内要求稳定的温度、湿度条件。如精密仪器、纺织、酿造等车间。

4. 洁净车间

要求在保持高度洁净的条件下进行生产，防止大气中灰尘及细菌的污染。如集成电路车间、精密仪器加工及装配车间、医药工业中的粉针剂车间等。

5. 其他特种状况的车间

如有爆炸可能性、有大量腐蚀性物质、有放射性物质、防微震、防电磁波干扰车间等。

第二节 单层工业厂房的类型及组成

一、单层厂房的结构类型

单层厂房结构按其主要承重结构的型式分，有排架结构和刚架结构两种常用的结构型式。

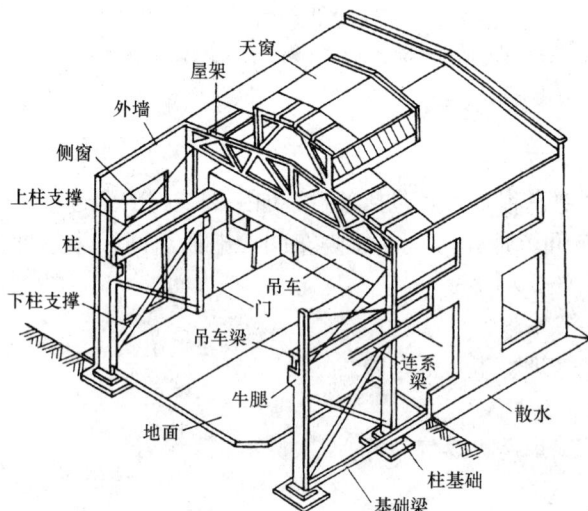

图 19-4 排架结构单层厂房的组成

（一）排架结构

排架结构是目前单层厂房中最基本的、应用比较普遍的结构型式（图19-4）。它的基本特点是把屋架看作一个刚度很大的横梁，屋架（或屋面梁）与柱子的连接为铰接，柱子与基础的连接为刚接。屋架、柱子、基础组成了厂房的横向排架。连系梁、吊车梁、基础梁等均为纵向连系构件，它们和支撑构件将横向排架联成一体，组成坚固的骨架结构系统。

（二）刚架结构

刚架结构是将屋架（或屋面梁）与柱子合并为一个构件，柱子与屋架（或屋面梁）的连接处为刚性节点，柱子与基础一般做成铰接。刚架结构的优点是梁柱合一，构件种类少，结构轻巧，空间宽敞，但刚度较差，适用于屋盖较轻的无桥式吊车或吊车吨位不大、跨度和高度较小的厂房和仓库。如图19-5是目前单层厂房中常用的两铰和三铰刚架形式。

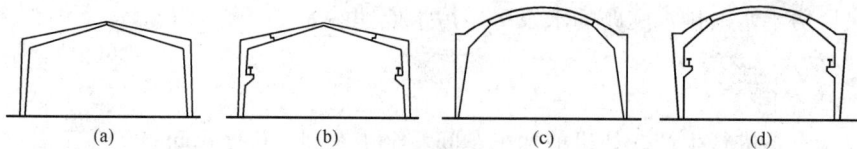

图 19-5 装配式钢筋混凝土门式刚架结构

（a）人字形刚架；（b）带吊车人字刚架；（c）弧形拱刚架；（d）带吊车弧形刚架

二、单层厂房的组成

装配式钢筋混凝土排架结构的单层厂房在工业建筑中应用较为广泛，它由承重结构和围护结构两大部分组成（图19-4）。

（一）承重结构

1. 屋盖结构

包括屋架（或屋面梁）、屋面板及天窗架等。

（1）屋面板铺设在屋架或天窗架上。屋面板直接承受其上面的荷载（包括自重、屋面材料、雨雪、施工等荷载），并把它们传给屋架，或由天窗架传给屋架。

（2）屋架是屋盖结构的主要承重构件。它承受屋面板、天窗架等传来的荷载及吊车荷载

（当设有悬挂吊车时）。屋架搁置在柱子上，并将其所受全部荷载传给柱子。

（3）天窗架承受其上部屋面板及屋面荷载，并将它们传给屋架。

2. 吊车梁

吊车梁搁置在柱牛腿上，承受吊车荷载（包括吊车起吊重物的荷载及启动或制动时产生的纵、横向水平荷载），并把它们传给柱子，同时可增加厂房的纵向刚度。

3. 连系梁

连系梁是柱与柱之间在纵向的水平连系构件，它的作用是增加厂房的纵向刚度，承受其上部的墙体荷载。

4. 基础梁

搁置在柱基础上，主要承受其上部墙体的荷载。

5. 柱子

承受屋架、吊车梁、连系梁及支撑系统传来的荷载，并把它们传给基础。

6. 基础

承受柱及基础梁传来的荷载，并把它们传给地基。

7. 屋架支撑

设在相邻的屋架之间，用来加强屋架的刚度和稳定性。

8. 柱间支撑

包括上柱支撑与下柱支撑，用来传递水平荷载（如风荷载、地震荷载及吊车的制动力等），提高厂房的纵向刚度和稳定性。

（二）围护结构

排架结构厂房的围护结构由屋面、外墙、门窗和地面组成。

1. 屋面

承受外界传来的风、雨、雪、积灰、检修等荷载，并防止外界的寒冷、酷暑对厂房内部的影响，同时屋面板也加强了横向排架的纵向联系，有利于保证厂房的整体性。

2. 外墙

指厂房四周的外墙和抗风柱。外墙主要起防风雨、保温、隔热等作用，一般分上下两部分，上部分砌在连系梁上，下部分砌在基础梁上，属自承重墙。抗风柱主要承受山墙传来的水平荷载，并传给屋架和基础。

3. 门窗

门窗作为外墙的重要组成部分，主要用来交通联系、采光、通风，同时具有外墙的围护作用。

4. 地面

承受生产设备、产品以及堆积在地面上的原材料等荷载，并根据生产使用要求，提供良好的劳动条件。

第三节　工业建筑的起重运输设备

在生产过程中，为了装卸、搬运各种原材料和产品以及进行生产、设备检修等，在厂房内部上空须设置适当的起重吊车。起重吊车是目前厂房中应用最为广泛的一种起重运输设备。厂房剖面高度的确定和结构计算等，同吊车的规格、起重量等有着密切关系。常见的吊车有单轨悬挂吊车、梁式吊车和桥式吊车等。

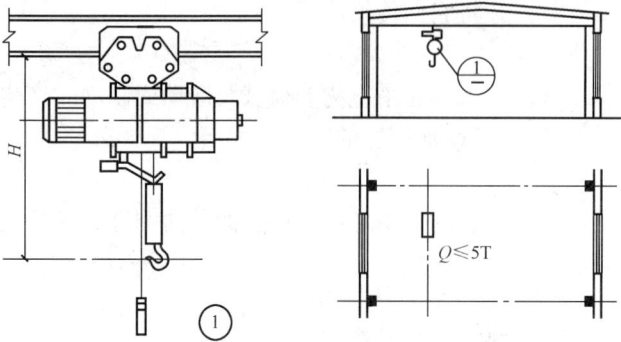

图 19-6　单轨悬挂吊车

一、单轨悬挂吊车

单轨悬挂吊车是在屋架（屋面梁）下弦悬挂梁式钢轨，轨梁上设有可水平移动的滑轮组（即电葫芦），利用滑轮组升降起重的一种吊车（图 19-6）。单轨悬挂吊车的起重量一般不超过 5t。由于钢轨悬挂在屋架下弦，要求屋盖结构有较高的强度和刚度。

二、梁式吊车

梁式吊车有悬挂式和支撑式两种类型。悬挂式是在屋架（屋面梁）下弦悬挂双轨，在双轨上设置可滑行的单梁，在单梁上设有可横向移动的滑轮组（电葫芦）（图 19-7）。支撑式是在排架柱的牛腿上安装吊车梁和钢轨，钢轨上设可滑行的单梁，单梁上设可滑行的滑轮组（图 19-7）。两种吊车的单梁都可按轨道纵向运行，梁上滑轮组可横向运行和起吊重物，起重幅面较大，起重量不超过 5t。

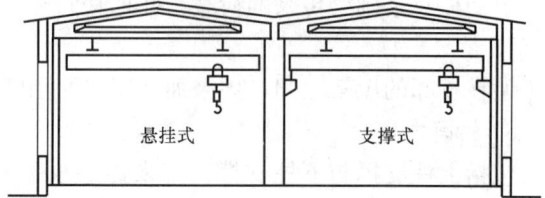

三、桥式吊车

桥式吊车通常是在厂房排架柱的牛腿上安装吊车梁及钢轨，钢轨上设置能沿着厂房纵向滑移的桥架（或板梁），起重小车安装在桥架上，沿桥架上面的轨道横向运行。在桥架和小车运行范围内均可起重，起重量为 5～400t。司机室设在桥架一端的下方（图 19-8）。

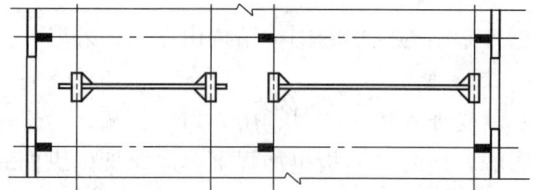

图 19-7　梁式吊车

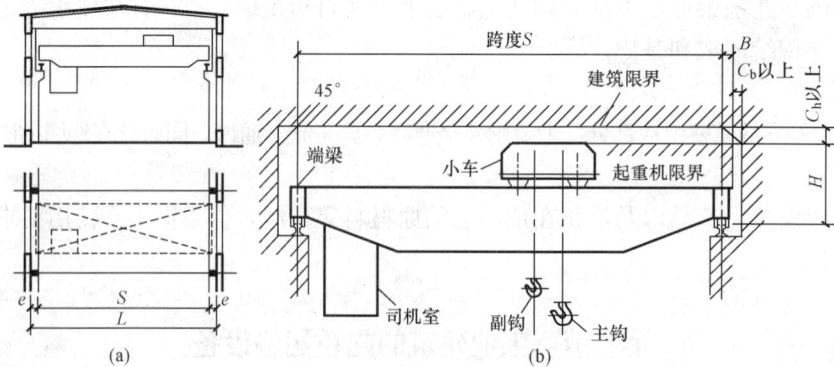

图 19-8　电动桥式吊车
（a）平、剖面示意；（b）吊车安装尺寸

起重吊车按工作的重要性及繁忙程度分重级、中级、轻级等三种工作制。吊车的工作制是根据吊车开动时间与全部生产时间的比率来划分的，用JC%表示。

轻级工作制：JC15%；

中级工作制：JC25%；

重级工作制：JC40%。

吊车的工作状况对支撑它的构件（吊车梁、柱子）有很大影响，在设计这些构件时必须考虑所承受的吊车属于哪一种工作制。

第四节　单层工业厂房的柱网及定位轴线

厂房的定位轴线是确定厂房主要构件的位置及其标志尺寸的基准线，同时也是设备定位、安装及厂房施工放线的依据。

为了提高厂房建筑设计标准化、生产工厂化和施工机械化的水平，划分厂房定位轴线时，在满足生产工艺要求的前提下应尽可能减少构件的种类和规格，并使不同厂房结构形式所采用的构件能最大限度地互换和通用，以提高厂房建筑的装配化程度和建筑工业化水平。

一、柱网尺寸

在单层厂房中，为支撑屋盖和吊车需设置柱子，为了确定柱位，在平面图上需布置纵、横向定位轴线。一般在纵横向定位轴线相交处设柱子（图19-9）。厂房柱子与纵横向定位轴线在平面上形成有规律的网格，称为柱网。柱网尺寸的确定，实际上就是确定厂房的跨度和柱距。柱子纵向定位轴线间的距离称为跨度，横向定位轴线间的距离称为柱距。

确定柱网尺寸时，首先要满足生产工艺要求，尤其是工艺设备的布置；其次在考虑建筑材料、结构形式、施工技术水平、经济效果等因素的前提下，应符合《厂房建筑模数协调标准》的规定：

（一）跨度

单层厂房的跨度在18m以下时，应采用扩大模数30M数列，即9、12、15、18m；在18m以上时，应采用扩大模数60M数列，即24、30、36m…，见图19-9。

（二）柱距

单层厂房的柱距应采用扩大模数60M数列，采用钢筋混凝土或钢结构时，常采用6m柱距，有时也可采用12m柱距。单层厂房山墙处的抗风柱柱距宜采用扩大模数15M数列，即4.5、6、7.5m，见图19-9。

二、定位轴线的划分

厂房定位轴线的划分是在柱网布置的基础上进行的，并与柱网布置保持一致。

厂房的定位轴线分为横向

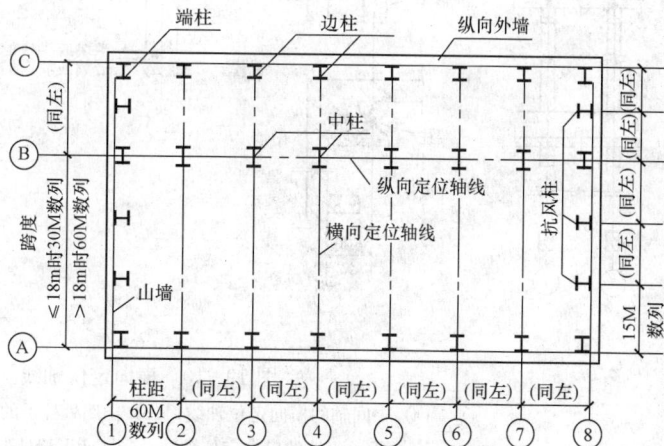

图19-9　跨度和柱距示意图

和纵向两种。与横向排架平面平行的称为横向定位轴线；与横向排架平面垂直的称为纵向定位轴线。定位轴线应予编号。

（一）横向定位轴线

与横向定位轴线有关的承重构件，主要有屋面板和吊车梁。此外，横向定位轴线还与连系梁、基础梁、墙板、支撑等其他纵向构件有关。因此，横向定位轴线应与屋面板、吊车梁等构件长度的标志尺寸相一致。

1. 中间柱与横向定位轴线的关系

除了靠山墙的端部柱和横向变形缝两侧的柱以外，一般中间柱的中心线与横向定位轴线相重合，且横向定位轴线通过屋架中心线及屋面板、吊车梁等构件的接缝中心，如图 19 - 10（a）所示。

2. 山墙处柱子与横向定位轴线的关系

当山墙为非承重墙时，墙内缘应与横向定位轴线相重合，且端部柱及端部屋架的中心线应自横向定位轴线向内移 600mm，见图 19 - 10（b）。这是由于山墙内侧的抗风柱需通至屋架上弦或屋面梁上翼并与之连接，同时定位轴线定在山墙内缘，可与屋面板的标志尺寸端部重合，因此不留空隙，形成"封闭结合"，使构造简单。

当山墙为承重山墙时，墙内缘与横向定位轴线的距离应按砌体的块材类别分别为半块或半块的倍数或墙厚的一半，如图 19 - 10（c）所示，以保证伸入山墙内的屋面板与砌体之间有足够的搭接长度。屋面板与墙上的钢筋混凝土垫梁连接。

3. 横向变形缝处柱子与横向定位轴线的关系

在横向伸缩缝处或防震缝处，应采用双柱及两条定位轴线。柱的中心线均应自定位轴线向两侧各移 600mm，见图 19 - 10（d），两条横向定位轴线分别通过两侧屋面板、吊车梁等纵向构件的标志尺寸端部，两轴线间加插入距 a_i，a_i 应等于伸缩缝或防震缝的宽度 a_e。

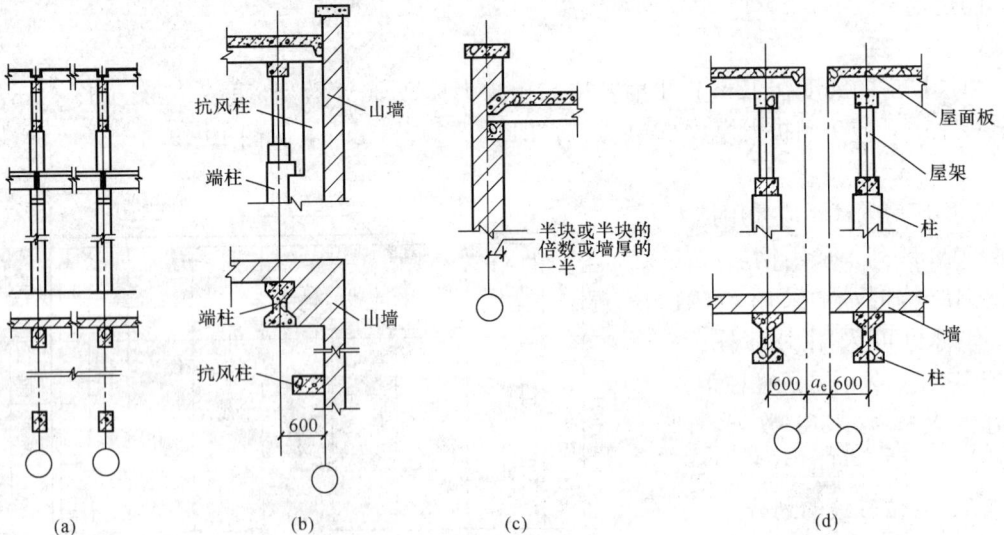

图 19 - 10　横向定位轴线

(a) 中间轴的横向定位轴线；(b) 山墙处柱子的横向定位轴线；

(c) 承重山墙的横向定位轴线；(d) 变形缝处的横向定位轴线

（二）纵向定位轴线

与纵向定位轴线有关的构件主要是屋架（屋面梁），此外纵向定位轴线还与屋面板宽、吊车等有关。因为屋架（屋面梁）的标志跨度是以 3m 或 6m 为倍数的扩大模数，并与大型屋面板（一般为 1.5m 宽）相配合，因此，一般厂房的纵向定位轴线都是按照屋架跨度的标志尺寸从其两端垂直引下来。

　　1. 边柱与纵向定位轴线的关系

　　在有梁式或桥式吊车的厂房中，为了使厂房结构和吊车规格相协调，保证吊车的安全运行，厂房跨度与吊车跨度两者之间的关系规定为

$$S = L - 2e$$

式中　L——厂房跨度，即纵向定位轴线间的距离；

　　　　S——吊车跨度，即吊车轨道中心线间的距离；

　　　　e——吊车轨道中心线至厂房纵向定位轴线间的距离（一般为 750mm，当构造需要或吊车起重量大于 75t 时为 1000mm）。见图 19 - 11。

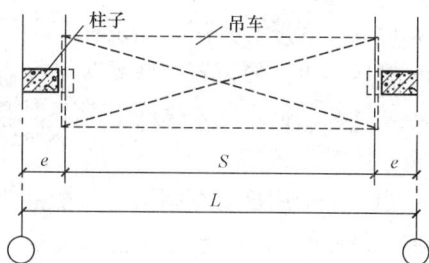

图 19 - 11　吊车跨度与厂房跨度的关系
L—厂房跨度；S—吊车跨度；
e—吊车轨道中心线至厂房纵向定位轴线的距离

　　轨道中心线至厂房纵向定位轴线间的距离 e 是根据厂房上柱的截面高度 h、吊车侧方宽度尺寸 B（吊车端部至轨道中心线的距离）、吊车侧方间隙 C_b（吊车运行时，吊车端部与上柱内缘间的安全间隙尺寸）等因素决定的。上柱截面高度 h 由结构设计确定，常用尺寸为 400mm 或 500mm。吊车侧方间隙与吊车起重量大小有关。当吊车起重量<50t 时，为 80mm，吊车起重量>63t 时，为 100mm。吊车侧方宽度尺寸 B 随吊车跨度和起重量的增大而增大。

　　实际工程中，由于吊车形式、起重量、厂房跨度、高度和柱距不同，以及是否设置安全走道板等条件不同，外墙、边柱与纵向定位轴线的关系有以下两种情况：

　　（1）封闭结合。

　　当结构所需的上柱截面高度 h、吊车侧方宽度 B 及安全运行所需的侧方间隙 C_b 三者之和 $(h+B+C_b)<e$ 时，可采用纵向定位轴线、边柱外缘和外墙内缘三者相重合，屋架端部与外墙内缘相重合，无空隙，形成"封闭结合"。这种纵向定位轴线称为"封闭轴线"，见图 19 - 12 （a）。

　　采用这种"封闭轴线"时，用标准的屋面板便可铺满整个屋面，不需另设补充构件，因此构造简单，施工方便，经济合理。它适用于无吊车或只有悬挂吊车及柱距为 6m、吊车起重量不大且不需增设联系尺寸的厂房。

　　（2）非封闭结合。

　　当柱距>6m，吊车起重量及厂房跨度较大时，由于 B、C_b、h 均可能增大，因而可能导致 $(h+B+C_b)>e$，此时若继续采用"封闭结合"，便不能满足吊车安全运行所需净空要求，造成厂房结构的不安全，因此，需将边柱

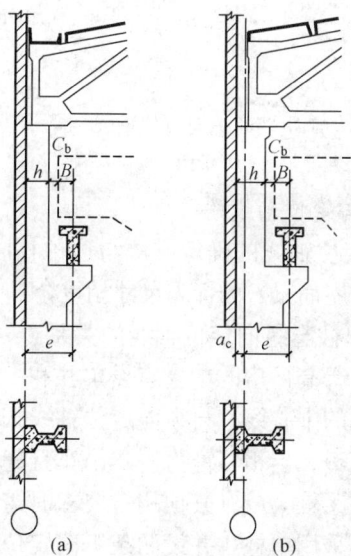

图 19 - 12　边柱与纵向定位轴线的关系
（a）封闭结合；（b）非封闭结合
h—上柱截面高度；a_c—联系尺寸；
B—吊车侧方尺寸；C_b—吊车侧方间隙

外缘从纵向定位轴线向外推移，即边柱外缘与纵向定位轴线之间增设联系尺寸 a_c，使（$e+a_c$）＞（$h+B+C_b$），以满足吊车运行所需的安全间隙，见图 19 - 12 (b)。当外墙为墙板时，联系尺寸 a_c 应为 300mm 或其整数倍数；当围护结构为砌体时，联系尺寸 a_c 可采用 50mm 或其整数倍数。

当纵向定位轴线与柱子外缘间有"联系尺寸"时，由于屋架标志尺寸端部与柱子外缘、外墙内缘不能相重合，上部屋面板与外墙之间便出现空隙，这种情况称为"非封闭结合"，这种纵向定位轴线称为"非封闭轴线"。此时，屋面上部空隙处需作构造处理，通常应加设补充构件，一般有挑砖、加设补充小板等（图 19 - 13）。

厂房是否需要设置"联系尺寸"及其取值多少，应根据所需吊车规格校核安全净空尺寸，使其在任何可能发生的情况下，均有安全保证。此外，还与柱距以及是否设置吊车梁走道板等因素有关。

当厂房采用承重墙结构时，承重外墙的墙内缘与纵向定位轴线间的距离宜为半块砌体的倍数或墙厚的一半。若为带壁柱的承重墙，其内缘与纵向定位轴线相重合，或与纵向定位轴线相距半块砌体或半块的倍数（图 19 - 14）。

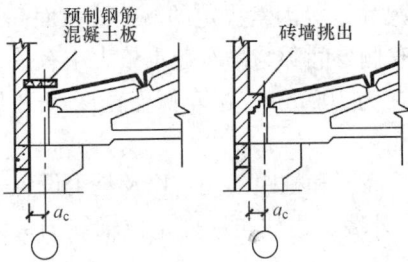

图 19 - 13　"非封闭结合"屋面板与墙空隙的处理

a_c—联系尺寸

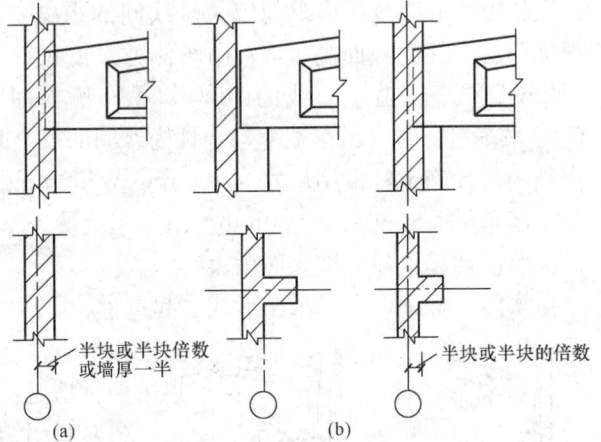

图 19 - 14　承重墙的纵向定位轴线

(a) 无壁柱的承重墙；(b) 带壁柱的承重墙

2. 中柱与纵向定位轴线的关系

中柱处纵向定位轴线的确定方法与边柱相同，定位轴线与屋架（屋面梁）的标志尺寸相重合。

（1）等高跨中柱与纵向定位轴线的关系。

无变形缝时，等高厂房的中柱宜设单柱和一条纵向定位轴线，柱的中心线宜与纵向定位轴线相重合，见图 19 - 15 (a)。当相邻跨为桥式吊车且起重量较大，或厂房柱距较大或有其他构造要求时需设置插入距。中柱可采用单柱，并设两条纵向定位轴线，其插入距 a_i 应符合数列 3M（即 300mm 或其整数倍数），但围护结构为砌体时，a_i 可采用 M/2（即 50mm）或其整数倍数，柱中心线宜与插入距

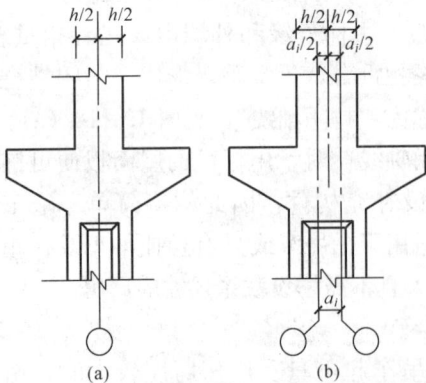

图 19 - 15　等高跨中柱单柱（无纵向伸缩缝）

(a) 一条纵向定位轴线；(b) 两条纵向定位轴线

h—上柱截面高度；a_i—插入距

中心线相重合，见图 19-15（b）。

等高跨厂房设有纵向伸缩缝时，中柱可采用单柱并设两条纵向定位轴线，伸缩缝一侧的屋架（屋面梁）应搁置在活动支座上，两条定位轴线间插入距 a_i 为伸缩缝的宽度 a_e，见图 19-16。

等高跨厂房需设置纵向防震缝时，应采用双柱及两条纵向定位轴线。其插入距 a_i 应根据防震缝的宽度及两侧是否"封闭结合"，分别确定为 a_e 或 a_e+a_c 或 $a_c+a_e+a_c$，如图 19-17 所示。

（2）不等高跨中柱与纵向定位轴线的关系。

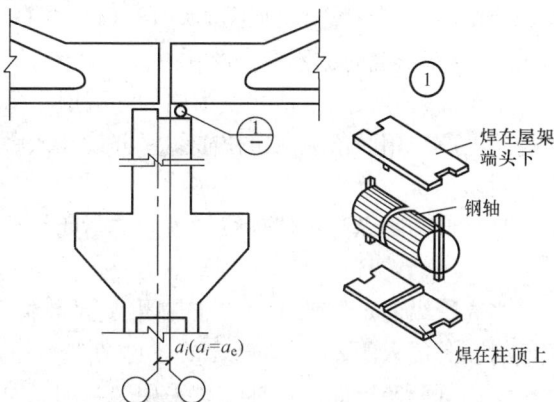

图 19-16　等高跨中柱单柱（有纵向伸缩缝）的纵向定位
a_i—插入距；a_e—伸缩缝宽度

1）无变形缝时的不等高跨中柱。

不等高跨处采用单柱时，把中柱看作是高跨的边柱，对于低跨，为简化屋面构造，一般采用"封闭结合"。根据高跨是否封闭及封墙位置的高低，纵向定位轴线按下述两种情况定位。

高跨采用"封闭结合"，且高跨封墙底面高于低跨屋面，宜采用一条纵向定位轴线，即纵向定位轴线与高跨上柱外缘、封墙内缘及低跨屋架标志尺寸端部相结合，见图 19-18（a）。若封墙底面低于低跨屋面，宜采用两条纵向定位轴线，其插入距 a_i 等于封

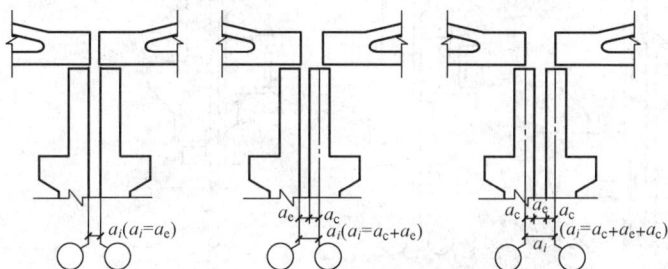

图 19-17　等高跨中柱设双柱时的纵向定位轴线
a_i—插入距；a_e—防震缝宽度；a_c—联系尺寸

墙厚度 t，即 $a_i=t$，见图 19-18（b）。

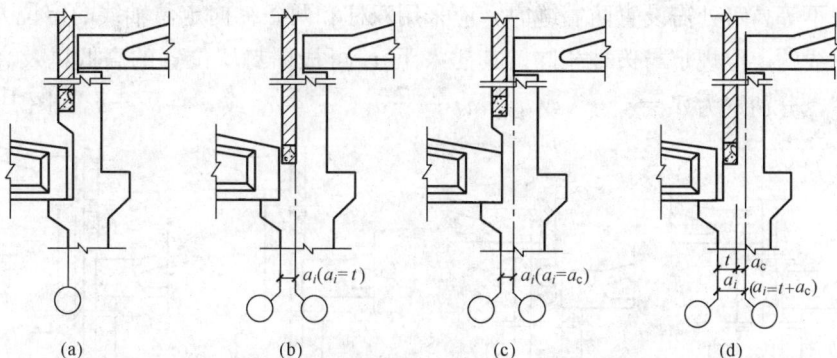

图 19-18　不等高跨中柱单柱（无纵向伸缩缝时）与纵向定位轴线的定位
a_i—插入距；t—封墙厚度；a_c—联系尺寸

高跨采用"非封闭结合"，上柱外缘与纵向定位轴线不能重合，应采用两条定位轴线。插入距根据高跨封墙高于或是低于低跨屋面，分别等于联系尺寸或封墙厚度加联系尺寸 a_c，

即 $a_i = a_c$ 或 $a_i = a_c + t$，见图 19 - 18 (c)、(d)。

2) 有变形缝时的不等高跨中柱。

不等高跨处采用单柱并设纵向伸缩缝时，低跨的屋架或屋面梁可搁置在活动支座上，不等高跨处应采用两条纵向定位轴线，并设插入距。其插入距可根据封墙的高低位置及高跨是否"封闭结合"分别定位：

当高低两跨纵向定位轴线均采用"封闭结合"，高跨封墙底面低于低跨屋面时，其插入距 $a_i = a_e + t$，见图 19 - 19 (a)。

当高跨纵向定位轴线为"非封闭结合"，低跨仍为"封闭结合"，高跨封墙底面低于低跨屋面时，其插入距 $a_i = a_e + t + a_c$，见图 19 - 19 (b)。

当高低两跨纵向定位轴线均采用"封闭结合"，高跨封墙底面高于低跨屋面时，其插入距 $a_i = a_e$，见图 19 - 19 (c)。

当高跨纵向定位轴线为"非封闭结合"，低跨仍为"封闭结合"，高跨封墙底面高于低跨屋面时，其插入距 $a_i = a_e + a_c$，见图 19 - 19 (d)。

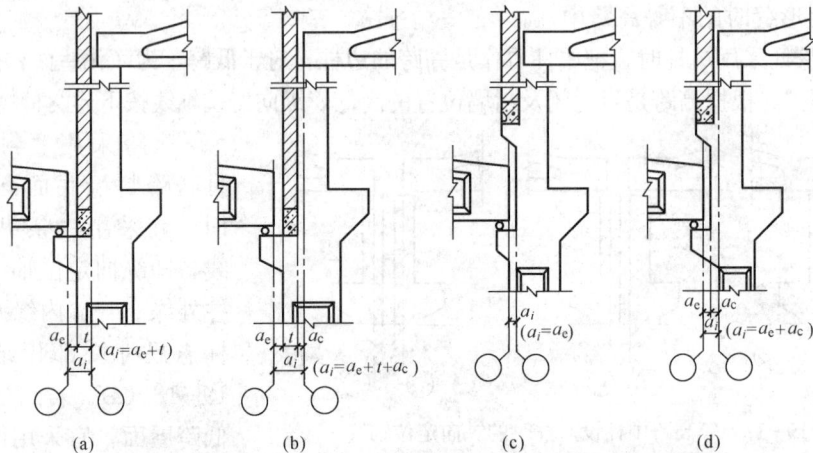

(a)　　　　　　(b)　　　　　　(c)　　　　　　(d)

图 19 - 19　不等高跨中柱单柱（有纵向伸缩缝）与纵向定位轴线的定位

a_i—插入距；a_e—防震缝宽度；t—封墙厚度；a_c—联系尺寸

当厂房不等高跨处需设置防震缝时，应采用双柱和两条纵向定位轴线的定位方法，柱与纵向定位轴线的定位规定与边柱相同。其插入距 a_i 可根据封墙位置的高低以及高跨是否是"封闭结合"，分别定为 $a_i = a_e + t$ 或 $a_i = a_e + t + a_c$，$a_i = a_e$ 或 $a_i = a_e + a_c$（图 19 - 20）。

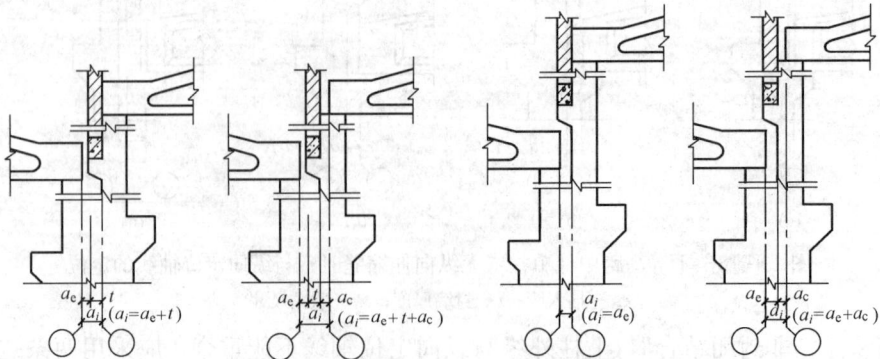

图 19 - 20　不等高跨设中柱双柱与纵向定位轴线的定位

第五节　单层工业厂房主要结构构件

一、基础及基础梁

（一）基础

和民用建筑一样，基础起着承上传下的作用，它承受厂房结构的全部荷载，并传给地基。因此，基础是工业厂房的重要构件之一。

单层厂房的基础，主要有独立式和条式两类，当柱距为 6m 或更大，地质情况较好时，多采用独立式基础，其中杯形基础较为常见（图 19‑21）。

基础所用的混凝土强度等级一般不低于 C15，基础底面通常要先浇灌 100mm 厚、C10 的素混凝土垫层，垫层宽度一般比基础底面每边宽出100mm，以便调整地基标高，便于施工放线和保护钢筋。

杯口应上大下小，以便于吊装和锚固，杯口底应低于柱底标高 50mm，在吊装柱之前用 C20细石混凝土按设计标高找平。吊装柱时，先调整柱位及垂直度，用钢楔固定，并在空隙中填充 C20细石混凝土。基础杯口底板厚度一般应≥200mm。基础顶面的标高，一般应距室内地坪下 500mm，在伸缩缝处设置双柱独立基础时，可做成双杯口的独立基础。

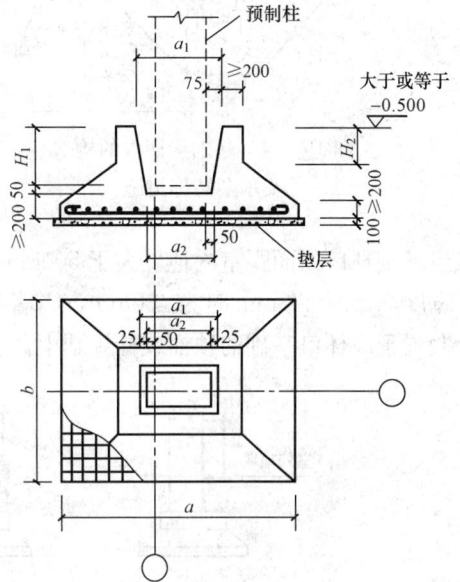

图 19‑21　预制柱下杯形基础

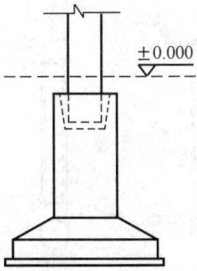

图 19‑22　高杯口基础

当场地起伏不平，局部地质较差，或柱基础旁有深的设备基础时，为了使柱子的长度统一，便于制作和吊装，可将局部基础做成高杯形基础（图 19‑22）。

杯形基础除应满足上述要求外，柱插入杯口深度、基础底面尺寸以及配筋量均须经过结构计算来确定。

（二）基础梁

采用装配式钢筋混凝土排架结构的厂房时，墙体仅起围护和分隔作用，通常不再做基础，而将墙砌在基础梁上，基础梁两端搁置在杯形基础的杯口上，见图 19‑23（a）。墙体的重量通过基础梁传到基础上。用基础梁代替一般条形基础，既经济又施工方便，还可防止墙、柱基础产生不均匀沉降导致墙身开裂。

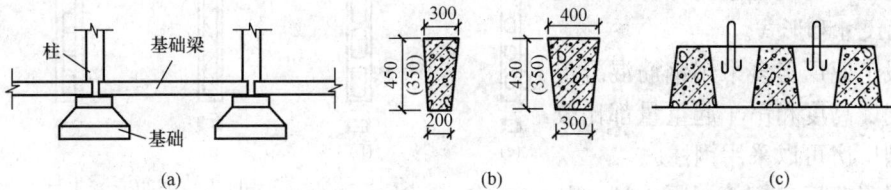

(a)　　　　　　　　(b)　　　　　　　　(c)

图 19‑23　基础梁的位置及截面尺寸

基础梁的断面形状常用倒梯形，有预应力和非预应力钢筋混凝土两种。梯形基础梁的预制较为方便，可利用已制成的梁作为模板，如图 19-23（b）、（c）所示。

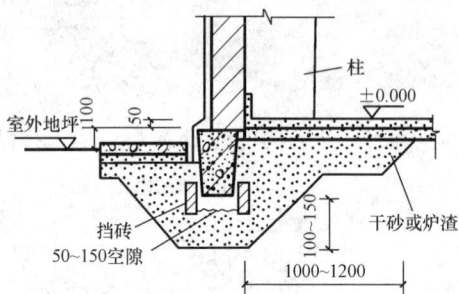

图 19-24　基础梁搁置的构造
要求及防冻措施

为了避免影响开门及满足防潮要求，基础梁顶面标高至少应低于室内地坪标高 50mm，比室外地坪标高至少高 100mm。基础梁底回填土时一般不需要夯实，并留有不少于 50～150mm 的空隙，以利于基础梁与柱基础同步沉降。寒冷地区要铺设较厚的干砂或炉渣，以防地基土壤冻胀将基础梁及墙体顶裂（图 19-24）。

基础梁搁置在杯形基础顶的方式，视基础埋置深度而定（图 19-25），当基础杯口顶面距室内地坪为 500mm 时，基础梁可直接搁置在杯口上；当基础杯口顶面距室内地坪大于 500mm 时，可设置 C15 混凝土垫块搁置在杯口顶面，垫块的宽度当墙厚 370mm 时为 400mm，当墙厚 240mm 时为 300mm；当基础埋深较大时，基础梁可搁置于高杯口基础的顶面或柱牛腿上。

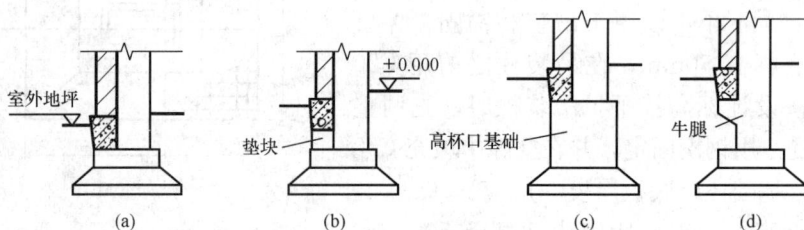

图 19-25　基础梁的搁置方式
（a）放在柱基础顶面；（b）放在混凝土垫块上；（c）放在高杯口基础上；（d）放在柱牛腿上

二、柱

（一）承重柱

在装配式钢筋混凝土排架结构的单层厂房中，柱子主要有承重柱（即排架柱）和抗风柱两类。其中承重柱主要承受屋盖、吊车梁及部分外墙等传来的垂直荷载，以及风荷载和吊车制动力等水平荷载，有时还承受管道设备等荷载，因此承重柱是厂房的主要受力构件之一，应具有足够的抗压和抗弯能力，并通过结构计算来合理确定截面尺寸和形式。

一般工业厂房多采用钢筋混凝土柱。跨度、高度和吊车起重量都比较大的大型厂房可以采用钢柱。

单层工业厂房钢筋混凝土柱，基本上可分为单肢柱和双肢柱两大类

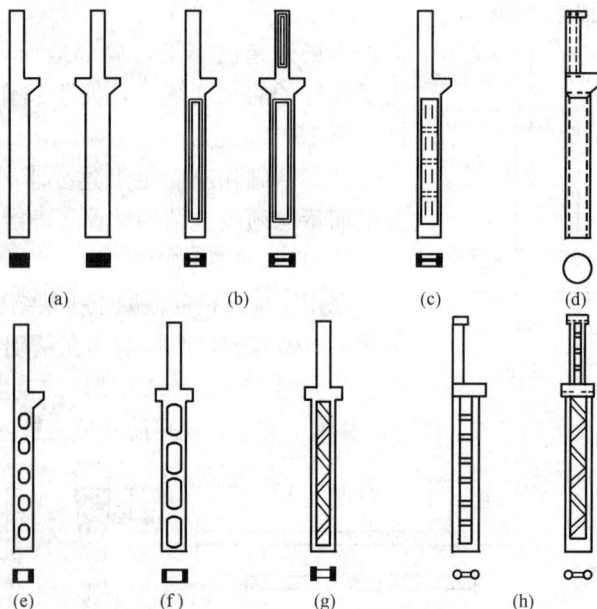

图 19-26　常用的几种钢筋混凝土柱
（a）矩形柱；（b）工字形柱；（c）预制空腹板工字形柱；（d）单肢管柱；（e）双肢柱；（f）平腹杆双肢柱；（g）斜腹杆双肢柱；（h）双肢管柱

（图 19 - 26）。单肢柱截面形式有矩形、工字形及单管圆形。双肢柱截面形式是由两肢矩形柱或两肢圆形管柱，用腹杆（平腹杆或斜腹杆）连接而成。

钢筋混凝土柱除了按结构计算需要配置一定数量的钢筋外，还要根据柱的位置以及柱与其他构件连接的需要，在柱上预先埋设铁件（即柱的预埋件）（图 19 - 27）。在进行柱子设计和施工时，必须将预埋件准确无误地设置在柱上，不能遗漏。

M-1 与屋架焊接；

M-2、M-3 与吊车梁焊接；

M-4 与上柱支撑焊接；

M-5 与下柱支撑焊接；

$2\phi6$ 预埋钢筋与砖墙锚拉；

$2\phi12$ 预埋钢筋与圈梁锚拉。

（二）抗风柱

单层厂房的山墙面积较大，所受到的风荷载也大，因此要在山墙处设置抗风柱来承受墙面上的风荷载，使一部分风荷载由抗风柱直接传至基础，另一部分风荷

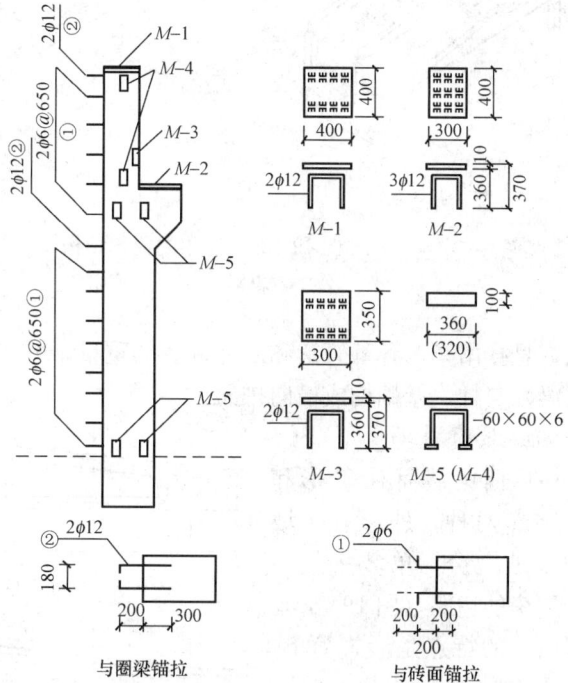

图 19 - 27 柱子预埋铁件

载由抗风柱的上端（与屋架上弦连接），通过屋盖系统传到厂房纵向柱列上去。根据以上要求，抗风柱与屋架之间一般采用竖向可以移动、水平方向又具有一定刚度的"Z"弹簧板连接，屋架与抗风柱间应留有不少于 150mm 的间隙，见图 19 - 28（a）。若厂房沉降较大时，则宜采用螺栓连接，见图 19 - 28（b）。一般情况下抗风柱须与屋架上弦连接；当屋架设有下弦横向水平支撑时，抗风柱可与屋架下弦相连接，作为抗风柱的另一支点。

三、屋盖结构构件

厂房屋盖起围护与承重作用。它包括覆盖构件和承重构件两部分。

单层厂房屋盖结构形式大致可分为无檩体系和有檩体系两类（图 19 - 29）。无檩体系是将大型屋面板直接焊接在屋架或屋面梁上，其整体性好，刚度大，是目前单层厂房比较广泛采用的一种体系。有檩体系是将各种小

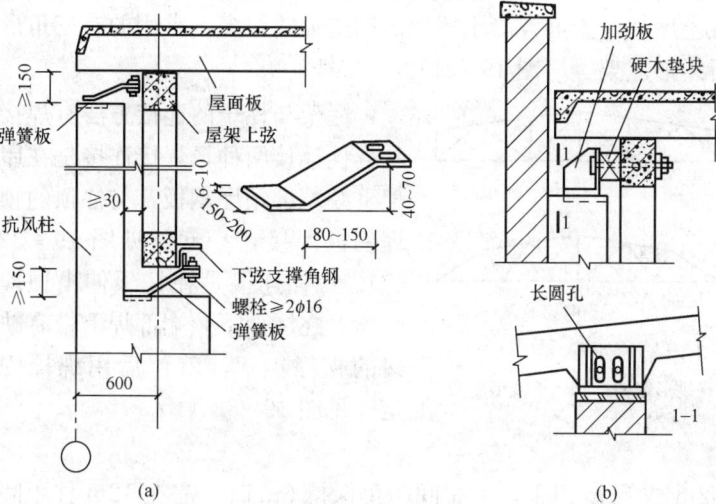

图 19 - 28 抗风柱与屋架的连接构造
(a)"Z"形弹簧板连接；(b) 螺栓连接

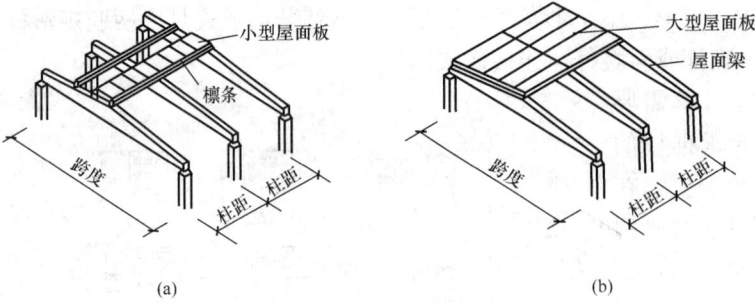

图 19-29　屋顶的覆盖结构
(a) 有檩体系；(b) 无檩体系

型屋面板搁置在檩条上，檩条支撑在屋架或屋面梁上。有檩体系屋盖的整体性和刚度较差，适用于中、小型厂房。

（一）屋盖承重构件

屋架（或屋面梁）一般采用钢筋混凝土或型钢制作，直接承受屋面、天窗荷载及安装在其上的顶棚、悬挂吊车、各种管道和工艺设备的重量，并传给支撑它的柱子（或纵墙），屋架（或屋面梁）与柱、基础构成横向排架。

1. 屋面梁

屋面梁截面有 T 形和工字形两种，外形有单坡和双坡之分，单坡一般用于厂房的边跨（图 19-30）。屋面梁的特点是形式简单，制作和安装较方便，梁高小，重心低，稳定性好，但自重大，适用于厂房跨度不大，有较大振动荷载或有腐蚀性介质的厂房。

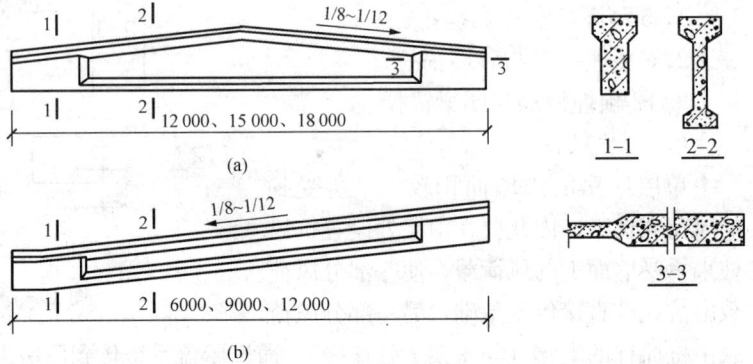

图 19-30　钢筋混凝土工字形屋面梁
(a) 双坡屋面梁；(b) 单坡屋面梁

2. 屋架

屋架按材料分为钢屋架和钢筋混凝土屋架两种，除跨度很大的重型车间和高温车间采用钢屋架外，一般多采用钢筋混凝土屋架。钢筋混凝土屋架的构造形式很多，常用的有三角形屋架、梯形屋架、拱形屋架、折线形屋架等（图 19-31）。

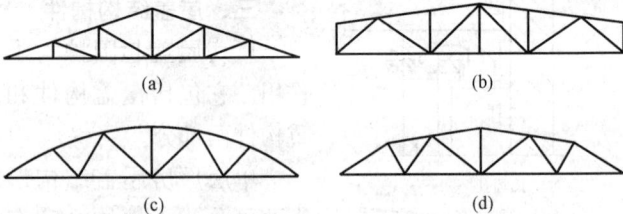

图 19-31　钢筋混凝土屋架的外形
(a) 三角形屋架；(b) 梯形屋架；(c) 拱形屋架；(d) 折线型屋架

屋架与柱子的连接方法有焊接和螺栓连接两种，焊接连接是在屋架下弦端部预埋钢板，与柱顶的预埋钢板焊接在一起，见图 19-32 (a)。螺栓连接是在柱顶伸出预埋螺栓，在屋架下弦端部焊上带有缺口的支撑钢板，就位后用螺栓固定，见图 19-32 (b)。

3. 屋架托架

当厂房全部或局部柱距为 12m 或 12m 以上，屋架间距仍保持 6m 时，需在 12m 柱距间设置托架（图 19-33）来支撑中间屋架，通过托架将屋架上的荷载传递给柱子。吊车梁也相应采用 12m 长。托架有预应力混凝土和钢托架两种。

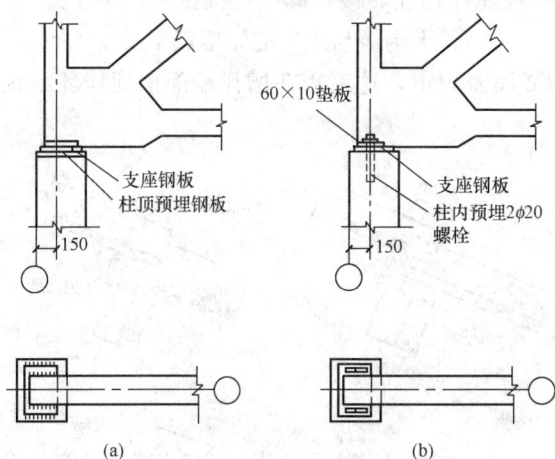

图 19-32 屋架与柱的连接
(a) 焊接连接；(b) 螺栓连接

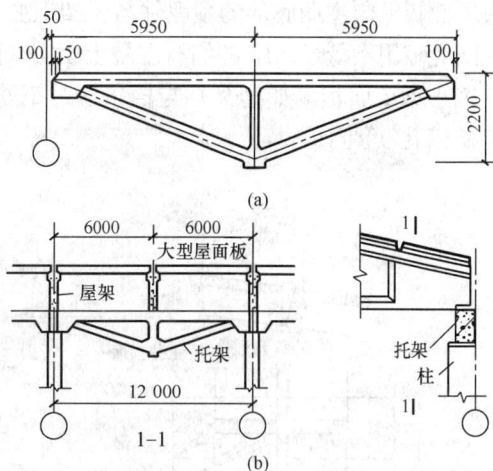

图 19-33 预应力钢筋混凝土托架
(a) 托架；(b) 托架布置

(二) 屋盖覆盖构件

1. 檩条

檩条用于有檩体系的屋盖中，其长度为屋架或屋面梁的间距，檩条的间距多为 3m，其上支撑小型屋面板，并将屋面荷载传给屋架。檩条有钢檩条和钢筋混凝土檩条。钢筋混凝土檩条的截面形状有倒 L 形和 T 形，两端底部埋有铁件，以备与屋架或屋面梁顶部铁件连接（图 19-34）。两檩条在屋架上弦的对头空隙应用水泥砂浆填实。

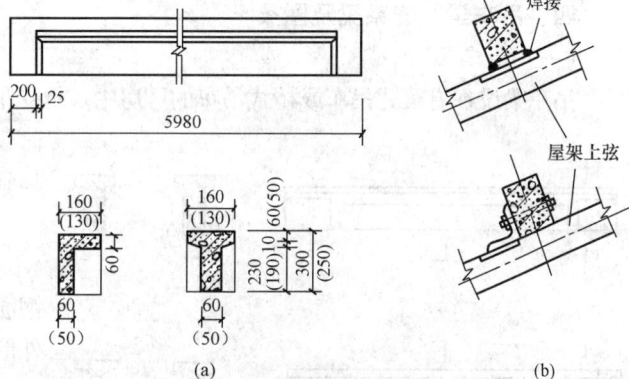

图 19-34 檩条及其连接构造
(a) 檩条的截面形式；(b) 檩条与屋架的连接

2. 屋面板

屋面板是屋面的覆盖构件，分大型屋面板和小型屋面板两种（图 19-35）。

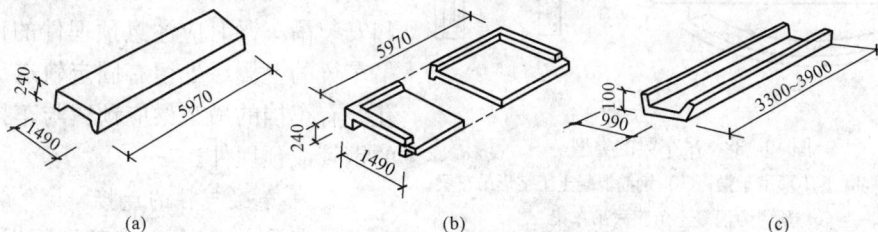

图 19-35 屋面板的类型举例
(a) 大型屋面板；(b) "F" 型屋面板；(c) 钢筋混凝土槽板

在无檩体系中，用的最多的就是预应力钢筋混凝土大型屋面板。这种屋面板的长度即为柱距 6m，宽度 1.5m，与屋架或屋面梁的跨度相适应。大型屋面板与屋架采用焊接连接，即将每块屋面板纵向主肋底部的预埋件与屋架上弦相应预埋件相互焊接，焊接连接点不宜少于三点，板间缝隙用不低于 C15 的细石混凝土填实（图 19-36）。天沟板与屋架的焊接点不少于 4 点。

小型屋面板（如槽瓦）与檩条通过钢筋钩或插铁固定，这就需在槽瓦端部预埋挂环或预留插销孔（图 19-37）。

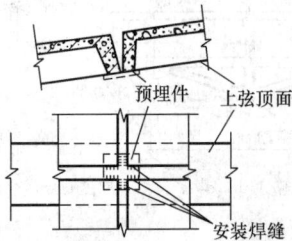

图 19-36　大型屋面板与屋架焊接

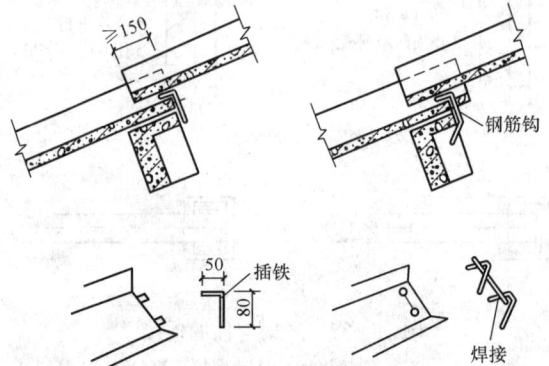

图 19-37　槽瓦的搭接和固定

四、吊车梁、连系梁及圈梁

（一）吊车梁

吊车梁设在有梁式吊车或桥式吊车的厂房中，承受吊车工作时各个方向的动力荷载（即起吊荷载、横向与纵向刹车时的冲击力），同时起到加强厂房纵向刚度和稳定性的作用。

1. 吊车梁的类型

吊车梁一般用钢筋混凝土制成，有普通钢筋混凝土和预应力钢筋混凝土两种，按其外形和截面形状分有等截面的 T 形、工字形和变截面的鱼腹式吊车梁等（图 19-38）。

2. 吊车梁的预埋件

吊车梁两端上下边缘各埋有铁件，作为与柱子连接用（图 19-39）。由于端柱处、伸缩缝处的柱距不同，因此，在预制和安装吊车梁时应注意预埋件的位置。在吊车梁的上翼缘处留有固定轨道用的预留孔。有车挡的吊车梁应预留与车挡连接用的钢管或预埋件。

3. 吊车梁与柱的连接

吊车梁与柱的连接多采用焊接连接。

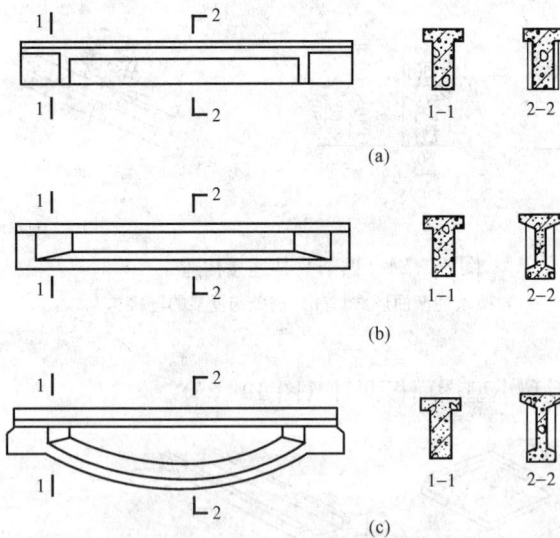

图 19-38　吊车梁的类型

（a）钢筋混凝土 T 形吊车梁；（b）钢筋混凝土工字形吊车梁；
（c）预应力混凝土鱼腹式吊车梁

上翼缘与柱间用钢板或角钢焊接，底部通过吊车梁底的预埋角钢和柱牛腿面上的预埋钢板焊接，吊车梁之间、吊车梁与柱之间的空隙用 C20 混凝土填实（图 19-40）。

4. 吊车轨道在吊车梁上的安装

吊车轨道铺设在吊车梁上供吊车运行。轨道可采用铁路钢轨、吊车专用钢轨或方钢。轨道安装前，先做 30～50mm 厚的 C20 细石混凝土垫层，然后铺钢垫板，用螺栓连接压板将吊车轨道固定（图 19-41）。

5. 车挡在吊车梁上的安装

为了防止吊车运行时来不及刹车而冲撞到山墙上，需在吊车梁的端部设车挡。车挡一般用螺栓固定在吊车梁的翼缘上（图9-42）。

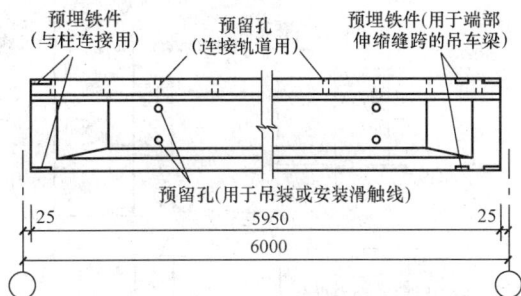

图 19-39 吊车梁的预埋件

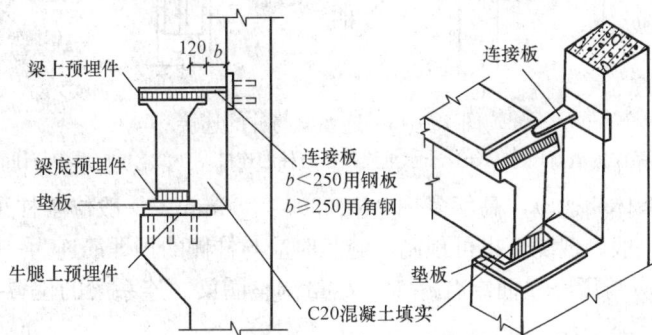

图 19-40 吊车梁与柱的连接

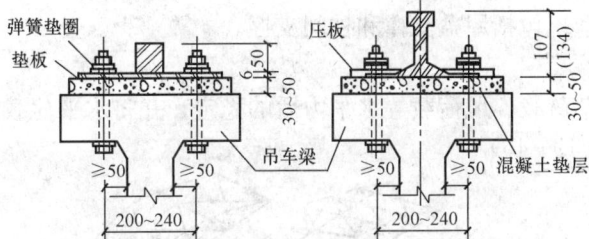

图 19-41 吊车轨道在吊车梁上的安装

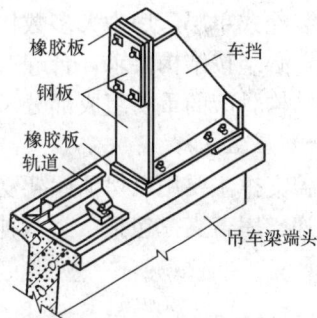

图 19-42 车挡在吊车梁上的安装

（二）连系梁与圈梁

连系梁是厂房纵向柱列的水平连系构件，有设在墙内和不在墙内两种。它的截面形状有矩形和 L 形两种，可根据外墙厚度选用，长度与柱距和抗风柱距相适应（6m 或 4.5m）。设在墙内的连系梁又称墙梁，分非承重和承重两种（图 19-43）。非承重墙梁的主要作用是传递山墙传来的风荷载到纵向柱列，增加厂房的纵向刚度。它将上部墙荷载传给下面墙体，由墙下基础梁承受。非承重墙一般为现浇，它与柱间用钢筋拉接，只传递水平力而不传竖向力。承重墙梁除了起非承重连系梁的作用外，还承受墙体重量并传给柱子，有预制与现浇两种，搁置在柱的牛腿上，用螺栓或焊接的方法与柱连接。

不在墙内的连系梁主要起联系纵向柱列，增加厂房纵向刚度的作用，一般布置在多跨厂房的中列柱中。

圈梁的作用是将围护墙同排架柱、抗风柱等箍在一起，以加强厂房的整体刚度，防止由于地基不均匀沉降或较大的振动荷载对厂房的不利影响。圈梁仅起拉结作用而不承受墙体的重

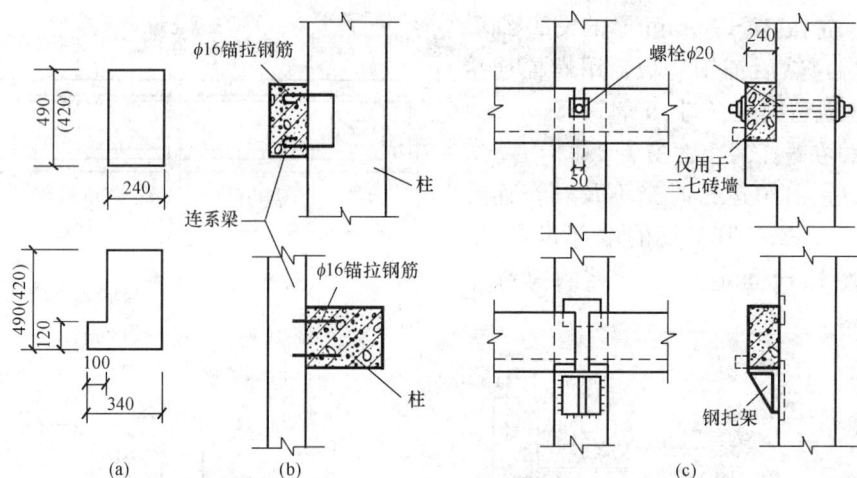

图 19-43 连系梁与柱的连接

（a）连系梁的截面尺寸；（b）非承重连系梁与柱的连接；（c）承重连系梁与柱的连接

量，其截面宽度与墙体相适应，高度多用 240、300、360mm。一般位于柱顶、屋架端头顶部、吊车梁附近。圈梁一般为现浇，也可预制，施工时应与柱侧的预埋筋连为一体（图 19-44）。

实际布置时，应与厂房立面结合起来，尽量调整圈梁、连系梁的位置，使其兼起过梁的作用。

五、支撑系统

在装配式单层厂房中大多数构件节点为铰接，整体刚度较差，为保证厂房的整体刚度和稳定性，必须按结构要求，合理布置必要的支撑。支撑构件是连系各主要承重构件以构成厂房空间结构骨架的重要组成部分。支撑系统包括屋盖支撑和柱间支撑。

（一）屋盖支撑

屋盖支撑主要用以保证屋架受到吊车荷载、风荷载等水平力后的稳定，并将水平荷载向纵向传递。屋盖支撑包括三类八种。（图 19-45）

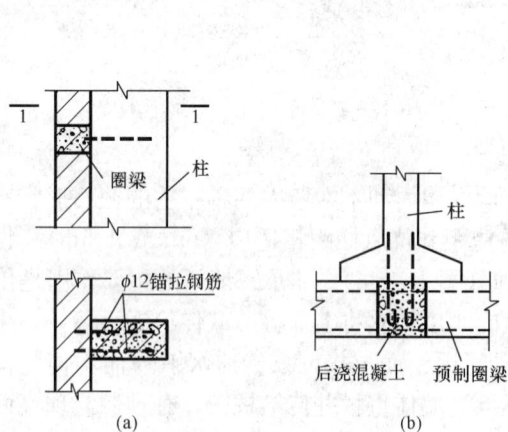

图 19-44 圈梁与柱的连接

（a）现浇圈梁；（b）预制圈梁

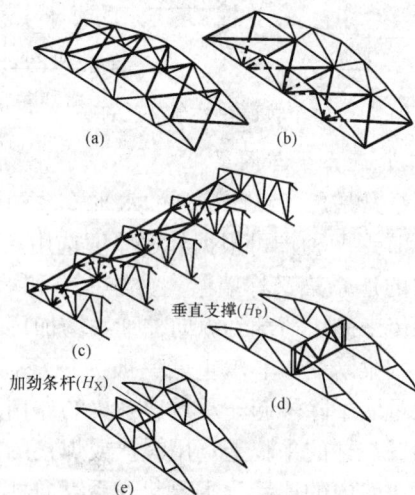

图 19-45 屋盖支撑的种类

（a）上弦横向水平支撑；（b）下弦横向水平支撑；（c）纵向水平支撑；（d）垂直支撑；（e）纵向水平系杆（加劲杆）

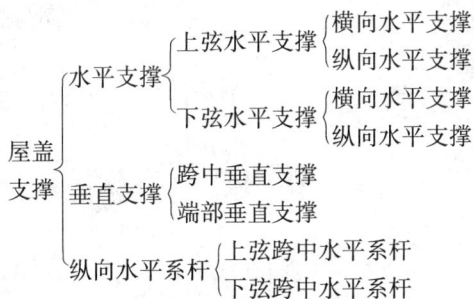

纵向水平支撑和纵向水平系杆沿厂房总长设置，横向水平支撑和垂直支撑一般布置在厂房端部和伸缩缝两侧的第二（或第一）柱间。

（二）柱间支撑

柱间支撑的作用是将屋盖系统传来的风荷载及吊车制动力传至基础，同时加强柱稳定性。柱间支撑以牛腿为分界线，分上柱支撑和下柱支撑，多用型钢制成交叉形式，也可制成门架式以免影响开设门洞口（图19-46）。

柱间支撑适宜布置在各温度区段的中央柱间或两端的第二个柱距中。支撑杆的倾角宜在35°~55°之间，与柱侧的预埋件焊接连接（图19-47）。

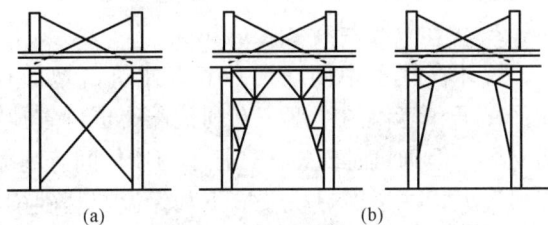

图19-46　柱间支撑形式
(a) 交叉式；(b) 门架式

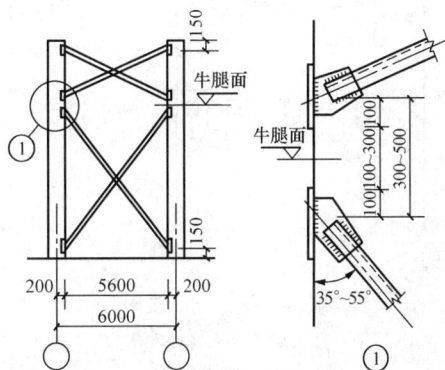

图19-47　柱间支撑与柱的连接构造

第二十章
单层工业厂房构造

第一节　墙　　体

单层工业厂房的墙体，包括外墙、内墙和隔墙。外墙由于高度与长度都比较大，要承受较大的风荷载，同时还要受到机器设备与运输工具振动的影响，因此墙身的刚度与稳定性应有可靠的保证。

厂房外墙一般只起围护作用，根据外墙所用材料的不同，有砌体墙、板材墙和开敞式外墙等几种类型。

一、砌体墙

砌体墙包括普通砖墙和各种材料、各种规格的砌块墙。普通砖墙的厚度有 240mm 和 370mm 两种，砌块墙的厚度多为 180mm 和 190mm。

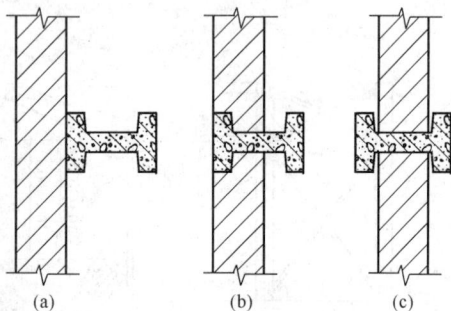

图 20-1　墙体与柱的相对位置

(a) 墙体在柱外侧；(b) 墙体外缘与柱外缘重合；(c) 墙体在柱中

（一）墙体的位置

1. 墙体在柱子外侧

外墙包在柱子的外侧，具有构造简单，施工方便，热工性能好的优点，便于基础梁与连系梁等构配件的标准化，用途广泛，见图 20-1 (a)。

2. 墙体嵌在柱列之间

墙体在柱子中间，具有节省建筑占地面积、加强柱子和墙体的刚度，有利抗震，也可省掉柱间支撑。但砌筑时砍砖多，柱子与墙体间有缝隙，热损失大，柱子因热桥效应不利保温，基础梁与连系梁的长度因柱子宽度的不同而不利标准化。

这种做法可用于不需保温的简易厂房和厂房的内墙，见图 20-1 (b)、(c)。

（二）墙与柱的连接

为保证墙体的稳定性和提高其整体刚度，墙体应与柱有可靠的连接。常用的做法是在预制柱时，沿柱高每隔 500～600mm 伸出两根 $\phi6$ 钢筋，每根伸出长度不小于 500mm，砌墙时把伸出的钢筋砌在灰缝中。

端柱距外墙内缘的空隙应在砌墙时填实，以利于柱对墙体起骨架作用，见图 20-2。

（三）墙与屋架的连接

屋架的上弦、下弦或屋面梁可采用预埋钢筋拉接墙体；若在屋架的腹杆上预埋钢筋不方便时，可在腹杆预埋钢板，再焊接钢筋与墙体拉接，见图 20-3。

（四）墙与屋面板的连接

当外墙伸出屋面形成女儿墙时，为保证女儿墙的稳定性，墙和屋面板之间应采取拉结措施。纵向女儿墙，需在屋面板横向缝内放置一根 $\phi12$ 钢筋（长度为板宽度加上纵墙厚度一半和两头弯钩），在屋面板纵缝内及纵向外墙中各放置一根 $\phi12$（长度为 1000mm）钢筋相连接，形成工字形的钢筋，然后在缝内用 C20 细石混凝土捣实，见图 20-4 (a)；山墙处应在山墙上部沿屋面设置 2 根 $\phi 8$ 钢筋于墙中，并在屋面板的板缝中嵌入一根 $\phi 12$（长度为1000mm）钢筋与山墙中钢筋拉结，见图 20-4（b）。

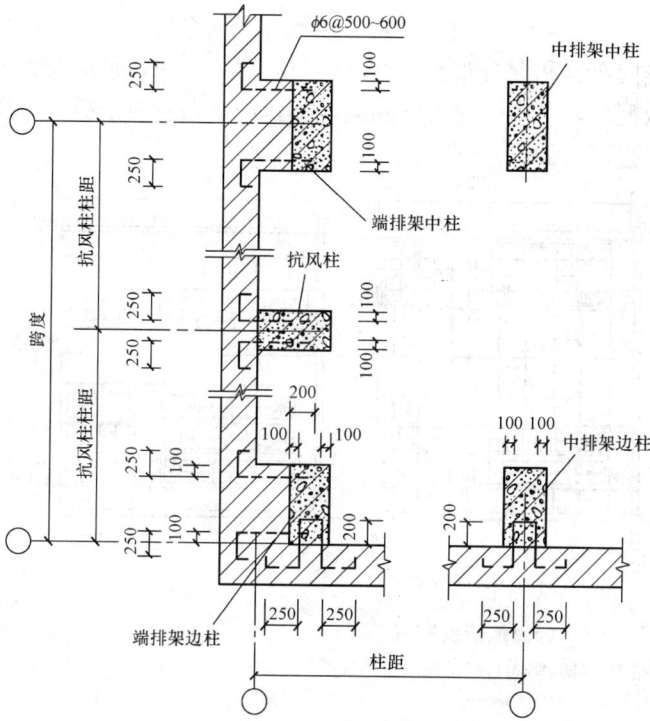

图 20-2　墙与柱的连接构造

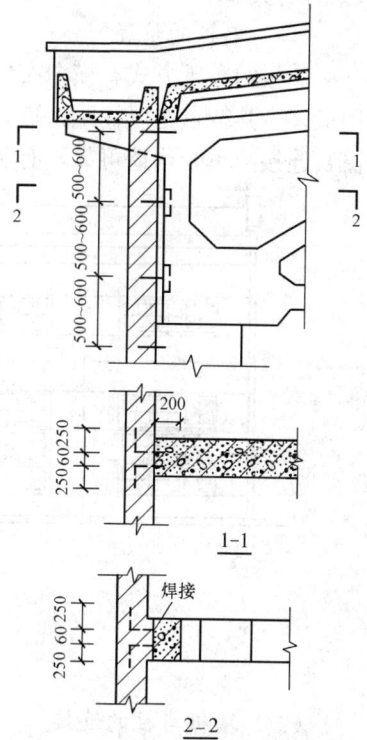

图 20-3　墙与屋架的连接

二、板材墙

板材墙是采用工厂生产的大型墙板，现场装配而成。与砌体墙相比，能充分利用工业废料和地方材料，简化、净化施工现场，加快施工速度，促进建筑工业化。

（一）墙板的规格和类型

一般墙板的长和宽应符合扩大模数 3M 数列，板长有 4500、6000、7500、12000mm 等，板宽有 900、

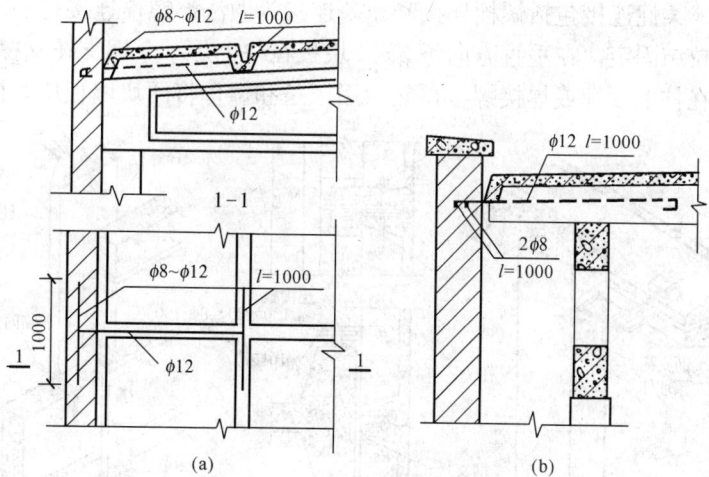

图 20-4　外墙与屋面板的连接
（a）纵向女儿墙与屋面板的连接；（b）山墙与屋面板的连接

1200、1500、1800mm 等。板厚以 20mm 为模数进级，常用厚度为 160～240mm。

墙板的分类方法很多，按照墙板在墙面位置的不同，可分为：檐口板、窗上板、窗下

板、窗框板、一般板、山尖板、勒脚板、女儿墙板等。按照墙板的构造和组成材料的不同，分为单一材料的墙板（如：钢筋混凝土槽形板，空心板，配筋轻混凝土墙板）和复合墙板（如各种夹心墙板）。

（二）墙板的位置

墙板的布置方式有横向布置、竖向布置和混合布置三种（图20-5），其中以横向布置应用最多，其特点是以柱距为板长，板型少，可省去窗过梁和连系梁，便于布置窗框板或带形窗，连接简单，构造可靠，有利于增强厂房的纵向刚度。

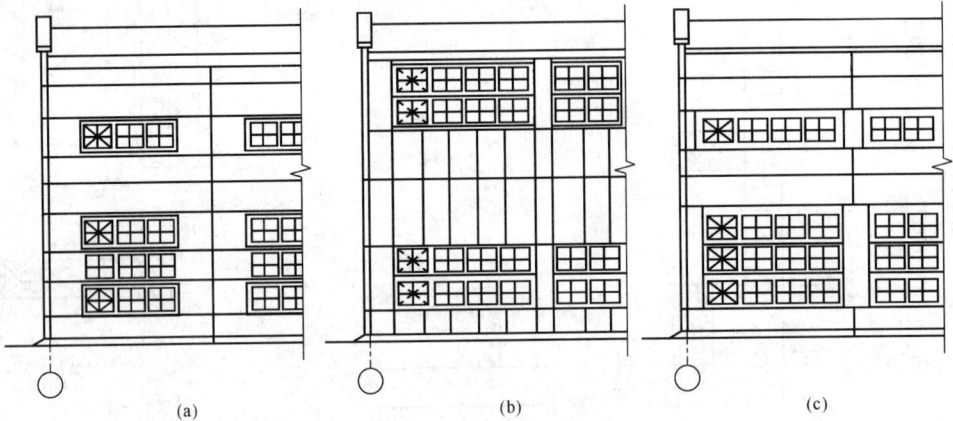

图20-5 板材墙板的布置

(a) 横向布置；(b) 竖向布置；(c) 混合布置

（三）墙板与柱的连接

墙板与柱的连接分为柔性连接和刚性连接。

1. 柔性连接

柔性连接包括螺栓连接和压条连接等做法。螺栓连接是在水平方向用螺栓、挂钩等辅助件拉结固定，在垂直方向每3～4块板在柱上焊一个钢支托支撑，见图20-6（a）。压条连接是在柱上预埋或焊接螺栓，然后用压条和螺母将两块墙板压紧固定在柱上，见图20-6（b）。

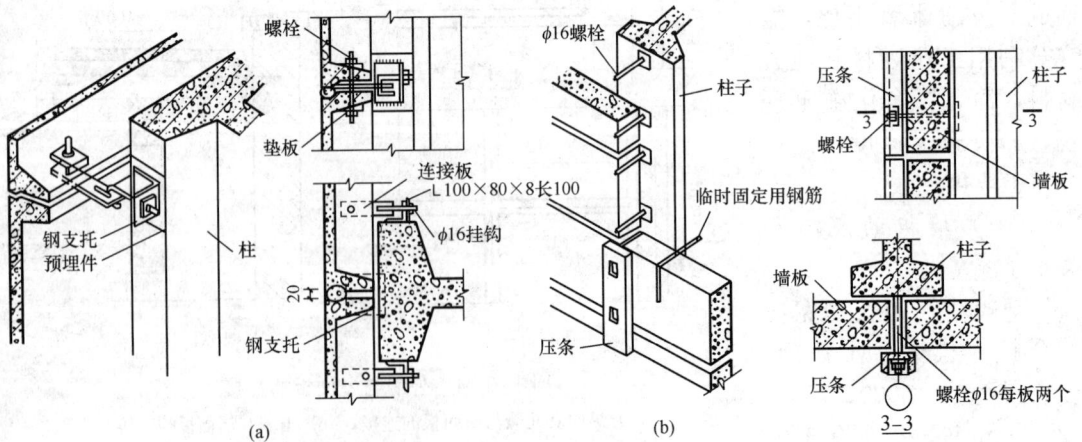

图20-6 板材墙板的柔性连接构造

(a) 螺栓连接；(b) 压条连接

　　柔性连接可使墙与柱在一定范围内相对位移，能够较好地适应变形，适用于地基沉降较大或有较大振动影响的厂房。

　　2. 刚性连接

　　刚性连接是在柱子和墙板上先分别设置预埋件，安装时用角钢或 $\phi 16$ 的钢筋段把它们焊接在一起（图20-7）。其优点是用钢量少、厂房纵向刚度强、施工方便，但楼板与柱间不能相对位移，适用于非地震区和地震烈度较小的地区。

　　（四）板缝处理

　　无论是水平缝还是垂直缝，均应满足防水、防风、保温、隔热要求，并便于施工制作、经济美观、坚固耐久。板缝的防水处理一般是在墙板相交处做出挡水台、滴水槽、空腔等，然后在缝中填充防水材料（图20-8）。

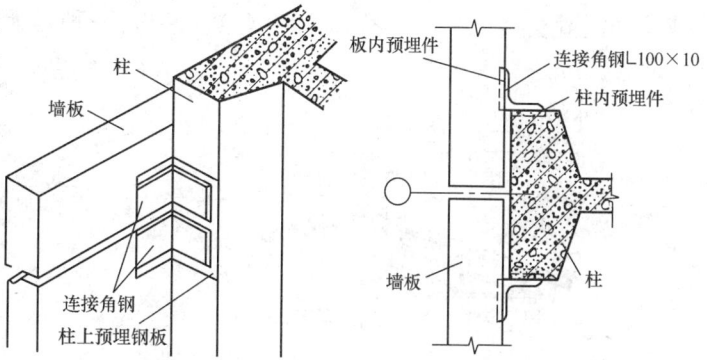

图 20-7　板材墙板的刚性连接构造

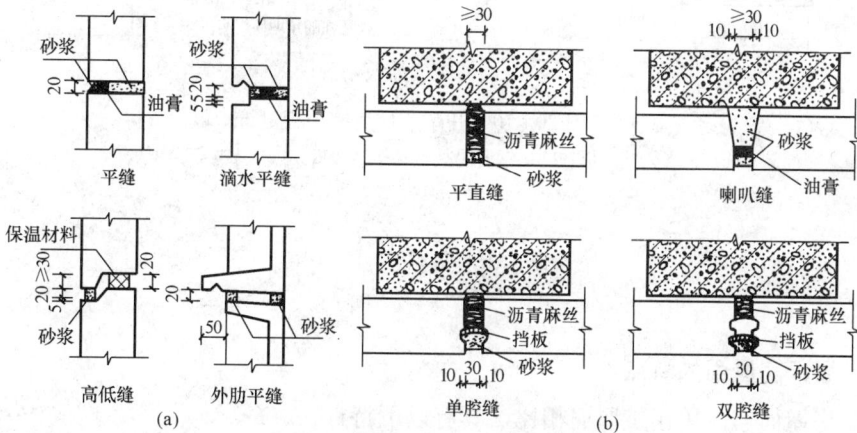

图 20-8　板材墙的板缝构造
（a）水平缝构造；（b）垂直缝构造

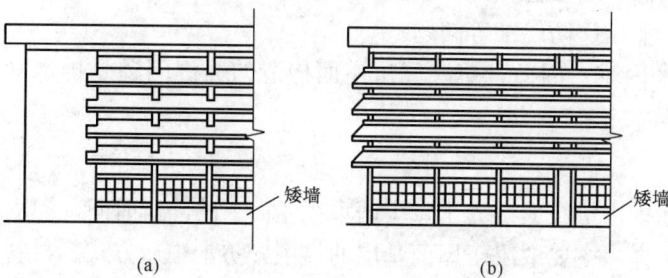

图 20-9　开敞式外墙的形式
（a）单面开敞式外墙；（b）四面开敞式外墙

三、开敞式外墙

　　在南方炎热地区和热加工车间，为了获得良好的自然通风和散热效果，厂房外墙可做成开敞式外墙。开敞式外墙最常见的形式是上部为开敞式墙面，下部设矮墙（图20-9）。

　　为了防止太阳光和雨水通过开敞口进入厂房，一般要在开敞口处设置挡雨遮阳板。挡雨遮阳板每排之间距离，与当地的飘雨角度、日照以及通风等因素有关，设计时应结合车间对防雨的要求来确定，一般飘雨角度可按 45°设计，风雨较大地区可酌情减少角度。挡雨板有两种做法，一种是用支架支承石棉水泥瓦挡雨板或钢筋混凝土挡雨板，见图 20-10（a）、（b）；一种是无支架钢筋混凝土挡雨板，见图 20-10（c）。

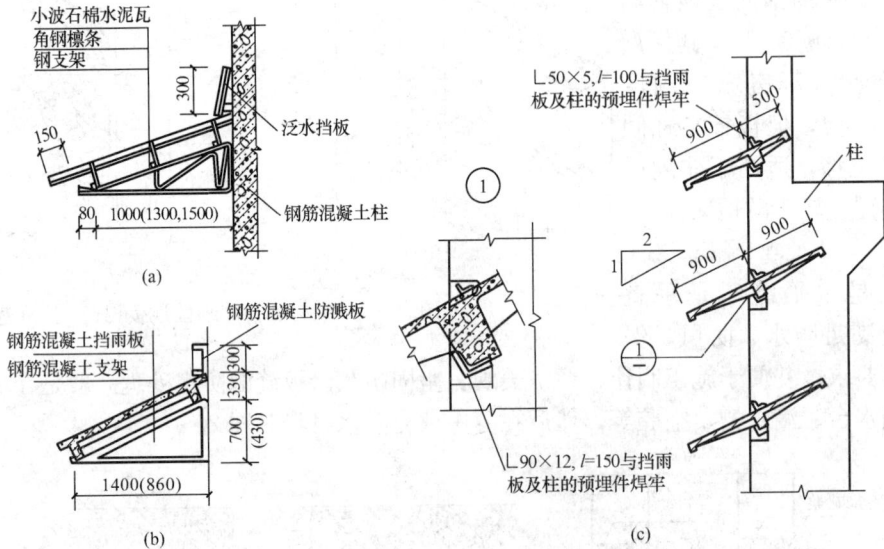

图 20-10　开敞式厂房挡雨板

（a）钢支架挡雨板；（b）钢筋混凝土支架挡雨板；（c）无支架挡雨板

第二节　屋　　面

一、单层厂房屋面的特点

单层厂房屋面与民用建筑屋面相比，具有以下特点：

（1）屋面面积大；

（2）屋面板多采用装配式，接缝多；

（3）屋面受厂房内部的振动、高温、腐蚀性气体、积灰等因素的影响；

（4）特殊厂房屋面要考虑防爆、泄压、防腐蚀等问题。

这些都给屋面的排水和防水带来困难，因此，单层厂房屋面构造的关键问题是排水和防水。

二、屋面排水

单层工业厂房的屋面集水面积和排水量较大，为了减少雨水在屋面上的停留时间，屋面须有一定的坡度。屋面排水坡度的选择，主要取决于屋面基层的类型、防水构造方式、材料性能、屋架形式以及当地气候条件等因素。一般说来，坡度越陡对排水越有利，但某些卷材（如油毡），在屋面坡度过大时则夏季会因气温过高产生沥青流淌，使卷材下滑。通常，各种屋面的坡度可参考表 20-1 选择。

表 20-1		屋面坡度选择参考表		
防水类型	卷材类型	非卷材防水		
		嵌缝式	F板	石棉瓦等
选择范围	1:4～1:50	1:4～1:10	1:3～1:8	1:2～1:5
常用坡度	1:5～1:10	1:5～1:8	1:5～1:8	1:2.5～1:4

选择适当的排水方式会减少渗漏的可能性，从而有助于防水。排水方式分无组织排水和有组织排水。

（一）无组织排水

无组织排水也称自由落水，雨水沿坡面和檐口直落地面。这种排水方式构造简单，造价便宜，施工方便，不易发生泄漏，见图20-11（a）。

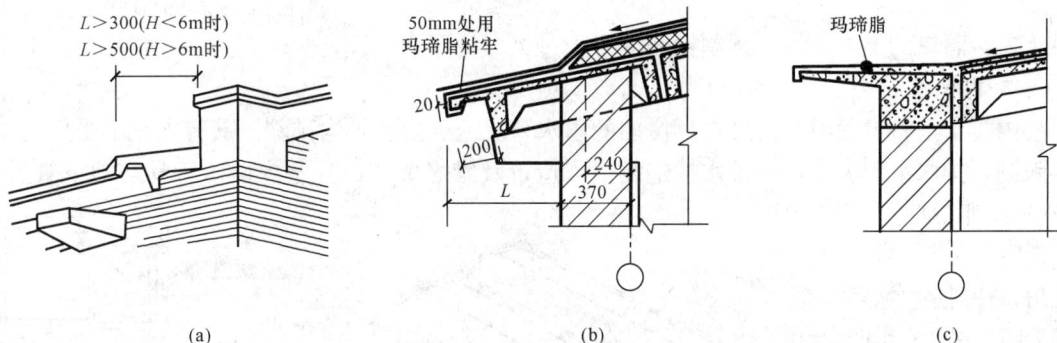

图 20-11 无组织排水
（a）无组织排水示意；（b）檐口板挑檐；（c）圈梁挑出挑檐

无组织排水适用于地区年降雨量不超过900mm，檐口高度小于10m，或地区年降雨量超过900mm，檐口高度小雨8m的厂房。对屋面有特殊要求的厂房，如屋面容易积灰的冶炼车间，屋面防水要求很高的铸工车间以及对雨水管具有腐蚀作用的炼铜车间等，宜采用无组织排水。

无组织排水挑檐长度与檐口高度有关，当檐口高度在6m以下时，挑檐挑出长度不宜小于300mm；当檐口高度超过6m时，挑檐挑出长度不宜小于500mm。挑檐可由外伸的檐口板形成，也可利用顶部圈梁挑出挑檐板。见图20-11（b）、（c）。

（二）有组织排水

有组织排水是将屋面雨水有组织地汇集到天沟或檐沟内，再经雨水斗、落水管排到室外或下水道。有组织排水又分外排水和内排水。这种排水方式构造较复杂，造价较高，容易发生堵塞和渗漏，适用于联跨多坡屋面和檐口较高、屋面集水面积较大的大中型厂房。

1. 檐沟外排水

当厂房较高或地区年降雨量较大，不宜作无组织排水时，可把屋面的雨、雪水组织在檐沟内，经雨水口和立管排下。这种方式具有构造简单、施工方便、造价低、且不影响车间内部工艺设备的布置等特点，故在南方地区应用较广。檐沟一般采用钢筋混凝土槽形天沟板，天沟板支撑在屋架端部的水平挑梁上。见图20-12。

2. 长天沟外排水

当厂房内天沟长度不大时，可采用长天沟外排水，即沿厂房纵向设通长天沟汇集雨水，

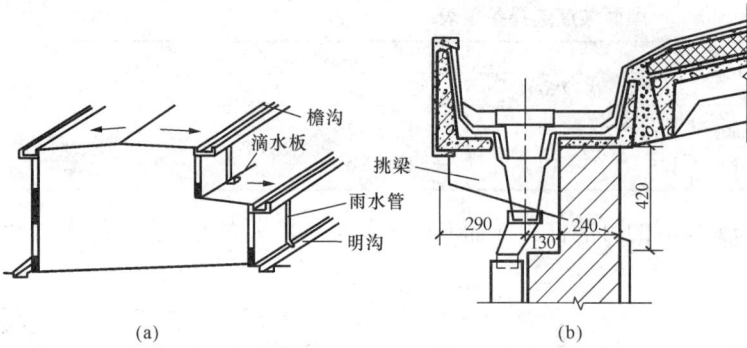

天沟内的雨水由端部的雨水管排至室外地坪。这种排水方式构造简单，施工方便，造价较低。但受地区降雨量、汇水面积、屋面材料、天沟断面和纵向坡度等因素的制约。

当采用长天沟外排水时，须在山墙上留出洞口，天沟板伸出山墙，并在天沟板的端壁上方留出

图 20-12　檐沟外排水构造
(a) 檐沟外排水示意；(b) 挑檐沟构造

溢水口，洞口的上方应设置预制钢筋混凝土过梁（见图 20-13）。

3. 内排水

内排水是将屋面雨水由设在厂房内的雨水管及地下雨水管沟排除。其特点是不受厂房高度限制，排水组织灵活，但排水构造复杂，造价及维修费高，且室内雨水管易与地下管道、设备基础、工艺管道等发生矛盾。内排水常用于多跨厂房，特别是严寒多雪地区的采暖厂房和有生产余热的厂房（见图 20-14）。

4. 内落外排水

内落外排水是将屋面雨水先排至室内的水平管，水平管设有 0.5%～1% 的坡度，再由室内水平管将雨水导至墙外的排水立管。这种排水方式避免了内排水与地下干管布置的矛盾，也克服了内排水室内雨水管影响工艺设备布置等缺点，但水平管易堵塞，不宜用于屋面有大量积尘的厂房（见图 20-15）。

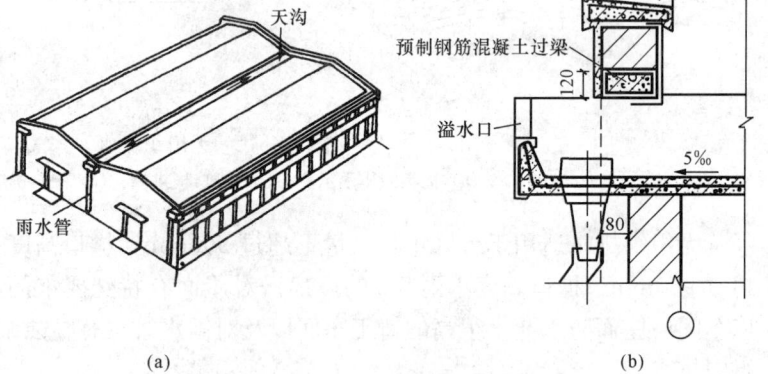

图 20-13　长天沟外排水构造
(a) 长天沟外排水示意；(b) 长天沟构造

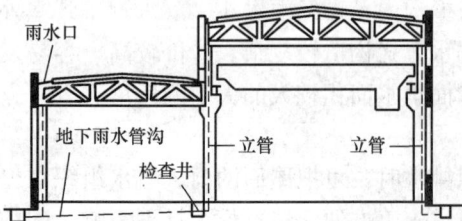

图 20-14　内排水示意图

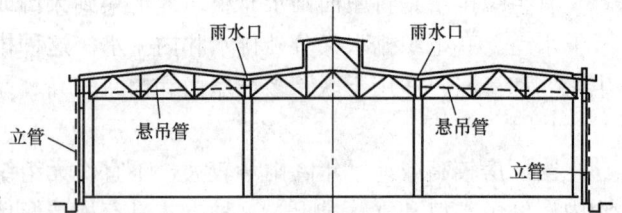

图 20-15　内落外排水示意图

三、屋面防水

按照屋面防水材料和构造做法，单层厂房的屋面分柔性防水屋面和构件自防水屋面。柔

性防水屋面适用于有振动影响和有保温隔热要求的厂房。构件自防水屋面适用于南方地区和北方无保温要求的厂房。

（一）卷材防水屋面

单层厂房中卷材防水屋面的构造原则和做法与民用建筑基本相同，它的防水质量关键在于基层和防水层。由于厂房屋面荷载大，振动大，因此变形可能性大，一旦基层变形过大，易引起卷材拉裂，施工质量不高也会引起渗漏，应加以处理。具体做法为：在屋面板的板缝处，须用 C20 细石混凝土灌缝填实；在板的横缝处应加铺一层干铺卷材延伸层后，再做屋面防水层（见图 20-16）。

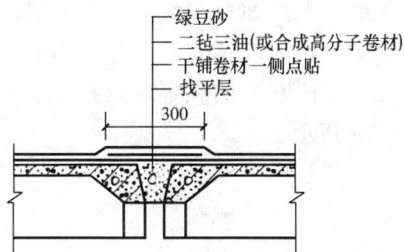

图 20-16 屋面板横缝处构造

（二）构件自防水屋面

构件自防水屋面是利用屋面板自身的混凝土密实性和抗渗性来承担屋面的防水作用，应采用较高强度等级的混凝土（C30～C40）。确保骨料的质量和级配，保障振捣密实、平滑、无裂缝。屋面板缝的防水则靠嵌缝、贴缝或搭盖等措施来解决。

1. 嵌缝式、贴缝式构件自防水屋面

利用钢筋混凝土屋面板作为防水构件，缝内先清扫干净后用 C20 细石混凝土填实，缝的下部在浇捣前应吊木条，浇捣时预留 20～30mm 的凹槽，待干燥后刷冷底子油，填嵌油膏防水，即为嵌缝式；为保护油膏，减慢油膏老化速度，可在油膏嵌缝的基础上，在板缝上再粘贴一条卷材覆盖层则称贴缝式。见图 20-17。

2. 搭盖式构件自防水屋面

利用钢筋混凝土 F 形屋面板上下搭盖纵缝，用盖瓦、脊瓦覆盖横缝和脊缝的方式来达到屋面防水，见图 20-18。

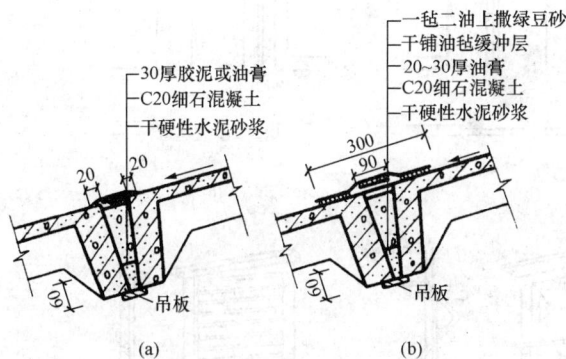

图 20-17 嵌缝式、贴缝式板缝构造
(a) 嵌缝式；(b) 贴缝式

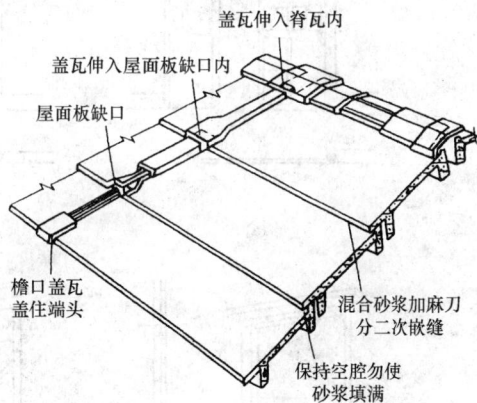

图 20-18 搭盖式构件自防水

第三节 大门、侧窗与天窗

一、大门

（一）大门洞口尺寸

工业厂房的大门是运输原材料、成品、设备的重要出入口，因而它的洞口尺寸应满足运输车辆、人流通行等要求，为使满载货物的车辆能顺利通过大门，门洞的尺寸应比满载货物车辆的外轮廓加宽 600～1000mm，加高 400～500mm。同时，门洞的尺寸还应符合《建筑模数协调标准》的规定，以扩大模数 3M 为进级。我国单层厂房常用的大门洞口尺寸如图 20-19 所示。

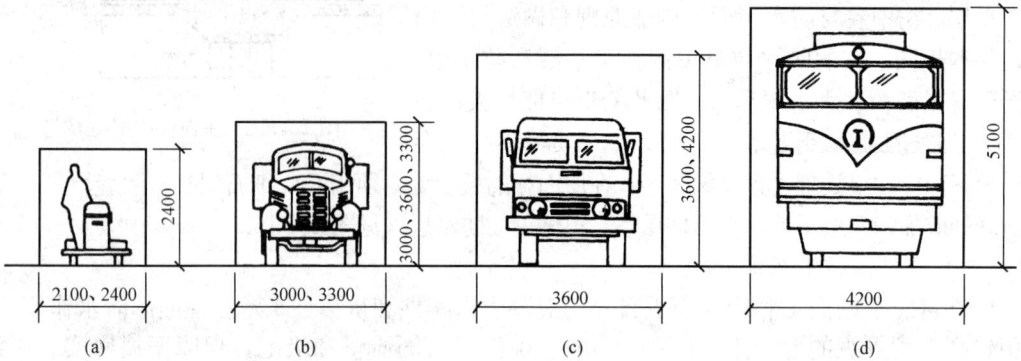

图 20-19　常用厂房大门的尺寸

(a) 电瓶车；(b) 一般载重汽车；(c) 重型载重汽车；(d) 火车

(二) 大门的类型

工业厂房的大门按用途分为一般大门和特殊大门。特殊大门是根据特殊要求设计的，有保温门、防火门、防风砂门、隔声门、冷藏门、烘干室门、射线防护门等。

厂房大门按开启方式分为平开门、推拉门、折叠门、上翻门、升降门、卷帘门等（图 20-20）。

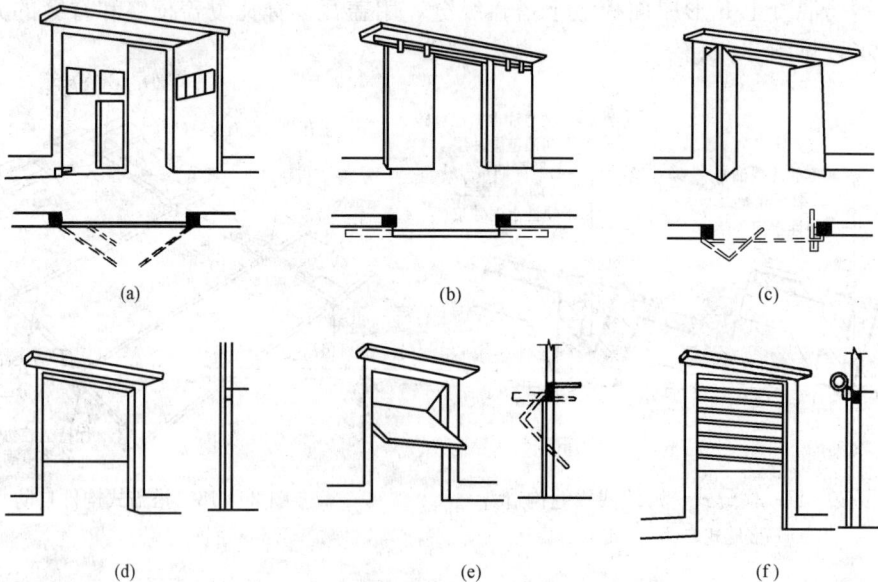

图 20-20　厂房大门的开启方式

(a) 平开门；(b) 推拉门；(c) 折叠门；(d) 升降门；(e) 上翻门；(f) 卷帘门

1. 平开门

平开门构造简单，开启方便，是单层厂房常用的大门型式。门扇通常向外开，洞口上部设雨篷，以保护门扇和方便出入。平开门一般采用双扇门，每侧门扇各自用铰链侧挂在门框上。当平开门的门扇尺寸过大时，易产生下垂或扭曲变形，须用斜撑等进行加固。

2. 推拉门

推拉门在门洞的上下部设轨道，门扇通过滑轮沿导轨左右推拉开启。推拉门扇受力合理，不易变形，但密闭性较差，不宜用于密闭要求高的车间。

3. 折叠门

折叠门由几个较窄的门扇相互间用铰链连接而成，开启时门扇沿门洞上下导轨左右滑动，使门扇折叠在一起。此门开启方便，且占用空间少，适用于较大的门洞。

4. 上翻门

上翻门门洞只设一个大门扇，门扇两侧中部设置滑轮，沿门洞两侧的竖向轨道提升，随提升随翻转成水平状态。开启后门扇翻到门过梁下部，不占厂房使用面积，常用于车库大门。

5. 升降门

升降门开启时门扇沿导轨上升，门扇贴在墙面，不占使用空间，只需在门洞上部留有足够的上升高度。升降门可以手动或电动开启，适用于较高大的大型厂房。

6. 卷帘门

卷帘门门扇用冲压而成的金属片连接而成，开启时采用手动或电动开启，将帘板卷在门洞上部的卷筒上。这种门不受高度限制，但制作复杂，造价较高，适用于不经常开启的高大门洞。

（三）大门的构造

大门的规格、类型不同，构造也各不相同，这里只介绍工业厂房中较多采用的平开钢木大门和推拉门的构造，其他大门的构造做法参见厂房建筑有关的标准通用图集。

1. 平开钢木大门

平开钢木大门由门扇、门框和五金配件组成。门扇采用角钢或槽钢焊成骨架，上贴15～25mm厚木门芯板并用$\phi6$螺栓固定。当门扇尺寸较大时，可在门扇中间加设角钢横撑和交叉支撑以增强刚度。门框有钢筋混凝土门框和砖门框两种，当门洞宽度大于3m时，应采用钢筋混凝土门框，并将门框与过梁连为一体，铰链与门框上的预埋件焊接。当门洞宽度小于3m时，一般采用砖门框，砖门框应在铰链位置上镶砌混凝土预制块，其上带有与砌体的拉接筋和与铰链焊接的预埋铁件（图20-21）。

2. 推拉门

推拉门由门扇、门框、滑轮、导轨等部分组成。门扇可采用钢木门扇、钢板门扇和空腹薄壁钢板门等。门框一般均由钢筋混凝土制作。推拉门按门扇的支承方式分为上挂式和下滑式两种。当门扇高度小于4m时采用上挂式，即将门扇通过滑轮吊挂在导轨上推拉开启（图20-22）。当门扇高度大于4m时，多采用下滑式，下部的导轨用来支承门扇的重量，上部导轨用于导向。

二、侧窗

单层厂房侧窗除应满足采光通风要求外，还应满足生产工艺上的特殊要求，如泄压、保温、防尘、隔热等。侧窗需综合考虑上述要求来确定其布置型式和开启方式。

（一）侧窗的布置型式及窗洞尺寸

单层厂房侧窗的布置型式有两种，一种是被窗间墙隔开的独立窗，一种是沿厂房纵向连

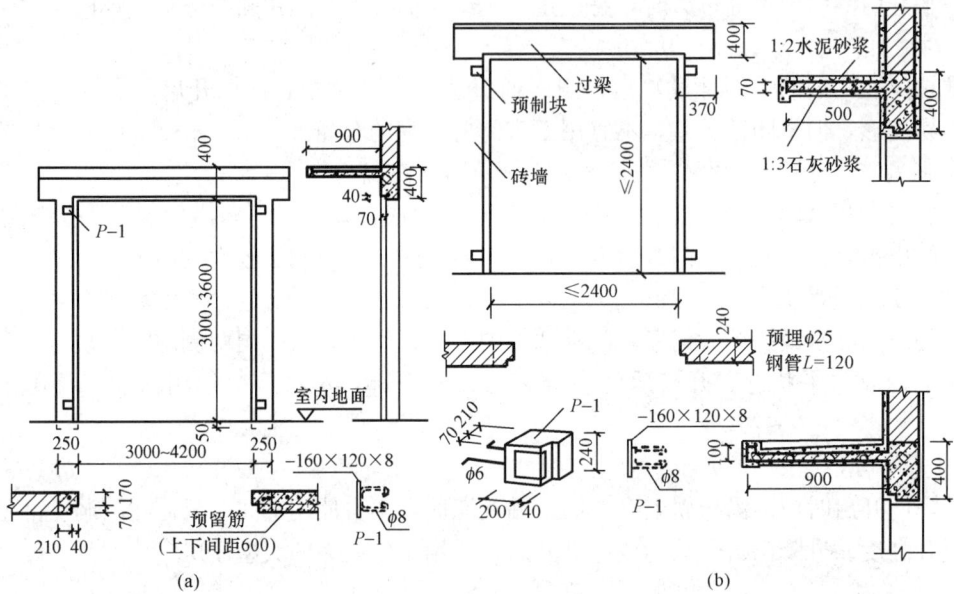

图 20 - 21　平开钢木大门构造

（a）钢筋混凝土门框与过梁构造；（b）砖砌门框与过梁构造

续布置的带形窗。

　　窗口尺寸应符合建筑模数协调标准的规定。洞口宽度在 900～2400mm 之间时，应以扩大模数 3M 为进级，在 2400～6000mm 之间时，应以扩大模数 6M 为进级。

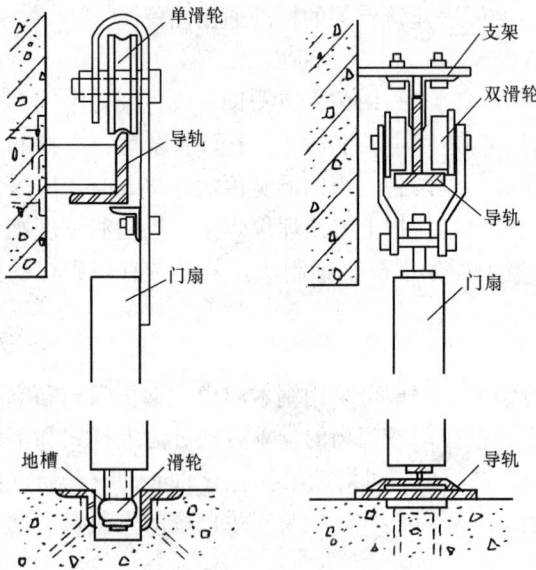

图 20 - 22　上挂式推拉门

（二）侧窗的类型

　　侧窗按开启方式分为中悬窗、平开窗、固定窗、立转窗等。由于厂房的侧窗面积较大，故一般采用强度较大的金属窗，如铝合金窗、钢窗等，少数情况下采用木窗。

　　1. 中悬窗

　　中悬窗窗扇沿水平中轴转动，开启角度大，通风良好，有利于泄压，便于采用侧窗开关器进行启闭，但构造复杂，窗扇与窗框之间有缝隙，易漏雨，不利于保温。

　　2. 平开窗

　　平开窗构造简单，通风效果好，但防水能力差，且不便于设置联动开关器，只能用手逐个开关，不宜布置在较高部位，通常布置在外墙的下部。

　　3. 固定窗

　　固定窗构造简单，节省材料，造价低。常用在较高外墙的中部，既可采光，又可使热压通风的进、排气口分隔明确，便于更好地组织自然通风。

4. 立转窗

立转窗窗扇开启角度可调节，通风性能好，且可装置手拉联动开关器，启闭方便，但密封性差，常用于热加工车间的下部作为进风口。

（三）侧窗的构造

为了便于侧窗的制作和运输，窗的基本尺寸不能过大，钢侧窗一般不超过 1800mm × 2400mm（宽 × 高），木侧窗不超过 3600mm×3600mm，我们称其为基本窗，其构造与民用建筑的相同。由于厂房侧窗面积往往较大，就必须选择若干个基本窗进行拼接组合，以得到所需的尺寸和窗型。

1. 木窗的拼接

两个基本窗可以左右拼接，也可以上下拼接。拼接固定的方法通常是，用间距不超过 1m 的 $\phi 6$ 木螺钉或 $\phi 10$ 螺栓将两个窗框连接在一起。窗框间的缝隙用沥青麻丝嵌缝，缝的内外两侧用木压条盖缝。（图 20 - 23）

2. 钢窗的拼接

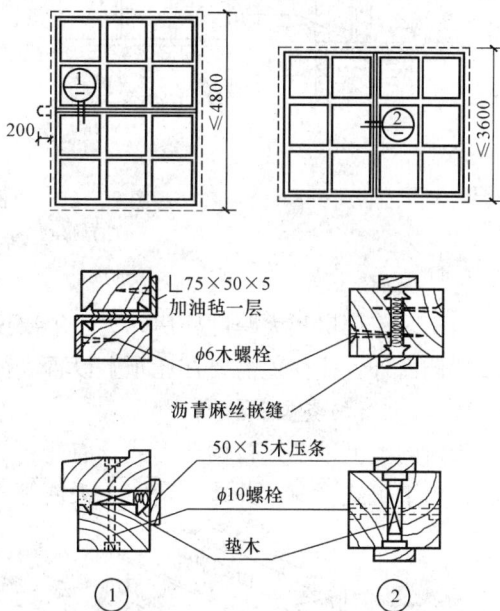

图 20 - 23　木窗拼框节点

钢窗拼接时，需采用拼框构件来连系相邻的基本窗，以加强窗的刚度和调整窗的尺寸。左右拼接时应设竖梃，上下拼接时应设横挡，用螺栓连接，并在缝隙处填塞油灰（图 20 - 24）。

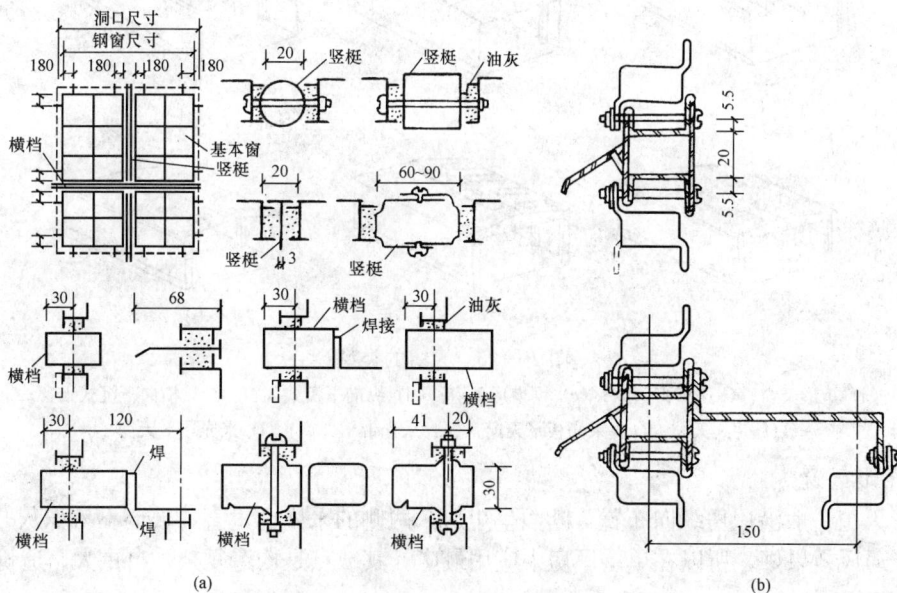

(a)

(b)

图 20 - 24　钢窗拼装构造举例

（a）实腹钢窗；（b）空腹钢窗（沪 68 型）

竖梃与横档的两端或与混凝土墙洞上的预埋件焊接牢固，或插入砖墙洞的预留孔洞中，用细石混凝土嵌固。见图 20‐25。

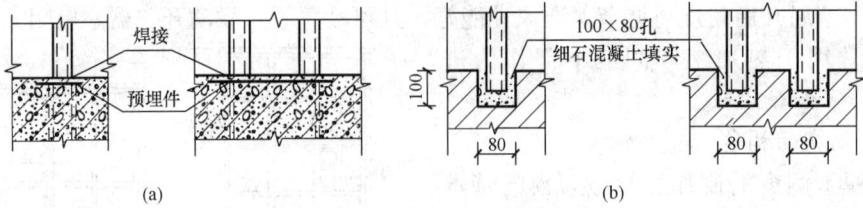

图 20‐25 竖梃、横档安装节点
(a) 竖梃安装；(b) 横档安装

三、天窗

对于多跨厂房和大跨度厂房，为了解决厂房内的天然采光和自然通风问题，除了在侧墙上设置侧窗外，往往还需要在屋顶上设置天窗。

(一) 天窗的类型和特点

天窗的类型很多，按构造形式分有矩形天窗、M 形天窗、锯齿形天窗、纵向下沉式天窗、横向下沉式天窗、井式天窗、平天窗等（图 20‐26）。

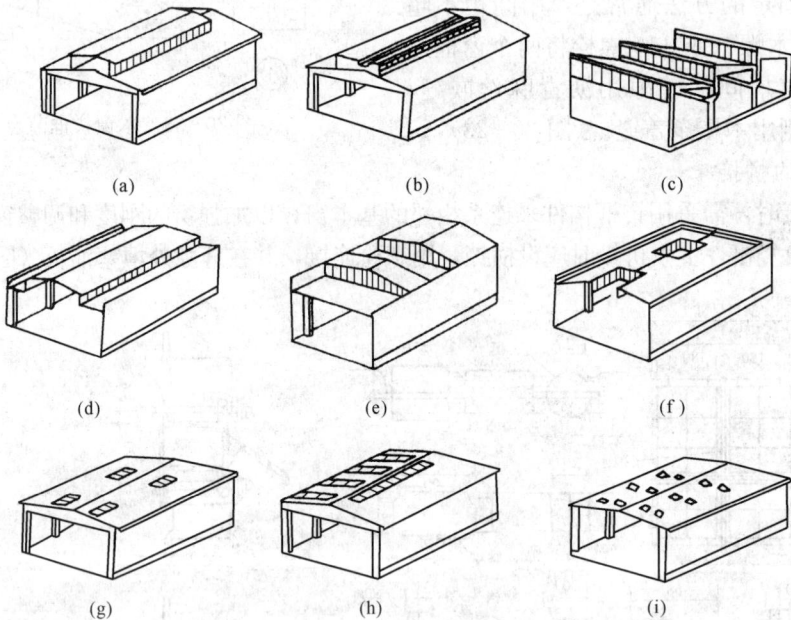

图 20‐26 天窗的类型
(a) 矩形天窗；(b) M 形天窗；(c) 锯齿形天窗；(d) 纵向下沉式天窗；(e) 横向下沉式天窗；
(f) 井式天窗；(g) 采光板平天窗；(h) 采光带平天窗；(i) 采光罩平天窗

1. 矩形天窗

矩形天窗一般沿厂房纵向布置，断面呈矩形，两侧的采光面垂直，玻璃不易积灰并易于防雨，采光通风效果好，所以在单层厂房中应用最广。其缺点是构造复杂、自重大、造价较高。

2. M 形天窗

M 形天窗是将矩形天窗屋顶从两边向中间倾斜形成的。倾斜的屋顶有利于通风，且能增强光线反射，所以 M 形天窗的采光、通风效果比矩形天窗好，缺点是天窗屋顶排水构造复杂。

3. 锯齿形天窗

将厂房屋顶做成锯齿形，在其垂直（或稍倾斜）面设置采光、通风口。窗口一般朝北或接近北向，可避免光线直射以及因光线直射而产生的眩光现象，室内光线均匀、稳定，有利于保证厂房内恒定的温度、湿度，适用于纺织厂、印染厂和某些机械厂。

4. 横向下沉式天窗

将一个柱距或几个柱距内的整跨屋面板上下交替布置在屋架上下弦上，利用屋面板的高度差在横向垂直面设天窗口。这种天窗适用于纵轴为南北向的厂房，天窗采光效果较好，但均匀性差，且窗扇形式受屋架形式限制，规格多，构造复杂，厂房的纵向刚度较差，屋面的清扫、排水不便。

5. 纵向下沉式天窗

将厂房的屋面板沿纵向连续下沉搁置在屋架下弦上，利用屋面板的高度差在纵向垂直面设置天窗口。这种天窗适用于纵轴为东西向的厂房，且多用于热加工车间，厂房纵向刚度较横向下沉式天窗好，但布置于跨中时，其排水较复杂。

6. 井式天窗

将局部屋面板下沉铺在屋架下弦上，利用屋面板的高度差在纵横向垂直面设窗口，形成一个个凹嵌在屋面之下的井状天窗。其特点是布置灵活，排风路径短捷，通风性能好，采光均匀，因此广泛用于热加工车间，但屋面清扫不方便，构造较复杂，且使室内空间高度有所降低。

7. 平天窗

平天窗可分为采光板、采光带和采光罩三种。采光板是在屋面上留孔，装设平板透光材料形成；采光带是将部分屋面板空出来，铺上采光材料做成长条形的纵向或横向采光带；采光罩是在屋面上留孔，装设弧形透光材料形成。这三种平天窗的共同特点是采光均匀，采光效率高，布置灵活，构造简单，造价低，因此在冷加工车间应用较多，但平天窗不易通风，易积灰，阳光直射易产生眩光，透光材料易受外界影响而破碎。

（二）矩形天窗的构造

矩形天窗沿厂房纵向布置，为了简化构造并留出屋面检修和消防通道，在厂房两端和横向变形缝两侧的第一个柱间通常将矩形天窗断开，并在每段天窗的端壁设置上天窗屋面的检修梯。

矩形天窗由天窗架、天窗屋顶、天窗端壁、天窗侧板和天窗扇五部分组成（图 20 - 27）。

1. 天窗架

天窗架是天窗的承重构件，支撑在屋架或屋面梁上，其高度根据天窗扇的高度确定。天窗架的跨度一般为厂房跨度的 $1/3 \sim 1/2$，且应符合扩大模数 30M 系列，常见的有 6、9、12m 三种。天窗架有钢筋混凝土天窗架和钢天窗架两种（图

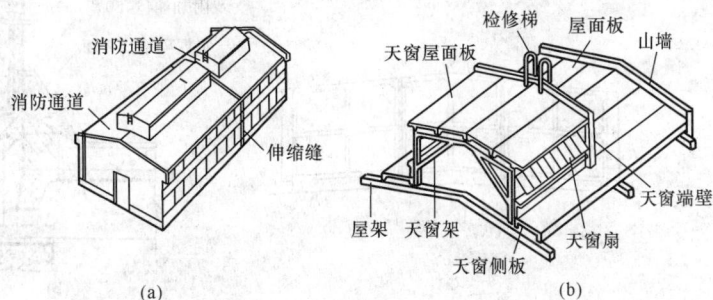

图 20 - 27　矩形天窗布置与组成

（a）矩形天窗布置与消防通道；（b）矩形天窗的组成

20-28），钢天窗架重量轻，制作吊装方便，多用于钢屋架上，也可用于钢筋混凝土屋架上。钢筋混凝土天窗架则要与钢筋混凝土屋架配合使用。

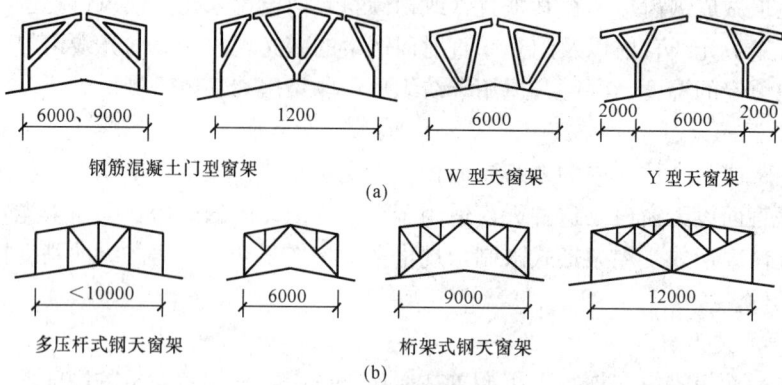

钢筋混凝土门型窗架　W型天窗架　Y型天窗架
(a)

多压杆式钢天窗架　桁架式钢天窗架
(b)

图 20-28　天窗架形式
（a）钢筋混凝土天窗架；（b）钢天窗架

为便于天窗架的制作和吊装，钢筋混凝土天窗架一般加工成两榀或三榀，在现场组合安装，各榀之间采用螺栓连接，与屋架采用焊接连接。钢天窗架一般采用桁架式，自重轻，便于制作和安装，其支脚与屋架一般采用焊接连接，适用于较大跨度的厂房。

2. 天窗屋顶

天窗屋顶与厂房屋顶的构造相同，因天窗的集水面积不大，一般可采取无组织排水形式，即在天窗的檐口部分搁置檐口板，挑出长度 300～500mm。但应在天窗檐口的对应屋面范围内铺设混凝土滴水板，以防天窗屋顶落水损伤屋面防水层。

3. 天窗端壁

天窗端壁是天窗端部的山墙。有预制钢筋混凝土天窗端壁（可承重）、石棉瓦天窗端壁（非承重）等。

预制钢筋混凝土天窗端壁（图 20-29）可以代替端部天窗架，具有承重与围护双重功

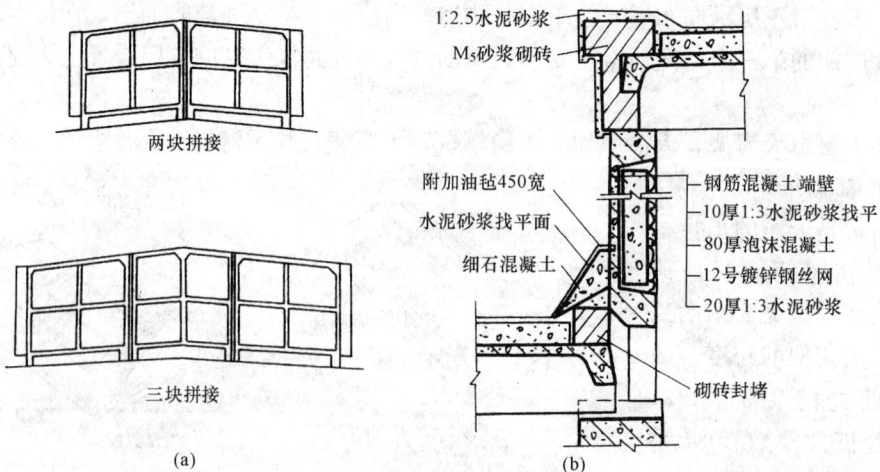

两块拼接

三块拼接

(a)

1:2.5水泥砂浆
M5砂浆砌砖

附加油毡450宽
水泥砂浆找平面
细石混凝土

钢筋混凝土端壁
10厚1:3水泥砂浆找平
80厚泡沫混凝土
12号镀锌钢丝网
20厚1:3水泥砂浆

砌砖封堵

(b)

图 20-29　天窗端壁构造
（a）天窗端壁组成；（b）天窗端壁立面

能。端壁板一般有两块或三块组成，其下部焊接固定在屋架上弦轴线的一侧，与屋面交接处应作泛水处理，上部与天窗屋面板的空隙，采用 M5 砂浆砌砖填补。对端壁有保温要求时，可在端壁板内侧加设保温层。

石棉瓦天窗端壁采用天窗架承重，端壁的围护结构由轻型波形瓦作成，这种端壁构件琐碎，施工复杂，主要用于钢天窗架上。

4. 天窗侧板

天窗侧板是天窗下部的围护构件。主要作用是防止天窗檐口下落的雨水溅入厂房及积雪影响窗扇的开启。天窗侧板的高度不应小于 300mm，多雪地区可增高至 400～600mm。

天窗侧板的选择应与屋面构造及天窗架形式相适应，当屋面为无檩体系时，应采用与大型屋面板等长度的钢筋混凝土槽形侧板，侧板可以搁置在天窗架竖杆外侧的钢牛腿上，也可以直接搁置在屋架上，同时应做好天窗侧板处的泛水，见图 20-30。

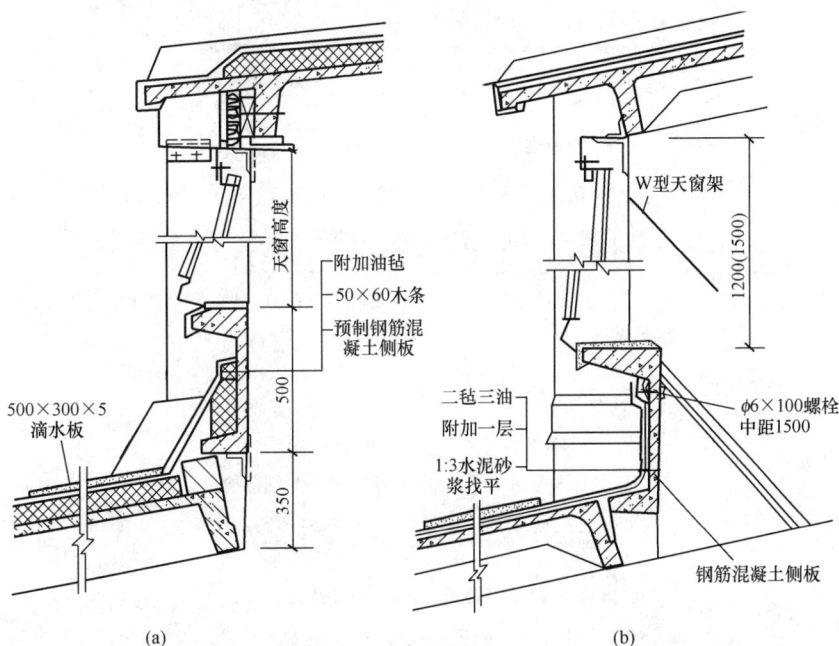

图 20-30 天窗侧板构造
(a) 天窗侧板搁置在角钢牛腿上；(b) 天窗侧板搁置在屋架上

5. 天窗扇

天窗的窗扇一般为单层玻璃扇，窗框多用钢材制作。按开启方式分上悬式钢天窗和中悬式钢天窗。上悬式天窗扇最大开启角为 45°，开启方便，防雨性能好，所以采用较多。

上悬式钢天窗扇的高度有三种：900、1200、1500mm（标志尺寸），可根据需要组合形成不同的窗口高度。窗扇主要有开启扇和固定扇组成，可以布置成通长窗扇和分段窗扇（图 20-31）。通长窗扇有两个端部窗扇和若干个中间窗扇利用垫板和螺栓连接而成；分段窗扇是每个柱距设一个窗扇，各窗扇可独立开启。在天窗的开启扇之间及开启扇与天窗端壁之间，均须设置固定窗扇起竖框作用。为了防止雨水从窗扇两端开口处飘入车间，须在固定扇的后侧附加 600mm 宽的固定挡雨板。

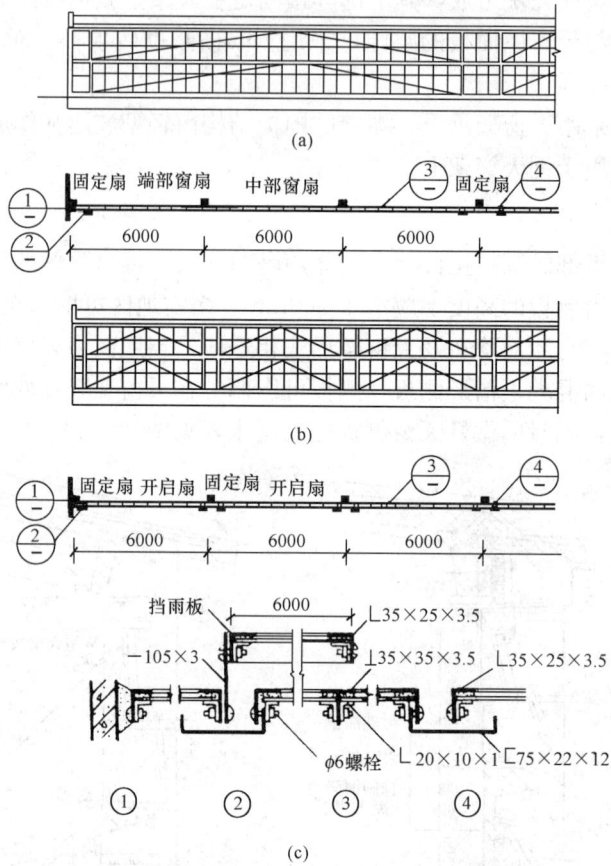

图 20-31　上悬式钢天窗扇
(a) 通长天窗扇；(b) 分段天窗扇；(c) 细部构造

第四节　地面及其他设施

一、地面

（一）厂房地面的特点

厂房地面与民用建筑地面相比，其特点是面积较大，承受荷载较重，材料用量多，并应满足不同生产工艺的不同要求，如防尘、防爆、耐磨、耐冲击、耐腐蚀等。同时厂房内工段多，各工段生产要求不同，地面类型也应不同，这就增加了地面构造的复杂性。所以正确而合理地选择地面材料和构造，将直接影响到建筑造价、产品质量以及工人的劳动条件等。

（二）厂房地面的构造

厂房地面与民用建筑一样，由面层、垫层和基层三个基本层次组成，有时，为满足生产工艺对地面的特殊要求，需增设结合层、找平层、防潮层、保温层等，其基本构造与民用建筑相同。此处只介绍厂房地面特殊部位构造。

1. 地面变形缝

当地面采用刚性垫层，且厂房结构设置有温度缝和沉降缝时，应在地面相应位置处设地面变形缝；一般地面与振动大的设备（如锻锤、破碎机等）基础之间，以及相邻地段荷载相差悬殊时，均应设置地面变形缝，见图 20-32（a）。防腐蚀地面处应尽量避免设变形缝，若必须设时，需在变形缝两侧设挡水，并做好挡水和缝间的防腐处理，见图 20-32（b）。

2. 不同地面的接缝

厂房若出现两种不同类型地面时，在两种地面交接处容易因强度不同而遭到破坏，应采取加固设施。当接缝两边均为刚性垫层时，交界处不做处理，见图 20-33

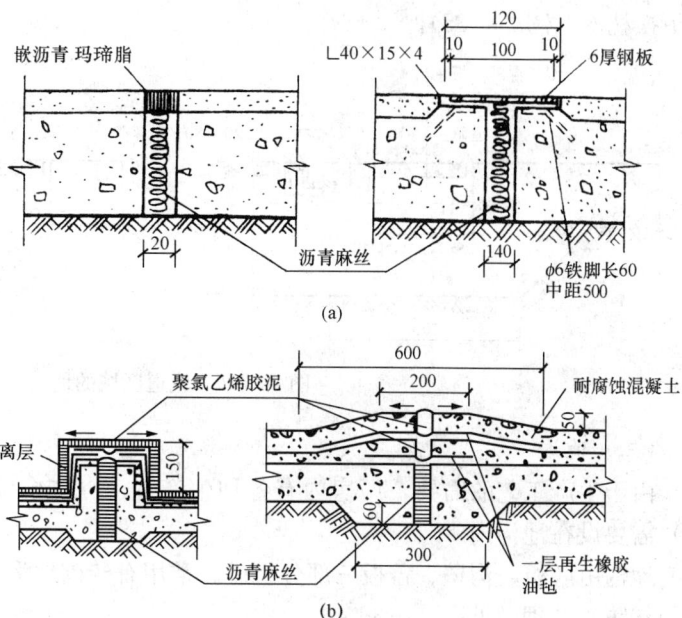

图 20-32 地面变形缝的构造
(a) 一般地面变形缝；(b) 防腐蚀地面变形缝

（a）；当接缝两侧均为柔性垫层时，其一侧应用 C10 混凝土作堵头，见图 20-33（b）；当厂房内车辆频繁穿过接缝时，应在地面交界处设置与垫层固定的角钢或扁钢嵌边加固，见图 20-33（c）。

防腐地面与非防腐地面交接处，及两种不同的防腐地面交接处，均应设置挡水条，防止腐蚀性液体或水漫流（图 20-34）。

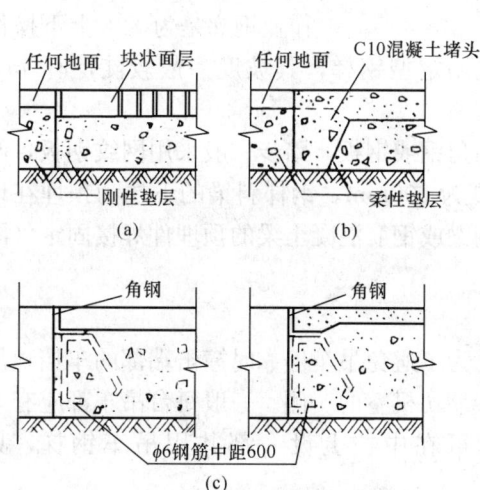

图 20-33 不同地面的接缝构造

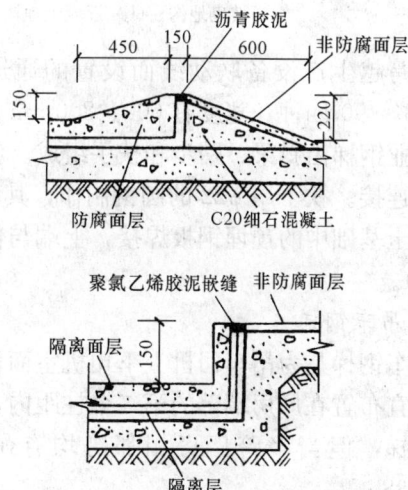

图 20-34 不同地面接缝处的挡水构造

3. 轨道处地面处理

厂房地面设轨道时，为使轨道不影响其他车辆和行人通行，轨顶应与地面相平。为了防止轨道被车辆碾压倾斜，轨道应用角钢或旧钢轨支撑。轨道区域地面宜铺设块材地面，以方便更换枕木（图 20 - 35）。

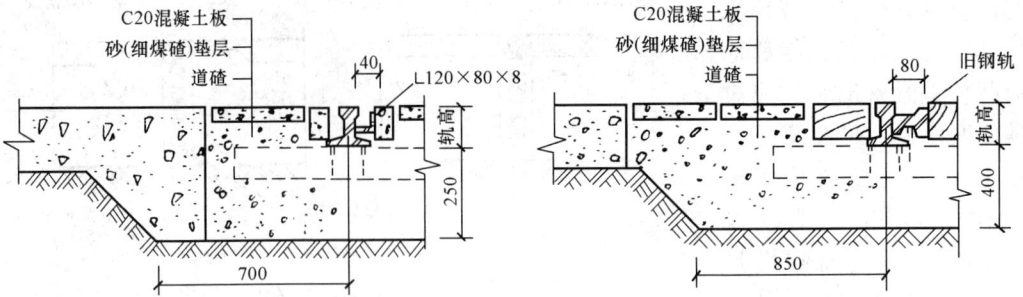

图 20 - 35   轨道区域的地面

（三）地沟

由于生产工艺的需要，厂房内有各种生产管道（如电缆、采暖、压缩空气、蒸汽管道等）需要设在地沟内。

地沟由底板、沟壁、盖板三部分组成。常用有砖砌地沟和混凝土地沟两种。砖砌地沟一般须作防潮处理，见图 20 - 36。

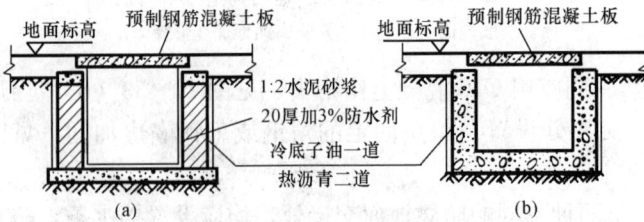

图 20 - 36   地沟构造
(a) 砖砌地沟；(b) 混凝土地沟

二、其他设施

（一）钢梯

厂房需设置供生产操作和检修使用的钢梯，如作业平台钢梯、吊车钢梯、屋面消防检修钢梯等。

1. 作业钢梯

作业钢梯是为工人上下操作平台或跨越生产设备联动线而设置的通道。多选用定型钢梯，其坡度一般较陡，有 45°、59°、73°、90°四种，宽度有 600、800mm 两种。

作业钢梯由斜梁、踏步和扶手组成。斜梁采用角钢或钢板，踏步一般采用网纹钢板，两者焊接连接。扶手用 $\phi22$ 的圆钢制作，其垂直高度为 900mm。钢梯斜梁的下端和预埋在地面混凝土基础中的预埋钢板焊接，上端与作业台钢梁或钢筋混凝土梁的预埋件焊接固定（图 20 - 37）。

2. 吊车钢梯

吊车钢梯是为吊车司机上下司机室而设置的。为了避免吊车停靠时撞击端部的车挡，吊车钢梯宜布置在厂房端部的第二个柱距内，且位于靠司机室的一侧。一般每台吊车都应有单独的钢梯，但当多跨厂房相邻跨均有吊车时，可在中柱上设一部共用吊车钢梯，见图 20 - 38。

吊车钢梯由梯段和平台两部分组成。梯段的坡度一般为 63°，宽度为 600mm，其构造同作业台钢梯。平台支撑在柱上，采用花纹钢板制作，标高应低于吊车梁底 1800mm 以上，以免司机上下时碰头。

3. 屋面消防检修梯

消防检修梯是在发生火灾时供消防人员从室外上屋顶之用，平时兼作检修和清理屋面时

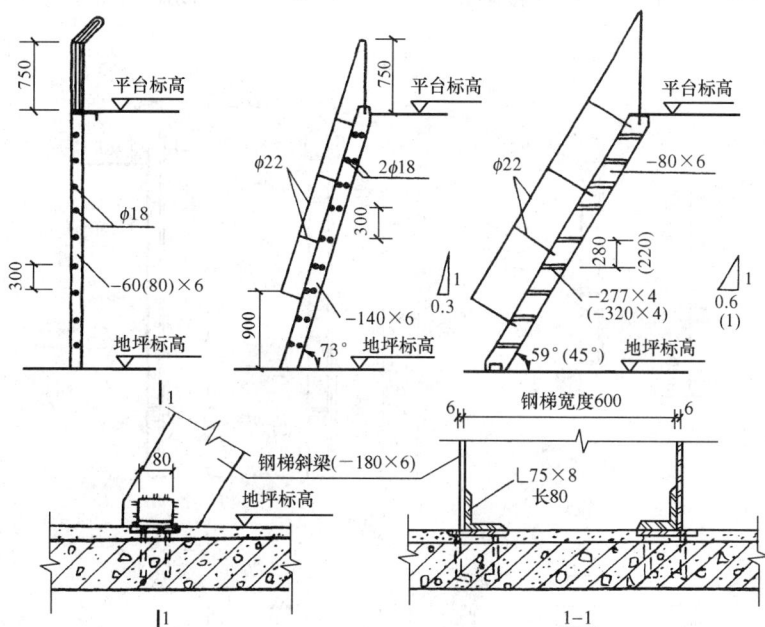

图 20-37 作业台钢梯

使用。其形式多为直梯，当厂房很高时，用
直梯既不方便也不安全，应采用设有休息平
台的斜梯。

消防检修梯一般设于厂房的山墙或纵墙
端部的外墙面上，不得面对窗口。当有天窗
时应在天窗端壁上设置上天窗屋面的直梯。

直梯一般宽度为 600mm，为防止儿童和
闲人随意上屋顶，消防梯应距下端 1500mm
以上。钢梯与外墙距离通常不小于 250mm。
梯身与外墙应有可靠的连接，一般是将梯身
上每隔一定的距离伸出短角钢埋入墙内，或
与墙内的预埋件焊牢（图 20-39）。

（二）吊车梁走道板

走道板是为维修吊车和吊车轨道的人员

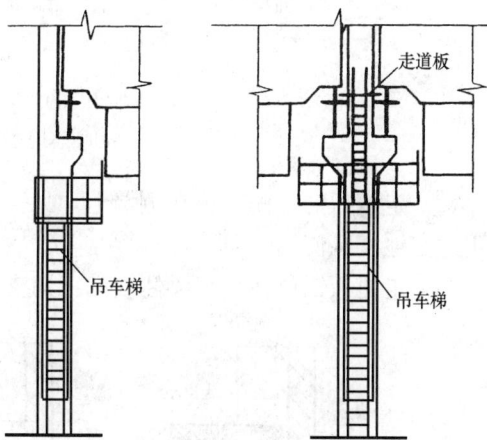

图 20-38 吊车钢梯

行走而设置的，应沿吊车梁顶面铺设。当吊车为中级工作制，轨顶高度小于 8m 时，只需在
吊车操纵室一侧的吊车梁上设通长走道板；若轨顶高度大于 8m 时，则应在两侧的吊车梁上
设置通长走道板；如厂房为高温车间、吊车为重级工作制，或露天跨设吊车时，不论吊车台
数、轨顶高度如何，均应在两侧的吊车梁上通长走道板。

走道板有木板、钢板及预制钢筋混凝土板三种。目前采用较多的是预制钢筋混凝土走道
板，其宽度有 400、600、800mm 三种，板的长度与柱子净距相配套。走道板的铺设方法有
以下三种：

（1）在柱身预埋钢板，上面焊接角钢，将钢筋混凝土走道板搁置在角钢上，见图20-40（a）。

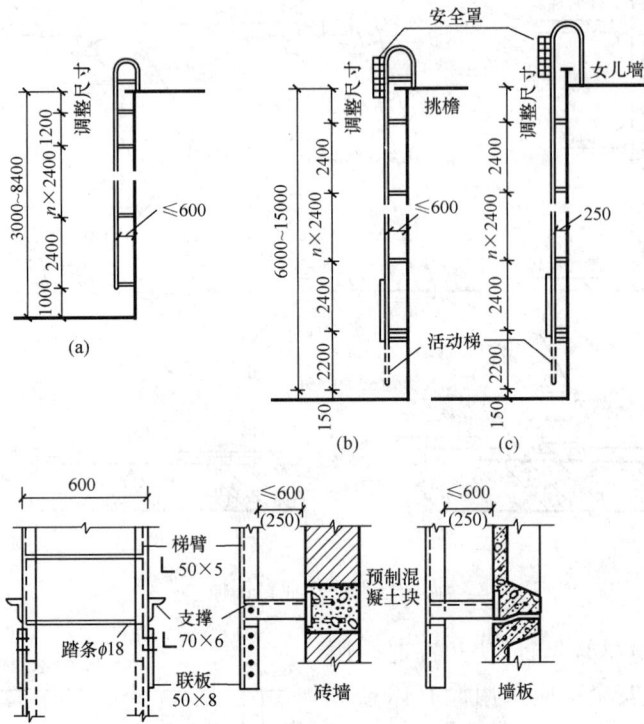

图 20-39 屋面检修消防直钢梯

（a）屋面；（b）室外地坪；（c）室外地坪

（2）走道板的一侧支撑在侧墙上，另一侧支撑在吊车梁翼缘上，见图20-40（b）。该做法不适宜地震区使用。

（3）走道板铺放在吊车梁侧面的三角支架上，见图20-40（c）。

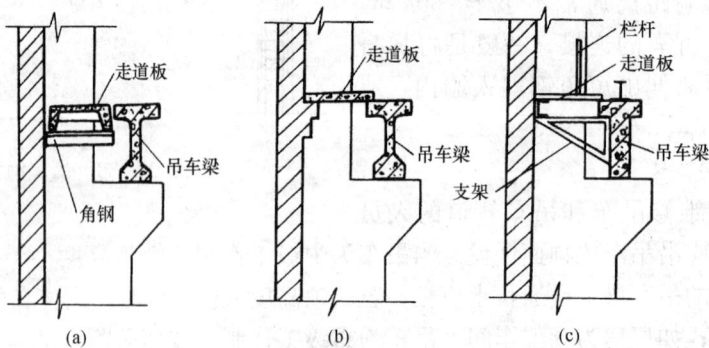

图 20-40 走道板的铺设方式

附　　录

附录 A　房屋建筑制图图例

表 A-1　　　　　　　　　　常用建筑材料图例

序号	名　称	图　例	说　明	序号	名　称	图　例	说　明
1	自然土壤		包括各种自然土壤	9	空心砖		指非承重砖砌体
2	夯实土壤			10	饰面砖		包括铺地砖、马赛克、陶瓷锦砖、人造大理石等
3	砂、灰土			11	混凝土		1. 本图例指能承重的混凝土及钢筋混凝土 2. 包括各种强度等级、骨料、添加剂的混凝土 3. 在剖面图上画出钢筋时不画图例线 4. 断面图形小，不易画出图例线时，可涂黑
4	砂砾石、碎砖三合土			12	钢筋混凝土		
5	石材						
6	毛石			13	焦渣、矿渣		包括与水泥、石灰等混合面成的材料
7	普通砖		包括实心砖、多孔砖、砌块等砌体，断面较窄不易绘出图例线时，可涂红，并在图纸备注中加注说明，画出该材料图例	14	多孔材料		包括水泥珍珠岩、沥青珍珠岩、泡沫混凝土、非承重加气混凝土、硅石制品、软木等
8	耐火砖		包括耐酸砖等砌体				

序号	名　称	图　例	说　明	序号	名　称	图　例	说　明
15	纤维材料	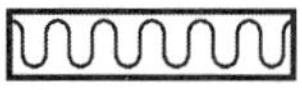	包括矿棉、岩棉、玻璃棉、麻丝、木丝板、纤维板等	21	网状材料		1. 包括金属、塑料网状材料 2. 应注明具体材料名称
16	泡沫塑料材料	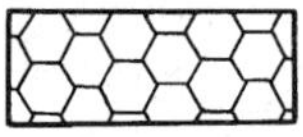	包括聚苯乙烯、聚乙烯、聚氨酯等多孔聚合物类材料	22	液体		应注明具体液体名称
17	木材		1. 上图为横断面、左上图为垫木、木砖或木龙骨 2. 下图为纵断面	23	玻璃		包括平板玻璃、磨砂玻璃、夹丝玻璃、钢化玻璃、中空玻璃、夹层玻璃、镀膜玻璃等
18	胶合板		应注明 X 层胶合板	24	橡胶		
19	石膏板		包括圆孔、方孔石膏板、防水石膏板、硅钙板、防火板等	25	塑料		包括各种软、硬塑料及有机玻璃等
				26	防水材料	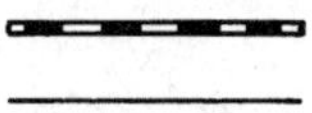	构造层次多或比例大时，采用上图例
20	金属		1. 包括各种金属 2. 图形小时，可涂黑	27	粉刷	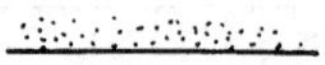	本图例采用较稀的点

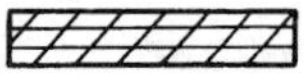

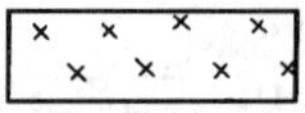

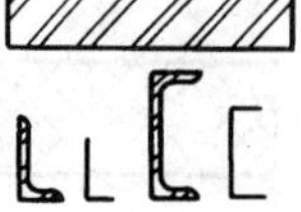

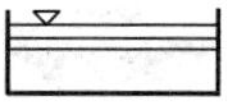

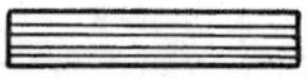

注 序号1、2、5、7、8、12、14、16、17、18图例中的斜线、短斜线、交叉斜线等均为45°。

表 A-2　　　　　　　　　　　　　　　总 平 面 图 例

序号	名称	图　例	备　注
1	新建 建筑物	$X=$ $Y=$ ① 12*F*/2*D* $H=59.00\mathrm{m}$	新建建筑物以粗实线表示与室外地坪相接处±0.00外墙定位轮廓线； 建筑物一般以±0.00高度处的外墙定位轴线交叉点坐标定位。轴线用细实线表示，并标明轴线号； 根据不同设计阶段标注建筑编号，地上、地下层数，建筑高度，建筑出入口位置（两种表示方法均可，但同一图纸采用一种表示方法）； 地下建筑物以粗虚线表示其轮廓； 建筑上部（±0.00以上）外挑建筑用细实线表示； 建筑物上部轮廓用细虚线表示并标注位置
2	原有 建筑物		用细实线表示
3	计划扩建 的预留地 或建筑物		用中粗虚线表示
4	拆除的 建筑物		用细实线表示
5	建筑物下面 的通道		
6	散状材料 露天堆场		需要时可注明材料名称
7	其他材料 露天堆场或 露天作业场		需要时可注明材料名称
8	铺砌场地		—
9	敞棚或敞廊		—
10	围墙及大门		
11	挡土墙	5.00 1.50	挡土墙根据不同设计阶段的需要标注 墙顶标高 墙底标高
12	挡土墙上 设围墙		—

续表

序号	名称	图　例	备　注
13	台阶及无障碍坡道	1. 2.	1. 表示台阶（级数仅为示意）； 2. 表示无障碍坡道
14	坐标	1. $X=105.00$ $Y=425.00$ 2. $A=105.00$ $B=425.00$	1. 表示地形测量坐标系； 2. 表示自设坐标系 坐标数字平行于建筑标注
15	方格网交叉点标高	-0.50 ｜ 77.85 78.35	"78.35"为原地面标高； "77.85"为设计标高； "－0.50"为施工高度； "－"表示挖方（"＋"表示填方）
16	室内地坪标高	151.00 （±0.00）	数字平行于建筑物书写
17	室外地坪标高	▼ 143.00	室外标高也可采用等高线
18	盲道		—
19	地下车库入口		机动车停车场
20	地面露天停车场		—
21	露天机械停车场		露天机械停车场
22	新建的道路	0.30% 100.00 R=6.00 107.50	"R＝6.00"表示道路转弯半径；"107.50"为道路中心线交叉点设计标高，两种表示方式均可，同一图纸采用一种方式表示："100.00"为变坡点之间距离，"0.30％"表示道路坡度，→表示坡向
23	原有道路		—
24	计划扩建的道路		—

续表

序号	名称	图　例	备　注
25	拆除的道路	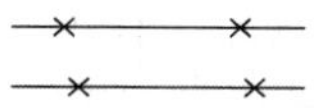	—
26	人行道		—
27	桥梁	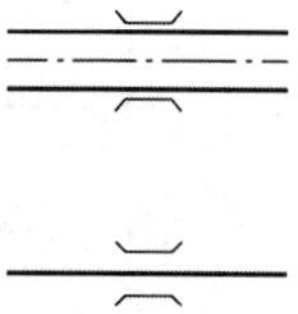	用于旱桥时应注明； 上图为公路桥，下图为铁路桥
28	管线	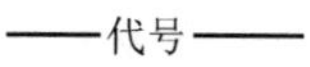 ——代号——	管线代号按国家现行有关标准的规定标注； 线型宜以中粗线表示
29	地沟管线	 代号 代号	—
30	管桥管线	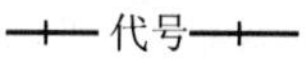 ——代号——	管线代号按国家现行有关标准的规定标注
31	架空电力、 电信线	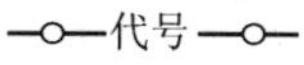 ——○—代号—○——	"○"表示电杆； 管线代号按国家现行有关标准的规定标注
32	常绿针叶乔木	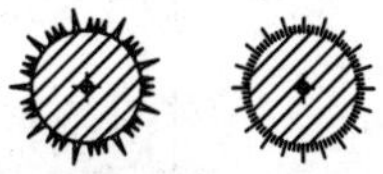	—
33	落叶针叶乔木	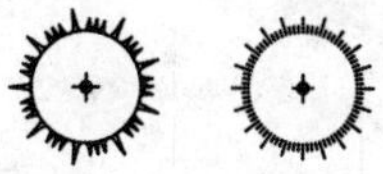	—
34	常绿阔叶乔木	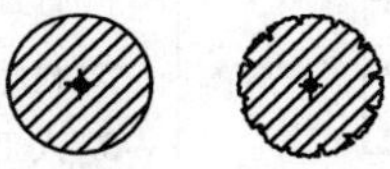	—
35	落叶阔叶乔木	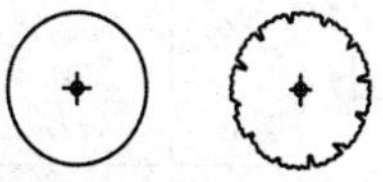	—
36	常绿阔叶灌木		—

序号	名称	图　例	备　注
37	落叶阔叶灌木		—
38	落叶阔叶乔木林		—
39	常绿阔叶乔木林		—
40	常绿针叶乔木林		—
41	落叶针叶乔木林		—
42	针阔混交林		—
43	落叶灌木林		—
44	整形绿篱		—
45	草坪		1. 草坪； 2. 自然草坪； 3. 人工草坪
46	花卉		—

续表

序号	名称	图　例	备　注
47	竹丛		—
48	棕榈植物		
49	水生植物		—
50	植草砖		—
51	土石假山		包括"土包石"、"石抱土"及假山
52	独立景石		—
53	自然水体		表示河流，以箭头表示水流方向
54	人工水体		—
55	喷泉		—

表 A-3   **常用构造及配件图例**

序号	名称	图 例	备 注
1	墙体	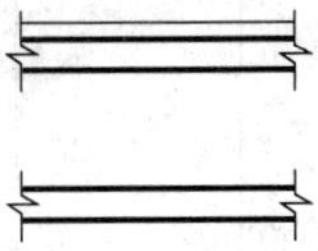	1. 上图为外墙,下图为内墙; 2. 外墙细线表示有保温层或有幕墙; 3. 应加注文字或涂色或图案填充表示各种材料的墙体; 4. 在各层平面图中防火墙宜着重以特殊图案填充表示
2	隔断	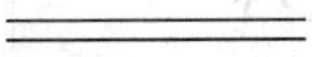	1. 加注文字或涂色或图案填充表示各种材料的轻质隔断; 2. 适用于到顶与不到顶隔断
3	玻璃幕墙	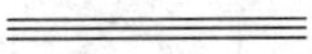	幕墙龙骨是否表示由项目设计决定
4	栏杆	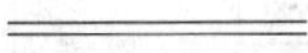	—
5	楼梯	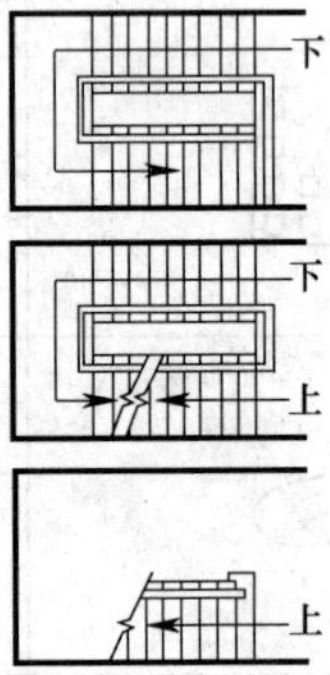	1. 上图为顶层楼梯平面,中图为中间层楼梯平面,下图为底层楼梯平面; 2. 需设置靠墙扶手或中间扶手时,应在图中表示
6	坡道		长坡道 上图为两侧垂直的门口坡道,中图为有挡墙的门口坡道,下图为两侧找坡的门口坡道

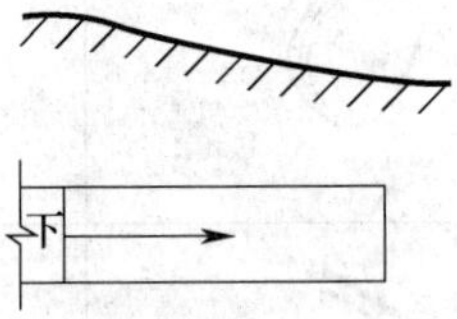

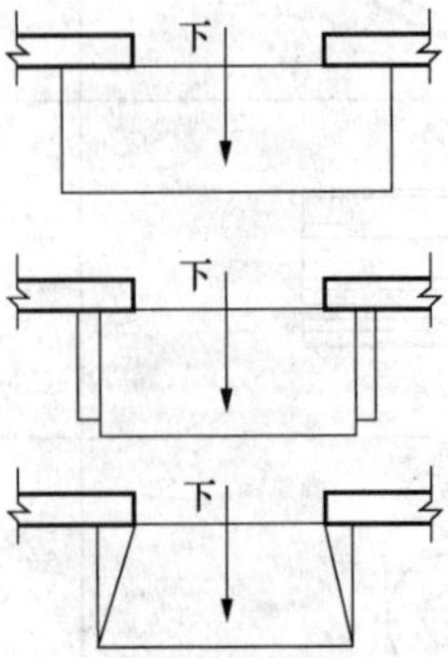

续表

序号	名称	图　例	备　注
7	台阶	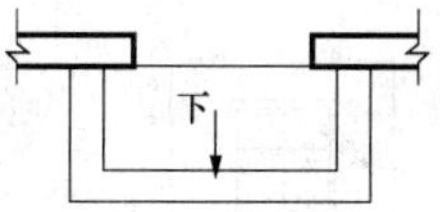	—
8	平面高差	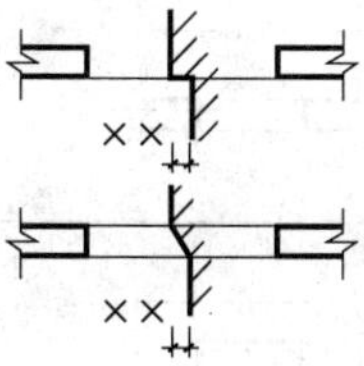	用于高差小的地面或楼面交接处，并应与门的开启方向协调
9	孔洞		阴影部分亦可填充灰度或涂色代替
10	检查口		左图为可见检查口，右图为不可见检查口
11	墙预留洞、槽	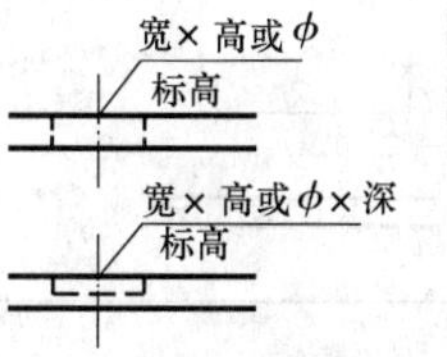 宽×高或φ 标高 宽×高或φ×深 标高	1. 上图为预留洞，下图为预留槽； 2. 平面以洞（槽）中心定位； 3. 标高以洞（槽）底或中心定位； 4. 宜以涂色区别墙体和预留洞（槽）
12	地沟	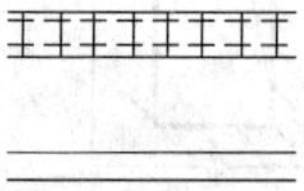	上图为有盖板地沟，下图为无盖板明沟
13	烟道	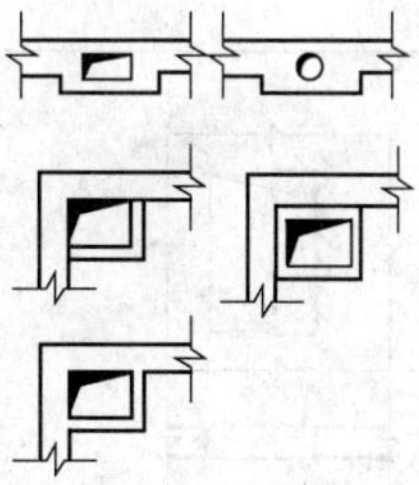	1. 阴影部分亦可填充灰度或涂色代替； 2. 烟道、风道与墙体为相同材料，其相接处墙身线应连通； 3. 烟道、风道根据需要增加不同材料的内衬
14	风道	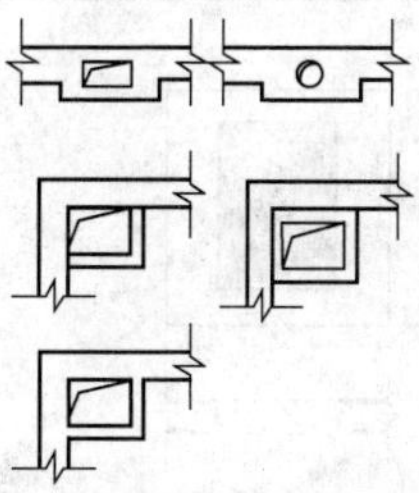	

序号	名称	图例	备注
15	新建的墙和窗	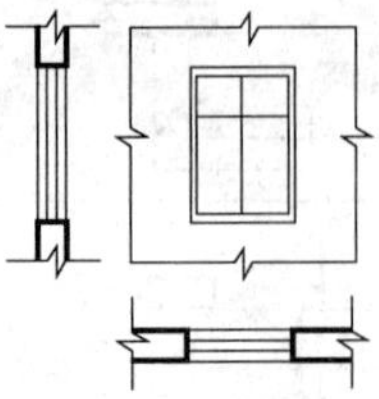	—
16	改建时保留的墙和窗	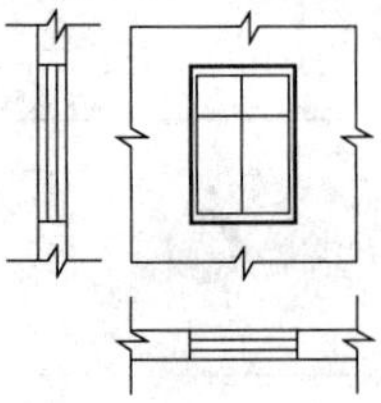	只更换窗，应加粗窗的轮廓线
17	拆除的墙	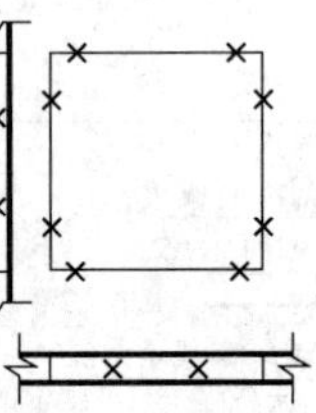	—
18	改建时在原有墙或楼板新开的洞	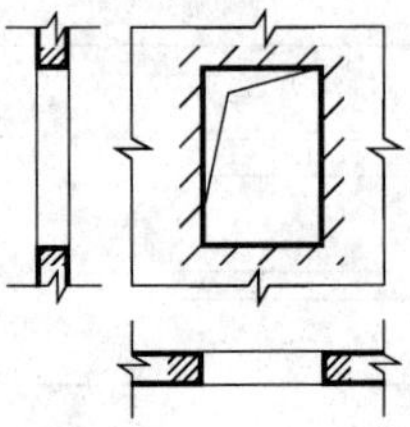	—
19	在原有墙或楼板洞旁扩大的洞	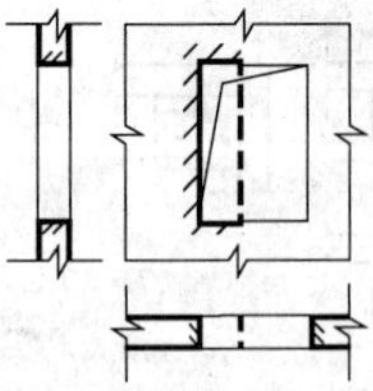	图示为洞口向左边扩大
20	在原有墙或楼板上全部填塞的洞	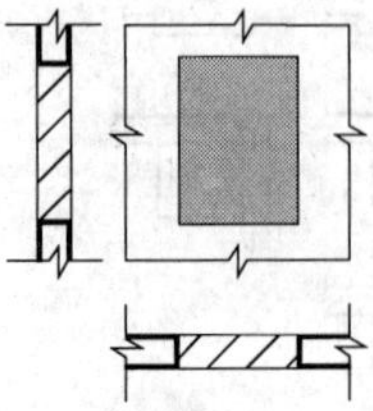	全部填塞的洞 图中立面填充灰度或涂色

序号	名称	图　例	备　注
21	在原有墙或楼板上局部填塞的洞	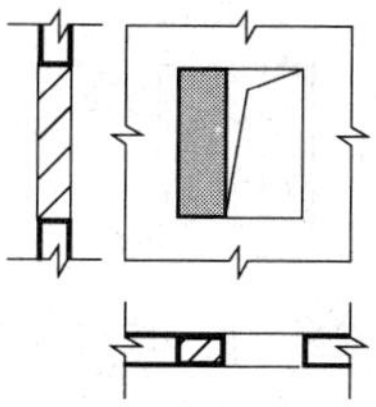	左侧为局部填塞的洞 图中立面填充灰度或涂色
22	空门洞	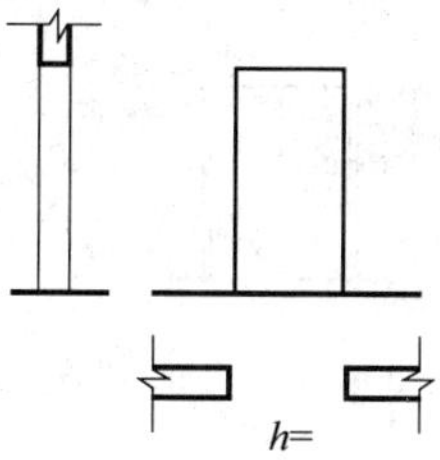	h 为门洞高度
23	单面开启单扇门（包括平开或单面弹簧）	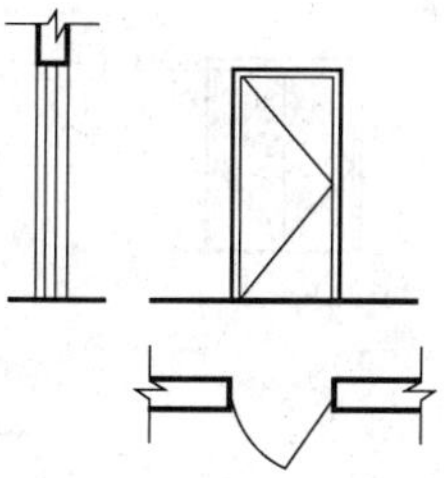	1. 门的名称代号用 M 表示； 2. 平面图中，下为外，上为内，门开启线为 90°、60° 或 45°，开启弧线宜绘出； 3. 立面图中，开启线实线为外开，虚线为内开，开启线交角的一侧为安装合页一侧，开启线在建筑立面图中可不表示，在立面大样图中可根据需要绘出； 4. 剖面图中，左为外，右为内； 5. 附加纱扇应以文字说明，在平、立、剖面图中均不表示； 6. 立面形式应按实际情况绘制
	双面开启单扇门（包括双面平开或双面弹簧）	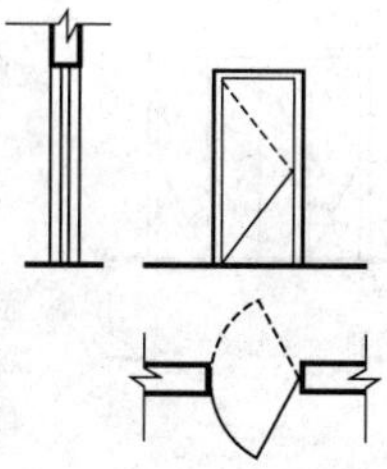	
	双层单扇平开门	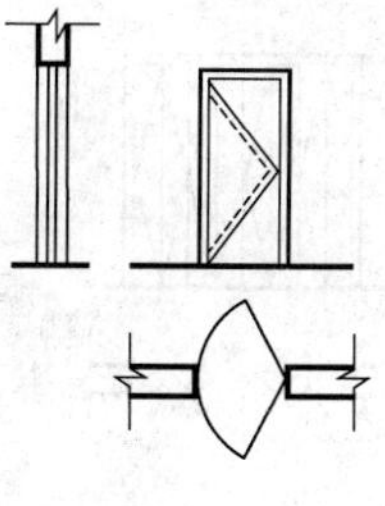	

序号	名称	图　例	备　注
24	单面开启双扇门（包括平开或单面弹簧）	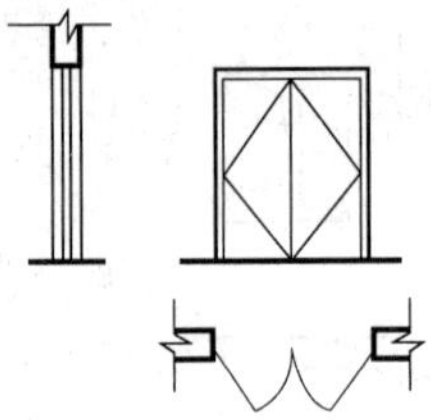	1. 门的名称代号用 M 表示； 2. 平面图中，下为外，上为内，门开启线为 90°、60° 或 45°，开启弧线宜绘出； 3. 立面图中，开启线实线为外开，虚线为内开，开启线交角的一侧为安装合页一侧，开启线在建筑立面图中可不表示，在立面大样图中可根据需要绘出； 4. 剖面图中，左为外，右为内； 5. 附加纱扇应以文字说明，在平、立、剖面图中均不表示； 6. 立面形式应按实际情况绘制
	双面开启双扇门（包括双面平开或双面弹簧）	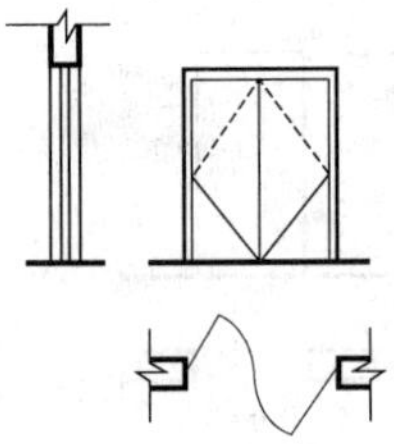	
	双层双扇平开门	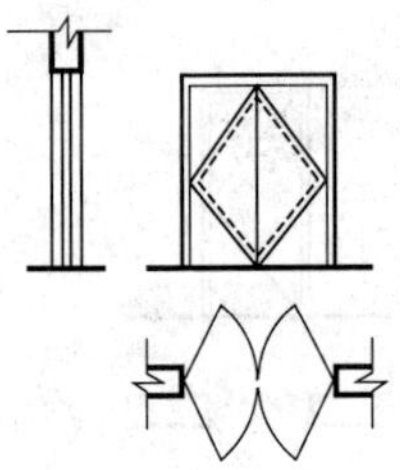	
25	折叠门	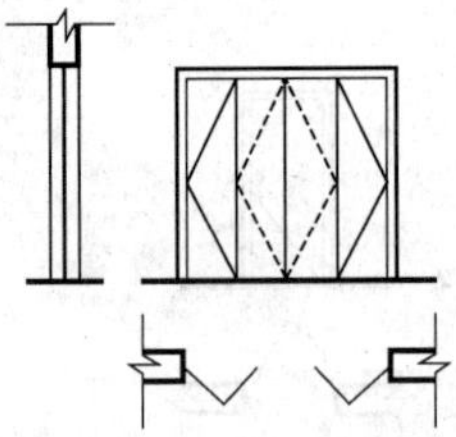	1. 门的名称代号用 M 表示； 2. 平面图中，下为外，上为内； 3. 立面图中，开启线实线为外开，虚线为内开，开启线交角的一侧为安装合页一侧； 4. 剖面图中，左为外，右为内； 5. 立面形式应按实际情况绘制
	推拉折叠门	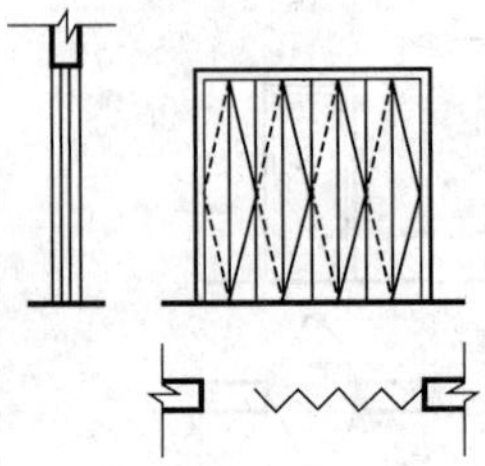	

续表

序号	名称	图　例	备　注
26	推杠门	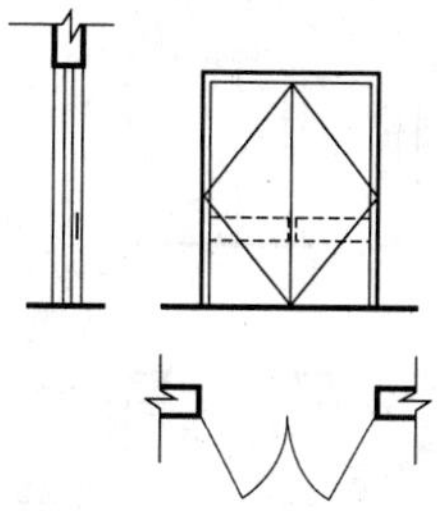	1. 门的名称代号用 M 表示； 2. 平面图中，下为外，上为内，门开启线为 90°、60°或 45°； 3. 立面图中，开启线实线为外开，虚线为内开，开启线交角的一侧为安装合页一侧，开启线在建筑立面图中可不表示，在室内设计门窗立面大样图中需绘出； 4. 剖面图中，左为外，右为内； 5. 立面形式应按实际情况绘制
27	门连窗		
28	墙洞外单扇推拉门	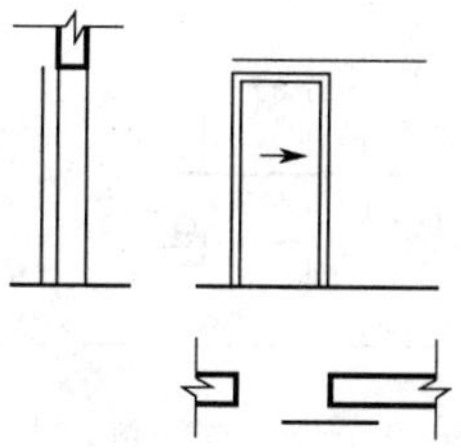	1. 门的名称代号用 M 表示； 2. 平面图中，下为外，上为内； 3. 剖面图中，左为外，右为内； 4. 立面形式应按实际情况绘制
	墙洞外双扇推拉门		
	墙中单扇推拉门	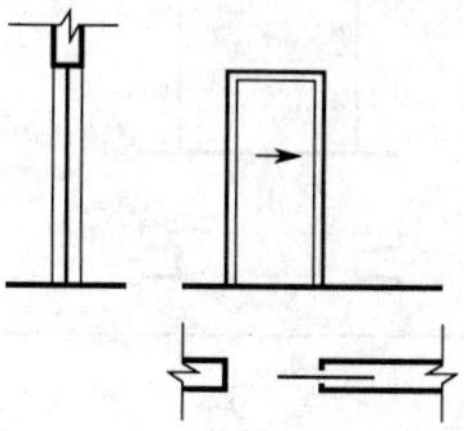	1. 门的名称代号用 M 表示； 2. 立面形式应按实际情况绘制
	墙中双扇推拉门		

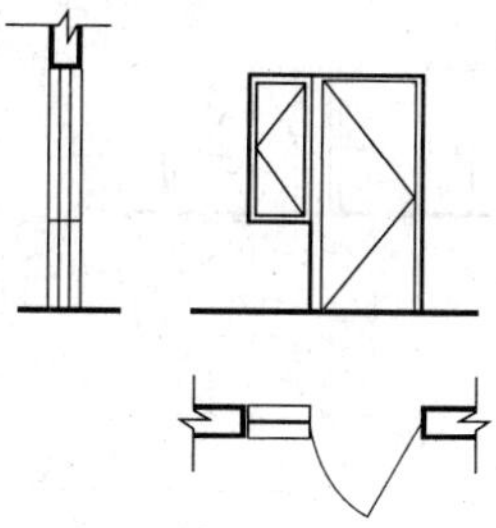

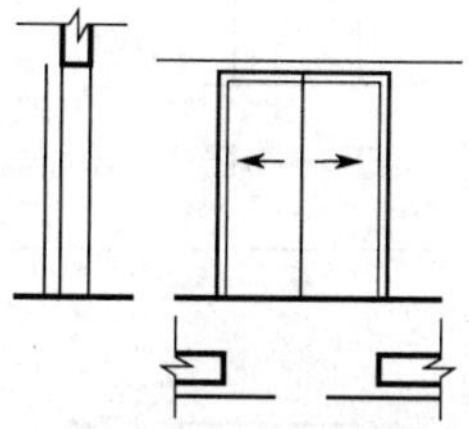

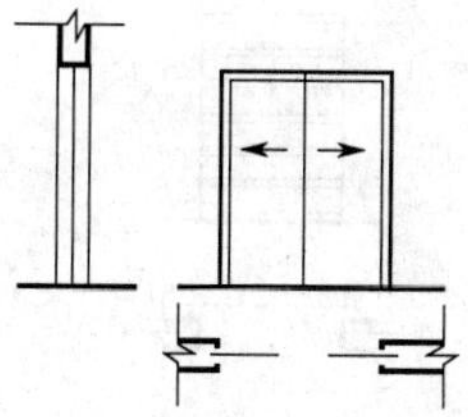

序号	名称	图　例	备　注
29	旋转门	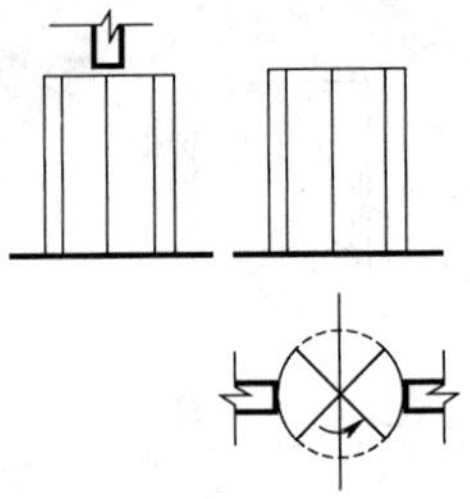	1. 门的名称代号用 M 表示； 2. 立面形式应按实际情况绘制
	两翼智能旋转门	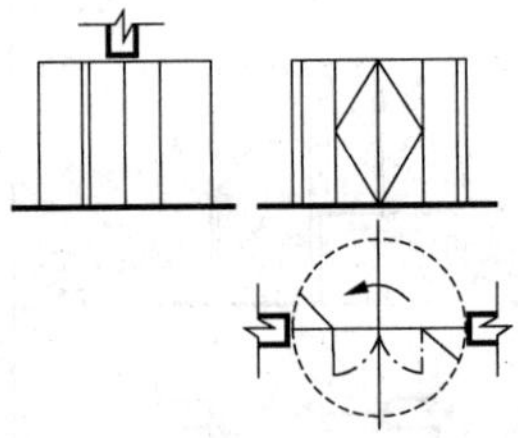	
30	自动门	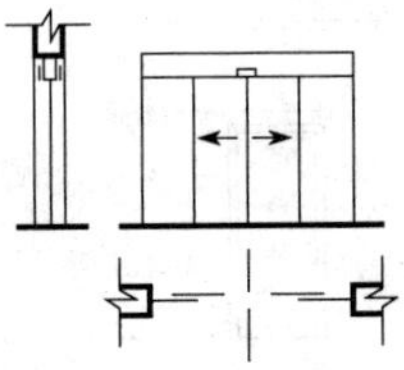	1. 门的名称代号用 M 表示； 2. 立面形式应按实际情况绘制
31	折叠上翻门	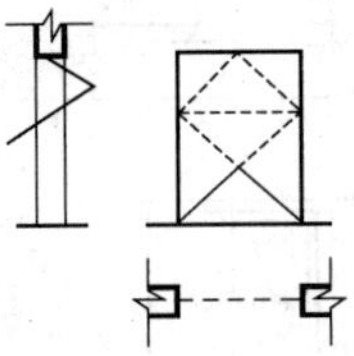	1. 门的名称代号用 M 表示； 2. 平面图中，下为外，上为内； 3. 剖面图中，左为外，右为内； 4. 立面形式应按实际情况绘制
32	提升门	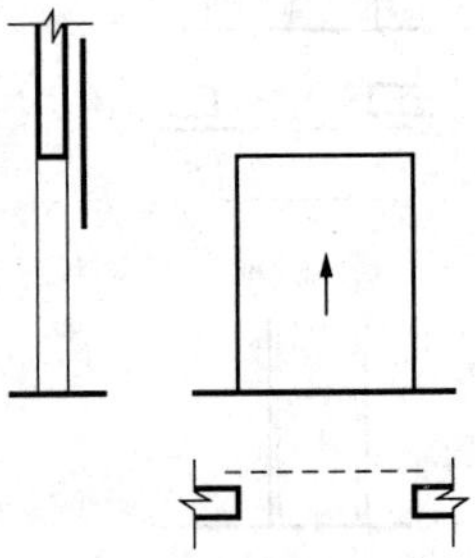	1. 门的名称代号用 M 表示； 2. 立面形式应按实际情况绘制
33	分节提升门	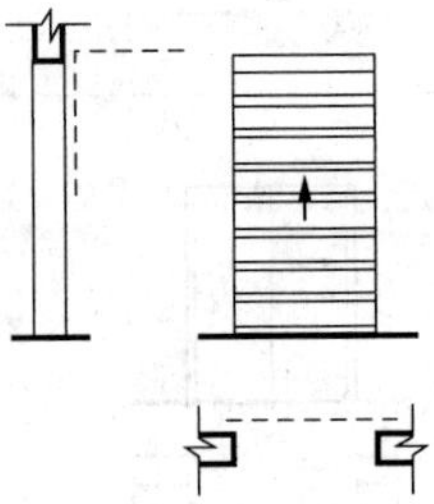	

序号	名称	图　例	备　注
34	人防单扇防护密闭门		1. 门的名称代号按人防要求表示； 2. 立面形式应按实际情况绘制
	人防单扇密闭门		
35	人防双扇防护密闭门		1. 门的名称代号按人防要求表示； 2. 立面形式应按实际情况绘制
	人防双扇密闭门		

序号	名称	图　例	备　注
36	横向卷帘门		
	竖向卷帘门		
	单侧双层卷帘门	—
	双侧单层卷帘门		

序号	名称	图　例	备　注
37	固定窗	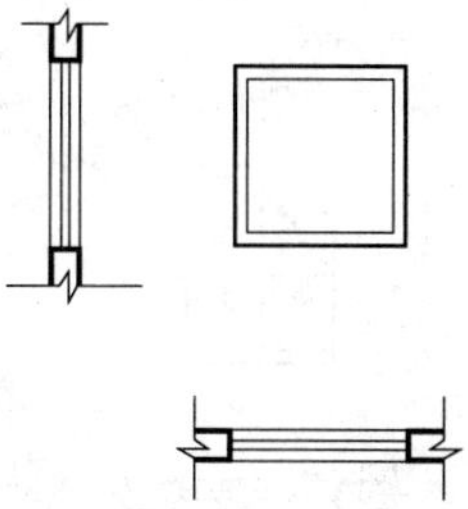	
38	上悬窗	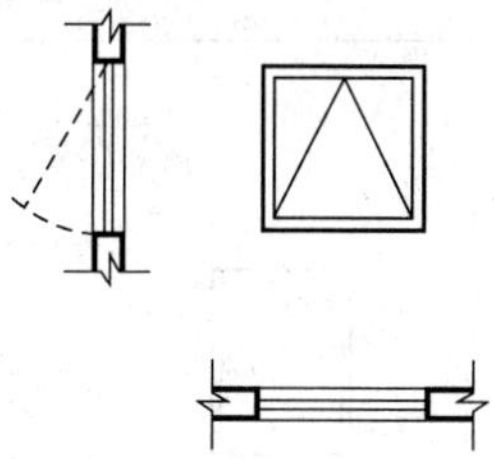	1. 窗的名称代号用 C 表示； 2. 平面图中，下为外，上为内； 　3. 立面图中，开启线实线为外开，虚线为内开，开启线交角的一侧为安装合页一侧，开启线在建筑立面图中可不表示，在门窗立面大样图中需绘出； 　4. 剖面图中，左为外、右为内，虚线仅表示开启方向，项目设计不表示； 　5. 附加纱窗应以文字说明，在平、立、剖面图中均不表示； 　6. 立面形式应按实际情况绘制
	中悬窗	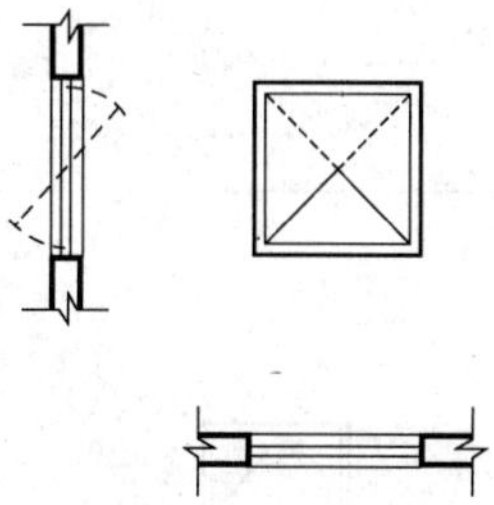	
39	下悬窗	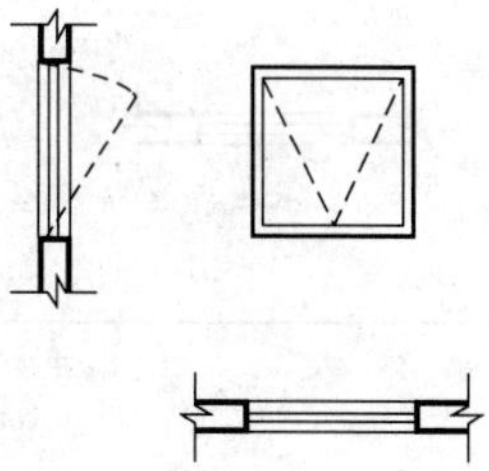	
40	立转窗	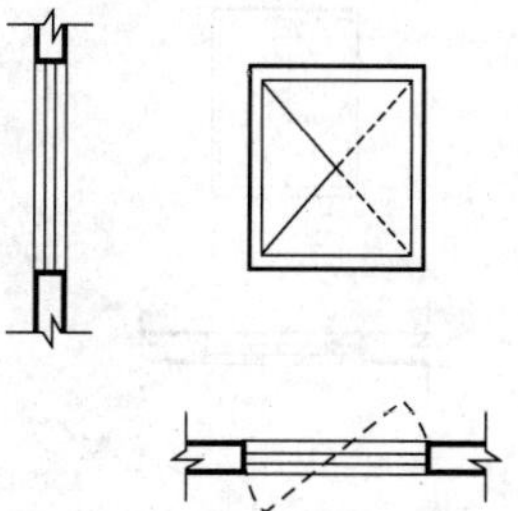	

序号	名称	图　例	备　注
41	双层内外开平开窗	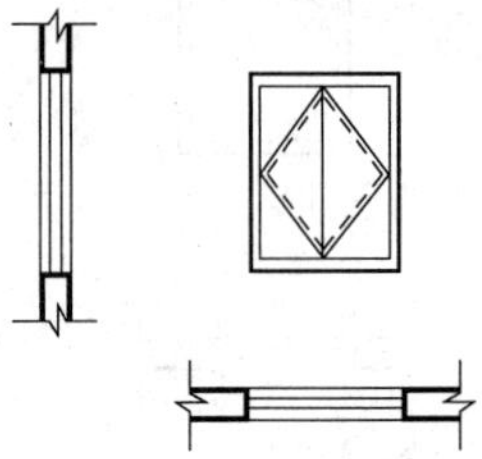	
42	内开平开内倾窗	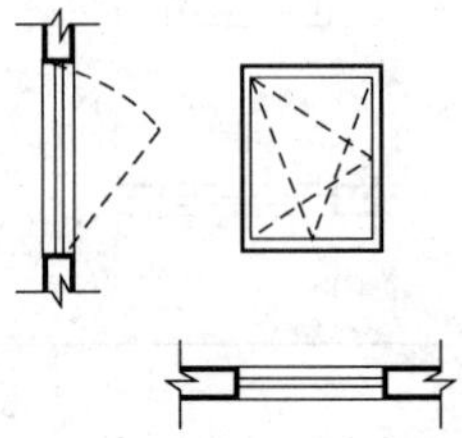	1. 窗的名称代号用C表示； 2. 平面图中，下为外，上为内； 3. 立面图中，开启线实线为外开，虚线为内开，开启线交角的一侧为安装合页一侧，开启线在建筑立面图中可不表示，在门窗立面大样图中需绘出； 4. 剖面图中，左为外、右为内，虚线仅表示开启方向，项目设计不表示； 5. 附加纱窗应以文字说明，在平、立、剖面图中均不表示； 6. 立面形式应按实际情况绘制
43	单层外开平开窗	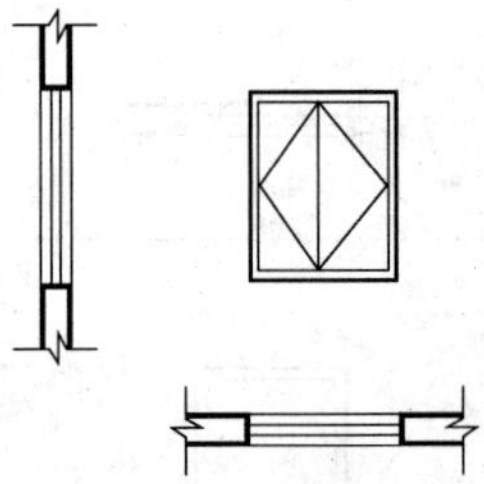	
	单层内开平开窗	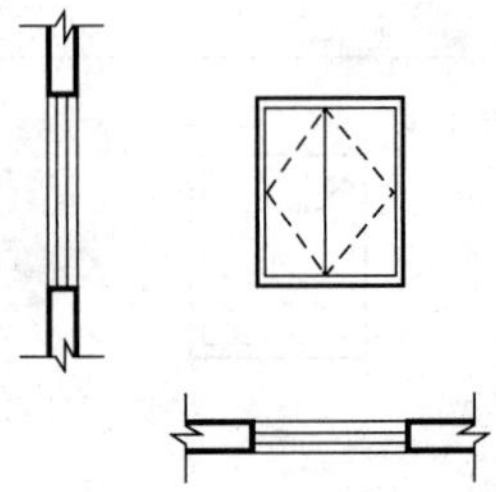	

续表

序号	名称	图　例	备　注
44	单层推拉窗	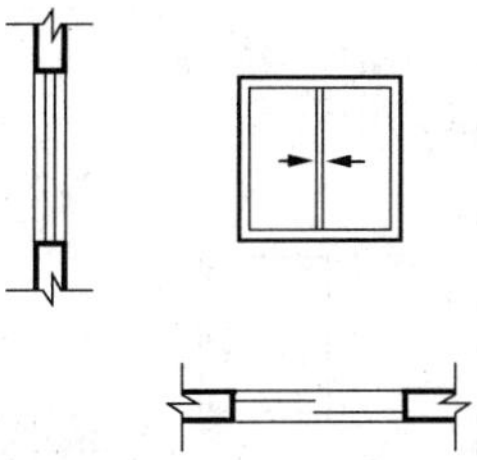	1. 窗的名称代号用 C 表示； 2. 立面形式应按实际情况绘制
	双层推拉窗	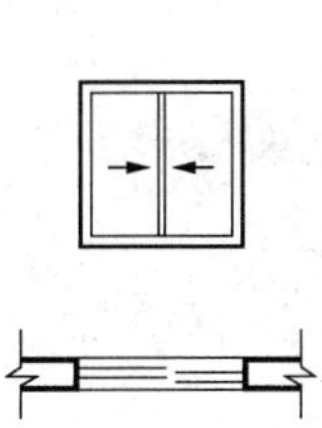	1. 窗的名称代号用 C 表示； 2. 立面形式应按实际情况绘制
45	上推窗	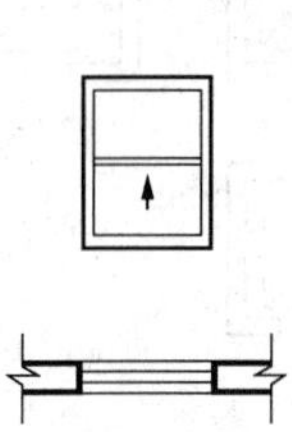	1. 窗的名称代号用 C 表示； 2. 立面形式应按实际情况绘制
46	百叶窗	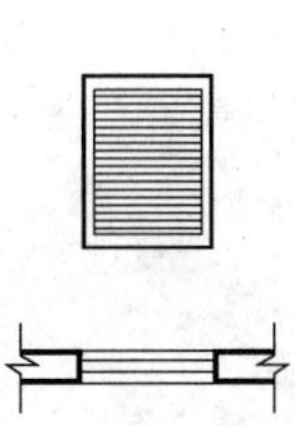	1. 窗的名称代号用 C 表示； 2. 立面形式应按实际情况绘制
47	高窗	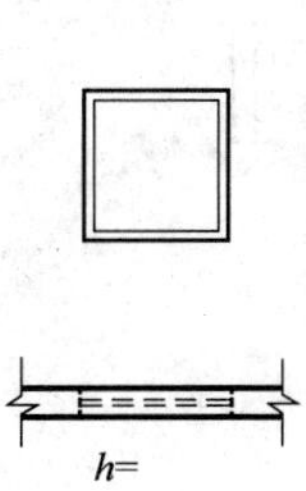 $h=$	1. 窗的名称代号用 C 表示； 2. 立面图中，开启线实线为外开，虚线为内开，开启线交角的一侧为安装合页一侧，开启线在建筑立面图中可不表示，在门窗立面大样图中需绘出； 3. 剖面图中，左为外、右为内； 4. 立面形式应按实际情况绘制； 5. h 表示高窗底距本层地面高度； 6. 高窗开启方式参考其他窗型

序号	名称	图　例	备　注
48	平推窗		1. 窗的名称代号用 C 表示； 2. 立面形式应按实际情况绘制
49	电梯		1. 电梯应注明类型，并按实际绘出门和平衡锤或导轨的位置； 2. 其他类型电梯应参照本图例按实际情况绘制
50	杂物梯、食梯		

表 A‑4　　　　　　　　　室内给水排水工程图中的常用图例

名　称	图　例	说　明	名　称	图　例	说　明
管　道		用于一张图上，只有一种管道	放水龙头		
	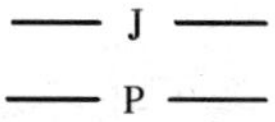 J／P	用汉语拼音字头表示管道类别	室内单出口消火栓		左为平面右为系统
	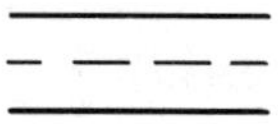	用线型区分管道类别	室内双出口消火栓	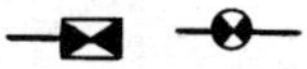	左为平面右为系统
交叉管	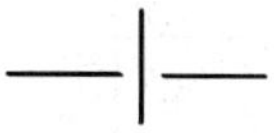	管道交叉不连接，在下方和后方的管道应断开	自动喷淋头	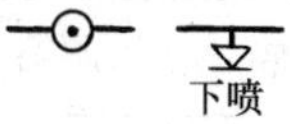 下喷	左为平面右为系统
管道连接	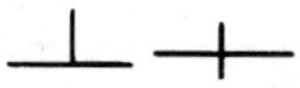	左边三通右边四通	淋浴喷头	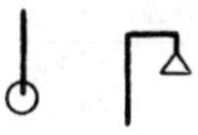	
管道立管	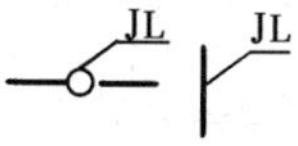 JL	J：管道类别 L：立管	水　表		
管道固定支架			立式洗脸盆		
多孔管	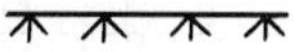		浴　盆	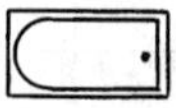	
存水弯	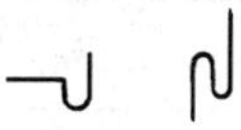		污水池		
检查口			盥洗槽	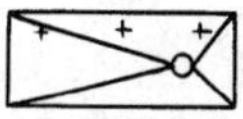	
清扫口	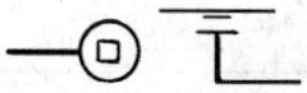	左为平面右为系统	小便槽	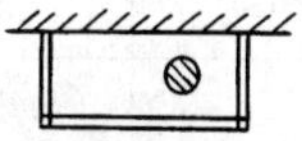	
通气帽	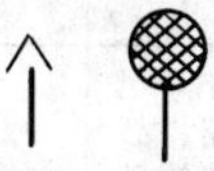	左为成品右为铅丝球	小便器		
圆形地漏		左为平面右为系统	大便器	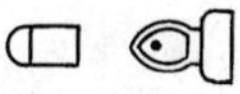	左为蹲式右为坐式
截止阀		左为DN≥50 右为DN<50	延时自闭阀	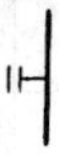	
闸　阀			柔性防水套管	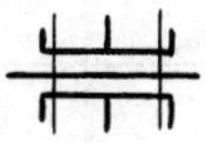	
止回阀	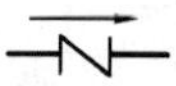		可曲挠接头	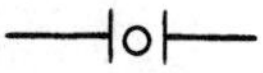	

表 A-5 采暖常用图例

序号	名　称	图　例	序号	名　称	图　例
1	热水干管		15	集气罐	
2	回水干管		16	柱式散热器	
3	蒸汽干管		17	管道下行	
4	冷凝水回水干管		18	管道上行	
5	自来水管		19	供水（汽）立管	
6	热水供给管		20	回水立管	
7	管道固定支架		21	离心水泵	
8	方形伸缩器		22	散热器跑风门	
9	阀门		23	泄水阀	
10	压力表		24	放气阀	
11	止回阀		25	管沟集水井	
12	截止阀		26	疏水器	
13	膨胀管		27	温度计	
14	循环管				

表 A-6 电气工程中常用电器图例

序号	名　称	图　例	序号	名　称	图　例
1	照明配电箱		8	荧光灯	
2	单极开关		9	三管荧光灯	
3	灯（一般符号）		10	五管荧光灯	
4	防爆荧光灯		11	导线、导线组、电线、传输通路、线路、母线的一般符号 三根导线 三根导线 n 根导线	
5	球形灯		12	向上配线	
6	花灯		13	向下配线	
7	壁灯		14	垂直通过配线	

附录 B　某学院学生公寓施工图

一、附图说明

1. 为使读者更好地识读房屋施工图，特选编某学院学生公寓的施工图作为本书附图，供读者练习识读。

2. 附图是一幢四层混合结构的学生公寓，建筑面积为 1996.6m²。

3. 附图中包括建筑施工图、结构施工图、室内设备（给排水、采暖、电气照明）施工图。由于制版原因，附图的图幅大小比原图有所缩小，图中比例已不再是原图所标注的比例。

4. 部分构造做法及表示法具有地区性，仅供参考。

5. 在识读本图过程中，不可避免地会遇到各种专业技术方面的问题，有待于在今后的继续学习中逐步加以解决。

图 纸 目 录

序号	图别	编号	图 纸 名 称	序号	图别	编号	图 纸 名 称
1	建施	1	设计说明、门窗表、工程做法	17	结施	3	基础详图、设计说明
2	建施	2	总平面图	18	结施	4	楼面结构平面图
3	建施	3	底层平面图	19	结施	5	楼面圈梁布置图及节点详图
4	建施	4	标准层平面图	20	结施	6	屋面结构平面图
5	建施	5	顶层平面图	21	结施	7	屋面圈梁布置图及节点详图
6	建施	6	屋面平面图	22	结施	8	楼梯配筋平面图、1-1、钢筋表
7	建施	7	①~⑩立面图	23	结施	9	TB-1、TB-2、TB-3、TL-L 配筋图
8	建施	8	⑩~①立面图				
9	建施	9	Ⓐ~Ⓓ立面图 Ⓓ~Ⓐ立面图	24	水施	1	底层给水排水平面图
				25	水施	2	标准层给水排水平面图
10	建施	10	1-1 剖面图	26	水施	3	给水系统图
11	建施	11	2-2 剖面图	27	水施	4	排水系统图
12	建施	12	3-3 剖面图	28	暖施	1	底层采暖平面图
13	建施	13	楼梯详图	29	暖施	2	标准层采暖平面图
14	建施	14	阳台平面图、厕所、盥洗室平面图	30	暖施	3	顶层采暖平面图
				31	暖施	4	采暖系统图
15	结施	1	结构设计说明	32	电施	1	底层电气平面图
16	结施	2	基础平面图	33	电施	2	各支路配电示意图

二、建筑施工图

设 计 说 明

1. 本工程为某学院学生公寓，层数为四层，平面形成为一字形，内廊式，建筑面积为1996.6m²。

2. 总平面布置：本工程位于学院学生生活区内，建筑坐北朝南，行列式布置。本期工程为四幢，抗震设防编号为7~10号。

3. 本工程为四层混合结构，抗震设防烈度为8度，抗震柱设防以结施图为准。

4. 本工程均采用非粘土烧结普通砖。

5. 新建学生公寓底层室内地坪为±0.000，相当于绝对标高486.00。

6. 图中尺寸除标高以米为单位外，其余均以毫米为单位。

7. 本工程卫生器具及涂料由建设单位自定。

8. 本工程施工时，建筑、结构、水、暖、电各工种必须密切配合，准确预留孔洞，禁止事后开凿，影响质量。电各专业施工详见施工图。

9. 散水、地面、楼面、屋面的工程做法详见设单位建施图。

10. 图中未尽事宜，由设计、施工、建设单位协商解决。

门窗表

统一编号	图集编号	洞口尺寸	数量	材料	部位	备注
M-1	3M₁58	1800×2400	1	木	入口	参照定做
M-2	3M₁58	1500×2400	1	木	入口	镶木板
M-3	3M₁18	1000×2400	67	木	房间、厕所	镶木板
M-4	3M07	750×2100	63	木	阳台卫生间	镶木板
M-5		1500×2700	63	木	阳台	镶木板
C-1		1800×1200	3	塑钢	楼梯间	现场定做
C-2		1800×1800	4	塑钢	厕所	现场定做
C-3		450×600	63	塑钢	阳台卫生间	现场定做
C-4		1500×1800	7	塑钢	走廊	现场定做
C-5		2100×2100	1	塑钢	管理间	现场定做
C-6		2340×1900	63	塑钢	阳台	现场定做

工 程 做 法

名称	工 程 做 法	部 位
台阶	1. 20厚1:2.5水泥砂浆抹面压实赶光 2. 素水泥浆结合层一道 3. 60厚C15混凝土台阶面向外坡1% 4. 150厚碎石夯实灌M2.5混合砂浆 5. 素土夯实	出入口
外墙1	1. 刷外墙涂料 2. 6厚1:2.5水泥砂浆找平 3. 12厚1:3水泥砂浆打底扫光	所有外墙
外墙2	1. 刷外墙涂料 2. 基层用EC聚合物砂浆修补平整	阳台栏板
踢脚	1. 6厚1:2.5水泥砂浆压实赶光 2. 6厚1:3水泥砂浆打底扫毛	
内墙1	1. 刮内墙仿瓷涂料 2. 6厚1:0.5水泥石灰膏砂浆抹面压实赶光 3. 12厚1:1:6水泥石灰膏砂浆打底扫毛	房间、走廊、楼梯
内墙2	1. 白水泥擦缝 2. 贴5厚釉面砖（在釉面砖贴面上随抹随刷一道混凝土界面处理剂） 3. 8厚1:0.1:2.5水泥石灰膏砂浆结合层 4. 12厚1:3水泥砂浆打底扫毛	厕所、盥洗室、阳台、卫生间
顶棚	1. 刷涂料 2. 底板刮腻子刮平	
油漆1	1. 调和漆二度（颜色建设单位自定）－ 2. 底油一度 3. 满刮腻子	木门 木扶手
油漆2	1. 调和漆二度（颜色建设单位自定） 2. 刮腻子 3. 刷防锈漆一度	金属构件

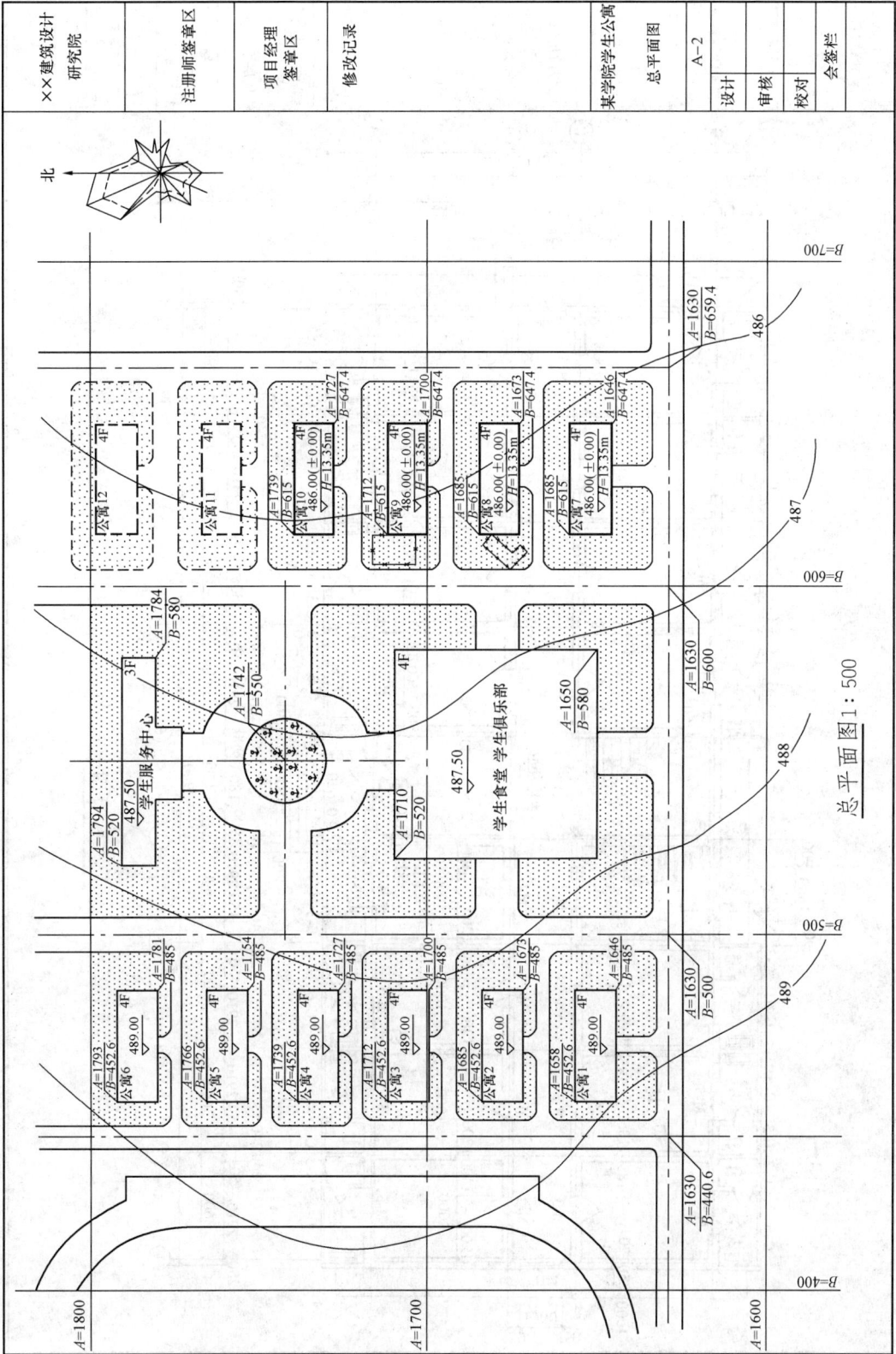

总平面图 1：500

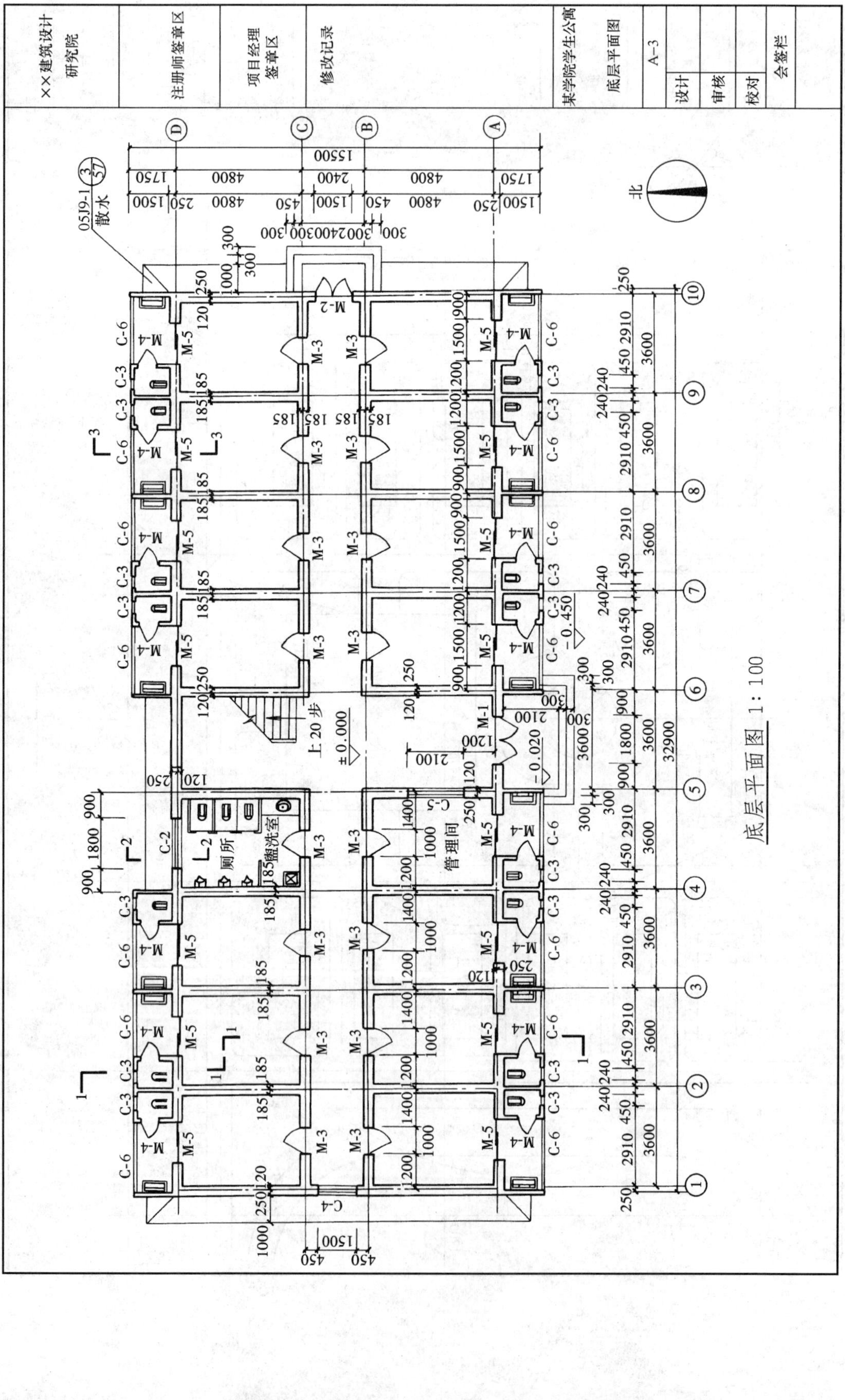
××建筑设计研究院
注册师签章区
项目经理签章区
修改记录
某学院学生公寓
底层平面图
A-3
设计
审核
校对
会签栏
05J9-1 散水
北
厕所
盥洗室
管理间
上20步
±0.000
-0.020
-0.450
32900
15500

底层平面图 1:100

标准层平面图 1：100

××建筑设计研究院	注册师签章区	项目经理签章区	修改记录		某学院学生公寓		
设计					顶层平面图	A-5	会签栏
					审核		
					校对		

顶层平面图　1：100

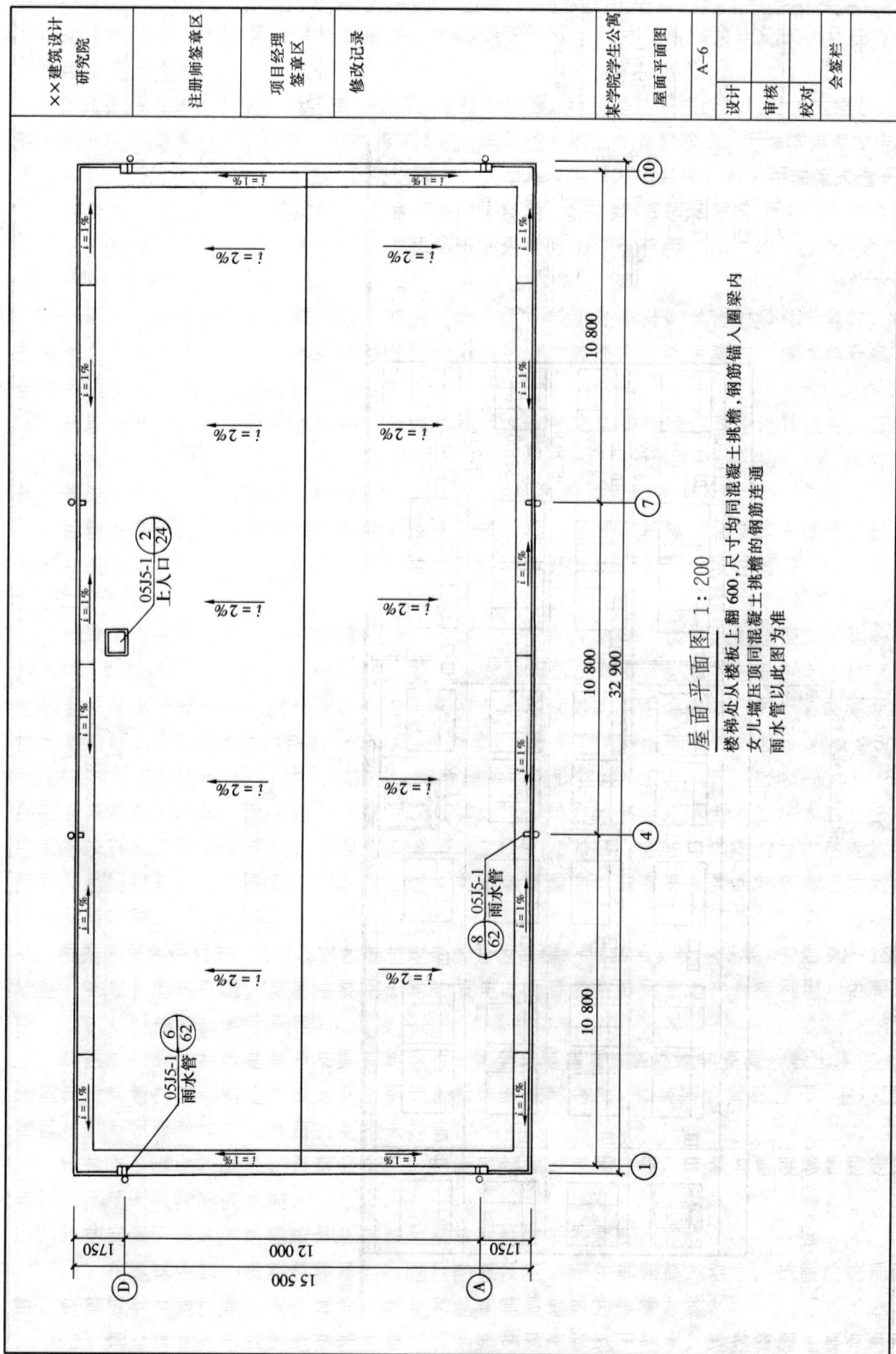

××建筑设计研究院	注册师签章区	项目经理签章区	修改记录	某学院学生公寓	屋面平面图	A-6

设计　审核　校对　会签栏

屋面平面图 1:200

楼梯处从楼板上翻 600，尺寸均同混凝土挑檐，钢筋锚入圈梁内
女儿墙压顶同混凝土挑檐，钢筋的挑檐连通
雨水管以此图为准

05J5-1 ② 上人口 ㉔

05J5-1 ⑥ 雨水管 ㉖②

05J5-1 ⑧ 雨水管 ㉖②

i=1% i=2%

10 800 10 800 10 800 32 900

1750 12 000 1750 15 500

Ⓓ Ⓐ ① ④ ⑦ ⑩

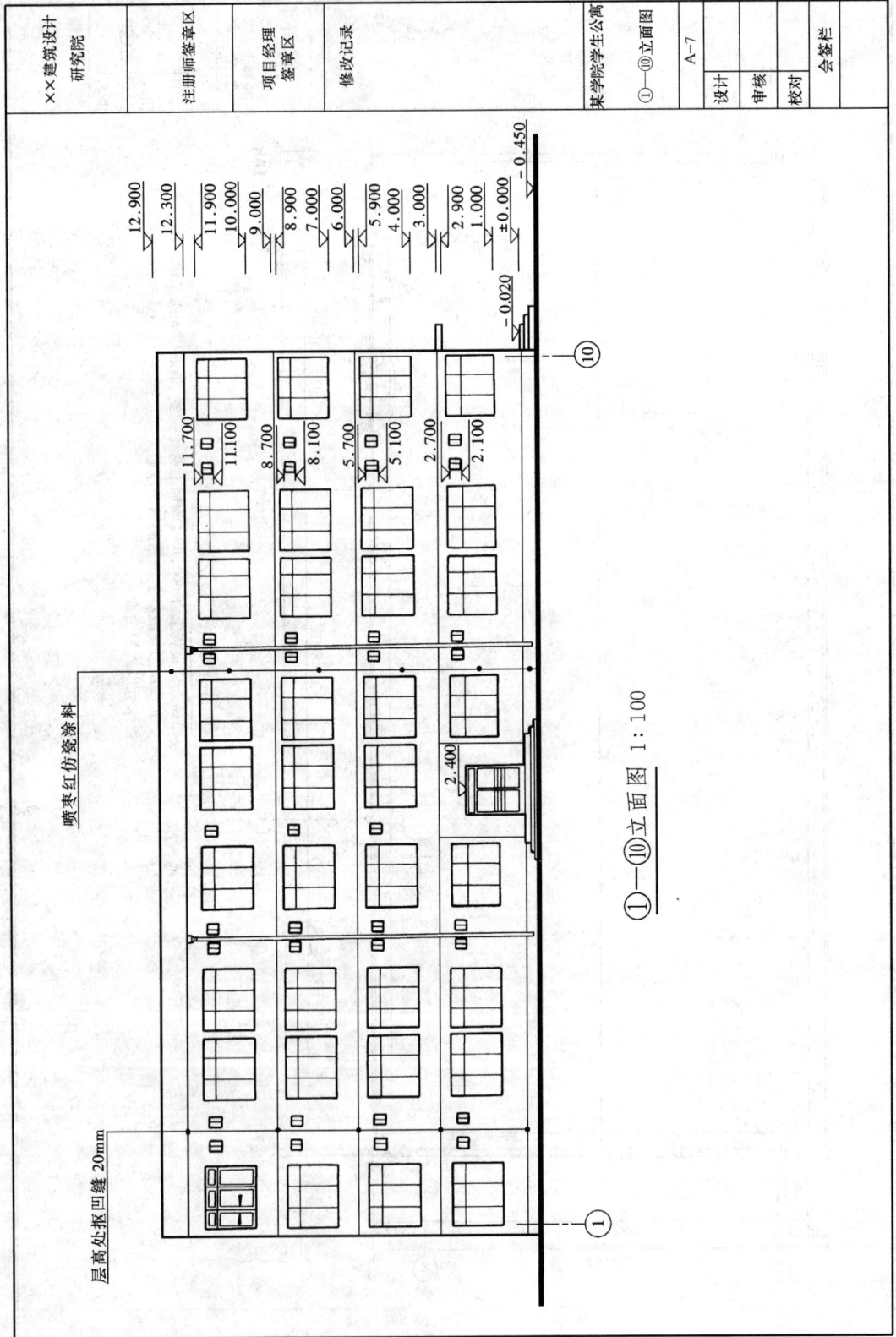

①—⑩立面图 1：100

（图签栏）××建筑设计研究院　注册师签章区　项目经理签章区　修改记录　某学院学生公寓　①—⑩立面图　A-7　设计　审核　校对　会签栏

标高：12.900　12.300　11.900　10.000　9.000　8.900　7.000　6.000　5.900　4.000　3.000　2.900　1.000　±0.000　-0.020　-0.450

窗标高：11.700　11.100　8.700　8.100　5.700　5.100　2.700　2.100　2.400

喷枣红仿瓷涂料

层高处报凹缝 20mm

××建筑设计研究院	注册师签章区	项目经理签章区	修改记录	某学院学生公寓

⑩—①立面图

A-8

设计		
审核		
校对		
会签栏		

层高处板凹缝 20mm

喷枣红仿瓷涂料

12.900
12.300
11.900
10.000
9.000
8.900
7.000
6.000
5.900
4.000
3.000
2.900
1.000
±0.000
-0.450

11.700
9.900
10.200
8.700
9.000
7.200
6.900
6.000
4.200
5.700
3.900
3.000
2.700
0.900

11.700
11.100
8.700
8.100
5.700
5.100
2.700
2.100

-0.020

①

⑩

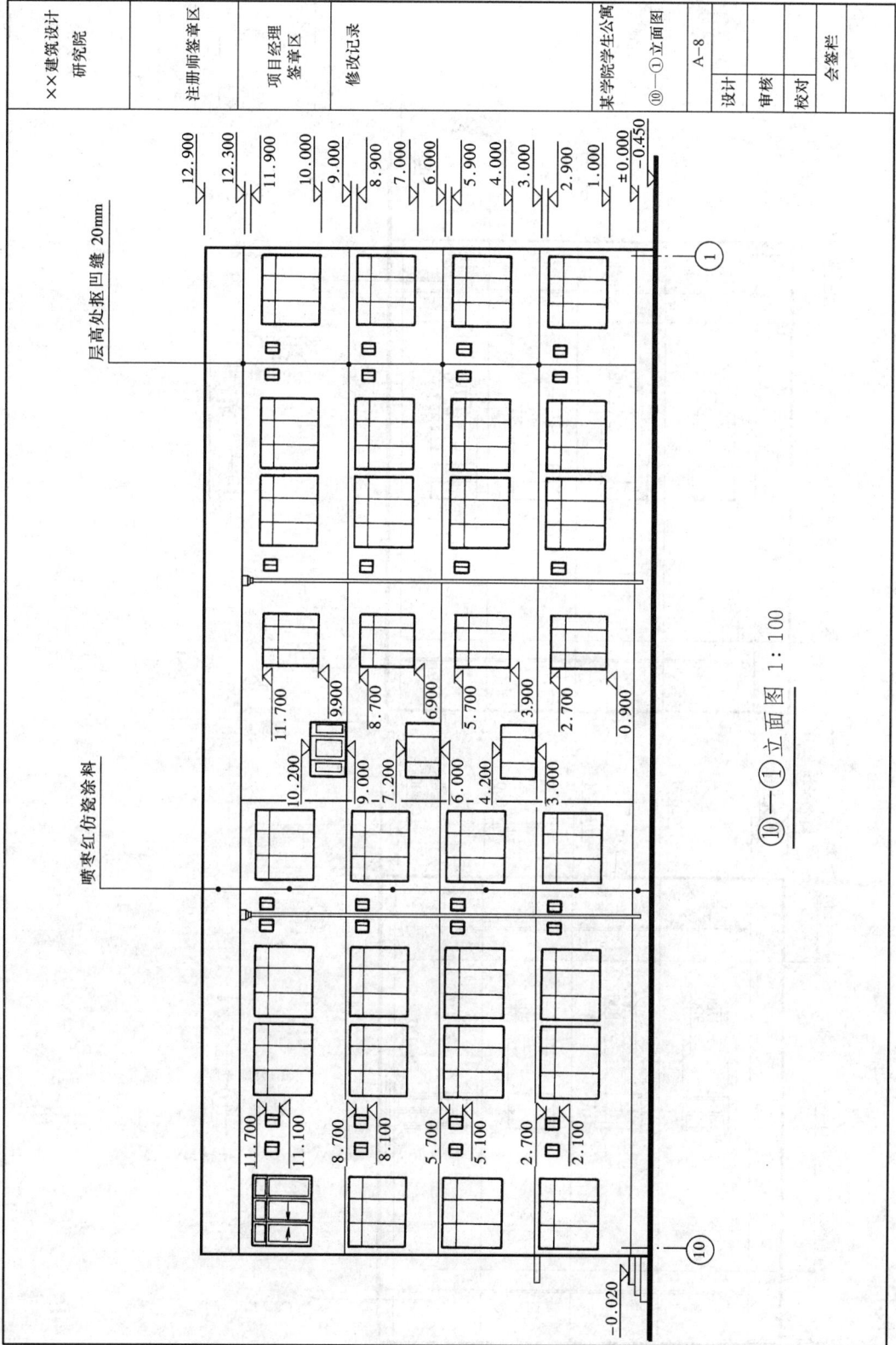

⑩—① 立面图 1:100

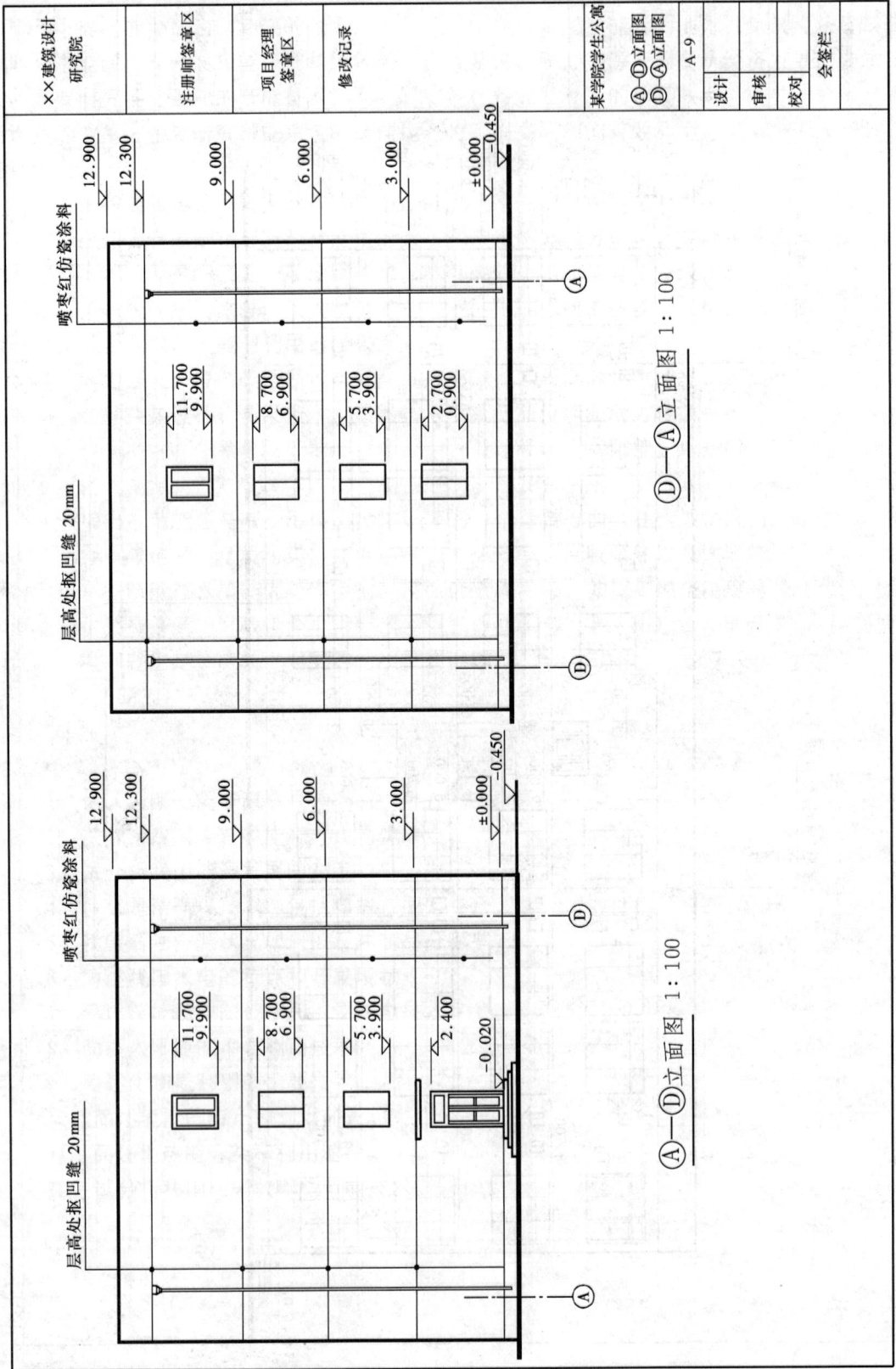

Ⓐ—Ⓓ立面图 1：100

Ⓓ—Ⓐ立面图 1：100

××建筑设计研究院		Ⓐ—Ⓓ立面图Ⓓ—Ⓐ立面图	
注册师签章区		A—9	
项目经理签章区		设计	
修改记录		审核	
		校对	
某学院学生公寓		会签栏	

×× 建筑设计研究院	注册师签章区	项目经理签章区	修改记录	某学院学生公寓		
				1—1剖面图		
				A—10		
				设计		
				审核		
				校对		
				会签栏		

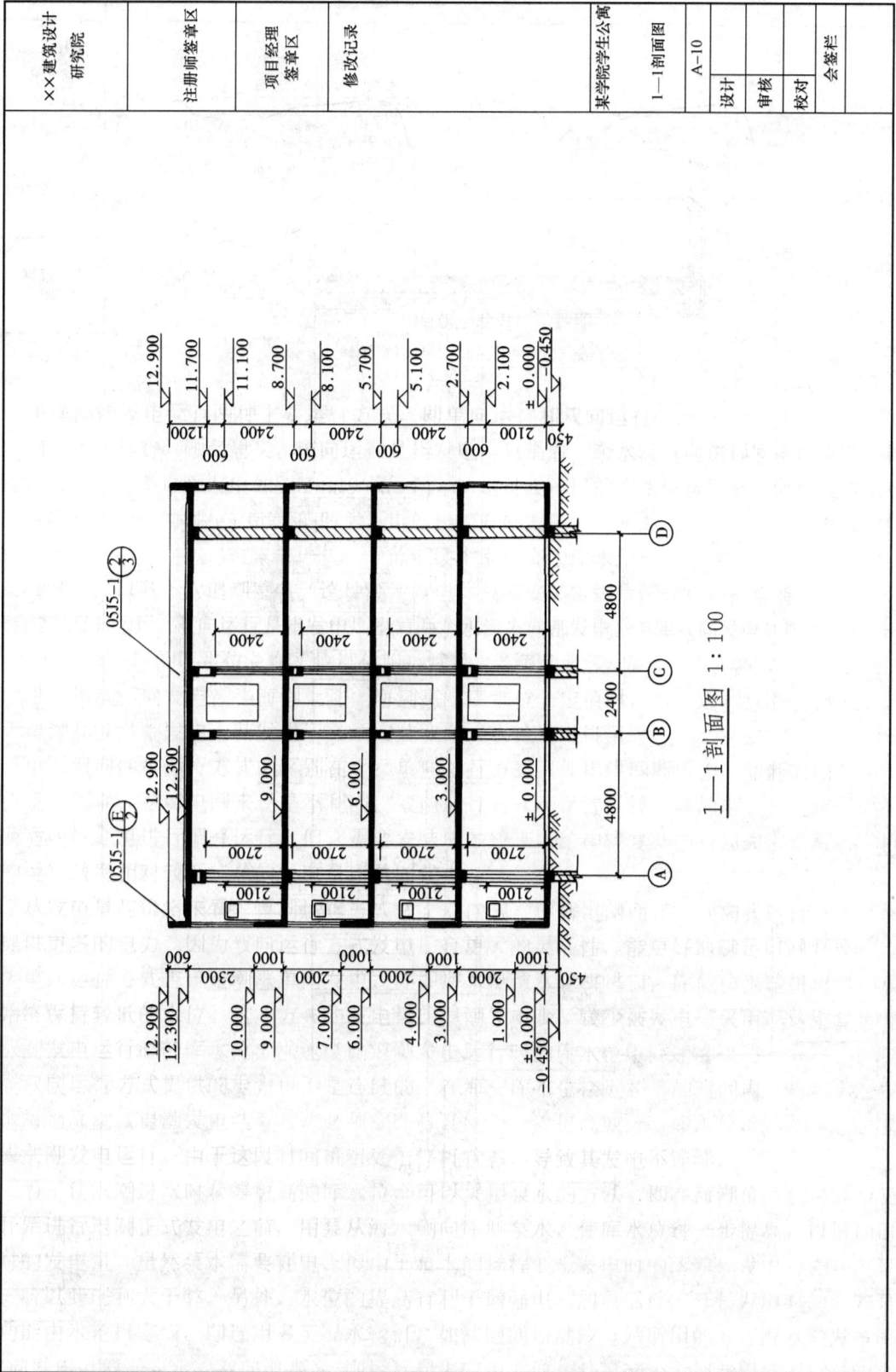

1—1剖面图 1：100

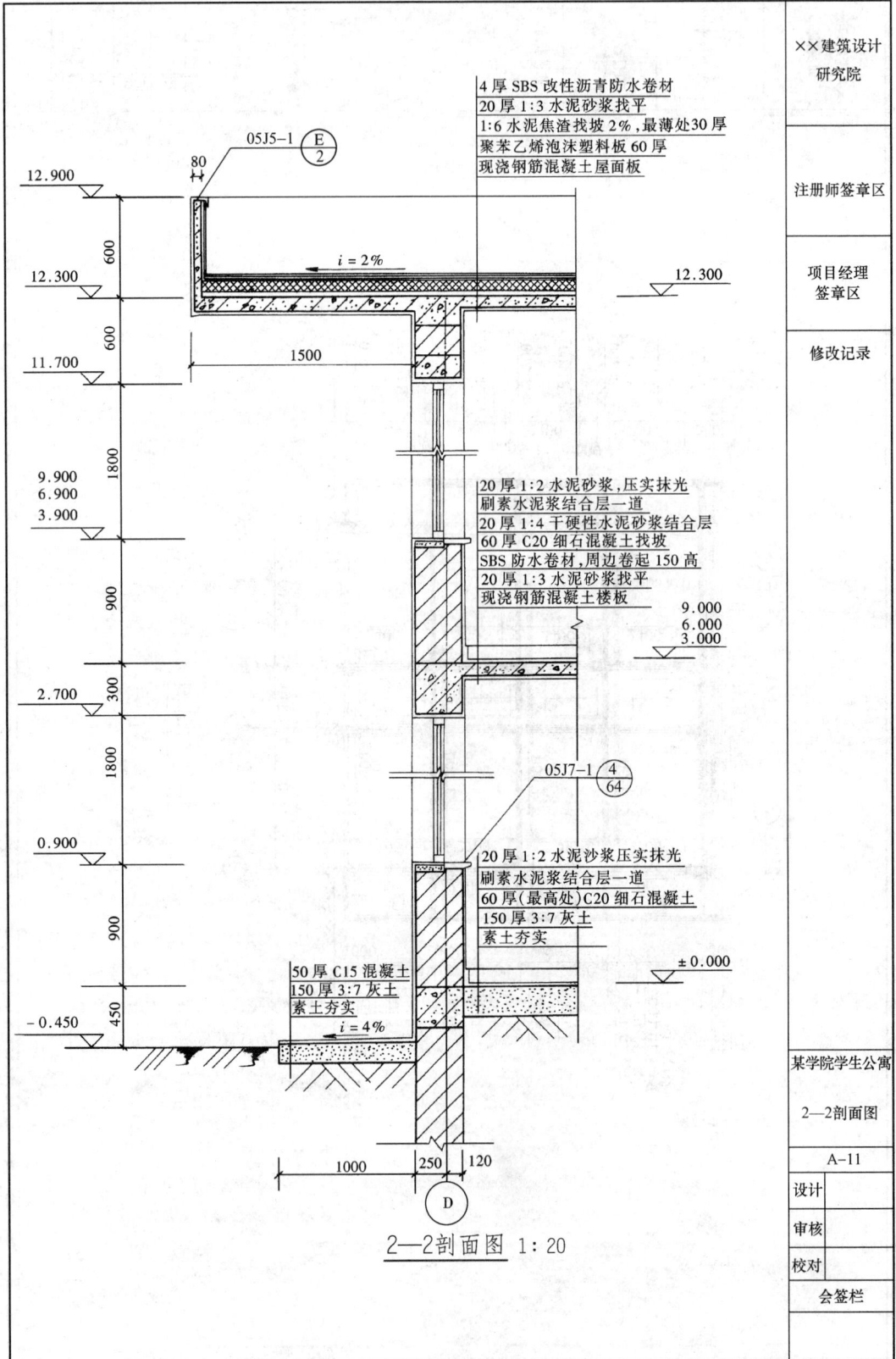

××建筑设计研究院

注册师签章区

项目经理签章区

修改记录

4 厚 SBS 改性沥青防水卷材
20 厚 1:3 水泥砂浆找平
1:6 水泥焦渣找坡 2%,最薄处 30 厚
聚苯乙烯泡沫塑料板 60 厚
现浇钢筋混凝土屋面板

05J5-1　$\binom{E}{2}$

80

12.900

600

12.300

$i = 2\%$

12.300

600

11.700

1500

1800

9.900
6.900
3.900

20 厚 1:2 水泥砂浆,压实抹光
刷素水泥浆结合层一道
20 厚 1:4 干硬性水泥砂浆结合层
60 厚 C20 细石混凝土找坡
SBS 防水卷材,周边卷起 150 高
20 厚 1:3 水泥砂浆找平
现浇钢筋混凝土楼板

900

9.000
6.000
3.000

2.700

300

1800

05J7-1　$\binom{4}{64}$

0.900

20 厚 1:2 水泥沙浆压实抹光
刷素水泥浆结合层一道
60 厚(最高处)C20 细石混凝土
150 厚 3:7 灰土
素土夯实

900

± 0.000

50 厚 C15 混凝土
150 厚 3:7 灰土
素土夯实
$i = 4\%$

-0.450

450

某学院学生公寓

2—2 剖面图

A-11

1000　250　120

$\binom{D}{}$

2—2 剖面图 1:20

设计

审核

校对

会签栏

4 厚 SBS 改性沥青防水卷材
20 厚 1:3 水泥砂浆找平
1:6 水泥焦渣找坡 2%，最薄处30 厚
聚苯乙烯泡沫塑料板 60 厚
现浇钢筋混凝土屋面板

12.900

600

12.300

05J5-1 参照

1500

2300

10.000
7.000
4.000

40

100 120

960

20 厚 1:2 水泥砂浆，压实抹光
刷素水泥浆结合层一道
20 厚 1:4 干硬性水泥砂浆结合层
SBS 防水卷材
20 厚 1:3 水泥砂浆找平
现浇钢筋混凝土楼板

20 厚 1:2 水泥砂浆，压实抹光
刷素水泥浆结合层一道
20 厚 1:4 干硬性水泥砂浆结合层
20 厚 1:3 水泥砂浆找平
现浇钢筋混凝土楼板

9.000
6.000
3.000

2000

1.000

40

960

60 厚 C15 混凝土随打随抹
150 厚 3:7 灰土
素土夯实

50 厚 C15 混凝土
150 厚 3:7 灰土
素土夯实

± 0.000

-0.450

450

i = 4%

1000　250　120

注：阳台 120 墙加 40 厚聚苯板保温层。

3—3剖面图 1:20

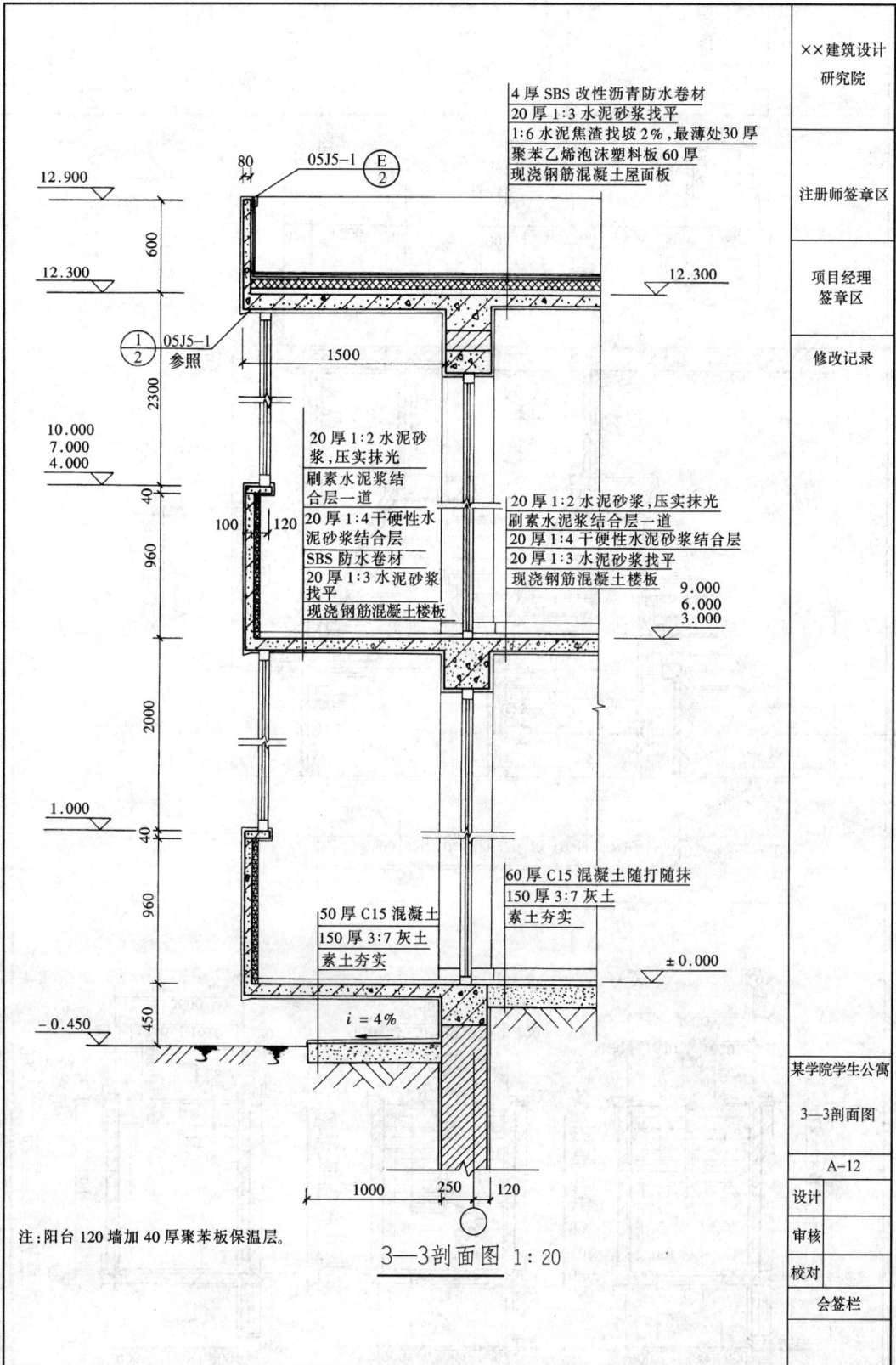

××建筑设计研究院

注册师签章区

项目经理签章区

修改记录

某学院学生公寓

3—3剖面图

A—12

设计
审核
校对
会签栏

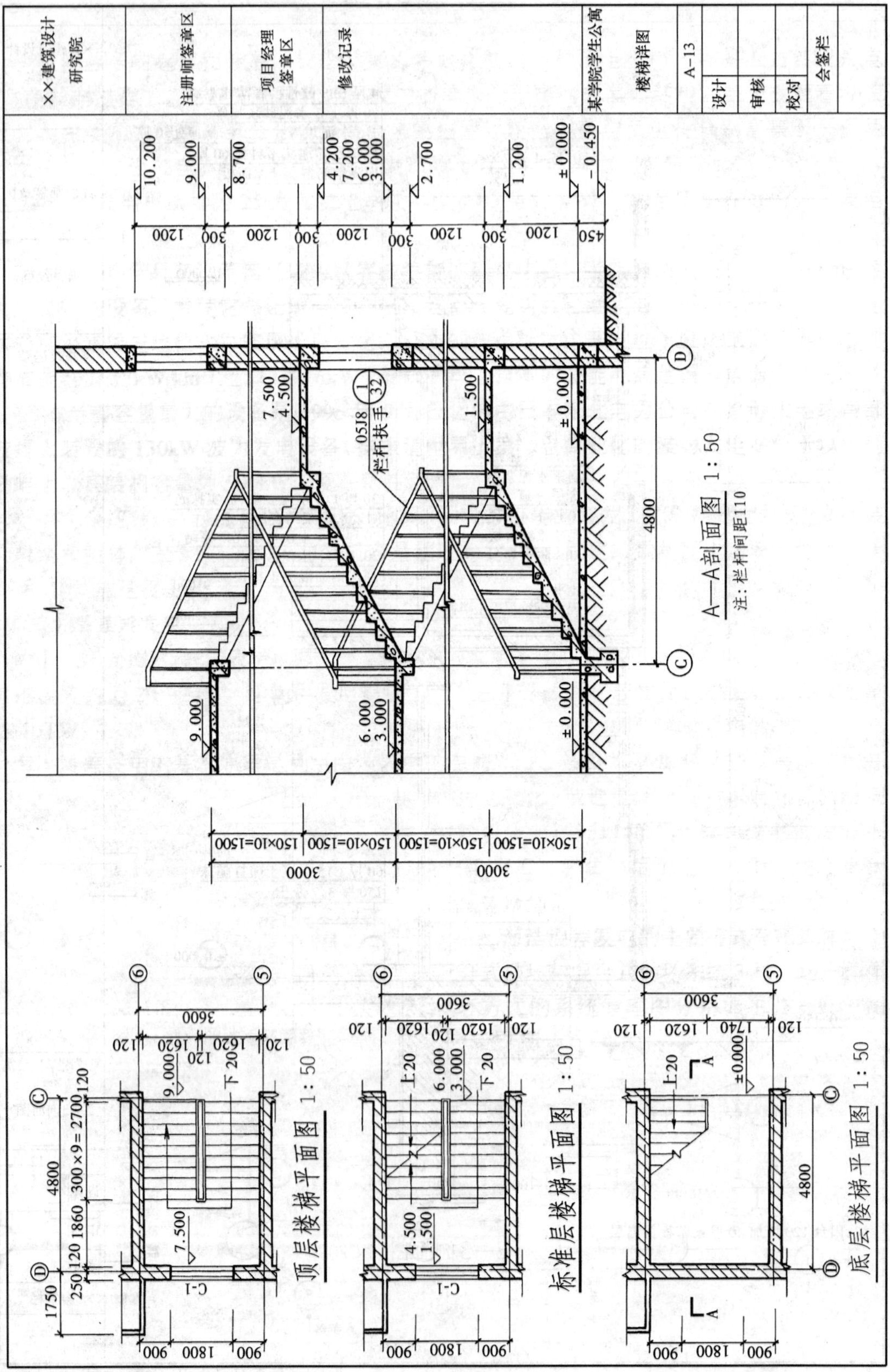

××建筑设计研究院	注册师签章区	项目经理签章区	修改记录		某学院学生公寓	楼梯详图	A-13			
							设计	审核	校对	会签栏

A—A剖面图 1：50

注：栏杆间距110

栏杆扶手 ①/32 0518

顶层楼梯平面图 1：50

标准层楼梯平面图 1：50

底层楼梯平面图 1：50

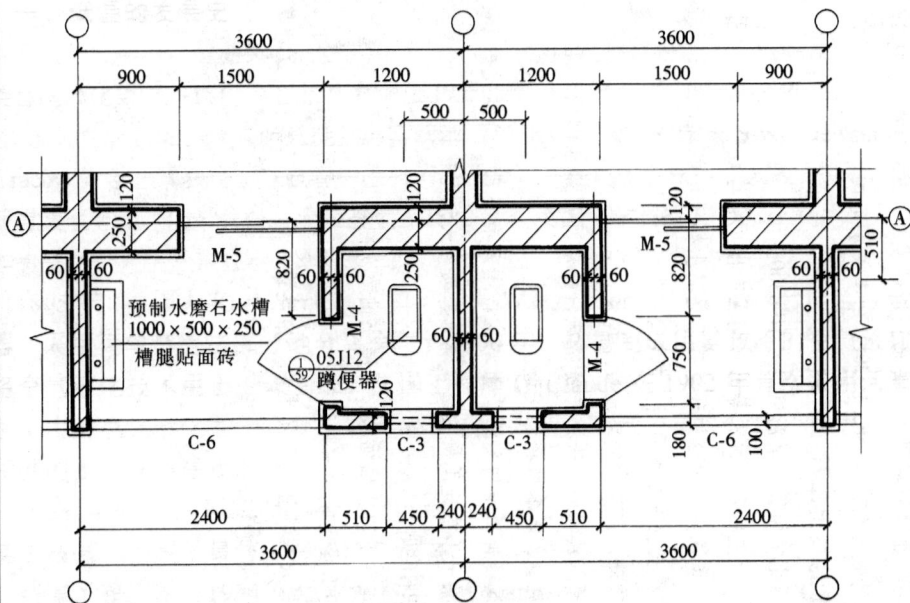

阳台平面图 1：25

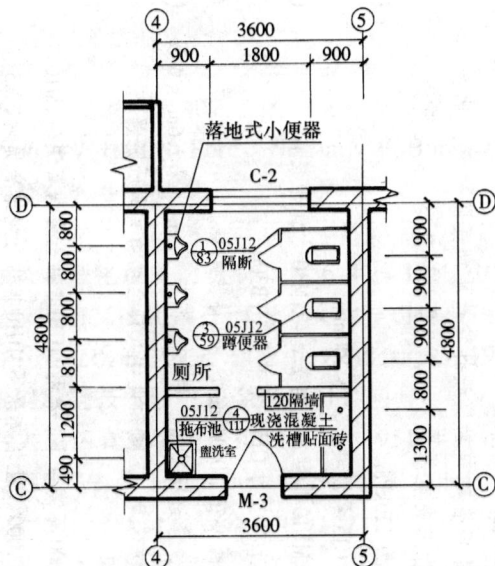

厕所、盥洗室平面图 1：50

××建筑设计研究院

注册师签章区

项目经理签章区

修改记录

某学院学生公寓阳台平面图厕所、盥洗室平面图

A-14

设计　审核　校对

会签栏

三、结构施工图

结构设计说明

1. 设计依据

(1) 某学院学生公寓设计要求。

(2) 已批准的可行性论证报告。

(3) 工程地质、水文地质资料。

(4) 现行建筑结构设计规范。

2. 地基基础工程

(1) 本工程地基是经建筑勘察设计院地质勘察队勘探，地表下 1.8~3.2m 为黏性土夹有薄层沙土，土层分布稳定，是主要的持力层，承载力为 110kPa。

(2) 基础垫层为 C15 素混凝土，厚 100mm。

(3) 砖砌基础为 MU10 非黏土烧结普通砖，M10 水泥砂浆。

(4) 地圈梁混凝土标号为 C15，钢筋为 HPB300。

(5) 地圈梁顶标高设在 −0.060m 处，代替防潮层。

(6) 地基开挖后，应进行验槽、钎探，间距 1.5m，深 2.6m。如发现异常及湿陷性黄土时，应通知设计人员至现场共同研究解决。

3. 砖砌工程

(1) 本工程±0.000 标高以下，采用 MU10 非黏土烧结普通砖，M10 水泥砂浆砌筑。±0.000 以上墙体采用 MU10 非黏土烧结普通砖，M5 混合砂浆砌筑。

(2) 支撑钢筋混凝土梁、板的砖墙，在支撑处应以 1:2 水泥砂浆找平，厚 20。

(3) 预埋木砖要求做防腐处理。

(4) 墙的施工质量应按国家有关部门所颁发的《砌体结构工程施工质量验收规范》(GB 50203—2011) 的有关规定执行。

4. 钢筋混凝土工程

(1) 本工程钢筋Φ表示钢筋类别为 HPB300。

(2) 本设计所用钢筋、水泥等材料均应有出厂合格证明，方能使用。

(3) 厕所、盥洗室及阳台的现浇钢筋混凝土楼板均用 C20 细石混凝土，混凝土应按防水混凝土配制。

(4) 所有砖墙门洞均应设钢筋混凝土过梁。

(5) 所有预埋铁件均应采用防锈措施，一般可用钢丝除锈后，刷红丹两遍，再刷防锈漆一遍。

(6) 钢筋混凝土施工质量及现浇钢筋混凝土质量均应按国家有关部门所颁发的《钢筋混凝土工程施工质量验收规范》的有关规定执行。

5. 其他事项

(1) 施工过程中的质检记录，混凝土记录及隐蔽工程记录应妥善保存，待工程验收后一并存档。

(2) 本设计中未尽事宜，经发现后，由建设单位、施工单位、设计单位共同协商解决。

××建筑设计研究院			某学院学生公寓
注册师签章区			结构设计说明
项目经理签章区			S-1
修改记录		设计	
		审核	
		校对	
		会签栏	

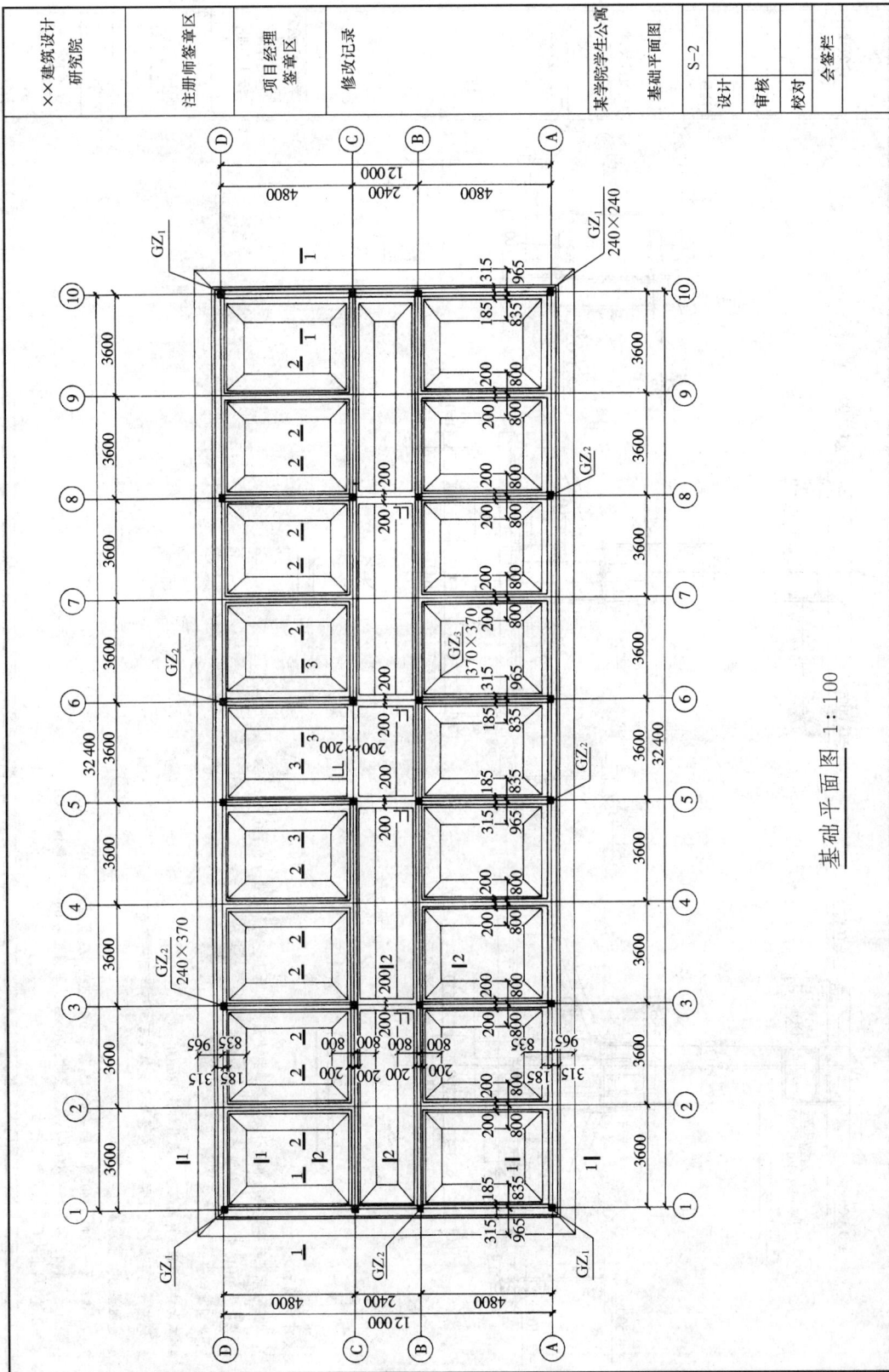

基础平面图　1∶100

| ××建筑设计研究院 | 注册师签章区 | 项目经理签章区 | 修改记录 | 某学院学生公寓 | 基础平面图 | S-2 | 设计 | 审核 | 校对 | 会签栏 |

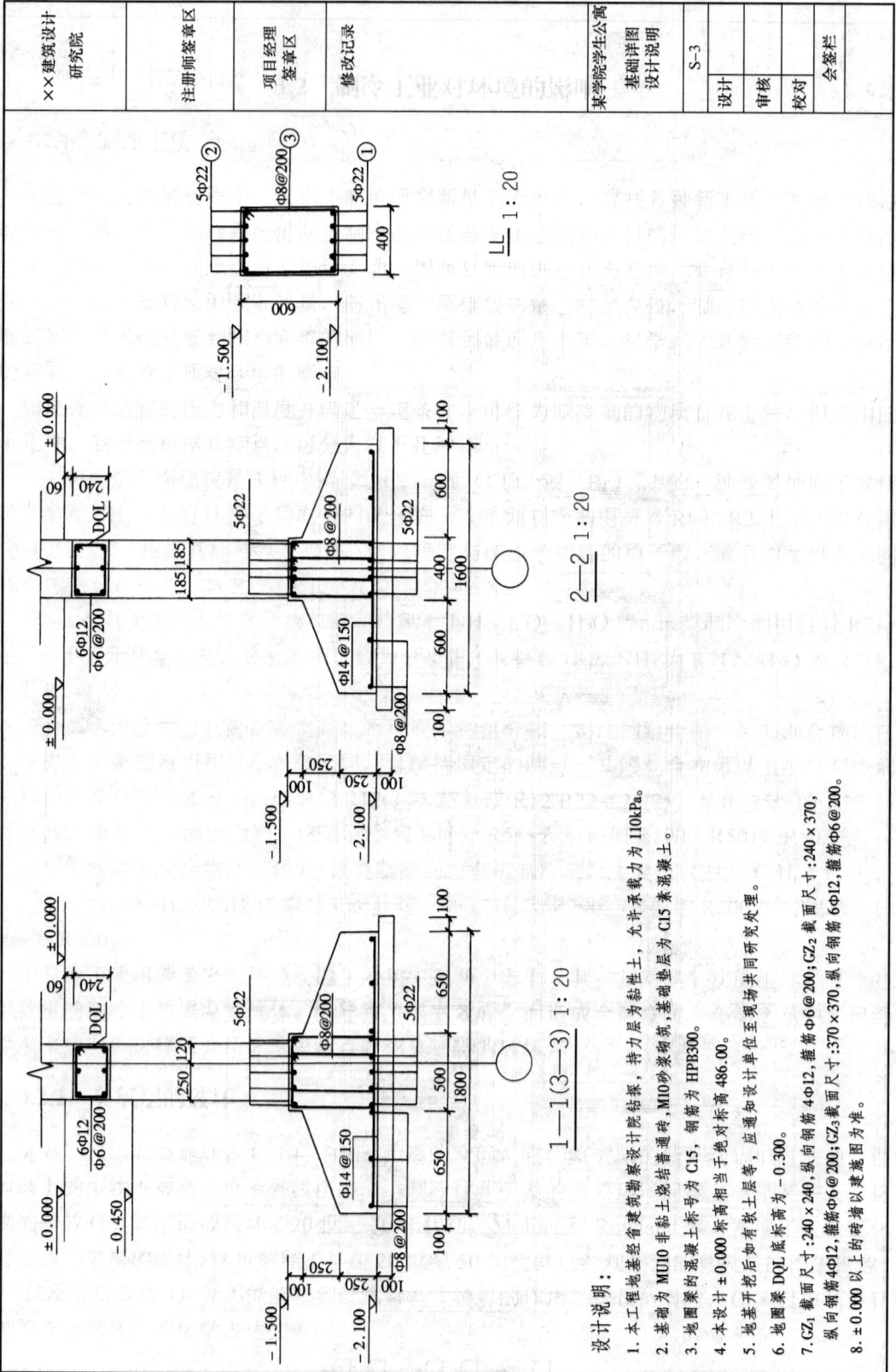

××建筑设计研究院	注册师签章区	项目经理签章区	修改记录		某学院学生公寓			
					基础详图设计说明	S-3		
						设计		
						审核		
						校对	会签栏	

LL 1:20

5Φ22 ②
Φ8@200 ③
5Φ22 ①
400
600
-1.500
-2.100

2—2 1:20

±0.000
DQL
6Φ12
Φ6@200
5Φ22
Φ8@200
5Φ22
185 185
Φ14@150
Φ8@200
400
600
600
1600
-1.500
-2.100
100 250 250 100

1—1(3—3) 1:20

±0.000
DQL
6Φ12
Φ6@200
5Φ22
Φ8@200
5Φ22
250 120
Φ14@150
Φ8@200
500
650
650
1800
-0.450
-1.500
-2.100
100 250 250 100

设计说明:
1. 本工程地基经省建筑勘察设计院钻探，持力层为盐性土，允许承载力为 110kPa。
2. 基础为 MU10 非粘土烧结普通砖，M10 砂浆砌筑，基础垫层为 C15 素混凝土。
3. 地圈梁的混凝土标号为 C15，钢筋为 HPB300。
4. 本设计±0.000 标高相当于绝对标高 486.00。
5. 地基开挖后如有软土层等，应通知设计单位至现场共同研究处理。
6. 地圈梁 DQL 底标高为 -0.300。
7. CZ_1 截面尺寸：240×240，纵向钢筋 4Φ12，箍筋 Φ6@200；CZ_2 截面尺寸：240×370，纵向钢筋 4Φ12，箍筋 Φ6@200；CZ_3 截面尺寸：370×370，纵向钢筋 6Φ12，箍筋 Φ6@200。
8. ±0.000 以上的砖墙以建筑图为准。

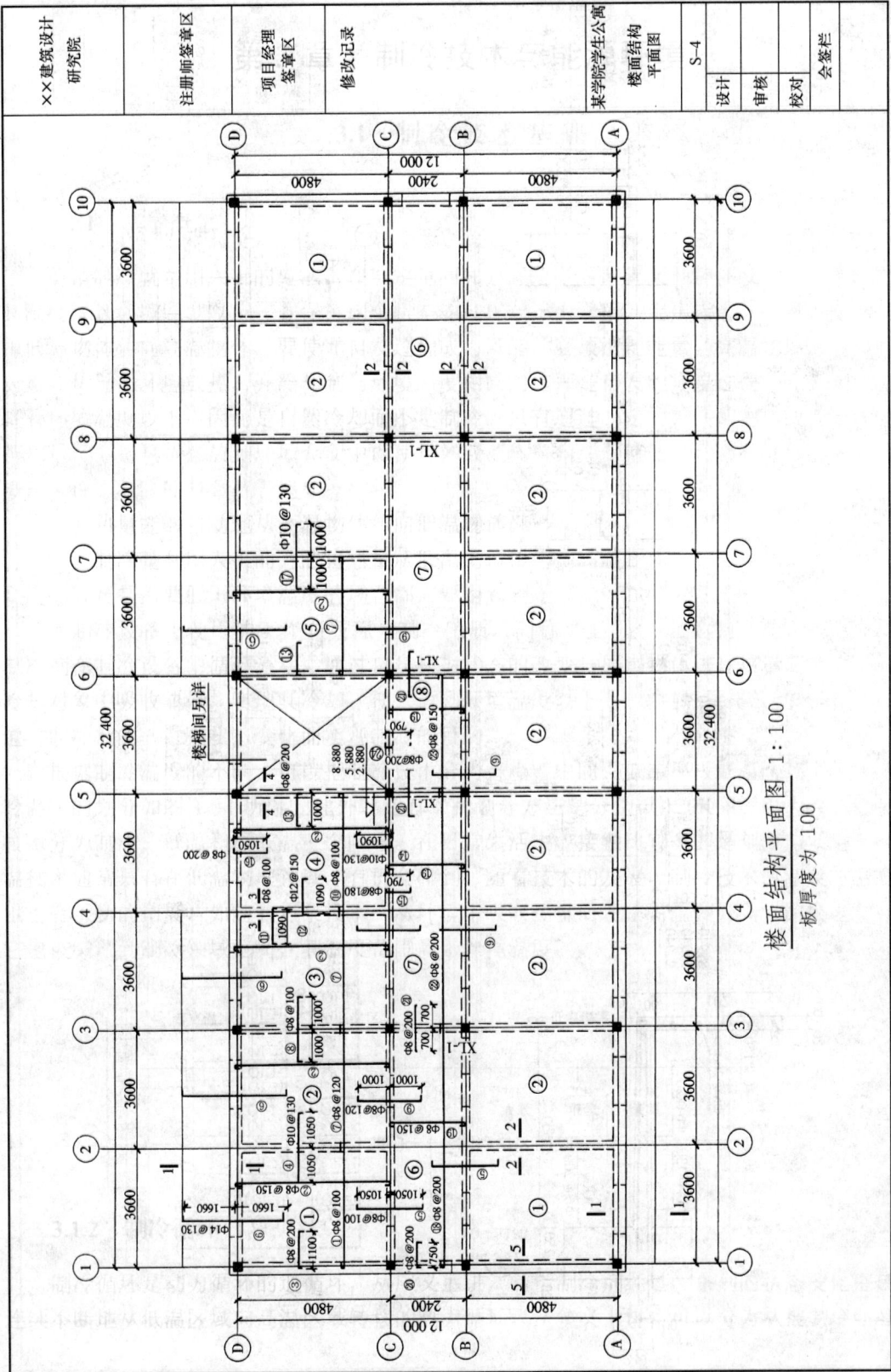

楼面结构平面图 1：100

板厚度为 100

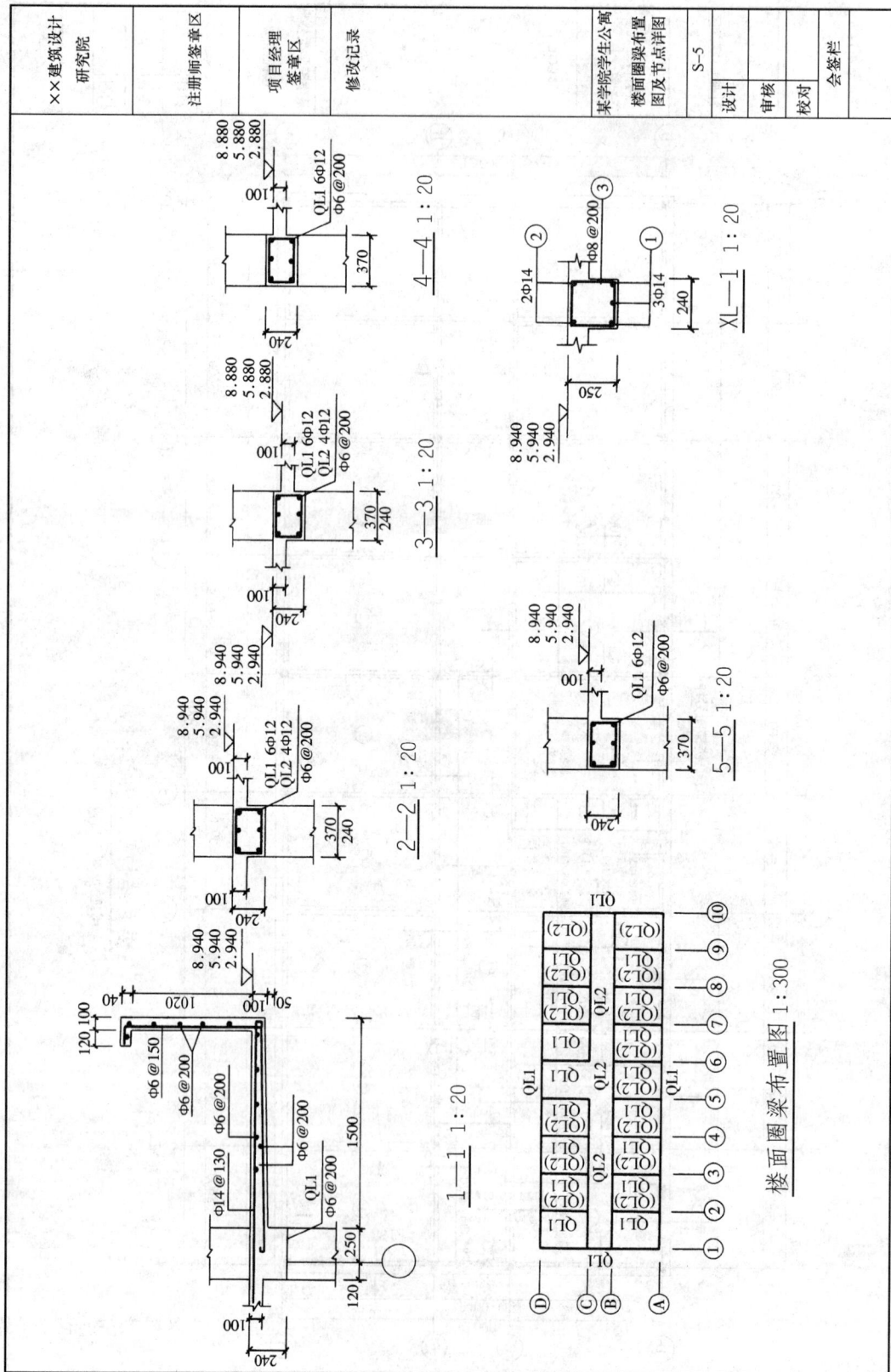

××建筑设计研究院	注册师鉴章区	项目经理鉴章区	修改记录	某学院学生公寓 楼面圈梁布置图及节点详图	S-5		
					设计		会签栏
					审核		
					校对		

8.880
5.880
2.880

QL1 6Φ12
Φ6@200

100
370
240

4—4 1:20

8.880
5.880
2.880

QL1 6Φ12
QL2 4Φ12
Φ6@200

100
370
240

100
240

3—3 1:20

8.940
5.940
2.940

QL1 6Φ12
QL2 4Φ12
Φ6@200

100
370
240

100
240

2—2 1:20

2Φ14
Φ8@200

8.940
5.940
2.940

250
240
3Φ14

XL—1 1:20

8.940
5.940
2.940

QL1 6Φ12
Φ6@200

100
370
240

5—5 1:20

140
120 100
50 100
1020

Φ6@150
Φ6@200
Φ6@200
Φ6@200

Φ14@130
QL1
Φ6@200

8.940
5.940
2.940

1500
250
120
100
240

1—1 1:20

楼面圈梁布置图 1:300

QL1 (QL2) QL1 (QL2) QL1 (QL2) QL1 (QL2) QL1

QL2 QL2 QL2 QL2

D C B A

① ② ③ ④ ⑤ ⑥ ⑦ ⑧ ⑨ ⑩

××建筑设计研究院 | 注册师签章区 | 项目经理签章区 | 修改记录 | 某学院学生公寓 屋面结构平面图　S-6 | 设计 审核 校对 | 会签栏

屋面结构平面图 1:100

板厚度为100

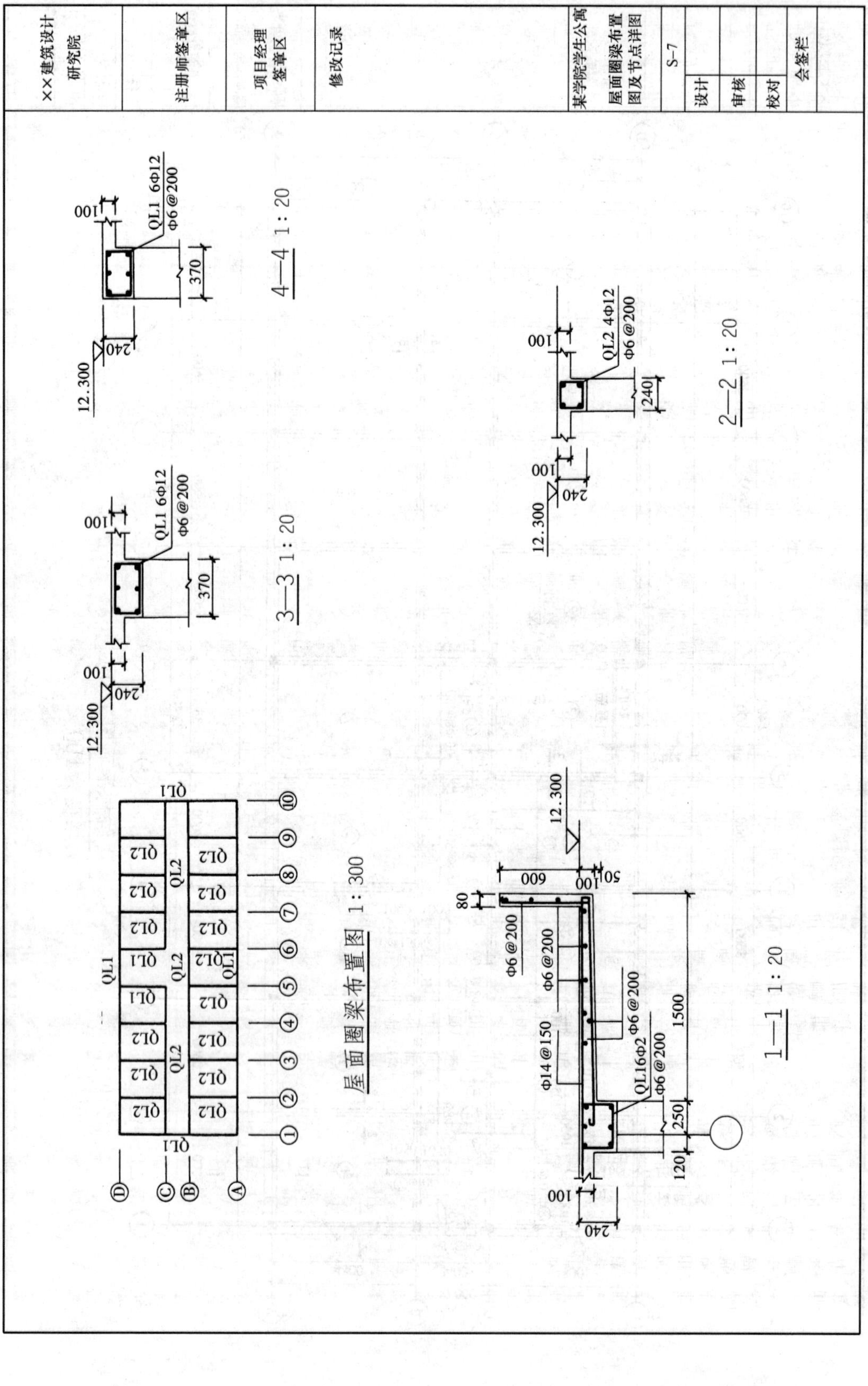

××建筑设计研究院	注册师签章区	项目经理签章区	修改记录	某学院学生公寓屋面圈梁布置图及节点详图	S-7			会签栏
						设计		
						审核		
						校对		

QL1 6Φ12
Φ6@200
100
370
240
12.300

4—4 1:20

QL2 4Φ12
Φ6@200
100
240
100
240
12.300

2—2 1:20

QL1 6Φ12
Φ6@200
100
370
100
240
12.300

3—3 1:20

QL1
QL2 QL2 QL2 QL2 QL2 QL2 QL2 QL2
QL1 QL2 QL1 QL2 QL1
QL1 QL2 QL2 QL2 QL2 QL2 QL2 QL2 QL2
QL1

① ② ③ ④ ⑤ ⑥ ⑦ ⑧ ⑨ ⑩

Ⓓ Ⓒ Ⓑ Ⓐ

屋面圈梁布置图 1:300

12.300
600
50 100
80
Φ6@200
Φ6@200
Φ14@150 Φ6@200
QL1 6Φ2 Φ6@200
Φ6@200
1500
250
120
100
240

1—1 1:20

××建筑设计研究院	注册师签章区	项目经理签章区	修改记录	某学院学生公寓楼梯配筋平面图1-1、钢筋表	S-8			会签栏
						设计		
						审核		
						校对		

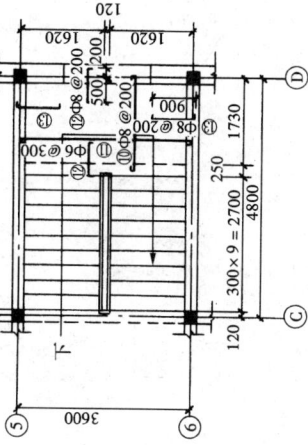

顶层配筋平面图 1:50

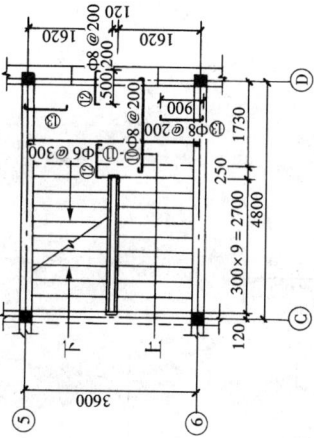

标准层配筋平面图 1:50

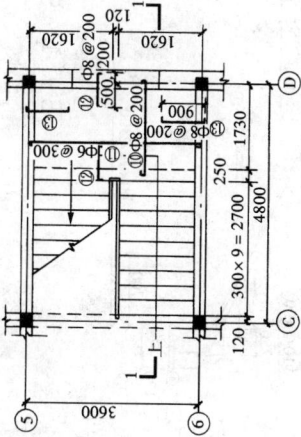

底层配筋平面图 1:50

楼梯钢筋表

编号	钢筋简图	规格	长度	根数	重量
①		φ12	4120		
②		φ6	1650		
③		φ10	1470		
④		φ10	1590		
⑤		φ12	3780		
⑥		φ10	1680		
⑦		φ10	1390		
⑧		φ10	650		
⑨		φ10	3780		
⑩		φ12	1950		
⑪		φ8	3680		
⑫		φ6	880		
⑬		φ8	1080		
⑭		φ16	3740		
⑮		φ14	4300		
⑯		φ8	1000		

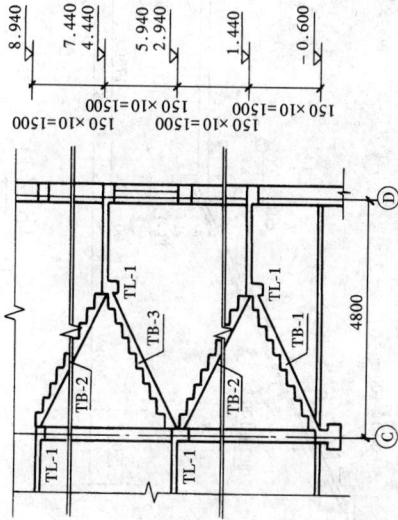

1—1 1:50

TB-3 1:25

TL-1 1:25

TB-2 1:25

TB-1 1:25

四、给排水施工图

底层给水排水平面图 1:100

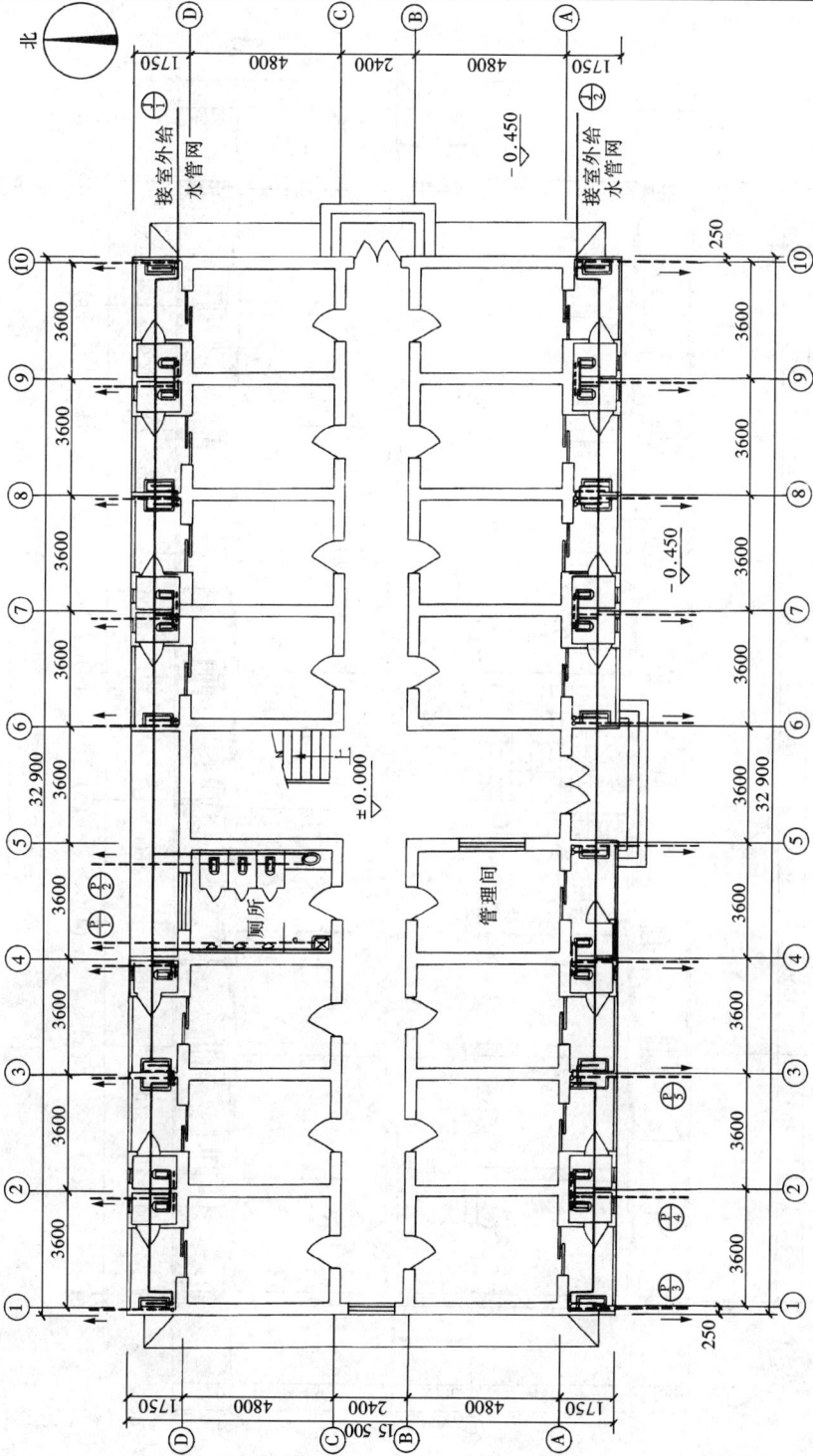

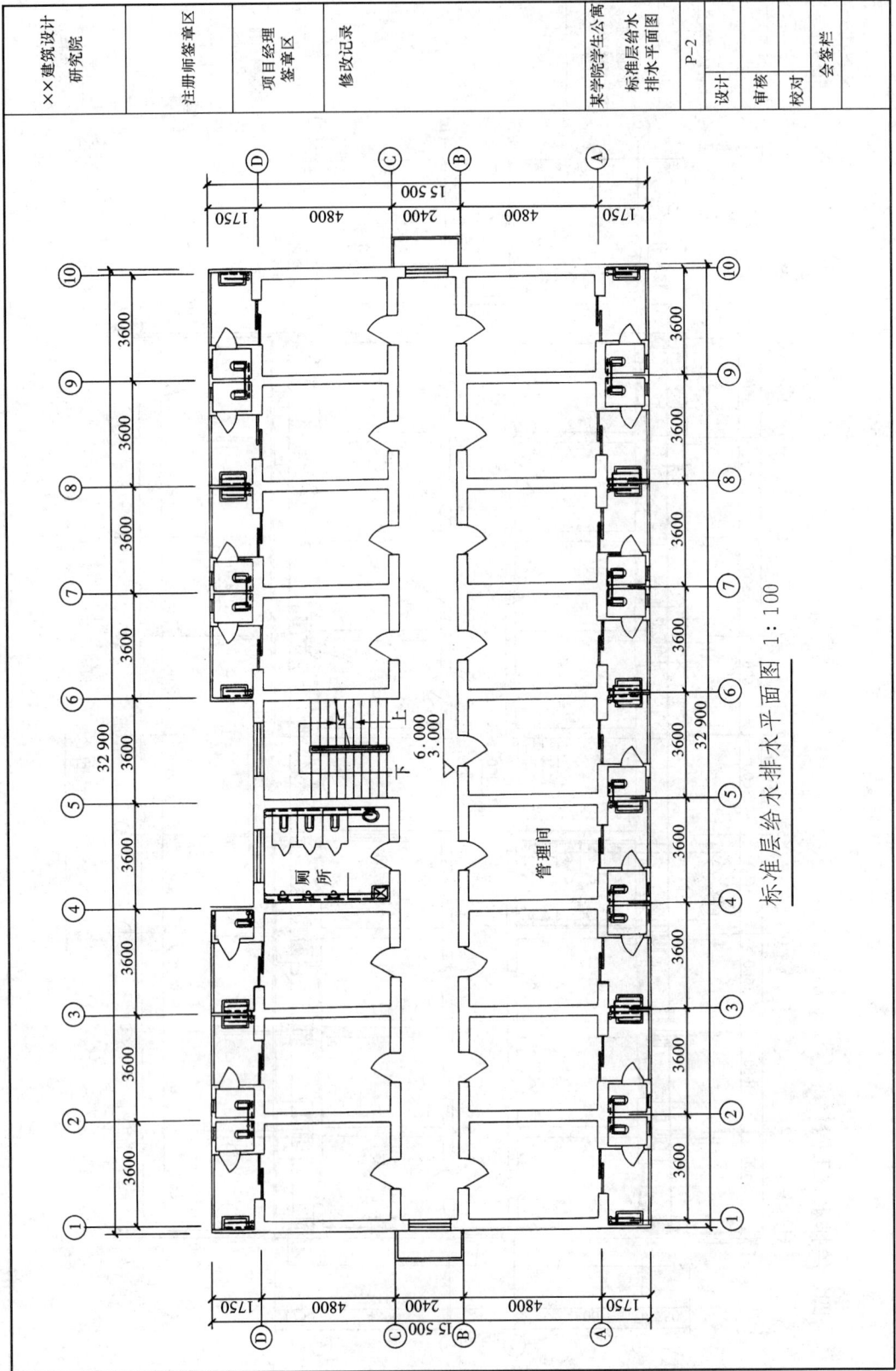

标准层给水排水平面图 1:100

某学院学生公寓
标准层给水
排水平面图

P-2

设计
审核
校对

会签栏

××建筑设计
研究院

注册师签章区

项目经理
鉴章区

修改记录

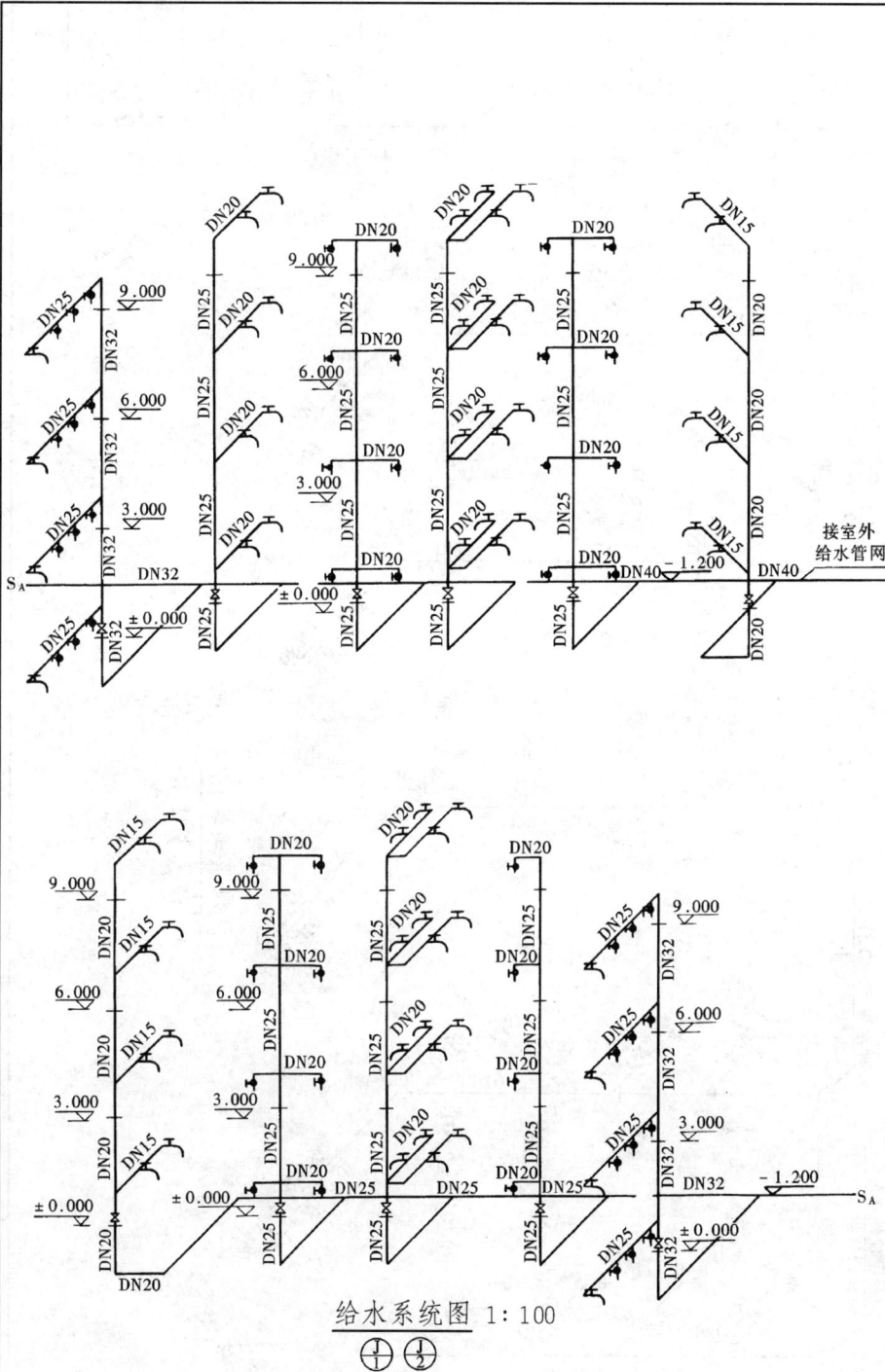

给水系统图 1:100

××建筑设计研究院

注册师签章区

项目经理签章区

修改记录

某学院学生公寓给水系统图

P-3

设计
审核
校对

会签栏

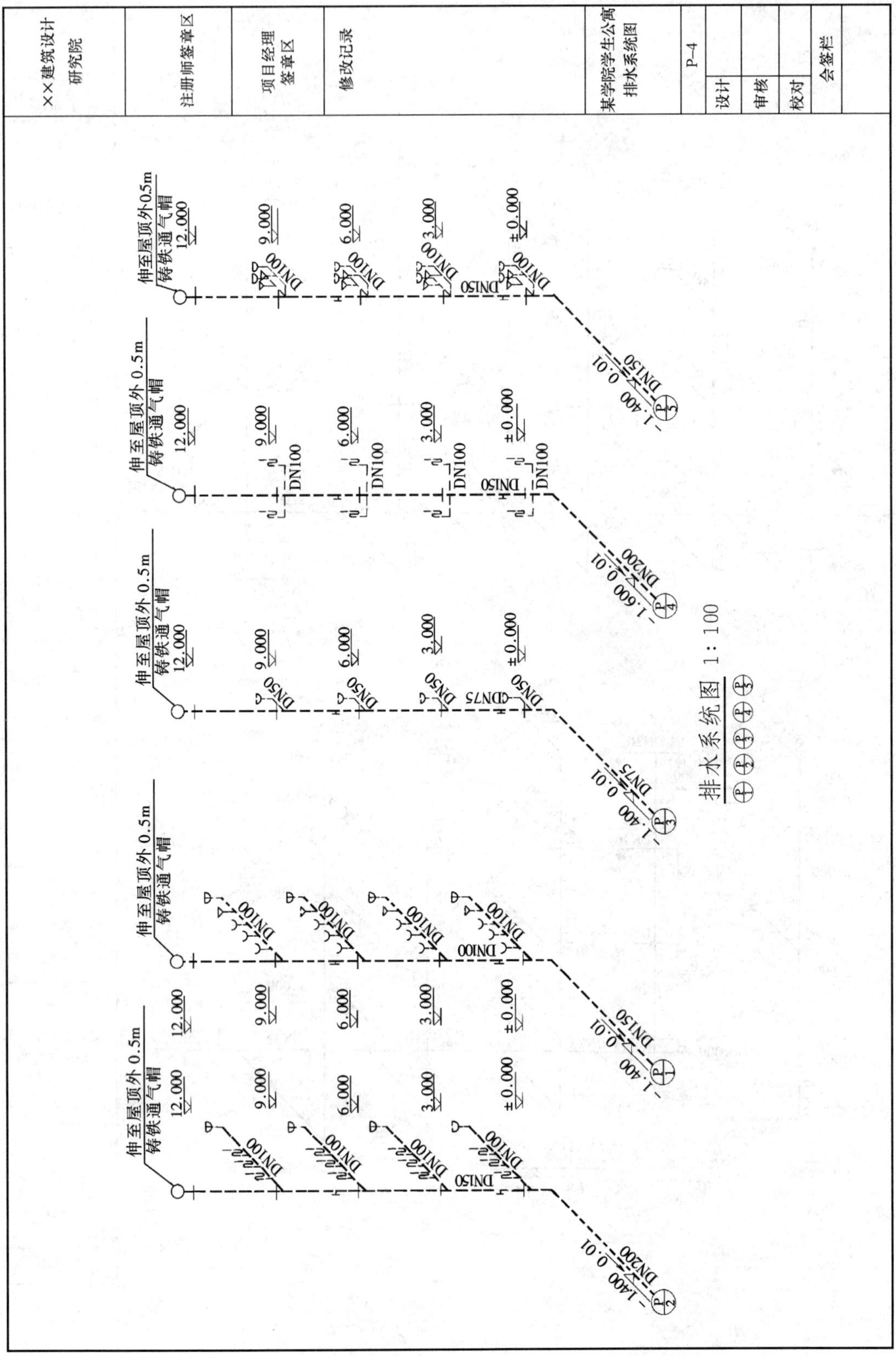
××建筑设计研究院
注册师签章区
项目经理签章区
修改记录
某学院学生公寓排水系统图
P-4
设计
审核
校对
会签栏
伸至屋顶外0.5m
铸铁通气帽
12.000
9.000
6.000
3.000
±0.000
DN100
DN150
DN200
DN50
DN75
i=0.01
-1.400
-1.600
排水系统图 1:100

五、采暖施工图

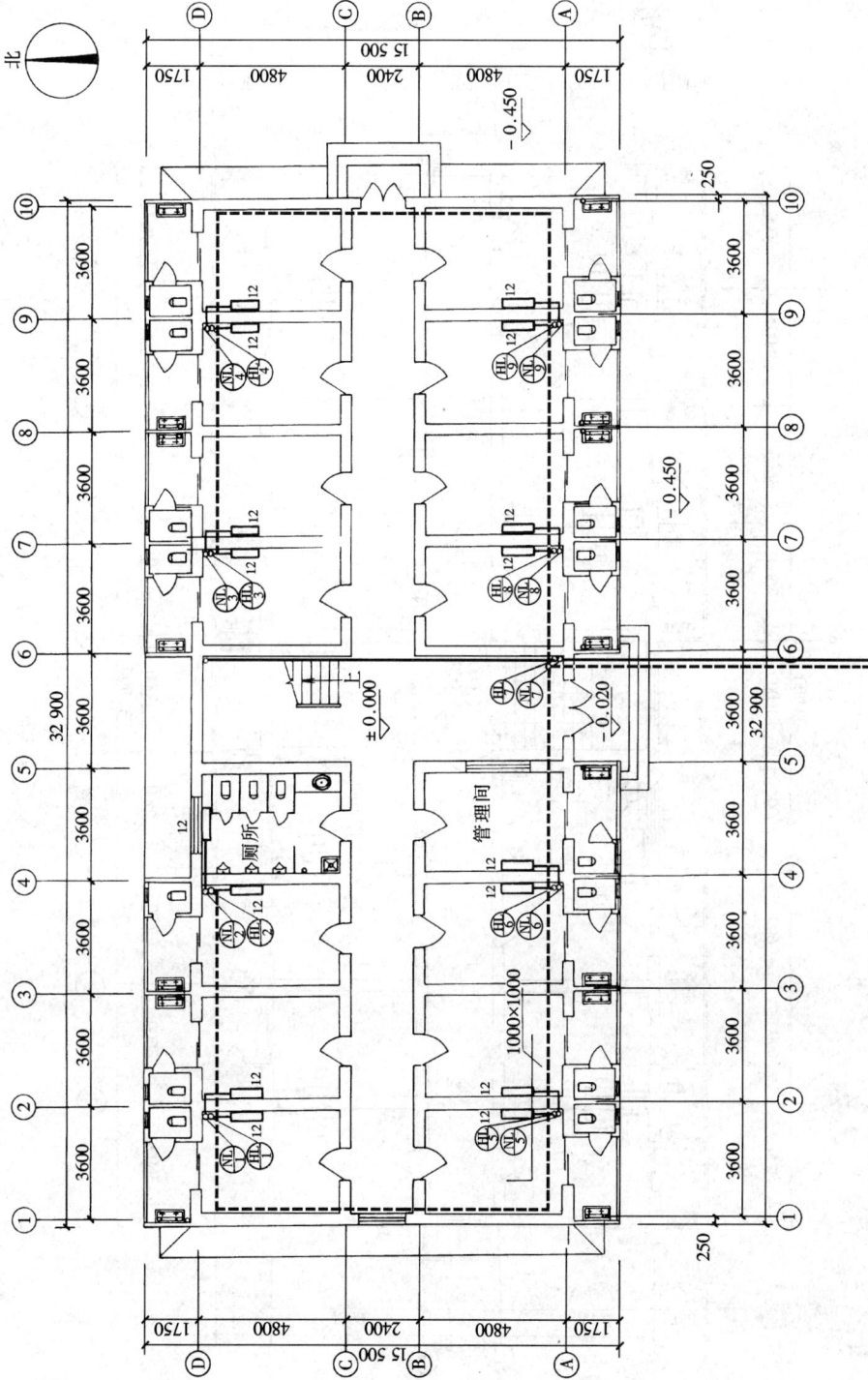

底层采暖平面图 1:100

某学院学生公寓底层采暖平面图

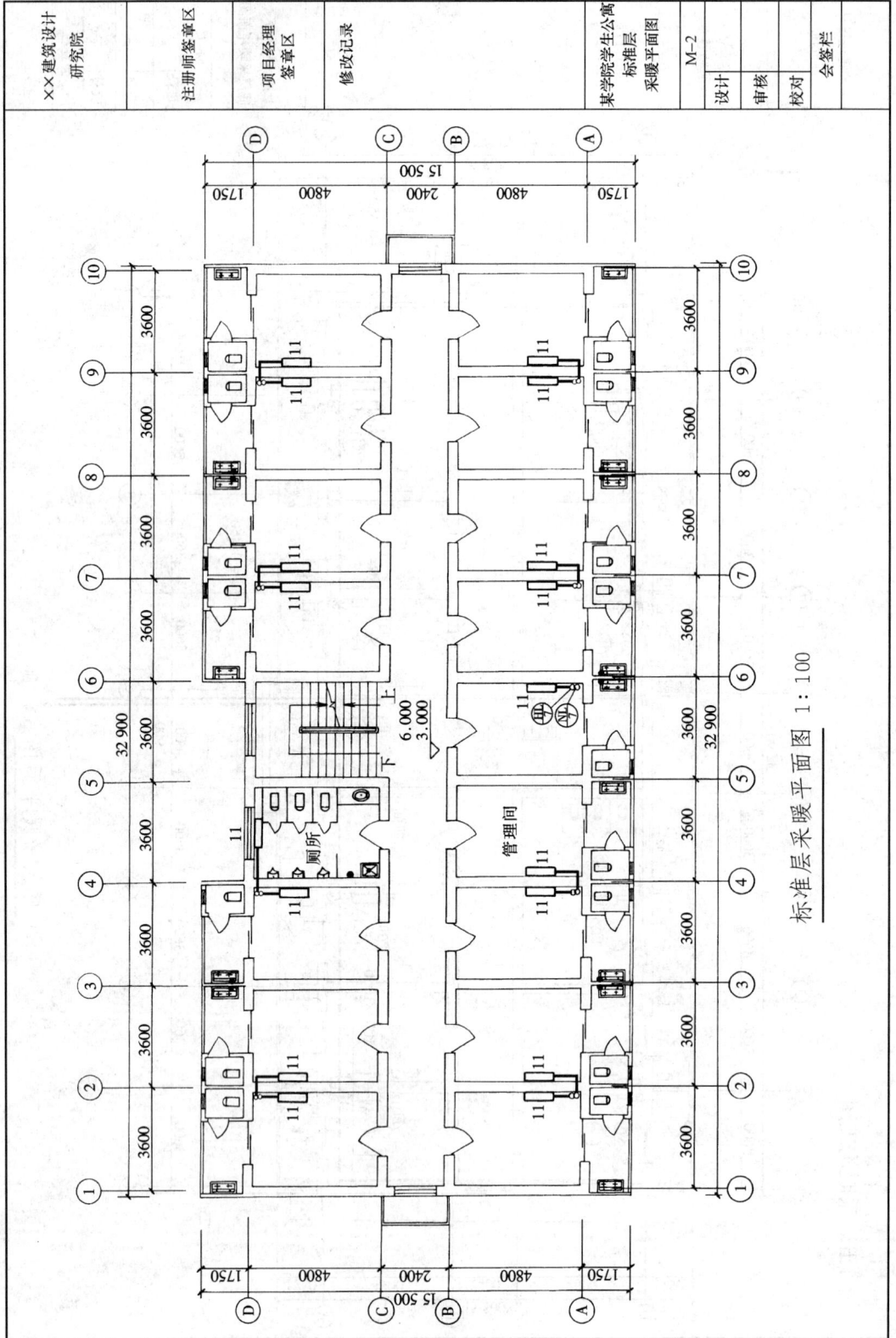

标准层采暖平面图 1：100

| ××建筑设计研究院 | 注册师签章区 | 项目经理签章区 | 修改记录 | 某学院学生公寓 标准层 采暖平面图 | M-2 | | | 会签栏 |
| 设计 | | | | | 审核 | | 校对 | |

顶层采暖平面图 1:100

××建筑设计研究院	注册师签章区	项目经理签章区	修改记录		某学院学生公寓采暖系统图	M-4	
					设计		
					审核		
					校对	会签栏	

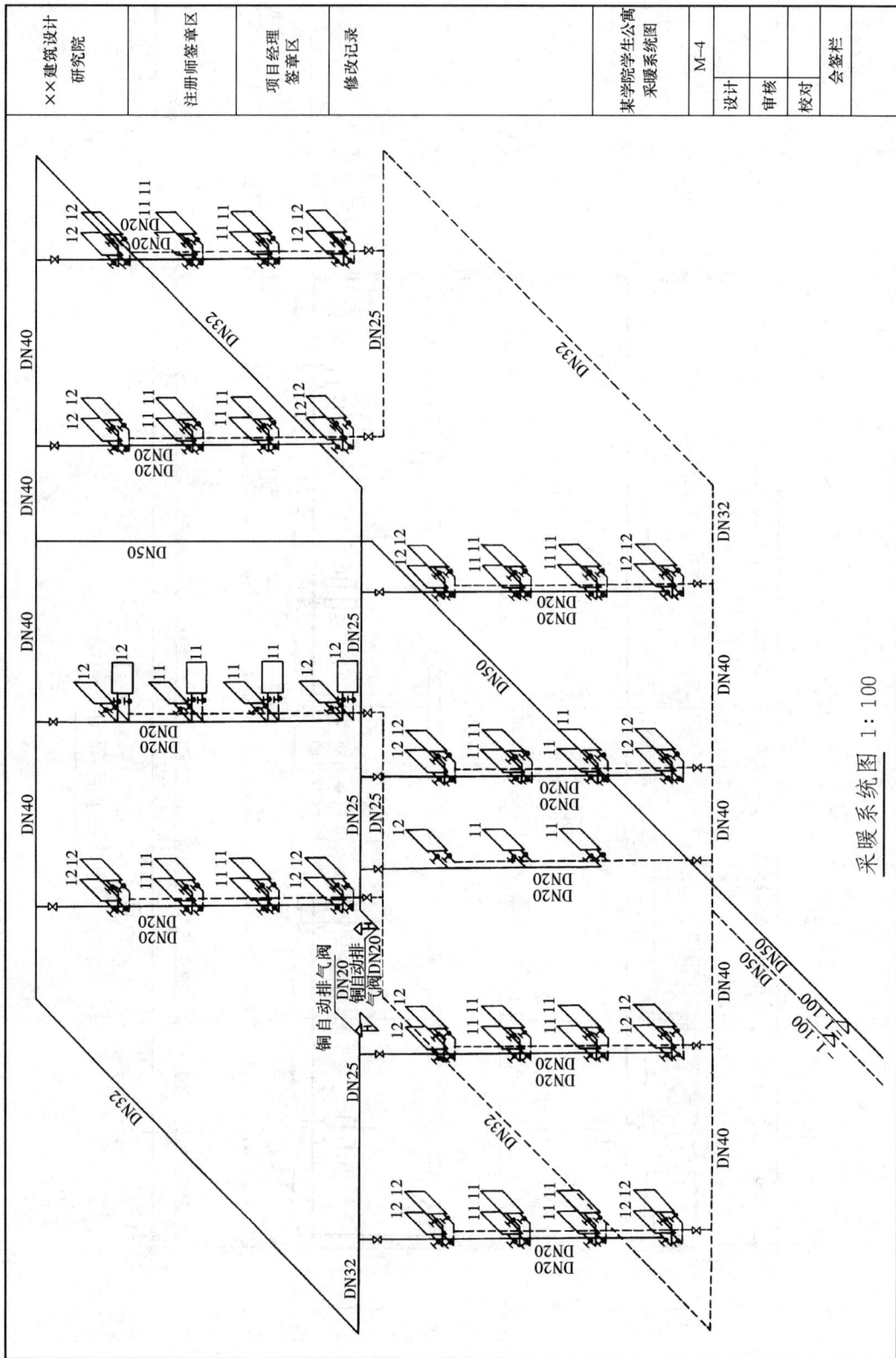

采 暖 系 统 图 1:100

铜自动排气阀 DN20
铜自动排气阀 DN20

DN40 DN40 DN40 DN40 DN40
DN50 DN50 DN32 DN32 DN32
DN32 DN25 DN25 DN25
DN20
DN50 DN50
-1.100

六、电气施工图

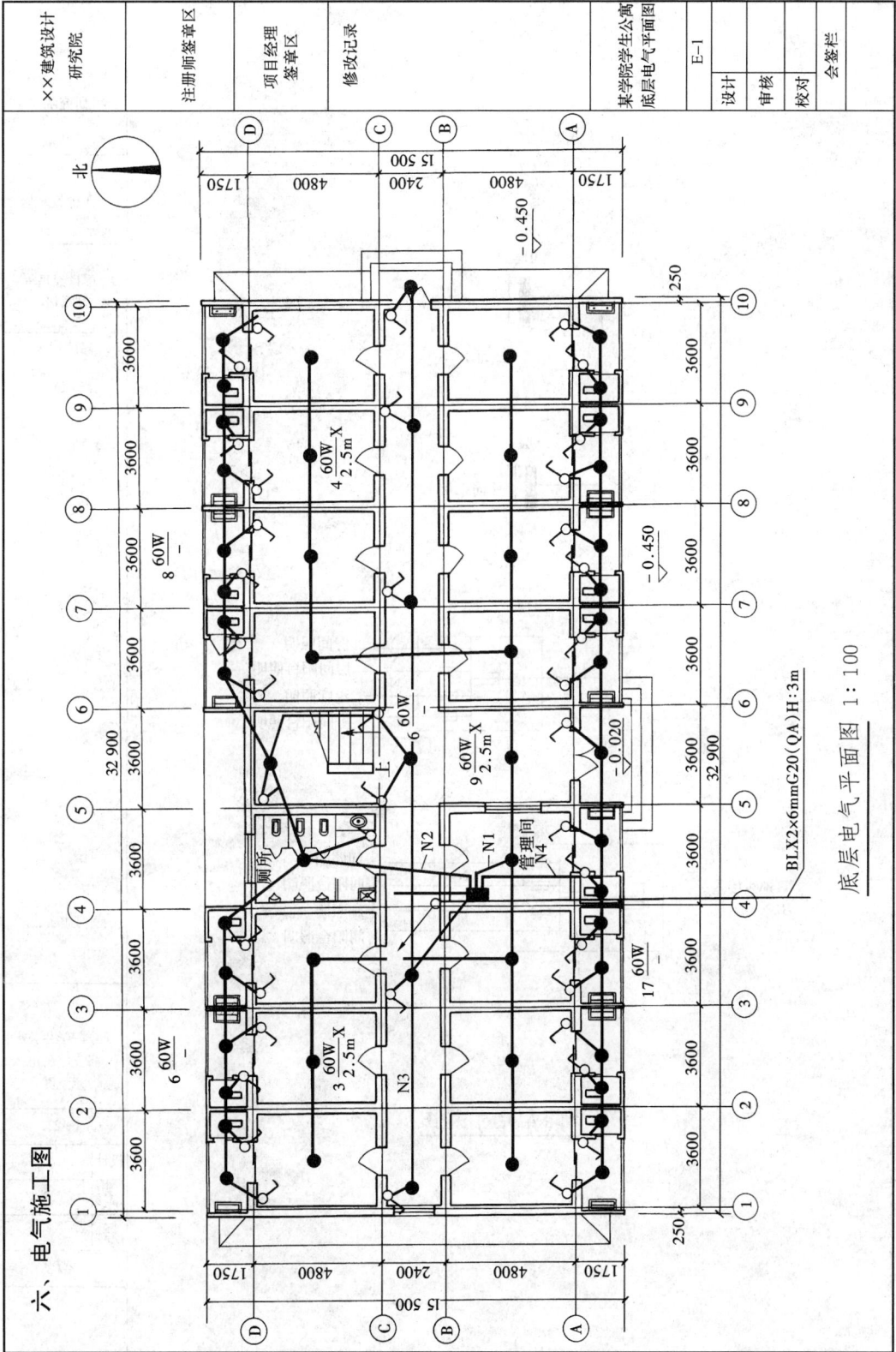

底层电气平面图　1:100

BLX2×6mmG20(QA)H:3m

××建筑设计研究院	注册师签章区	项目经理签章区	修改记录	某学院学生公寓底层电气平面图	
				E-1	
				设计	
				审核	
				校对	
				会签栏	

四层

（同二层）

三层

（同二层）

二层

N₁　房间照明
N₂　房间阳台照明
N₃　走廊照明
N₄　房间阳台照明

一层

外线接入
BLX-2×6

wh

N₁　房间照明
N₂　房间阳台照明
N₃　走廊照明
N₄　房间阳台照明

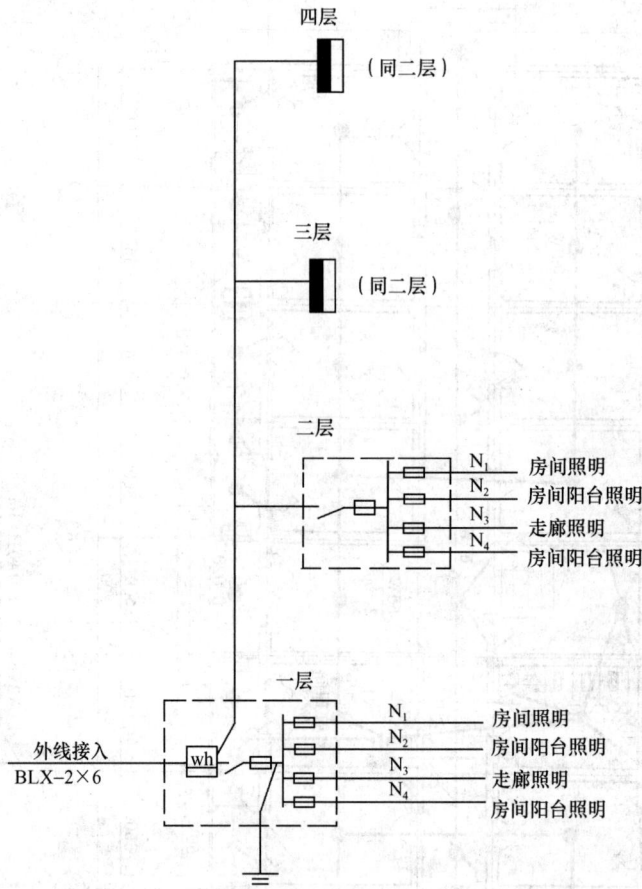

各支路配电示意图

××建筑设计
研究院

注册师签章区

项目经理
签章区

修改记录

某学院学生公寓
各支路配电
示意图

E-2

设计	
审核	
校对	

会签栏

参 考 文 献

[1] 梁利生. 地基与基础. 北京：冶金工业出版社，2011.

[2] 罗尧治. 建筑结构. 北京：中央广播电视大学出版社，2011.

[3] 颜金樵. 工程制图. 北京：高等教育出版社，1998.

[4] 颜金樵. 工程制图习题集. 北京：高等教育出版社，1998.